Peter Schmidt
Ralf Schöwer

# Das Baustellenhandbuch Maßtoleranzen

10. aktualisierte Auflage

FORUM
WISSEN,
DAS ANKOMMT.

**Bibliografische Information der Deutschen Bibliothek**

Die Deutsche Bibliothek verzeichnet diese Publikation in der Deutschen Nationalbibliografie; detaillierte bibliografische Daten sind im Internet über http://dnb.dnb.de abrufbar.


Mandichostraße 18
86504 Merching

Telefon: +49 (0)8233 381-123
Fax: +49 (0)8233 381-222
E-Mail: service@forum-verlag.com
Internet: www.baustellenhandbuch.de

10. aktualisierte Auflage 2023



Hinweis: Aus Gründen der besseren Lesbarkeit und Einfachheit wird in den folgenden Texten meist die männliche Form verwendet. Die verwendeten Bezeichnungen sind als geschlechtsneutral bzw. als Oberbegriffe zu interpretieren und gelten gleichermaßen für alle Geschlechter.

Titelfoto/-illustration: © truemedia, 86167 Augsburg
Satz: Reemers Publishing Services GmbH, 47799 Krefeld
Druck: Esser printSolutions GmbH, 75015 Bretten
Printed in Germany

ISBN 978-3-96314-906-1 (Print)

# Vorwort

Bei der Erstellung von Bauwerken im Hochbau sind für deren Bauteile Maßabweichungen mit festgelegten Grenzwerten zulässig.

Für einen reibungslosen Projektablauf müssen daher bei den am Bauprozess Beteiligten bereits im Zeitraum der Planung und Ausschreibung gute Kenntnisse zum Ausmaß zulässiger Toleranzen gegeben sein. Nur so können Bau- bzw. Bauteilmaße und die Bedingungen für Bauteilfügungen material- und handwerksgerecht festgelegt werden. Die Erfordernisse eines Basiswissens bestehen aber auch für die mit der Ausführung beauftragten Firmen und den Personenkreis in der Objektüberwachung/Bauleitung. Ein Projektablauf auf dieser Grundlage wird dann in der Regel störungsfrei und zielführend sein. So kann sichergestellt werden, dass allenfalls gravierende Abweichungen von den Toleranzvorgaben der DIN 18202 zu Diskussionen über eine bestimmte Bauleistung führen.

Das vorliegende Baustellenhandbuch der Maßtoleranzen ermöglicht durch übersichtliche Tabellen für zulässige Abweichungen von Bauwerksmaßen, zur Ebenheit von Wänden, Böden und Decken oder zu Winkelbezügen einzelner Bauteile und Abweichungen von Stützen aus der Flucht, die relevanten Grenzwerte schnell zu erfassen und bereits in der Bauplanung zu berücksichtigen. Das Handbuch vermittelt außerdem die notwendigen Grundkenntnisse zum Anwendungsbereich der DIN 18202 und die einzuhaltenden Regularien zur Prüfung von Maßabweichungen.

Für vorgefertigte Bauteile aus Holz und Holzwerkstoffen sind die zulässigen Grenzwerte nach DIN 18203-3 in den entsprechenden Gewerken benannt.

Zulässige Toleranzen sind, außer in der DIN 18202, auch in einer Vielzahl von Normen, den Allgemeinen Technischen Vertragsbedingungen der VOB/Teil C, den Regelwerken der Fachverbände etc. enthalten. In den spezifischen Ergänzungen der einzelnen Gewerke ist dazu eine Auswahl gültiger Rahmenbedingungen für eine fachgerechte und mangelfreie Planungs- und Bauleistung enthalten.

In einigen Gewerken wird auch auf aktuell nicht mehr gültige Normen verwiesen, wenn die dort dokumentierten Planungs- oder Ausführungsgrundsätze sich in der Praxis bewährt haben und daher immer noch angewendet oder zur Bewertung im Bestand herangezogen werden können.

Die Beurteilung einer jeden Bauleistung ist für den Einzelfall immer nach den grundsätzlichen Vorgaben der DIN 18202 und den besonderen Objektbedingungen mit allgemeinen oder besonderen technischen Vertragsgrundlagen auszurichten.

Die vorliegende 10. Auflage des Baustellenhandbuchs Maßtoleranzen wurde vollständig überarbeitet und an aktuelle technische und normative Inhalte angepasst. Wesentliche Änderungen gegenüber der vorigen Auflage ergeben sich durch die Berücksichtigung der im Oktober 2023 neu erschienenen und überarbeiteten Normen der VOB Teil C.

Anregungen zur Ergänzung des Inhalts oder zu weiteren Erläuterungen werden vom Autor und Verlag dankbar aufgenommen.

Siegen, im Dezember 2023
Peter Schmidt

# Die Autoren

**Ralf Schöwer** (Autor der 2. bis 8. Auflage)

Dipl.-Ing., Architekt

Öffentlich bestellter und vereidigter Sachverständiger für Schäden an Gebäuden (Industrie- und Handelskammer Darmstadt Rhein Main Neckar)

Ralf Schöwer wurde 1959 in Koblenz geboren. Er studierte Architektur an der Technischen Universität Darmstadt.

Nach seinem Diplom im Jahr 1988 folgte eine Zeit der Mitarbeit in verschiedenen Architekturbüros, zunächst mit einer erfolgreichen Bearbeitung von Architekturwettbewerben. In den sich anschließenden Jahren betreute er als planender Architekt und Bauleiter vielfältige Hochbauprojekte in den Bereichen Neubau, Umbau und Sanierungsvorhaben.

Neben seiner Tätigkeit in den klassischen Arbeitsfeldern des Architekten verfügt er über eine Ausbildung als Sicherheits- und Gesundheitsschutzkoordinator.

Als Sachverständiger für Schäden an Gebäuden und allgemeine Fragen des Hochbaus arbeitet er seit 2002 für Amts- und Landgerichte, Hoch- und Tiefbauämter, Bauverwaltungen, Ingenieurbüros, Versicherungen und private Auftraggeber.

Im Jahr 2004 wurde er zum Sachverständigen für „Schäden an Gebäuden“ durch die Industrie- und Handelskammer Darmstadt Rhein Main Neckar öffentlich bestellt und vereidigt.

Sein Fachwissen ist gefragt als Referent für Fortbildungsveranstaltungen der Architekten- und Handwerkskammern sowie in der Bauindustrie.

Die Veröffentlichung von Fachartikeln in den Printmedien und die Tätigkeit als Fachbuchautor belegen seine stets aktuellen Kenntnisse zum Stand der Technik und zu den Inhalten von Normen und Richtlinien.

**Prof. Dr.-Ing. Peter Schmidt** (ab 9. Auflage)

Peter Schmidt ist seit 1998 Inhaber der Professur für Baukonstruktion, Ingenieurholzbau und Bauphysik im Department Bauingenieurwesen an der Universität Siegen.

Er ist Herausgeber und Autor zahlreicher Publikationen auf den Gebieten der Bauphysik sowie des konstruktiven Ingenieurbaus. Zu seinen Spezialgebieten gehören außerdem die Fachgebiete Abdichtung von Bauwerken sowie Einwirkungen auf Tragwerke. Weiterhin ist Herr Schmidt Referent auf Seminaren und Tagungen zu verschiedenen Themen des Bauwesens.

Unter seiner Mitwirkung und Herausgeberschaft sind beim Forum-Verlag u. a. die Titel „Praxisgerechte Bauwerksabdichtungen“ sowie „Das Baustellenhandbuch Bauwerksabdichtung“ erschienen.

# Inhaltsverzeichnis

## Prüfung und Bewertung ..... 501



## Anhang ..... 537

# Einleitung

Abweichungen zwischen einer vereinbarten Sollbeschaffenheit eines Bauteils oder Bauwerks und der tatsächlich vorhandenen Qualität der Bauausführung (Ist-Zustand) geben immer wieder Anlass zu Meinungsverschiedenheiten zwischen den am Bau Beteiligten.

Abweichungen werden im Rahmen der Objektüberwachung meist bereits während der Ausführung festgestellt. Oftmals sind sie bereits durch falsche Maßangaben in der Planung, durch unvollständige Leistungsbeschreibungen, durch herstellungsbedingte Maßdifferenzen „gleicher" Bauprodukte oder handwerkliche Unzulänglichkeiten begründet. Sie können zu Konsequenzen in der Ausführung der Folgegewerke, zu Funktionsstörungen oder zu Beeinträchtigungen des optischen Erscheinungsbilds führen. Die Abweichung kann in manchen Fällen bereits noch während der Bauausführung korrigiert und das Bausoll erreicht werden. Wird eine Abweichung im Bauablauf jedoch erst spät oder zum Zeitpunkt der Baufertigstellung festgestellt, kann ggf. nur noch durch zeit- und kostenaufwendige Nachbesserungsarbeiten die fehlerhafte Bauleistung beseitigt werden. Dies ist aber nicht immer in einem angemessenen Kosten-Nutzen-Verhältnis möglich.

Das nachstehende Schaubild verdeutlicht das Erfordernis von Prüfungen während und nach der Baufertigstellung und zeigt die jeweiligen Konsequenzen aus der Feststellung von Abweichungen.

## Bedeutung und Auswirkungen von Prüfungen im Bauablauf

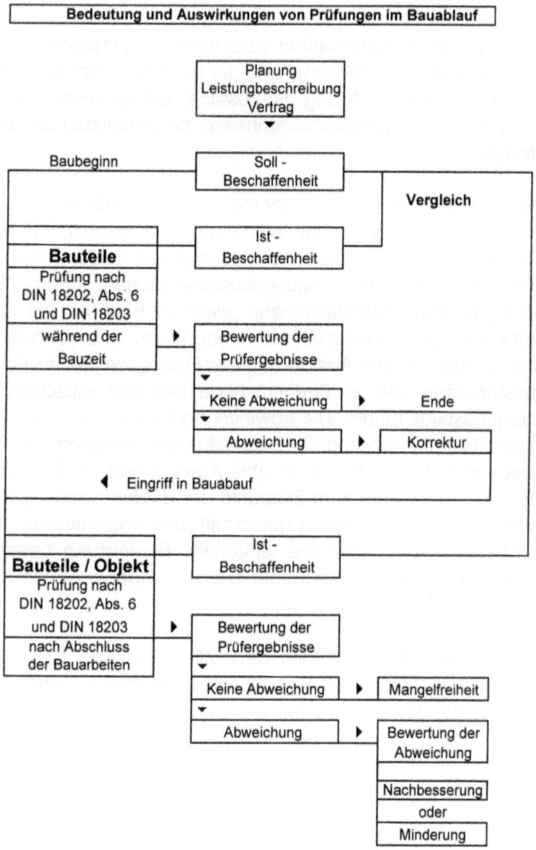


***Bild 1:*** *Quelle: Schöwer*

Im Rahmen der Prüfungen sind die Bauwerksmaße, Ebenheiten von flächenfertigen oder nichtflächenfertigen Oberseiten von Bauteilen sowie Winkel von horizontalen, vertikalen und geneigten Flächen und Fluchten von Stützen festzustellen. Als

Beurteilungsgrundlage dienen die Regeln der DIN 18202[1] und 18203, Teil 3[2].

Außerdem sind in den gewerkespezifischen Allgemeinen Technischen Vertragsbedingungen der VOB Teil C ergänzende Anforderungen formuliert und/oder es wird auf zusätzlich geltende besondere DIN-Normen oder Fachregeln verwiesen, deren Regeln für die Herstellung eines mangelfreien Bauwerks zu beachten sind.

In vielen Jahren der Bautradition haben sich die sog. „Allgemein anerkannten Regeln der Technik“ entwickelt. Sie umfassen außer in Normen geregelten Ausführungen auch solche, die sich in der handwerklichen Praxis über einen langen Zeitraum bewährt haben und von der Mehrheit der Bauausführenden sowie der Fachwelt anerkannt werden. Auch die Einhaltung dieser Regeln trägt zum Gelingen der Baumaßnahme (§ 13 VOB/B) bei.

Die Inhalte aus den Normen und sonstigen Regelwerken sind in diesem Handbuch nur in Auszügen und mit dem Schwerpunkt der Festlegung auf Ausführungs- und Materialtoleranzen wiedergegeben. Im Zweifelsfall sollten daher immer der Originaltext der Norm oder das vollständige Regelwerk herangezogen werden.

---

1 DIN 18202:2019-07: Toleranzen im Hochbau – Bauwerke; Beuth Verlag, Berlin.

2 DIN 18203-3:2008-08: Toleranzen im Hochbau – Teil 3: Bauteile aus Holz und Holzwerkstoffen; Beuth Verlag, Berlin.

# Normen, Fachregeln, Richtlinien

Maßtoleranzen für Bauwerke im Hochbau sind in den folgenden Normen festgelegt:

| | |
|---|---|
| **DIN 18202**[1] | **Toleranzen im Hochbau, Bauwerke (Ausgabe Juli 2019)** |
| **DIN 18203-3**[2] | **Toleranzen im Hochbau, Teil 3: Bauteile aus Holz und Holzwerkstoffen (Ausgabe August 2008)** |

Hinweis: Die Normenreihe DIN 18203 „Toleranzen im Hochbau" besteht zurzeit nur aus Teil 3 (DIN 18203-3). DIN 18203-1 und -2 sind zurückgezogen.

DIN 18202 enthält Angaben zu Grenzwerten für Abweichungen von Bauwerksmaßen, der Ebenheit von Flächen, der Lage von Ebenen und Bauteilen im Raum (Winkelbezüge) sowie zur Flucht von Stützen.

Zu vorgefertigten Teilen aus Holz sind Regelungen über zulässige Maßabweichungen der Bauteile in DIN 18203, Teil 3 enthalten.

Im Zuge der Erstellung eines Bauwerks ist durch alle Beteiligten in allen Bauphasen eine Vielzahl von Bestimmungen, Normen, Richtlinien und Gesetzen zu berücksichtigen.

Zu den Regelwerken gehören:

- Bauordnungsrechtliche Bestimmungen (Landesbauordnungen)
- „Schutznormen" (z. B. Wärmeschutz, Schallschutz, Brandschutz)
- Normen (DIN-Normen, DIN EN-Nomen, DIN EN ISO-Normen) als Planungsgrundlagen und Ausführungsbestimmungen
- Inhalte der Vergabe- und Vertragsordnung für Bauleistungen (VOB)

[1] DIN 18202:2019-07: Toleranzen im Hochbau – Bauwerke; Beuth Verlag, Berlin.

[2] DIN 18203-3:2008-08: Toleranzen im Hochbau – Teil 3: Bauteile aus Holz und Holzwerkstoffen; Beuth Verlag, Berlin.

- Vorgaben aus den allgemeinen bauaufsichtlichen Zulassungen von Bauprodukten
- Fachregeln und Richtlinien des Handwerks
- Merkblätter von Fachverbänden
- Technische Ausführungsbestimmungen und Verarbeitungsrichtlinien zu Baustoffen
- Verordnungen, z. B. Arbeitsstättenverordnung
- Vorschriften von Berufsgenossenschaften

In allen Fällen sind dabei zunächst bereits in der Planungsphase die Auswahl von geeigneten Materialien und deren typische „positive" Eigenschaften für eine funktionsgerechte und kostengünstige Lösung der Bauaufgabe von großer Bedeutung. Beispielhaft sei dazu der Einsatz von Beton als tragendes und „abdichtendes" Bauteil oder die Verwendung von Stahl zur Herstellung filigraner Tragwerke, wenn diese sichtbar und ästhetisch gestaltet werden sollen, genannt.

Für alle eingesetzten Baustoffe und die hergestellten Bauteile gilt es, im gesamten Planungs- und Bauablauf geeignete „Nahtstellen" vorzusehen, um im Roh- und Ausbau ein Zusammenfügen ohne Anpass- und Nacharbeiten zu ermöglichen.

Das gelingt immer dann, wenn bereits in der Planung wesentliche „Grundregeln" beachtet werden. Dazu zählen die Berücksichtigung von technischen Vorgaben aus den Normen zu Baustoffen (Produktnormen) und deren fachgerechte Verarbeitung oder Einbau (Planungs- und Ausführungsnormen) aus der VOB und aus den Richtlinien und Fachregeln des Handwerks. Außerdem stellt die Einplanung von Toleranzen i. S. d. DIN 18202 und 18203 ebenfalls eine Grundvoraussetzung für eine einwandfreie Bauleistung dar.

In diesem Zusammenhang ist auch die Beachtung der „Allgemein anerkannten Regeln der Technik" als grundlegender Beitrag zur Herstellung eines mangelfreien Bauwerks von hohem Stellenwert. Die Einhaltung von Normen allein kann dies nicht garantieren. Oftmals stehen die Inhalte von Normen gegenüber den aktuellen Erwartungshaltungen und Ansprüchen zurück und erfüllen nicht automatisch den Anspruch, als „Anerkannte Regeln der Technik" zu gelten.

Die **„Allgemein anerkannten Regeln der Technik“** sind bestimmt durch:

- Inhalte aus bauaufsichtlich eingeführten Normen, Fachregeln u. Ä.
- Ausführungsmethoden, die sich in der handwerklichen Praxis bewährt haben
- Anerkennung der Notwendigkeit und Richtigkeit dieser Regelungen durch die Mehrzahl der fachlich qualifizierten Bauschaffenden
- Bewährung dieser Arbeitsweisen über einen längeren Zeitraum

Ferner sind die geregelten herstellungsbedingten Maßabweichungen von Baustoffen, Veränderungen der Bauteile durch Schwinden und Kriechen, Durchbiegungen infolge Belastung, temperatur- und feuchtigkeitsbedingte Verformungen und handwerkliche Ungenauigkeiten bei der Ausführung zu berücksichtigen.

*„Toleranzen sind nur dann zu prüfen, wenn es erforderlich ist“*, so regelt es die DIN 18202 „Toleranzen im Hochbau – Bauwerke“; s. DIN 18202, Abschnitt 6.1.

Die in dem gewerkespezifischen Teil dieses Handbuchs genannten Grenzwerte zu Abweichungen der Bauwerksmaße, von Ebenheiten und Winkeln wurden um Hinweise auf Basisdaten aus den „Allgemeinen Technischen Vertragsbedingungen für Bauleistungen (ATV)“ der VOB Teil C sowie auszugsweise aus anderen Regelwerken oder Richtlinien ergänzt.

Die dazu getroffene Auswahl basiert auf der Einschätzung der Autoren, die dargestellten Inhalte des Handbuchs praxisbezogen für Planungs- und Ausschreibungsleistungen sowie für eine Prüfung im Rahmen der Bauleitung und bei der Durchführung von Abnahmen einsetzen zu können.

# DIN 18202

## Toleranzen im Hochbau – Bauwerke

Die Inhalte der Norm bilden in mehrfacher Hinsicht die Grundlagen für eine ausgereifte, fundierte Planung und Ausführung von Bauwerken. Durch die Angabe von Grenzwerten für zulässige Abweichungen einer Ist-Lage von einer geplanten Soll-Lage von Bauteilen wird dem Planer verdeutlicht, dass eine Planung ohne Berücksichtigung von handwerklich und messtechnisch bedingten Abweichungen von Baumaßen in der Baupraxis nicht umsetzbar ist. Die Norm liefert dazu die maßlichen Eckdaten für Bauwerksmaße, die Ebenheit von Flächen, die Lage von Bauteilen im Raum (Winkelbezüge) und die Flucht von Stützen. Die angegebenen maximalen Abweichungen sind im Rahmen des Bauablaufs und der Bauausführung einzuhalten, um damit ein störungsfreies Aufeinanderaufbauen verschiedener Gewerke sicherzustellen.

Darüber hinaus legt die Norm mit der Vorgabe der planerischen Definition von Koordinierungssystemen im Grund- und Aufriss, Bezugspunkten und Bezugsarten die Voraussetzungen für eine spätere Prüfung der Lage von Bauteilen.

Durch Vorgaben zur Lage erforderlicher Prüfpunkte werden außerdem verbindliche Prüfkriterien geschaffen.

Mit der Ausgabe der DIN 18202:2019-07 erhalten die folgenden Inhalte ihre Gültigkeit.

## Anwendungsbereich

Die Regeln der DIN 18202 gelten für die Herstellung von Bauteilen und die Ausführung von Bauwerken im Hochbau. Für andere Bauwerke, wie z. B. Ingenieurbauwerke (Brücken, Behälter usw.), gilt DIN 18202 nicht. Ziel der Norm ist es, Maßtoleranzen (Differenz zwischen dem Höchstmaß und Mindestmaß) festzulegen und Regeln für deren Prüfung anzugeben.

Die festgelegten Toleranzen berücksichtigen die übliche handwerkliche Genauigkeit in der Ausführung von Bauleistungen. Die in den Tabellen und Diagrammen angegebenen Grenzwerte und Toleranzen gelten unabhängig von den eingesetzten Baustoffen.

Die Grenzwerte gelten stets als vereinbart, soweit nicht andere Regelungen im Einzelfall objekt- oder bauteilbezogen getroffen werden.

Sollen besondere Anforderungen und Genauigkeiten für bestimmte Bauteile eingehalten werden, so sind diese bereits in der Planung zu berücksichtigen und in Leistungsverzeichnissen oder Vertragsunterlagen zu vereinbaren.

Lastabhängige sowie zeitabhängige Verformungen wie z. B. Deckendurchbiegungen infolge Belastung oder Bauteilverkürzungen infolge Schwindens von Betonbauteilen sind nicht Gegenstand der Norm und sind gesondert zu berücksichtigen. Hierzu zählen auch temperaturbedingte Verformungen und Durchbiegungen. Höhenversätze an der Grenzlinie benachbarter Bauteile (z. B. Stoßstellen von Filigrandecken, Bodenbelägen, Wandbekleidungen) zählen ebenfalls nicht zum Anwendungsbereich der Norm.

## Begriffe

Die für die Anwendung der DIN 18202 benötigten Begriffe werden im Abschnitt 3 der Norm geregelt. Hierbei handelt es sich im Wesentlichen um die zum Verständnis erforderlichen notwendigen sprachlichen Definitionen zu einzelnen Maßbezeichnungen und andere Begrifflichkeiten. Nachfolgend werden diese Begriffe erläutert; für den genauen Wortlaut ist die Norm heranzuziehen.

**Nennmaß:**

Das Nennmaß ist das Sollmaß. Es dient zur Beschreibung der Größe (Länge, Breite, Höhe), Gestalt und Lage eines Bauteils oder Bauwerks (z. B. die Länge einer Wand). Es wird in Zeichnungen angegeben.

**Istmaß:**

Das vor Ort an einem hergestellten Bauteil oder Bauwerk durch Messung ermittelte Maß wird als Istmaß bezeichnet.

**Maßabweichung:**

Die Differenz zwischen einem festgelegten Nennmaß (Sollmaß) und einem festgestellten Istmaß stellt grundlegend eine **Maßabweichung** dar, unabhängig von einer nachfolgenden Bewertung zu deren Zulässigkeit oder Unzulässigkeit.

**Mindestmaß und Höchstmaß:**

Die Begriffe **Mindestmaß** und **Höchstmaß** beschreiben jeweils das für ein Bauteil zulässige kleinste bzw. größte Maß.

**Maßtoleranz:**

Die Differenz zwischen einem zulässigen kleinsten Maß (Mindestmaß) und einem zulässigen größten Maß (Höchstmaß) eines Bauteils wird als **Maßtoleranz** bezeichnet.

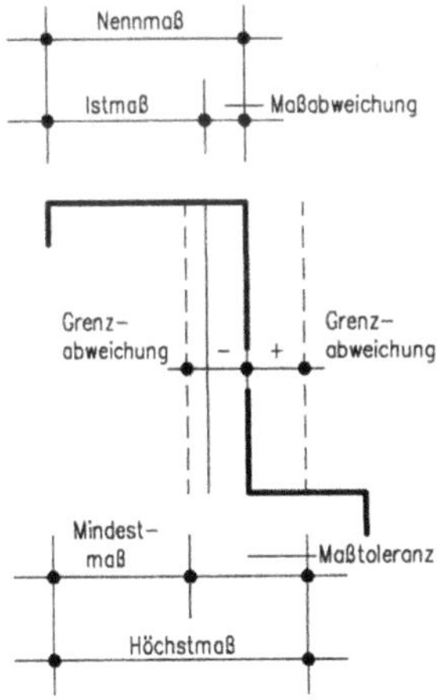


***Bild 1:** Begriffsdefinitionen (in Anlehnung an DIN 18202 Bild 1)*
*(Quelle: Schöwer)*

**Stichmaß:**

Für die Ermittlung von Winkel- oder Ebenheitsabweichungen wird die Festlegung einer Bezugslinie erforderlich. Der Abstand eines bestimmten Punktes des zu prüfenden Bauteils zu dieser Bezugslinie wird als **Stichmaß** bezeichnet.

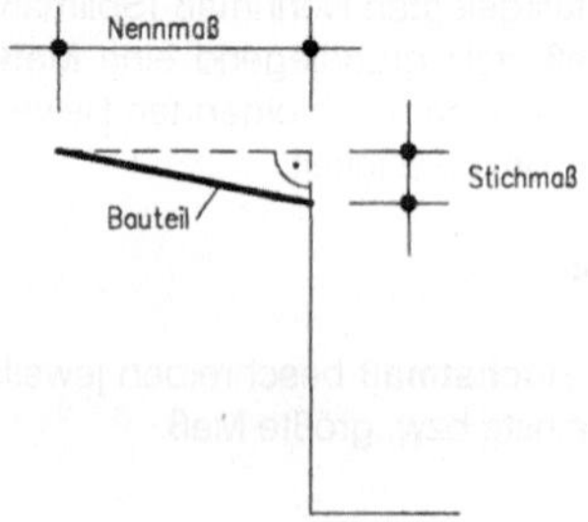


***Bild 2:*** *Stichmaß (Beispiel) (in Anlehnung an DIN 18202, Bild 2) (Quelle: Schöwer)*

**Grenzabweichung für Maße:**

Die **Grenzabweichung für Maße** entspricht der Differenz zwischen Höchstmaß und Nennmaß bzw. Differenz zwischen Mindestmaß und Nennmaß.

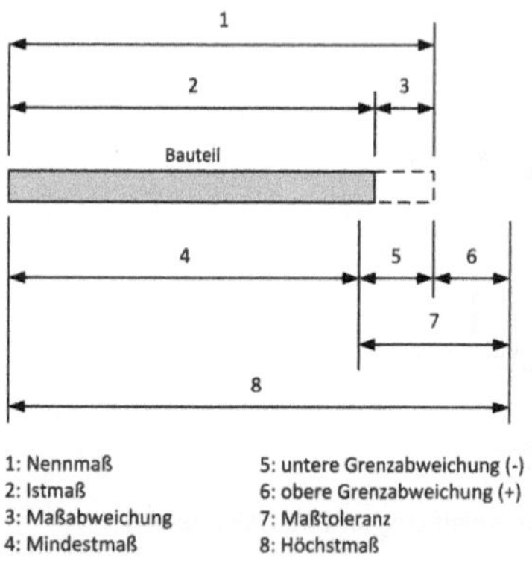


***Bild 3:*** *Grenzabweichung (in Anlehnung an DIN 18202, Bild 1) (Quelle: Schmidt)*

**Winkelabweichung:**

Die **Winkelabweichung** ist die „Differenz zwischen Ist- und Nennwinkel, angegeben als Stichmaß, bezogen auf ein Nennmaß".

**Ebenheitsabweichung:**

Die **Ebenheitsabweichung** wird definiert als „Istabweichung einer Fläche von der Ebene, angegeben als Stichmaß, bezogen auf einen Messpunktabstand".

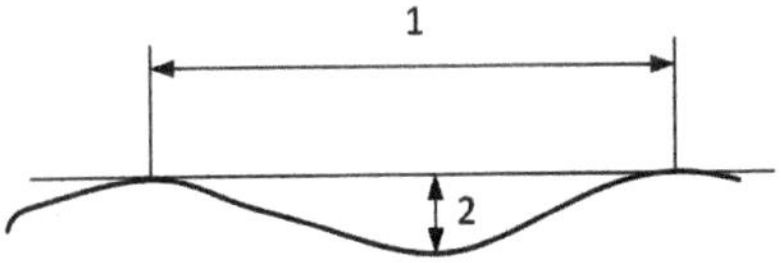


1: Messpunktabstand
2: Stichmaß zur Bestimmung der Ebenheitsabweichung

***Bild 4:*** *Ebenheitsabweichung als Stichmaß, bezogen auf einen Messpunktabstand (Quelle: Schmidt)*

**Grenzwert für die Winkelabweichung:**

Der **Grenzwert für die Winkelabweichung** ist das „Stichmaß als Grenzabweichung vom Winkel".

**Grenzwert für die Ebenheitsabweichung:**

Als **Grenzwert für Ebenheitsabweichungen** (Grenzebenheitsabweichung) wird das „Stichmaß als Grenzabweichung von der Ebene" bezeichnet.

**Fluchtabweichung, Flucht:**

Eine **Fluchtabweichung** ist definiert als die „Istabweichung eines Punktes von der Flucht, angegeben als Stichmaß, bezogen auf ein Nennmaß". Als Flucht wird die Verbindungslinie zwischen zwei Punkten bezeichnet.

**Grenzwert für die Fluchtabweichung:**

Das Stichmaß als Grenzabweichung von der Flucht beschreibt den **Grenzwert für die Fluchtabweichung.**

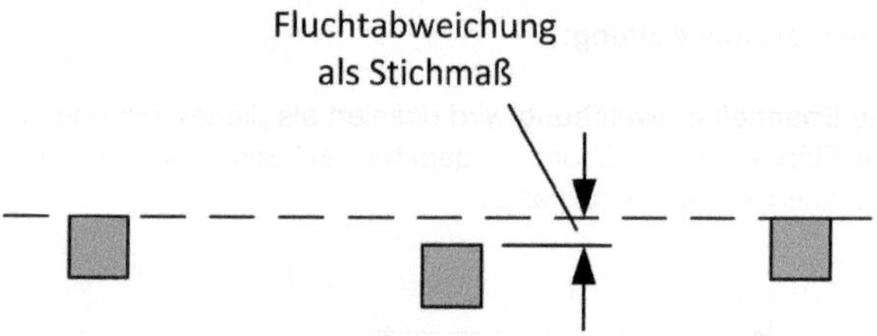


***Bild 5:** Fluchtabweichung (Quelle: Schmidt)*

**Boxprinzip:**

Das Boxprinzip (bzw. Schachtelprinzip) erfordert, dass alle Punkte, die auf einer Bauteiloberfläche liegen, innerhalb eines Hüllkörpers (= Box) liegen, der durch die Nennmaße einschließlich der zulässigen Abweichungen in jeder Richtung definiert ist. Das Boxprinzip wurde mit der aktuellen Ausgabe vom Juli 2019 neu in die Norm aufgenommen

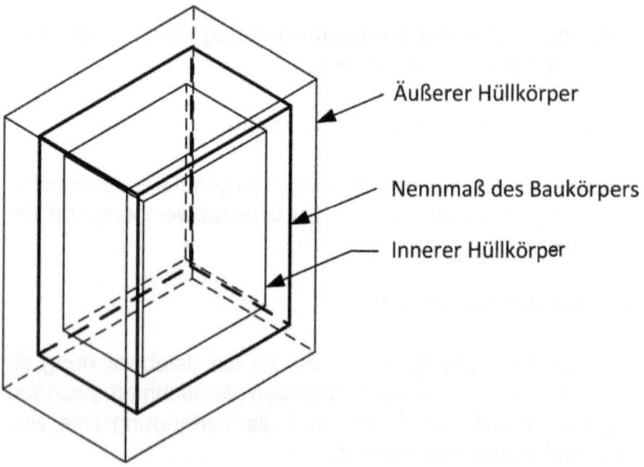


***Bild 6:** Boxprinzip (in Anlehnung an DIN 18202, Bild 3) (Quelle: Schmidt)*

# Grundsätze

Im Abschnitt 4 „Grundsätze" der DIN 18202 sind grundlegende Regelungen festgelegt. Danach dienen *„Toleranzen ... zur Begrenzung der Abweichungen von den Nennmaßen der Größe, Gestalt und der Lage von Bauteilen und Bauwerken"...*

Toleranzen müssen eingehalten werden, um das funktionsgerechte Zusammenfügen von Bauteilen oder Bauwerken zu gewährleisten, ohne dass nachträgliche Anpass- oder Nacharbeiten erforderlich sind. Die Gründe hierfür liegen in unvermeidlichen Ungenauigkeiten bei der Messung sowie bei der Ausführung und Montage von Bauteilen des Roh- und Ausbaus.

Soweit keine objektbezogenen besonderen Genauigkeiten in Bauzeichnungen, in Leistungsverzeichnissen oder anderen Vertragsunterlagen festgelegt wurden, gelten die angegebenen Toleranzen als vereinbart. Diese genügen den Anforderungen an die Genauigkeit, die im Rahmen einer üblichen und sorgfältigen Bauausführung zu erzielen sind.

Es ist zu beachten, dass die in DIN 18202 angegebenen Toleranzen nicht als abschließend zu verstehen sind. Für erhöhte Anforderungen an die Genauigkeit, z. B. bei besonderen Anforderungen an das optische Erscheinungsbild, sind die erforderlichen Maßnahmen im Einzelfall gesondert zu vereinbaren und die dazu notwendigen Kontrollverfahren und Messpunkte rechtzeitig vor Baubeginn festzulegen.

Zu den Grundsätzen gehört auch die Forderung, dass die Toleranzen nach diesen Normen die Grundlagen für Passungsberechnungen darstellen. Dabei sind Maßveränderungen aus zeit- und lastabhängigen Verformungen, auch solche aus Temperatureinflüssen sowie funktionsbedingte Anforderungen zusätzlich einzubeziehen und zu berücksichtigen. Beispielhaft seien hier Grenzwerte für die zulässige Dehnung einer Fugendichtung genannt.

Für eine Anwendung der DIN 18202 sind vor der Bauausführung geeignete Bezugspunkte festzulegen, die eine Überprüfung der Übereinstimmung des Istzustands mit dem Sollzustand ermöglichen.

**Bezugsarten**

Nach Abschnitt 4.6 der DIN 18202 ist die Lage von Bauteilen, Räumen und Bauwerken mit einer bestimmten Bezugsart in einem Koordinierungssystem zu verankern. Die dazu notwendigen Bezugspunkte sind vor der Bauausführung festzulegen.

Für Planung, Ausführung und Prüfung von Maßen sollte vom gleichen Messbezug ausgegangen werden. Hierdurch sollen bezugsbedingte Differenzen der Messwerte vermieden werden.

Für Bezugsarten gelten folgende Begriffe:

**Grenzbezug**

Die Lage eines Bauteils wird z. B. bestimmt durch die Angabe eines Nennmaßes als Abstand des Bauteils zu einem anderen Bauteil.

**Achsbezug**

Die Lage eines Bauteils wird z. B. bestimmt durch die Angabe eines Nennmaßes zu einer Planachse.

**Randlage**

Die Randlage beschreibt die Lage von Bauteilen in Bezug zu einem anderen Bauteil oder einer Planachse.

**Mittellage**

Die Mittellage beschreibt die Lage von Bauteilen in Bezug zu einem anderen Bauteil oder einer Planachse mit jeweils gleichen Nennmaßen als Bezugsmaße.

Beispiele für die Beschreibung der Lage von Bauteilen:

A = Achsbezug und Mittellage

B = Grenzbezug

C = Achsbezug und Randlage

D = Grenzbezug und Randlage

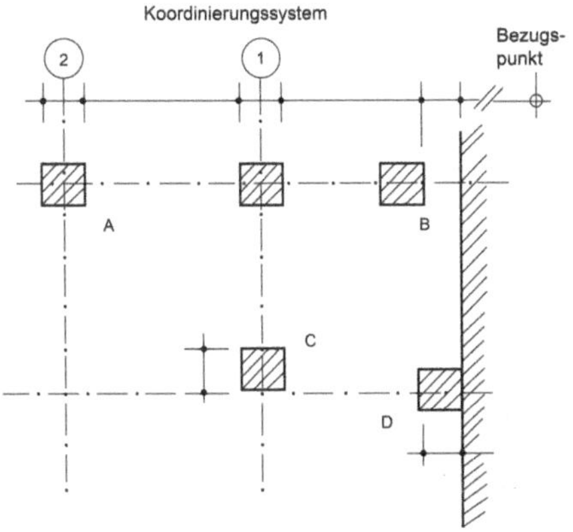


***Bild 7:** Beispiele für Beschreibungen der Lage von Stützen (Quelle: Schöwer)*

### Boxprinzip

Für Toleranzen gilt das Boxprinzip (Schachtelprinzip). Das Boxprinzip wurde neu in die Ausgabe der DIN 18202 vom Juli 2019 aufgenommen. Beim Boxprinzip müssen alle Punkte einer Bauteil- oder Bauwerksoberfläche innerhalb der Boxen (Hüllkörper) liegen, die durch die Nennmaße unter Berücksichtigung der Toleranzen definiert sind. Das bedeutet, dass ein Bauteil bzw. Bauwerk weder den äußeren noch den inneren Hüllkörper durchstoßen darf. Zusätzlich sind die Anforderungen an Maße, Winkel, Ebenheiten und Fluchten jeweils für sich einzuhalten.

### Messpunktabstände für Ebenheitsabweichungen

Die festgelegten verschiedenen „Grenzabweichungen" der Ebenheit sind in DIN 18202, Tabelle 3 in Spalten mit zugeordneten Bereichen für das Maß des ermittelten Messpunktabstands gegliedert. Die Spalten gelten für Messpunktabstände bis 0,1 m und in weiteren Schritten bis 1,0 bis 4,0, 10,0 und 15,0 m. Messpunktabstände über 15 m sind ebenfalls in der Spalte „bis 15 m" einzuordnen.

### Messpunktabstände für lichte Maße im Grund- und Aufriss

Im Gegensatz zur Tabelle für zulässige Ebenheitsabweichungen sind für die Grenzabweichungen von Baumaßen und Winkeln die relevanten Nennmaße in verschiedenen Spalten unterschiedlicher Bandbreiten zusammengefasst.

Für die Beurteilung von Grenzabweichungen der Maße von Bauteilen mit Nennmaßen über 30 m gilt eine Begrenzung auf bis ca. 60 m Länge. Für Bauteile mit größeren Abmessungen sind besondere Vereinbarungen bezüglich der einzuhaltenden Grenzwerte sowie der anzuwendenden Messverfahren und einzurichtenden Kontrollpunkte usw. erforderlich.

Im Zusammenhang mit der Prüfung von lichten Maßen im Grundriss und Aufriss und bei Öffnungen besteht in der Norm eine Maßfestlegung für den Messpunkt. Als Messpunkte gelten jene Punkte mit einem Lageabstand von 10 cm zu den jeweils angrenzenden Bauteilen, wie Decken oder Wände. An Unterzügen sind lichte Höhen mit einem Abstand von 10 cm zum Auflagerrand an beiden Kanten zu ermitteln.

Diese Regelungen dienen dem Ausschluss von evtl. einzelnen und lokal begrenzt vorhandenen Maßabweichungen am Rand eines Bauteils. Diese könnten nicht für das gesamte Bauteil charakteristisch sein und damit das einzelne Messergebnis beeinflussen bzw. die Gesamtbewertung verfälschen.

**Messpunktabstände für Fluchtabweichungen**

Der Messpunktabstand für die Bestimmung von Fluchtabweichungen entspricht dem Maß von zwei Stützenachsen.

**Absätze und Höhensprünge**

Zur Beurteilung von Absätzen und Höhensprüngen zwischen benachbarten Bauteilen wird in der DIN 18202 besonders darauf hingewiesen, dass die Inhalte dieser Norm hier nicht anzuwenden sind. Als Beispiele werden die Stoßstellen von Bodenbelägen, Wandbekleidungen und Filigrandecken genannt. Es besteht die Vorgabe zur Vereinbarung einer gesonderten Regelung für diese Bauteilgrenzlinie.

Grundsätzlich sind Sprünge und Absätze bei flächenfertigen Wänden, Decken, Estrichen und Bodenbelägen zu vermeiden, jedoch ohne Berücksichtigung der baustoffbedingten oder handwerklich gestalteten Oberflächenstruktur.

Außerdem sind stets die für Bauprodukte zulässigen Abweichungen zusätzlich zu den Grenzwerten für Ebenheitsabweichungen zu berücksichtigen.

# Maßabweichungen – Toleranzen

In DIN 18202 sind in den Tabellen 1 bis 4 die Grenzabweichungen für Maße und die Stichmaße als Grenzwerte für zulässige Abweichungen von der Ebenheit und dem Winkel sowie für Lageabweichungen von Stützen aus der Flucht festgelegt.

## Grenzabweichungen für Maße

Zulässige Grenzabweichungen sind im Abschnitt 5 „Maßtoleranzen", Abschnitt 5.2 der DIN 18202 festgelegt. Die zulässigen Grenzabweichungen gelten für einzelne Abmessungen (Länge, Breite, Höhe), für Querschnittsmaße sowie Achs- und Rastermaße von Bauwerken. Die Beurteilung von Abweichungen bei der Herstellung von Öffnungen für Fenster, Außentüren oder sonstige Einbauteile erfolgt ebenfalls auf der Grundlage dieser Regelung. Für die zulässigen Maße von Öffnungen zum Einbau von Innentüren sind die Maßvorgaben nach DIN 18100[1] „Türen – Wandöffnungen für Türen" heranzuziehen.

Das am Bau ermittelte Istmaß eines Bauteils ist entsprechend der Zuordnung in Tabelle 1 der DIN 18202 für abgestufte Nennmaße im Grund- und Aufriss, für lichte Maße im Grund- und Aufriss sowie für Öffnungen einzuordnen und mit der Angabe der zulässigen Grenzabweichung zu vergleichen.

Bei der Bewertung von Messergebnissen ist zu beachten, dass durch das Ausnutzen der Grenzabweichungen bzw. von Höchst- und Mindestmaßen die Grenzwerte für Winkelabweichungen nicht überschritten werden. Dies gilt umgekehrt auch für die Ausnutzung der Grenzwerte für die Winkelabweichungen. In diesem Fall darf das Mindest- bzw. Höchstmaß nicht unter- bzw. überschritten werden.

[1] DIN 18100:1983-10: Türen; Wandöffnungen für Türen; Maße entsprechend DIN 4172; Beuth Verlag, Berlin.

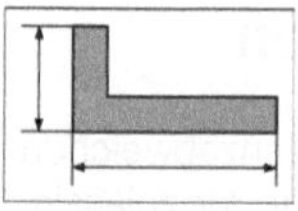

(Quelle: Schmidt)

**Maße im Grundriss**
(nach DIN 18202, Tabelle 1, Zeile 1)

Die durch Messung an der Deckenoberfläche ermittelten Werte gelten für jedes einzelne Nennmaß und sind einzuhalten. Die Werte für Nennmaße über 30 m können für Bauteillängen bis ca. 60 m als geeignet eingestuft werden. Für größere Abmessungen sollten zusätzliche Regelungen zum Messverfahren oder zur Genauigkeitsstufe getroffen werden.

| Nennmaß | | Grenzabweichung |
|---|---|---|
| • bis 1 m | → | ±10 mm |
| • über 1 m bis 3 m | → | ±12 mm |
| • über 3 m bis 6 m | → | ±16 mm |
| • über 6 m bis 15 m | → | ±20 mm |
| • über 15 m bis 30 m | → | ±24 mm |
| • über 30 m | → | ±30 mm |

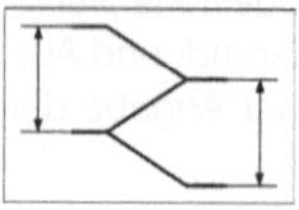

(Quelle: Schmidt)

**Maße im Aufriss**
(nach DIN 18202, Tabelle 1, Zeile 2)
Die durch Messung ermittelten Werte an markanten Stellen des Gebäudes für einzelne Geschosshöhen, Vorsprünge an Wänden oder Podesthöhen dürfen für jedes Nennmaß in m bis zu den nachstehend genannten Grenzwerten in mm abweichen. Die Werte für Nennmaße über 30 m können für Bauteillängen bis ca. 60 m als geeignet eingestuft werden. Für größere Abmessungen sollten zusätzliche Regelungen zum Messverfahren oder zur Genauigkeitsstufe getroffen werden.

| Nennmaß | | Grenzabweichung |
|---|---|---|
| • bis 1 m | → | ±10 mm |
| • über 1 m bis 3 m | → | ±16 mm |
| • über 3 m bis 6 m | → | ±16 mm |
| • über 6 m bis 15 m | → | ±20 mm |
| • über 15 m bis 30 m | → | ±30 mm |
| • über 30 m | → | ±30 mm |

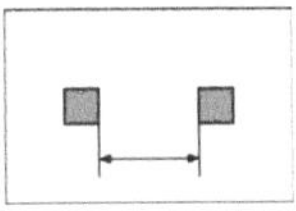

(Quelle: Schmidt)

**Lichte Maße im Grundriss**
(nach DIN 18202, Tabelle 1, Zeile 3)

Für lichte Maße im Grundriss (z. B. Maße zwischen Stützen, Pfeilern usw.) sind in der Tabelle 1 der DIN 18202 Grenzabweichungen nur für Nennmaße bis 30 m erfasst.

Zwischen Stützen, Wandvorlagen oder Pfeilern dürfen die durch Messung festgestellten Istmaße von den Nennmaßen um die nachstehend genannten Grenzabweichungen abweichen. Die Messpunkte an Wänden und Stützen sollen dabei jeweils mit einem Abstand von ungefähr 10 cm zur Wand bzw. zu Fußboden und Decke eingerichtet werden (Weiteres siehe Prüfung nach DIN 18202).

| Nennmaß | | Grenzabweichung |
|---|---|---|
| • bis 1 m | → | ±12 mm |
| • über 1 m bis 3 m | → | ±16 mm |
| • über 3 m bis 6 m | → | ±20 mm |
| • über 6 m bis 15 m | → | ±24 mm |
| • über 15 m bis 30 m | → | ±30 mm |

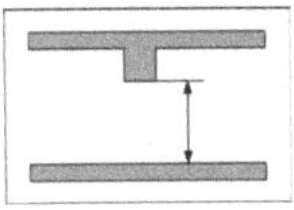

(Quelle: Schmidt)

**Lichte Maße im Aufriss**
(nach DIN 18202, Tabelle 1, Zeile 4)

Für lichte Maße im Aufriss, z. B. unter Decken und Unterzügen, sind zulässige Grenzabweichungen nur bis zu maximalen Höhen von 15 m in der Tabelle 1, Zeile 4 der DIN 18202 festgelegt. Messungen der lichten Höhen unter Decken oder Unterzügen sind an mindestens zwei Stellen je Wandseite durchzuführen. Die Messpunkte an Boden und Decken sollen dabei jeweils mit einem Abstand von ungefähr 10 cm zur Wand eingerichtet werden (Weiteres siehe Prüfung nach DIN 18202). Für die Nennmaße in m gelten als zulässige Werte für die Grenzabweichungen in mm:

| Nennmaß | | Grenzabweichung |
|---|---|---|
| • bis 1 m | → | ±16 mm |
| • über 1 m bis 3 m | → | ±20 mm |
| • über 3 m bis 6 m | → | ±20 mm |
| • über 6 m bis 15 m | → | ±30 mm |

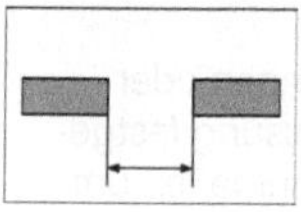

(Quelle: Schmidt)

**Öffnungen**
**(nach DIN 18202, Tabelle 1, Zeile 5)**

Für Bauteilöffnungen (z. B. für Fenster, Außentüren[2] oder Einbauelemente, wie z. B. Wandhydranten oder Verteilerkästen) gelten die folgenden Höchstwerte der Grenzabweichungen für die entsprechenden Nennmaße:

| Nennmaß | | Grenzabweichung |
|---|---|---|
| • bis 1 m | → | ±10 mm |
| • über 1 m bis 3 m | → | ±12 mm |
| • über 3 m bis 6 m | → | ±16 mm |

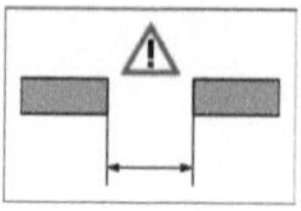

(Quelle: Schmidt)

**Öffnungen wie zuvor, jedoch mit oberflächenfertigen Laibungen**
(nach DIN 18202, Tabelle 1, Zeile 6)

| Nennmaß | | Stichmaß |
|---|---|---|
| • bis 1 m | → | ±8 mm |
| • über 1 m bis 3 m | → | ±10 mm |
| • über 3 m bis 6 m | → | ±12 mm |

**Grenzwerte für Winkelabweichungen**

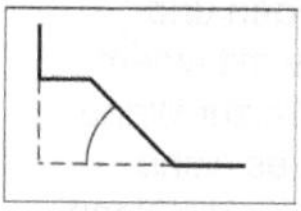

(Quelle: Schmidt)

Die **Grenzwerte für Winkelabweichungen** sind in Abschnitt 5.3 der DIN 18202 festgelegt.

2 Grenzabweichungen für Innentüren siehe DIN 18100.

| Nennmaß | | Stichmaß |
|---|---|---|
| • bis 0,5 m | → | ±3 mm |
| • über 0,5 m bis 1 m | → | ±6 mm |
| • über 1 m bis 3 m | → | ±8 mm |
| • über 3 m bis 6 m | → | ±12 mm |
| • über 6 m bis 15 m | → | ±16 mm |
| • über 15 m bis 30 m | → | ±20 mm |
| • über 30 m | → | ±30 mm |

Stichmaße für **Winkelabweichungen** werden an vertikalen, horizontalen und geneigten Flächen ermittelt. Die Grenzwerte für Winkelabweichungen gelten auch für die Bewertung von Öffnungen in den vorgenannten Flächen, z. B. an Tür- und Fensteröffnungen sowie Treppenöffnungen in Decken. Durch die zulässigen maximalen Winkelabweichungen dürfen die Grenzwerte für Grenzabweichungen des Bauwerks nicht überschritten werden.

**Grenzwerte für Ebenheitsabweichungen**

Die **Grenzwerte für Ebenheitsabweichungen** sind in Abschnitt 5.4 der DIN 18202 festgelegt.

Eine Beurteilung der Ebenheit von Bauteilen bzw. Flächen kann mit den in DIN 18202, Tab. 3 angegebenen Werten für Decken (Ober- und Unterseiten), Estriche, Bodenbeläge und Wände unabhängig von ihrer Lage erfolgen.

Nach DIN 18202, Tab. 3 werden an Flächen, abhängig von deren Fertigungsgrad und der vorgesehenen weiteren Oberflächenbearbeitung oder Nutzung, unterschiedliche Anforderungen an die Ebenheit gestellt.

Für verschiedene Messpunktabstände sind zugeordnete Stichmaße als Grenzwerte für eine zulässige Abweichung von der Ebenheit eines Bauteils festgelegt.

Die Einhaltung von erhöhten Anforderungen ist nach DIN 18202, Abschnitt 5.4 gesondert zu vereinbaren.

Gelten für einzelne Baustoffe zulässige Abweichungen, z. B. für Wölbungen von Fliesen und Platten, sind diese zusätzlich zu den Ebenheitsabweichungen nach DIN 18202, Tab. 3 zu berücksichtigen.

Bestehen zwischen benachbarten Bauteilen Höhenversätze, sind zu deren Beurteilung die Werte nicht anzuwenden.

Die Grenzwerte für Ebenheitsabweichungen sind bei Mauerwerk, dessen Dicke gleich einem Steinmaß ist, nur für die bündige Seite anzuwenden. Die bündige Seite ist als Bezugspunkt anzugeben. Nach Meinung des Verfassers sollte für ein Sichtmauerwerk eine Festlegung (z. B. „Sichtseite") in Bauzeichnungen oder Leistungsbeschreibungen erfolgen.

Die Werte gelten nicht für Spritzbetonoberflächen, wenn es sich dabei um „spritzrau belassene" Oberflächen handelt.

Für die Beurteilung der Oberseiten von Decken, Estrichen und Fußböden können Zwischenwerte aus einer grafischen Darstellung nach Bild 6 der DIN 18202 abgelesen werden.

Für Wandflächen und Unterseiten von Decken enthält die DIN 18202 im Bild 7 ein Diagramm zur zeichnerischen Ermittlung des Grenzwerts für Ebenheitsabweichungen bei Zwischenwerten zu den in Tabelle 3 und den im Folgenden genannten runden Stichmaßen.

**Als Grenzwert gilt das Stichmaß für den zugeordneten Messpunktabstand für:**

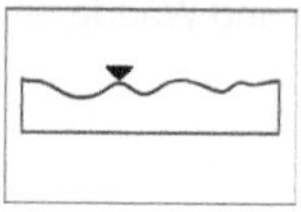

**Nichtflächenfertige Oberseiten** von Decken, Unterbeton und Unterböden (nach DIN 18202, Tabelle 3, Zeile 1)

(Quelle: Schmidt)

| Messpunktabstand [1] | | Stichmaß |
|---|---|---|
| • bis 0,1 m | → | 10 mm |
| • bis 1 m | → | 15 mm |
| • bis 4 m | → | 20 mm |
| • bis 10 m | → | 25 mm |
| • bis 15 m [2] | → | 30 mm |

[1] Für Zwischenwerte siehe DIN 18202 bzw. folgende Diagramme.

[2] Die Grenzwerte für Ebenheitsabweichungen gelten auch für Messpunktabstände > 15 m.

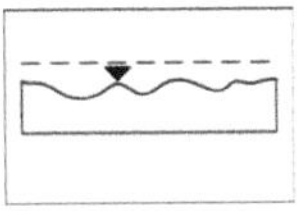

(Quelle: Schmidt)

**Nichtflächenfertige Oberseiten** von Decken oder Bodenplatten (nach DIN 18202, Tabelle 3, Zeile 2a). Die Werte gelten z. B. für Flächen zur Aufnahme von Verbundestrichen und schwimmenden Estrichen, Industrieböden, Fliesen- und Plattenbelägen im Mörtelbett.

| Messpunktabstand [1] | | Stichmaß |
|---|---|---|
| • bis 0,1 m | → | 5 mm |
| • bis 1 m | → | 8 mm |
| • bis 4 m | → | 12 mm |
| • bis 10 m | → | 15 mm |
| • bis 15 m [2] | → | 20 mm |

[1] Für Zwischenwerte siehe DIN 18202 bzw. folgende Diagramme.

[2] Die Grenzwerte für Ebenheitsabweichungen gelten auch für Messpunktabstände > 15 m.

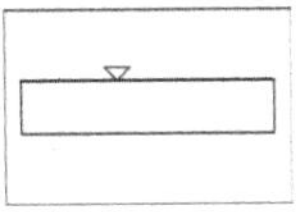

(Quelle: Schmidt)

**Flächenfertige Oberseiten** von Decken oder Bodenplatten in Räumen für eine untergeordnete Nutzung (z. B. Lagerräume, Keller) oder monolithische Betonböden (DIN 18202, Tab. 3, Zeile 2b).

| Messpunktabstand [1] | | Stichmaß |
|---|---|---|
| • bis 0,1 m | → | 5 mm |
| • bis 1 m | → | 8 mm |
| • bis 4 m | → | 12 mm |
| • bis 10 m | → | 15 mm |
| • bis 15 m [2] | → | 20 mm |

[1] Für Zwischenwerte siehe DIN 18202 bzw. folgende Diagramme.

[2] Die Grenzwerte für Ebenheitsabweichungen gelten auch für Messpunktabstände > 15 m.

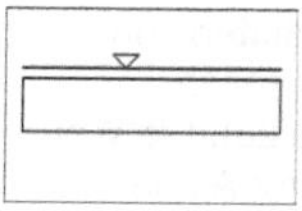

(Quelle: Schmidt)

**Flächenfertige Böden** in Form von gespachtelten und geklebten Belägen, Boden- und Fliesenbelägen allgemein sowie Estrichen als Nutzestriche oder Estriche zur Aufnahme von Bodenbelägen, Bodenbeläge, Fliesenbelägen, gespachtelten und geklebten Belägen (nach DIN 18202, Tabelle 3, Zeile 3).

| Messpunktabstand [1] | | Stichmaß |
|---|---|---|
| • bis 0,1 m | → | 2 mm |
| • bis 1 m | → | 4 mm |
| • bis 4 m | → | 10 mm |
| • bis 10 m | → | 12 mm |
| • bis 15 m [2] | → | 15 mm |

[1] Für Zwischenwerte siehe DIN 18202 bzw. folgende Diagramme.

[2] Die Grenzwerte für Ebenheitsabweichungen gelten auch für Messpunktabstände > 15 m.

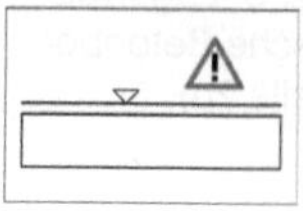

**Flächenfertige Böden (wie zuvor), jedoch mit erhöhten Anforderungen**
(nach DIN 18202, Tabelle 3, Zeile 4)

(Quelle: Schmidt)

| Messpunktabstand [1] | | Stichmaß |
|---|---|---|
| • bis 0,1 m | → | 1 mm |
| • bis 1 m | → | 3 mm |
| • bis 4 m | → | 9 mm |
| • bis 10 m | → | 12 mm |
| • bis 15 m [2] | → | 15 mm |

[1] Für Zwischenwerte siehe DIN 18202 bzw. folgende Diagramme.

[2] Die Grenzwerte für Ebenheitsabweichungen gelten auch für Messpunktabstände > 15 m.

Hierzu zählt die Oberfläche von selbstverlaufenden Massen. Auch dünnschichtige Kunstharzestriche können hier eingeordnet werden.

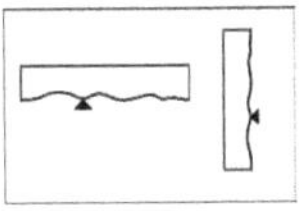

**Nichtflächenfertige Wände und Unterseiten von Rohdecken**

(nach DIN 18202, Tabelle 3, Zeile 5)

(Quelle: Schmidt)

| Messpunktabstand [1] | | Stichmaß |
|---|---|---|
| • bis 0,1 m | → | 5 mm |
| • bis 1 m | → | 10 mm |
| • bis 4 m | → | 15 mm |
| • bis 10 m | → | 25 mm |
| • bis 15 m [2] | → | 30 mm |

[1] Für Zwischenwerte siehe DIN 18202 bzw. folgende Diagramme.

[2] Die Grenzwerte für Ebenheitsabweichungen gelten auch für Messpunktabstände > 15 m.

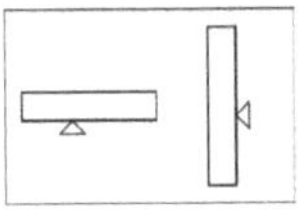

**Flächenfertige Wände und Unterseiten von Decken**

(nach DIN 18202, Tabelle 3, Zeile 6)

(Quelle: Schmidt)

| Messpunktabstand [1] | | Stichmaß |
|---|---|---|
| • bis 0,1 m | → | 3 mm |
| • bis 1 m | → | 5 mm |
| • bis 4 m | → | 10 mm |
| • bis 10 m | → | 20 mm |
| • bis 15 m [2] | → | 25 mm |

[1] Für Zwischenwerte siehe DIN 18202 bzw. folgende Diagramme.

[2] Die Grenzwerte für Ebenheitsabweichungen gelten auch für Messpunktabstände > 15 m.

In diese Beurteilungskategorie gehören die Oberflächen verputzter Wände und Decken, untergehängter Decken und von Wandbekleidungen. Sollen die vorgenannten Oberflächen erhöhten Anforderungen genügen, sind diese zu vereinbaren und in Bezug auf die Einhaltung nach den Werten der DIN 18202, Tab. 3, Zeile 7 zu beurteilen (s. nachfolgend).

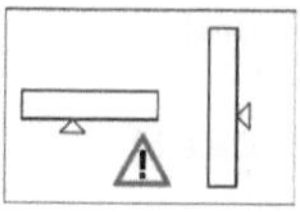

## Flächenfertige Wände und Unterseiten von Decken mit erhöhten Anforderungen

(nach DIN 18202, Tabelle 3, Zeile 7)

(Quelle: Schmidt)

| Messpunktabstand [1] | | Stichmaß |
|---|---|---|
| • bis 0,1 m | → | 2 mm |
| • bis 1 m | → | 3 mm |
| • bis 4 m | → | 8 mm |
| • bis 10 m | → | 15 mm |
| • bis 15 m [2] | → | 20 mm |

[1] Für Zwischenwerte siehe DIN 18202 bzw. folgende Diagramme.

[2] Die Grenzwerte für Ebenheitsabweichungen gelten auch für Messpunktabstände > 15 m.

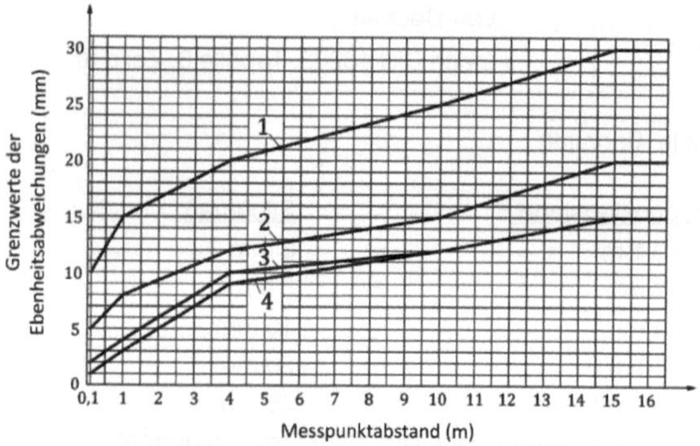


1: Nichtflächenfertige Oberseiten von Decken, Unterbeton und Unterböden
2: Nichtflächenfertige Oberseiten von Decken oder Bodenplatten zur Aufnahme von Bodenaufbauten bzw. flächenfertige Oberseiten von Decken oder Bodenplatten für untergeordnete Zwecke
3: Flächenfertige Böden
4: Wie 3, jedoch mit erhöhten Anforderungen

***Bild 8:** Grenzwerte für Ebenheitsabweichungen von Oberseiten von Decken, Estrichen und Fußböden (in Anlehnung an DIN 18202, Bild 6) (Quelle: Schmidt)*

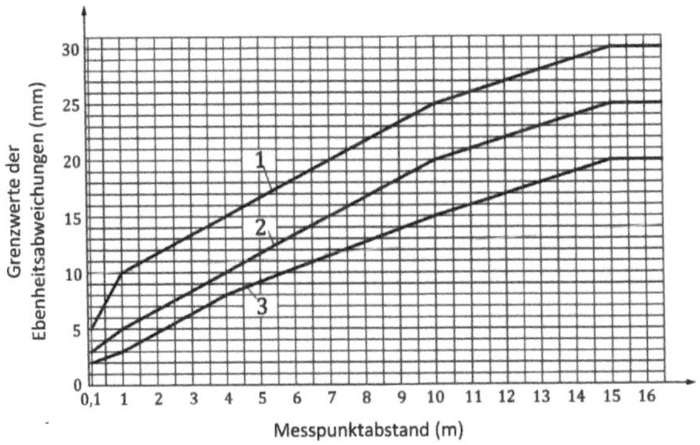


1: Nichtflächenfertige Wände und Unterseiten von Rohdecken
2: Flächenfertige Wände und Unterseiten von Decken
3: Wie 2, jedoch mit erhöhten Anforderungen

***Bild 9:*** *Grenzwerte für Ebenheitsabweichungen von Wandflächen und Unterseiten von Decken (in Anlehnung an DIN 18202, Bild 7) (Quelle: Schmidt)*

## Fluchtabweichungen bei Stützen

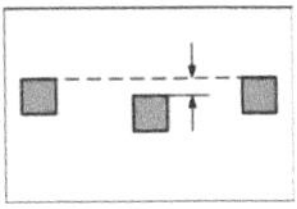

(Quelle: Schmidt)

Die **Grenzwerte für Fluchtabweichungen** sind in Abschnitt 5.5 der DIN 18202 festgelegt. Für die Anwendung der DIN 18202 sind folgende Begriffsbestimmungen und die damit verbundenen Prüfregularien zu beachten. Eine **Flucht** von Stützen ergibt sich durch eine horizontale Verbindungslinie zwischen der Ist-Lage der Endstützen von Stützenreihen mit mindestens drei Stützen. Als Nennmaß gilt der Abstand zwischen drei Stützen bzw. zwei Stützenachsabständen. Das Stichmaß entspricht dem Abstand einer Zwischenstütze zur Flucht. Es gelten folgende Grenzwerte für Fluchtabweichungen bei Stützen:

| Messpunktabstand | | Stichmaß |
| --- | --- | --- |
| • bis 3 m | → | 8 mm |
| • von 3 bis 6 m | → | 12 mm |
| • über 6 bis 15 m | → | 16 mm |
| • über 15 bis 30 m | → | 20 mm |
| • über 30 m | → | 30 mm |

### Fugen

An Fugen (Fügestellen bzw. Schnittstellen) müssen Toleranzen von benachbarten Bauteilen durch eine veränderliche Fugenbreite ausgeglichen werden.

Sofern an die Maße der Fugen (Fugenbreite) besondere Anforderungen gestellt werden (z. B. aufgrund des optischen Erscheinungsbildes der Fugen) und dadurch ein Passungsausgleich nicht möglich ist, ist dies vor Bauausführung vertraglich zu vereinbaren. Dabei ist der Toleranzausgleich in den angrenzenden Bauteilen anzugeben.

## Prüfung

Die Einhaltung von Toleranzen ist nur dann zu prüfen, wenn dies erforderlich ist.

Um Einflüsse aus zeit- und lastabhängigen Verformungen weitgehend auszuschließen, sind die Prüfungen so früh wie möglich, spätestens jedoch bei der Übernahme von Bauteilen durch Folgeauftragnehmer durchzuführen. Die Prüfung von Toleranzen ist jedoch spätestens unmittelbar nach Fertigstellung des Bauwerks durchzuführen.

Für das anzuwendende Messverfahren wird dem Prüfer die Wahlmöglichkeit eines geeigneten Messverfahrens überlassen. Bei der abschließenden Beurteilung ist die mit dem Messverfahren verbundene Messunsicherheit aus optischer Ablesung einer Messskala oder technischer Geräteeinstellung zu berücksichtigen und anzugeben.

### Grundsätze der Prüfung

Die Lage von raumbildenden oder sonstigen Bauteilen wird durch die Bauplanung bestimmt. Im Rahmen der Bauplanung erfolgt die Lagebestimmung i. d. R. durch zeichnerische und maßliche Angaben zur Form und zur Lage im Raum.

Für die Prüfung werden Anforderungen an die Form und Anforderungen an die Lage eines Bauteils oder Bauwerks unterschieden.

Anforderungen an die Form beinhalten:

- Maße (z. B. Länge, Breite, Höhe, Dicke)
- Winkel (z. B. zwischen Bauteilkanten)
- Flächen (insbesondere ebene Flächen)

Zu den Anforderungen an die Lage gehören:

- Maße (hier in Bezug auf Punkte, Linien, Ebenen im Raum, wie z. B. Achsabstände, Höhenkoten)
- Winkel (hier in Bezug auf eine Richtung (z. B. Senkrechte, Waagerechte)
- Fluchten (hier in Bezug auf Stützen, die auf einer Fluchtlinie angeordnet sind)

Form und Lage und die damit verbundenen Anforderungen an Maße, Winkel, Ebenheiten und Fluchten sind nach den Festlegungen der DIN 18202 getrennt voneinander zu prüfen. Dabei ist das **Boxprinzip** zu berücksichtigen. Das bedeutet, dass ein Bauteil oder Bauwerk innerhalb des durch den äußeren und inneren Hüllkörper definierten Toleranzbereichs bleiben muss. Bauteil bzw. Bauwerk dürfen an keiner Stelle weder den äußeren noch den inneren Hüllkörper durchstoßen.

Für die Prüfung nach DIN 18202 wird der sich aus den Nennmaßen ergebende Messbezug kontrolliert, der sich aus den verschiedenen Messpunkten untereinander ergibt.

Die **Lage von Punkten** (z. B. Eckpunkte von Räumen oder Wandscheiben) wird durch den Vergleich einer ermittelten Entfernung zu einem Bezugspunkt und den vorgegebenen Nennmaßen als linearer Abstand dieser beiden Punkte geprüft.

Für die Beurteilung der Ist-Lage von **Linien** (z. B. Bauteilkanten) ist die Lage der Anfangs- und Endpunkte der Linie zu bestimmen. Die Lage von Linien wird mit dem geplanten Verlauf der Verbindung zwischen Anfangs- und Endpunkt kontrolliert.

Zur Prüfung der **Lage von ebenen Flächen** sind die Lagen der Eckpunkte, der lineare Verlauf der Verbindung dieser Eckpunkte und die Ebenheit an den Flächenrändern zu erfassen und mit den Sollwerten zu vergleichen.

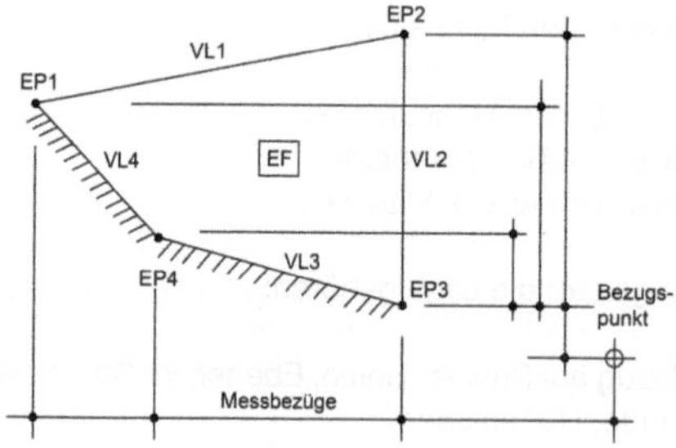


EP = Einzelpunkt
EF = Ebene Fläche
VL = Verbindungslinie als Flächenrand
zur Prüfung der Ebenheit von EF

***Bild 10:*** *Festlegung der Messbezüge, Verbindungslinie und ebene Fläche (Quelle: Schöwer)*

Bei größeren Flächen, durch die Bauwerksachsen verlaufen, gelten die Anforderungen an die Lage der Eckpunkte zusätzlich für die Achsenschnittpunkte.

**Dreidimensionale**, d. h. räumliche **Flächen** (z. B. tonnenförmige oder schalenförmige Flächen), sind durch ein auf die Bauteilabmessungen und die Lage abzustimmendes Netz linearer Verbindungen prüfbar.

Sollen andere, von der Norm abweichende Prüfungen im Zuge der Bauüberwachung erfolgen, so handelt es sich dann um Einzelfälle, die in Bezug auf Grenzwerte und Messverfahren vor der Bauausführung festzulegen und zu vereinbaren sind.

**Messpunkte**

Erforderliche Messpunkte müssen bereits vor der Bauausführung festgelegt werden. Für die Prüfung von Maßen, Winkeln, der Ebenheit von Oberflächen sowie der Flucht von Stützen sind Messpunkte i. d. R. an folgenden Stellen vorzusehen:

- an Ecken oder Kanten von Bauteilen auf der Bauteiloberfläche im Abstand von ca. 10 cm vom seitlichen Rand
- auf Achs- oder Rasterlinien bzw. an den Schnittpunkten von Achslinien oder Rasterlinien

Sollen Diagonalmaße bzw. Winkel geprüft werden, ist es zweckmäßig, die Messpunkte direkt an den Ecken von Bauteilen bzw. an den Schnittpunkten der Achsen anzulegen.

## Prüfung der Form

Die Prüfung der Form eines Bauteils/Bauwerks erfolgt durch Kontrolle der Maße (hier Unterscheidung in (Außen-)Maße, lichte Maße, Öffnungsmaße), Winkel und Ebenheit der Oberfläche. Je nach Art des zu prüfenden Werts sind unterschiedliche Anforderungen für die Anordnung der Messpunkte zu beachten.

## Messpunkte für Maße

Für die Prüfung von Maßen (z. B. Außenmaße) werden Messpunkte in einem Abstand von ca. 10 cm von den Rändern von Kanten sowie in der Bauteilmitte auf der Bauteiloberfläche angeordnet.

Bei Bauwerksachsen werden ggf. auch Messpunkte in den Achsen und in der Mitte zwischen zwei nebeneinanderliegenden Achsen vorgesehen.

Für die Prüfung der Form eines Bauteils im Grundriss und Aufriss siehe folgende Abbildung:

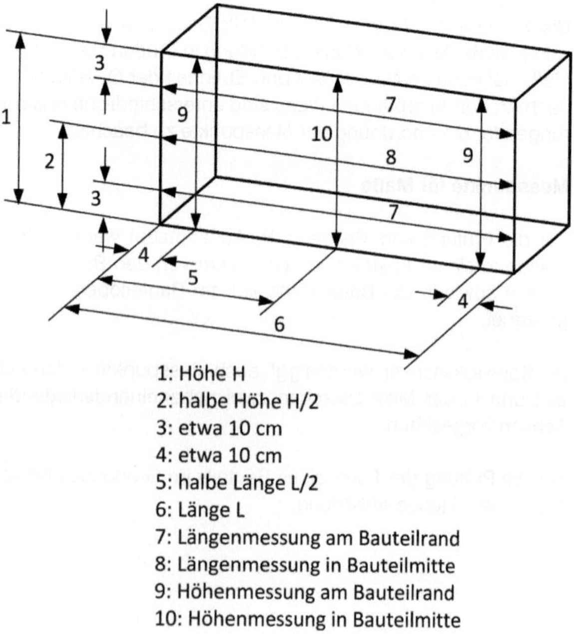


***Bild 11:*** *Prüfung der Maße für die Form eines Bauteils im Grundriss und Aufriss (in Anlehnung an DIN 18202, Bild 8) (Quelle: Schmidt)*

Für die Prüfung der Form eines Bauteils im Aufriss bei einer vorhandenen Bauwerksachse siehe folgende Abbildung:

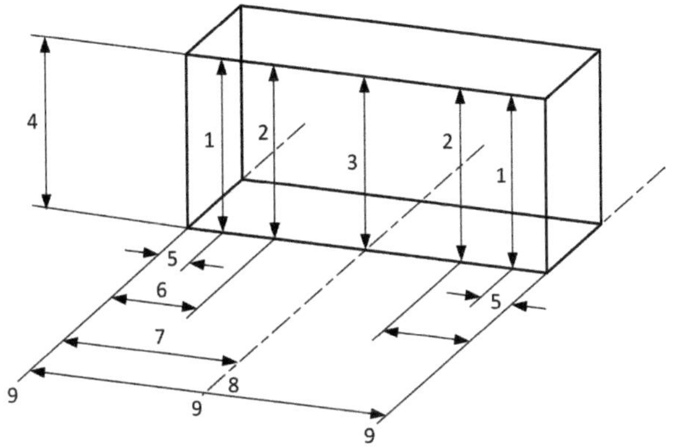


1: Höhenmessung am Bauteilrand
2: Höhenmessung in der Mitte zwischen 2 Achsen
3: Höhenmessung an einer Bauwerksachse
4: Höhe H
5: etwa 10 cm
6: halber Abstand zwischen 2 Achsen
7: Abstand zwischen 2 Achsen
8: Länge L
9: Achse

***Bild 12:** Prüfung der Maße für die Form eines Bauteils im Aufriss bei einer Bauwerksachse (in Anlehnung an DIN 18202, Bild 9) (Quelle: Schmidt)*

## Messpunkte für lichte Maße

Für die Prüfung von lichten Maßen werden Messpunkte an den Rändern in einem Abstand von ca. 10 cm von den Kanten sowie in der Raummitte angeordnet. Bei Räumen, die von Bauwerksachsen unterteilt werden, sind zusätzliche Messpunkte in den Achsen sowie in der Mitte zwischen zwei benachbarten Achsen anzuordnen. Siehe hierzu die folgenden Abbildungen:

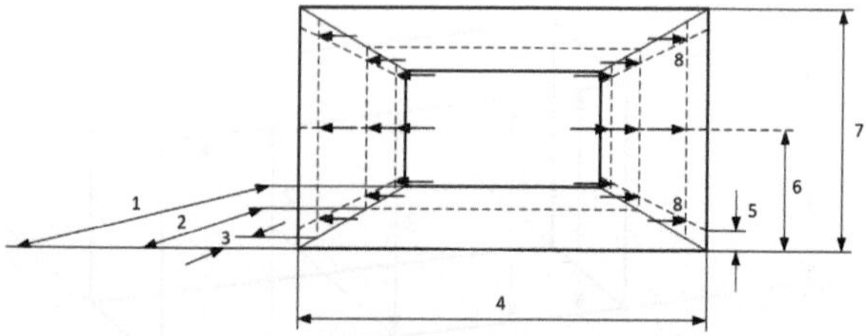

1: Länge L
2: halbe Länge L/2
3: etwa 10 cm
4: Breite B
5: etwa 10 cm
6: halbe Höhe H/2
7: Höhe H
8: Messpunkt für die Prüfung der lichten Breite

***Bild 13:** Prüfung der lichten Breite eines Raums (in Anlehnung an DIN 18202, Bild 10) (Quelle: Schmidt)*

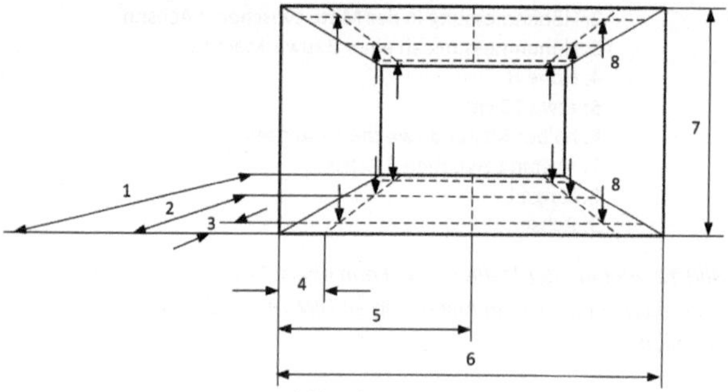

1: Länge L
2: halbe Länge L/2
3: etwa 10 cm
4: etwa 10 cm
5: halbe Breite B/2
6: Breite B
7: Höhe H
8: Messpunkt für die Prüfung der lichten Breite

***Bild 14:** Prüfung der lichten Höhe eines Raums (in Anlehnung an DIN 18202, Bild 11) (Quelle: Schmidt)*

## Messpunkte für Öffnungsmaße

Für die Prüfung von Öffnungsmaßen werden an den Rändern in einem Abstand von ca. 10 cm von den Kanten sowie in der Mitte der Öffnung Messpunkte angeordnet.

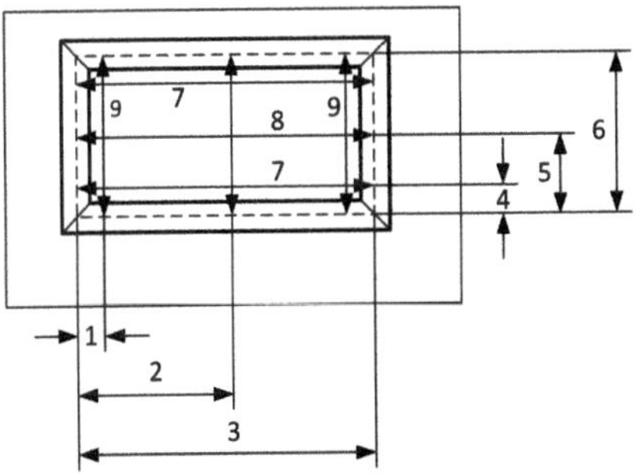


1: etwa 10 cm
2: halbe Breite B/2
3: Breite B
4: etwa 10 cm
5: halbe Höhe H/2
6: Höhe H
7: Messung der Breite am Rand der Öffnung
8: Messung der Breite in Öffnungsmitte
9: Messung der Höhe am Rand der Öffnung
10: Messung der Höhe in Öffnungsmitte

***Bild 15:*** *Prüfung der Öffnungsmaße (in Anlehnung an DIN 18202, Bild 12) (Quelle: Schmidt)*

## Messpunkte für Winkel

Für die Prüfung von Winkeln werden die gleichen Messpunkte verwendet, die an Eckpunkten und/oder Schnittpunkten von Achsen für die Kontrolle von Maßen, lichten Maßen oder Öffnungsmaßen dienen (s. vorige Abschnitte).

Die Winkelabweichung der Kante eines Bauteils vom Sollwert wird durch den Vergleich der linearen Verbindung zwischen dem Anfangs- und Endpunkt der Kante und dem Nennwinkel zu einer Bezugslinie ermittelt. Die Messlinie muss bei nicht rechtwinkliger Form senkrecht zu einer Bezugslinie angeordnet werden.

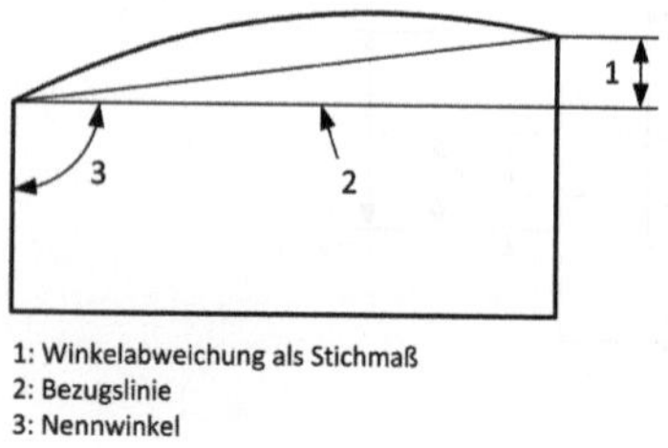


***Bild 16:** Prüfung einer Winkelabweichung (in Anlehnung an DIN 18202, Bild 13) (Quelle: Schmidt)*

## Messpunkte für die Ebenheit

Die Ebenheit einer Bauteiloberfläche wird geprüft, indem Einzelmessungen mithilfe einer Richtlatte durchgeführt werden. Es ist auch möglich, die Ebenheit durch Messung der Abstände zwischen einem rasterförmig angeordneten Netz aus Messpunkten und einer Bezugsebene zu prüfen.

## Prüfung der Ebenheit durch Einzelmessungen mit einer Richtlatte

Bei der Prüfung durch Einzelmessungen wird eine Richtlatte (Messlatte) auf zwei Hochpunkte der Bauteiloberfläche aufgelegt. Anschließend wird das Stichmaß an der tiefsten Stelle ermittelt. Der Abstand beider Hochpunkte entspricht dem Messpunktabstand, der dem ermittelten Stichmaß zugeordnet ist.

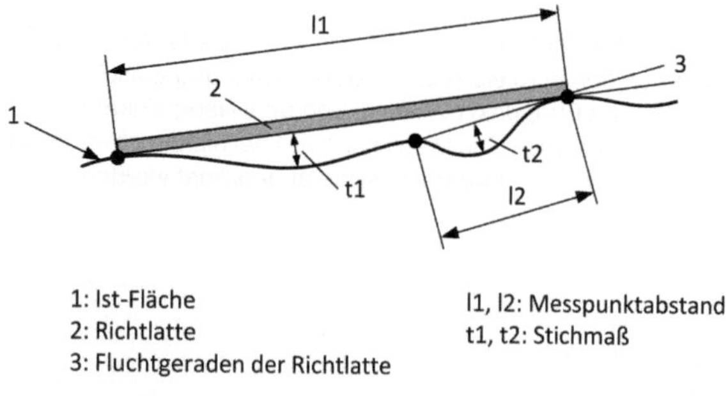


***Bild 17:** Prüfung der Ebenheit einer Bauteiloberfläche (in Anlehnung an DIN 18202, Bild 14) (Quelle: Schmidt)*

**Prüfung der Ebenheit durch Rastermessung (Flächennivellement)**

Bei der Prüfung der Ebenheit durch ein Flächennivellement wird die Bauteiloberfläche durch ein Raster unterteilt. Hierzu sind Rasterlinien mit einem regelmäßigen Abstand anzuordnen (z. B. 10 cm, 50 cm, 1 m, 2 m usw.). Das Raster muss eingemessen werden. Auf den Schnittpunkten der Rasterlinien werden die Messungen (Höhenkoten) durchgeführt.

Die Auswertung der Messwerte erfolgt nach folgendem Schema (s. folgende Abb.):

- Messwerte der Strecke 1 bis 3 an der Höhenkote Nr. 2
- Messwerte der Strecke 2 bis 4 an der Höhenkote Nr. 3 usw.

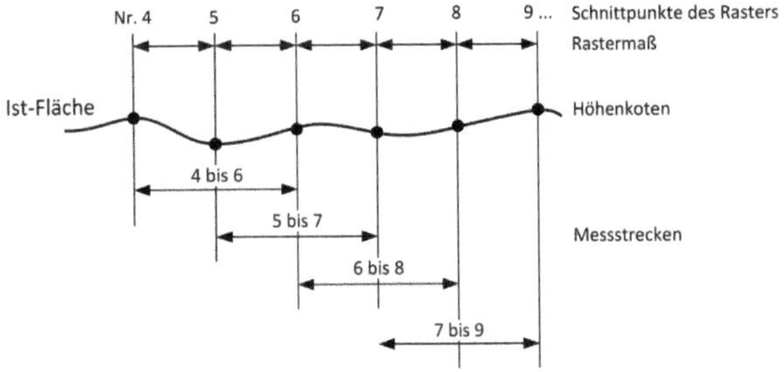


***Bild 18:** Ermittlung der Ebenheitsabweichung durch eine Rastermessung (Flächennivellement )(in Anlehnung an DIN 18202, Bild 15) (Quelle: Schmidt)*

**Prüfung der Lage**

Für die Prüfung der Lage eines Bauteils/Bauwerks sind je nach Aufgabenstellung Messpunkte für Maße, Winkel und die Flucht von Stützen anzuordnen.

**Messpunkte für Maße**

Für die Prüfung von Maßen werden Messpunkte auf der Bauteiloberfläche in den Ecken im Abstand von ca. 10 cm von den Kanten und/oder Achsenschnittpunkten angeordnet.

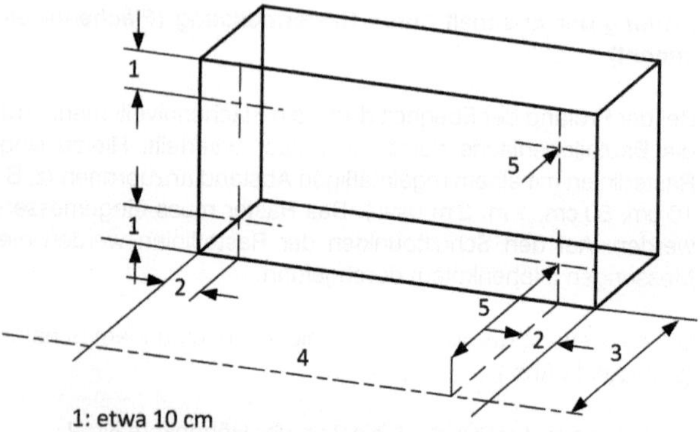


1: etwa 10 cm
2: etwa 10 cm
3: Abstand in Bezug auf eine Achse
4: Achse
5: Messung der Lage in Bezug auf eine Achse

***Bild 19:*** *Prüfung der Maße für die Lage eines Bauteils im Grundriss (in Anlehnung an DIN 18202, Bild 16) (Quelle: Schmidt)*

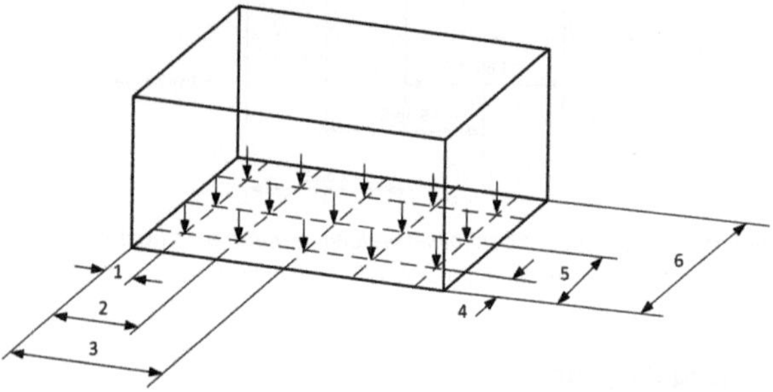


1: etwa 10 cm
2: halber Abstand zwischen Raumecke und Achse
3: Abstand zwischen Raumecke und Achse
4: etwa 10 cm
5: halbe Länge L/2
6: Länge L
7: Achse
8: Messung der Höhe im Aufriss in Bezug auf eine Bauwerkshöhe bzw. Höhenkote

***Bild 20:*** *Prüfung der Maße für die Höhenlage einer Ebene eines Bauteils im Aufriss (in Anlehnung an DIN 18202, Bild 17) (Quelle: Schmidt)*

**Messpunkte für Winkel**

Für die Prüfung von Winkeln werden die gleichen Messpunkte verwendet, die auch für die Kontrolle der Maße herangezogen werden.

Die Winkelabweichung wird festgestellt, indem die lineare Verbindung zwischen Anfangs- und Endpunkt (Eckpunkte und/oder Achsenschnittpunkte) einer Bauteilkante oder Achse mit dem Nennwinkel zu einer Bezugslinie verglichen wird.

Die Messlinie ist bei nicht rechtwinkligen Räumen, nicht lotrechten Wänden oder Stützen senkrecht zu einer Bezugslinie anzuordnen.

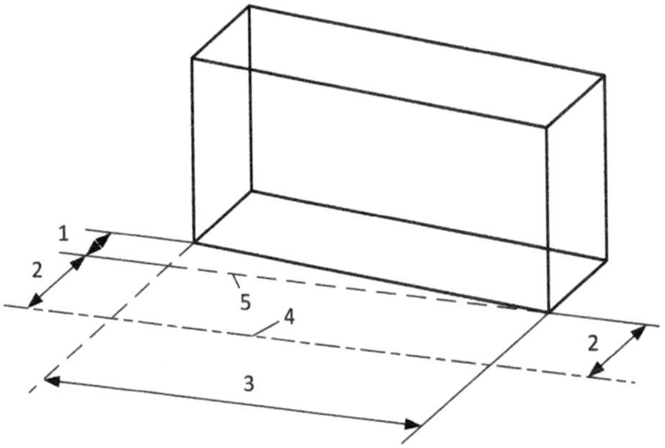


1: Winkelabweichung als Stichmaß
2: Abstand von einer Achse
3: Länge L
4: Achse
5: Bezugslinie

***Bild 21:** Prüfung der Winkelabweichung von der Nennlage (hier: im Grundriss bezogen auf eine Achse) (in Anlehnung an DIN 18202, Bild 18) (Quelle: Schmidt)*

### Messpunkte für die Flucht von Stützen

Die Prüfung der Flucht von Stützen erfolgt mithilfe einer Verbindungslinie, die zwischen den Endstützen einer Stützenreihe angelegt wird. Die Verbindungslinie ist am Stützenfuß oder Stützenkopf in einer Höhe von ca. 10 cm über dem Boden bzw. unter der Decke anzuordnen. Für die Prüfung der Fluchtabweichung werden die Stichmaße zwischen der Verbindungslinie und der Vorderkante der Stütze, gemessen in Stützenmitte bzw. -achse, ermittelt. Bei Stützen, die über die Verbindungslinie vorstehen, ist eine um 10 cm versetzte Hilfslinie als Bezugslinie zu verwenden.

Das ermittelte Stichmaß wird einem Messpunktabstand, der sich aus zwei Achsabständen ergibt, zugeordnet.

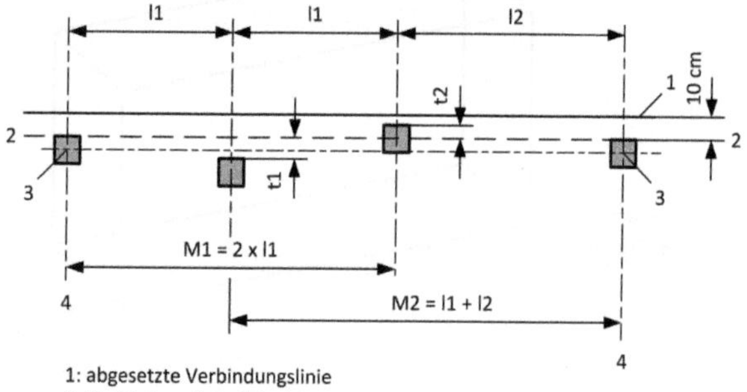


1: abgesetzte Verbindungslinie
2: Verbindungslinie / Flucht
3: Endstütze
4: Achse
l1, l2: Achsabstand der Stützen
T1, t2: Stichmaß
M1, M2: Messpunktabstand

***Bild 22:*** *Prüfung der Fluchtabweichung (Lage von Stützen) von Stützen (in Anlehnung an DIN 18202, Bild 19) (Quelle: Schmidt)*

### Vermessungstechnische Bezugssysteme

Maßabweichungen für Bauwerksmaße können über die Anlage eines vermessungstechnischen Bezugssystems geprüft bzw. dokumentiert werden. Für die Festlegung des Bezugssystems nach Lage und Höhe ist die Einrichtung eines absoluten Ausgangspunktes (Nullpunkt) im Grundriss und für die Höhe erforderlich. Dieser Punkt sollte außerhalb des Koordinatensystems des Gebäudes liegen, um Auswirkungen von vermessungstechnischen Abweichungen auf das Koordinatensystem des Gebäudes zu vermeiden. Die Lage ist so zu wählen, dass der Punkt auch nach der Fertigstellung des Gebäudes erhalten bleibt und gesichert werden kann. Durch die Festlegung eines zweiten Vermessungspunktes wird eine Orientierung innerhalb des Systems ermöglicht. Auch dieser Punkt sollte außerhalb des Gebäudes, zweckmäßigerweise auf einer durch den Ausgangspunkt verlaufenden Bezugslinie des Vermessungssystems, liegen.

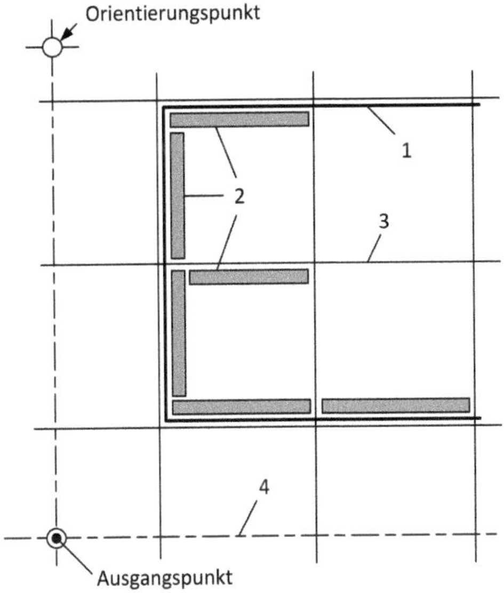


1: Gebäudekante
2: Bauteile
3: Rasterlinie der Koordinationsebene
4: Vermessungstechnisches Bezugssystem

***Bild 23:*** *Vermessungstechnische Bezugssysteme (in Anlehnung an DIN 18202, Bild A.1) (Quelle: Schmidt)*

# DIN 18203

## DIN 18203 „Toleranzen im Hochbau“

Die ursprünglich mehrere Dokumente umfassende Normenreihe DIN 18203 „Toleranzen im Hochbau“ besteht aktuell (Stand Oktober 2023) nur noch aus Teil 3 „Bauteile aus Holz und Holzwerkstoffen“. Eine Überarbeitung und Neuausgabe der bisherigen Teile 1 („Vorgefertigte Teile aus Beton, Stahlbeton und Spannbeton“) und 2 („Vorgefertigte Teile aus Stahl“) ist zurzeit nicht geplant. Aus diesen Gründen wird nachfolgend nur auf DIN 18203-3 („Bauteile aus Holz und Holzwerkstoffen“) eingegangen.

| | |
|---|---|
| DIN 18203-3[1] | Toleranzen im Hochbau, Teil 3: Bauteile aus Holz und Holzwerkstoffen (Ausgabe August 2008) |

**DIN 18203-3:**

Toleranzen im Hochbau, Teil 3: Bauteile aus Holz- und Holzwerkstoffen (August 2008)

In DIN 18203-3 sind Maßtoleranzen für Bauteile aus Holz und Holzwerkstoffen festgelegt, wie z. B. Toleranzen für Stützen, Träger, Binder sowie Holztafeln (Wand-, Boden-, Decken- und Dachtafeln). Die in DIN 18203-3 angegebenen Toleranzen sind fertigungsbedingte Werte, d. h., sie ergeben sich aufgrund der Ausführung und Herstellung. Nicht erfasst werden beispielsweise Änderungen von Querschnittsabmessungen infolge Quellens und Schwindens. Diese sind bei der Planung gesondert zu berücksichtigen.

Die Grundlage für die Anwendung der DIN 18203-3 bildet die DIN 18202 „Toleranzen im Hochbau“, d. h., DIN 18203-3 ist grundsätzlich zusammen mit DIN 18202[2] anzuwenden.

---

[1] DIN 18203-3:2008-08: Toleranzen im Hochbau – Teil 3: Bauteile aus Holz und Holzwerkstoffen.

[2] DIN 18202:2019-07: Toleranzen im Hochbau – Bauwerke.

**Begriffe**

Für die Anwendung der DIN 18203-3 gelten sämtliche Begriffe der DIN 18202 sowie der Begriff „Messbezugsfeuchte bzw. Bezugsholzfeuchte". Hierunter ist der Mittelwert der Holzfeuchte eines Querschnitts zu verstehen, bei der die angegebenen Toleranzen eingehalten werden müssen.

**Maßtoleranzen**

Die Mindest- und Höchstmaße eines Bauteils aus Holz oder Holzwerkstoffen sind aus dem Nennmaß (= Sollmaß) und den in DIN 18203-3 festgelegten Grenzabweichungen zu berechnen. Es gilt:

Höchstmaß = Nennmaß + Grenzabweichung

Mindestmaß = Nennmaß – Grenzabweichung

Sofern von den in der Norm festgelegten Werten abgewichen werden muss, sind die abweichenden Werte für Toleranzen und Holzfeuchte gesondert vertraglich zu vereinbaren.

**Grenzabweichungen für Träger, Binder und Stützen**

Grenzabweichungen für Träger, Binder und Stützen aus Bauschnittholz, Baurundholz und Holzwerkstoffen sind in der folgenden Tabelle angegeben. Die Werte gelten auch für zusammengesetzte Querschnitte, die aus den vorgenannten Baustoffen hergestellt und mit Nägeln, Dübeln, Klebung oder auf andere Art miteinander verbunden werden.

Es ist zu beachten, dass eine Änderung der Holzfeuchte zu Änderungen der Abmessungen führt. Ursache hierfür ist das Quell- und Schwindverhalten von Holz und Holzwerkstoffen. Bei der Planung sind Maßänderungen infolge Quellens und Schwindens zu berücksichtigen. Rechenwerte für Quell- und Schwindmaße sind in DIN 68100[3] angegeben.

[3] DIN 68100:2010-07: Toleranzsystem für Holzbe- und -verarbeitung – Begriffe, Toleranzreihen, Schwind- und Quellmaße.

***Tabelle 1:** Grenzabweichungen für Träger, Binder und Stützen aus Vollholz, Brettschichtholz und Balkenschichtholz (in Anlehnung an DIN 18203-3, Tab. 1) (Quelle: Schmidt)*

| Nennmaße | Grenzabweichungen | | | | | |
|---|---|---|---|---|---|---|
| | Querschnittsabmessungen | | | | | Längen u. Abstände (z. B. zwischen Bohrungen) |
| | Vollholz (VH) | | Brettschichtholz (BSH) | | Balkenschichtholz (BS) | VH/BSH/BS |
| | Messbezugsfeuchte 20 % | | Messbezugsfeuchte 12 % | | Messbezugsfeuchte 15 % | |
| | sägerau | gehobelt, egalisiert | Breite | Höhe | Breite und Höhe | |
| ≤ 0,10 m | +3 mm<br>-1 mm | ±1 mm | ±2 mm | +4 mm<br>-2 mm | ±1 mm | ±2 mm |
| > 0,10 m und ≤ 0,40 m | +4 mm<br>-2 mm | ±1,5 mm | | | ± 1,5 mm | |
| > 0,40 m und ≤ 0,80 m | k. A. | k. A. | +1 mm<br>-0,5 mm | | k. A. | |
| > 0,80 m und ≤ 2,00 m | k. A. | k. A. | | | k. A. | |
| > 2,00 m und ≤ 6,00 m | k. A. | k. A. | | | k. A. | ±0,1 % |
| > 6,00 m und ≤ 20,00 m | k. A. | k. A. | k. A | k. A. | k. A. | |
| > 20,00 m | k. A. | k. A. | k. A. | k. A. | k. A. | ±20 mm |

k.A.: keine Angabe

## Grenzabweichungen für Wand-, Boden-, Decken- und Dachtafeln

Grenzabweichungen für Wand-, Boden-, Decken- und Dachtafeln sind in der folgenden Tabelle angegeben. Die Werte gelten für die Breite und Höhe (Kantenlänge) sowie für die Dicke von Holztafeln, die auch mehrschichtig oder aus einer Kombination von verschiedenen Werkstoffen aufgebaut sein können.

*Tabelle 2: Grenzabweichungen für Wand-, Boden-, Decken- und Dachtafeln (in Anlehnung an DIN 18203-3, Tab. 2)*

| Nennmaße | Grenzabweichungen | |
|---|---|---|
| | Breite, Höhe (Kantenlänge) und Öffnungen | Dicke |
| ≤ 0,10 m | k. A. | +2 mm<br>–1 mm |
| > 0,10 m und ≤ 0,40 m | k. A. | +3 mm<br>–2 mm |
| > 0,40 m | k. A. | +4 mm<br>–2 mm |
| ≤ 1,00 m | ±2 mm | k.A. |
| > 1,00 m | ±0,2 % des Nennmaßes max. ± 5 mm | k.A. |
| k. A.: keine Angabe | | |

**Beispiel:**

Ein Beispiel für Grenzabweichungen bei einer Wandtafel ist in der folgenden Abbildung dargestellt.

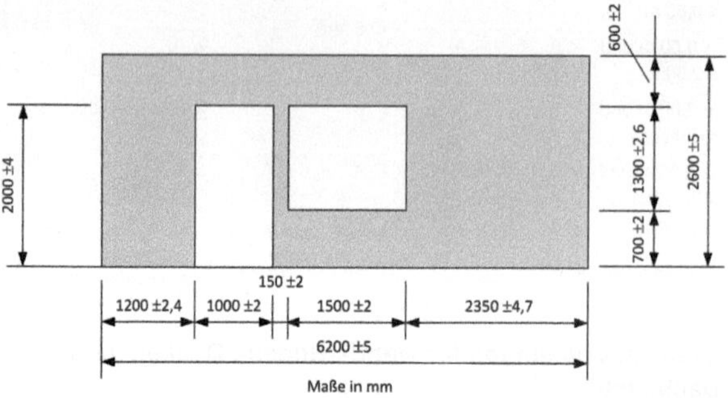


*Bild 1: Beispiel für Grenzabweichungen bei einer Wandtafel (in Anlehnung an DIN 18203-3, A.1) (Quelle: Schmidt)*

## Winkelabweichungen bei Holztafeln

### Winkelabweichungen in Länge und Breite

Für die Bestimmung von Winkelabweichungen von Holztafeln in der Länge und Breite sowie Öffnungen in Holztafeln gilt DIN 18202. Als Grenzabweichungen der Stichmaße *S* gelten die Werte in der folgenden Tabelle, wobei das Nennmaß *N* der jeweils längere Schenkel des betrachteten Winkels ist (s. folgende Abb.).

*Tabelle 3: Grenzabweichung der Stichmaße für die Überprüfung der Rechtwinkligkeit*

| Nennmaße *N* | Grenzabweichung als Stichmaß *S* |
|---|---|
| | Breite, Höhe (Kantenlänge) und Öffnungen |
| ≤ 0,10 m | k. A. |
| > 0,10 m und ≤ 0,40 m | k. A. |
| > 0,40 m | k. A. |
| ≤ 1,00 m | ±2 mm |
| > 1,00 m | ±0,2 % des Nennmaßes max. 5 mm |

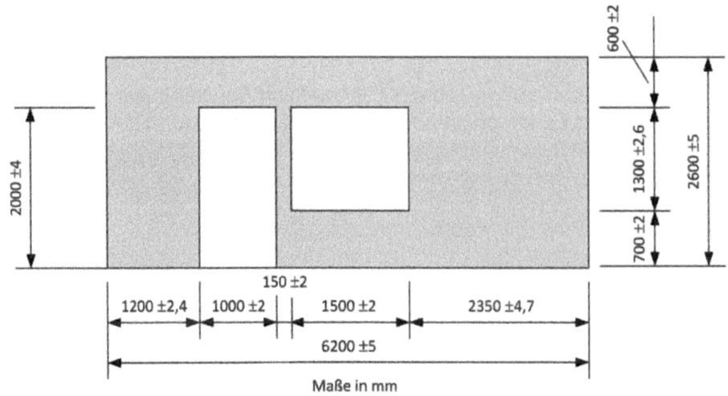


***Bild 2:** Überprüfung der Rechtwinkligkeit bei Holztafeln (in Anlehnung an DIN 18203-3, Bild 1) (Quelle: Schmidt)*

## Winkelabweichungen in der Dicke

Für die Bestimmung von Winkelabweichungen in der Dicke von Holztafeln gilt DIN 18202. Für die Grenzabweichung als Stichmaß *S* gelten folgende Werte:

| Nennmaß *N* (Solldicke) | Grenzabweichung als Stichmaß *S* |
|---|---|
| ≤ 10 cm | 2 mm |
| > 10 cm und ≤ 40 cm | 3 mm |
| | |

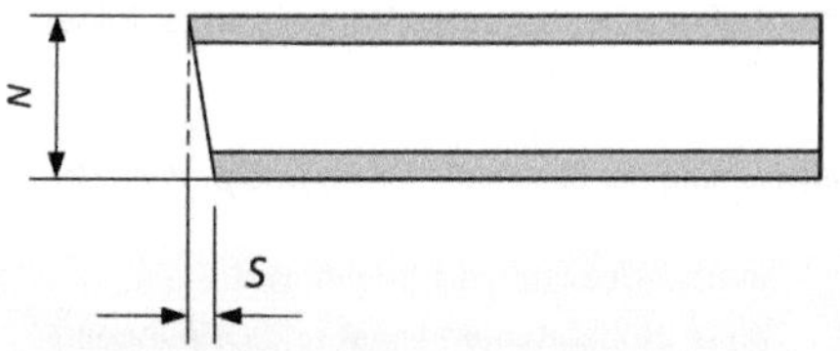


*N*: Nennmaß
*S*: Stichmaß

***Bild 3:*** *Bestimmung der Rechtwinkligkeit der Dicke von Holztafeln (in Anlehnung an DIN 18203-3, Bild 2) (Quelle: Schmidt)*

## Ebenheit

Anforderungen an die Ebenheit werden an Balkenschichtholz und Bauteile aus Brettschichtholz gestellt, indem Grenzabweichungen an die Stichmaße für Längs- und Querkrümmung festgelegt werden; siehe folgende Tabelle.

***Tabelle 4:*** *Anforderungen an die Ebenheit von Bauteilen aus Balkenschichtholz und Brettschichtholz (n. DIN 18203-3, Abschnitt 4.5)*

| Holzart | Längskrümmung | Querkrümmung (Schüsseln) |
|---|---|---|
| Balkenschichtholz | max. 4 mm auf 2,0 m | max. 1/200 der größeren Querschnittsseite |
| Brettschichtholz | | |

## Prüfung

Die Prüfung erfolgt nach den Regeln der DIN 18202. Zusätzlich wird gefordert, dass die Holzfeuchte gemessen wird. Gegebenenfalls sind die Istabmaße auf die Messbezugsfeuchte umzurechnen. Die Messung der Holzfeuchte ist nach DIN EN 13183-2[4] vorzunehmen, wobei eine Einschlagtiefe von max. 40 mm einzuhalten ist. Die Bestimmung des Feuchtegehalts von Holzwerkstoffen erfolgt nach DIN EN 322[5],

[4] DIN 13183-2:2002-07: Feuchtegehalt eines Stückes Schnittholz – Teil 2: Schätzung durch elektrisches Widerstands-Messverfahren.

[5] DIN EN 322:1992-08: Holzwerkstoffe; Bestimmung des Feuchtegehaltes.

# Gewerkespezifische Maßtoleranzen und Maßangaben

# Abbruch- und Rückbauarbeiten

Die Anforderungen an Abbruch- und Rückbauarbeiten sind im Wesentlichen in der Vergabe- und Vertragsordnung für Bauleistungen (VOB) Teil C in den Allgemeinen Technischen Vertragsbedingungen für Bauleistungen (ATV) in der DIN 18459 (Ausgabe September 2016) beschrieben. Im Folgenden werden die Inhalte der ATV unter dem Gesichtspunkt von Planungs- und Ausführungstoleranzen dargestellt.

**Normen:** ATV DIN 18459[1]: Abbruch- und Rückbauarbeiten

**Allgemeines:** Die Norm gilt für den teilweisen oder vollständigen Abbruch oder Rückbau von baulichen und technischen Anlagen. Der Anwendungsbereich erstreckt sich außerdem auf Fördern, Lagern und Laden der abgebrochenen Stoffe und Bauteile sowie der rückgebauten Anlagen.

Für Aufbruch- und Rückbauarbeiten von Verkehrsflächen gilt die neue ATV DIN 18328[2] (September 2023).

In der Planung und Ausführung von Umbauarbeiten sind in vielen Fällen auch Leistungen von Abbruch- und Rückbauarbeiten zu berücksichtigen.

Der nach den Abbruch- und Rückbauarbeiten vorhandene Bauzustand bildet die Grundlage für die weiteren Bauleistungen. Die zulässigen Abweichungen des nach Abbrucharbeiten bestehenden Ist-Zustands von dem Soll-Zustand sind entsprechend bereits in der Planung und Ausschreibung der Bauleistungen der Folgegewerke zu berücksichtigen.

### Abbruchgrenzen, Genauigkeit

Zulässige Abweichungen von den Nennmaßen sind in DIN 18459, Abschnitt 3.5 angegeben. Im Einzelnen werden

1 ATV DIN 18459:2016-09: VOB Vergabe- und Vertragsordnung für Bauleistungen – Teil C: Allgemeine Technische Vertragsbedingungen für Bauleistungen (ATV) – Abbruch- und Rückbauarbeiten.

2 ATV DIN 18328:2023-09: VOB Vergabe- und Vertragsordnung für Bauleistungen – Teil C: Allgemeine Technische Vertragsbedingungen für Bauleistungen (ATV) – Aufbruch- und Rückbauarbeiten von Verkehrsflächen.

Grenzwerte für die Herstellung von Kernbohrungen, Durchbrüchen und Schlitzen sowie Anforderungen bei der Entfernung von Belägen und schwimmenden Estrichen festgelegt.

***Tabelle 1:*** *Abbruchgrenzen (Quelle: Schöwer/Schmidt)*

| Vorgaben (Nennmaße) für Leistung, ohne vorgegebene Verfahren | Zulässige Abweichung vom Nennmaß |
|---|---|
| Herstellung von Durchbrüchen (Durchbruchmaße) | + 10 cm |
| Herstellung von Schlitzen (Schlitzmaße) | + 10 cm Breite<br>+ 5 cm Tiefe |
| Abbruch von Bauteilen innerhalb von Bauwerken | + 10 cm |
| Kernbohrungen, alle Durchmesser | maximal 5 mm Abweichung von der Bohrachse je 10 cm Bohrtiefe |
| Entfernung von Belägen und schwimmenden Estrichen | vollständig, keine Abweichungen (Reststoffe) zulässig |
| Entfernung von Belägen aus Verbundmassen | verbleibender Reststoff, in der Dicke bis 5 mm verbleibender Reststoff an Umgrenzungen 2 cm |

Darüber hinaus sind Abplatzungen an verbleibenden Bauteilen bis zu einem Abstand von 1 m von der Abbruchgrenze zulässig und sind nicht zu beanstanden, soweit die Abplatzungen stoff- oder strukturbedingte Ursachen haben (z. B. bestehende Putzhohllage auf Wandfläche neben Türdurchbruch).

**Sägearbeiten**

Sägearbeiten können mit Fugenschneidern, Wandsägen oder Seilsägen ausgeführt werden. Erfolgen die Sägearbeiten an Bauteilen mit einer Ebenheit innerhalb der zulässigen Grenzen der DIN 18202, gelten für die Sägearbeiten, abhängig vom gewählten Verfahren, folgende Grenzwerte an die Ausführungsgenauigkeit:

***Tabelle 2:** Zulässige Abweichungen bei Sägearbeiten (Quelle: Schöwer/Schmidt)*

| Verfahren/Gerät | Zulässige Abweichung bei ebenen Oberflächen | | |
|---|---|---|---|
| | Schnitt | | |
| | -Länge | -Tiefe | -Linie |
| Fugenschneider bei ebenen Oberflächen | ≤ 3 cm bezogen auf den definierten Endpunkt | ≤ 2 cm je 30 cm | 1,2 cm bis 3,0 m Schnittlänge, 1,6 cm über 3,0 m Schnittlänge |
| Wandsäge bei ebenen Oberflächen | ≤ 1 cm bezogen auf den definierten Endpunkt | ≤ 2 cm je 30 cm | 1,2 cm |
| Seilsäge | ≤ 1 cm bezogen auf den definierten Endpunkt | - | 3 cm |

## Zerkleinerung

Im Zuge von Abbrucharbeiten sind Stoffe und Bauteile mindestens auf folgende Größen zu zerkleinern, sofern eine Leistungsbeschreibung keine anderen Regelungen vorsieht:

***Tabelle 3:** Zulässige Größen von Abbruchstoffen (Quelle: Schöwer/Schmidt)*

| Baustoff/Bauteil | Größenabmessungen | | |
|---|---|---|---|
| | Länge | Breite | Dicke |
| Mineralische Baustoffe | ≤ 60 cm Kantenlänge | | |
| Holz und Holzbauteile | ≤ 6 m | ≤ 1,5 m | ≤ 50 cm |
| Metallbauteile | ≤ 6 m | ≤ 1,5 m | ≤ 50 cm |
| | bei einer Masse von max. 20 t | | |
| Sonstige Bauteile | ≤ 1,5 m | ≤ 50 cm | ≤ 50 cm |

### Fördern von Baustoffen und Bauteilen

Sofern das Aufnehmen und Fördern der anfallenden Baustoffe und Bauteile innerhalb der nachfolgend angegebenen Grenzen erfolgt, gehört dies zur Leistung im Sinne der VOB.

***Tabelle 4:*** *Maximale Förderwege von Abbruchstoffen, wenn diese Leistung zur vertraglich vereinbarten Leistung nach VOB zählen soll (Quelle: Schmidt)*

| Förderrichtung | Fördern | Entfernung |
|---|---|---|
| horizontal | außerhalb von Gebäuden | ≤ 50 m |
| | innerhalb von Gebäuden | ≤ 20 m |
| vertikal | allgemein | ≤ 5 m |
| | bei Verwendung von Schuttrutschen | ≤ 10 m |

A B D E F G H K M N P R S T V W Z

# Abdichtungsarbeiten

Die Anforderungen an Abdichtungsarbeiten sind im Wesentlichen in der Vergabe- und Vertragsordnung für Bauleistungen (VOB) Teil C in den Allgemeinen Technischen Vertragsbedingungen für Bauleistungen (ATV) in der ATV DIN 18336 (Ausgabe September 2023) beschrieben. Im Folgenden werden die Inhalte der ATV und/oder der ergänzenden Regelungen auszugsweise unter dem Gesichtspunkt von Ausführungstoleranzen und Materialmindestdicken oder Abmessungen dargestellt.

**Normen:** ATV DIN 18336[1] Abdichtungsarbeiten
DIN 18195[2] Abdichtung von Bauwerken – Begriffe
DIN 18531[3] Abdichtung von Dächern, Balkonen, Loggien und Laubengängen
DIN 18532[4] Abdichtung von befahrbaren Verkehrsflächen aus Beton
DIN 18533[5] Abdichtung von erdberührten Bauteilen
DIN 18534[6] Abdichtung von Innenräumen
DIN 18535[7] Abdichtung von Behältern und Becken
Außerdem gilt parallel zur o. g. DIN 18531 die „Fachregel für Abdichtungen – Flachdachrichtline“ des Deutschen Dachdeckerhandwerks[8].

---

1 ATV DIN 18336:2023-09: VOB Vergabe- und Vertragsordnung für Bauleistungen – Teil C: Allgemeine Technische Vertragsbedingungen für Bauleistungen (ATV) - Abdichtungsarbeiten.

2 DIN 18195:2017-07. Abdichtung von Bauwerken - Begriffe.

3 DIN 18531:2017-07: Abdichtung von Dächern sowie von Balkonen, Loggien und Laubengängen..

4 DIN 18532:2017-07: Abdichtung von befahrbaren Verkehrsflächen aus Beton

5 DIN 18533:2017-07: Abdichtung von erdberührten Bauteilen; Hinweis: zurzeit liegt ein Normentwurf zu DIN 18533 vor (2023-10).

6 DIN 18534:2017-07: Abdichtung von Innenräumen.

7 DIN 18535:2017-07: Abdichtung von Behältern und Becken.

8 Fachregel für Abdichtungen – Flachdachrichtlinie; Zentralverband des Deutschen Dachdeckerhandwerks – Fachverband Dach-, Wand- und Abdichtungstechnik e. V. – und Hauptverband der Deutschen Bauindustrie e. V. – Bundesfachabteilung Bauwerksabdichtung (Hrsg.); Ausgabe Dezember 2016 mit Änderungen November 2017, Mai 2019 und März 2020.

**Allgemeines:** DIN 18202[9] enthält keine Angaben zu Toleranzen für Abdichtungsarbeiten.
Toleranzen, die bei Abdichtungsarbeiten zu beachten sind, sind teilweise in den genannten Normen und Regelwerken enthalten und werden nachfolgend für ausgewählte Fälle angegeben.

**Hinweis:** Sämtliche Regelungen zu Abdichtungsarbeiten, die in früheren Ausgaben in verschiedenen Dokumenten angegeben waren, sind zukünftig in ATV DIN 18336 „Abdichtungsarbeiten“ zusammengefasst.

**Geltungsbereich:** ATV DIN 18336 „Abdichtungsarbeiten“ gilt für

- Abdichtungen von Dächern sowie von Balkonen, Loggien und Laubengängen,
- Abdichtungen von befahrbaren Verkehrsflächen aus Beton (z. B. Parkdecks),
- die Abdichtung von erdberührten Bauteilen,
- die Abdichtung von Innenräumen und
- die (innenseitige) Abdichtung von Behältern und Becken.

Die Norm gilt nicht für

- Erdarbeiten, die im Zuge von Abdichtungsarbeiten durchgeführt werden (s. DIN 18300 „Erdarbeiten“),
- Dränung zum Schutz baulicher Anlagen (s. DIN 18308 „Drän- und Versickerungsarbeiten“),
- Abdichtungen von Bauwerken, die in geschlossener Bauweise ausgeführt werden (s. DIN 18312 „Untertagebauarbeiten“),
- Bauteile aus wasserundurchlässigem Beton (s. DIN 18331 „Betonarbeiten“),
- Oberflächenschutzsysteme zur Betonerhaltung (s. DIN 18349 „Betonerhaltungsarbeiten“),
- Dichtflächen aus Gussasphalt bei Anlagen zum Umgang mit wassergefährdenden Stoffen (s. DIN 18354 „Gussasphaltarbeiten“),

9 DIN 18202:2019-07: Toleranzen im Hochbau - Bauwerke.

- Abdichtungssysteme gegen wassergefährdende Stoffe,
- Abdichtungen von Deponien und Erdbauwerken sowie Fahrbahntafeln von Brücken von öffentlichen Straßen.

**Spezifische Ergänzungen:**

- Abdichtung von Dächern sowie von Balkonen, Loggien und Laubengängen
- Abdichtung von erdberührten Bauteilen

## Spezifische Ergänzungen

Die Leistungen für Abdichtungsarbeiten sind in der ATV DIN 18336 „Abdichtungsarbeiten“ und der Normenreihe für die Abdichtung von Bauwerken – bestehend aus DIN 18195 und DIN 18531 bis DIN 18535 – bauteilbezogen und abgestimmt auf die Wassereinwirkung beschrieben. Angaben zu erforderlichen Materialdicken, der Anzahl der Abdichtungslagen, Angaben zu Fugenanordnungen und Befestigungsabständen u. a. m. sind abhängig von der Wassereinwirkung (definiert durch verschiedene Wassereinwirkungsklassen), den Eigenschaften des Untergrunds (definiert durch Rissklassen) und der vorgesehenen Nutzung (definiert durch Nutzungsklassen).

Die Anforderungen an die Materialdicken und die Anzahl von Abdichtungslagen sowie Abmessungen weiterer Funktionsschichten (wie z. B. Trennlagen, Schutzschichten u. Ä.) sind für die verschiedenen Anwendungen in den Normen DIN 18531 (Abdichtung von Dächern), DIN 18532 (Abdichtung von befahrbaren Verkehrsflächen aus Beton), DIN 18533 (Abdichtung von erdberührten Bauteilen), DIN 18534 (Abdichtung von Innenräumen) und DIN 18535 (Abdichtung von Behältern und Becken) festgelegt. Siehe hierzu die Übersicht in der folgenden Abbildung.

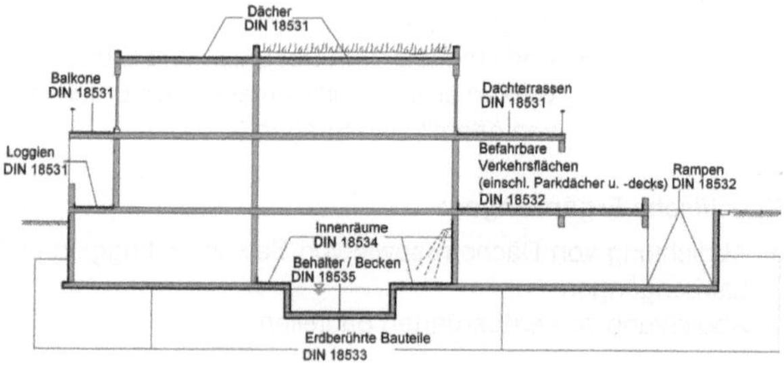


***Bild 1:*** *Anwendungsbereiche der Normenreihe DIN 18531 bis DIN 18535 für die Abdichtung von Bauwerken (Quelle: Schmidt)*

Aufgrund des Umfangs der Regelwerke für Abdichtungen werden nachfolgend nur ausgewählte Themen behandelt, wobei schwerpunktmäßig die Abdichtung von erdberührten Bauteilen (n. ATV DIN 18336 i. V. m. DIN 18533) und die Abdichtung von Dächern (n. ATV DIN 18336 i. V. m. DIN 18531 sowie Flachdachrichtlinie) unter dem Aspekt von Maßtoleranzen behandelt werden. Für Toleranzen, die bei der Ausführung der Abdichtung anderer Bauteile zu beachten sind, sowie für die Dimensionierung von Abdichtungen (Festlegung der Anzahl der Lagen, der Stoffe usw.) und Ausführung von Details wird auf die entsprechenden o. g. Normen und Vorschriften verwiesen.

## Toleranzen

Grenzwerte für einzuhaltende Toleranzen nach DIN 18202 „Toleranzen im Hochbau – Bauwerke" sind in den Allgemeinen Technischen Vertragsbedingungen (ATV) für Abdichtungsarbeiten (ATV DIN 18336) nicht angegeben. Dafür befinden sich Hinweise und teilweise entsprechende Grenzwerte in den genannten Normen und Vorschriften.

## Abdichtung von Dächern sowie von Balkonen, Loggien und Laubengängen

Für die Ausführung der Abdichtung von Dächern sowie von Balkonen, Loggien und Laubengängen ist DIN 18531 zu beachten. Parallel zu dieser DIN-Normenreihe gelten auch die Regeln der Flachdachrichtlinie des ZVDH (Zentralverband des Deutschen Dachdeckerhandwerks). Nachfolgend wird auf beide Regelwerke unter dem Aspekt von einzuhaltenden Maßen und Toleranzen eingegangen.

## Allgemeine Regelungen

### *Anschlüsse an aufgehenden Bauteilen:*

Anschlüsse an aufgehenden Bauteilen (wie z. B. Wände) sind in Abhängigkeit von der Nutzung und Dachneigung um folgendes Maß über die Abdichtungsschicht hochzuführen:

***Tabelle 1:*** *(Quelle: Schmidt)*

| Anschlusshöhen an aufgehenden Bauteilen (n. DIN 18531, 6.7 sowie Flachdachrichtlinie, 4.3) | | |
|---|---|---|
| **Nutzung des Dachs** | **Dachneigung** | **Anschlusshöhe** [1),2)] |
| genutzt | alle | ≥ 15 cm |
| nicht genutzt | ≤ 5° (8,8 %) | ≥ 15 cm |
| | > 5° (8,8 %) | ≥ 10 cm |
| 1) Bei Türen und Zugängen zu Dachterrassen ist eine verringerte Anschlusshöhe möglich, wenn geeignete Maßnahmen zur Vermeidung von Spritzwasserbeanspruchung und Stauwasser im Anschlussbereich getroffen werden (z. B. Einbau einer Entwässerungsrinne vor der Tür, Gefälle weg von der Tür, Vordach u. Ä.). | | |
| 2) Die Anschlusshöhe ist das Maß zwischen dem Abdichtungsrand am aufgehenden Bauteil und der Oberfläche der Abdichtungsschicht bzw. Kiesschicht, Begrünung, Plattenbelag. | | |
| 3) In schneereichen Gebieten, bei Sheddachrinnen u. Ä. sind die Anschlusshöhen zu erhöhen. | | |

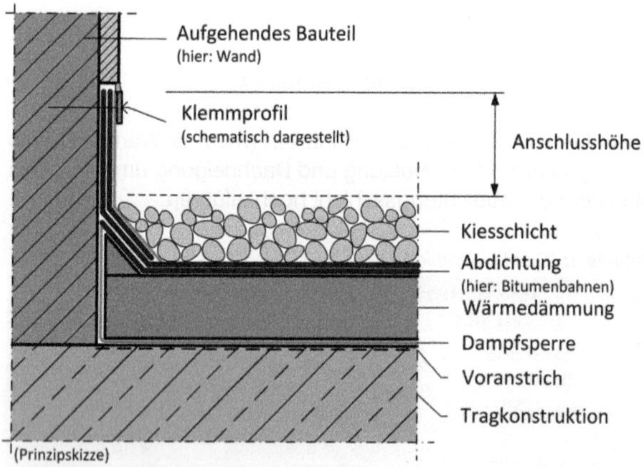


***Bild 2:** Definition der Anschlusshöhe von Dachabdichtungen an aufgehenden Bauteilen (Quelle: Schmidt)*

### *Abschlüsse am Dachrand:*

Abschlüsse am Dachrand sind in Abhängigkeit von der Nutzung des Dachs und der Dachneigung um folgendes Maß über die Oberfläche der Kiesschüttung oder des Belags hochzuführen.

***Tabelle 2:** (Quelle: Schmidt)*

| Abschlusshöhen am Dachrand (n. DIN 18531, 6.7 sowie Flachdachrichtlinie, 4.6) | | |
|---|---|---|
| **Nutzung des Dachs** | **Dachneigung** | **Abschlusshöhe [1),2)]** |
| genutzt | alle | ≥ 10 cm |
| nicht genutzt | ≤ 5° (8,8 %) | ≥ 10 cm |
| | > 5° (8,8 %) | ≥ 5 cm |
| 1) In schneereichen Gebieten, bei Sheddachrinnen u. Ä. sind die Abschlusshöhen zu erhöhen. | | |
| 2) Nach der Flachdachrichtlinie sind als Abschlusshöhen unabhängig von der Nutzung bei Dachneigungen bis 5° mindestens 10 cm und bei Dachneigungen über 5° mindestens 5 cm einzuhalten. | | |

Abschlüsse von Abdichtungen mit Bahnen müssen am Rand mit biegesteifen Profilen aus Aluminium hergestellt werden. Die Aluminiumprofile sind im Abstand von 20 cm zu befestigen. Sie sind zusätzlich gegen Niederschlagswasser zu schützen (ATV DIN 18336, 3.2.1.4).

***Durchdringungen:***

Der Mindestabstand von Durchdringungen (z. B. Rohrleitungen, Abläufe usw.) untereinander und zu anderen Bauteilen (wie z. B. Bewegungsfugen, An- und Abschlüsse) muss bei Abdichtungen mit Bahnen mindestens 30 cm betragen, bei Abdichtungen mit flüssig zu verarbeitenden Abdichtungsstoffen ist ein Mindestabstand von 10 cm einzuhalten. Der Mindestabstand bezieht sich auf die Flanschaußenkante.

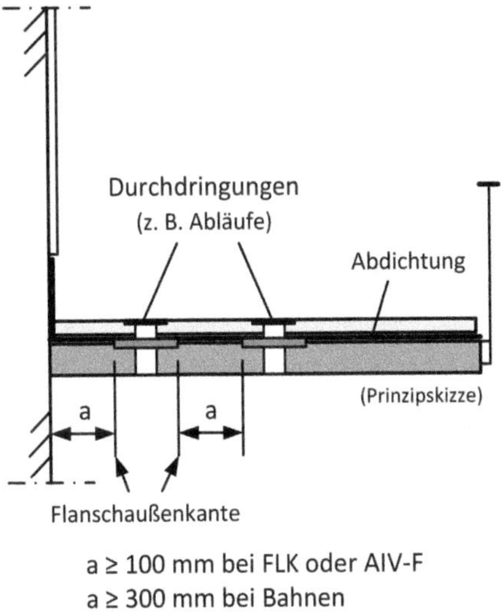


***Bild 3:*** *Mindestabstand von Durchdringungen bei Abdichtungen mit Bahnen untereinander und zu anderen Bauteilen (hier dargestellt bei der Abdichtung von einem Balkon) (Quelle: Schmidt)*

Die Anschlusshöhe an Durchdringungen sollte mindestens 15 cm betragen, bezogen auf die Oberfläche der Abdichtungsschicht bzw. des Plattenbelags, der Begrünung oder Kiesschicht.

### *Bewegungsfugen:*

Bei Fugentyp I sollen die Bewegungen der Fugenflanken folgende Maße nicht überschreiten:

***Tabelle 3:*** *(Quelle: Schmidt)*

| Maximale Fugenbewegungen bei Fugentyp I (n. DIN 18531-1, 6.10) | |
|---|---|
| **Abdichtung mit** | **max. Fugenbewegung** |
| Bitumen- und Polymerbitumenbahn | 5 mm |
| verklebter Kunststoff- oder Elastomerbahn | |
| flüssig zu verarbeitenden Stoffen | |
| lose verlegter Kunststoff- oder Elastomerbahn sowie Bitumen- und Polymerbitumenbahn | 10 mm |

Werden die aufgeführten Maße überschritten, ist die Abdichtung der Fuge nach Fugentyp II auszuführen.

Hinweis: Fugen des Typs I (Fugentyp I) beschreiben Fugen für langsam ablaufende und einmalige oder selten sich wiederholende Bewegungen, z. B. Setzungsbewegungen, Verformungen durch jahreszeitliche Temperaturänderungen. Fugen des Typs II (Fugentyp II) sind Fugen für schnell ablaufende oder häufig sich wiederholende Bewegungen, wie z. B. Längenänderungen durch tageszeitliche Temperaturschwankungen oder Verformungen durch Nutzlasten.

### *Dachneigung, Gefälle:*

Nach der Flachdachrichtlinie ist die Flächenabdichtung mit einem Gefälle von mindestens 2 % auszuführen (Flachdachrichtlinie, 2.2). Nur in begründeten Sonderfällen sind auch Flächen ohne Gefälle möglich, z. B. bei reduzierten Anschlusshöhen an Türen (im Bestand), konstruktiv-bedingten Randbedingungen, Intensivbegrünung mit planmäßiger Anstaubewässerung.

Die DIN 18531 „Abdichtung von Dächern ..." fordert im Regelfall ebenfalls ein Gefälle von mindestens 2 %, lässt aber auch gefällelose Abdichtungen zu. Bei Ausführung einer Dachabdichtung ohne Gefälle werden allerdings höhere Anforderungen gestellt; siehe DIN 18531.

***Unterlage bzw. Untergrund, Unterkonstruktion:***

Der Abdichtungsuntergrund muss eben sein sowie einen stetigen Verlauf aufweisen, um Beschädigungen der Abdichtung auszuschließen.

Konkretere Angaben zu den Anforderungen an die Ebenheit von Untergründen finden sich in der Flachdachrichtlinie, Abschnitt 2.3.2. Dort werden für Untergründe aus Ortbeton, Zementestrich und Betonfertigteilen, die abtragend vorbereitet werden müssen, um die Abdichtung wasserunterlaufsicher auszuführen, Grenzwerte der Stichmaße für Ebenheitsabweichungen der Betonoberfläche gefordert; siehe folgende Abbildung.

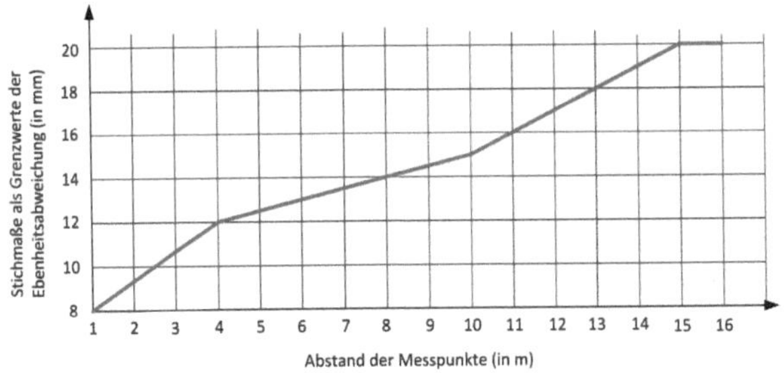


Hinweis: Für Abstände > 15 m gilt der Grenzwert für einen Messpunktabstand von 15 m

***Bild 4:*** *Grenzwerte für Ebenheitsabweichungen der Oberseite von Untergründen aus Beton (in Anlehnung an Abb. 1 der Flachdachrichtlinie) (Quelle: Schmidt)*

***Schwerer Oberflächenschutz:***

Bei der Ausführung eines schweren Oberflächenschutzes auf der Dachabdichtung sind folgende Maße zu beachten:

- **Plattenbeläge:**
  Plattenbeläge aus Betonplatten mit den Abmessungen von 50 cm x 50 cm x 5 cm, verlegt in einem Splittbett der Körnung 5/8 mm auf einer Schutzlage aus Kunststoffvlies mit einem Flächengewicht von mind. 300 g/m² (ATV DIN 18336, 3.2.1.1).

- **Kiesschüttung:**
  Kiesschüttung aus Kies mit Körnung 16/32 mm, Dicke i. d. R. 5 cm (bzw. nach statischem Nachweis der Dachkonstruktion) (s. Flachdachrichtlinie, 3.8.2).
- **Begrünung:**
  Die einzuhaltenden Maße richten sich nach der Art der Begrünung (extensiv, intensiv) und sind außerdem von verschiedenen Einflussgrößen abhängig (z. B. Dachneigung). Nach ATV DIN 18336 „Abdichtungsarbeiten" ist der Schichtenaufbau für Dachbegrünungen nach DIN 18915[10] „Vegetationstechnik im Landschaftsbau – Bodenarbeiten" herzustellen. Außerdem ist die Dachbegrünungsrichtlinie[11] zu beachten.

***Schutzlagen:***

Für Schutzlagen ist Kunststoffvlies mit einem Flächengewicht von 300 g/m² zu verwenden (ATV DIN 18336, 3.2.1.14).

***Solaranlagen und technische Anlagen**:*

Bei aufgeständerten Solaranlagen ist ein ausreichender Abstand zwischen der Solaranlage und der Abdichtungsschicht einzuhalten, damit die Abdichtung für die Instandhaltung zugänglich ist. In der Flachdachrichtlinie wird ein Mindestabstand von 50 cm zwischen Unterkante der Solaranlage und der Oberfläche der Abdichtung angegeben. Der gleiche Mindestabstand gilt auch für andere technische Anlagen, die auf der Dachfläche aufgestellt werden.

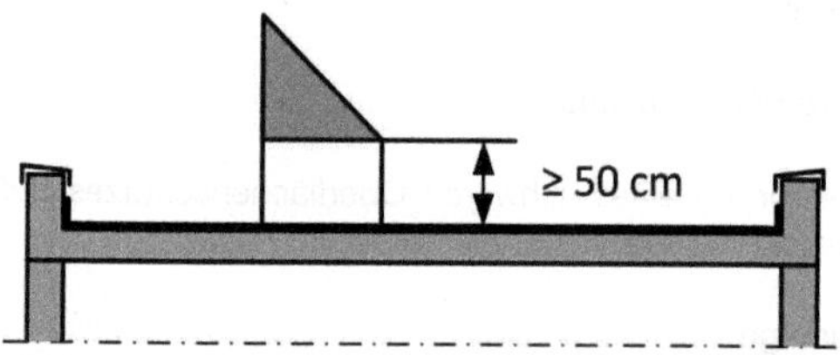


***Bild 5:** Mindestabstand zwischen Abdichtungsschicht und Unterkante Solaranlage bzw. technischen Anlagen (Quelle: Schmidt)*

10 DIN 18915:2018-06: Vegetationstechnik im Landschaftsbau – Bodenarbeiten.

11 Dachbegrünungsrichtlinie – Richtlinie für die Planung, Ausführung und Pflege von Dachbegrünungen; Forschungsgesellschaft Landschaftsentwicklung Landschaftsbau e. V. (FLL).

## Abdichtung mit Bitumenbahnen

Bei der Herstellung der Abdichtung von Dächern sind hinsichtlich der Maße und Toleranzen folgende Regeln zu beachten:

### *Ausführung:*

Abdichtungen mit Bitumenbahnen sind **zweilagig** auszuführen, wobei die Abdichtungsbahnen den Anforderungen der DIN EN 13707[12] in Verbindung mit DIN SPEC 20000-201[13] entsprechen müssen.

***Tabelle 4:** Ausführung von Dachabdichtungen mit Bitumenbahnen (Quelle: Schmidt)*

| Ausführung der Abdichtung von Dächern (n. DIN 18336, 3.2.2.4) | | | |
|---|---|---|---|
| **Abdichtungsbahn** | **Art der Unterlage** | **Bahnentyp** | **Kurzzeichen** |
| untere Lage | Unterlage aus Dämmstoffen: | kaltselbstklebende Polymerbitumenbahn | PYE-KTG KSP 2,8 |
| | andere Unterlagen: | Polymerbitumen-Schweißbahn | PYE-G 200 S4 |
| obere Lage | - | Polymerbitumen-Schweißbahn | PYE-PV 200 S5 beschiefert |

### *Anschlüsse:*

Nach ATV DIN 18336, 3.2.2.5 ist an Anschlüssen im Bereich von Randaufkantungen, Wänden und anderen aufgehenden Bauteilen ein Dämmstoffkeil einzubauen. Der Dämmstoffkeil muss mindestens 50 mm x 50 mm groß sein.

[12] DIN EN 13707:2013-12: Abdichtungsbahnen – Bitumenbahnen mit Trägereinlage für Dachabdichtungen – Definitionen und Eigenschaften.

[13] DIN SPEC 20000-201:2018-08: Anwendung von Bauprodukten in Bauwerken – Teil 201: Anwendungsnorm für Abdichtungsbahnen nach Europäischen Produktnormen zur Verwendung in Dachabdichtungen.

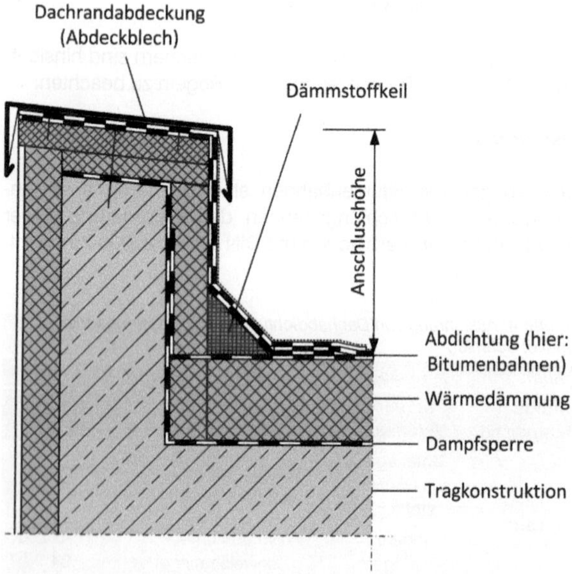


***Bild 6:*** *Anordnung eines Dämmstoffkeils im Bereich von Anschlüssen bei Abdichtungen mit Bitumenbahnen (Quelle: Schmidt)*

Im Bereich von Anschlüssen an Lichtkuppeln und ähnlichen Einbauteilen ist ein mindestens 35 cm breiter Streifen aus einer Polymerbitumen-Schweißbahn PYE-PV S5 nach DIN EN 13707 i. V. m. DIN SPEC 20000-201 einzukleben. Sofern Scherbeanspruchungen auftreten, ist zusätzlich ein Trennstreifen mit 10 cm Breite anzuordnen.

Die Abdichtung ist an Anschlüssen mindestens 150 mm hochzuführen und am aufgehenden Bauteil gegen Abrutschen und Hinterlaufen zu sichern.

***Bewegungsfugen:***

Die Abdichtung mit Bitumenbahnen über Bewegungsfugen ist aus folgenden Bauteilen herzustellen:

- Zwei Dämmstoffkeile zur Anhebung der Abdichtung;
- ein Trennstreifen mit etwa 33 cm Breite;

- als untere Lage ist eine Polymerbitumen-Schweißbahn PYE-PV 200 S5 (n. DIN EN 13707 i. V. m. DIN SPEC 20000-201) mit etwa 50 cm Breite einzubauen;
- als obere Lage eine Polymerbitumen-Schweißbahn PYE-PV 200 S5 (n. DIN EN 13707 i. V. m. DIN SPEC 20000-201), beschiefert, mit etwa 75 cm Breite.

***Stoßfugen:***

Im Bereich von Stoßfugen in der Tragkonstruktion sind Abdeckstreifen aus einer Bitumen-Dachdichtungsbahn G 200 DD nach DIN EN 13707 mit einer Breite von mindestens 20 cm aufzubringen. Die Streifen sind einseitig zu verkleben.

***Überlappung an Längs- und Quernähten:***

An den Längs- und Quernähten müssen sich Bitumen- und Polymerbitumenbahnen bei

- einer mehrlagigen Abdichtung um mindestens 80 mm (Regelfall) und
- bei einer einlagigen Abdichtung um 100 mm

überlappen. Hinweis: Eine einlagige Abdichtung ist nach ATV DIN 18336 nicht vorgesehen, ist nach DIN 18531-1[14] aber möglich.

Kreuzstöße sind zu vermeiden, indem die Bahnen gegeneinander versetzt angeordnet werden.

[14] DIN 18531-1:2017-07: Abdichtung von Dächern sowie von Balkonen, Loggien und Laubengängen – Teil 1: Nicht genutzte und genutzte Dächer – Anforderungen, Planungs- und Ausführungsgrundsätze.

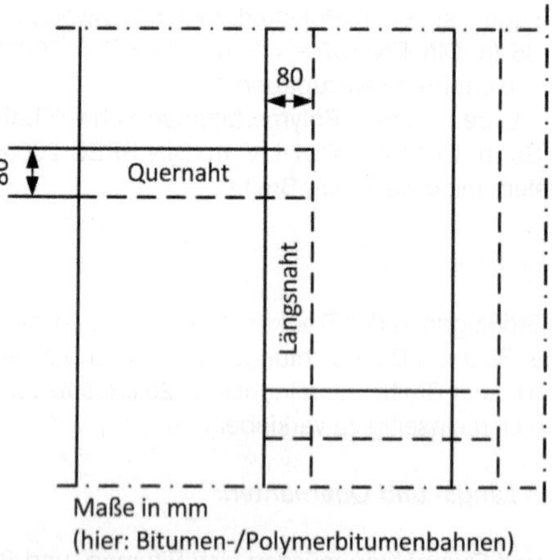


***Bild 7:** Überlappung von Längs- und Quernähten bei einer zweilagigen Dachabdichtung mit Bitumen- und Polymerbitumenbahnen (Quelle: Schmidt)*

## Abdichtung mit Kunststoffbahnen

Abdichtungen mit Kunststoffbahnen werden **einlagig** ausgeführt.

Nach ATV DIN 18336 sind Dachabdichtungen mit verstärkten bitumenverträglichen Bahnen aus Polyvinylchlorid, PVC-P-BV-V-(PV/GG/PG)-1,5, herzustellen.

***Bahnendicke:***

Die Bahnen müssen eine Dicke von 1,5 mm aufweisen.

Die Abdichtung wird lose auf dem Untergrund verlegt und mit mechanischen Befestigungsmitteln fixiert.

***Überlappung und Mindestfügebreite:***

Baustellennähte bei Dachabdichtungen mit Kunststoff- oder Elastomerbahnen sind mit einer Überlappung von mindestens 40 mm auszuführen. Bei einer mechanischen Befestigung, die im Nahtbereich angeordnet wird, ist die Überlappungsbreite ggf. entsprechend zu erhöhen.

Die Mindestfügebreite, d. h. das Maß, mit dem die einzelnen Bahnen an den Längs- und Quernähten wasserdicht miteinander verbunden (gefügt) werden, ist abhängig vom Fügeverfahren und i. d. R. geringer als die Überlappungsbreite von 40 mm. Siehe folgende Tabelle:

***Tabelle 5:*** *Mindestfügebreiten für Dachabdichtungen mit einer Kunststoff- oder Elastomerbahn (Quelle: Schmidt)*

| **Fügeverfahren und Mindestfügebreiten für Dachabdichtungen mit einer Kunststoff- oder Elastomerbahn (n. DIN 18531-3, Tab. 6)** | | | |
|---|---|---|---|
| **Füge-verfahren** | **Stoff der Bahn** | | **Mindest-fügebreite** |
| | **Kurz-zeichen** | **Beschreibung** | |
| Quell-schweißen | EVA | Ethylen-Vinylacetat-Terpolymer/-Copolymer, bitumenverträglich | 30 mm |
| | PIB | Polyisobutylen, bitumenverträglich | 30 mm |
| | PVC-P | Polyvinylchlorid, weich, nicht bitumenverträglich | 30 mm |
| Warmgas-schweißen<br>Heizkeil-schweißen | ECB | Ethylencopolymerisat-Bitumen, bitumenverträglich | 20 mm |
| | EVA | Ethylen-Vinylacetat-Terpolymer/-Copolymer, bitumenverträglich | 20 mm |
| | FPO | Flexibles Polyolefin, bitumenverträglich | 20 mm |
| | PIB | Polyisobutylen, bitumenverträglich | 20 mm |
| | PVC-P | Polyvinylchlorid, weich, nicht bitumenverträglich | 20 mm |
| | TPE | Thermoplastisches Elastomer, bitumenverträglich | 20 mm |
| | Elasto-mere | - | 30 mm |
| Dichtrand Abdeck-band | PIB | Polyisobutylen, bitumenverträglich | 40 mm |
| | Elasto-mere | - | 40 mm |
| Heißvul-kanisation (Hot Bonding) | Elasto-mere | - | 20 mm |
| Warmgas-schwei-ßen mit Polymerbi-tumen | Elasto-mere | - | 40 mm |

## Abdichtung mit Flüssigkunststoffen (FLK)

Abdichtungen mit Flüssigkunststoffen (FLK) sind nach ATV DIN 18336 mit zweikomponentigem Polyurethanharz (2K-PUR) und einer Einlage aus Kunststoffvlies mit einem Flächengewicht von mindestens 110 g/m² herzustellen. Die Produkte müssen eine Europäische Technische Zulassung bzw. Europäische Technische Bewertung nach ETAG 005[15] mit bestimmten Leistungsstufen aufweisen; siehe Norm. Als Mindesttrockenschichtdicke wird ein Wert von 2,1 mm gefordert.

## Abdichtung im Verbund mit Fliesen und Platten (AIV-F)

Abdichtungen im Verbund mit Fliesen oder Platten (AIV-F) werden häufig bei Balkonen, Loggien und Laubengängen eingesetzt.

Sofern der Untergrund aus Beton besteht, für die Abdichtungsschicht ein zweikomponentiger Abdichtungsstoff (2K-PUR) verwendet wird und das Gefälle mindestens mit 1,5 % ausgeführt wird, wird eine Mindesttrockenschichtdicke der Abdichtung von 2,0 mm gefordert (s. ATV DIN 18336, 3.2.5).

Anschlüsse an aufgehende Bauteile sind mindestens mit einer Höhe von 15 cm über der Oberfläche des Belags bzw. der Nutzschicht auszuführen.

Bei Durchdringungen ist die Abdichtung einschließlich der Einlage aus Kunststofffaservlies (Flächengewicht mind. 110 g/m²) an die Durchdringung heranzuarbeiten und mindestens 15 cm über die Oberfläche des Belags bzw. der Nutzschicht hochzuführen.

Im Bereich von Türen und Zugängen kann die Anschlusshöhe verringert werden, wenn durch entsprechende Maßnahmen sichergestellt ist, dass kein Wasser ins Gebäude eindringen kann und die Abdichtung nicht hinterlaufen wird (Einbau einer Entwässerungsrinne, Gefälle von der Tür weg usw.).

[15] ETAG 005: European Technical Approval Guidelinie 005 / Leitlinie für die europäische technische Zulassung für flüssig aufzubringende Dachabdichtungen; Deutsches Institut für Bautechnik (DIBt), Berlin.

## Abdichtung von erdberührten Bauteilen

Nach ATV DIN 18336, Abschnitt 3.4 gilt für die Ausführung der Abdichtung von erdberührten Bauteilen die Normenreihe DIN 18533 „Abdichtung von erdberührten Bauteilen“ (alle Teile).

Nachfolgend werden die o. g. Normen in Bezug auf einzuhaltende Maße und Toleranzen, die bei der Ausführung von Abdichtungen für erdberührte Bauteile zu beachten sind, betrachtet.

## Allgemeine Regelungen

In DIN 18533 wird für die Bemessung und Ausbildung der Abdichtung eine Klassifizierung zugrunde gelegt, wobei verschiedene Wassereinwirkungsklassen, Rissklassen und Rissüberbrückungsklassen sowie Raumnutzungsklassen unterschieden werden.

Für die Beschreibung der unterschiedlichen Wasserbeanspruchung, der erdberührte Bauteile ausgesetzt sein können, werden vier Wassereinwirkungsklassen unterschieden:

- W1-E: Bodenfeuchte und nicht drückendes Wasser
- W2-E: Drückendes Wasser
- W3-E: Nicht drückendes Wasser auf erdüberschütteten Deckenflächen
- W4-E: Spritzwasser am Wandsockel und Kapillarwasser in und unter Wänden

Einwirkungen auf die Abdichtung aus dem Untergrund durch Rissbreitenänderungen und Neurissbildungen werden durch verschiedene Rissklassen (R1-E bis R4-E) beschrieben. Rissklasse R1-E deckt Rissbildungen oder Rissbreitenänderungen bis 0,2 mm ab. Bei üblichen Abdichtungsuntergründen im Hochbau sind Rissbreiten bis 0,2 mm nicht zu vermeiden. Für Rissbreiten bis 0,5 mm gilt Rissklasse R2-E. Rissklasse R3-E umfasst Rissbreiten bis 1,0 mm und/oder Rissversatz bis 0,5 mm bei Untergründen aus Beton oder Mauerwerk. Für Rissbreiten bis 5,0 mm und/oder Rissversätze bis 2,0 mm ist die Rissklasse R4-E vorgesehen. Den Rissklassen sind Rissüberbrückungsklassen zugeordnet, die die Rissüberbrückungsfähigkeit der Abdichtung beschreiben. Beispielsweise ist eine Abdichtung, die der Rissüberbrückungsklasse RÜ1-E zugeordnet wird, in der Lage, Rissbreiten der Rissklasse R1-E dauerhaft und schadlos zu überbrücken.

Unterschiedlich hohe Anforderungen an die Trockenheit der Raumluft und an die Zuverlässigkeit der Abdichtungsbauart werden durch verschiedene Raumnutzungsklassen (RN1-E bis RN3-E) definiert. Geringe Anforderungen an die Trockenheit der Raumluft (RN1-E) sind bei einer untergeordneten Nutzung der Räume, an die die Abdichtung grenzt, anzunehmen, wie z. B. bei erdberührten Bauteilen von Tiefgaragen. Für übliche Anforderungen an die Trockenheit der Raumluft und Zuverlässigkeit der Abdichtungsbauart gilt Raumnutzungsklasse RN2-E. Hierunter fallen bspw. Aufenthaltsräume sowie Kellerräume in Wohn- und Bürogebäuden. Die Raumnutzungsklasse RN3-E ist nur für hohe Anforderungen an die Trockenheit der Raumluft und Zuverlässigkeit der Abdichtungsbauart anzunehmen, z. B. bei Räumen in Museen, die zur Lagerung wertvoller Kulturgüter dienen, oder bei Räumen, in denen empfindliche technische Geräte stehen, wie z. B. Server.

**Abdichtung gegen Bodenfeuchte und nicht drückendes Wasser**

Bei Rissklasse R1-E (übliche Rissbreiten bei Untergründen im Hochbau), Raumnutzungsklasse RN2-E (Wohn- und Aufenthaltsräume) und Rissüberbrückungsklasse RÜ1-E gelten nach ATV DIN 18336 folgende Regeln:

Bei W1-E (Bodenfeuchte und nicht drückendes Wasser) sind erdberührte Bauteile mit einer kunststoffmodifizierten Bitumendickbeschichtung (PMBC) mit einer Mindesttrockenschichtdicke von 3 mm abzudichten. Die Abdichtung ist in zwei Arbeitsgängen aufzutragen und mit einer Schutzschicht (z. B. Perimeterdämmung) oder Schutzlage (Dränmatte) vor Beschädigungen zu schützen.

Bei W3-E (nicht drückendes Wasser auf erdüberschütteten Deckenflächen) ist auf der Decke eine Abdichtung bestehend aus zwei Lagen Polymerbitumen-Dachdichtungsbahn PYE-PV 200 DD nach DIN/TS 20000-202[16] auszuführen. Zusätzlich ist die Abdichtung mit einer Schutzschicht oder Schutzlage zu schützen.

[16] DIN/TS 20000-202:2020-11: Anwendung von Bauprodukten in Bauwerken – Teil 202: Anwendungsdokument für Abdichtungsbahnen nach Europäischen Produktnormen zur Verwendung als Abdichtung von erdberührten Bauteilen, von Innenräumen und von Behältern und Becken.

***Tabelle 6:*** *(Quelle: Schmidt)*

| **Abdichtung bei W1-E (Bodenfeuchte und nicht drückendes Wasser) (n. ATV DIN 18336, 3.4.1)** | | | | |
|---|---|---|---|---|
| **Wassereinwirkungsklasse** | **Wassereinwirkung** | **Ausführung der Abdichtung** | | **Sonstiges** |
| | | **Stoff** | **Dicke bzw. Anzahl der Lagen** | |
| W1-E | Bodenfeuchte und nicht drückendes Wasser | PMBC (Auftrag in zwei Arbeitsgängen) | 3 mm Mindesttrockenschichtdicke | Schutzschicht oder Schutzlage |
| W3-E | nicht drückendes Wasser auf erdüberschütteten Decken | Polymerbitumen-Dachdichtungsbahn (PYE-PV 200 DD) | 2 Lagen | Schutzschicht oder Schutzlage |
| Die Angaben gelten für R1-E, RN2-E und RÜ1-E. | | | | |

## Abdichtung gegen drückendes Wasser (W2-E)

Bei drückendem Wasser von außen ist die Ausführung der Abdichtung von der Eintauchtiefe des Baukörpers ins Grundwasser abhängig. Es wird folgende Einteilung vorgenommen:

- Eintauchtiefe ≤ 3 m: mäßige Einwirkung durch drückendes Wasser (W2.1-E)
- Eintauchtiefe > 3 m: hohe Einwirkung durch drückendes Wasser (W2.2-E)

Bei einer Eintauchtiefe bis 3 m (Wassereinwirkungsklasse W2.1-E) kann die Abdichtung von erdberührten Bauteilen (Wände und Bodenplatte) mit PMBC ausgeführt werden. Die PMBC ist in zwei Arbeitsgängen aufzubringen und muss eine Mindesttrockenschichtdicke von 4 mm aufweisen. Zusätzlich ist eine Verstärkungslage einzubauen. Die PMBC ist mit einer Schutzschicht oder Schutzlage vor Beschädigungen zu schützen.

Bei Eintauchtiefen über 3 m (Wassereinwirkungsklasse W2.2-E) ist die Abdichtung mit Polymerbitumen-Dachdichtungsbahnen PYE-PV 200 DD auszuführen. Die Anzahl der Lagen richtet sich nach der Eintauchtiefe; siehe folgende Tabelle:

***Tabelle 7:*** *Abdichtung von erdberührten Bauteilen bei von außen drückendem Wasser (W2-E) (Quelle: Schmidt)*

| Abdichtung bei W2-E (von außen drückendes Wasser) (n. ATV DIN 18336) | | | | |
|---|---|---|---|---|
| **Wassereinwirkungsklasse** | **Eintauchtiefe** | **Ausführung der Abdichtung** | | **Sonstiges** |
| | | **Stoff** | **Dicke bzw. Anzahl der Lagen** | |
| W2.1-E | ≤ 3 m | PMBC | 4 mm | mit Verstärkungseinlage Schutzschicht, Schutzlage erforderlich |
| W2.2-E | > 3 m und ≤ 4 m | Polymerbitumen-Dachdichtungsbahn PYE-PV 200 DD | 2 Lagen | Schutzschicht, Schutzlage erforderlich |
| | > 4 m und ≤ 9 m | | 3 Lagen | |
| | > 9 m | | 3 Lagen, davon 1 Lage mit Kupferbandeinlage CU 01, D | |

## Abdichtung gegen Spritzwasser und Bodenfeuchte am Wandsockel (W4-E)

Nach ATV DIN 18336, 3.4.3 sind Außenwände, die durch Spritzwasser am Wandsockel beansprucht werden (Wassereinwirkungsklasse W4-E), mit einer Abdichtung aus einer rissüberbrückenden mineralischen Dichtungsschlämme (MDS) abzudichten. Die Mindesttrockenschichtdicke muss mindestens 2 mm betragen. Die Abdichtung ist in zwei Arbeitsgängen aufzubringen und mit einer Schutzschicht zu schützen, z. B. mit einem wasserabweisenden Sockelputz. Die MDS ist mindestens 30 cm über Oberkante Gelände bzw. 15 cm, bezogen auf das fertiggestellte Gelände, hochzuführen.

Bei verputzten Außenwänden, bei denen die Putzschicht bis zum Gelände reichen soll, ist die Wandabdichtung aus PMBC 5 cm bis 20 cm unter Oberkante Gelände auf einer überputzbaren Abdichtung aus einer rissüberbrückenden MDS überlappend und hinterlaufsicher anzuschließen. Die Überlappungsbreite muss mindestens 10 cm betragen. Der Sockel ist durch einen wasserabweisenden Sockelputz und die Sockelabdichtung aus MDS vor Spritzwasser zu schützen. Der untere Bereich des Sockelputzes ist zusätzlich mit einer MDS auf einer Höhe von mindestens 5 cm über Oberkante Gelände abzudichten. Hierdurch soll vermieden werden, dass der Putzquerschnitt von unten durch Feuchte beansprucht und unterwandert wird (Feuchtebrücke).

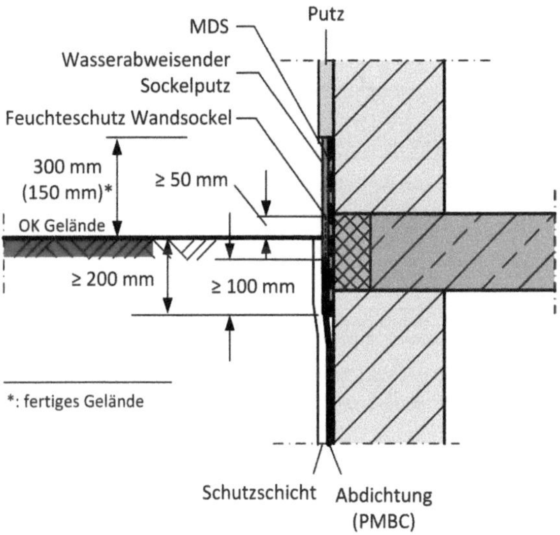


***Bild 8:*** *Abdichtung des Wandsockels (in Anlehnung an DIN 18533-3, Bild 2) (Quelle: Schmidt)*

Bei Außenwänden mit einem Wärmedämmverbundsystem (WDVS) ist die Abdichtung mit PMBC hinter der Dämmschicht auf dem Wanduntergrund 30 cm (bzw. 15 cm im Endzustand) hochzuführen (geschützter Abschluss).

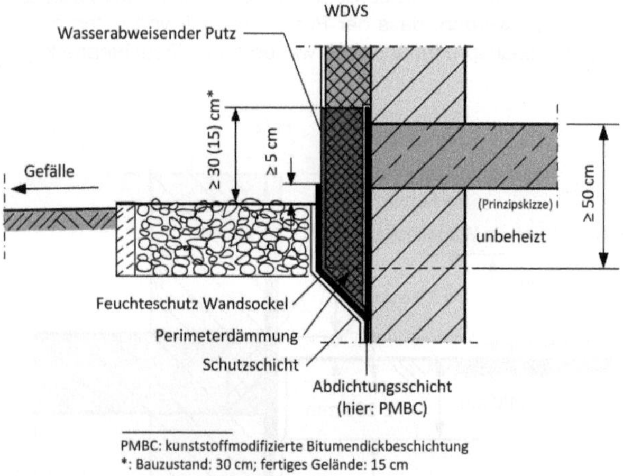


***Bild 9:*** *Abdichtung des Wandsockels bei einer Außenwand mit WDVS (in Anlehnung an DIN 18533-3, Bild 3) (Quelle: Schmidt)*

## Abdichtung gegen Kapillarwasser in und unter Wänden (Querschnittsabdichtung) (W4-E)

Sämtliche Außen- und Innenwände, die selbst kapillar leitfähig sind und/oder auf Bauteilen gegründet sind, die eine kapillare Leitfähigkeit aufweisen, sind mit einer Querschnittsabdichtung gegen aufsteigende Feuchtigkeit abzudichten (s. ATV DIN 18336, 3.4.3).

Für die Querschnittsabdichtung können folgende Abdichtungsstoffe verwendet werden:

- Rissüberbrückende mineralische Dichtungsschlämme (CM) mit einer Mindesttrockenschichtdicke von 2 mm. Diese ist in zwei Arbeitsgängen aufzubringen.
- Besandete Bitumendachbahnen R 500 nach DIN EN 13969[17] i. V. mit DIN/TS 20000-202.

[17] DIN EN 13969:2007-03: Abdichtungsbahnen – Bitumenbahnen für die Bauwerksabdichtung gegen Bodenfeuchte und Wasser – Definitionen und Eigenschaften.

## Abdichtung von Bewegungsfugen

Bei W1-E (Bodenfeuchte und nicht drückendes Wasser) und W2.1-E (drückendes Wasser bis 3 m Eintauchtiefe) sowie Verformungsklasse VK1-E (resultierende Verformung ≤ 5 mm) gelten nach ATV DIN 18336, 3.4.4 folgende Regeln:

- Bei Fugentyp I (Fuge für langsam ablaufende oder selten sich wiederholende Bewegungen, wie z. B. Setzungsbewegungen) und einer Flächenabdichtung aus zwei Lagen Polymerbitumen-Dachdichtungsbahn (PYE-PV 200 DD) ist die Fuge mit einer Polymerbitumenbahn mit Trägereinlage aus Polyestervlies mit einer Breite von 50 cm abzudichten.
- Die Abdichtung von Fugen des Fugentyps II ist eine *„Besondere Leistung“* nach ATV DIN 18336, 4.2.37.

## Anschlüsse

***Anschluss der Wandabdichtung der Bodenplatte an die Querschnittsabdichtung:***

Die Wandabdichtung ist an die horizontale Abdichtungsschicht der Bodenplatte mit einer Überlappung von mindestens 10 cm anzuschließen (s. ATV DIN 18336, 3.4.5). Hierfür wird die Abdichtung auf der Stirnseite der Bodenplatte um mindestens 10 cm heruntergeführt.

Bei einem Anschluss mit bündiger Bodenplatte ist nach DIN 18533-1, 8.8.3.3 auf eine hohe Maßgenauigkeit bei der Ausführung der Stirnseite der Bodenplatte zu achten, damit nicht durch zu große Maßabweichungen schwer abzudichtende Bereiche entstehen.

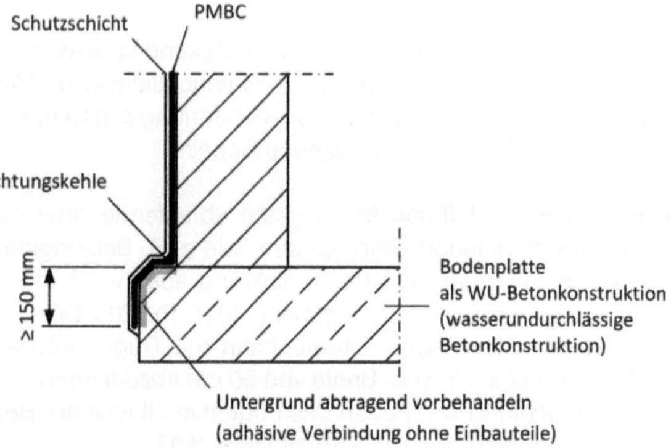


***Bild 10:*** *Anschluss der Wandabdichtung mit PMBC an eine Bodenplatte aus WU-Beton bei W1-E (in Anlehnung an DIN 18533-3, Bild 1) (Quelle: Schmidt)*

## Übergänge

Der Übergang der Wandabdichtung auf eine Bodenplatte aus wasserundurchlässigem Beton (WU-Beton) ist bei W2-E (drückendes Wasser) bis 3 m Eintauchtiefe als adhäsive Verbindung und bis 10 m Eintauchtiefe mit Einbauteilen auszuführen. Die Abdichtung ist in beiden Fällen mindestens 15 cm an der Stirnseite der Bodenplatte aus WU-Beton herunterzuführen (s. Bild 10).

Bei W1-E sind keine gesonderten konstruktiven Maßnahmen erforderlich.

## Durchdringungen

Durchdringungen sind so anzuordnen, dass sie untereinander und zu anderen Bauteilen (z. B. Bauwerkskanten und -kehlen, Wandanschlüsse) einen Mindestabstand von 15 cm aufweisen. Zu Bewegungsfugen ist ein Mindestabstand von 30 cm einzuhalten. Die Maße beziehen sich auf die Außenkante Klebeflansch, Anschweißflansch. Die Maße sind als Mindestwerte zu verstehen und sind ggf. zu vergrößern, sofern dies aus ausführungstechnischen Gründen erforderlich ist.

Los- und Festflanschkonstruktionen müssen zu Bauwerkskanten und -kehlen einen Mindestabstand von 30 cm (gemessen von der Außenkante) und zu Bauwerksfugen einen Abstand von mindestens 50 cm einhalten.

## Hochführen der Abdichtung über GOK

Die Abdichtung erdberührter Wände ist über die Geländeoberfläche im Bauzustand um mindestens 30 cm hochzuführen, um ein Hinterlaufen bei Stauwasser mit Sicherheit auszuschließen. Bei fertigem Gelände beträgt das einzuhaltende Maß mindestens 15 cm. In Sonderfällen ist eine größere Anschlusshöhe zu wählen (z. B. in schneereichen Gebieten).

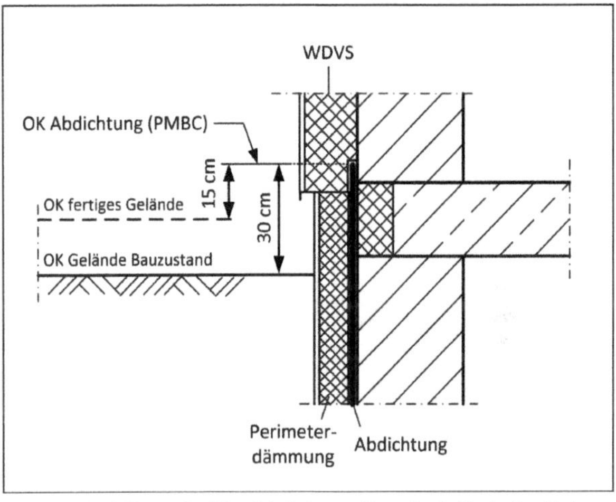


***Bild 11:** Hochführen der Wandabdichtung über die Geländeoberfläche (hier bei einer Abdichtung mit PMBC hinter einer Perimeterdämmung / einem WDVS) (Quelle: Schmidt)*

## Untergrund

Der Abdichtungsuntergrund muss stetig verlaufen und eben sein. Er darf keine größeren Vertiefungen, Risse, Unebenheiten o. Ä. aufweisen.

Nicht verschlossene Vertiefungen, z. B. Mörteltaschen, offene Stoß- und Lagerfugen, Ausbrüche und dergleichen mit einer

Tiefe von mehr als 5 mm sind mit geeigneten Stoffen zu verschließen.

Oberflächen von Mauerwerk, offene Stoßfugen mit einer Breite von höchstens 5 mm, Oberflächenprofilierungen sowie Unebenheiten von Steinen (z. B. Putzrillen) müssen durch Verputzen, Vermörteln, mit Dichtungsschlämmen oder durch eine Kratzspachtelung verschlossen und egalisiert werden. Dies gilt nicht, wenn die Abdichtung überdeckende Eigenschaften aufweist, wie z. B. Bitumen- und Kunststoffbahnen.

## Nachträgliche Abdichtung von erdberührten Bauteilen

Die ATV DIN 18336 enthält auch Regelungen zur Ausführung von nachträglichen Abdichtungen erdberührter Bauteile (ATV DIN 18336, 3.7).

### Flächenabdichtung

Für die Ausführung der Flächenabdichtung gelten die folgenden Regeln (ATV DIN 18336, 3.7.1 bis 3.7.4).

| Wasser-einwir-kungs-klasse | Bezeichnung | Abdich-tungs-stoff | Ausführung |
|---|---|---|---|
| W1-E | Bodenfeuchte u. nicht drückendes Wasser | PMBC | Vertikale Abdichtung:<br>Auftrag auf der Außenseite in zwei Arbeitsgängen<br>Mindesttrockenschichtdicke 3,0 mm<br>Einbau einer Schutzschicht bzw. Schutzlage |
| W2-E | drückendes Wasser | Acrylgele | Ausführung von innen als Injektion oder Schleierinjektion mittels Acrylgelen mit 2-Komponentenpumpen entsprechend Eignungsprüfung |

| Wasser-einwir-kungs-klasse | Bezeichnung | Abdich-tungs-stoff | Ausführung |
|---|---|---|---|
| W3-E | nicht drückendes Wasser auf erdüberschütteten Decken | PMBC | Auftrag auf der Außenseite in zwei Arbeitsgängen<br>Mindesttrockenschichtdicke 4,0 mm<br>Zusätzlich Einbau einer Verstärkungseinlage in die PMBC<br>Einbau einer Schutzschicht bzw. Schutzlage |
| W4-E | Spritzwasser am Wandsockel sowie Kapillarwasser in und unter Wänden | Injektions-stoff | Ausführung mittels Injektion nach Eignungsprüfung |
| Erläuterung:<br>PMBC: kunststoffmodifizierte Bitumendickbeschichtung | | | |

**Anschlüsse**

Der Anschluss der (nachträglichen) vertikalen Wandabdichtung mit PMBC an die horizontale Abdichtung der Bodenplatte muss mit 10 cm Überlappung ausgeführt werden (s. ATV DIN 18336, 3.7.6).

Weitere Regeln siehe Norm.

# Prüfung

Der Auftragnehmer hat Bedenken gemäß VOB/B § 4 Nr. 3 unverzüglich anzumelden, wenn größere Unebenheiten des Untergrunds festzustellen sind (s. ATV DIN 18336, 3.1.1).

Die Toleranzen sind im Rahmen der Notwendigkeit so früh wie möglich zu prüfen, spätestens jedoch vor der Ausführung des Folgeunternehmens.

Die Wahl des Messverfahrens ist vom Prüfer in Art und Weise frei wählbar.

Sollten höhere Anforderungen als die gewöhnlich gestellten gelten, so müssen diese gesondert vereinbart werden.

Bei Abdichtungen von erdberührten Bauteilen mit PMBC ist die Mindesttrockenschichtdicke durch Prüfung der Nassschichtdicke und Kontrolle des Materialverbrauchs zu prüfen. Nach DIN 18533-3, 9.2.5 ist die Nassschichtdicke durch mindestens 20 Messungen je Objekt bzw. je 100 $m^2$ zu prüfen. Die Messpunkte sollten dabei diagonal verteilt werden. Im Bereich von Details (Anschlüsse, Übergänge, Durchdringungen) ist die Messpunktdichte ggf. zu erhöhen.

Bei W2.1-E (drückendes Wasser bis 3 m) sind die Kontrollen der Schichtdicken (Anzahl, Lage, Messwerte) des Materialverbrauchs sowie die Ergebnisse der Durchtrocknungsprüfung zwingend zu dokumentieren. Die Durchtrocknungsprüfung erfolgt an einer Referenzprobe, z. B. durch Einschneiden der PMBC.

Eine zerstörende Kontrolle der Trockenschichtdicke mittels Keilschnittverfahren ist an einer auf der Baustelle angelegten Referenzprobe möglich.

# Aufbruch- und Rückbauarbeiten von Verkehrsflächen

Die Anforderungen an Aufbruch- und Rückbauarbeiten von Verkehrsflächen sind im Wesentlichen in der Vergabe- und Vertragsordnung für Bauleistungen (VOB) Teil C in den Allgemeinen Technischen Vertragsbedingungen für Bauleistungen (ATV) in der ATV DIN 18328 (Ausgabe September 2023) beschrieben. Die Norm wurde neu in die VOB Teil C aufgenommen. Im Folgenden werden die Inhalte der ATV unter dem Gesichtspunkt von Planungs- und Ausführungstoleranzen dargestellt.

**Normen:** ATV DIN 18328[1]: Aufbruch- und Rückbauarbeiten von Verkehrsflächen

**Allgemeines:** Die Norm gilt für den teilweisen oder vollständigen Aufbruch und Rückbau von Oberbauschichten von Verkehrsflächen wie z. B. Straßen, Rad- und Gehwege und Parkdecks. Der Anwendungsbereich erstreckt sich außerdem auf den Rückbau von Banketten, Einfassungen und Entwässerungsrinnen.

Für allgemeine Abbruch- und Rückbauarbeiten gilt ATV DIN 18459[2].

### Maximale Abmessungen der Abbruchstoffe

Beim Aufbruch und Rückbau dürfen die Abbruchstoffe bestimmte Abmessungen nicht überschreiten. Abbruchstoffe mit größeren Abmessungen sind auf das festgelegte Maximalmaß zu zerkleinern; s. folgende Tabelle.

[1] ATV DIN 18328:2023-09: VOB Vergabe- und Vertragsordnung für Bauleistungen – Teil C: Allgemeine Technische Vertragsbedingungen für Bauleistungen (ATV) – Aufbruch- und Rückbauarbeiten von Verkehrsflächen.

[2] ATV DIN 18459:2016-09: VOB Vergabe- und Vertragsordnung für Bauleistungen – Teil C: Allgemeine Technische Vertragsbedingungen für Bauleistungen (ATV) – Abbruch- und Rückbauarbeiten.

***Tabelle 1:*** *Maximale Abmessungen von Abbruchstoffen (n. ATV DIN 18328, 3.3, 3.4 u. 3.5) (Quelle: Schmidt)*

| Baustoff | max. Abmessung der Abbruchstoffe | Bemerkung |
|---|---|---|
| Asphalt | Kantenlänge ≤ 60 cm | [1] |
| hydraulisch gebundene Tragschichten (HGT) | Kantenlänge ≤ 60 cm | [1] |
| gebundene Pflaster-decken, Plattenbeläge | Kantenlänge ≤ 60 cm | – |
| Einfassungen, Entwässe-rungsrinnen | Kantenlänge ≤ 60 cm | – |

[1] Bei unvorhergesehenen Anhaftungen, die aus der Unterlage resultieren, ist der Auftraggeber (AG) zu informieren. Erforderliche Maßnahmen gelten als „Besondere Leistung" im Sinne der VOB.

## Mehrbreiten zur Rücknahme

Mehrbreiten geben an, um welches Maß beim Aus- und Wiedereinbau von Schichten die Trag- und Deckschicht an den Randzonen zurückzunehmen ist. Die Mehrbreiten hängen vom Baustoff sowie der Art der Verkehrsfläche ab; s. folgende Tabelle.

***Tabelle 2:*** *Mehrbreiten zur Rücknahme (n. ATV DIN 18328, 3.10.1) (Quelle: Schmidt)*

| Baustoff | | Art der Verkehrsfläche | |
|---|---|---|---|
| | | Fahrbahn | Geh- u. Radweg |
| Asphalt | Deck-, Binder- u. Tragschichten | 20 cm | 15 cm |
| Beton | Deck- u. Trag-schichten | 20 cm | 15 cm |
| Pflasterdecken u. Plattenbeläge | auf gebundener Tragschicht unter Pflasterdecken und Plattenbelägen | 15 cm | 15 cm |
| | mit ungebundener und gebundener Bettung | Formatbreite, mind. jedoch 15 cm[1] | Formatbreite, mind. jedoch 15 cm[1] |
| Ungebundene Trag- u. Deck-schichten | – | 15 cm | 15 cm |

[1] In den Rücknahmestreifen hineinragende Platten oder Pflastersteine sind ebenfalls aufzunehmen.

## Mindestbreite von Reststreifen

Reststreifenbreiten geben das Mindestmaß eines verbleibenden Reststreifens an, der zwischen Aufbruch bzw. Rückbau und einer Einfassung, einem Rand oder der nächsten Fuge oder Naht liegt (s. folgende Abb.). Bei Unterschreitung der vorgegebenen Mindestbreite ist der verbleibende Reststreifen auszubauen.

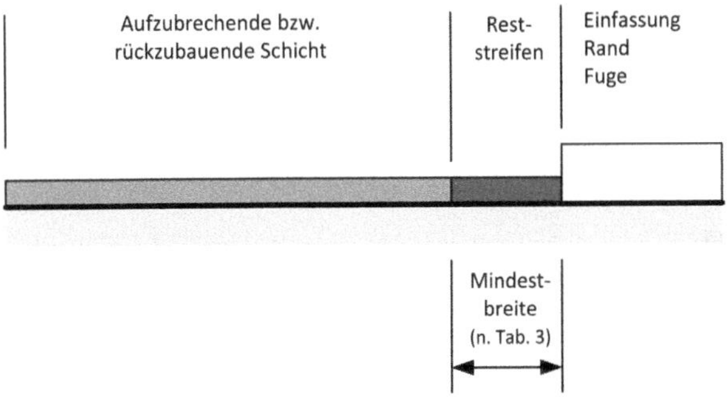


***Bild 1:*** *Mindestbreiten von Reststreifen sind vom Baustoff sowie der Art der Verkehrsfläche abhängig; siehe folgende Tabelle. (Quelle: Schmidt)*

***Tabelle 3:*** *Mindestbreiten von Reststreifen (n. ATV DIN 18328, 3.10.2) (Quelle: Schmidt)*

| **Baustoff** | **Art der Verkehrsfläche** | | |
|---|---|---|---|
| | **Fahrbahn** | **Geh- u. Radweg** | **Parkfläche** |
| Asphalt (Deck-, Binder- u. Tragschichten) | 3-fache Dicke vom ungebundenen Oberbau, jedoch mind. 35 cm | 35 cm | k. A. |
| Beton (Deck- u. Tragschichten) | 120 cm bis zum Rand der nächstgelegenen Fuge; Verhältnis Breite/Länge der verbleibende Platte ≥ 0,4 | | k. A. |
| Pflasterdecken u. Plattenbeläge mit gebundener Tragschicht | keine Anforderung | keine Anforderung | keine Anforderung |
| Pflasterdecken u. Plattenbeläge mit ungebundener u. gebundener Bettung | 40 cm bis zum Pflasterrand oder ½ Bogenbreite der Pflasterung | Formatbreite 20 cm einschl. einer evt. vorhandenen gebundenen Tragschicht | k. A. |
| Ungebundene Trag- u. Deckschichten | keine Anforderung | keine Anforderung | keine Anforderung |
| k. A.: keine Angabe | | | |

# Betonarbeiten

Die Anforderungen an Betonarbeiten sind im Wesentlichen in der Vergabe- und Vertragsordnung für Bauleistungen (VOB) Teil C in den Allgemeinen Technischen Vertragsbedingungen für Bauleistungen (ATV) in der DIN 18331 (Ausgabe September 2019) beschrieben. Im Folgenden werden die Inhalte der ATV und/oder der ergänzenden Regelungen auszugsweise unter dem Gesichtspunkt von Ausführungstoleranzen und Qualitätsanforderungen an die Oberflächen von Sichtbeton dargestellt.

| **Normen:** | ATV DIN 18331[1] | Betonarbeiten |
|---|---|---|
| | DIN EN 13670[2] | Ausführung von Tragwerken aus Beton |
| | DIN 1045-3[3] | Tragwerke aus Beton, Stahlbeton und Spannbeton; Teil 3: Bauausführung |
| | DIN 1045-4[4] | Tragwerke aus Beton, Stahlbeton und Spannbeton – Teil 4: Betonfertigteile – Allgemeine Regeln |
| | DAfStb-Richtlinie – Wasserundurchlässige Bauwerke aus Beton (WU-Richtlinie)[5] | |
| | DBV-Merkblätter[6] Sichtbeton; Deutscher Beton- und Bautechnik-Verein e. V. Bundesverband der Deutschen Zementindustrie | |

1 ATV DIN 18331:2019-09: VOB Vergabe- und Vertragsordnung für Bauleistungen – Teil C: Allgemeine Technische Vertragsbedingungen für Bauleistungen (ATV) – Betonarbeiten.

2 DIN EN 13670:2011-03: Ausführung von Tragwerken aus Beton.

3 DIN 1045-3:2023-08: Tragwerke aus Beton, Stahlbeton und Spannbeton – Teil 3: Bauausführung.

4 DIN 1045-4:2023-04: Tragwerke aus Beton, Stahlbeton und Spannbeton – Teil 4: Betonfertigteile – Allgemeine Regeln

5 DAfStb-Richtlinie Wasserundurchlässige Bauwerke aus Beton (WU-Richtlinie); Ausgabe Dezember 2017; hrsg. v. Deutscher Ausschuss für Stahlbeton (DAfStb), Berlin

6 DBV-Merkblatt Sichtbeton; Ausgabe 2015-06; hrsg. v. Deutscher Beton- und Bautechnikverein e.V. (DBV), Berlin.

**Allgemeines:** Toleranzen sind innerhalb der in DIN 18202[7] festgelegten Grenzen möglich. Werden an die Ebenheit von Flächen erhöhte Anforderungen nach DIN 18202 gestellt, so sind die zu treffenden Maßnahmen *Besondere Leistungen* im Sinne der VOB/C und sind als solche gesondert auszuschreiben.

Zulässige Abweichungen für die Sicherstellung der Tragsicherheit, Gebrauchstauglichkeit und Passgenauigkeit von Tragwerken aus Beton (Ortbeton, Ortbeton unter Verwendung vorgefertigter Bauteile, Verbundtragwerke) sind in DIN 1045-3 festgelegt.

Für Abweichungen von Betonfertigteilen gilt DIN 1045-4.

ATV DIN 18331 regelt die Herstellung von Bauteilen aus bewehrtem und unbewehrtem Beton. Die Norm enthält keine Anforderungen an Abweichungen und Maßtoleranzen.

**Spezifische Ergänzungen:**

- Betondeckung der Bewehrung
- Zulässige Abweichungen für die Sicherstellung der Tragsicherheit, Gebrauchstauglichkeit und Passgenauigkeit
- Maßabweichung durch Kriechen und Schwinden
- Gestalterische Anforderungen an Sichtbeton
- Risse
- WU-Beton, Weiße Wanne
- Gründungen und Unterfangungen
- Toleranzen von Betonfertigteilen

[7] DIN 18202:2019-07: Toleranzen im Hochbau – Bauwerke.

# Bauwerksmaße

Grenzabweichungen für Maße siehe folgende Tabelle (n. DIN 18202, Tab. 1).

***Tabelle 1:*** *Grenzabweichungen für Maße (n. DIN 18202, 5.2) (Quelle: Schmidt)*

| **Grenzabweichung für Maße im Grundriss** | | | | | | | | |
|---|---|---|---|---|---|---|---|---|
| 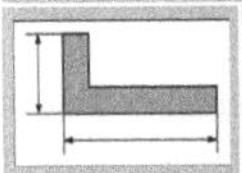 | Nennmaß | m | ≤ 1 | > 1 ≤ 3 | > 3 ≤ 6 | > 6 ≤ 15 | > 15 ≤ 30 | > 30 |
| | Grenzabweichung | mm | ± 10 | ± 12 | ± 16 | ± 20 | ± 24 | ± 30 |
| z. B. Längen, Breiten, Achsmaße, Rastermaße | | | | | | | | |
| **Grenzabweichung für Maße im Aufriss** | | | | | | | | |
| 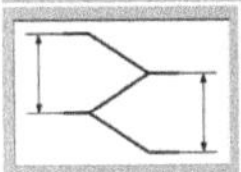 | Nennmaß | m | ≤ 1 | > 1 ≤ 3 | > 3 ≤ 6 | > 6 ≤ 15 | > 15 ≤ 30 | > 30 |
| | Grenzabweichung | mm | ± 10 | ± 16 | ± 16 | ± 20 | ± 30 | ± 30 |
| z. B. Geschosshöhen, Podesthöhen, Abstände von Aufstandsflächen u. Konsolen | | | | | | | | |
| **Grenzabweichung für lichte Maße im Grundriss** | | | | | | | | |
| 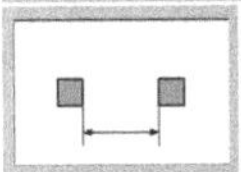 | Nennmaß | m | ≤ 1 | > 1 ≤ 3 | > 3 ≤ 6 | > 6 ≤ 15 | > 15 ≤ 30 | > 30 |
| | Grenzabweichung | mm | ± 12 | ± 16 | ± 20 | ± 24 | ± 30 | - |
| Maße zwischen Stützen, Pfeilern | | | | | | | | |
| **Grenzabweichung für lichte Maße im Aufriss** | | | | | | | | |
| 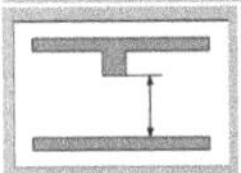 | Nennmaß | m | ≤ 1 | > 1 ≤ 3 | > 3 ≤ 6 | > 6 ≤ 15 | > 15 ≤ 30 | > 30 |
| | Grenzabweichung | mm | ± 16 | ± 20 | ± 20 | ± 30 | - | - |
| z. B. unter Decken u. Unterzügen | | | | | | | | |

***Tabelle 1:*** *Grenzabweichungen für Maße (n. DIN 18202, 5.2) (Quelle: Schmidt)*

| **Grenzabweichung für Maße von Öffnungen** | | | | | | | | |
|---|---|---|---|---|---|---|---|---|
| 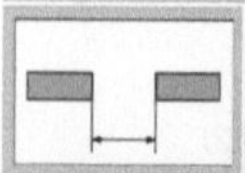 | Nennmaß | m | ≤ 1 | > 1 ≤ 3 | > 3 ≤ 6 | > 6 ≤ 15 | > 15 ≤ 30 | > 30 |
| | Grenzabweichung | mm | ± 10 | ± 12 | ± 16 | - | - | - |
| z. B. Öffnungen von Fenstern, Einbauelementen, Außentüren (Innentüren s. DIN 18100) | | | | | | | | |
| **Grenzabweichung für Maße von Öffnungen mit oberflächenfertigen Laibungen** | | | | | | | | |
| 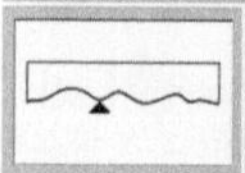 | Nennmaß | m | ≤ 1 | > 1 ≤ 3 | > 3 ≤ 6 | > 6 ≤ 15 | > 15 ≤ 30 | > 30 |
| | Grenzabweichung | mm | ± 8 | ± 10 | ± 12 | - | - | - |
| Grenzabweichungen gelten für Nennmaße bis 60 m. Bei größeren Nennmaßen sind besondere Überlegungen zu treffen | | | | | | | | |

# Winkelabweichungen

Grenzwerte für Winkelabweichungen siehe folgende Tabelle (n. DIN 18202, Tab. 2)

***Tabelle 2:*** *Grenzwerte für Winkelabweichungen (n. DIN 18202, 5.3) (Quelle: Schmidt)*

| **Grenzwerte für Winkelabweichungen** | | | | | | | | | |
|---|---|---|---|---|---|---|---|---|---|
| 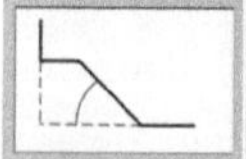 | Nennmaß | m | ≤ 0,5 | > 0,5 ≤ 1,0 | > 1,0 ≤ 3,0 | > 3,0 ≤ 6,0 | > 6,0 ≤ 15,0 | > 15,0 ≤ 30,0 | > 30,0 |
| | Stichmaße als Grenzwerte | mm | 3 | 6 | 8 | 12 | 16 | 20 | 30 |

# Ebenheitsabweichungen

Grenzwerte für Ebenheitsabweichungen sind in DIN 18202, Abschnitt 5.4 geregelt; siehe folgende Tabelle (n. DIN 18202, Tab. 3).

***Tabelle 3:*** *Grenzwerte für Ebenheitsabweichungen (n. DIN 18202, 5.4) (Quelle: Schmidt)*

| | | | | | | | |
|---|---|---|---|---|---|---|---|
| **Nichtflächenfertige Oberseiten von Decken, Unterbeton und Unterböden** | | | | | | | |
| 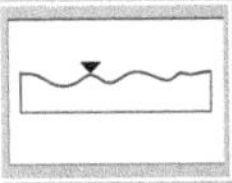 | Messpunktabstand | m | ≤ 0,1 | 1 | 4 | 10 | 15 |
| | Stichmaße als Grenzwerte | mm | 10 | 15 | 20 | 25 | 30 |
| **Nichtflächenfertige Oberseiten von Decken oder Bodenplatten zur Aufnahme von Bodenaufbauten** | | | | | | | |
| 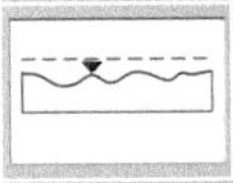 | Messpunktabstand | m | ≤ 0,1 | 1 | 4 | 10 | 15 |
| | Stichmaße als Grenzwerte | mm | 5 | 8 | 12 | 15 | 20 |
| z. B. Estriche im Verbund/auf Trennlage, schwimmende Estriche, Industrieböden, Fliesen- u. Plattenbeläge im Mörtelbett | | | | | | | |
| **Flächenfertige Oberseiten von Decken oder Bodenplatten für untergeordnete Zwecke** | | | | | | | |
| 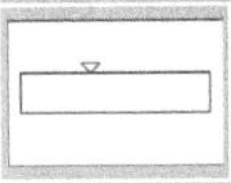 | Messpunktabstand | m | ≤ 0,1 | 1 | 4 | 10 | 15 |
| | Stichmaße als Grenzwerte | mm | 5 | 8 | 12 | 15 | 20 |
| z. B. in Lagerräumen, Kellern | | | | | | | |
| **Flächenfertige Böden, Estriche für Bodenbeläge, Bodenläge, Fliesenbeläge, Beläge** | | | | | | | |
| 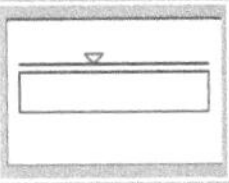 | Messpunktabstand | m | ≤ 0,1 | 1 | 4 | 10 | 15 |
| | Stichmaße als Grenzwerte | mm | 2 | 4 | 10 | 12 | 15 |
| z. B. Estriche als Nutzestriche, Estriche zur Aufnahme von Bodenbelägen, gespachtelte u. geklebte Beläge | | | | | | | |
| **wie Zeile zuvor, jedoch mit erhöhten Anforderungen** | | | | | | | |
| 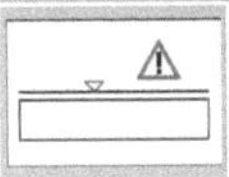 | Messpunktabstand | m | ≤ 0,1 | 1 | 4 | 10 | 15 |
| | Stichmaße als Grenzwerte | mm | 1 | 3 | 9 | 12 | 15 |
| **Nichtflächenfertige Wände und Unterseiten von Rohdecken** | | | | | | | |
| 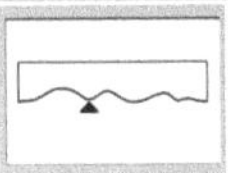 | Messpunktabstand | m | ≤ 0,1 | 1 | 4 | 10 | 15 |
| | Stichmaße als Grenzwerte | mm | 5 | 10 | 15 | 25 | 30 |

***Tabelle 3:*** *Grenzwerte für Ebenheitsabweichungen (n. DIN 18202, 5.4) (Quelle: Schmidt)*

| Flächenfertige Wände und Unterseiten von Decken | | | | | | | |
|---|---|---|---|---|---|---|---|
| 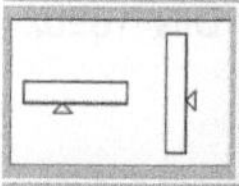 | Messpunktabstand | m | ≤ 0,1 | 1 | 4 | 10 | 15 |
| | Stichmaße als Grenzwerte | mm | 3 | 5 | 10 | 20 | 25 |
| z. B. geputzte Wände, Wandbekleidungen, untergehängte Decken | | | | | | | |
| wie Zeile zuvor, jedoch mit erhöhten Anforderungen | | | | | | | |
|  | Messpunktabstand | m | ≤ 0,1 | 1 | 4 | 10 | 15 |
| | Stichmaße als Grenzwerte | mm | 2 | 3 | 8 | 15 | 20 |
| Zwischenwerte sind DIN 18202, Bild 6 und Bild 7 zu entnehmen und auf ganze mm zu runden. Die Grenzwerte für Ebenheitsabweichungen der letzten Spalte gelten auch für Messpunktabstände > 15 m. | | | | | | | |

Bei flächenfertigen Wänden und Decken sind Absätze und Sprünge zu vermeiden. Die sich durch die Struktur ergebende Flächengestaltung ist hierunter jedoch nicht zu verstehen.

Nach DIN 18202, Abschnitt 5, sind Absätze und Höhenversprünge zwischen benachbarten Bauteilen gesondert zu regeln. d. h., die o. a. Grenzwerte für Ebenheitsabweichungen sind nicht anzuwenden.

## Fluchtabweichungen bei Stützen

Die Grenzwerte für Fluchtabweichungen bei Stützen sind in DIN 18202, Abschnitt 5.5 geregelt; siehe folgende Tabelle (n. DIN 18202, Tab. 4).

***Tabelle 4:*** *Grenzwerte für Fluchtabweichungen bei Stützen (n. DIN 18202, 5.5) (Quelle: Schmidt)*

| Grenzwerte für Fluchtabweichungen | | | | | | | |
|---|---|---|---|---|---|---|---|
| 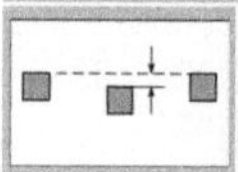 | Messpunktabstand (Nennmaß) | m | ≤ 3 | > 3<br>≤ 6 | > 6<br>≤ 15 | > 15<br>≤ 30 | > 30 |
| | Stichmaße als Grenzwerte | mm | 8 | 12 | 16 | 20 | 30 |

# Spezifische Ergänzungen

## Betondeckung der Bewehrung

Angaben über die erforderliche Mindestbetondeckung zur Sicherstellung der Dauerhaftigkeit von Stahlbeton sind in DIN EN 1992-1-1[8], 4.4.1.2 sowie im zugehörigen Nationalen Anhang (DIN EN 1992-1-1/NA[9]) geregelt. Die maßlichen Festlegungen zum Schutz gegen Korrosion entsprechen den Einteilungen nach den Expositionsklassen. Für besondere Anforderungen (Verbundsicherung, Leichtbeton, Verschleiß) sind abweichende bzw. ergänzende Regelungen getroffen; s. DIN EN 1992-1-1.

***Tabelle 5:** Mindestbetondeckung (n. DIN EN 1992-1-1, 4.4.1.2) (Quelle: Schöwer/Schmidt)*

| Mindestbetondeckung zum Korrosionsschutz, in mm<br>Gegen: C = Carbonatisierung, D = Chloride, S = Chloride aus Meerwasser | | | | | |
|---|---|---|---|---|---|
| Betonstahl | | Expositions-klasse | Vorhalte-maß | Spannglieder im sofortigen und im nachträglichen Verbund | |
| $c_{nom}$ | $c_{min}$ | | $\Delta c_{dev}$ | $c_{min}$ | $c_{nom}$ |
| 20 | 10 | XC1 | 10 | 20 | 30 |
| 35 | 20 | XC2 | 15 | 30 | 45 |
| 35 | 20 | XC3 | 15 | 30 | 45 |
| 40 | 25 | XC4 | 15 | 35 | 50 |
| 55 | 40 | XD1<br>XD2<br>XD3 | 15 | 50 | 65 |
| 55 | 40 | XS1<br>XS2<br>XS3 | 15 | 50 | 65 |
| $c_{nom}$: Nennmaß der Betondeckung (Angabe für statische Berechnung)<br>Es gilt: $c_{nom} = c_{min} + \Delta c_{dev}$ | | | | | |
| $c_{min}$: Mindestmaß der Betondeckung (Korrosionsschutz, Dauerhaftigkeit) | | | | | |
| $\Delta c_{dev}$: Vorhaltemaß zur Gewährleistung von $c_{min}$;<br>bei Korrosionsschutz ist $\Delta c_{dev}$ = 15 mm | | | | | |

[8] DIN EN 1992-1-1:2011-01: Eurocode 2: Bemessung und Konstruktion von Stahlbeton- und Spannbetontragwerken – Teil 1-1: Allgemeine Bemessungsregeln und Regeln für den Hochbau.

[9] DIN EN 1992-1-1/NA:2013-04: Nationaler Anhang – National festgelegte Parameter – Eurocode 2: Bemessung und Konstruktion von Stahlbeton- und Spannbetontragwerken – Teil 1-1: Allgemeine Bemessungsregeln und Regeln für den Hochbau.

Zur Sicherstellung des Verbunds darf die Betondeckung grundsätzlich nicht kleiner sein als der Stabdurchmesser der Betonstahlbewehrung.

Bei einer zusätzlichen Verschleißbeanspruchung des Bauteils sind nach DIN 1045-2[10] zusätzliche Anforderungen an die Gesteinskörnungen zu berücksichtigen, alternativ können für die jeweiligen Expositionsklassen die Angaben zur Mindestüberdeckung erhöht werden:

- bei mäßiger Beanspruchung (XM1) um 5 mm
- bei schwerer Beanspruchung (XM2) um 10 mm
- bei extremer Verschleißbeanspruchung (XM3) um 15 mm

Für Betonbauteile, die angrenzend zu unebenen Flächen hergestellt werden, sollte die Mindestbetonüberdeckung um das Differenzmaß der Unebenheit größer sein, mindestens jedoch um 20 mm.

Im Allgemeinen gilt: Die Mindestbetondeckung darf nicht unterschritten werden.

Bei Bauteilen mit Einwirkungen aus taumittelbehandelten Straßen und bei direkt befahrenen Parkdecks sind zum Schutz gegen Bewehrungskorrosion außer der Bemessung der Mindestbetondeckung nach den Expositionsklassen der DIN EN 1992-1-1 zusätzliche Oberflächenschutzsysteme erforderlich.

Nach der Richtlinie „Schutz und Instandsetzung von Betonbauteilen“[11] des DAfStb (Deutscher Ausschuss für Stahlbeton) werden Beschichtungssysteme für Stahlbetonoberflächen nach den verschiedenen Anwendungsbereichen in die Systeme OS 10, OS 11 und OS 13 gegliedert. Die zur Erzielung der Schutzfunktion notwendigen Schichtdicken sind herstellerabhängig.

---

[10] DIN 1045-2:2023-08: Tragwerke aus Beton, Stahlbeton und Spannbeton – Teil 3: Beton.

[11] Hinweis: Die Instandsetzungs-Richtlinie soll zukünftig durch eine Instandhaltungs-Richtlinie abgelöst werden. Bis zur Einführung der Instandhaltungs-Richtlinie ist die Instandsetzungs-Richtlinie anzuwenden.

## Maßtoleranzen für die Tragsicherheit, Gebrauchstauglichkeit und Passgenauigkeit

Maßtoleranzen, die für die Gewährleistung der Tragsicherheit, Gebrauchstauglichkeit und Passgenauigkeit einzuhalten sind, sind in DIN 1045-3 festgelegt. Dabei werden Grenzwerte für folgende Fälle angegeben:

- Abweichungen von der Lotrechten bei Stützen und Wänden (DIN 1045-3, 11.2)
- Abweichungen bei der Flucht und Ebene von Balken und Platten (DIN 1045-3, 11.3)
- Querschnittsabweichungen (DIN 1045-3, 11.4)

Die angegebenen Toleranzen entsprechen dem erforderlichen Sicherheitsniveau nach DIN EN 1990[12]; sie beziehen sich auf die in DIN EN 1992-1-1 angegebenen Teilsicherheitsbeiwerte für Baustoffe. Die Toleranzen gelten für Bauwerke des Hochbaus, können aber ggfs. auch für Ingenieurbauten verwendet werden; Genaueres siehe DIN 1045-3.

## Abweichungen von der Lotrechten bei Stützen und Wänden

Werte für zulässige konstruktionsbedingte Abweichungen bei Stützen und Wänden sind in folgender Tabelle angegeben (s. DIN 1045-3, 11.2).

**Tabelle 6:** *Abweichungen von der Lotrechten bei Stützen und Wänden (n. DIN 1045-3, Tab. 8) (Quelle: Schmidt)*

| Beschreibung/Kriterium | | zulässige Abweichung Δ |
|---|---|---|
| Schiefstellung einer Stütze oder Wand in einem ein-/mehrgeschossigen Gebäude 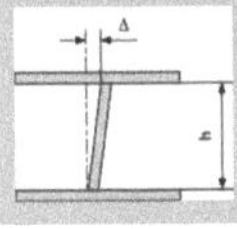 | h ≤ 10 m | max (15 mm; h/400) |
| | h > 10 m<br>mit:<br>h: lichte Höhe | max (25 mm; h/600) |

[12] DIN EN 1990:2021-10 Eurocode: Grundlagen der Tragwerksplanung.

***Tabelle 6:*** *Abweichungen von der Lotrechten bei Stützen und Wänden (n. DIN 1045-3, Tab. 8) (Quelle: Schmidt)*

| **Beschreibung/Kriterium** | | **zulässige Abweichung Δ** |
|---|---|---|
| Versatz zwischen Achsen 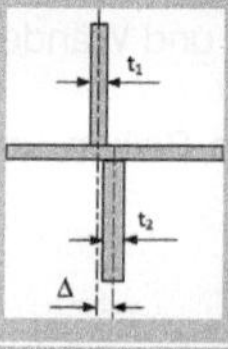  | Versatz: $t = (t_1 + t_2)/2$ | max. (t/30; 15 mm) jedoch nicht größer als 30 mm |
| Auslenkung einer Stütze/Wand 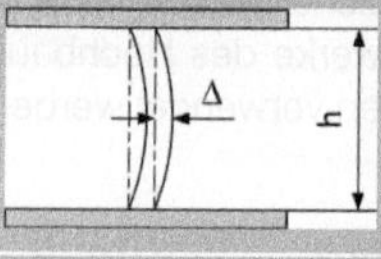  | h: lichte Geschosshöhe | max. (h/300;15 mm) jedoch nicht größer als 30 mm |
| Abweichung von Stützen/Wänden von der Lotrechten (Schiefstellung) 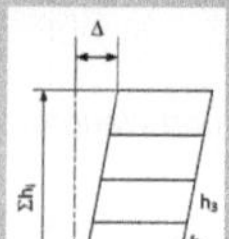  | n: Anzahl der Geschosse<br>$\Sigma h_i$: Summe der Höhen der betrachteten Geschosse | min. (50 mm; $\Sigma h_i/(200\ n^{1/2})$) |

A B D E F G H K M N P R S T V W Z

## Abweichungen bei der Flucht und Ebene von Balken und Platten

Werte für zulässige konstruktionsbedingte Abweichungen für Flucht und Ebene von Platten und Balken sind in folgender Tabelle angegeben (s. DIN 1045-3, 11.3).

***Tabelle 7:*** *Zulässige Abweichungen für Flucht und Ebene bei Balken und Platten (n. DIN 1045-3, Tab. 9)*

| **Beschreibung / Kriterium** | | **zulässige Abweichung Δ** |
|---|---|---|
| Lage einer Verbindung zwischen Balken-Stütze, bezogen auf die Stütze<br>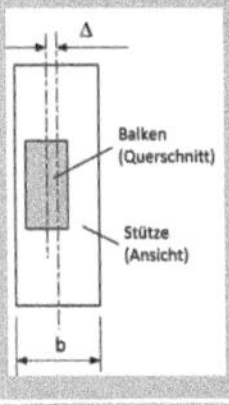<br> | b: Maß der Stütze in Richtung Δ | max. (± b/30; ± 20 mm) |
| Lage der Auflagerachse bei Verwendung von Lagern<br>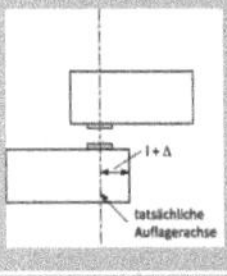<br> | t: vorgesehener Abstand zur Kante | max. (± l/20; ±15 mm) |
| **Anmerkung:** Die Werte gelten nicht für die Auflagerposition von Fertigteilträgern und Fertigteildecken. Toleranzen für Fertigteile müssen in der Verlegeanweisung oder in technischen Daten zum Fertigteil angegeben sein. | | |

## Querschnittsabweichungen

Die Querschnittsabmessungen von Betonbauteilen (Balken, Platten, Stützen) dürfen von den Nennmaßen maximal um die nachfolgend angegebenen Werte abweichen.

***Tabelle 8:*** *Zulässige Querschnittsabweichungen von Balken, Platten und Stützen aus Beton (n. DIN 1045-3, Tab. 10)*

| **Beschreibung/Kriterium** | | **zulässige Abweichung Δ** | |
|---|---|---|---|
| | | Toleranz-klasse 1 | Toleranz-klasse 2 |
| Querschnittsabmessungen von Balken, Platten u. Stützen | $l_i$ < 150 mm | ± 10 mm | ± 5 mm |
| | $l_i$ = 400 mm | ± 15 mm | ± 10 mm |
| | $l_i$ ≥ 2500 mm | ± 30 mm | ± 30 mm |
| 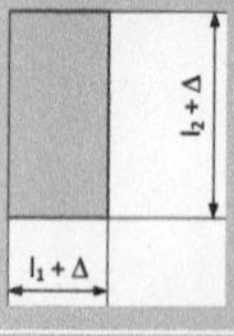  | mit: $l_i$: Nennmaße des Betonquerschnitts. Zwischenwerte dürfen linear interpoliert werden | | |
| Toleranzklasse 1: Toleranzen, die in Ausführungsklasse AK-N (normale Anforderungen an die Ausführung) n. DIN 1045-3 angesetzt werden. Hierbei handelt es sich um normale Toleranzen, die sicherstellen, dass das Tragwerk die Bemessungsannahmen erfüllt und sonstige funktionelle Anforderungen an das Bauwerk erfüllt werden. Toleranzklasse 1 ist bspw. für übliche Hochbauten anzunehmen. | | | |
| Toleranzklasse 2: Toleranzen, die in Ausführungsklasse AK-E (erhöhte Anforderungen an die Ausführung) n. DIN 1045-3 angesetzt werden. Hierbei handelt es sich um besondere Toleranzen, die auch erhöhte Anforderungen an die Maßgenauigkeit erfüllen. Toleranzklasse 2 ist bspw. bei Bauwerken anzunehmen, die zum Lagern, Abfüllen und Umschlagen (LAU) oder zum Herstellen, Behandeln und Verwenden (HBV) von wassergefährdenden Stoffen dienen; siehe DIN 1045-1000[13]. | | | |

Für weitere Toleranzen (z. B. Lage der Bewehrung) wird auf DIN 1045-3 verwiesen.

[13] DIN 1045-1000:2023-08: Tragwerke aus Beton, Stahlbeton und Spannbeton – Teil 1000: Grundlagen und Betonbauqualitätsklassen (BBQ).

## Maßabweichungen durch Kriechen und Schwinden

Last- und zeitabhängige Verformungen wie Kriechen oder Schwinden werden in DIN 18202 nicht berücksichtigt und sind daher gesondert zu ermitteln.

Anhaltswerte für temperaturbedingte Längenänderungen von Betonbauteilen:

- Stahl- und Schwerbeton — 0,012 bis 0,015 mm/(mK)
- Betonwerksteinplatten — 0,015 mm/(mK)
- Leichtzuschlagbeton und Porenbeton — 0,011 mm/(mK)

## Gestalterische Anforderungen an Sichtbeton

Im DBV-Merkblatt[14] „Sichtbeton" werden vier Sichtbetonklassen **(SB 1 bis SB 4)** mit Anforderungen an die Textur **(T)**, Porigkeit **(P)**, Farbtongleichungen **(FT)**, Ebenheit **(E)** und Arbeits-/Schalhautfugen **(AF)** eingeführt. Weiterhin werden zugehörige Anforderungen an Schalhautklassen **(SHK)**, Erprobungsflächen und Referenzflächen angegeben. Die Tafeln 1 bis 4 enthalten die jeweiligen Anforderungen an die Sichtbetonklassen.

***Tabelle 9:*** *Tafel 1: Sichtbetonklasse SB 1 mit geringen gestalterischen Anforderungen (Quelle: Schöwer)*

| **Sichtbetonklasse SB 1 – Betonflächen mit geringen gestalterischen Anforderungen, z. B. Kellerwände, Bereiche vorwiegend gewerblicher Nutzung** | | |
|---|---|---|
| Textur Elementstoß | **T1** | • weitgehend geschlossene Zementleim- bzw. Mörteloberfläche erforderlich<br>• in Schalelementstößen ausgetretener Zementleim/Feinmörtel bis ca. 20 mm Breite und ca. 10 mm Tiefe zulässig<br>• Rahmenabdruck des Schalelements zugelassen |

[14] DBV-Merkblatt „Sichtbeton"; Deutscher Beton- und Bautechnik-Verein e. V (Hrsg.); 2015; Berlin.

***Tabelle 9:*** *Tafel 1: Sichtbetonklasse SB 1 mit geringen gestalterischen Anforderungen (Quelle: Schöwer)*

| **Sichtbetonklasse SB 1 – Betonflächen mit geringen gestalterischen Anforderungen, z. B. Kellerwände, Bereiche vorwiegend gewerblicher Nutzung** | | |
|---|---|---|
| Porigkeit | **P1** | Porenanteil (ø ≥ 2 mm und ø ≤ 15 mm):<br>≤ ca. 3.000 mm² der Prüffläche zulässig |
| Farbtongleichmäßigkeit für saugende und nicht saugende Schalung | **FT1** | • Hell-/Dunkelverfärbungen zulässig<br>• Rost- und Schmutzflecken nicht zulässig |
| Arbeits- und Schalhautfugen | **AF1** | Versatz der Flächen zwischen zwei Betonanschnitten bis ca. 10 mm zulässig |
| Ebenheit | **E1** | Ebenheitsanforderungen nach DIN 18202, Tabelle 3, Zeile 5 (z. B. zulässiges Stichmaß ≤ 15 mm auf 4 m Länge) |
| Schalhautklasse | **SHK1** | Beeinträchtigung der Schalhaut:<br>• Bohrlöcher müssen mit Kunststoffstöpsel verschlossen sein<br>• Nagel- und Schraublöcher zulässig<br>• Aufquellen der Schalhaut im Schraub- bzw. Nagelbereich zulässig<br>• Beschädigung der Schalhaut durch Innenrüttler zulässig<br>• Kratzer zulässig<br>• Betonreste in Vertiefungen (z. B. in Nagellöchern oder Kratern) zulässig, jedoch keine flächigen Anhaftungen<br>• Zementschleier zulässig<br>• Reparaturstellen zulässig |
| Erprobungsfläche | | freigestellt (wenn, dann mindestens zwei Stück) |
| Referenzfläche | | freigestellt |

***Tabelle 10:** Sichtbetonklasse SB 2 mit normalen gestalterischen Anforderungen (Quelle: Schöwer)*

<table>
<tr><th colspan="3">Sichtbetonklasse SB 2 – Betonflächen mit normalen gestalterischen Anforderungen, z. B. Stützwände, Treppenhausräume</th></tr>
<tr><td>Textur Elementstoß</td><td>T2</td><td>• geschlossene und weitgehend einheitliche Betonfläche erforderlich<br>• in den Schalelementstößen austretender Zementleim/ Feinmörtel bis ca. 10 mm Breite und ca. 5 mm Tiefe zulässig<br>• Versatz der Elementstöße bis ca. 5 mm zulässig<br>• Höhe verbleibender Grate bis ca. 5 mm zulässig<br>• Rahmenabdruck des Schalelements zugelassen</td></tr>
<tr><td rowspan="2">Porigkeit</td><td>P2 saugend</td><td>Porenanteil (ø ≥2 mm und ø ≤ 15 mm): ≤ ca. 2.250 mm² der Prüffläche zulässig</td></tr>
<tr><td>P1 nicht saugend</td><td>Porenanteil (ø ≥2 mm und ø ≤ 5 mm): ≤ ca. 3.000 mm² der Prüffläche zulässig</td></tr>
<tr><td>Farbtongleichmäßigkeit für saugende und nicht saugende Schalung</td><td>FT2</td><td>• gleichmäßige, großflächige Hell-/Dunkelverfärbungen zulässig<br>• unterschiedliche Arten und Vorbehandlungen der Schalhaut sowie Ausgangsstoffe verschiedener Art und Herkunft unzulässig</td></tr>
<tr><td>Arbeits- und Schalhautfugen</td><td>AF2</td><td>• Versatz der Flächen zwischen zwei Betonabschnitten bis ca. 10 mm zulässig<br>• Feinmörtelaustritte auf dem vorgehenden Betonierabschnitt müssen rechtzeitig entfernt werden<br>• Trapezleisten o. Ä. bei Arbeitsfugen empfohlen</td></tr>
</table>

***Tabelle 10:*** *Sichtbetonklasse SB 2 mit normalen gestalterischen Anforderungen (Quelle: Schöwer)*

| **Sichtbetonklasse SB 2 – Betonflächen mit normalen gestalterischen Anforderungen, z. B. Stützwände, Treppenhausräume** | | |
|---|---|---|
| Ebenheit | **E1** | Ebenheitsanforderungen nach DIN 18202, Tabelle 3,<br><br>Zeile 5 (z. B. zulässiges Stichmaß ≤ 15 mm auf 4 m Länge) Beeinträchtigung der Schalhaut:<br><br>• Bohrlöcher als Reparaturstellen zulässig<br>• Nagel- und Schraublöcher ohne Absplitterungen zulässig |
| Schalhautklasse | **SHK2** | • Aufquellen der Schalhaut im Schraub- bzw. Nagelbereich nur in Abstimmung mit dem Auftraggeber zulässig<br>• Beschädigung der Schalhaut durch Innenrüttler nicht zulässig<br>• Kratzer als Reparaturleistung zulässig<br>• Betonreste nicht zulässig<br>• Zementschleier zulässig<br>• Reparaturstellen zulässig |
| Erprobungsfläche | | empfohlen (wenn, dann mindestens zwei Stück) |
| Referenzfläche | | Festlegung anhand einer Erprobungsfläche empfohlen |

***Tabelle 11:*** *Sichtbetonklasse SB 3 mit hohen gestalterischen Anforderungen (Quelle: Schöwer)*

| **Sichtbetonklasse SB 3 – Betonflächen mit hohen gestalterischen Anforderungen, z. B. Fassaden im Hochbau** | | |
|---|---|---|
| Textur Elementstoß | **T2** | • geschlossene und weitgehend einheitliche Betonfläche erforderlich<br>• in den Schalelementstößen austretender Zementleim/ Feinmörtel bis ca. 10 mm Breite und ca. 5 mm Tiefe zulässig<br>• Versatz der Elementstöße bis ca. 5 mm zulässig<br>• Höhe verbleibender Grate bis ca. 5 mm zulässig<br>• Rahmenabdruck des Schalelements zugelassen |
| Porigkeit | **P3** saugend | Porenanteil (ø ≥2 mm und ø ≤15 mm): ≤ ca. 1.500 mm² der Prüffläche zulässig |
| | **P2** nicht saugend | Porenanteil (ø ≥2 mm und ø ≤15 mm): ≤ ca. 2.250 mm² der Prüffläche zulässig |
| Farbtongleichmäßigkeit für saugende und nicht saugende Schalung | **FT2** | • gleichmäßige, großflächige Hell-/Dunkelverfärbungen zulässig<br>• unterschiedliche Arten und Vorbehandlungen der Schalhaut sowie Ausgangsstoffe verschiedener Art und Herkunft unzulässig |
| Arbeits- und Schalhautfugen | **AF3** | • Versatz der Flächen zwischen zwei Betonabschnitten bis ca. 5 mm zulässig<br>• Feinmörtelaustritte auf dem vorgehenden Betonierabschnitt müssen rechtzeitig entfernt werden<br>• Trapezleisten bei Arbeitsfugen empfohlen |

***Tabelle 11:*** *Sichtbetonklasse SB 3 mit hohen gestalterischen Anforderungen (Quelle: Schöwer)*

| **Sichtbetonklasse SB 3 – Betonflächen mit hohen gestalterischen Anforderungen, z. B. Fassaden im Hochbau** | | |
|---|---|---|
| Ebenheit | **E2** | Ebenheitsanforderungen nach DIN 18202, Tabelle 3,<br><br>Zeile 6 (z. B. zulässiges Stichmaß ≤ 10 mm auf 4 m Länge) |
| Schalhautklasse | **SHK2** | Beeinträchtigung der Schalhaut:<br>• Bohrlöcher als Reparaturstellen zulässig<br>• Nagel- und Schraublöcher ohne Absplitterungen zulässig<br>• Aufquellen der Schalhaut im Schraub- bzw. Nagelbereich nur in Abstimmung mit dem Auftraggeber zulässig<br>• Beschädigung der Schalhaut durch Innenrüttler nicht zulässig<br>• Kratzer als Reparaturstellen zulässig<br>• Betonreste nicht zulässig<br>• Zementschleier zulässig<br>• Reparaturstellen zulässig |
| Erprobungsfläche | | dringend empfohlen (wenn, dann mindestens zwei Stück) |
| Referenzfläche | | Festlegung anhand einer Erprobungsfläche dringend empfohlen |

***Tabelle 12:*** *Sichtbetonklasse SB 4 mit besonders hohen gestalterischen Anforderungen (Quelle: Schöwer)*

| **Sichtbetonklasse SB 4 – Betonflächen mit besonders hoher gestalterischer Bedeutung, z. B. repräsentative Bauteile im Hochbau** | | |
|---|---|---|
| Textur Elementstoß | **T3** | • glatte, geschlossene und weitgehend einheitliche Betonfläche erforderlich<br>• in den Schalelementstößen austretender Zementleim/ Feinmörtel bis ca. 3 mm Breite zulässig<br>• feine, technisch unvermeidbare Grate bis 3 mm zulässig<br>• weitere Anforderungen (z. B. Schalungsstöße, Rahmenabdruck) sind detailliert festzulegen |
| Porigkeit | **P4**<br>saugend | Porenanteil (ø ≥2 mm und ø ≤15 mm): ≤ ca. 750 mm² der Prüffläche zulässig |
| | **P3**<br>nicht saugend | Porenanteil (ø ≥2 mm und ø ≤15 mm): ≤ ca. 1.500 mm² der Prüffläche zulässig |
| Farbtongleichmäßigkeit für saugende Schalung | **FT2** | • gleichmäßige, großflächige Hell-/Dunkelverfärbungen zulässig<br>• unterschiedliche Arten und Vorbehandlungen der Schalhaut sowie Ausgangsstoffe verschiedener Art und Herkunft sind unzulässig |

***Tabelle 12:*** *Sichtbetonklasse SB 4 mit besonders hohen gestalterischen Anforderungen (Quelle: Schöwer)*

| **Sichtbetonklasse SB 4 – Betonflächen mit besonders hoher gestalterischer Bedeutung, z. B. repräsentative Bauteile im Hochbau** | | |
|---|---|---|
| Farbtongleichmäßigkeit für nicht saugende Schalung | **FT3** | • großflächige Verfärbungen, verursacht durch Ausgangsstoffe verschiedener Art und Herkunft, unterschiedliche Art und Vorbehandlung der Schalhaut und ungeeignete Nachbehandlung des Betons sind unzulässig<br>• geringe Hell-/Dunkelverfärbungen (z. B. leichte Wolkenbildung, geringe Farbtonabweichungen) sind zulässig<br>• Rost- und Schmutzflecken, deutlich sichtbare Schüttlagen sowie Verfärbungen<br>• Auswahl eines besonderen und geeigneten Trennmittels notwendig |
| Arbeits- und Schalhautfugen | **AF4** | • Planung der Detailausführung erforderlich<br>• Versatz der Flächen zwischen zwei Betonierabschnitten bis ca. 5 mm zulässig<br>• Feinmörtelaustritte auf dem vorgehenden Betonierabschnitt müssen rechtzeitig entfernt werden<br>• weitere Anforderungen (z. B. Ausbildung von Arbeits- und Schalhautfugen) sind detailliert festzulegen |

***Tabelle 12:*** *Sichtbetonklasse SB 4 mit besonders hohen gestalterischen Anforderungen (Quelle: Schöwer)*

| **Sichtbetonklasse SB 4 – Betonflächen mit besonders hoher gestalterischer Bedeutung, z. B. repräsentative Bauteile im Hochbau** | | |
|---|---|---|
| Ebenheit | **E3** | Ebenheitsanforderungen nach DIN 18202, Tabelle 3,<br><br>Zeile 6 (z. B. zulässiges Stichmaß ≤ 10 mm auf 4 m Länge) Höhere Ebenheitsanforderungen sowie dafür erforderliche Aufwendungen und Maßnahmen sind gesondert zu vereinbaren.<br><br>Hinweis: Höhere Ebenheitsanforderungen, z. B. nach DIN 18202, Tabelle 3, Zeile 7 (z. B. zulässiges Stichmaß ≤ 8 mm auf 4 m Länge) sind technisch nicht zielsicher erfüllbar |
| Schalhautklasse | **SHK3** | Beeinträchtigung der Schalhaut:<br>• Bohrlöcher sind nicht zulässig<br>• Nagel- und Schraublöcher als Reparaturstellen in Abstimmung mit dem Auftraggeber zulässig<br>• Aufquellen der Schalhaut im Schraub- bzw. Nagelbereich nicht zulässig<br>• Beschädigung der Schalhaut durch Innenrüttler nicht zulässig<br>• Kratzer als Reparaturstellen in Abstimmung mit dem Auftraggeber zulässig<br>• Betonreste nicht zulässig<br>• Zementschleier in Abstimmung mit dem Auftraggeber zulässig<br>• Reparaturstellen in Abstimmung mit dem Auftraggeber zulässig |
| Erprobungsfläche | | erforderlich (mind. zwei Stück) |
| Referenzfläche | | erforderlich |

## Risse

Risse in Stahlbetonbauteilen sind stets unter den Kriterien Standsicherheit, Dichtigkeit und optisches Erscheinungsbild zu beurteilen. Neben der Rissweite sind der Rissverlauf, die Risstiefe und Risslänge sowie die Lage im Bauteil von entscheidender Bedeutung. Die Bewertung von Rissen unter dem Aspekt einer Auswirkung auf die Standsicherheit eines Bauteils erfordert meist umfangreiche weitere Untersuchungen zur Ursache und Auswirkung.

Für Stahlbetonbauteile ohne besondere Anforderungen an die Oberflächenbeschaffenheit (siehe Sichtbetonklassen) können Risse mit einer maximalen Weite von 0,25 mm für Außenbauteile als zulässig angesehen werden. Für Innenbauteile beträgt die maximale Rissweite 0,4 mm.

Für Bauteile aus wasserundurchlässigem Beton kann vereinfachend ein Wert von < 0,15 mm als maximale Rissweite definiert werden, da bis zu dieser Rissweite mit dem „Selbstheilungseffekt" von Rissen in Beton gerechnet werden kann.

Risse mit einer Rissweite um 0,1 mm sind auch unter optischen Bewertungskriterien wie „gebrauchsüblichem Betrachtungsabstand", der Oberflächenstruktur des Bauteils und den Beleuchtungsverhältnissen als zulässig einzustufen.

## WU-Beton, Weiße Wanne

Die empfohlenen Mindestbauteildicken für Wände, Bodenplatten und Dächer in WU-Betonbauweise sind in der WU-Richtlinie[15] definiert. In Abhängigkeit von der Bauweise und der Beanspruchungsklasse werden nachstehende Mindestdicken empfohlen:

[15] DAfStb-Richtlinie Wasserundurchlässige Bauwerke aus Beton (WU-Richtlinie); Ausgabe Dezember 2017; hrsg. v. Deutscher Ausschuss für Stahlbeton e. V. (DAfStb), Berlin.

*Tabelle 13: Empfohlene Mindestdicken von WU-Betonbauteilen (n. WU-Richtlinie, 7.2) (Quelle: Schmidt)*

| WU-Richtlinie | | Empfohlene Mindestbauteildicke[1] in mm | | |
|---|---|---|---|---|
| Bauteil | Bauweise | | | |
| | Beanspruchungsklasse | Ortbeton | Elementwände oder Elementdecken mit Ortbetonergänzung | Fertigteile |
| Wände | 1 | 240 | 240 (120 [2]) | 200 |
| | 2 | 200 | 240 (120 [2]) | 100 |
| Bodenplatten | 1 | 250 | nicht relevant | 200 |
| | 2 | 150 | nicht relevant | 100 |
| Dächer ohne Wärmedämmung | 1 | 200 | 240 (180 [2]) | 180 |
| Dächer mit Wärmedämmung | 1 | 180 | 220 (160 [2]) | 160 |

[1] Die Werte gelten für beide Nutzungsklassen A und B (Nutzungsklasse A: Feuchtstellen auf der luftseitigen Oberfläche sind nicht zulässig; Nutzungsklasse B: Feuchtstellen sind zulässig).

[2] Klammerwerte: Mindestdicken für die Ortbetonergänzung. Bei einer Zulagebewehrung und innen liegenden Fugenabdichtungen sind ggf. zusätzliche Anforderungen an die lichten Innenmaße zu beachten. Siehe WU-Richtlinie Abschnitt 7.2.

**Beanspruchungsklassen:**

Beanspruchungsklasse 1: ständig und zeitweise drückendes Wasser. Anmerkung: Bei WU-Dächern gilt grundsätzlich Beanspruchungsklasse 1.

Beanspruchungsklasse 2: Bodenfeuchte, ablaufendes Wasser an Wänden

Die genannten Bauteildicken gelten nur i. V. m. der Einhaltung zusätzlicher Anforderungen an den Beton nach der WU-Richtlinie Abschnitt 7.2. Danach darf der Wasserzementwert bei Ausnutzung der o. a. Mindestbauteildicken bei Beanspruchungsklasse 1 nicht größer als 0,55 sein (w/z ≤ 0,55).

## Zusätzliche Anforderungen bei Ortbeton- und Elementwänden in Beanspruchungsklasse 1

Für Ortbeton- oder Elementwände in Beanspruchungsklasse 1 (drückendes Wasser) gelten zusätzlich zu den o. g. empfohlenen Mindestdicken besondere Anforderungen an die lichten Innenmaße. Dadurch soll die Betonierbarkeit sowie ein fachgerechter Einbau von innen liegenden Fugenabdichtungen gewährleistet werden. Es sind die folgenden lichten Innenmaße $b_{w,i}$ einzuhalten.

***Tabelle 14:** Mindestwerte für das lichte Innenmaß $b_{w,i}$ bei Ortbeton- und Elementwänden (n. WU-Richtlinie, 7.2) (Quelle: Schmidt)*

| Durchmesser des Größtkorns der Gesteinskörnung $D_{max}$ | lichtes Innenmaß $b_{w,i}$ |
|---|---|
| $D_{max}$ = 8 mm | ≥ 120 mm |
| $D_{max}$ = 16 mm | ≥ 140 mm |
| $D_{max}$ = 32 mm | ≥ 180 mm |
| Die angegebenen Werte $b_{w,i}$ gelten grundsätzlich zwischen den Bewehrungslagen. Bei Elementwänden ohne Bewehrung gelten die Werte für $b_{w,i}$ in der Ortbetonergänzung zwischen den Innenseiten der Fertigteilplatten. | |

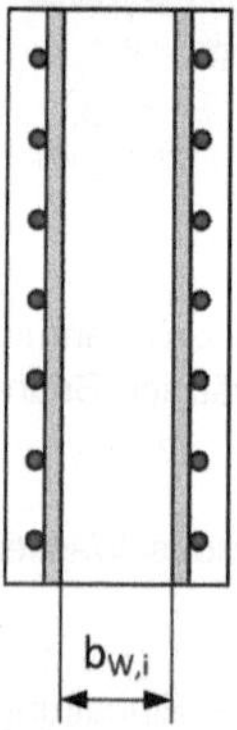


***Bild 1:** Definition $b_{w,i}$ (Quelle: Schmidt)*

## Gründungen und Unterfangungen

Für die Herstellung von Gründungen und Unterfangungen sind grundsätzlich die Voraussetzungen und Einzelbestimmungen nach DIN 4123[16] einzuhalten (siehe auch Erdarbeiten).

Sollen neue Fundamente unmittelbar neben vorhandenen Fundamenten hergestellt werden, so sind sie auf der gleichen Gründungsebene anzuordnen und durch eine Bewegungsfuge vom Bestand zu trennen. Für unbewehrte oder nur mit einer konstruktiven Längsbewehrung herzustellende Fundamente gilt eine Mindestabmessung von 50 cm für die Höhe und 50 cm für die Breite. Sie sind mit Beton der Festigkeitsklasse ≥ C 15 und abschnittsweise einzubauen.

Für tiefer liegende neue Fundamente sind im Bereich des bestehenden Gebäudes Unterfangungswände auszuführen. Die Gründungstiefe muss dann mindestens der Gründungstiefe der neuen Fundamente entsprechen.

Werden neue Fundamente mit einer statisch erforderlichen Längsbewehrung hergestellt, so sind darunter unbewehrte Fundamente mit einer Mindestabmessung 50 x 50 cm für Breite und Höhe notwendig. Diese sind mit vorhandenen Fundamenten oder den Fundamenten einer hergestellten Unterfangungswand unterkantengleich anzuordnen und abschnittsweise zu betonieren.

Unterfangungswände aus Beton der Güte C 15 sind mindestens in der gleichen Dicke wie die zu unterfangenden Fundamente herzustellen, ansonsten nach dem Standsicherheitsnachweis.

Die Gründung der Unterfangungswand ist mit gleicher Gründungstiefe wie die neuen Fundamente herzustellen. Werden die Fundamente des neuen Gebäudes mit einer statisch notwendigen Längsbewehrung ausgeführt, so ist, wegen des zusätzlich erforderlichen unbewehrten Fundaments von mindestens 50 cm Höhe, die Fundamentunterkante der Unterfangungswand 50 cm unterhalb der Unterkante des bewehrten neuen Fundaments anzuordnen.

[16] DIN 4123:2013-04: Ausschachtungen, Gründungen und Unterfangungen im Bereich bestehender Gebäude.

### Herstellungstoleranzen von Betonfertigteilen

Empfehlungen für zulässige Abweichungen von Betonfertigteilen als Endprodukt sind in DIN 1045-4[17] festgelegt. Siehe folgende Tabellen (Auszüge; für sämtliche Regeln wird auf die Norm verwiesen).

### Zulässige Abweichungen bei Querschnittsabmessungen von Betonfertigteilen

***Tabelle 15:*** *Abweichungen bei Querschnittsabmessungen von Betonfertigteilen (n. DIN 1045-4, 4.3.1.1) (Quelle: Schmidt)*

| Nennmaß | zulässige Abweichung der Querschnittsabmessung[1] Δb, Δh |
|---|---|
| L ≤ 150 mm | + 10 mm<br>-5 mm |
| L = 400 mm | + 15 mm<br>-10 mm |
| L ≥ 2500 mm | ± 30 mm |
| [1] Zwischenwerte dürfen linear interpoliert werden.<br>Δb: Abweichung in Richtung der Querschnittsbreite<br>Δh: Abweichung in Richtung der Querschnittshöhe | |

### Zulässige Abweichungen von der Länge bei Betonfertigteilen

Es gilt:
$\Delta l = \pm (10 + L/1000) \leq \pm 40$ mm
mit: L Nennlänge, in mm

*Beispiel:*

Betonfertigteilträger mit einer Länge von L = 8000 mm.

$\Delta l = \pm (10 + L/1000) = \pm (10 + 8000/1000) =$
$\pm 18$ mm $\leq \pm 40$ mm

Die zulässige Abweichung in der Länge beträgt ± 18 mm.

[17] DIN 1045-4:2023-08: Tragwerke aus Beton, Stahlbeton und Spannbeton – Teil 4: Betonfertigteile – Allgemeine Regeln.

## Betondeckung bei Betonfertigteilen

***Tabelle 16:*** *Abweichungen der Betondeckung bei Betonfertigteilen (n. DIN 1045-4, 4.3.1.1) (Quelle: Schmidt)*

| Nennmaß | zulässige Abweichung der Betondeckung (Vorhaltemaß)[1] $\Delta c_{dev}$ |
|---|---|
| L ≤ 150 mm | ±5 mm |
| L = 400 mm | +15 mm<br>-10 mm |
| L ≥ 2500 mm | +25 mm<br>-10 mm |

[1] Zwischenwerte dürfen linear interpoliert werden.
[2] Nach DIN EN 1992-1-1, 4.4.1.1 gilt: $c_{nom} = c_{min} + \Delta c_{dev}$.
$\Delta c_{dev}$ (Vorhaltemaß) ist ein national festzulegender Parameter; am Verwendungsort können daher andere Werte gelten. Ein Hersteller kann durch geeignete Maßnahmen kleinere Werte für $\Delta c_{dev}$ erreichen und angeben, als im Nationalen Anhang festgelegt sind.

### Oberflächenbeschaffenheit

Die nachfolgend angegebenen Oberflächenabweichungen sind empfohlene Werte. Sie gelten nicht für besonders behandelte Oberflächen, z. B. freiliegende Gesteinskörnungen, polierte Oberflächen, mit Strukturmatrizen hergestellte Oberflächen u. Ä.

***Tabelle 17:*** *Oberflächenabweichungen (n. DIN 1045-4, Anhang H.4) (Quelle: Schmidt)*

| | | **Empfohlene maximale Oberflächenabweichung** | | | | | | |
|---|---|---|---|---|---|---|---|---|
| | | **Lunker** | **Erhöhung** | **Rille (Kerbe)** | **Wulstbreite** | **Wulsthöhe** | **Absatz** | **Welligkeit** |
| Länge des Messlineals | | 200 mm | 200 mm | 200 mm | 200 mm | 200 mm | 200 mm | 3000 mm |
| Klasse 1 | Schalseite | 4 mm | 2 mm | 2 mm | 5 mm | 3 mm | 3 mm | 15 mm |
| | geglättet | 3 mm | 3 mm | 2 mm | 5 mm | 3 mm | 2 mm | 8 mm |
| Klasse 2 | Schalseite | 4 mm | 2 mm | 1 mm | 3 mm | 2 mm | 1 mm | 5 mm |
| | geglättet | 3 mm | 2 mm | 1 mm | 3 mm | 2 mm | 2 mm | 4 mm |

Klasse 1: Erhöhte Anforderungen an die Toleranzen für die Vorspannkraft bei vorgespannten Bauteilen n. DIN 1045-4, 4.2.3.2.2: ± 5 % für die Vorspannkraft (einzelnes Spannglied/Vorspannkraft).

Klasse 2: Normale Anforderungen an die Toleranzen für die Vorspannkraft bei vorgespannten Bauteilen n. DIN 1045-4, 4.2.3.2.2: ± 10 % für die Vorspannkraft (einzelnes Spannglied/Vorspannkraft).

# Prüfung

Die Prüfung der Toleranzen erfolgt nach Abschnitt 6 der DIN 18202[18]. Die in dieser Norm für die Ausführung von Bauwerken festgelegten Toleranzen gelten baustoffunabhängig.

Die Einhaltung der Toleranzen ist erforderlich, um trotz unvermeidlicher Ungenauigkeiten bei der Fertigung, bei der Montage und beim Messen die vorgesehene Funktion zu erfüllen und das funktionsgerechte Zusammenfügen von Bauwerken und Bauteilen des Roh- und Ausbaus ohne Anpass- und Nacharbeiten zu ermöglichen.

[18] DIN 18202:2019-07: Toleranzen im Hochbau - Bauwerke.

A B D E F G H K M N P R S T V W Z

# Betonwerksteinarbeiten

Die Anforderungen an Betonwerksteinarbeiten sind im Wesentlichen in der Vergabe- und Vertragsordnung für Bauleistungen (VOB) Teil C in den Allgemeinen Technischen Vertragsbedingungen für Bauleistungen (ATV) in der DIN 18333 (September 2019) beschrieben. Im Folgenden werden die Inhalte der ATV und/oder der ergänzenden Regelungen auszugsweise unter dem Gesichtspunkt von Ausführungstoleranzen und Materialmindestdicken dargestellt.

**Normen:** ATV DIN 18333[1] Betonwerksteinarbeiten

**Allgemeines:** Die DIN 18333 „Betonwerksteinarbeiten" findet ihren Anwendungsbereich ausschließlich für das Einbauen, Verlegen und Versetzen von Betonwerksteinen.

Anforderungen an Beläge mit Platten oder Steinen aus Beton sind in der ATV DIN 18318[2] „Pflasterdecken und Plattenbeläge, Einfassungen" geregelt. Für Anforderungen an Natursteinarbeiten ist ATV DIN 18332[3] zu beachten.

ATV DIN 18333 regelt das Bearbeiten von Betonoberflächen sowie das Einbauen, Verlegen und Versetzen von Betonwerksteinen. Der Geltungsbereich erstreckt sich auf Betonwerksteinarbeiten in und an Gebäuden.

**Spezifische Ergänzungen:**

- Maßhaltigkeit und Beschaffenheit
- Verlegung im Mörtelbett
- Versetzen
- Fugen
- Höhendifferenzen benachbarter Platten
- Treppen

---

[1] ATV 18336:2023-09: VOB Vergabe- und Vertragsordnung für Bauleistungen – Teil C: Allgemeine Technische Vertragsbedingungen für Bauleistungen (ATV) – Betonwerksteinarbeiten.

[2] ATV 18318:2019-09: VOB Vergabe- und Vertragsordnung für Bauleistungen – Teil C: Allgemeine Technische Vertragsbedingungen für Bauleistungen (ATV) – Pflasterdecken und Plattenbeläge, Einfassungen.

[3] ATV DIN 18332:2023-09: VOB Vergabe- und Vertragsordnung für Bauleistungen – Teil C: Allgemeine Technische Vertragsbedingungen für Bauleistungen (ATV) – Naturwerksteinarbeiten.

# Bauwerksmaße

Grenzabweichungen für Maße siehe folgende Tabelle (n. DIN 18202[4], Tab. 1).

***Tabelle 1:** Grenzabweichungen für Maße (n. DIN 18202, 5.2) (Quelle: Schmidt)*

| **Grenzabweichung für Maße im Grundriss** | | | | | | | | |
|---|---|---|---|---|---|---|---|---|
| 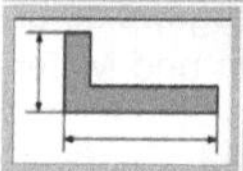 | Nennmaß | m | ≤ 1 | > 1 ≤ 3 | > 3 ≤ 6 | > 6 ≤ 15 | > 15 ≤ 30 | > 30 |
| | Grenzabweichung | mm | ± 10 | ± 12 | ± 16 | ± 20 | ± 24 | ± 30 |
| z. B. Längen, Breiten, Achsmaße, Rastermaße | | | | | | | | |
| **Grenzabweichung für Maße im Aufriss** | | | | | | | | |
| 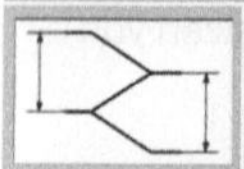 | Nennmaß | m | ≤ 1 | > 1 ≤ 3 | > 3 ≤ 6 | > 6 ≤ 15 | > 15 ≤ 30 | > 30 |
| | Grenzabweichung | mm | ± 10 | ± 16 | ± 16 | ± 20 | ± 30 | ± 30 |
| z. B. Geschosshöhen, Podesthöhen, Abstände von Aufstandsflächen u. Konsolen | | | | | | | | |
| **Grenzabweichung für lichte Maße im Grundriss** | | | | | | | | |
| 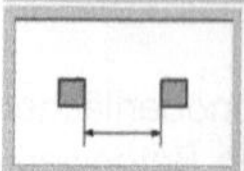 | Nennmaß | m | ≤ 1 | > 1 ≤ 3 | > 3 ≤ 6 | > 6 ≤ 15 | > 15 ≤ 30 | > 30 |
| | Grenzabweichung | mm | ± 12 | ± 16 | ± 20 | ± 24 | ± 30 | - |
| Maße zwischen Stützen, Pfeilern | | | | | | | | |
| **Grenzabweichung für lichte Maße im Aufriss** | | | | | | | | |
| 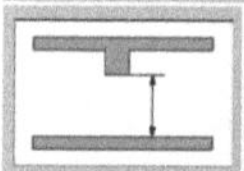 | Nennmaß | m | ≤ 1 | > 1 ≤ 3 | > 3 ≤ 6 | > 6 ≤ 15 | > 15 ≤ 30 | > 30 |
| | Grenzabweichung | mm | ± 16 | ± 20 | ± 20 | ± 30 | - | - |
| z. B. unter Decken u. Unterzügen | | | | | | | | |
| **Grenzabweichung für Maße von Öffnungen** | | | | | | | | |
| 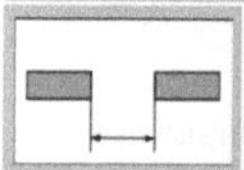 | Nennmaß | m | ≤ 1 | > 1 ≤ 3 | > 3 ≤ 6 | > 6 ≤ 15 | > 15 ≤ 30 | > 30 |
| | Grenzabweichung | mm | ± 10 | ± 12 | ± 16 | - | - | - |
| z. B. Öffnungen von Fenstern, Einbauelementen, Außentüren (Innentüren s. DIN 18100) | | | | | | | | |

[4] DIN 18202:2019-07: Toleranzen im Hochbau - Bauwerke.

***Tabelle 1:*** *Grenzabweichungen für Maße (n. DIN 18202, 5.2)*
*(Quelle: Schmidt)*

| **Grenzabweichung für Maße von Öffnungen mit oberflächenfertigen Laibungen** | | | | | | | | |
|---|---|---|---|---|---|---|---|---|
| 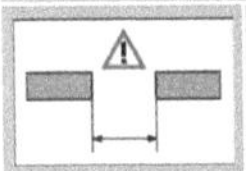 | Nennmaß | m | ≤ 1 | > 1<br>≤ 3 | > 3<br>≤ 6 | > 6<br>≤ 15 | > 15<br>≤ 30 | > 30 |
| | Grenzabweichung | mm | ± 8 | ± 10 | ± 12 | - | - | - |
| Grenzabweichungen gelten für Nennmaße bis 60 m. Bei größeren Nennmaßen sind besondere Überlegungen anzustellen. | | | | | | | | |

# Winkelabweichungen

Grenzwerte für Winkelabweichungen siehe folgende Tabelle (n. DIN 18202, Tab. 2)

***Tabelle 2:*** *Grenzwerte für Winkelabweichungen (n. DIN 18202, 5.3)*
*(Quelle: Schmidt)*

| **Grenzwerte für Winkelabweichungen** | | | | | | | | | |
|---|---|---|---|---|---|---|---|---|---|
| 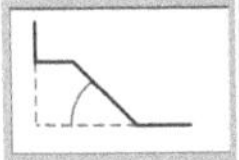 | Nennmaß | m | ≤ 0,5 | > 0,5<br>≤ 1,0 | > 1,0<br>≤ 3,0 | > 3,0<br>≤ 6,0 | > 6,0<br>≤ 15,0 | > 15,0<br>≤ 30,0 | > 30,0 |
| | Stichmaße als Grenzwerte | mm | 3 | 6 | 8 | 12 | 16 | 20 | 30 |

Bodenplatten sind flucht- und waagerecht oder mit dem vorgegebenen Gefälle in Bezug auf einen angegebenen Höhenbezugspunkt zu verlegen (vgl. Abschnitt 3.3.1, ATV DIN 18333).

Platten für Wandbekleidungen sind entsprechend flucht- und lotrecht einzubauen (vgl. Abschnitt 3.4.3 der Norm).

# Ebenheitsabweichungen

Grenzwerte für Ebenheitsabweichungen sind in DIN 18202, Abschnitt 5.4 geregelt; siehe folgende Tabelle (n. DIN 18202, Tab. 3).

***Tabelle 3:*** *Grenzwerte für Ebenheitsabweichungen (n. DIN 18202, 5.4) (Quelle: Schmidt)*

| | | | | | | | |
|---|---|---|---|---|---|---|---|
| **Nichtflächenfertige Oberseiten von Decken, Unterbeton und Unterböden von Bodenaufbauten** | | | | | | | |
| 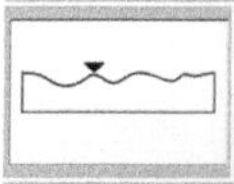 | Messpunktabstand | m | ≤ 0,1 | 1 | 4 | 10 | 15 |
| | Stichmaße als Grenzwerte | mm | 10 | 15 | 20 | 25 | 30 |
| **Nichtflächenfertige Oberseiten von Decken oder Bodenplatten zur Aufnahme von Bodenaufbauten** | | | | | | | |
| 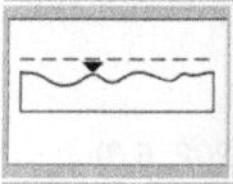 | Messpunktabstand | m | ≤ 0,1 | 1 | 4 | 10 | 15 |
| | Stichmaße als Grenzwerte | mm | 5 | 8 | 12 | 15 | 20 |
| z. B. Estriche im Verbund/auf Trennlage, schwimmende Estriche, Industrieböden, Fliesen- u. Plattenbeläge im Mörtelbett | | | | | | | |
| **Flächenfertige Oberseiten von Decken oder Bodenplatten für untergeordnete Zwecke** | | | | | | | |
| 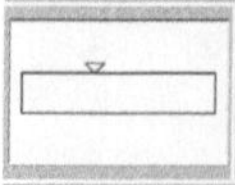 | Messpunktabstand | m | ≤ 0,1 | 1 | 4 | 10 | 15 |
| | Stichmaße als Grenzwerte | mm | 5 | 8 | 12 | 15 | 20 |
| z. B. in Lagerräumen, Kellern | | | | | | | |
| **Flächenfertige Böden, Estriche für Bodenbeläge, Bodenläge, Fliesenbeläge, Beläge** | | | | | | | |
| 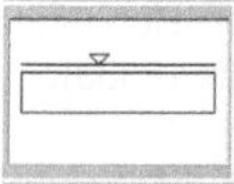 | Messpunktabstand | m | ≤ 0,1 | 1 | 4 | 10 | 15 |
| | Stichmaße als Grenzwerte | mm | 2 | 4 | 10 | 12 | 15 |
| z. B. Estriche als Nutzestriche, Estriche zur Aufnahme von Bodenbelägen, gespachtelte u. geklebte Beläge | | | | | | | |
| **wie Zeile zuvor, jedoch mit erhöhten Anforderungen** | | | | | | | |
| 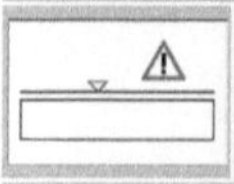 | Messpunktabstand | m | ≤ 0,1 | 1 | 4 | 10 | 15 |
| | Stichmaße als Grenzwerte | mm | 1 | 3 | 9 | 12 | 15 |
| **Nichtflächenfertige Wände und Unterseiten von Rohdecken** | | | | | | | |
| 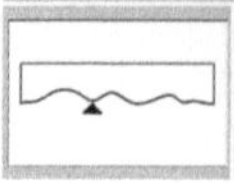 | Messpunktabstand | m | ≤ 0,1 | 1 | 4 | 10 | 15 |
| | Stichmaße als Grenzwerte | mm | 5 | 10 | 15 | 25 | 30 |

*Tabelle 3: Grenzwerte für Ebenheitsabweichungen (n. DIN 18202, 5.4) (Quelle: Schmidt)*

| **Flächenfertige Wände und Unterseiten von Decken** | | | | | | | |
|---|---|---|---|---|---|---|---|
| 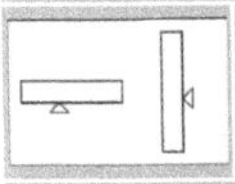 | Messpunktabstand | m | ≤ 0,1 | 1 | 4 | 10 | 15 |
| | Stichmaße als Grenzwerte | mm | 3 | 5 | 10 | 20 | 25 |
| **wie Zeile zuvor, jedoch mit erhöhten Ansprüchen** | | | | | | | |
| 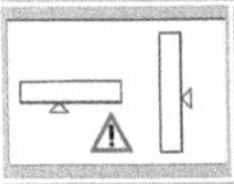 | Messpunktabstand | m | ≤ 0,1 | 1 | 4 | 10 | 15 |
| | Stichmaße als Grenzwerte | mm | 2 | 3 | 8 | 15 | 20 |
| Zwischenwerte sind DIN 18202, Bild 6 und Bild 7 zu entnehmen und auf ganze mm zu runden. | | | | | | | |
| Die Grenzwerte für Ebenheitsabweichungen der letzten Spalte gelten auch für Messpunktabstände > 15 m. | | | | | | | |

In DIN 18202, Tab. 3 sind Einzelangaben für die maximal zulässigen Ebenheitsabweichungen bei flächenfertigen Oberflächen von Wänden, Decken, Estrichen und Bodenbelägen enthalten.

Erhöhte Anforderungen an die Oberflächenebenheit sind gesondert zu vereinbaren. Für Absätze und Höhenversprünge benachbarter Bauteile sind gesonderte Anforderungen im Einzelfall festzulegen. Unebenheiten in der Oberfläche sind auch dann zu tolerieren, wenn diese bei Streiflicht sichtbar werden und die Grenzwerte nach DIN 18202 nicht überschreiten.

Die Ebenheit für die jeweiligen Baustoffe ist dabei gesondert zu berücksichtigen (vgl. DIN 18202, Abschnitt 5).

Zulässige Ebenheitsabweichungen zu einzelnen Werkstücken sind in DIN 18500-1[5] „Betonwerkstein" geregelt. Siehe Tabelle im folgenden Abschnitt Maßhaltigkeit und Beschaffenheit. Ebenheitsabweichungen einzelner Bauteile aus Betonwerkstein sind in der ATV DIN 18333 nicht angegeben.

[5] DIN 18500-1:2022-10: Betonwerkstein – Teil 1: Begriffe, Anforderungen, Prüfung.

# Spezifische Ergänzungen

### Maßhaltigkeit und Beschaffenheit

Die Anforderungen an die Maßhaltigkeit und Beschaffenheit von bewehrtem und unbewehrtem Betonwerkstein, einschichtig oder mehrschichtig hergestellt, sind in DIN 18500-1 „Betonwerkstein" (Ausgabe Oktober 2022) geregelt. Für die zulässigen Maßabweichungen gelten die Festlegungen abhängig von den Werkstückformaten bzw. dem Verwendungszweck.

***Tabelle 4:** Grenzabweichungen der Maße und Grenzwerte der Ebenheitsabweichung (n. DIN 18500-1, Tab. 1) (Quelle: Schmidt)*

<table>
<tr><th colspan="2">Bauteil- und Elementgruppe</th><th colspan="3">Grenzabweichung für Maße</th><th>Grenzwert der Ebenheitsabweichung[1]</th></tr>
<tr><th>Art</th><th>größte Seitenlänge (Nennmaß)</th><th>Länge</th><th>Breite</th><th>Dicke</th><th>Stichmaß, bezogen auf die größte Seitenlänge</th></tr>
<tr><td rowspan="4">Bodenbelagsplatten, unbewehrt u. bewehrt</td><td rowspan="2">≤ 1.000 mm</td><td rowspan="2">± 2 mm</td><td rowspan="2">± 2 mm</td><td>< 100 mm: ±2 mm</td><td rowspan="2">≤ 0,3 %</td></tr>
<tr><td>≥ 100 mm: ±3 mm</td></tr>
<tr><td>> 1.000 mm und ≤ 2.000 mm</td><td>± 3 mm</td><td>± 3 mm</td><td>± 3 mm</td><td>≤ 0,3 %</td></tr>
<tr><td>> 2.000 mm</td><td>± 3 mm</td><td>± 3 mm</td><td>± 4 mm</td><td>≤ 0,3 %</td></tr>
<tr><td rowspan="2">Stufen und Stufenbeläge, auch freitragend[2]</td><td>< 1.200 mm</td><td>± 3 mm</td><td>± 2 mm</td><td>± 2 mm</td><td>≤ 0,3 %</td></tr>
<tr><td>> 1.200 mm</td><td>± 3 mm</td><td>± 3 mm</td><td>± 3 mm</td><td>≤ 0,3 %</td></tr>
<tr><td rowspan="4">Fassadenelemente</td><td>≤ 1.000 mm</td><td>± 2 mm</td><td>± 2 mm</td><td>± 3 mm</td><td>≤ 0,3 %</td></tr>
<tr><td>> 1.000 und ≤ 2.000 mm</td><td>± 4 mm</td><td>± 4 mm</td><td>± 3 mm</td><td>≤ 0,3 %</td></tr>
<tr><td>> 2.000 und ≤ 6.000 mm</td><td>± 6 mm</td><td>± 6 mm</td><td>± 3 mm</td><td>≤ 0,3 %</td></tr>
<tr><td>> 6.000 mm</td><td>± 8 mm</td><td>± 8 mm</td><td>± 3 mm</td><td>≤ 0,3 %</td></tr>
</table>

***Tabelle 4:** Grenzabweichungen der Maße und Grenzwerte der Ebenheitsabweichung (n. DIN 18500-1, Tab. 1) (Quelle: Schmidt)*

| Bauteil- und Elementgruppe | | Grenzabweichung für Maße | | | Grenzwert der Ebenheitsabweichung[1)] |
|---|---|---|---|---|---|
| **Art** | **größte Seitenlänge (Nennmaß)** | **Länge** | **Breite** | **Dicke** | **Stichmaß, bezogen auf die größte Seitenlänge** |
| Bauteile und Elemente für Park-, Garten- und Freiflächengestaltung (jeweils auch tragend) sonstige Bauteile und Elemente[2)] | ≤ 1.000 mm | ± 3 mm | ± 3 mm | ≤ 150 mm: ± 3 mm > 150 mm und ≤ 500 mm: ± 4 mm > 500 mm: ± 5 mm | ≤ 0,3 % |
| | > 1.000 mm und ≤ 2.000 mm | ± 4 mm | ± 4 mm | | ≤ 0,3 % |
| | > 2.000 mm | ± 5 mm | ± 5 mm | | ≤ 0,3 % |

[1)] Nur bei planmäßig ebenen Oberflächen anzuwenden.

[2)] Aneinanderstoßende Bauteile dürfen in Länge, Breite und Dicke um nicht mehr als 2 mm voneinander abweichen.

Für glatt geschalte oder geschliffene Oberflächen gilt eine Ebenheitstoleranz von 0,3 %, bezogen auf die Seitenlänge des Werkstücks (s. vorige Tab.).

Bei mehrschichtigen Betonwerksteinelementen aus Vorsatzbeton und Kernbeton beträgt die Mindestdicke für den Vorsatzbeton 8 mm (s. DIN 18500-1, 4.10.5) (entspricht Klasse Th II n. DIN EN 13748-1[6]), bei Stufen und Stufenbelägen mindestens 15 mm.

### Verlegung im Mörtelbett

Für Bodenbeläge aus Betonwerksteinplatten, die im Mörtelbett (Dickbett) verlegt werden (Größe der Platten maximal 50 x 75 cm), beträgt die Mindestdicke des Mörtelbetts 15 mm und darf das Höchstmaß von 45 mm nicht überschreiten.

### Platten als Außenwandbekleidung

Angemörtelte Platten aus Betonwerkstein als Außenwandbekleidungen dürfen nach DIN 18515-1[7] eine Seitenlänge von 49 cm

[6] DIN EN 13748-1:2005-08: Terrazzoplatten – Teil 1: Terrazzoplatten für die Verwendung im Innenbereich.

[7] DIN 18515-1:2023-06: Außenwandbekleidungen – Grundsätze für Planung und Ausführung – Teil 1: Angemörtelte Fliesen und Platten.

und eine Dicke von 20 mm nicht überschreiten. Die Fläche ist auf 0,12 m$^2$ begrenzt (s. DIN 18515-1, 4.5).

### Fugen und Verfugen

Alle Belagsfugen sind gleichmäßig breit und vollfugig auszuführen, wobei die geringen Maßtoleranzen der Betonwerksteinplatten in der Fuge auszugleichen sind.

In Bodenbelägen sind Feldbegrenzungsfugen, abhängig vom verlegten Plattenformat, in einem Abstand von ca. 6 m herzustellen.

Fugen sind in Belägen aus Betonwerksteinplatten im Mörtelbett wie folgt anzulegen (s. ATV DIN 18336, 3.7):

- bei Kantenlängen bis 60 cm: 3 mm
- bei Kantenlängen größer 60 cm: 5 mm
- Betonwerksteinplatten ohne Mörtelbett, z. B. auf Stelzlagern: 5 mm
- Lager- und Stoßfugen bei Bekleidungen, Treppenstufen und sonstigen Bauteilen sind in Gebäuden 2 mm, im Freien 5 mm breit anzulegen.

### Höhendifferenzen benachbarter Platten

Nach DIN 18202, Abschnitt 5 sollen Versprünge innerhalb oberflächenfertiger Flächen von Wänden und Decken vermieden werden.

Für die Zulässigkeit von Höhendifferenzen zwischen benachbarten Platten von Bodenbelägen wird in ATV DIN 18333, 3.1.3 ergänzend ein maximales Differenzmaß in Abhängigkeit von der Plattengröße und dem Einsatzbereich (Innenräume, Außenbereich) festgelegt.

***Tabelle 5:** Zulässige Höhendifferenzen zwischen benachbarten Platten (n. ATV 18333, 3.1.3) (Quelle: Schmidt)*

| **Platten in Innenräumen** | |
|---|---|
| Plattengröße | Zulässige Absätze und Höhen-versprünge |
| ≤ 0,25 m² | ≤ 1,5 mm |
| > 0,25 m²<br>≤ 0,5 m² | ≤ 2 mm |
| > 0,5 m² | zul. Wert ist gesondert zu vereinbaren |
| **Platten im Außenbereich** (frei bewitterte Flächen) | |
| ≤ 0,25 m² | 2 mm<br>(5 mm) [1)] |
| > 0,25 m² | zul. Wert ist gesondert zu vereinbaren |

[1)] Wert gilt für grob bearbeitete Platten (ausgewaschene, gestrahlte, flammgestrahlte, gespaltene, bossierte, gespitzte, gestockte oder scharrierte Platten)

Werden im bewitterten Bereich Platten mit grob bearbeiteter Oberfläche eingesetzt (Oberflächenbearbeitung: ausgewaschen, gestrahlt, bossiert, gespitzt, gestockt oder scharriert), beträgt die zulässige Höhendifferenz zwischen Oberflächen benachbarter Platten 5,0 mm (s. vorige Tab.).

Für Platten mit Einzelgrößen über 0,50 m² und einer Verlegung in Innenräumen sowie für Platten mit Einzelgrößen über 0,25 m² bei einer Verlegung in bewitterten Bereichen sind gesonderte Vereinbarungen zu treffen.

Unebenheiten, die im Streiflicht sichtbar werden und aus den Oberflächen von Bauteilen resultieren, sind im Rahmen der Toleranzen nach 18202 zulässig.

Über Toleranzen benachbarter Platten bei Wandbekleidungen werden in ATV DIN 18333 keine Angaben gemacht. Um optische Mängel zu vermeiden, sollte die Differenz jedoch unter 1,5 mm liegen. Um Streitigkeiten zu vermeiden, sind die Ansprüche auf Oberflächenbeschaffenheit vor Ausführungsbeginn festzulegen und vertraglich zu vereinbaren.

## Treppen

Anforderungen an Treppen sind in DIN 18065[8] geregelt. Die Norm gilt für Treppen innerhalb von Gebäuden und für Treppen an Gebäuden, jedoch nicht für Freitreppen in Außenanlagen. Die Norm ist bei der Herstellung von Treppen in allgemeinen Gebäuden und in Wohngebäuden mit bis zu zwei Wohnungen und innerhalb von Wohnungen anzuwenden. Für barrierefreie Bauten gelten zusätzlich die Anforderungen nach den entsprechenden Regeln der Landesbauordnungen sowie die Normenreihe DIN 18040[9]. Sondervorschriften bestehen für Treppen in Gebäuden mit besonderen Nutzungen (Sonderbauten), z. B. Versammlungsstätten, Schulen, Hochhäuser, nach den Landesbauordnungen. Für Treppen in Arbeitsräumen sind auch ergänzende Regeln nach der Arbeitsstättenverordnung, den Technischen Regeln für Arbeitsstätten oder den Regeln der Deutschen Gesetzlichen Unfallversicherung (DGUV) zu beachten.

Als Treppen gelten bauliche Anlagen zur Überwindung eines Höhenunterschieds zwischen zwei Ebenen. Die allgemeinen maßlichen Anforderungen sind in DIN 18065 nach den baurechtlichen Anforderungen an Treppen (nach § 34 Abs. 5 der MBO[10]) definiert.

### *Grenzmaße für die nutzbare Treppenlaufbreite, Steigung und Auftritt*

Für die nutzbare Treppenlaufbreite, die Steigung und den Auftritt gelten im Allgemeinen folgende Werte für Fertigmaße im Endzustand (s. Grenzmaße) (s. DIN 18065, Tab. 1):

**Tabelle 6:** *Grenzmaße für nutzbare Treppenlaufbreite, Steigung und Auftritt (n. DIN 18065, 6.1.2) (Quelle: Schmidt)*

| **Grenzmaße für nutzbare Treppenlaufbreite, Steigung und Auftritt** | | | |
|---|---|---|---|
| | | **Treppenart, baurechtliche Einordnung als** | |
| | | **notwendige Treppe** | **nicht notwendige Treppe** |
| Nutzbare Treppenlaufbreite | min. | 100 (80) cm | 50 (50) cm |

[8] DIN 18065:2020-08: Gebäudetreppen – Begriffe, Messregeln, Hauptmaße.

[9] DIN 18040: Barrierefreies Bauen – Planungsgrundlagen; Teil 1 (2010-10): Öffentlich zugängliche Gebäude; Teil 2 (2011-09): Wohnungen.

[10] Musterbauordnung (MBO); Fassung November 2022; zuletzt geändert durch Beschluss der Bauministerkonferenz v. 22.09./23.09.2022.

***Tabelle 6:*** *Grenzmaße für nutzbare Treppenlaufbreite, Steigung und Auftritt (n. DIN 18065, 6.1.2) (Quelle: Schmidt)*

| **Grenzmaße für nutzbare Treppenlaufbreite, Steigung und Auftritt** | | | |
|---|---|---|---|
| | | **Treppenart, baurechtliche Einordnung als** | |
| | | **notwendige Treppe** | **nicht notwendige Treppe** |
| Steigung *s* | min. | 140 (140) mm | 140 (140) mm |
| | max. | 190 (200) mm | 210 (210) mm |
| Auftritt a | min. | 260 (230) mm | 210 (210) mm |
| | max. | 370 (370) mm | 370 (370) mm |

Die Grenzmaße in Klammern gelten für Treppen in Wohngebäuden mit bis zu zwei Wohnungen und innerhalb von Wohnungen.

**Hinweis:** Die angegebenen minimalen und maximalen Maße für die nutzbare Treppenlaufbreite und Treppensteigung dürfen durch Fertigungs- und Einbautoleranzen nicht unter- bzw. überschritten werden. Die Treppe ist daher so zu planen, dass die Grenzwerte in fertigem Zustand eingehalten werden.

Innerhalb eines Laufs sind unterschiedliche Treppenlaufbreiten zulässig, soweit die Mindestmaße eingehalten werden. Bei mehrläufigen Treppenanlagen sind unterschiedliche nutzbare Treppenlaufbreiten zulässig, sofern das Mindestmaß eingehalten wird.

Zwischen Treppenläufen bzw. Treppenpodesten darf der seitliche Abstand zu Wänden und/oder Geländern nicht mehr als 6 cm betragen.

### *Steigungsverhältnis*

Das Steigungsverhältnis von Treppen wird nach der Schrittmaßregel geplant (s. DIN 18065, 6.1.3). Es gilt:

**„2 Steigungen (s) + 1 Auftrittsmaß (a) = Schrittmaß“**

$2\,s + a = \text{Schrittmaß}$

Darin bedeuten:
s Treppensteigung (Steigung)
a Treppenauftritt (Auftritt)

Schrittmaß = 59 bis 65 cm (mittlerer Wert ca. 63 cm)*

*: mittlere Schrittlänge eines Menschen

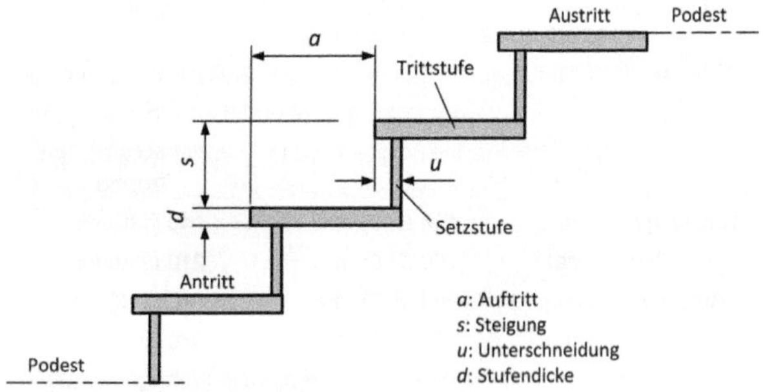


***Bild 1:** Bezeichnung von Maßen und Bauteilen bei Treppen (n. DIN 18065, Bild A.2) (Quelle: Schmidt)*

### *Wendelstufen*

Werden Treppen mit Wendelstufen bzw. Wendelungen oder als Spindeltreppen ausgeführt, so beträgt das Mindestmaß für den Auftritt an der schmalsten Stelle der inneren Begrenzung im Allgemeinen 10 cm. Bei Wohngebäuden mit nicht mehr als zwei Wohnungen und innerhalb von Wohnungen beträgt das Mindestmaß 5 cm bei gewendelten Treppen. Für Spindeltreppen sind dazu keine Festlegungen in der Norm enthalten. Weitere Regelungen siehe DIN 18065.

### *Trittstufen und Treppenpodeste*

An offenen Treppen sind Unterschneidungen mit mindestens 30 mm Tiefe herzustellen.

In Wohngebäuden mit nicht mehr als zwei Wohnungen und innerhalb von Wohnungen ist an geschlossenen, baurechtlich notwendigen Treppen mit einem Auftrittsmaß von weniger als 26 cm die Mindesttiefe der Trittfläche von 26 cm durch eine Unterschneidung sicherzustellen (es gilt: a + u ≥ 26 cm; a: Auftritt, u: Unterschneidung; s. DIN 18065, 6.7.2).

Geschlossene, baurechtlich notwendige Treppen, bei denen das Maß für den Treppenauftritt unter 24 cm liegt, müssen mit einer Unterschneidung derart hergestellt werden, dass insgesamt 24 cm Trittfläche erreicht werden (es gilt: a + u ≥ 24 cm; a: Auftritt, u: Unterschneidung; s. DIN 18065, 6.7.2).

Der lichte Abstand zwischen Stufen darf im Allgemeinen nicht mehr als 12 cm betragen, davon ausgenommen sind Treppen in Wohngebäuden mit nicht mehr als zwei Wohnungen und innerhalb von Wohnungen (hier gibt es keine Anforderungen); s. DIN 18065, 6.8.

Treppenstufen und Treppenpodeste sind mit einer waagerechten Oberfläche herzustellen (Soll-Lage). Sind nach den allgemein anerkannten Regeln der Technik materialabhängige Oberflächengefälle zur Entwässerung herzustellen, so darf dieses Funktionsgefälle nicht mehr als 3 % betragen.

***Lichte Durchgangshöhe***

Im Allgemeinen muss an Treppen die lichte Durchgangshöhe an allen Stellen mindestens 2,0 m betragen (DIN 18065, 6.5). Bei Wohngebäuden mit nicht mehr als zwei Wohnungen und innerhalb von Wohnungen muss die lichte Durchgangshöhe ebenfalls 2,0 m betragen. Allerdings ist eine Einschränkung der lichten Höhe ein- oder beidseitig am Treppenlauf zulässig. Die Breite und Höhe der Einschränkung darf jeweils 25 cm nicht überschreiten.

***Toleranzen***

Die Grenzwerte für die maximale Treppensteigung und die minimale Tiefe des Treppenauftritts sind zwingend einzuhalten. Dieses Maß darf nicht über- bzw. unterschritten werden (DIN 18065, 7.1).

Das Maß für Auftritt und Steigung der fertiggestellten Treppenstufe darf im Allgemeinen zum Nennmaß um nicht mehr als 5 mm abweichen. Diese Regelung gilt auch für Treppen in Wohngebäuden mit nicht mehr als zwei Wohnungen und innerhalb von Wohnungen. In diesen Einbauorten darf die Steigung der ersten Stufe (Antritt) um höchstens 15 mm vom Nennmaß abweichen (DIN 18065, 7.2).

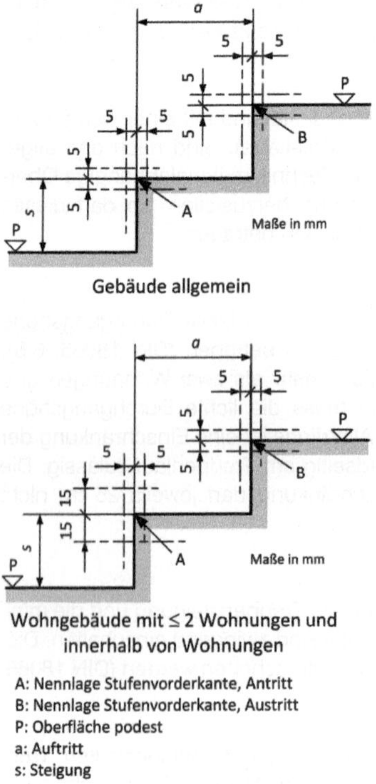


***Bild 2:*** *Toleranzen der Lage der Stufenvorderkanten bei notwendigen Treppen (n. DIN 18065, Bild A. 19) (Quelle: Schmidt)*

Die Maßabweichung des Ist-Maßes vom Nennmaß (Sollmaß) zwischen benachbarten Stufen darf insgesamt nicht mehr als 5 mm betragen. Diese Regelung gilt nicht für die Steigung der Antrittsstufe von Treppen in Wohngebäuden mit nicht mehr als zwei Wohnungen und innerhalb von Wohnungen (DIN 18065, 7.3).

Abweichungen von der waagerechten Lage von Auftrittsflächen (Soll-Lage) sind innerhalb der folgenden Grenzen zulässig (DIN 18065, 7.6):

- für die Treppenlaufbreite ± 0,5 %
- in der Tiefe des Auftritts ± 1,0 %

Treppenanlagen mit gegenläufigen Neigungen zwischen zwei Auftritten sind dann zulässig, wenn die Gefälle innerhalb der Toleranzen liegen (DIN 18065, 7.7).

Durch Ausnutzen der Neigungstoleranzen von Auftritten dürfen die Toleranzen zur Höhenlage von Auftritten nicht über- bzw. unterschritten werden.

Die Auftrittsflächen von Zwischenpodesten dürfen in jede Richtung um 0,5 % von der Soll-Lage abweichen, maximal jedoch um 1,0 cm (DIN 18065, 7.9).

An Trittflächen von Stufen und Podesten sind Höhenversätze durch ein- oder angebaute Bauteile, z. B. Profile zur Rutschhemmung oder Randeinfassung, bis zu 2 mm zulässig.

An einzelnen Geschosstreppen innerhalb eines Gebäudes sind variierende Maße für Steigung und Auftritt zulässig, wenn diese Maße innerhalb einer Geschosstreppe gleich bleiben. In Wohngebäuden mit nicht mehr als zwei Wohnungen und innerhalb von Wohnungen gilt die Regelung für einzelne Treppenläufe entsprechend.

## Prüfung

Die Prüfung der Toleranzen hat nach dem Abschnitt 6 der DIN 18202 zu erfolgen. Der Auftragnehmer hat ggf. Bedenken gemäß VOB/B § 4 Nr. 3 unverzüglich anzumelden, wenn der Untergrund bzw. die Höhenlage der Oberfläche nicht eindeutig definiert ist oder die Höhenbezugspunkte je Geschoss fehlen (vgl. ATV DIN 18333, Abschnitt 3.1.1).

Insbesondere hat der Auftragnehmer Bedenken anzumelden, wenn

- der Untergrund eine ungeeignete Beschaffenheit aufweist,
- die Unebenheiten größer sind als in DIN 18202 zulässig,
- Höhenbezugspunkte je Geschoss fehlen,
- Angaben in den Ausführungsunterlagen fehlen,
- das Gefälle nicht den Angaben entspricht,
- die Konstruktionshöhen nicht ausreichen,
- die Werkstücke unzureichend bemessen sind.

# Bodenbelagarbeiten

Die Anforderungen an Bodenbelagarbeiten sind im Wesentlichen in der Vergabe- und Vertragsordnung für Bauleistungen (VOB) Teil C in den Allgemeinen Technischen Vertragsbedingungen für Bauleistungen (ATV) in der ATV DIN 18365[1] (Ausgabe September 2019) beschrieben. Im Folgenden werden die Inhalte der ATV und/oder der ergänzenden Regelungen auszugsweise unter dem Gesichtspunkt von Ausführungstoleranzen und Materialmindestdicken dargestellt.

**Normen:** ATV DIN 18365 Bodenbelagarbeiten

**Allgemeines:** Die ATV DIN 18365 „Bodenbelagarbeiten" gilt grundsätzlich für das Verlegen von Bodenbelägen. Dies kann in Bahnen und Platten aus Kunststoff, Linoleum, natürlichen oder synthetischen Stoffen bzw. Textilien oder dergleichen erfolgen.

Nicht enthalten sind hierbei Bodenbeläge aus Estrich (siehe ATV DIN 18353[2]), Parkett- und Holzpflaster (ATV DIN 18356[3]), Gussasphalt (ATV DIN 18354[4]), Betonwerkstein (ATV DIN 18333[5]) und Naturwerkstein (ATV DIN 18332[6]).

[1] ATV DIN 18365:2019-09: VOB Vergabe- und Vertragsordnung für Bauleistungen – Teil C: Allgemeine Technische Vertragsbedingungen für Bauleistungen (ATV) – Bodenbelagarbeiten.

[2] ATV DIN 18353:2023-09: VOB Vergabe- und Vertragsordnung für Bauleistungen – Teil C: Allgemeine Technische Vertragsbedingungen für Bauleistungen (ATV) – Estricharbeiten.

[3] ATV DIN 18356:2019-09: VOB Vergabe- und Vertragsordnung für Bauleistungen – Teil C: Allgemeine Technische Vertragsbedingungen für Bauleistungen (ATV) – Parkett- und Holzpflasterarbeiten.

[4] ATV DIN 18354:2019-09: VOB Vergabe- und Vertragsordnung für Bauleistungen – Teil C: Allgemeine Technische Vertragsbedingungen für Bauleistungen (ATV) – Gussasphaltarbeiten.

[5] ATV DIN 18333:2019-09: VOB Vergabe- und Vertragsordnung für Bauleistungen – Teil C: Allgemeine Technische Vertragsbedingungen für Bauleistungen (ATV) – Betonwerksteinarbeiten.

[6] ATV DIN 18332:2023-09: VOB Vergabe- und Vertragsordnung für Bauleistungen – Teil C: Allgemeine Technische Vertragsbedingungen für Bauleistungen (ATV) – Natursteinwerkarbeiten.

Abweichungen in den vorgeschriebenen Maßen sind zulässig, wenn die Toleranzen der DIN 18202[7] eingehalten sind.

**Spezifische Ergänzungen:**

- Textile Bodenbeläge
- Barrierefreiheit

# Bauwerksmaße

Grenzabweichungen für Maße siehe folgende Tabelle (n. DIN 18202, Tab. 1).

***Tabelle 1:*** *Grenzabweichungen für Maße (n. DIN 18202, 5.2) (Quelle: Schmidt)*

| **Grenzabweichung für Maße im Grundriss** | | | | | | | | |
|---|---|---|---|---|---|---|---|---|
| 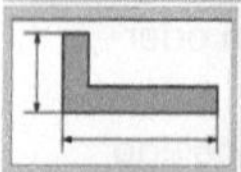 | Nenn-maß | m | ≤ 1 | > 1 ≤ 3 | > 3 ≤ 6 | > 6 ≤ 15 | > 15 ≤ 30 | > 30 |
| | Grenz-abwei-chung | mm | ± 10 | ± 12 | ± 16 | ± 20 | ± 24 | ± 30 |
| z. B. Längen, Breiten, Achsmaße, Rastermaße | | | | | | | | |
| **Grenzabweichung für Maße im Aufriss** | | | | | | | | |
| 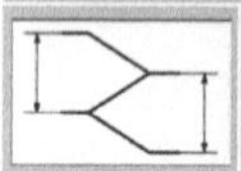 | Nenn-maß | m | ≤ 1 | > 1 ≤ 3 | > 3 ≤ 6 | > 6 ≤ 15 | > 15 ≤ 30 | > 30 |
| | Grenz-abwei-chung | mm | ± 10 | ± 16 | ± 16 | ± 20 | ± 30 | ± 30 |
| z. B. Geschosshöhen, Podesthöhen, Abstände von Aufstandsflächen u. Konsolen | | | | | | | | |
| **Grenzabweichung für lichte Maße im Grundriss** | | | | | | | | |
| 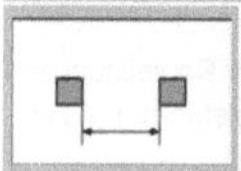 | Nenn-maß | m | ≤ 1 | > 1 ≤ 3 | > 3 ≤ 6 | > 6 ≤ 15 | > 15 ≤ 30 | > 30 |
| | Grenz-abwei-chung | mm | ± 12 | ± 16 | ± 20 | ± 24 | ± 30 | - |
| z. B. Maße zwischen Stützen, Pfeilern usw. | | | | | | | | |

[7] DIN 18202:2019-07: Toleranzen im Hochbau - Bauwerke

***Tabelle 1:*** *Grenzabweichungen für Maße (n. DIN 18202, 5.2) (Quelle: Schmidt)*

| **Grenzabweichung für lichte Maße im Aufriss** | | | | | | | | | |
|---|---|---|---|---|---|---|---|---|---|
| 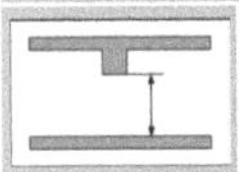 | Nennmaß | m | ≤ 1 | > 1<br>≤ 3 | > 3<br>≤ 6 | > 6<br>≤ 15 | > 15<br>≤ 30 | > 30 |
| | Grenzabweichung | mm | ± 16 | ± 20 | ± 20 | ± 30 | - | - |
| z. B. unter Decken u. Unterzügen | | | | | | | | |
| **Grenzabweichung für Maße von Öffnungen** | | | | | | | | |
| 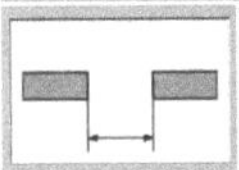 | Nennmaß | m | ≤ 1 | > 1<br>≤ 3 | > 3<br>≤ 6 | > 6<br>≤ 15 | > 15<br>≤ 30 | > 30 |
| | Grenzabweichung | mm | ± 10 | ± 12 | ± 16 | - | - | - |
| z. B. Öffnungen von Fenstern, Einbauelementen, Außentüren (Innentüren s. DIN 18100) | | | | | | | | |
| **Grenzabweichung für Maße von Öffnungen mit oberflächenfertigen Laibungen** | | | | | | | | |
| 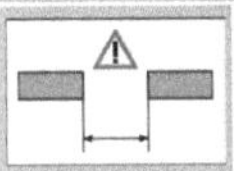 | Nennmaß | m | ≤ 1 | > 1<br>≤ 3 | > 3<br>≤ 6 | > 6<br>≤ 15 | > 15<br>≤ 30 | > 30 |
| | Grenzabweichung | mm | ± 8 | ± 10 | ± 12 | - | - | - |
| Grenzabweichungen gelten für Nennmaße bis 60 m. Bei größeren Nennmaßen sind besondere Überlegungen erforderlich. | | | | | | | | |

# Winkelabweichungen

Grenzwerte für Winkelabweichungen siehe folgende Tabelle (n. DIN 18202, Tab. 2)

***Tabelle 2:*** *Grenzwerte für Winkelabweichungen (n. DIN 18202, 5.3) (Quelle: Schmidt)*

| **Grenzwerte für Winkelabweichungen** | | | | | | | | | |
|---|---|---|---|---|---|---|---|---|---|
| 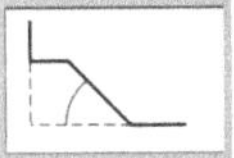 | Nennmaß | m | ≤ 0,5 | > 0,5<br>≤ 1,0 | > 1,0<br>≤ 3,0 | > 3,0<br>≤ 6,0 | > 6,0<br>≤ 15,0 | > 15,0<br>≤ 30,0 | > 30,0 |
| | Stichmaße als Grenzwerte | mm | 3 | 6 | 8 | 12 | 16 | 20 | 30 |

# Ebenheitsabweichungen

Grenzwerte für Ebenheitsabweichungen sind in DIN 18202, Abschnitt 5.4 geregelt; siehe folgende Tabelle (n. DIN 18202, Tab. 3).

***Tabelle 3:*** *Grenzwerte für Ebenheitsabweichungen (n. DIN 18202, 5.4) (Quelle: Schmidt)*

| | | | | | | | |
|---|---|---|---|---|---|---|---|
| **Nichtflächenfertige Oberseiten von Decken, Unterbeton und Unterböden** | | | | | | | |
| 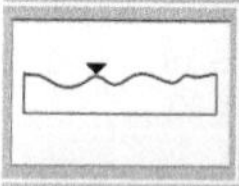 | Messpunktabstand | m | ≤ 0,1 | 1 | 4 | 10 | 15 |
| | Stichmaße als Grenzwerte | mm | 10 | 15 | 20 | 25 | 30 |
| **Nichtflächenfertige Oberseiten von Decken oder Bodenplatten zur Aufnahme von Bodenaufbauten** | | | | | | | |
| 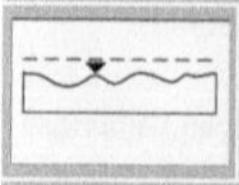 | Messpunktabstand | m | ≤ 0,1 | 1 | 4 | 10 | 15 |
| | Stichmaße als Grenzwerte | mm | 5 | 8 | 12 | 15 | 20 |
| z. B. Estriche im Verbund/auf Trennlage, schwimmende Estriche, Industrieböden, Fliesen- u. Plattenbeläge im Mörtelbett | | | | | | | |
| **Flächenfertige Oberseiten von Decken oder Bodenplatten für untergeordnete Zwecke** | | | | | | | |
| 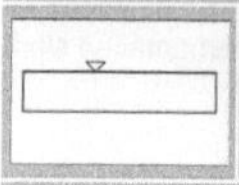 | Messpunktabstand | m | ≤ 0,1 | 1 | 4 | 10 | 15 |
| | Stichmaße als Grenzwerte | mm | 5 | 8 | 12 | 15 | 20 |
| z. B. in Lagerräumen, Kellern | | | | | | | |
| **Flächenfertige Böden, Estriche für Bodenbeläge, Bodenläge, Fliesenbeläge, Beläge** | | | | | | | |
| 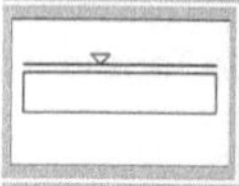 | Messpunktabstand | m | ≤ 0,1 | 1 | 4 | 10 | 15 |
| | Stichmaße als Grenzwerte | mm | 2 | 4 | 10 | 12 | 15 |
| z. B. Estriche als Nutzestriche, Estriche zur Aufnahme von Bodenbelägen, gespachtelte u. geklebte Beläge | | | | | | | |
| **wie Zeile zuvor, jedoch mit erhöhten Anforderungen** | | | | | | | |
| 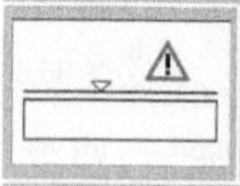 | Messpunktabstand | m | ≤ 0,1 | 1 | 4 | 10 | 15 |
| | Stichmaße als Grenzwerte | mm | 1 | 3 | 9 | 12 | 15 |
| **Nichtflächenfertige Wände und Unterseiten von Rohdecken** | | | | | | | |
| 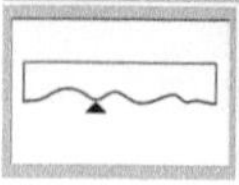 | Messpunktabstand | m | ≤ 0,1 | 1 | 4 | 10 | 15 |
| | Stichmaße als Grenzwerte | mm | 5 | 10 | 15 | 25 | 30 |

*Tabelle 3:* *Grenzwerte für Ebenheitsabweichungen (n. DIN 18202, 5.4) (Quelle: Schmidt)*

| **Flächenfertige Wände und Unterseiten von Decken** | | | | | | | |
|---|---|---|---|---|---|---|---|
| 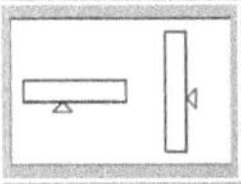 | Messpunktabstand | m | ≤ 0,1 | 1 | 4 | 10 | 15 |
| | Stichmaße als Grenzwerte | mm | 3 | 5 | 10 | 20 | 25 |
| z. B. geputzte Wände, Wandbekleidungen, untergehängte Decken | | | | | | | |
| **wie Zeile zuvor, jedoch mit erhöhten Anforderungen** | | | | | | | |
| 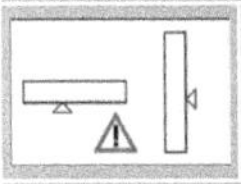 | Messpunktabstand | m | ≤ 0,1 | 1 | 4 | 10 | 15 |
| | Stichmaße als Grenzwerte | mm | 2 | 3 | 8 | 15 | 20 |
| Zwischenwerte sind DIN 18202, Bild 6 und Bild 7 zu entnehmen und auf ganze mm zu runden. | | | | | | | |
| Die Grenzwerte für Ebenheitsabweichungen der letzten Spalte gelten auch für Messpunktabstände > 15 m. | | | | | | | |

Anforderungen an flächenfertige Böden mit erhöhten Anforderungen sind gesondert zu vereinbaren. Unebenheiten in der Oberfläche, die im Streiflicht sichtbar werden, sind nach Maßgabe der DIN 18202 zulässig.

Sofern an die Ebenheit erhöhte Anforderungen gegenüber den in DIN 18202 festgelegten Werten gestellt werden, gelten die hierfür erforderlichen Leistungen als „Besondere Leistungen" im Sinne der VOB.

Der Ausgleich von Ebenheitsabweichungen des Untergrunds bis 1 mm zählt zu den Nebenleistungen im Sinne der VOB.

## Spezifische Ergänzungen

### Textile Bodenbeläge

Anforderungen an Abweichungen der Maße bei textilen Bodenbelägen sind in DIN EN 14159[8] geregelt. Es gelten die folgenden Anforderungen:

[8] DIN EN 14159:2015-03: Textile Bodenbeläge – Anforderungen an Toleranzen der (linearen) Maße von abgepassten Bodenbelägen, Läufern, Fliesen und Bahnenware undd es Musterrapports.

## Grenzabweichungen der Maße

***Tabelle 4:*** *Grenzabweichungen der Maße bei textilen Bodenbelägen (n. DIN EN 14159, 6.1) (Quelle: Schmidt)*

| Art des textilen Bodenbelags | | Breite | Länge |
|---|---|---|---|
| abgepasste Bodenbeläge u. Läufer | | Nennbreite ± 2,0 % | Nennbreite ± 2 % |
| Bahnenware als Handelsware | gewebte Bodenbeläge | Nennbreite ± 1,25 % | Nennbreite ± 1,0 % |
| | sonstige Bodenbeläge | Nennbreite ± 1,0 % | Nennbreite ± 1,0 % |
| Bahnenware als individuelle Bestellung | | Anforderungen sind zwischen Hersteller u. Käufer individuell festzulegen | |
| Fliesen | | ± 0,3 % bei Nennmaßen | ± 0,3 % bei Nennmaßen |
| | | ± 0,2 % innerhalb von einer Charge | ± 0,2 % innerhalb von einer Charge |

## Musterrapport und Verzug

***Tabelle 5:*** *Toleranzen für Abweichungen im Musterrapport und für Verzüge (n. DIN EN 14159, 6.2) (Quelle: Schmidt)*

| Typ/Beschreibung | | zulässige Abweichungen (für Einzelmessungen) |
|---|---|---|
| **Musterrapport** 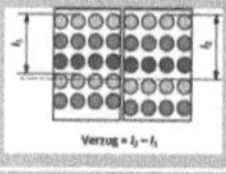 | | |
| Musterverschiebung zwischen Stücken der gleichen Produktionscharge[1)] | ≥ 0 cm und < 10,0 cm | ≤ 2 % des Musterrapports |
| | ≥ 10 cm und < 100 cm | ≤ 1 % des Musterrapports |
| | ≥ 100 cm | n. Herstellerangaben |
| | akkumulierte Musterverschiebung | ≤ 0,5 % |

***Tabelle 5:*** *Toleranzen für Abweichungen im Musterrapport und für Verzüge (n. DIN EN 14159, 6.2) (Quelle: Schmidt)*

| **Typ/Beschreibung** | | **zulässige Abweichungen (für Einzelmessungen)** |
|---|---|---|
| **Bogigkeit**<br>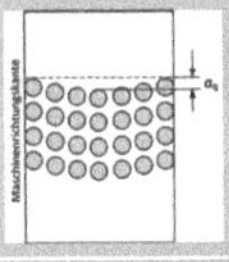 | | |
| gewebter Bodenbelag | < 100 cm | ≤ 10 mm |
| | ≥ 100 cm und < 200 cm | ≤ 20 mm |
| | ≥ 200 cm | ≤ 30 mm |
| getufteter Bodenbelag | | ± 1,0 % der Rollenbreite mit max. 10 mm je Meter der Rollenbreite |
| **Linearer Musterverzug**<br>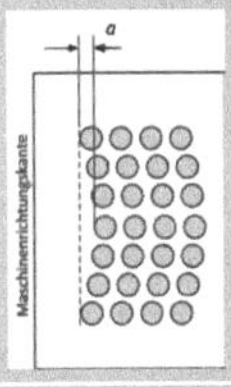 | | |
| gewebter Bodenbelag oder getufteter Bodenbelag | | ≤ 10 mm bei 2,0 m Nennlänge |
| **Schrägverzug**<br>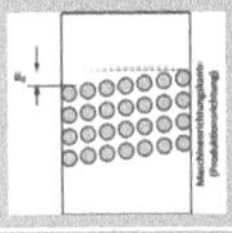 | | |
| gewebter Bodenbelag oder getufteter Bodenbelag | | ≤ 1,0 % der Breite mit max. 10 mm der Rollenbreite |
| 1) Rollen von verschiedenen Produktionschargen mit demselben Muster sollten nicht nebeneinander verlegt werden. | | |

### Bogigkeit der Bahnenware

***Tabelle 6:*** *Abweichungen der Bogigkeit bei Bahnenware (n. DIN EN 14159, 6.3) (Quelle: Schmidt)*

| Typ des Bodenbelags | zulässige Abweichung |
|---|---|
| gewebt | ≤ 0,5 % der Stücklänge |
| getuftet | ≤ 0,3 % der Stücklänge |

### Barrierefreiheit

Im Bereich von Türen sind zur Sicherstellung der barrierefreien Zugänglichkeit einer Wohnung oder eines Raums bestimmte Bewegungsflächen und Abstände zu berücksichtigen. In der DIN 18040-2[9] „Barrierefreies Bauen – Wohnungen" sind dazu folgende Festlegungen getroffen worden (s. DIN 18040-2, 4.3.3):

- lichte Durchgangsbreite: ≥ 0,90 m
- lichte Durchgangshöhe: ≥ 2,05 m
- Platzbedarf bandseitig (Drehflügeltüren) : Breite ≥ 1,50 m, Tiefe: ≥ 1,50 m
- Platzbedarf Laibungsseite (Drehflügeltüren): Breite ≥ 1,50 m, Tiefe ab Wandfläche ≥ 1,20 m

Der seitliche Abstand vom Türdrücker bis zu einer seitlichen Raumbegrenzung muss mindestens 50 cm betragen. Sind Türschwellen aus konstruktiven oder technischen Gründen, wie z. B. bei Terrassenausgangstüren, nicht zu vermeiden, dann darf deren Höhe nicht mehr als 2,0 cm betragen.

## Prüfung

Der Auftragnehmer hat, wenn der Untergrund mangelbehaftet ist, unverzüglich Bedenken gemäß VOB/B § 4 Nr. 3 anzumelden. Dies gilt insbesondere bei Unebenheiten und unrichtiger Höhenlage der Oberfläche des Untergrunds (vgl. ATV DIN 18365, Abschnitt 3.2 und 3.3).

[9] DIN 18040-2:2011-09: Barrierefreies Bauen – Planungsgrundlagen – Teil 2: Wohnungen.

# Bohrarbeiten

Die Anforderungen an Bohrarbeiten sind im Wesentlichen in der Vergabe- und Vertragsordnung für Bauleistungen (VOB), Teil C, in den Allgemeinen Technischen Vertragsbedingungen für Bauleistungen (ATV) in der ATV DIN 18301 (Ausgabe September 2019) beschrieben. Im Folgenden werden die Inhalte ergänzender Regelungen auszugsweise unter dem Gesichtspunkt von Ausführungstoleranzen dargestellt.

**Normen:** ATV DIN 18301[1] Bohrarbeiten
DIN EN 1536[2] Ausführung von Arbeiten im Spezialtiefbau – Bohrpfähle

**Allgemeines:** Die ATV DIN 18301 „Bohrarbeiten" gilt grundsätzlich für Bohrungen jeder Art, Neigung und Tiefe, insbesondere für die Herstellung von Bohr- und Verpresspfählen sowie Bohrpfahl-, Verbau- und Dichtwänden.

Die Norm gilt nicht für den Ausbau von Bohrungen (s. ATV DIN 183302[3] „Spezialtiefbauarbeiten zum Ausbau von Bohrungen"), nicht für Rohrvortriebsarbeiten (s. ATV DIN 18319[4] „Rohrvortriebsarbeiten"), nicht für Horizontalspülbohrarbeiten (s. ATV DIN 18324[5]), nicht für den Ausbau zu Brunnen und Grundwassermessstellen sowie den Einbau von Erdwärmesonden (s. ATV DIN 18327[6]) und nicht für Bohrarbeiten in Hochbauten (s. ATV DIN 18459[7] „Abbruch- und Rückbauarbeiten").

---

[1] ATV DIN 18301:2023-09: VOB Vergabe- und Vertragsordnung für Bauleistungen – Teil C: Allgemeine Technische Vertragsbedingungen für Bauleistungen (ATV) – Bohrarbeiten.

[2] DIN EN 1536:2015-10: Ausführung von Arbeiten im Spezialtiefbau – Bohrpfähle.

[3] ATV DIN 18302:2023-09: VOB Vergabe- und Vertragsordnung für Bauleistungen – Teil C: Allgemeine Technische Vertragsbedingungen für Bauleistungen (ATV) – Spezialtiefbauarbeiten zum Ausbau von Bohrungen.

[4] ATV DIN 18319:2019-09: VOB Vergabe- und Vertragsordnung für Bauleistungen – Teil C: Allgemeine Technische Vertragsbedingungen für Bauleistungen (ATV) – Rohrvortriebsarbeiten.

[5] ATV DIN 18324:2019-09: VOB Vergabe- und Vertragsordnung für Bauleistungen – Teil C: Allgemeine Technische Vertragsbedingungen für Bauleistungen (ATV) – Horizontalspülbohrarbeiten.

[6] ATV DIN 18327:2023-09: VOB Vergabe- und Vertragsordnung für Bauleistungen – Teil C: Allgemeine Technische Vertragsbedingungen für Bauleistungen (ATV) – Brunnenbauarbeiten und Erdwärmesonden.

[7] ATV DIN 18459:2016-09: VOB Vergabe- und Vertragsordnung für Bauleistungen – Teil C: Allgemeine Technische Vertragsbedingungen für Bauleistungen (ATV) – Abbruch- und Rückbauarbeiten.

# Herstellungstoleranzen

Bohrpfähle sind i. d. R., soweit keine besonderen planerischen Vorgaben bestehen, innerhalb folgender geometrischer Toleranzen herzustellen (s. DIN EN 1536, 8.1):

**Lageabweichungen**
Zulässige Lageabweichung des Ansatzpunktes für lotrechte oder geneigte Pfähle in Abhängigkeit vom Pfahldurchmesser:

| Durchmesser D | Abweichung |
|---|---|
| ≤ 1,0 m: | bis 0,10 m |
| > 1,0 m bis ≤ 1,50 m: | 0,1 × *D* |
| >1,5 m: | bis 0,15 m |

**Neigungsabweichungen**
***Vertikale Pfähle (≥ 86° bzw. Neigung n ≥ 15):***
In Abhängigkeit der Neigungswinkel sind Neigungsabweichungen zulässig, wenn für vertikale Pfähle oder Pfähle mit einer Neigung ≥ 86° (zur Horizontalen) eine Abweichung von nicht mehr als 0,02 m je Meter Einbautiefe (= 0,02 m/m) besteht.

***Schräge Pfähle (≥ 76° und < 86° bzw. Neigung 4 ≤ n < 15):***
Für schräge Pfähle mit einer Neigung zwischen ≥ 76° und < 86° gilt eine Abweichung als zulässig bei einem Wert von ≤ 0,04 m je Meter Einbautiefe (= 0,04 m/m)

***Abweichung der Mitte von Aufweitungen zur Pfahlachse:***
Hier ist eine Abweichung von 0,1 x *D* zulässig (*D*: Durchmesser).

***Toleranzen für den Einbau von Bewehrungskörben:***
Werden Bewehrungskörbe in Bohrungen eingebracht, darf am oberen Ende des Bewehrungskorbs nach dem Betonieren die Höhenlage maximal ± 0,15 m von dem planmäßigen Höhensoll abweichen.

***Toleranzen für das Kappen:***
Abweichungen der Höhenlage der hergestellten Kappung zur planmäßig vorgesehenen Kapphöhe sind zulässig in einer Toleranz von +0,04 m/-0,07 m.

# Dachdeckungsarbeiten

Die Anforderungen an Dachdeckungsarbeiten sind im Wesentlichen in der Vergabe- und Vertragsordnung für Bauleistungen (VOB) Teil C in den Allgemeinen Technischen Vertragsbedingungen für Bauleistungen (ATV) in der ATV DIN 18338 (Ausgabe September 2019) beschrieben. Im Folgenden werden die Inhalte der ATV und/oder der ergänzenden Fachregeln aus dem Regelwerk des Deutschen Dachdeckerhandwerks, auszugsweise unter dem Gesichtspunkt von Materialtoleranzen, Materialmindestdicken und Mindestanschlusshöhen, dargestellt.

**Normen:** ATV DIN 18338[1] Dachdeckungsarbeiten
Regelwerk und Fachregeln des Deutschen Dachdeckerhandwerks

Hinweis: Gegenüber der bisherigen Ausgabe wurde der Titel der DIN 18338 geändert („Dachdeckungsarbeiten" statt „Dachdeckungs- und Dachabdichtungsarbeiten") sowie die Regeln für Dachabdichtungsarbeiten in den Geltungsbereich der ATV DIN 18336[2] „Abdichtungsarbeiten" überführt. Die aktuelle Fassung der ATV DIN 18338 enthält nur noch Regeln zu Dachdeckungsarbeiten.

[1] ATV DIN 18338:2019-09: VOB Vergabe- und Vertragsordnung für Bauleistungen - Teil C: Allgemeine Technische Vertragsbedingungen für Bauleistungen (ATV) – Dachdeckungsarbeiten.

[2] ATV DIN 18336:2023-09: VOB Vergabe- und Vertragsordnung für Bauleistungen - Teil C: Allgemeine Technische Vertragsbedingungen für Bauleistungen (ATV) – Abdichtungsarbeiten.

**Allgemeines:** In der ATV DIN 18338 sind keine Angaben in Bezug auf zulässige Toleranzen, insbesondere keine Bezüge auf die DIN 18202[3], getroffen.

**Geltungsbereich:** ATV DIN 18338 „Dachdeckungsarbeiten" regelt das Herstellen von Dachdeckungen, einschließlich der erforderlichen Funktionsschichten des Dachaufbaus, wie Dichtungs-, Dämmstoff- und Schutzschichten. Die Norm gilt auch für Außenwandbekleidungen, die aus Dachdeckungsstoffen hergestellt werden.

ATV DIN 18338 gilt dagegen nicht für die Herstellung von Deckunterlagen aus Latten oder als Schalung sowie nicht für Außenwandbekleidungen mit Holzschindeln (s. ATV DIN 18334[4] „Zimmer- und Holzbauarbeiten"). Die Norm gilt ebenfalls nicht für die Herstellung von Dachdeckungen mit Metallbauteilen, die am Bau gefalzt werden (s. hierzu ATV DIN 18339[5] „Klempnerarbeiten"). Außerdem fallen vorgehängte hinterlüftete Fassaden mit anderen Stoffen als Dachdeckungsstoffen und Metallbauarbeiten nicht in den Geltungsbereich der DIN 18338 (s. ATV DIN 18351[6] „Vorgehängte hinterlüftete Fassaden" bzw. ATV DIN 18360[7] „Metallbauarbeiten").

---

3 DIN 18202:2019-07: Toleranzen im Hochbau – Bauwerke.

4 ATV DIN 18334:2023-09: VOB Vergabe- und Vertragsordnung für Bauleistungen – Teil C: Allgemeine Technische Vertragsbedingungen für Bauleistungen (ATV) – Zimmer- und Holzbauarbeiten.

5 ATV DIN 18339:2019-09: VOB Vergabe- und Vertragsordnung für Bauleistungen – Teil C: Allgemeine Technische Vertragsbedingungen für Bauleistungen (ATV) – Klempnerarbeiten.

6 ATV DIN 18351:2023-09: VOB Vergabe- und Vertragsordnung für Bauleistungen – Teil C: Allgemeine Technische Vertragsbedingungen für Bauleistungen (ATV) – Vorgehängte hinterlüftete Fassaden.

7 ATV DIN 18360:2019-09: VOB Vergabe- und Vertragsordnung für Bauleistungen – Teil C: Allgemeine Technische Vertragsbedingungen für Bauleistungen (ATV) – Metallbauarbeiten.

**Spezifische Ergänzungen:**

- Fachregeln Dachdeckungsarbeiten[8]
- Barrierefreiheit

**Allgemeine Regelungen**

Allgemeine Regelungen zur Ausführung von Dachdeckungen sind in ATV DIN 18338, 3.2.1 angegeben. Regeln unter dem Aspekt der Einhaltung von Maßen oder Toleranzen betreffen die folgenden Punkte:

- Maße für Dachlatten- und Pfettenabstände, Gratleisten, Kehlschalungen, Traufen usw. sind vom Auftragnehmer anzugeben, sofern die Unterlage für die Dachdeckung vom Auftragnehmer nicht selbst hergestellt wird.
  Nach ATV DIN 18338, 3.2.1.6 müssen für Dachdeckungen, die auf Traglatten hergestellt werden, Konterlatten mit einem Querschnitt von mindestens 30 x 50 mm verwendet werden.

**Dachdeckungen mit Dachziegeln oder Dachsteinen**

Regeln für die Ausführung von Dachdeckungen mit Dachziegeln oder Dachsteinen enthält der Abschnitt 3.2.2 der ATV DIN 18338. Hinsichtlich der Einhaltung von Maßen oder Toleranzen sind folgende Punkte zu beachten:

**Dachdeckungen mit Dachziegeln:**

Dachdeckungen mit Dachziegeln sind mit Dach- und Formziegeln nach DIN EN 1304[9] „Dach- und Formziegel – Begriffe und Produktspezifikationen“ herzustellen. Für Maße und Grenzabmaße gelten die Regeln im Abschnitt 4.3.4 dieser Norm. Danach sind Einzelmaße und Deckmaße nach DIN EN 1024[10] „Tondachziegel für überlappende Verlegung – Bestimmung der geometrischen Kennwerte“ zu bestimmen.

Für Einzelmaße von Ziegeln gilt folgende Toleranz:

Die Mittelwerte für die Länge und Breite der Ziegel – ermittelt mit den Prüfverfahren nach DIN EN 1024 – dürfen nicht mehr als

---

[8] Hrsg.: Zentralverband des Deutschen Dachdeckerhandwerks (ZVDH), Köln.

[9] DIN EN 1304:2013-08: Dach- und Formziegel – Begriffe und Produktspezifikationen.

[10] DIN EN 1024:2012-06: Tondachziegel für überlappende Verlegung – Bestimmung der geometrischen Kennwerte.

± 2 % von den Sollmaßen (Herstellerangabe) abweichen. Ausgenommen von dieser Regelung ist die Breite von Mönch- und Nonnenziegeln (s. DIN EN 1304, 4.3.4.2).

Das mittlere Deckmaß (Decklänge und Deckbreite) darf höchstens ± 2 % vom Sollmaß (Herstellerangabe) abweichen. Bei Falzziegeln mit variabler Decklänge darf der Höchstwert der gemessenen Decklänge den vom Hersteller angegebenen Maximalwert nicht unterschreiten. Gleiches gilt für die Deckbreite (s. DIN EN 1304, 4.3.4.3).

**Dachdeckungen mit Dachsteinen:**

Dachdeckungen mit Dachsteinen sind mit Betondachsteinen nach DIN EN 490[11] „Dach- und Formsteine aus Beton für Dächer und Wandbekleidungen – Produktspezifikationen" auszuführen. Für Maße und Toleranzen sind die Regeln im Abschnitt 5.2 dieser Norm zu beachten.

Danach darf die Hängelänge der Dachsteine (s. folgende Abb.) mit regelmäßiger Vorderkante nicht mehr als ± 4 mm von dem vom Hersteller angegebenen Wert abweichen (DIN EN 490, 5.2.1). Die Prüfung hat nach DIN EN 491[12] zu erfolgen. Die Rechtwinkligkeit von Dachsteinen mit konstanter Hängelänge darf nicht größer als 4 mm sein (DIN EN 490, 5.2.1). Für die Anforderungen an die Deckbreite wird auf die Norm DIN EN 490 verwiesen.

---

[11] DIN EN 490:2017-04: Dach- und Formsteine aus Beton für Dächer und Wandbekleidungen – Produktspezifikationen.

[12] DIN EN 491:2011-11: Dach- und Formsteine aus Beton für Dächer und Wandbekleidungen – Prüfverfahren.

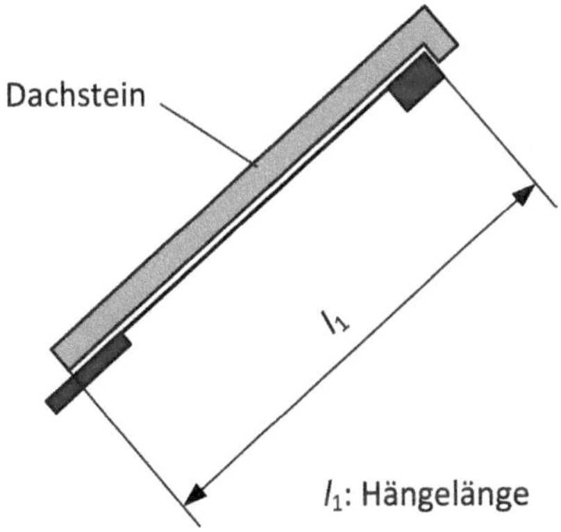


***Bild 1:** Hängelänge bei einem Dachstein (in Anlehnung an DIN EN 491 Bild 1) (Quelle: Schmidt)*

**Dachdeckungen mit Dachschiefer**

Für Dachdeckungen mit Dachschiefer sind Dachschiefer nach DIN EN 12326-1[13] „Schiefer und Naturstein für überlappende Dachdeckungen und Außenwandbekleidungen – Teil 1: Spezifikationen für Schiefer und carbonathaltige Schiefer" zu verwenden.

Die Einzeldicke von Schieferplatten darf nicht geringer als 2,0 mm sein (DIN EN 12326-1, 5.2.3). Die Messung hat nach DIN EN 12326-2 zu erfolgen. Weitere Regeln – insbesondere Verfahren zur Kontrolle der Nenn- und Einzeldicke – siehe DIN EN 12326-1.

**Dachdeckungen mit Faserzement-Dachplatten**

Für Dachdeckungen mit Faserzement-Dachplatten sind Platten nach DIN EN 492[14] „Faserzement-Dachplatten und dazugehörige Formteile – Produktspezifikationen und Prüfverfahren" zu verwenden. Nach dieser Norm gelten für Maße und Grenzabweichungen folgende Regeln:

[13] DIN EN 12326-1:2014-11: Schiefer und Naturstein für überlappende Dachdeckungen und Außenwandbekleidungen – Teil 1: Spezifikationen für Schiefer und carbonathaltige Schiefer.

[14] DIN EN 492:2018-07: Faserzement-Dachplatten und dazugehörige Formteile – Produktspezifikation und Prüfverfahren.

**Dicken:**

Die Nenndicke von Faserzement-Dachplatten ist vom Hersteller festzulegen. Die tatsächliche Dicke darf nicht geringer sein als die folgenden Werte:

***Tabelle 1:*** *Mindestdicke und Mindestbiegemoment von Faserzement-Dachplatten (n. DIN EN 492, Tab. 1) (Quelle: Schmidt)*

| Höhe h | Mindestdicke | Mindestbiegemoment (Mittelwert für beide Richtungen) |
|---|---|---|
| h ≤ 350 mm | 2,8 mm | 30 Nm/m |
| 350 mm < h ≤ 450 mm | 3,0 mm | 40 Nm/m |
| 450 mm < h ≤ 600 mm | 3,5 mm | 45 Nm/m |
| 600 mm < h ≤ 850 mm | 4,0 mm | 55 Nm/m |

**Grenzabweichungen:**
Als maximale Grenzabweichungen sind folgende Werte festgelegt (DIN EN 492, 5.2.3):

Länge und Breite: ± 3 mm
Dicke: + 25 %/-10 % des Nennwerts

Grenzabweichungen für Formteile:

- Formteile, die Faserzement-Dachplatten ersetzen: Länge und Breite: ± 3 mm; Dicke: + 25 %/-10 % des Nennwerts
- andere Formteile: nach Herstellerangaben

**Weitere Dachdeckungsarten:**

Für Dachdeckungen mit Faserzement-Wellplatten, vorgefertigten Elementen aus Metall, Holzschindeln sowie Bitumenschindeln und Bitumenwellplatten wird auf die in ATV DIN 18338 angegebenen Produkt- und Prüfnormen verwiesen.

# Spezifische Ergänzungen

## Fachregeln Dachdeckungsarbeiten

Für den Bereich der Dachdeckungsarbeiten werden im Folgenden die Regelungen für Dachdeckungen mit Dachziegeln, Dachsteinen und Schiefer dargestellt.

## Dachziegel – Formate, Maßabweichungen

Dachziegel sind in vielfältigen Formen und unterschiedlichen Abmessungen im Handel erhältlich, z. B. werden Biberschwanzziegel im Format A (155 x 375 mm) und Format B (180 x 380 mm) angeboten. Für die zulässigen herstellungs- und materialbedingten Maßabweichungen gelten die Produktblätter als verbindlich.

- **Regeldachneigung – Regensicherheit**
  Für Dacheindeckungen aus Dachziegeln mit und ohne Falz bestehen abhängig von der Dachziegelform bzw. der Deckungsart Einteilungen nach Regeldachneigungen.

***Tabelle 2:*** *Regeldachneigung für Dachziegel (n. Fachregeln für Dachdeckungen mit Dachziegeln und Dachsteinen, 2.6) (Quelle: Schmidt)*

| Dachziegelart | | Deckungsart | Regeldachneigung |
|---|---|---|---|
| Dachziegel mit Ringfalz | z. B. Flachdachziegel | Einfachdeckung | 22° |
| Dachziegel mit Kopffalz oder Kopfrippe und Fußrippe und Seitenverfalzung | z. B. Doppelmuldenfalzziegel | Einfachdeckung | 25° |
| Dachziegel mit Kopffalz oder Kopfrippe und Fußrippe und Seitenfalz | z. B. Reformziegel | Einfachdeckung | 30° |
| Dachziegel mit seitlich eingreifender Überdeckung | z. B. Strangfalzziegel | Einfachdeckung | 35° |

***Tabelle 2:*** *Regeldachneigung für Dachziegel (n. Fachregeln für Dachdeckungen mit Dachziegeln und Dachsteinen, 2.6) (Quelle: Schmidt)*

| **Dachziegelart** | | **Deckungsart** | **Regeldachneigung** |
|---|---|---|---|
| Dachziegel mit seitlich übergreifender Überdeckung | z. B. Krempziegel | Einfachdeckung | 35° |
| gewölbte Dachziegel | z. B. Hohlpfanne | Aufschnittdeckung<br>Vorschnittdeckung | 35°<br>40° |
| gewölbte Dachziegel | Mönch u. Nonne | Einfachdeckung | 40° |
| ebene Dachziegel | Biberschwanzziegel | Doppel- u. Kronendeckung | 30° |
| | | Einfachdeckung mit Spließen | 40° |

Durch Zusatzmaßnahmen können in Abhängigkeit von den Anforderungen aus der Nutzung, der Konstruktion und den klimatischen Verhältnissen auch bei einer Unterschreitung der Regeldachneigung sichere Dacheindeckungen ausgeführt werden (s. Fachregel für Dachdeckungen mit Dachziegeln und Dachsteinen).

Dachdeckungen mit Dachziegeln auf Dachflächen mit weniger als 10° Neigung sind auch unter Einsatz von zusätzlichen Maßnahmen nicht mehr herzustellen.

- **Seiten- und Höhenüberdeckung**
  Bei verfalzten Ziegeln ist die Seitenüberdeckung durch die Verfalzung des Ziegels vorgegeben. Ebene Strangfalzziegel benötigen eine Höhenüberdeckung ≥ 12 cm, gewölbte Strangfalzziegel eine Höhenüberdeckung ≥ 10 cm. Die Höhenüberdeckung von Dachziegeln mit Ringfalzen ist produktbedingt vorgegeben.

Bei ebenen und gewölbten Dachziegeln ohne Verfalzung ist die Seiten- und Höhenüberdeckung abhängig von der Dachziegelart, der Deckungsart und der Dachneigung. Für ebene Dachziegel ohne Verfalzung variiert das Maß der Höhenüberdeckung zwischen ≥ 5 cm (> 600) und ≥ 9 cm (< 350) je nach Dachneigung.

## Dachsteine – Formate, Maßabweichungen

Dachsteine sind in vielfältigen Formen und unterschiedlichen Abmessungen im Handel erhältlich, überwiegend im Standardformat 330 × 420 mm und 245 × 420 mm. Die Abmessungen und Maßtoleranzen sind produktspezifisch geregelt, z. B. beträgt für Biberschwanz-Betonsteine die Abmessung ca. 170 × 420 mm.

- **Regeldachneigung – Regensicherheit**

***Tabelle 3:*** *Regeldachneigung für Dachsteine (n. Fachregeln für Dachdeckungen mit Dachziegeln und Dachsteinen, 3.4) (Quelle: Schmidt)*

| Dachsteinart | | Deckungsart | Regeldachneigung |
|---|---|---|---|
| | **Dachsteine mit Seitenfalz** | | |
| hoch liegender Seitenfalz | profiliert | Einfachdeckung | 22° |
| tief liegender Seitenfalz | eben | Einfachdeckung | 25° |
| | **Dachsteine ohne Falz** | | |
| eben | Biber | Doppel- und Kronendeckung | 30° |
| | | Einfachdeckung mit Spließen | 40° |

- Bei Unterschreitung der Regeldachneigung sind zusätzliche Maßnahmen gemäß der Tabelle im Abschnitt Dachziegel erforderlich.
- **Seiten- und Höhenüberdeckung**
  Die Seitenüberdeckung ist durch die produktabhängigen Wasser- und Deckfalzmaße vorgegeben. Die Höhenüberdeckung ist variabel und abhängig von der Dachsteinart, der

Dachdeckungsart und der Dachneigung. Die Höhenüberdeckungen variieren zwischen 5 bis zu 17 cm.

**Schiefer, Materialeigenschaften**

Die Spaltdicke von Schiefer soll 4 bis 6 mm, im Mittel 5 mm betragen. Wegen der natürlichen Farbunterschiede soll zur Herstellung eines optisch einheitlichen Farbbildes der Dachfläche nur Schiefer aus einem Bruch verwendet werden. Bei einem Sparrenabstand von bis zu 0,60 m sollen für die Schalung Bretter mit einer Mindestdicke von 24 mm eingesetzt werden, bei größeren Abständen ist die Dicke der Schalung zu erhöhen. Die Mindestbreite der Bretter beträgt 120 mm. Die erforderliche Vordeckung aus geeigneten Dichtungsbahnen muss eine Überdeckung von mindestens 80 mm aufweisen, unabhängig von der Verlegerichtung dieser Vordeckungsbahnen.

- **Mindestüberdeckungen**

  Für die Schuppendeckung gilt eine Mindesthöhen- und Mindestseitenüberdeckung von 29 % der Steinhöhe, bei Steinhöhen von 170 mm beträgt dieses Maß mindestens 50 mm.

  Für eine Altdeutsche Deckung gilt diese Regelung auch für Schiefer mit stumpfem und normalem Hieb, bei scharfem Hieb beträgt die Seitenüberdeckung mindestens 38 % der Steinhöhe.

  Für Dacheindeckungen mit Deutscher Deckung (Bogenschnittdeckung) ist die Mindestüberdeckung abhängig vom Steinformat und der Dachneigung geregelt:

***Tabelle 4:*** *Mindestüberdeckung bei Dachdeckungen mit Schiefer (n. Fachregeln für Dachdeckungen mit Schiefer, 3.2.3) (Quelle: Schöwer)*

| Deutsche Deckung | Format 30/30 cm | | Format 25/25 cm | |
|---|---|---|---|---|
| Regeldachneigung | Höhe [mm] | Seite [mm] | Höhe [mm] | Seite [mm] |
| ≥ 25° | 110 | 90 | - | - |
| ≥ 30° | 100 | 90 | - | - |
| ≥ 35° | 90 | 90 | - | - |
| ≥ 40° | 90 | 90 | 90 | 80 |
| ≥ 45° | 80 | 90 | 80 | 80 |
| ≥ 55° | 70 | 90 | 70 | 80 |

- Rechteckdoppeldeckungen sind mit ca. 3 bis 6 mm breiten Fugen herzustellen. Abhängig vom Schieferformat beträgt die Höhenüberdeckung 120 mm bei großformatigen Steinen und geringer Dachneigung (≥ 22°) und bis zu 60 mm bei Mittel- und Kleinformaten mit Dachneigungen 50°.
  Bei seitlichen Anschlüssen der Dacheindeckung mit Metall müssen die Schiefer die Nocken bei einer Dachneigung ≤ 35° mindestens 150 mm, bei größeren Dachneigungen mindestens 120 mm überdecken.
  An Blechkehlen beträgt das Überdeckungsmaß bis zur Kehllinie bei Dachneigungen ≥ 50° mindestens 120 mm, bei größeren Dachneigungen mindestens 100 mm.
  Firstseitige Anschlüsse aus Metall sind an aufgehende Bauteile mindestens 180 mm und auf der Dachfläche mindestens 280 mm hochzuführen. Die Schieferüberdeckung entspricht dem Maß der Dachflächendeckung, jedoch nicht weniger als 100 mm.

- **Befestigung**
  Die Befestigung der Schiefer für eine Schuppendeckung oder Altdeutsche Deckung erfolgt abhängig von der Steinhöhe: bei Steinhöhen ≥ 240 mm mit mindestens drei Schiefernägeln; bei Steinhöhen < 240 mm mit mindestens zwei Schiefernägeln.

**Barrierefreiheit**

Im Bereich von Ausgängen auf Dachterrassen kann die Regelanschlusshöhe von 15 cm durch die Anordnung von zusätzlichen Maßnahmen (z. B. Gitterroste, Entwässerungsrinnen) auf eine Anschlusshöhe von 5 cm ab Oberkante Nutzebene bis Oberkante Abdichtungsabschluss reduziert werden. Eine geringe „Schrägstellung" des Rosts ermöglicht die Herstellung der maximal zulässigen Übergangshöhe von 2 cm.

## Prüfung

Nach ATV DIN 18338, Abschnitt 3.1.2 hat der Auftragnehmer bei seiner Prüfung i. S. d. VOB/B § 4 Nr. 3 Bedenken, insbesondere bei ungeeigneter Beschaffenheit des Verlegeuntergrunds, geltend zu machen.

# Drän- und Versickerarbeiten

**Normen:** Grundlage für die Ausführung von Dränarbeiten ist die DIN 4095[1] „Baugrund – Dränung zum Schutz baulicher Anlagen – Planung, Bemessung und Ausführung". Die Norm gilt i. V. m. den Arbeiten zur Bauwerksabdichtung nach der Normenreihe DIN 18533[2] i. V. m. DIN 18195[3] und berücksichtigt nur Regelfälle für definierte Voraussetzungen.

**Allgemeines:** Für die Ausführung von Dränarbeiten zum Schutz von baulichen Anlagen gilt ATV DIN 18308[4] „Dränarbeiten" (Ausgabe September 2019). Außerdem ist die ATV „Allgemeine Regelungen für Bauarbeiten jeder Art" DIN 18299[5], Abschnitt 0 zu beachten.

Zulässige Verlegetoleranzen sind in einer Leistungsbeschreibung gesondert anzugeben, soweit diese nicht in anderen Normen festgelegt sind.

## Regelausführungen nach DIN 4095

Durch Bodenerkundungen und Feststellung des ungünstigsten/höchsten Grundwasserstands (Bemessungswasserstand) können sogenannte Regelfälle ermittelt werden. Für diese Fälle gelten dann die unten genannten Richtwerte zur Ausführung von Dränanlagen.

---

1 DIN 4095:1990-06: Baugrund; Dränung zum Schutz baulicher Anlagen; Hinweis: zurzeit (Stand Nov. 2023) wird die Norm überarbeitet; ein erster Normentwurf liegt mit DIN 4095-1:2023-03 vor; es sind Änderungen gegenüber der noch gültigen Fassung zu erwarten.

2 DIN 18533:2017-07: Abdichtung von erdberührten Bauteilen – Teile 1 bis 3

3 DIN 18195:2017-07: Abdichtung von Bauwerken – Begriffe.

4 ATV DIN 18308:2019-09: VOB Vergabe- und Vertragsordnung für Bauleistungen – Teil C: Allgemeine Technische Vertragsbedingungen für Bauleistungen (ATV) – Drän- und Versickerarbeiten.

5 ATV DIN 18299:2023-09: VOB Vergabe- und Vertragsordnung für Bauleistungen – Teil C: Allgemeine Technische Vertragsbedingungen für Bauleistungen (ATV) – Allgemeine Regelungen für Bauarbeiten jeder Art.

- Fall a)
  Ausschließliches Vorhandensein von Bodenfeuchtigkeit in stark durchlässigem Boden.
- Fall b)
  Anfallendes Wasser kann über eine Dränung entwässert werden und es entsteht kein Wasserdruck auf die Bauwerksabdichtung.
- Fall c)
  Vorhandensein von drückendem Wasser, meist in Form von Grundwasser, Ableitung über Dränung ist nicht möglich.

***Tabelle 1:*** *Richtwerte für die Regelausführung von Dränanlagen (n. DIN 4095) (Quelle: Schöwer)*

| **DIN 4095** | **Richtwerte für Ausführung in Regelfällen a) – c)** | | |
|---|---|---|---|
| **Einflussgröße** | **vor Wänden** | **auf Decken** | **unter Bodenplatten** |
| Geländeoberfläche Deckengefälle | eben bis leicht geneigt | ab 3 % | - |
| Durchlässigkeit des Bodens | schwach durchlässig | - | schwach durchlässig |
| Einbautiefe | bis 3 m | - | - |
| Gebäudehöhe | bis 15 m | bis 15 m | - |
| angrenzende Gebäudehöhe | - | bis 15 m | - |
| Deckenteilfläche bzw. bebaute Fläche | - | bis 150 m$^2$ | bis 200 m$^2$ |
| Länge der Dränleitung | bis 60 m | bis 15 m | - |

**Planungs- und Ausführungsgrundlagen als Richtwerte von Regelausführungen nach DIN 4095 für Dränanlagen**

vor Wänden:

- alle erdberührten Flächen durch Dränschicht (Filterschicht und Sickerschicht) abgedeckt, Oberkante der Schicht bis 15 cm unter Geländeoberfläche
- Dränleitung mindestens DN 100, mit 0,5 % Gefälle als Ringleitung
- Rohrsohle der Dränleitung am Hochpunkt mindestens 20 cm unter OK Rohfußboden/Rohbodenplatte
- Rohrgrabentiefe maximale Tiefe bis Unterkante der Fundamentsohle
- Spülrohre mindestens DN 300
- Übergabeschacht mindestens DN 1000
- Dränschicht aus (Beispiele):
  - Kiessand der Körnung 0/8 mm, Mindestdicke 50 cm
  - Filterschicht der Körnung 0/4 mm, Mindestdicke 10 cm und Sickerschicht der Körnung 4/16 mm, Mindestdicke 20 cm
  - Kies der Körnung 8/16 mm, Mindestdicke 20 cm mit Abdeckung durch Geotextil
- Vor Wänden darf ein maximaler Wasseraufstau bis zu 20 cm über Dränrohrsohle auftreten.

auf Decken:

- alle Decken- und angrenzenden erdberührten Flächen, abgedeckt durch Dränschicht
- Stoßüberdeckung bei Geotextilien mindestens 0,1 m
- Dränrohroberkante maximal bis Oberfläche Sickerschicht
- Sammelleitungen mit mindestens 0,5 % Gefälle
- Dränschicht aus Kies der Körnung 8/16 mm, Mindestdicke 0,15 m und Geotextil

unter Bodenplatten:

- horizontale Entwässerungsmöglichkeit, Fundamentdurchbrüche mindestens DN 50
- Dränschicht aus:
  - Kies: Körnung 8/16 mm, Mindestdicke 10 cm und Geotextil
  - Filterschicht Körnung 0/4 mm und Sickerschicht: Körnung 4/16 mm, jeweils mit Mindestdicke 10 cm

Dränrohre sind zu ummanteln. Für die Ummantelung mit Kiessand der Körnung 0/8 mm ist eine umlaufende Mindestschichtdicke von 15 cm erforderlich. Alternativ kann eine Sickerschicht der Körnung 4/16 mm (Dicke mindestens 15 cm) und eine Filterschicht der Körnung 0/4 mm (Dicke mindestens 10 cm) ausgeführt werden. Bei Einsatz von Kies der Körnung 8/16 mm beträgt die umlaufende Mindestschichtdicke 10 cm.

## Prüfung

Vor der Verfüllung der Baugrube bzw. des Arbeitsraums ist die Funktionsfähigkeit von Dränleitungen zu prüfen und das Prüfergebnis in einem Protokoll zu dokumentieren.

# Elektroinstallationen

Die Anforderungen an Elektroinstallationen sind in der Vergabe- und Vertragsordnung für Bauleistungen (VOB) Teil C nicht detailliert beschrieben. Im Folgenden werden einzelne Regelungen auszugsweise unter dem Gesichtspunkt von Ausführungsvorgaben und Mindestausstattungen dargestellt.

**Normen:** DIN 18012[1] Haus – Anschlusseinrichtungen für Gebäude – Allgemeine Planungsgrundlagen

DIN 18013[2] Nischen für Zählerplätze (Zählerschränke) für Elektrizitätszähler

DIN 18015-1[3] Elektrische Anlagen in Wohngebäuden, Teil 1: Planungsgrundlagen

DIN 18015-2[4] Elektrische Anlagen in Wohngebäuden, Teil 2: Art und Umfang der Mindestausstattung

DIN 18015-3[5] Elektrische Anlagen in Wohngebäuden, Teil 3: Leitungsführung und Anordnung der Betriebsmittel

DIN 18015-4[6] Elektrische Anlagen in Wohngebäuden, Teil 4: Leitungsführung und Anordnung der Betriebsmittel

DIN 18015-5[7] Elektrische Anlagen in Wohngebäuden, Teil 5: Luftdichte und wärmebrückenfreie Elektroinstallation

HEA-Merkblätter/RAL-RG 678[8]

---

1 DIN 18012:2018-04: Anschlusseinrichtungen für Gebäude – Allgemeine Planungsgrundlagen.

2 DIN 18013:2020-03: Nischen für Zählerschränke für Elektrizitätszähler.

3 DIN 18015-1:2020-05: Elektrische Anlagen in Wohngebäuden – Teil 1: Planungsgrundlagen.

4 DIN 18015-2: Elektrische Anlagen in Wohngebäuden – Teil 2: Art und Umfang der Mindestausstattung

5 DIN 18015-3:2016-09: Elektrische Anlagen in Wohngebäuden – Teil 3: Leitungsführung und Anordnung der Betriebsmittel.

6 DIN 18015-4:2022-08: Elektrische Anlagen in Wohngebäuden – Teil 4: Gebäudesystemtechnik.

7 DIN 18015-5:2015-07: Elektrische Anlagen in Wohngebäuden – Teil 5: Luftdichte und wärmebrückenfreie Elektroinstallation.

8 HEA – Fachgemeinschaft für effiziente Energieanwendung e. V., Berlin.

DIN VDE 0100-701[9] Errichten von Niederspannungsanlagen (Schutzbereiche)

DIN VDE 0603-1[10] Zählerplätze – Teil 1: Allgemeine Anforderungen

DIN VDE 0603-2-1[11] Zählerplätze – Teil 2-1: Zählerplätze für die direkte Messung

**Spezifische Ergänzungen:**

- Hausanschlussraum
- Hausanschlussnische
- Zählerplätze
- Schlitze und Aussparungen im Mauerwerk
- Mindestausstattung von Wohnungen nach DIN 18015-2 und HEA
- Leitungsführung, Anordnung der Betriebsmittel
- Schutzbereiche in Räumen mit Dusch- und Badewannen (DIN VDE 0100-701)
- Barrierefreiheit

## Spezifische Ergänzungen

### Hausanschlussraum

Für die Planung von Hausanschlussräumen in Wohn- und Nichtwohngebäuden gelten die Regelungen der DIN 18012 „Anschlusseinrichtungen für Gebäude – Allgemeine Planungsgrundlagen".

Als Mindestanforderungen für den Platzbedarf im Hausanschlussraum gilt ein freier Arbeitsbereich vor den Anschlusseinrichtungen mit einer Tiefe von 1,20 m. Im Bereich der Installation des Wasserzählers und der Absperreinrichtungen wird eine Wandlänge von ca. 2,00 m benötigt. Die lichte Durchgangshöhe der unter der Decke installierten Leitungen oder anderer Bauteile darf 2,00 m nicht unterschreiten.

[9] DIN VDE 0100-701:2008-10: Errichten von Niederspannungsanlagen – Teil 7-701: Anforderungen an Betriebsstätten, Räume und Anlagen besonderer Art – Räume mit Badewanne oder Dusche.

[10] DIN VDE 0603-1:2017-06: Zählerplätze – Teil 1: Allgemeine Anforderungen.

[11] DIN VDE 0603-2-1:2017-06: Zählerplätze – Teil 2: Zählerplätze für direkte Messung bis 63 A.

Der Hausanschlussraum muss an der Gebäudeaußenwand liegen und mit einer abschließbaren Tür nach DIN 18100 versehen werden. Türmaße: Breite 875 mm, Höhe 2000 mm.

Die Wandfläche für die Anordnung der Installationen muss eben sein, mechanischen Belastungen standhalten und einen ausreichenden Schallschutz gewährleisten. Die Mindestwanddicke beträgt 6 cm, nicht unter statischen Gesichtspunkten, sondern vielmehr als Schutz gegen mechanische Einflüsse von der Montagerückseite.

Für die Lage von Wanddurchgängen der Hauseinführungen für Versorgungsleitungen können die nachstehenden Tiefenzonen als Anhaltswerte angenommen werden.

***Tabelle 1:*** *Tiefenzone von Versorgungsleitungen im Erdreich (Quelle: Schöwer)*

| Mantelrohre für Art der Leitung | Tiefenzone unter der Geländeoberfläche |
|---|---|
| Wasserversorgung | 1,20 m bis 1,50 m |
| Fernwärme | 0,60 m bis 1,00 m |
| Starkstromversorgung | 0,60 m bis 0,80 m |
| Fernmeldekabel | 0,35 m bis 0,60 m |
| Gasversorgung | 0,50 m bis 1,00 m |
| Fernwärmeleitung | 0,60 m bis 1,00 m |

### Hausanschlussnische

Hausanschlussnischen sind ausschließlich für die Versorgung von nicht unterkellerten Einfamilienhäusern vorgesehen.

Die Abmessungen der Hausanschlussnische resultieren aus dem Rohbaurichtmaß der Öffnung einer Wohnungstür mit einer Breite von mindestens 875 mm. Bei Hausanschlussnischen mit der Sparte Fernwärme ist eine Breite von mind. 1.010 mm erforderlich. Die Höhe der Hausanschlussnische muss 2.125 mm betragen. Die Mindesttiefe beträgt 250 mm. Für die Verteilung der Installationen ist in der DIN 18012 eine Aufteilung nach Funktionsflächen enthalten.

### Zählerplätze

Wandnischen für den Einbau von Zählerschränken sind meistens nur noch bei der Modernisierung im Bestand oder bei der Sanierung von Baudenkmälern von Bedeutung. Abhängig von der Zahl der zu installierenden Zähler sind Zählernischen nach DIN 18013 mit den nachstehenden lichten Abmessungen herzustellen (n. DIN 18013, Tab. 1):

***Tabelle 2:*** *Mindestmaße der Nische für einen Zählerschrank (n. DIN 18013, Tab. 1) (Quelle: Schmidt)*

| Anzahl der Zähler | Mindestmaße der Nische | | | |
|---|---|---|---|---|
| | Breite (mm) | Tiefe teilversenkt (mm) | Tiefe vollversenkt (mm) | Höhe (mm) |
| 1 | 575 | 140 | 225 | 1.125 |
| 2 | 825 | 140 | 225 | 1.125 |
| 3 | 1.075 | 140 | 225 | 1.125 |
| 4 | 1.325 | 140 | 225 | 1.125 |

Für den Abstand von Zählernischen von der Oberfläche des fertigen Fußbodens (OKFF) gelten folgende Maße (s. DIN 18013, 5.3):

- Abstand OKFF bis OK Zählernische: max. 2.250 mm
- Abstand OK FF bis Unterkante Zählernische: min. 400 mm

Beim Einbau von Zählerschränken mit Türen (Bautiefe 225 mm) ragen diese dann ca. 85 mm über die Wandputzfläche hinaus. Dies ist bei der Planung für die erforderliche Breite des Rettungswegs (Treppenhaus) nach Landesbauordnung zu berücksichtigen.

Detaillierte Einzelangaben zum Rastersystem und zur Lage von Funktionsflächen und Funktionsplätzen enthält die DIN VDE 0603 „Zählerplätze".

Die Abmessungen der Schlitze und Aussparungen, die ohne statischen Nachweis gemäß DIN EN 1996[12] „Eurocode 6: Bemessung und Konstruktion von Mauerwerksbauten" ausgeführt

[12] DIN EN 1996: Eurocode 6: Bemessung und Konstruktion von Mauerwerksbauten.

werden können, reichen wegen der für die Herstellung von Zählernischen erforderlichen Tiefe von 14 cm (s. Tab. oben) nicht aus. Aus Gründen des baulichen Brand- und Schallschutzes sind zusätzliche Maßnahmen (Abmauerungen, Brandschutzplatten u. Ä.) objektbezogen erforderlich.

### Schlitze und Aussparungen im Mauerwerk

Für die Zulässigkeit von Schlitzen und Aussparungen in gemauerten tragenden Wänden wird nach dem Schlitzverlauf (horizontal, schräg oder vertikal) sowie der Herstellungsform (nachträglich durch Stemmarbeiten oder im Zuge der Mauerarbeiten) unterschieden. Siehe hierzu die Regeln in DIN EN 1996 „Eurocode 6: Bemessung und Konstruktion von Mauerwerksbauten".

Grundsätzlich sind nachträglich gestemmte horizontale Schlitze nur in einem Bereich von bis zu 40 cm oberhalb oder unterhalb der Rohdecke zulässig. Vertikale Schlitze und Aussparungen, die nachträglich hergestellt werden, sind von Öffnungen mit einem Mindestabstand von 11,5 cm anzuordnen.

Schlitze und Aussparungen im gemauerten Verband sind von Öffnungen mindestens mit einem Abstand entsprechend der 2-fachen Schlitzbreite herzustellen, der Mindestabstand beträgt 24 cm. Der Abstand von Schlitzen und Aussparungen untereinander muss mindestens gleich groß oder größer als die Schlitzbreite sein.

### Mindestausstattung von Wohnungen nach DIN 18015-2 und HEA

In der DIN 18015-2 „Elektrische Anlagen in Wohngebäuden – Teil 2: Art und Umfang der Mindestausstattung" ist die Anzahl der Stromkreise abhängig von der Größe der Wohnfläche der Wohnung geregelt. Nachstehende Übersicht zeigt die erforderliche Anzahl von Stromkreisen für Steckdosen und Beleuchtung:

***Tabelle 3:*** *Mindestanzahl der Stromkreise in Wohnungen (n. DIN 18015-2, Tab. 1) (Quelle: Schmidt)*

| Wohnfläche der Wohnung | Anzahl der Stromkreise |
|---|---|
| ≤ 50 $m^2$ | 3 |
| > 50 und ≤ 75 $m^2$ | 4 |
| > 75 und ≤ 100$m^2$ | 5 |
| > 100 und ≤ 125 $m^2$ | 6 |
| > 125 $m^2$ | 7 |

Zusätzliche Stromkreise sind für Gemeinschaftsanlagen und die den Wohnungen zugeordneten Keller- und Bodenräume vorzusehen. Für besondere Raumnutzungen sind ggf. getrennte Stromkreise für Beleuchtung und Steckdosen herzustellen. Besondere Verbrauchsstellen sind durch einen eigenen Stromkreis abzusichern. Steckdosen, Auslässe und Anschlüsse innerhalb der Wohnung sind in einer nutzungsgerechten Anzahl und geeigneter räumlicher Verteilung anzuordnen. Außerdem sind in der Wohnung eine Klingelanlage, ein Telekommunikationsanschluss und mindestens eine Anschlussdose für den Empfang von Rundfunk- und Fernsehprogrammen zu installieren. Neben jeder Antennenanschlussdose ist eine Dreifachsteckdose zu montieren, diese zählt als eine Steckdoseneinheit bzgl. der Anzahl der Mindestraumausstattung. Die erforderliche Anzahl an Steckdosen, Anschlüssen für Beleuchtung und Verbrauchsmitteln ist in DIN 18015-2 festgelegt. Einen Auszug enthält die folgende Tabelle (s. DIN 18015-2, 4.5.2):

***Tabelle 4:*** *Anzahl an Steckdosen und Anschlüssen in Wohnungen (n. DIN 18015-2, Tab. 2; Auszug) (Quelle: Schmidt)*

| Nutzung | Steckdosen | Anschlüsse für Beleuchtung | Kommunikationsanschlüsse |
|---|---|---|---|
| Küche, Küchenbereich | 3 Steckdosen allgemein<br>2 Steckdosen je 1,20 m Breite der Arbeitsfläche<br>1 Steckdose für Kühl-/Gefriergerät<br>1 Steckdose für Dunstabzug<br>1 Steckdose für IuK/RuK | 2 | 1 |
| Bad | 2 allgemein<br>1 Steckdose für Abluftgerät | 2 | 0 |
| Wohnzimmer bis 20 $m^2$ | 4 | 1 | 2 |
| Wohnzimmer über 20 $m^2$ | 5 | 2 | 2 |
| Schlaf-, Kinder-, Gästezimmer bis 16 $m^2$ | 6 | 1 | 1 |
| Schlaf-, Kinder-, Gästezimmer über 16 $m^2$ | 8 | 2 | 1 |
| Hauswirtschaftsraum | 2 Steckdosen allgemein<br>1 Steckdose je 1,20 m Breite der Arbeitsfläche | 1 | k. A. |
| IuK: Information und Kommunikation (Telefon-/Datenanschlüsse)<br>RuK: Rundfunk und Kommunikation (Radio-/TV-/Datenanschlüsse) | | | |

**Leitungsführung, Anordnung der Betriebsmittel**

Für die Anordnung von elektrischen Leitungen an Wänden und auf Decken sind in DIN 18015-3 Leitungszonen festgelegt.

Eine obere waagerechte Installationszone (ZW) liegt im Bereich von 15 bis 45 cm unter der fertigen Deckenfläche, die untere waagerechte Installationszone 15 bis 45 cm über der fertigen Fußbodenfläche. Eine mittlere Installationszone (ZW-m) kann im Bedarfsfall ab einer Höhe von 100 cm über der fertigen Fußbodenfläche eingerichtet werden, die Höhe dieser Installationszone beträgt 30 cm. Die ZW-m ist nur für Räume vorgesehen, in denen vor den Wänden Arbeitsflächen angeordnet werden, wie z. B. in Küchen und Hausarbeitsräumen.

In Wänden mit schrägen Anschlüssen, an Decken oder anderen Bauteilen (z. B. Dachschrägen) sind die Leitungen parallel zu den entsprechenden Bezugskanten zu verlegen.

Senkrechte Installationszonen (ZS) reichen von der Deckenunterkante bis zur Fußbodenoberkante und sind in einem seitlichen Abstand von 10 bis 30 cm neben den Rohbaukanten von Türöffnungen vorzusehen. Diese Regelung gilt auch für den seitlichen Abstand neben den Rohbaukanten an Fenstern und neben Raumecken und Enden von Wänden.

Elektrische Leitungen sind innerhalb der vorgenannten Installationszonen zu verlegen, als Vorzugsmaße gelten dabei

- für waagerechte Leitungsführungen ca. 30 cm unter der Deckenunterkante und ca. 30 cm über der fertigen Fußbodenoberfläche,
- für senkrechte Leitungsführungen ca. 15 cm neben den senkrechten Rohbaukanten.

Die Maßbezüge für senkrechte und waagerechte Installationszonen sind auch bei Verlegungen von elektrischen Leitungen in der Ebene der Tragkonstruktion von Trockenbauwänden einzuhalten.

Leitungsführungen und Leerrohre auf der Decke bzw. im Fußbodenaufbau sind parallel zu den Wänden in einer eigenen Installationszone vorzunehmen. Die Breite der Installationszone beträgt maximal 30 cm und ist mit einem Mindestwandabstand von 20 cm anzuordnen. Zu anderen Leitungstrassen ist ein Mindestabstand von 20 cm einzuhalten, der Abstand zu den freien Wandenden an Türdurchgängen beträgt beidseitig je 15 cm.

Für die Führung von Leitungen unterhalb der Rohdecke, in einer Deckenbekleidung, unter Putz, im Putz, in Hohlräumen oder abgehängten Decken besteht nach DIN 18015-3 ein geforderter Mindestabstand von 20 cm zu den angrenzenden Wänden.

Für die Lage der horizontalen Mittelachse von Bedienteilen, bei Mehrfachschaltern die Achse der obersten Schalterwippe, soll eine Höhe von nicht mehr als 105 cm über fertiger Fußbodenfläche eingehalten werden. In mittleren waagerechten Installationszonen ist für Schalter und Steckdosen, wegen der Kollision mit der Höhe von Arbeitsflächen, eine Vorzugshöhe von 115 cm zu berücksichtigen.

Für überwachte Notausgangstüren mit elektrischer Verriegelung muss der für die Öffnung erforderliche rote, beleuchtete Nottaster auf der Tür oder unmittelbar neben der Tür in einer Höhe von 85 bis maximal 120 cm über dem Fußboden angebracht werden.

**Schutzbereiche in Räumen mit Dusch- und Badewannen**

Nach DIN VDE 0100–701[13] sind drei Schutzbereiche definiert:

**Schutzbereich 0:** Wasserführende Zone der Badewanne oder Dusche.

**Schutzbereich 1:** Im Bereich von Ausstattungsgegenständen (Dusche, Badewanne) dürfen im unmittelbaren Einflussbereich (senkrechte Projektion der Objekt-Begrenzungskanten auf die Wandfläche, Höhe bis 2,25 m über Fußbodenfläche) nur Verbindungs- und Anschlussdosen für solche Verbrauchsmittel installiert werden, die für diesen Bereich ausdrücklich zulässig sind. Für nicht durch Objekte abgegrenzte Bereiche (z. B. Duschen ohne Wanne) gilt ein Radius von 1,20 m um die Wasseraustrittstelle über eine Höhe von 2,25 m.

**Schutzbereich 2:** Für den Bereich von jeweils 60 cm neben den Raumkanten der Objekte gelten die vorgenannten Festlegun-

[13] DIN VDE 0100-701:2008-10: Errichten von Niederspannungsanlagen – Teil 7-701: Anforderungen für Betriebsstätten, Räume und Anlagen besonderer Art – Räume mit Badewanne oder Dusche.

gen. An den Kanten von feststehenden Abtrennungen gilt zur Sicherung des „Umgriffbereichs“ ein Radius von 60 cm an der entsprechenden Bauteilkante (Fadenlinie).

Außerhalb des Schutzbereichs 2 sind Schalter und Steckdosen zulässig, wenn diese mit einer Fehlerstromschutzeinrichtung (mindestens 30 mA) geschützt sind.

**Barrierefreiheit**

Schalter für kraftbetätigte Drehflügeltüren sind mit einem Abstand von 2,50 m auf der Bandseite der Tür, auf der Gegenseite mit 1,50 m Abstand vorzusehen. Die Bedieneinrichtungen sind in diesem Fall wie auch im Allgemeinen in einer Höhe von 0,85 m über der fertigen Fußbodenfläche zu montieren. Dies entspricht der Forderung nach DIN 18015-3, 5.3, in der für die Anordnung von Schaltern eine Höhe von nicht mehr als 1,05 m über der fertigen Fußbodenoberfläche festgelegt ist. Das Maß bezieht sich auf die Mitte des Schalters.

Nach DIN 18040-1[14] „Barrierefreies Bauen – Teil 1: Öffentlich zugängliche Gebäude“ beträgt das Achsmaß von Greifhöhen und Bedienhöhen in öffentlichen Gebäuden grundsätzlich 0,85 m über Oberkante Fertigfußboden (OK FF). Bei mehreren übereinander angeordneten Bedienelementen (z. B. mehrere Lichtschalter übereinander) darf das Achsmaß des obersten Bedienelements nicht mehr als 1,05 m über OK FF liegen.

[14] DIN 18040-1:2010-10: Barrierefreies Bauen – Planungsgrundlagen – Teil 1: Öffentlich zugängliche Gebäude.

# Erdarbeiten

Die Anforderungen an Erdarbeiten sind im Wesentlichen in der Vergabe- und Vertragsordnung für Bauleistungen (VOB) Teil C in den Allgemeinen Technischen Vertragsbedingungen für Bauleistungen (ATV) in der ATV DIN 18300 (Ausgabe September 2019) beschrieben. Im Folgenden werden die Inhalte der ATV und/oder der ergänzenden Regelungen nur auszugsweise unter dem Gesichtspunkt von Maßangaben zu Ausführungsbestimmungen dargestellt.

**Normen:** ATV DIN 18300[1] Erdarbeiten

Ergänzend gelten die Abschnitte 1 bis 5 der ATV DIN 18299[2] „Allgemeine Regelungen für Bauarbeiten jeder Art“.

**Allgemeines:** Die DIN 18202[3] enthält keine Angaben zu Toleranzen für Erdarbeiten.

Die ATV DIN 18300 „Erdarbeiten“ gilt für das Lösen, Laden, Fördern, Einbauen und Verdichten von Boden und Fels. Sie gilt auch für das Lösen von Boden und Fels im Grundwasser und Uferbereich unter Wasser, wenn diese Arbeiten im Zusammenhang mit dem Lösen von Boden und Fels über Wasser an Land ausgeführt werden.

1 ATV DIN 18300:2019-09: VOB Vergabe- und Vertragsordnung für Bauleistungen – Teil C: Allgemeine Technische Vertragsbedingungen für Bauleistungen (ATV) – Erdarbeiten.

2 ATV DIN 18299:2023-09: VOB Vergabe- und Vertragsordnung für Bauleistungen – Teil C: Allgemeine Technische Vertragsbedingungen für Bauleistungen (ATV) – Allgemeine Regelungen für Bauarbeiten jeder Art.

3 DIN 18202:2019-07: Toleranzen im Hochbau – Bauwerke.

ATV DIN 18300 „Erdarbeiten“ gilt außerdem für Erdarbeiten im Zusammenhang mit Verbauarbeiten (s. ATV DIN 18303[4] „Verbauarbeiten“), Entwässerungskanalarbeiten (s. ATV DIN 18306[5] „Entwässerungskanalarbeiten“), Druckrohrleitungsarbeiten (s. ATV DIN 18307[6] „Druckrohrleitungsarbeiten außerhalb von Gebäuden“), Drän- und Versickerarbeiten (s. ATV DIN 18308[7] „Drän- und Versickerarbeiten“) und Kabelleitungstiefbauarbeiten (s. ATV DIN 18322[8] „Kabelleitungstiefbauarbeiten“).

---

[4] ATV DIN 18303:2016-09: VOB Vergabe- und Vertragsordnung für Bauleistungen – Teil C: Allgemeine Technische Vertragsbedingungen für Bauleistungen (ATV) – Verbauarbeiten.

[5] ATV DIN 18306:2016-09: VOB Vergabe- und Vertragsordnung für Bauleistungen – Teil C: Allgemeine Technische Vertragsbedingungen für Bauleistungen (ATV) – Entwässerungskanalarbeiten.

[6] ATV DIN 18307:2016-09: VOB Vergabe- und Vertragsordnung für Bauleistungen – Teil C: Allgemeine Technische Vertragsbedingungen für Bauleistungen (ATV) – Druckrohrleitungsarbeiten außerhalb von Gebäuden.

[7] ATV DIN 18308:2019-09: VOB Vergabe- und Vertragsordnung für Bauleistungen – Teil C: Allgemeine Technische Vertragsbedingungen für Bauleistungen (ATV) – Drän- und Versickerungsarbeiten.

[8] ATV DIN 18322:2023-09: VOB Vergabe- und Vertragsordnung für Bauleistungen – Teil C: Allgemeine Technische Vertragsbedingungen für Bauleistungen (ATV) – Kabelleitungstiefbauarbeiten.

Die Norm gilt nicht für Oberboden- und Rodungsarbeiten (s. ATV DIN 18320[9] „Landschaftsbauarbeiten"), den Abtrag des Bodens bei Verbauarbeiten (s. ATV DIN 18303[10] „Verbauarbeiten"), Verfüllarbeiten der Leitungszone (s. ATV DIN 18306[11] „Entwässerungskanalarbeiten", ATV DIN 18307[12] „Druckrohrleitungsarbeiten außerhalb von Gebäuden" u. ATV DIN 18322[13] „Kabelleitungstiefbauarbeiten") sowie nicht für Erdarbeiten bei Nassbaggerarbeiten (s. ATV DIN 18311[14] „Nassbaggerarbeiten") und Untertagebauarbeiten (s. ATV DIN 18312[15] „Untertagebauarbeiten").

### Abweichungen der Oberfläche

Abweichungen der Oberfläche von den Nennmaßen (= Sollmaße) dürfen an keiner Stelle die folgenden Werte überschreiten (ATV DIN 18300, 3.1.7):

- Böden: 10 cm
- Fels: 50 cm

**Spezifische Ergänzungen:**

- Lösen und Laden
- Herstellen von Baugruben und Gräben
- Böschungswinkel von Baugruben

[9] ATV DIN 18320:2019-09: VOB Vergabe- und Vertragsordnung für Bauleistungen – Teil C: Allgemeine Technische Vertragsbedingungen für Bauleistungen (ATV) – Landschaftsbauarbeiten.

[10] ATV DIN 18303:2016-09: VOB Vergabe- und Vertragsordnung für Bauleistungen – Teil C: Allgemeine Technische Vertragsbedingungen für Bauleistungen (ATV) – Verbauarbeiten.

[11] ATV DIN 18306:2016-09: VOB Vergabe- und Vertragsordnung für Bauleistungen – Teil C: Allgemeine Technische Vertragsbedingungen für Bauleistungen (ATV) – Entwässerungskanalarbeiten.

[12] ATV DIN 18307:2016-09: VOB Vergabe- und Vertragsordnung für Bauleistungen – Teil C: Allgemeine Technische Vertragsbedingungen für Bauleistungen (ATV) – Druckrohrleitungsarbeiten außerhalb von Gebäuden.

[13] ATV DIN 18322:2023-09: VOB Vergabe- und Vertragsordnung für Bauleistungen – Teil C: Allgemeine Technische Vertragsbedingungen für Bauleistungen (ATV) – Kabelleitungstiefbauarbeiten.

[14] ATV DIN 18311:2019-09: VOB Vergabe- und Vertragsordnung für Bauleistungen – Teil C: Allgemeine Technische Vertragsbedingungen für Bauleistungen (ATV) – Nassbaggerarbeiten.

[15] ATV DIN 18312:2019-09: VOB Vergabe- und Vertragsordnung für Bauleistungen – Teil C: Allgemeine Technische Vertragsbedingungen für Bauleistungen (ATV) – Untertagebauarbeiten.

- Gräben
- Verfüllen von Leitungsgräben
- Ausschachtung
- Gründungen
- Sicherheitsabstände an Baugruben und Gräben
- Absturzsicherungen an Baugruben und Gräben

## Spezifische Ergänzungen

### Lösen und Laden

Sind Abtragsquerschnitte nicht festgelegt, so sind bei der Festlegung insbesondere der Böschungsneigungen folgende Vorgaben zu beachten:

- DIN 4124[16] „Baugruben und Gräben – Böschungen, Verbau, Arbeitsraumbreiten“
- Für die Mindestgrabenbreite von Gräben für Abwasserleitungen und -kanälen DIN EN 1610[17] „Verlegung und Prüfung von Abwasserleitungen und -kanälen“

### Herstellen von Baugruben und Gräben

Für die Erstellung und Sicherung von Baugruben und Gräben sowie für die Arbeitsraumbreiten und lichten Grabenbreiten gilt neben den Vorgaben der Berufsgenossenschaft die DIN 4124 und für die Mindestgrabenbreiten von Entwässerungsleitungen und -kanälen die DIN EN 1610.

Wenn nicht anders vorgegeben, umfasst die Leistung den Aushub von Baugruben nur bis Tiefen von 1,75 m, von Gräben für Fundamente oder Leitungen bis 1,25 m und für Gräben für Entwässerungsleitungen und -kanäle bis Tiefen von 1,00 m.

Die Maße der Baugrubensohle ergeben sich aus den Außenmaßen des Baukörpers zuzüglich

- der Mindestbreiten betretbarer Arbeitsräume nach DIN 4124 und zuzüglich

---

[16] DIN 4124:2012-01: Baugruben und Gräben – Böschungen, Verbau, Arbeitsraumbreiten.

[17] DIN EN 1610:2015-12: Einbau und Prüfung von Abwasserleitungen und -kanälen.

- der erforderlichen Maße für Schalungs- und Verbaukonstruktionen.

Als Außenmaße des Baukörpers gelten die Nennmaße nach DIN 18202, denen ggf. Abdichtungs-, Vorsatz- oder Schutzschichten bzw. Schalkonstruktionen des Baukörpers hinzuzurechnen sind. Die Breiten von betretbaren Arbeitsräumen müssen nach DIN 4124, Abschnitt 9 mindestens betragen:

- 0,50 m bei geböschten Baugruben und Gräben der waagerecht gemessene Abstand zwischen dem Böschungsfuß und der Außenseite des Bauwerks
- 0,60 m bei verbauten Baugruben und Gräben der lichte Abstand zwischen der Luftseite der Verbaukonstruktion und der Außenseite des Bauwerks bzw. Luftseite einer Schalung.

Arbeitsraumbreite:

- bei geböschten Baugruben: der horizontale Abstand zwischen dem Böschungsfuß und der Außenseite des Bauwerks,
- bei verbauten Baugruben: der lichte Abstand zwischen der Luftseite der Verkleidung und der Außenseite des Bauwerks.

**Geböschte Baugruben und Gräben**

Bei geböschten Baugruben und Gräben sind die Baugruben- und Grabenwände ohne Verbau ausgeführt (weder ganz noch teilweise). Im Einzelnen gelten folgende Regeln (s. a. DIN 4124, 4.2):

**a) Baugruben und Gräben mit senkrechten Wänden mit einer Tiefe bis 1,25 m:**

Eine Herstellung ohne Sicherung mit senkrechten Wänden ist zulässig, wenn folgende Voraussetzungen vorliegen:

- Die Geländeoberfläche bei nichtbindigen und weichen bindigen Böden ist nicht steiler als 1:10.
- Die Geländeoberfläche bei mindestens steifen bindigen Böden ist nicht steiler als 1:2.
- Die Mindestabstände von Fahrzeugen und Baugeräten zur Böschungskante werden eingehalten (DIN 4124, 4.2.5).
- Es liegen keine ungünstigen Gegebenheiten oder Einflüsse vor, die die Standsicherheit gefährden (z. B. starke Erschütterungen aus Verkehr, Rammarbeiten, Störungen des

A B D E F G H K M N P R S T V W Z

Bodengefüges, zur Einschnittsohle einfallende Schichtung oder Verwerfungen, Grundwasserabsenkung; s. a. DIN 4124, 4.2.7).

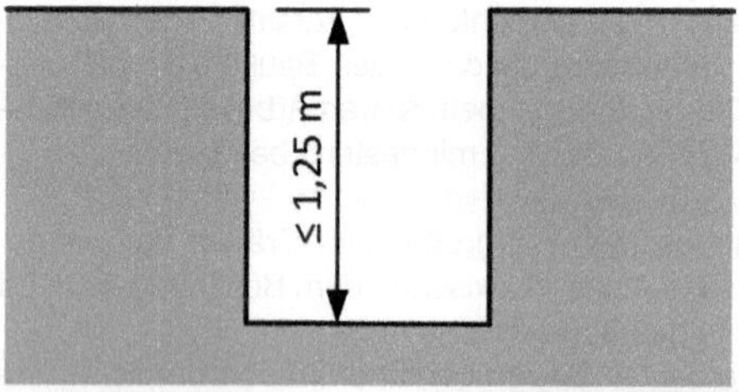


*Bild 1: Baugrube und Gräben mit senkrechten Wänden (Quelle: Schmidt)*

**b) Baugruben und Gräben mit geböschten Kanten mit einer Tiefe bis 1,75 m:**

Ein Aushub mit geböschten Kanten (Böschungswinkel ≤ 45°; s. folgende Abbildung) ist zulässig, wenn folgende Voraussetzungen vorliegen:

- Mindestens steifer Boden oder Fels.
- Geländeoberfläche ist nicht steiler als 1:10.
- Mindestabstände von Fahrzeugen und Baugeräten werden eingehalten.
- Keine Gefährdung der Standsicherheit durch ungünstige Gegebenheiten oder Einflüsse (s. o.).
- Benachbarte Gebäude, Leitungen, Verkehrsflächen oder andere bauliche Anlagen werden nicht gefährdet.

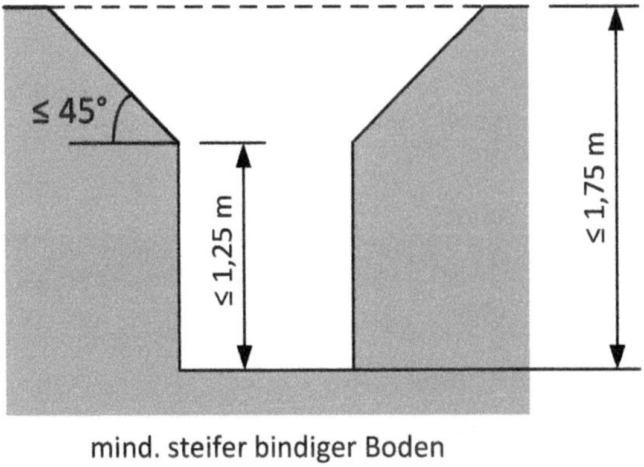


***Bild 2:*** *Baugruben und Gräben mit geböschten Kanten (Quelle: Schmidt)*

**c) Baugruben und Gräben mit einer Tiefe von mehr als 1,25 m bzw. mehr als 1,75 m:**

Bei Baugruben und Gräben mit einer Tiefe von mehr als 1,25 m (Ausführung nach a) bzw. mehr als 1,75 m (Ausführung nach b) ist der Böschungswinkel von den bodenmechanischen Eigenschaften (Bodenart) und den äußeren Einflüssen auf die Böschung abhängig.

Ohne Standsicherheitsnachweis sind folgende Böschungswinkel einzuhalten (n. DIN 4124, 4.2.4):

***Tabelle 1:*** *(Quelle: Schmidt)*

| Bodenart | Böschungswinkel |
|---|---|
| nichtbindige Böden<br>weiche bindige Böden | ≤ 45° |
| mind. steife bindige Böden | ≤ 60° |
| Fels | ≤ 80° |

## Mindestabstände von Fahrzeugen und Baugeräten:

Mindestabstände von Fahrzeugen und Baugeräten zur Böschungskante ergeben sich nach folgender Tabelle (n. DIN 4124, 4.2.5):

***Tabelle 2:*** *(Quelle: Schmidt)*

| | **Mindestabstand zur Böschungskante bei geböschten Baugruben und Gräben** | | |
|---|---|---|---|
| | Regelfall | Baugruben und Gräben bis 1,75 m Tiefe [1] | |
| | | mit senkrechten Wänden | geböschte Wände |
| Baugeräte bis 12 t, Fahrzeuge, die die zulässigen Achslasten der StVZO § 34 Abs. 4 nicht überschreiten | 1,00 m | Mindestabstand ≥ Tiefe der Baugrube / des Grabens | ≥ 1,00 m bei festem Straßenoberbau bis an die Böschungskante |
| Baugeräte über 12 t bis 40 t Fahrzeuge, die die zulässigen Achslasten der StVZO § 34 Abs. 4 überschreiten | 2,00 m | - | |

[1] Werte gelten für Baugeräte bis 18 t und Fahrzeuge, die die zulässigen Achslasten nach StVZO § 34 Abs. 4 nicht überschreiten.

### Gräben

Nach DIN 4124 gelten für Gräben für Leitungen und Kanäle folgende lichte Mindestbreiten, sofern nicht die weiter unten beschriebenen Einschränkungen maßgebend sind:

- bei geböschten Gräben die Sohlbreite in Höhe der Rohrschaftunterkante
- bei unverkleideten, mit senkrechten Wänden ausgehobenen Gräben sowie bei Gräben, die mit geböschten Kanten teilweise gesichert sind oder Saumboden erhalten, der lichte Abstand der Erdwände
- bei waagerechtem Verbau der lichte Abstand der Holzbohlen
- bei senkrechtem Verbau der lichte Abstand der Holzbohlen oder Kanaldielen
- bei gepfändetem Verbau der mittlere Abstand der Holzbohlen oder Kanaldielen

- bei großflächigen Stahlverbauplatten der lichte Abstand der Platten
- bei Spundwandverbau der lichte Abstand der baugrubenseitigen Bohlenrücken
- bei Trägerbohlwänden der lichte Abstand der Verbohlung

Lichte Mindestbreiten für Gräben mit betretbarem Arbeitsraum in Abhängigkeit vom äußeren Leitungs-/Rohrschaftdurchmesser: (Tab. gilt nicht für Abwasserleitungen und -kanäle n. DIN EN 1610)

***Tabelle 3:*** *Lichte Mindestbreiten von Gräben (ohne/mit Verbau) (Quelle: Schöwer)*

| Äußerer Leitungs- bzw. Rohrschaftdurchmesser d in m | Lichte Mindestbreite b in m | | | |
|---|---|---|---|---|
| | verbauter Graben | | nicht verbauter (geböschter) Graben | |
| | Regelfall | Umsteifung | $\beta \leq 60$ Grad | $\beta > 60$ Grad |
| bis 0,40 | b = d + 0,40 | b = d + 0,70 | b = d + 0,40 | |
| über 0,40 bis 0,80 | b = d + 0,70 | | b = d + 0,40 | b = d + 0,70 |
| über 0,80 bis 1,40 | b = d + 0,85 | | | |
| über 1,40 | b = d + 1,00 | | | |

Lichte Mindestbreiten für Gräben ohne betretbaren Arbeitsraum:

***Tabelle 4:*** *(Quelle: Schöwer)*

| Regelverlegetiefe | ≤ 0,70 m | > 0,70 m<br>≤ 0,90 m | > 0,90 m<br>≤ 1,00 m | > 1,00 m<br>≤ 1,25 m |
|---|---|---|---|---|
| lichte Grabenbreite | 0,30 m | 0,40 m | 0,50 m | 0,60 m |

Lichte Mindestbreite für Gräben mit Arbeitsraum und senkrechten Wänden in Abhängigkeit von der Grabentiefe:

*Tabelle 5: (Quelle: Schmidt)*

| Lichte Mindestbreite | Art und Tiefe des Grabens |
|---|---|
| 0,60 m | geböschter Graben, Tiefe ≤ 1,75 m |
| 0,70 m | teilweise verbauter Graben, Tiefe ≤ 1,75 m |
| 0,70 m | verbauter Graben, Tiefe ≤ 1,75 m |
| 0,80 m | verbauter Graben,<br>1,75 m < Tiefe ≤ 4,0 m |
| 1,00 m | verbauter Graben, Tiefe > 4,0 m |

## Verfüllen von Leitungsgräben

Für die Verfüllung von Leitungsgräben dürfen bis zu einer Höhe von 30 cm über dem Rohrscheitel nur solche Stoffe nach DIN EN 1610 „Verlegung und Prüfung von Abwasserleitungen und -Kanälen“ eingebaut werden, die keine Materialien enthalten, die eine Schädigung der Leitung hervorrufen können.

## Ausschachtungen

Für Ausschachtungen zum Zweck der Herstellung von Gründungen und Unterfangungen sind grundsätzlich die Voraussetzungen und Einzelbestimmungen nach DIN 4123 „Ausschachtungen, Gründungen und Unterfangungen im Bereich bestehender Gebäude“ einzuhalten. Dazu gehören u. a.:

- Die Bestimmungen und Regeln gelten nur für mindestens mitteldicht gelagerte nichtbindige Böden oder mindestens steife bindige Böden.
- Die zulässigen Bodenpressungen (DIN 1054[18] i. V. m. DIN EN 1997-1[19]) und Grundbruchsicherheit (DIN 4017[20]) sind einzuhalten.
- Für die Dauer der Bauausführung ist ein Abstand des Grundwasserspiegels von mindestens 50 cm zur Unterkante vorhandener oder neu herzustellender Fundamente, des Kellerfußbodens sowie unter der geplanten Aushubsohle zu gewährleisten.
- Die zu unterfangende Wand wirkt statisch als „Scheibe“.

---

18 DIN 1054:2021-04: Baugrund – Sicherheitsnachweise im Erd- und Grundbau – Ergänzende Regelungen zu DIN EN 1997-1.

19 DIN EN 1997-1:2014-03: Eurocode 7 – Entwurf, Berechnung und Bemessung in der Geotechnik – Teil 1: Allgemeine Regeln.

20 DIN 4017:2006-03: Baugrund – Berechnung des Grundbruchwiderstands von Flachgründungen.

- Die vorhandenen Gebäude oder Gebäudeteile sind auf Streifenfundamenten oder biegesteifen Stahlbetonbodenplatten gegründet.

Gebäude dürfen nicht ohne zusätzliche Sicherungsmaßnahmen bis zu ihrer Fundamentunterkante oder tiefer freigeschachtet werden. Durch die Erhaltung eines Erdblocks neben dem freizuschachtenden Gebäude kann die Geländebruchsicherheit gewahrt werden. Als maximale Bodenaushubgrenzen gelten dazu:

- größte Aushubtiefe (Bermeoberfläche) neben dem Bestandsgebäude mit einer Höhenlage von mindestens 50 cm über der vorhandenen Gründung des Gebäudes, nicht tiefer als die Oberkante des Kellerfußbodens
- Abböschung des Erdblocks neben der Berme nicht steiler als im Verhältnis 1 : 2 (Höhe : Breite)
- Breite der Berme mindestens 2,00 m
- maximaler Höhenunterschied von 4,00 m zwischen der vorhandenen Gründungsebene und der Aushubsohle

Ein Abtrag des Erdblocks zum Zweck der Herstellung von Gründungen und Unterfangungen kann abschnittsweise erfolgen. Die dazu erforderlichen Stichgräben oder Schächte sind mit einer maximalen Breite von 1,25 m (lichtes Maß zwischen nahezu senkrechten Erdwänden) und einem seitlichen Abstand untereinander von mindestens der dreifachen Breite eines Stichgrabens/Schachts auszuheben.

**Gründungen**

Fundamente für neu zu errichtende Gebäude sind im Allgemeinen so tief zu gründen wie die Fundamente bestehender Gebäude. Werden neue Fundamente tiefer als bestehende hergestellt, so sind die vorhandenen Fundamente zu unterfangen. Für die Ausführung einer gegenüber der vorhandenen Gründungsebene höher liegenden Gründung ist ein Nachweis über die gesicherte Aufnahme der Lasten aus der Neubaumaßnahme auf die vorhandenen Gebäudeteile zu führen.

Sollen neue Fundamente unmittelbar neben vorhandenen Fundamenten hergestellt werden, so sind sie auf der gleichen Gründungsebene anzuordnen und durch eine Bewegungsfuge zum Bestand zu trennen. Für **unbewehrte oder nur mit einer konstruktiven Längsbewehrung** herzustellende Fundamente gilt eine Mindestabmessung von 50 cm für die Höhe und 50 cm für die Breite.

Werden neue Fundamente mit einer **statisch erforderlichen Längsbewehrung** hergestellt, so sind darunter unbewehrte Fundamente mit einer Mindestabmessung 50 x 50 cm für Breite und Höhe notwendig. Diese sind mit vorhandenen Fundamenten oder den Fundamenten einer hergestellten Unterfangungswand unterkantengleich anzuordnen und abschnittsweise auszuführen. Die Gründung einer Unterfangungswand ist mit gleicher Gründungstiefe wie die neuen Fundamente herzustellen. Werden die Fundamente des neuen Gebäudes mit einer statisch notwendigen Längsbewehrung ausgeführt, so ist die Fundamentunterkante der Unterfangungswand 50 cm unterhalb der Unterkante des bewehrten neuen Fundaments anzuordnen.

**Sicherheitsabstände an Baugruben und Gräben**

Die notwendigen Sicherheitsabstände von Straßen- und Baufahrzeugen sind abhängig von dem Gesamtgewicht des Fahrzeugs und der Beschaffenheit des Materials der angrenzenden Oberflächenbefestigung. Von den Regelabmessungen kann durch den Einsatz stärkerer Verbaumaterialien, durch die Verringerung der Stützweiten im Graben oder durch Verlegung von Lastverteilungsplatten auf den Verkehrswegen nach sorgfältiger Prüfung abgewichen werden (s. hierzu auch die Tabelle im Abschnitt „Geböschte Baugruben und Gräben"). Fahrzeuge, Baumaschinen und Baugeräte mit einem Gesamtgewicht bis 12 t müssen einen Sicherheitsabstand von mindestens 1,00 m zum Böschungsrand einhalten. Für schwerere Fahrzeuge mit mehr als 12 t und bis zu 40 t Gesamtgewicht gilt ein Mindestsicherheitsabstand von 2,00 m (DIN 4124, 4.2.5).

Bei verbauten Gräben mit einem waagerechten Normverbau nach DIN 4124 „Baugruben und Gräben – Böschungen, Verbau, Arbeitsraumbreiten" ist ein Mindestsicherheitsabstand von 0,60 m einzuhalten von:

- allgemein zugelassenen Fahrzeugen mit einem zulässigen Gesamtgewicht bis zu 44 t während der Arbeit
- Baufahrzeugen nach StVZO allgemein zugelassen während der Arbeit
- Baggern und Hebezeugen bis 18 t, die unbelastet am Grabenrand fahren

- Baggern und Hebezeugen bis 12 t Gesamtgewicht während der Arbeit

Der untere Grenzwert des Sicherheitsabstands beträgt 1,00 m, wenn im Bereich der Baugrube bzw. des Grabens Fahrzeuge mit höheren Achslasten als in der Straßenverkehrsordnung genannt verkehren. Ebenso wenn Bagger und Hebezeuge mit einem Gewicht von 12 bis 18 t eingesetzt sind. Der Mindestabstand von 1,00 m ist auch dann einzuhalten, wenn die Dicke des Oberbaus weniger als 15 cm beträgt und keine ausreichende Lastverteilung sichergestellt ist.

**Absturzsicherung an Baugruben und Gräben**

Bei Baugruben mit einem Böschungswinkel von mehr als 60° und einer möglichen Absturzhöhe von mehr als 2,00 m sind Absturzsicherungen an der Böschungskante herzustellen. Werden feste Absperrungen mit einem Abstand von mehr als 2,00 m zur Böschungskante eingerichtet, bedarf es keiner unmittelbaren Sicherung durch Seitenschutz. Für die Sicherung von geböschten und verbauten Gräben ist bei einer Absturzhöhe von mehr als 2,00 m ein Seitenschutz auszuführen. Ein Seitenschutz besteht aus Geländer, Zwischenholm und Bordbrett. Ohne statischen Nachweis können für Geländer und Zwischenholm Gerüstbretter mit der Abmessung 15 x 3 cm bei einem Pfostenabstand bis 2,00 m eingesetzt werden. Für Pfostenabstände bis 3,00 m sind Gerüstbretter mit einem Mindestquerschnitt von 20 x 4 cm, Stahlrohre d = 48 x 3,2 mm oder Aluminiumrohre d = 48,3 x 4 mm erforderlich. Die Mindestdicke für Bordbretter beträgt 3 cm. Bordbretter müssen die Oberkante der Belegfläche um mind. 15 cm überragen.

# Estricharbeiten

Die Anforderungen an Estricharbeiten sind im Wesentlichen in der Vergabe- und Vertragsordnung für Bauleistungen (VOB) Teil C in den Allgemeinen Technischen Vertragsbedingungen für Bauleistungen (ATV) in der ATV DIN 18353 (Ausgabe September 2023) beschrieben. Im Folgenden werden die Inhalte der ATV und/oder der ergänzenden Regelungen auszugsweise unter dem Gesichtspunkt von Ausführungstoleranzen und Materialmindestdicken dargestellt.

| **Normen:** | ATV DIN 18353[1] | Estricharbeiten |
|---|---|---|
| | DIN 18560[2] | Estriche im Bauwesen |

**Allgemeines:** Toleranzen sind in den durch DIN 18202[3] „Toleranzen im Hochbau" geregelten Grenzen zulässig (ATV DIN 18353, Abschnitt 3.1.3).

ATV DIN 18353 „Estricharbeiten" gilt für das Herstellen von Estrichen aus Estrichmörteln einschließlich der hierfür benötigten Trenn-, Dämm- und Schutzschichten.

---

1 ATV DIN 18353:2023-09: VOB Vergabe- und Vertragsordnung für Bauleistungen – Teil C: Allgemeine Technische Vertragsbedingungen für Bauleistungen – Estricharbeiten.

2 DIN 18560: Estriche im Bauwesen; Teil 1 (2021-02): Allgemeine Anforderungen, Prüfung und Ausführung; Teil 2 (2022-08): Estriche und Heizestriche auf Dämmschichten (schwimmende Estriche); Teil 3 (2006-03): Verbundestriche; Teil 4 (2012-06): Estriche auf Trennschicht; Teil 7 (2004-04): Hochbeanspruchbare Estriche (Industrieestriche).

3 DIN 18202:2019-07: Toleranzen im Hochbau – Bauwerke.

Die Norm gilt dagegen nicht für die Herstellung von Gussasphaltestrichen (s. ATV DIN 18354[4] „Gussasphaltarbeiten"), Fertigteilestrichen und Trockenunterböden (s. ATV DIN 18340[5] „Trockenbauarbeiten").

Die Normenreihe DIN 18560 enthält Regelungen zu allgemeinen Anforderungen sowie zur Prüfung und Ausführung. Im Teil 1 der Norm sind Anforderungen zur Dicke von Estrichen (Nenndicke, kleinster Einzelwert, Mittelwert) angegeben.

**Spezifische Ergänzungen:**

- Dicke
- Estriche auf Dämmschichten (schwimmende Estriche)
- Verbundestriche
- Estriche auf Trennschicht
- Dämmschicht
- Nutz- und Schutzschichten aus Kunstharzen
- Terrazzoböden
- Beschichtungen
- Fugen
- Haftzugfestigkeit der Oberfläche
- Belegreife
- Risse
- Ebenheitsabweichungen aus Verformungen
- Nutzungsspezifische Sonderfälle

# Bauwerksmaße

Grenzabweichungen für Maße siehe folgende Tabelle (n. DIN 18202, Tab. 1):

4 ATV DIN 18354:2019-09: VOB Vergabe- und Vertragsordnung für Bauleistungen – Teil C: Allgemeine Technische Vertragsbedingungen für Bauleistungen – Gussasphaltarbeiten.

5 ATV DIN 18340:2023-09: VOB Vergabe- und Vertragsordnung für Bauleistungen – Teil C: Allgemeine Technische Vertragsbedingungen für Bauleistungen – Trockenbauarbeiten.

***Tabelle 1:** Grenzabweichungen für Maße (n. DIN 18202, 5.2) (Quelle: Schmidt)*

| | | | | | | | | |
|---|---|---|---|---|---|---|---|---|
| **Grenzabweichung für Maße im Grundriss** | | | | | | | | |
| 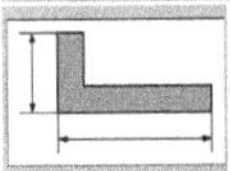 | Nennmaß | m | ≤ 1 | > 1<br>≤ 3 | > 3<br>≤ 6 | > 6<br>≤ 15 | > 15<br>≤ 30 | > 30 |
| | Grenzabweichung | mm | ± 10 | ± 12 | ± 16 | ± 20 | ± 24 | ± 30 |
| z. B. Längen, Breiten, Achsmaße, Rastermaße | | | | | | | | |
| **Grenzabweichung für Maße im Aufriss** | | | | | | | | |
| 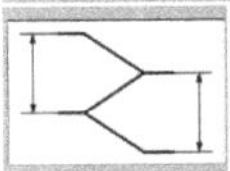 | Nennmaß | m | ≤ 1 | > 1<br>≤ 3 | > 3<br>≤ 6 | > 6<br>≤ 15 | > 15<br>≤ 30 | > 30 |
| | Grenzabweichung | mm | ± 10 | ± 16 | ± 16 | ± 20 | ± 30 | ± 30 |
| z. B. Geschosshöhen, Podesthöhen, Abstände von Aufstandsflächen u. Konsolen | | | | | | | | |
| **Grenzabweichung für lichte Maße im Grundriss** | | | | | | | | |
| 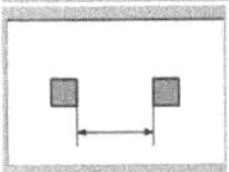 | Nennmaß | m | ≤ 1 | > 1<br>≤ 3 | > 3<br>≤ 6 | > 6<br>≤ 15 | > 15<br>≤ 30 | > 30 |
| | Grenzabweichung | mm | ± 12 | ± 16 | ± 20 | ± 24 | ± 30 | - |
| z. B. Maße zwischen Stützen, Pfeilern usw. | | | | | | | | |
| **Grenzabweichung für lichte Maße im Aufriss** | | | | | | | | |
| 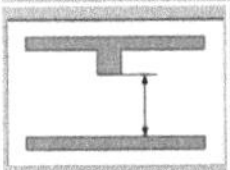 | Nennmaß | m | ≤ 1 | > 1<br>≤ 3 | > 3<br>≤ 6 | > 6<br>≤ 15 | > 15<br>≤ 30 | > 30 |
| | Grenzabweichung | mm | ± 16 | ± 20 | ± 20 | ± 30 | - | - |
| z. B. unter Decken u. Unterzügen | | | | | | | | |
| **Grenzabweichung für Maße von Öffnungen** | | | | | | | | |
| 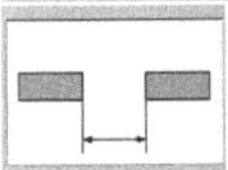 | Nennmaß | m | ≤ 1 | > 1<br>≤ 3 | > 3<br>≤ 6 | > 6<br>≤ 15 | > 15<br>≤ 30 | > 30 |
| | Grenzabweichung | mm | ± 10 | ± 12 | ± 16 | - | - | - |
| z. B. Öffnungen von Fenstern, Einbauelementen, Außentüren (Innentüren s. DIN 18100) | | | | | | | | |
| **Grenzabweichung für Maße von Öffnungen mit <u>oberflächenfertigen</u> Laibungen** | | | | | | | | |
| 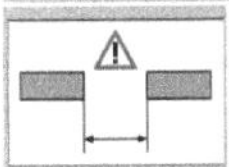 | Nennmaß | m | ≤ 1 | > 1<br>≤ 3 | > 3<br>≤ 6 | > 6<br>≤ 15 | > 15<br>≤ 30 | > 30 |
| | Grenzabweichung | mm | ± 8 | ± 10 | ± 12 | - | - | - |
| Grenzabweichungen gelten für Nennmaße bis 60 m. Bei größeren Nennmaßen sind besondere Überlegungen erforderlich. | | | | | | | | |

# Winkelabweichungen

Grenzwerte für Winkelabweichungen siehe folgende Tabelle (n. DIN 18202, Tab. 2):

***Tabelle 2:*** *Grenzwerte für Winkelabweichungen (n. DIN 18202, 5.3) (Quelle: Schmidt)*

| **Grenzwerte für Winkelabweichungen** | | | | | | | | | |
|---|---|---|---|---|---|---|---|---|---|
| 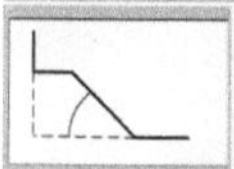 | Nennmaß | m | ≤ 0,5 | > 0,5 ≤ 1,0 | > 1,0 ≤ 3,0 | > 3,0 ≤ 6,0 | > 6,0 ≤ 15,0 | > 15,0 ≤ 30,0 | > 30,0 |
| | Stichmaße als Grenzwerte | mm | 3 | 6 | 8 | 12 | 16 | 20 | 30 |

# Ebenheitsabweichungen

Grenzwerte für Ebenheitsabweichungen sind in DIN 18202, Abschnitt 5.4 geregelt; siehe folgende Tabelle (n. DIN 18202, Tab. 3):

***Tabelle 3:*** *Grenzwerte für Ebenheitsabweichungen (n. DIN 18202, 5.4) (Quelle: Schmidt)*

| **Nichtflächenfertige Oberseiten von Decken, Unterbeton und Unterböden** | | | | | | | |
|---|---|---|---|---|---|---|---|
| 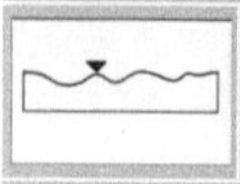 | Messpunktabstand | m | ≤ 0,1 | 1 | 4 | 10 | 15 |
| | Stichmaße als Grenzwerte | mm | 10 | 15 | 20 | 25 | 30 |
| **Nichtflächenfertige Oberseiten von Decken oder Bodenplatten zur Aufnahme von Bodenaufbauten** | | | | | | | |
| 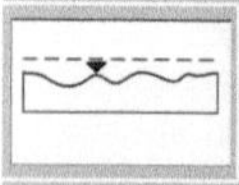 | Messpunktabstand | m | ≤ 0,1 | 1 | 4 | 10 | 15 |
| | Stichmaße als Grenzwerte | mm | 5 | 8 | 12 | 15 | 20 |
| z. B. Estriche im Verbund/auf Trennlage, schwimmende Estriche, Industrieböden, Fliesen- u. Plattenbeläge im Mörtelbett | | | | | | | |
| **Flächenfertige Oberseiten von Decken oder Bodenplatten für untergeordnete Zwecke** | | | | | | | |
| 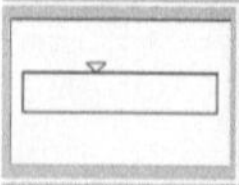 | Messpunktabstand | m | ≤ 0,1 | 1 | 4 | 10 | 15 |
| | Stichmaße als Grenzwerte | mm | 5 | 8 | 12 | 15 | 20 |
| z. B. in Lagerräumen, Kellern | | | | | | | |

*Tabelle 3: Grenzwerte für Ebenheitsabweichungen (n. DIN 18202, 5.4) (Quelle: Schmidt)*

| | | | | | | | |
|---|---|---|---|---|---|---|---|
| **Flächenfertige Böden, Estriche für Bodenbeläge, Bodenbeläge, Fliesenbeläge, Beläge** | | | | | | | |
| 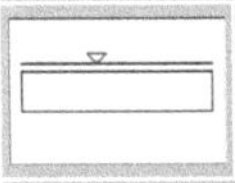 | Messpunktabstand | m | ≤ 0,1 | 1 | 4 | 10 | 15 |
| | Stichmaße als Grenzwerte | mm | 2 | 4 | 10 | 12 | 15 |
| z. B. Estriche als Nutzestriche, Estriche zur Aufnahme von Bodenbelägen, gespachtelte u. geklebte Beläge | | | | | | | |
| **wie Zeile zuvor, jedoch mit erhöhten Anforderungen** | | | | | | | |
| 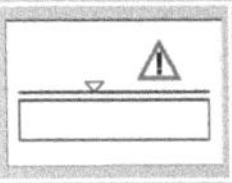 | Messpunktabstand | m | ≤ 0,1 | 1 | 4 | 10 | 15 |
| | Stichmaße als Grenzwerte | mm | 1 | 3 | 9 | 12 | 15 |
| **Nichtflächenfertige Wände und Unterseiten von Rohdecken** | | | | | | | |
| 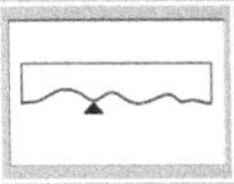 | Messpunktabstand | m | ≤ 0,1 | 1 | 4 | 10 | 15 |
| | Stichmaße als Grenzwerte | mm | 5 | 10 | 15 | 25 | 30 |
| **Flächenfertige Wände und Unterseiten von Decken** | | | | | | | |
| 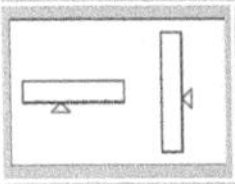 | Messpunktabstand | m | ≤ 0,1 | 1 | 4 | 10 | 15 |
| | Stichmaße als Grenzwerte | mm | 3 | 5 | 10 | 20 | 25 |
| z. B. geputzte Wände, Wandbekleidungen, untergehängte Decken | | | | | | | |
| **wie Zeile zuvor, jedoch mit erhöhten Anforderungen** | | | | | | | |
| 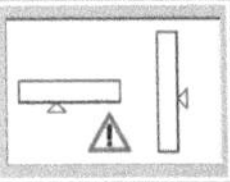 | Messpunktabstand | m | ≤ 0,1 | 1 | 4 | 10 | 15 |
| | Stichmaße als Grenzwerte | mm | 2 | 3 | 8 | 15 | 20 |
| Zwischenwerte sind DIN 18202, Bild 6 und Bild 7 zu entnehmen und auf ganze mm zu runden. Die Grenzwerte für Ebenheitsabweichungen der letzten Spalte gelten auch für Messpunktabstände > 15 m. | | | | | | | |

Für **flächenfertige Böden,** z. B. wenn der Estrich als Nutzestrich oder zur Aufnahme von Boden-, Fliesenbelägen oder gespachtelten und geklebten Belägen dient, gilt die DIN 18202, Tabelle 3, Zeile 3.

Für **fertige Oberflächen untergeordneter Zwecke**, z. B. in Lagerräumen und Kellern, ist Tabelle 3, Zeile 2, anzuwenden.

**Absätze und Höhensprünge zwischen Bauteilen** sind gesondert zu regeln, vgl. DIN 18202, Abschnitt 5.

**Unebenheiten** in den Oberflächen, die bei Streiflicht sichtbar werden, sind zulässig, wenn diese die Grenzwerte nach DIN 18202 nicht überschreiten (s. Tabellen oben).

## Spezifische Ergänzungen

### Dicke

Die Dicke eines Estrichs bzw. die Nutzschichtdicke eines ein- oder mehrschichtigen Estrichs hängen von der Estrichbauart und dem Verwendungszweck ab. Anforderungen an die einzuhaltende Dicke sind in DIN 18560-1, 5.2[6] geregelt.

Sofern nichts anderes festgelegt ist, gelten für die Nenndicke eines Estrichs die Werte der folgenden Tabelle (1. Spalte, „Nenndicke"). Danach werden folgende Toleranzen (Differenz zwischen der Nenndicke und dem kleinsten Einzelwert) zugelassen:

- Nenndicke ≤ 50 mm: 5 mm Toleranz
- Nenndicke > 50 mm: 10 mm Toleranz

Bei der Prüfung der Dicken dürfen die in der 2. und 3. Spalte (kleinster Einzelwert und Mittelwert) angegebenen Werte nicht unterschritten werden.

***Tabelle 4:** Estrichdicken als Nenndicke, kleinster Einzelwert und Mittelwert (n. DIN 18560-1, 5.2, Tab. 1) (Quelle: Schmidt)*

| Estrichdicken (n. DIN 18560-1, Tab. 1) | | |
|---|---|---|
| **Nenndicke** | **kleinster Einzelwert** | **Mittelwert** [3)] |
| < 10 mm | ≥ [1)] | ≥ Nenndicke |
| 10 mm | ≥ [1)] | ≥ 10 mm |
| 15 mm | ≥ [1)] | ≥ 15 mm |
| 20 mm | ≥ 15 mm | ≥ 20 mm |
| 25 mm | ≥ 20 mm | ≥ 25 mm |
| 30 mm | ≥ 25 mm | ≥ 30 mm |
| 35 mm | ≥ 30 mm | ≥ 35 mm |
| 40 mm | ≥ 35 mm | ≥ 40 mm |
| 45 mm | ≥ 40 mm | ≥ 45 mm |

[6] DIN 18560-1:2021-02: Estriche im Bauwesen – Teil 1: Allgemeine Anforderungen, Prüfung und Ausführung.

**Tabelle 4:** *Estrichdicken als Nenndicke, kleinster Einzelwert und Mittelwert (n. DIN 18560-1, 5.2, Tab. 1) (Quelle: Schmidt)*

| Estrichdicken (n. DIN 18560-1, Tab. 1) | | |
|---|---|---|
| **Nenndicke** | **kleinster Einzelwert** | **Mittelwert** [3] |
| 50 mm | ≥ 45 mm | ≥ 50 mm |
| 60 mm | ≥ 50 mm | ≥ 60 mm |
| 70 mm | ≥ 60 mm | ≥ 70 mm |
| 80 mm | ≥ 70 mm | ≥ 80 mm |
| > 80 mm [2] | ≥ [1] | ≥ Nenndicke |

[1] Die Werte sind im Einzelfall festzulegen.
[2] Betontechnologische Grundsätze n. DIN EN 206[7] sind zu berücksichtigen.
[3] Mittelwert aus mind. vier Einzelmessungen; zehn Einzelmessungen werden empfohlen.

Sofern nichts anderes festgelegt ist, gelten für die Nutzschichtdicke ein- und mehrschichtiger Estriche bzw. für die Dicke einer Hartstoffschicht die Werte der folgenden Tabelle (1. Spalte, „Nenndicke").

Bei der Prüfung der Dicken dürfen die in der 2. und 3. Spalte (kleinster Einzelwert und Mittelwert) angegebenen Werte nicht unterschritten werden.

**Tabelle 5:** *Nutzschichtdicken von ein- und mehrschichtigen Estrichen als Nenndicke, kleinster Einzelwert und Mittelwert (n. DIN 18560-1, 5.2, Tab. 2) (Quelle: Schmidt)*

| Nutzschichtdicke (n. DIN 18560-1, Tab. 2) | | |
|---|---|---|
| **Nenndicke** | **kleinster Einzelwert** | **Mittelwert** [1] |
| < 4 mm | ≥ Nenndicke – 20 % | ≥ Nenndicke |
| 4 mm | ≥ 3 mm | ≥ 4 mm |
| 5 mm | ≥ 3 mm | ≥ 5 mm |
| 6 mm | ≥ 4 mm | ≥ 6 mm |
| 8 mm | > 5 mm | ≥ 8 mm |
| 10 mm | ≥ 6 mm | ≥ 10 mm |
| 15 mm | ≥ 10 mm | ≥ 15 mm |
| 20 mm | ≥ 15 mm | ≥ 20 mm |

[1] Mittelwert aus mind. vier Einzelmessungen; zehn Einzelmessungen werden empfohlen.

[7] IN EN 206:2021-06: Beton – Festlegung, Eigenschaften, Herstellung und Konformität.

Erfüllt der Verlegeuntergrund von Estrichen nicht die Anforderungen nach DIN 18202, sind Maßnahmen zum Ausgleich der Unebenheiten oder Winkelabweichungen erforderlich. Diese Arbeiten gelten bei der Verarbeitung fließfähiger Massen für Nenndicken von bis zu 10 mm nur dann als Besondere Leistung, wenn diese Unebenheiten zu einem Mehrverbrauch von 20 % führen (s. ATV DIN 18353, 4.2.8).

**Estriche auf Dämmschichten (schwimmende Estriche)**

Estriche auf Dämmschichten (schwimmende Estriche) sind Estriche, die auf einer Dämmschicht aufgebracht sind und zusätzlich von aufgehenden Bauteilen und Durchdringungen durch Randstreifen getrennt sind. Dadurch ergibt sich eine schalltechnische Entkopplung des Estrichs von der Baukonstruktion, sodass Anforderungen an den Schallschutz (Trittschalldämmung) und ggf. Wärmeschutz erfüllt werden.

Die Estrichdicke von schwimmenden Estrichen ist in DIN 18560-2[8] geregelt. Sie ist abhängig von der Estrichart, der geplanten Nutzung und lotrechten Belastung, der Dämmschichtdicke und deren Druckbelastbarkeit.

Bei Heizestrichen ist außerdem die Bauart, d. h., die Anordnung der Heizrohre im Fußbodenaufbau, zu berücksichtigen. Für Heizestriche wird auf den übernächsten Abschnitt verwiesen.

Estriche auf Dämmschichten sind, auch wenn sie im Gefälle ausgeführt werden, gleichmäßig dick und ebenflächig herzustellen (vgl. ATV DIN 18353, Abschnitt 3.1.4).

**Unbeheizte Calciumsulfat-, Kunstharz-, Magnesia- und Zementestriche auf Dämmschicht**

Die nachstehende Tabelle zu Nenndicken von unbeheizten Estrichen auf Dämmschichten (schwimmende Estriche) berücksichtigt für die Lastfälle 1 und 2 eine maximale Zusammendrückbarkeit der Dämmschicht von ≤ 5 mm. Bei lotrechten Nutzlasten bis maximal 2 kN/m$^2$ sind im Ausnahmefall Zusammendrückbarkeiten von bis zu 10 mm zugelassen. In diesem Fall ist die Estrichnenndicke um 5 mm zu erhöhen; s. DIN 18560-2.

[8] DIN 18560-2: 2022-08: Estriche im Bauwesen – Teil 2: Estriche und Heizestriche auf Dämmschichten (schwimmende Estriche).

Für die Lastfälle 3 und 4 ist die Zusammendrückbarkeit der Dämmschicht auf maximal 3 mm begrenzt.

Für unbeheizte Estriche auf Dämmschichten gelten die nachstehenden Mindest-Nenndicken, abhängig vom Lastfall für lotrechte Nutzlasten nach DIN 18560 bzw. der Einteilung in Nutzungskategorien nach DIN EN 1991-1-1/NA[9], Tab. 61DE (Eurocode 1: Einwirkungen auf Tragwerke – Teil 1-1: „Allgemeine Einwirkungen auf Tragwerke – Wichten, Eigengewicht und Nutzlasten im Hochbau").

Lastfall 1: Einzellast ≤ 1,0 kN, Flächenlast ≤ 2 kN/m²
(Kategorie A1, A2, A3, Wohnungsbau)

Lastfall 2: Einzellast ≤ 2,0 kN, Flächenlast ≤ 3 kN/m²
(Kategorie B1, D1, T1, Gewerbe- und Wohnungsbau)

Lastfall 3: Einzellast ≤ 3,0 kN, Flächenlast ≤ 4 kN/m²
(Kategorie B2, Gewerbebau)

Lastfall 4: Einzellast ≤ 4,0 kN, Flächenlast ≤ 5 kN/m²
(Kategorie B3, C, D2, D3, E, T2, T3, Z, Gewerbebau)

***Tabelle 6:** Estrichnenndicken unbeheizter Estriche auf Dämmschichten (Calciumsulfat-, Kunstharz-, Magnesia- und Zementestriche) (n. DIN 18560-2, Tab. 1) (Quelle: Schmidt)*

| Estrichnenndicken[1)] in mm für unbeheizte Estriche auf Dämmschichten nach DIN 18560-2 für Härteklassen nach DIN EN 13813[10] | | | | | | | | | | |
|---|---|---|---|---|---|---|---|---|---|---|
| Lastfall | Calciumsulfat-Fließestrich (CAF) | | Calciumsulfatestrich (CA) | | Zementestrich (CT) | | Magnesiaestrich (MA) | | Kunstharzestrich (SR) | |
| 1 [2)] | F4 | ≥ 35 | F4 | ≥ 45 | F4 | ≥ 45 | F4 | ≥ 45 | F7 | ≥ 35 |
| | F5 | ≥ 35 | F5 | ≥ 40 | F5 | ≥ 40 | F5 | ≥ 40 | F10 | ≥ 30 |
| | F7 | ≥ 35 | F7 | ≥ 35 | | | F7 | ≥ 35 | | |
| 2 [3)] | F4 | ≥ 50 | F4 | ≥ 65 | F4 | ≥ 65 | F4 | ≥ 65 | F7 | ≥ 50 |
| | F5 | ≥ 45 | F5 | ≥ 55 | F5 | ≥ 55 | F5 | ≥ 55 | F10 | ≥ 40 |
| | F7 | ≥ 40 | F7 | ≥ 50 | | | F7 | ≥ 50 | | |

9 DIN EN 1991-1-1/NA:2010-12: Nationaler Anhang – National festgelegte Parameter – Eurocode 1: Einwirkungen auf Tragwerke – Teil 1-1: Allgemeine Einwirkungen auf Tragwerke – Wichten, Eigengewicht und Nutzlasten im Hochbau.

10 DIN EN 13813:2003-01: Estrichmörtel, Estrichmassen und Estriche – Estrichmörtel und Estrichmassen – Eigenschaften und Anforderungen.

***Tabelle 6:*** *Estrichnenndicken unbeheizter Estriche auf Dämmschichten (Calciumsulfat-, Kunstharz-, Magnesia- und Zementestriche) (n. DIN 18560-2, Tab. 1) (Quelle: Schmidt)*

| **Estrichnenndicken[1)] in mm für unbeheizte Estriche auf Dämmschichten nach DIN 18560-2 für Härteklassen nach DIN EN 13813[10]** | | | | | | | | | | |
|---|---|---|---|---|---|---|---|---|---|---|
| **Lastfall** | **Calciumsulfat-Fließestrich (CAF)** | | **Calciumsulfat-estrich (CA)** | | **Zement-estrich (CT)** | | **Magnesia-estrich (MA)** | | **Kunstharz-estrich (SR)** | |
| 3 [3)] | F4 | ≥ 60 | F4 | ≥ 70 | F4 | ≥ 70 | F4 | ≥ 70 | F7 | ≥ 55 |
| | F5 | ≥ 50 | F5 | ≥ 60 | F5 | ≥ 60 | F5 | ≥ 60 | F10 | ≥ 45 |
| | F7 | ≥ 45 | F7 | ≥ 55 | | | F7 | ≥ 55 | | |
| 4 [3)] | F4 | ≥ 65 | F4 | ≥ 75 | F4 | ≥ 75 | F4 | ≥ 75 | F7 | ≥ 60 |
| | F5 | ≥ 55 | F5 | ≥ 65 | F5 | ≥ 65 | F5 | ≥ 65 | F10 | ≥ 50 |
| | F7 | ≥ 50 | F7 | ≥ 60 | | | F7 | ≥ 60 | | |
| [1)] Bei Dämmschichten ≤ 40 mm kann die Estrichdicke um 5 mm reduziert werden. Die Mindestnenndicke von 35 mm darf nicht unterschritten werden.<br>[2)] Zusammendrückbarkeit der Dämmschicht $C \leq 5$mm.<br>[3)] Zusammendrückbarkeit der Dämmschicht $C \leq 3$ mm | | | | | | | | | | |
| Bei lotrechten Nutzlasten > 5 kN/m² und/oder Einzellasten > 4,0 kN und/oder dynamischen Lasten sind die Estrichnenndicken planerisch, d. h. durch einen statischen Nachweis, zu ermitteln. | | | | | | | | | | |

## Unbeheizte Gussasphaltestriche auf Dämmschicht

Bei Gussasphaltestrichen auf Dämmschichten wird die Tragfähigkeit durch die Dauerdruckbelastbarkeit der Dämmschicht festgelegt, da die Lastverteilung in der Gussasphaltestrichschicht nur eine untergeordnete Bedeutung hat. Aus diesem Grund ist bei geeigneter, d. h. ausreichend druckbelastbarer Dämmschicht eine Nenndicke des Gussasphaltestrichs von ≥ 25 mm ausreichend. Der Gussasphaltestrich muss der Härteklasse IC10 nach DIN EN 13813[11] entsprechen.

## Heizestriche auf Dämmschicht

Heizestriche auf Dämmschichten sind schwimmende Estriche, die Heizelemente (bzw. Kühlelemente) (Rohre) für die Raumheizung (bzw. Kühlung) enthalten. Je nach Anordnung der Heizelemente werden drei Bauarten unterschieden (siehe folgende Abbildung):

- Bauart A: Die Heizelemente sind im Estrich angeordnet.

---

11 DIN EN 13813:2003-01: Estrichmörtel, Estrichmassen und Estriche – Estrichmörtel und Estrichmassen – Eigenschaften und Anforderungen.

- Bauart B: Die Heizelemente befinden sich in der Dämmschicht.
- Bauart C: Die Heizelemente befinden sich in einer Schicht aus Ausgleichestrich.

Bei Bauart A ist zu beachten, dass die Rohrüberdeckung ein Mindestmaß nicht unterschreiten darf.

Für Heizestriche gelten folgende Regeln hinsichtlich der Estrichnenndicke:

***Tabelle 7:** Estrichnenndicke von Heizestrichen (n. DIN 18560-2, 4.2.2) (Quelle: Schmidt)*

| Estrichart | Estrichnenndicke |
|---|---|
| Calciumsulfatestrich (CAF, CA)<br>Magnesiaestrich (MA)<br>Zementestrich (CT) | Estrichnenndicke ist abhängig von der lotrechten Nutzlast und der Zusammendrückbarkeit der Dämmschicht. Die Estrichnenndicke ergibt sich wie für unbeheizte Estriche nach voriger Tabelle.<br>Zusätzlich ist zu beachten:<br>**Bauart A:**<br>• Als Rohrüberdeckung ist die Estrichnenndicke einzuhalten.<br>• Damit ergibt sich die Gesamt-Estrichdicke zu: Gesamt-Estrichdicke = Estrichnenndicke + Rohrdurchmesser |
| Gussasphaltestrich[1] | **Bauart A:**<br>• Estrichnenndicke ≥ 35 mm<br>• Rohrüberdeckung: ≥ 15 mm |
| [1] Systemabhängig kann es erforderlich sein, den Gussasphalt-Heizestrich in zwei Lagen mit je 25 mm Dicke einzubauen. | |
| Bauarten von Heizestrichen siehe folgende Abbildung. | |

Zusätzlich ist zu beachten, dass bei Heizestrichen (Bauart A) der Biegezugfestigkeitsklasse F4 (CAF, CA, MA, CT) folgende Werte für die Rohrüberdeckung eingehalten werden (ATV DIN 18353, 3.2.3):

- allgemein: ≥ 45 mm
- Calciumsulfatfließestriche: ≥ 40 mm

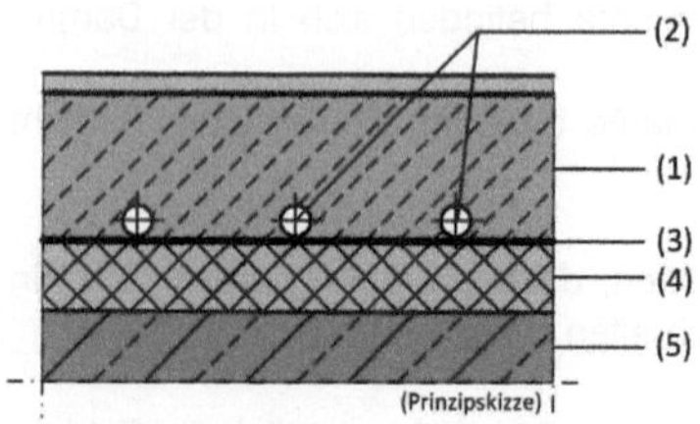


Bauart A

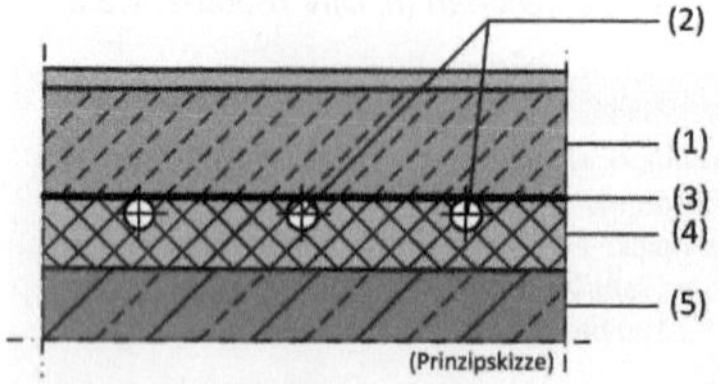


Bauart B

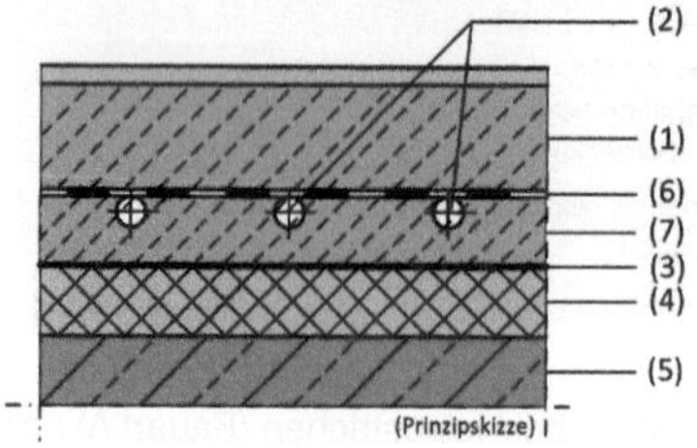


Bauart C

Legende:

(1) Estrich
(2) Heizelement
(3) Abdeckung
(4) Dämmschicht
(5) Tragender Untergrund
(6) Trennschicht
(7) Ausgleichsestrich

***Bild 1:*** *Bauarten von Heizestrichen (n. DIN 18560-2, Bild 1 (Quelle: Schmidt)*

## Verbundestriche

Verbundestriche sind Estriche, die im Verbund mit dem tragenden Untergrund hergestellt werden. Anforderungen an Verbundestriche sind in DIN 18560-3[12] geregelt. Für Verbundestriche, die durch hohe Beanspruchungen belastet werden, gelten zusätzlich die Regeln in DIN 18560-7[13] (Industrieestriche).

Die Dicke von Verbundestrichen wird nach DIN 18560-1 festgelegt (s. o.). Zusätzlich sind die folgenden Grenzwerte einzuhalten.

***Tabelle 8:** Estrich-Nenndicke von einschichtigen Verbundestrichen (n. DIN 18560-3, 3.2) (Quelle: Schmidt)*

| Estrichart | Estrich-Nenndicke von Verbundestrichen (n. DIN 18560-3) |
|---|---|
| Calciumsulfatestrich (CA)<br>Kunstharzestrich (SR)<br>Magnesiaestrich (MA)<br>Zementestrich (CT) | ≤ 50 mm<br>und<br>≥ 3-faches Maß des Größtkorns |
| Gussasphaltestrich | ≤ 40 mm<br>und<br>≥ 20 mm |

**Hinweis:** Bei Verbundestrichen ist die Dicke nicht relevant für ihre Beanspruchbarkeit, da durch den Verbund des Estrichs mit dem Untergrund die Übertragung von Kräften sichergestellt wird.

## Estriche auf Trennschicht

Estriche auf Trennschicht sind Estriche, die durch eine dünne Zwischenlage (Trennschicht) vom tragenden Untergrund getrennt sind. Dadurch soll die Oberfläche des tragenden Untergrunds nutzfähig ausgebildet werden. Für Estriche auf Trennschicht gilt DIN 18560-4[14].

Die Estrichnenndicken von Estrichen auf Trennschicht sind abhängig von der Estrichart sowie der lotrechten Nutzlast bzw. der lotrechten Einzellast; siehe folgende Tabellen:

[12] DIN 18560-3:2006-03: Estriche im Bauwesen – Teil 3: Verbundestriche.

[13] DIN 18560-7:2004-04: Estriche im Bauwesen – Teil 7: Hochbeanspruchbare Estriche (Industrieestriche).

[14] DIN 18560-4:2012-06: Estriche im Bauwesen – Teil 4: Estriche auf Trennschicht.

***Tabelle 9:*** *Estrichnenndicken von Estrichen (CAF, CA, CT, MA, SR) auf Trennschicht (n. DIN 18560-4, 3.2, Tab. 1) (Quelle: Schmidt)*

| Estrichnenndicken[1)] in mm von Estrichen auf Trennschicht nach DIN 18560-4 für Biegezugfestigkeitsklassen nach DIN EN 13813[15] | | | | | | | | | | |
|---|---|---|---|---|---|---|---|---|---|---|
| **Lastfall** | **Calcium-sulfat-Fließestrich (CAF)** | | **Calciumsulfatestrich (CA)** | | **Zement-estrich (CT)** | | **Magnesia-estrich (MA)** | | **Kunstharz-estrich (SR)** | |
| EL ≤ 1 kN | F4 | ≥ 35 | F4 | ≥ 35 | F4 | ≥ 35 | F4 | ≥ 35 | F7 | ≥ 30 |
| FL ≤ 2 kN/m² | F5 | ≥ 30 | F5 | ≥ 35 | F5 | ≥ 35 | F5 | ≥ 35 | F10 | ≥ 30 |
| | F7 | ≥ 30 | F7 | ≥ 35 | | | F7 | ≥ 35 | | |
| EL ≤ 2 kN | F4 | ≥ 45 | F4 | ≥ 55 | F4 | ≥ 55 | F4 | ≥ 55 | F7 | ≥ 35 |
| FL ≤ 3 kN/m² | F5 | ≥ 40 | F5 | ≥ 45 | F5 | ≥ 45 | F5 | ≥ 45 | F10 | ≥ 35 |
| | F7 | ≥ 35 | F7 | ≥ 40 | | | F7 | ≥ 40 | | |
| EL ≤ 3 kN | F4 | ≥ 50 | F4 | ≥ 65 | F4 | ≥ 65 | F4 | ≥ 65 | F7 | ≥ 40 |
| FL ≈ 4 kN/m² | F5 | ≥ 45 | F5 | ≥ 55 | F5 | ≥ 55 | F5 | ≥ 55 | F10 | ≥ 40 |
| | F7 | ≥ 40 | F7 | ≥ 45 | | | F7 | ≥ 45 | | |
| EL ≤ 4 kN | F4 | ≥ 60 | F4 | ≥ 70 | F4 | ≥ 70 | F4 | ≥ 70 | F7 | ≥ 45 |
| FL ≈ 5 kN/m² | F5 | ≥ 50 | F5 | ≥ 60 | F5 | ≥ 60 | F5 | ≥ 60 | F10 | ≥ 45 |
| | F7 | ≥ 45 | F7 | ≥ 55 | | | F7 | ≥ 55 | | |
| EL: Einzellasten; Anmerkung: Bei Einzellasten sind für deren Aufstandsflächen i. A. zusätzliche Überlegungen erforderlich. Dasselbe gilt für Flächen mit Fahrbeanspruchung. FL: Flächenlast | | | | | | | | | | |

***Tabelle 10:*** *Estrichnenndicken von Estrichen aus Gussasphalt auf Trennschicht (n. DIN 18560-4, 3.2, Tab. 1) (Quelle: Schmidt)*

| Estrichnenndicken[1)] in mm von Estrichen aus Gussasphalt auf Trennschicht nach DIN 18560-4 für Härteklassen nach DIN EN 13813[16] | | |
|---|---|---|
| **Lastfall** | **Gussasphalt-Estrich** | |
| EL ≤ 1 kN | IC10 | ≥ 25 |
| FL ≤ 2 kN/m² | IC15 | ≥ 25 |
| | IC40 | ≥ 25 |
| | IC100 | - |
| EL ≤ 2 kN | IC10 | ≥ 30 |
| FL ≤ 3 kN/m² | IC15 | ≥ 30 |
| | IC40 | ≥ 30 |
| | IC100 | ≥ 30 |

15 DIN EN 13813:2003-01: Estrichmörtel, Estrichmassen und Estriche – Estrichmörtel und Estrichmassen – Eigenschaften und Anforderungen.

16 DIN EN 13813:2003-01: Estrichmörtel, Estrichmassen und Estriche – Estrichmörtel und Estrichmassen – Eigenschaften und Anforderungen.

***Tabelle 10:*** *Estrichnenndicken von Estrichen aus Gussasphalt auf Trennschicht (n. DIN 18560-4, 3.2, Tab. 1) (Quelle: Schmidt)*

| **Estrichnenndicken[1)] in mm von Estrichen aus Gussasphalt auf Trennschicht nach DIN 18560-4 für Härteklassen nach DIN EN 13813[16]** | | |
|---|---|---|
| **Lastfall** | **Gussasphalt-Estrich** | |
| EL ≤ 3 kN<br>FL ≈ 4 kN/m² | IC10 | ≥ 30 |
| | IC15 | ≥ 30 |
| | IC40 | ≥ 30 |
| | IC100 | ≥ 30 |
| EL ≤ 4 kN<br>FL ≈ 5 kN/m² | IC10 | ≥ 35 |
| | IC15 | ≥ 35 |
| | IC40 | ≥ 35 |
| | IC100 | ≥ 35 |
| EL: Einzellasten; Anmerkung: Bei Einzellasten sind für deren Aufstandsflächen i. A. zusätzliche Überlegungen erforderlich. Dasselbe gilt für Flächen mit Fahrbeanspruchung.<br>FL: Flächenlast | | |

Estriche auf Trennschichten sind, auch wenn sie im Gefälle ausgeführt werden, gleichmäßig dick und ebenflächig herzustellen (vgl. ATV DIN 18353, Abschnitt 3.1.4).

## Dämmschicht

In die Planung eines Fußbodenaufbaus mit Dämmschichten aus Mineralwolle ist neben einer Berücksichtigung der vorgesehenen Nutzung, der Flächen- und Punktbelastung und der Zusammendrückbarkeit der Dämmung auch die zulässige Grenzabweichung von dem Nennmaß der Dämmschicht einzubeziehen. In der DIN EN 13162[17] „Wärmedämmstoffe für Gebäude, werkmäßig hergestellte Produkte aus Mineralwolle" sind Toleranzklassen für Produkte aus Mineralwolle geregelt (s. DIN EN 13162, Tab. 1):

[17] DIN EN 13162:2015-04: Wärmedämmstoffe für Gebäude – Werkmäßig hergestellte Produkte aus Mineralwolle (MW).

***Tabelle 11:*** *Toleranzklassen und Grenzabweichungen für die Dicke von Mineralwolle (n. DIN EN 13162, 4.2.3, Tab. 1) (Quelle: Schmidt)*

| Toleranzklasse | Grenzabweichung | |
|---|---|---|
| | Unterschreitung (minus) [1] | Überschreitung (plus) [2] |
| T1 | -5 % oder<br>-5 mm | Überschreitung ist zulässig |
| T2 | -5 % oder<br>-5 mm | +15 % oder<br>+15 mm |
| T3 | -3 % oder<br>-3 mm | +10 % oder<br>+10 mm |
| T4 | -3 % oder<br>-3 mm | +5 % oder<br>+5 mm |
| T5 | -1 % oder<br>-1 mm | + 3 mm |

1) Der größte numerische Wert ist maßgebend.
2) Der kleinste numerische Wert ist maßgebend.

Für Estriche auf Trittschall-Dämmschichten aus Polystyrol-Dämmplatten (EPS) werden verschiedene Plattendicken mit den Klassifizierungen sg für geringe Zusammendrückbarkeit ≤ 2 mm und sm für mittlere Zusammendrückbarkeit ≤ 3 mm am Markt angeboten. Unter Estrichen ist die Zusammendrückbarkeit aller Schichten, höchstens zwei Schichten, bei lotrechten Lasten von 3 $kN/m^2$ auf 5 mm, bei lotrechten Lasten von 5 $kN/m^2$ auf maximal 3 mm begrenzt.

In einer Kombination von Wärmedämm- und Trittschalldämmplatten muss die Dämmschicht mit der geringeren Zusammendrückbarkeit oben liegen.

## Nutz- und Schutzschichten aus Kunstharzen

Werden auf Estrichen und Betonflächen **Nutz- und Schutzschichten** aus Kunstharzen aufgebracht, so richtet sich die erforderliche Mindestdicke nach der vorgesehenen Funktion und Nutzung des Beschichtungssystems. Grundsätzlich ist dabei zu unterscheiden nach (ATV DIN 18353, 3.2.6):

- Reaktionsharzversiegelung Mindestnenndicke 0,1 mm
- Reaktionsharzbeschichtung Mindestnenndicke 0,5 mm
- Reaktionsharzbelägen Mindestnenndicke 2,0 mm

Die Nenndicken dieser Nutz- und Schutzschichten dürfen bei Nenndicken bis 1 mm an keiner Stelle unterschritten werden. Bei Schichtdicken über 1 mm darf die Schichtdicke der ausgeführten Leistung um maximal 20 % unter der Soll-Schichtdicke liegen. Da ein Ebenheitsausgleich wegen der geringen Schichtdicke kaum möglich ist, müssen die Anforderungen an den Untergrund denen einer fertigen Estrichoberfläche entsprechen.

**Terrazzoböden**

Terrazzoböden sind nach ATV DIN 18353, 3.4 zweischichtig auszuführen. Bei Ausführung im Verbund mit einer Dicke von 15 mm bis 30 mm ist auch eine einschichtige Herstellung zulässig.

Bei Terrazzoböden muss die Dicke der Vorsatzschicht mindestens 15 mm betragen.

**Beschichtungen**

Estrichbeschichtungssysteme werden nach deren Schichtdicken unterschieden in Imprägnierung, Versiegelung, Belag und Reaktionsharzestrich. Festlegungen über die Zuordnung von Schichtstärken sind durch die Arbeitsgemeinschaft Industriebau (AGI) und den Bundesverband Estrich und Belag (BEB) getroffen worden.

***Tabelle 12:*** *(Quelle: Schöwer)*

| Bodenbeschichtungssysteme, Trockenschichtdicken | | |
|---|---|---|
| | BEB | AGI |
| Imprägnierung | nicht definiert * | nicht definiert * |
| Versiegelung | mind. 0,1 mm,<br>i. d. R. 0,2–0,3 mm | 0,1–0,3 mm |
| Belag | mind. 2,0 mm,<br>i. d. R. 3,0–6,0 mm | nicht definiert |
| Reaktionsharzestrich | mind. 5,0 mm,<br>i. d. R. 8,0–16,0 mm | 5,0–15,0 mm |
| * = keine Filmbildung | | |

Nach der Richtlinie „Schutz und Instandsetzung von Betonbauteilen“ des Deutschen Ausschusses für Stahlbeton werden Beschichtungssysteme für Stahlbetonoberflächen nach den verschiedenen Anwendungsbereichen in die Systeme OS 10, OS 11 und OS 13 gegliedert. Die zur Erzielung der Schutzfunktion notwendigen Mindesttrockenschichtdicken sind herstellerabhängig.

## Fugen

Bewegungsfugen im Bauwerk sind in der Estrichschicht an der gleichen Stelle zu übernehmen.

### *Fugen in unbeheizten Estrichen*

Zwischen unbeheizten Estrichen und Wänden oder an aufgehenden Bauteilen müssen Randfugen (Randstreifen) durch Dämmstreifen mit einer Mindestdicke von 8 mm hergestellt werden.

Bei Gussasphaltestrichen, auf denen harte Beläge aufgebracht werden sollen (z. B. Parkett, Fliesen), muss der Randstreifen eine Dicke von etwa 10 mm aufweisen. Der Randstreifen muss über die Oberfläche des fertigen Bodenbelags reichen (DIN 18560-2, 6.2).

Für die Flächen unbeheizter Estriche mit einer Kantenlänge von über 20 m und einer möglichen ungleichmäßigen Erwärmung durch starke Sonneneinstrahlung wird die Herstellung von Bewegungsfugen empfohlen.

### *Fugen in Heizestrichen*

Bei beheizten Estrichen muss der Randstreifen eine horizontale Bewegung von mindestens 5 mm gewährleisten, die Dicke des Randdämmstreifens soll 10 mm nicht unterschreiten. Für größere fugenlose Flächen ist die Randfuge auf die temperaturbedingten Längenänderungen abzustimmen und zu dimensionieren. Am Übergang von beheizten zu unbeheizten Estrichflächen sind ebenfalls Fugen herzustellen, nicht jedoch zu unbeheizten Randzonen bis 1,0 m Breite, z. B. unter Küchenzeilen.

Die Anordnung von Fugen in beheizten Calciumsulfat-Fließestrichen ist von der Raumgeometrie abhängig. Dabei ist gemäß dem Merkblatt Nr. 5 der Industriegruppe Estrichstoffe nach sogenannten unzergliederten geschlossenen Flächen, L-Flächen und U-Flächen zu unterscheiden.

Für unzergliederte geschlossene Flächen gilt für starre Bodenbeläge ein Grenzwert von 10 m maximaler Estrichkantenlänge, ansonsten ab 20 m Kantenlänge.

Vollflächig beheizte Estriche für elastische Bodenbeläge sind auch mit größeren Kantenlängen herstellbar.

Für L- und U-förmige Grundrissflächen ist die Lage des Schwerpunkts für die Anordnung von Fugen ausschlaggebend. Ist für eine Schwerpunktlage im Mittelteil von L-Flächen die Länge des kürzeren Schenkels größer als 6 m, wird die Anordnung einer Bewegungsfuge empfohlen. Ist bei einer Schwerpunktlage in einem Schenkel der kürzere Schenkel länger als 3 m oder der Abstand vom Schwerpunkt zur vorspringenden Ecke mehr als 3 m, wird ebenfalls eine Bewegungsfuge empfohlen. Liegt der Schwerpunkt außerhalb der Fläche, wird die Ausführung einer Bewegungsfuge unabhängig von Bauteillängen empfohlen.

Durch die Anordnung von Fugen sollen möglichst gedrungene Teilflächen gebildet werden.

Flächen von Heizestrichen mit Zement als Bindemittel sollen auf eine maximale Größe von ca. 40 m² und Kantenlängen von bis zu 8 x 5 m beschränkt werden. Die Ausführung möglichst gedrungener oder quadratischer Teilflächen wird empfohlen.

**Belegreife**

Vor dem Beginn der Bodenbelagarbeiten ist neben der Prüfung der Ebenheit der Estrichoberfläche auch die Messung des Feuchtegehalts erforderlich. Die dazu erforderlichen Messungen sind mit dem CM-Messgerät durchzuführen.

**Maximaler Feuchtegehalt n. DIN 18560:**

Nach DIN 18560-1 ist die Belegreife des Estrichs gegeben, wenn die folgenden Werte für den Feuchtegehalt eingehalten werden. Die Messung des Feuchtegehalts erfolgt mithilfe der Calcium-Carbid-Methode; s. DIN 18560-1, Anhang A.

***Tabelle 13:*** *Feuchtegehalt nach CM-Messverfahren für verschiedene Estricharten zur Beurteilung der Belegreife (n. DIN 18560-1, 5.6) (Quelle: Schmidt)*

| Estrichart | Feuchtegehalt nach CM-Messverfahren | |
|---|---|---|
| | unbeheizt | beheizt |
| Zementestrich | ≤ 2,0 CM-% | ≤ 1,8 CM-% |
| Calciumsulfatestrich | ≤ 0,5 CM-% | ≤ 0,5 CM-% |
| Bei anderen mineralischen Estrichen oder Sonderprodukten können andere Werte für den Feuchtegehalt maßgebend sein; s. Herstellerangaben. | | |

### Risse

Werden Estrichflächen mit zeitlichem Abstand als Teilflächen ohne Fugenprofile hergestellt (Pressfugen), können zu einem späteren Zeitpunkt Haarrisse auftreten. Diese sind kraftschlüssig zu schließen.

### Ebenheitsabweichungen aus Verformungen

Bei der Prüfung der Ebenheit von Estrichen sind neben den Einflüssen durch aufgebrachte Nutzlasten auch die zeit- und lastabhängigen Verformungen des Untergrunds bzw. der Tragkonstruktion des gesamten Gebäudes oder der Geschossdecke zu berücksichtigen. Durch das trocknungsbedingte Schwinden kann es zu Verformungsprozessen durch anfängliches „Aufschüsseln" im Randbereich des Estrichs kommen. Erst nach Abklingen dieses Prozesses können diese Abweichungen nach den Maßgaben der Ebenheitstoleranz beurteilt werden.

### Nutzungsspezifische Sonderfälle

Diese lassen sich nach den Regelungen der DIN 18202, Tabelle 3 nicht beurteilen. Besondere Anforderungen müssen daher gesondert ausgeschrieben werden.

Wenn bei Streiflicht Unebenheiten in den Oberflächen von Bauteilen sichtbar werden, sind diese zulässig, wenn die Toleranzen von DIN 18202 eingehalten worden sind. Bei erhöhten Anforderungen an die Ebenheit sollen diese in der Leistungsbeschreibung eindeutig und im Einzelnen angegeben werden.

## Prüfung

Die Prüfung erfolgt nach Abschnitt 6 der DIN 18202. Die Toleranzen sind hierbei spätestens bei der Übernahme der Bauteile des Bauwerks durch einen Folgeauftragnehmer bzw. bei der Bauabnahme zu prüfen.

Nach ATV DIN 18353 muss der Auftragnehmer vor allem bei nachstehenden Punkten Bedenken anmelden:

- bei Maßabweichungen des Untergrunds, die nicht innerhalb der Toleranzen nach DIN 18202 liegen
- bei zu geringer Höhe für die geplanten Estrichkonstruktionen
- bei ungenügendem oder fehlendem Gefälle des Untergrunds für eine Ausführung des Estrichs in gleichbleibender Dicke im Gefälle

A B D E F G H K M N P R S T V W Z

# Fliesen- und Plattenarbeiten

Die Anforderungen an Fliesen- und Plattenarbeiten sind im Wesentlichen in der Vergabe- und Vertragsordnung für Bauleistungen (VOB) Teil C in den Allgemeinen Technischen Vertragsbedingungen für Bauleistungen (ATV) in der ATV DIN 18352 (Ausgabe September 2019) beschrieben. Im Folgenden werden die Inhalte der ATV und/oder der ergänzenden Regelungen auszugsweise unter dem Gesichtspunkt von Ausführungstoleranzen und Materialmindestdicken dargestellt.

**Normen:** ATV DIN 18352[1] Fliesen- und Plattenarbeiten

DIN 18515-1[2], Teil 1: Außenwandbekleidungen – angemörtelte Fliesen oder Platten

**Allgemeines:** ATV DIN 18352 gilt für das Ansetzen und Verlegen von keramischen Fliesen, Platten und Mosaik. Außerdem gilt die Norm für Fliesen, Platten und Mosaik aus Glas.

ATV DIN 18352 gilt nicht für das Ansetzen und Verlegen von Fliesen, Platten und Mosaik aus Naturwerksteinen (s. hierzu ATV DIN 18332[3] „Naturwerksteinarbeiten“) sowie nicht für Platten aus Betonwerkstein (s. ATV DIN 18333[4] „Betonwerksteinarbeiten“).

Toleranzen in diesem Bereich sind nur in den durch die DIN 18202[5] „Toleranzen im Hochbau“ geregelten Bereichen zulässig.

1 ATV DIN 18352:2019-09: VOB Vergabe- und Vertragsordnung für Bauleistungen – Teil C: Allgemeine Technische Vertragsbedingungen für Bauleistungen (ATV) – Fliesen- und Plattenarbeiten.

2 DIN 18515-1:2023-06: Außenwandbekleidungen – Grundsätze für Planung und Ausführung – Teil 1: Angemörtelte Fliesen oder Platten.

3 ATV DIN 18332:2023-09: VOB Vergabe- und Vertragsordnung für Bauleistungen – Teil C: Allgemeine Technische Vertragsbedingungen für Bauleistungen (ATV) – Naturwerksteinarbeiten.

4 ATV DIN 18333:2019-09: VOB Vergabe- und Vertragsordnung für Bauleistungen – Teil C: Allgemeine Technische Vertragsbedingungen für Bauleistungen (ATV) – Betonwerksteinarbeiten.

5 DIN 18202:2019-07: Toleranzen im Hochbau – Bauwerke.

**Spezifische Ergänzungen:**

- Anforderungen an Bodenklinkerplatten (n. DIN 18158[6])
- Anforderungen an keramische Fliesen und Platten (n. DIN EN 14411[7])
- Wandbekleidungen und Bodenbeläge im Dickbett
- Fugen, Bewegungstypen
- Bewegungsfugen
- Ebenheitsabweichungen des Untergrunds
- Ebenheitsabweichungen der Oberseiten

Sollte bei der Ausführung festgestellt werden, dass größere Unebenheiten, fehlende Höhenbezugspunkte im Geschoss oder aber fehlendes, abweichendes oder unzureichendes Gefälle vorliegen, so sind diese als Bedenken unverzüglich anzuzeigen.

Nach ATV DIN 18352, Abschnitt 3.2 sind Fliesen, Platten und Mosaik bei Innenarbeiten erst anzusetzen und zu verlegen, nachdem Fenster- und Türzargen, Anschlagschienen, Installationen und Putz angebracht wurden.

Für Ansetzen und Verlegen im Dickbett sind die in ATV DIN 18352, 3.2.2 angegebenen Nenndicken des Mörtelbetts einzuhalten; s. folgende Tabelle.

***Tabelle 1:** Nenndicken des Mörtelbetts bei Verlegung im Dickbett (n. ATV DIN 18352, 3.2.2) (Quelle: Schmidt)*

| Art der Bekleidung/des Belags | Nenndicke des Mörtelbetts |
|---|---|
| Wandbekleidungen | 15 mm |
| Bodenbeläge | 20 mm |
| Bodenbeläge auf Trennschicht innen | 30 mm |
| Bodenbeläge auf Trennschicht, außen | 50 mm |
| Bodenbeläge auf Dämmstoffschichten, innen | 45 mm |
| Bodenbeläge auf Dämmstoffschichten, außen | 50 mm |

6 DIN 18158:2017-08: Bodenklinkerplatten.

7 DIN EN 14411:2016-12: Keramische Fliesen und Platten – Definitionen, Klassifizierung, Eigenschaften, Bewertung und Überprüfung der Leistungsbeständigkeit und Kennzeichnung.

Für das Ansetzen und Verlegen im Dünnbett ist die Normenreihe DIN 18157[8] „Ausführung von Bekleidungen im Dünnbettverfahren" zu beachten.

## Bauwerksmaße

Grenzabweichungen für Maße siehe folgende Tabelle (n. DIN 18202, Tab. 1).

***Tabelle 2:** Grenzabweichungen für Maße (n. DIN 18202, 5.2) (Quelle: Schmidt)*

| **Grenzabweichung für Maße im Grundriss** | | | | | | | | |
|---|---|---|---|---|---|---|---|---|
| 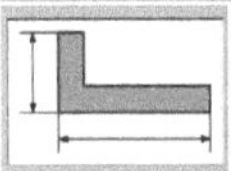 | Nennmaß | m | ≤ 1 | > 1<br>≤ 3 | > 3<br>≤ 6 | > 6<br>≤ 15 | > 15<br>≤ 30 | > 30 |
| | Grenzabweichung | mm | ± 10 | ± 12 | ± 16 | ± 20 | ± 24 | ± 30 |
| z. B. Längen, Breiten, Achsmaße, Rastermaße | | | | | | | | |
| **Grenzabweichung für Maße im Aufriss** | | | | | | | | |
| 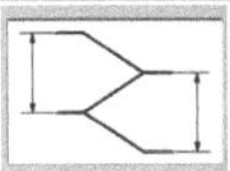 | Nennmaß | m | ≤ 1 | > 1<br>≤ 3 | > 3<br>≤ 6 | > 6<br>≤ 15 | > 15<br>≤ 30 | > 30 |
| | Grenzabweichung | mm | ± 10 | ± 16 | ± 16 | ± 20 | ± 30 | ± 30 |
| z. B. Geschosshöhen, Podesthöhen, Abstände von Aufstandsflächen u. Konsolen | | | | | | | | |
| **Grenzabweichung für lichte Maße im Grundriss** | | | | | | | | |
| 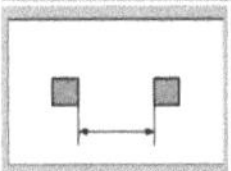 | Nennmaß | m | ≤ 1 | > 1<br>≤ 3 | > 3<br>≤ 6 | > 6<br>≤ 15 | > 15<br>≤ 30 | > 30 |
| | Grenzabweichung | mm | ± 12 | ± 16 | ± 20 | ± 24 | ± 30 | - |
| z. B. Maße zwischen Stützen, Pfeilern usw. | | | | | | | | |
| **Grenzabweichung für lichte Maße im Aufriss** | | | | | | | | |
| 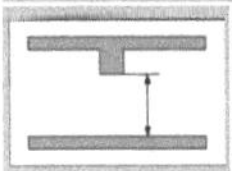 | Nennmaß | m | ≤ 1 | > 1<br>≤ 3 | > 3<br>≤ 6 | > 6<br>≤ 15 | > 15<br>≤ 30 | > 30 |
| | Grenzabweichung | mm | ± 16 | ± 20 | ± 20 | ± 30 | - | - |
| z. B. unter Decken u. Unterzügen | | | | | | | | |

[8] DIN 18157: Ausführung von Bekleidungen und Belägen im Dünnbettverfahren; Teil 1 (2017-04): Zementhaltige Mörtel; Teil 2 (2017-04): Dispersionsklebstoffe; Teil 3 (2017-04): Reaktionsharzklebstoffe.

***Tabelle 2:*** *Grenzabweichungen für Maße (n. DIN 18202, 5.2) (Quelle: Schmidt)*

| **Grenzabweichung für Maße von Öffnungen** | | | | | | | | |
|---|---|---|---|---|---|---|---|---|
| 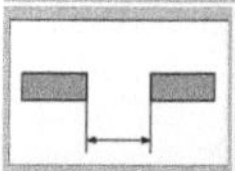 | Nennmaß | m | ≤ 1 | > 1<br>≤ 3 | > 3<br>≤ 6 | > 6<br>≤ 15 | > 15<br>≤ 30 | > 30 |
| | Grenzabweichung | mm | ± 10 | ± 12 | ± 16 | - | - | - |
| z. B. Öffnungen von Fenstern, Einbauelementen, Außentüren (Innentüren s. DIN 18100) | | | | | | | | |
| **Grenzabweichung für Maße von Öffnungen mit oberflächenfertigen Laibungen** | | | | | | | | |
| 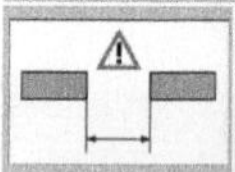 | Nennmaß | m | ≤ 1 | > 1<br>≤ 3 | > 3<br>≤ 6 | > 6<br>≤ 15 | > 15<br>≤ 30 | > 30 |
| | Grenzabweichung | mm | ± 8 | ± 10 | ± 12 | - | - | - |
| Grenzabweichungen gelten für Nennmaße bis 60 m. Bei größeren Nennmaßen sind besondere Überlegungen erforderlich. | | | | | | | | |

# Winkelabweichungen

Grenzwerte für Winkelabweichungen siehe folgende Tabelle (n. DIN 18202, Tab. 2):

***Tabelle 3:*** *Grenzwerte für Winkelabweichungen (n. DIN 18202, 5.3) (Quelle: Schmidt)*

| **Grenzwerte für Winkelabweichungen** | | | | | | | | | |
|---|---|---|---|---|---|---|---|---|---|
| | Nennmaß | m | ≤ 0,5 | > 0,5<br>≤ 1,0 | > 1,0<br>≤ 3,0 | > 3,0<br>≤ 6,0 | > 6,0<br>≤ 15,0 | > 15,0<br>≤ 30,0 | > 30,0 |
| 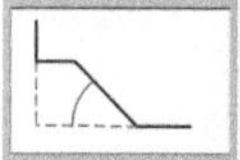 | Stichmaße als Grenzwerte | mm | 3 | 6 | 8 | 12 | 16 | 20 | 30 |

Die Winkelabweichungen und die Ebenheitsabweichungen sind die in diesem Gewerk am meisten betroffenen Maßgaben.

# Ebenheitsabweichungen

Grenzwerte für Ebenheitsabweichungen sind in DIN 18202, Abschnitt 5.4 geregelt; siehe folgende Tabelle (n. DIN 18202, Tab. 3).

***Tabelle 4:*** *Grenzwerte für Ebenheitsabweichungen (n. DIN 18202, 5.4) (Quelle: Schmidt)*

| | | | | | | | |
|---|---|---|---|---|---|---|---|
| **Nichtflächenfertige Oberseiten von Decken, Unterbeton und Unterböden** | | | | | | | |
| 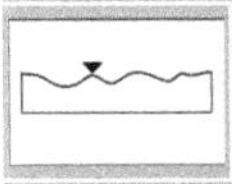 | Messpunktabstand | m | ≤ 0,1 | 1 | 4 | 10 | 15 |
| | Stichmaße als Grenzwerte | mm | 10 | 15 | 20 | 25 | 30 |
| **Nichtflächenfertige Oberseiten von Decken oder Bodenplatten zur Aufnahme von Bodenaufbauten** | | | | | | | |
| 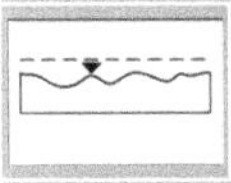 | Messpunktabstand | m | ≤ 0,1 | 1 | 4 | 10 | 15 |
| | Stichmaße als Grenzwerte | mm | 5 | 8 | 12 | 15 | 20 |
| z. B. Estriche im Verbund/auf Trennlage, schwimmende Estriche, Industrieböden, Fliesen- u. Plattenbeläge im Mörtelbett | | | | | | | |
| **Flächenfertige Oberseiten von Decken oder Bodenplatten für untergeordnete Zwecke** | | | | | | | |
| 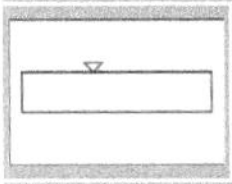 | Messpunktabstand | m | ≤ 0,1 | 1 | 4 | 10 | 15 |
| | Stichmaße als Grenzwerte | mm | 5 | 8 | 12 | 15 | 20 |
| z. B. in Lagerräumen, Kellern | | | | | | | |
| **Flächenfertige Böden, Estriche für Bodenbeläge, Bodenläge, Fliesenbeläge, Beläge** | | | | | | | |
| 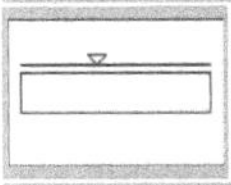 | Messpunktabstand | m | ≤ 0,1 | 1 | 4 | 10 | 15 |
| | Stichmaße als Grenzwerte | mm | 2 | 4 | 10 | 12 | 15 |
| z. B. Estriche als Nutzestriche, Estriche zur Aufnahme von Bodenbelägen, gespachtelte u. geklebte Beläge | | | | | | | |
| **wie Zeile zuvor, jedoch mit erhöhten Anforderungen** | | | | | | | |
| 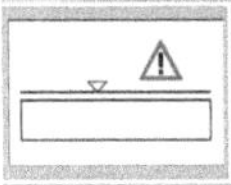 | Messpunktabstand | m | ≤ 0,1 | 1 | 4 | 10 | 15 |
| | Stichmaße als Grenzwerte | mm | 1 | 3 | 9 | 12 | 15 |
| **Nichtflächenfertige Wände und Unterseiten von Rohdecken** | | | | | | | |
| 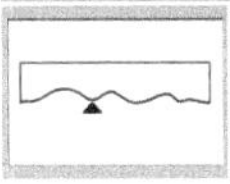 | Messpunktabstand | m | ≤ 0,1 | 1 | 4 | 10 | 15 |
| | Stichmaße als Grenzwerte | mm | 5 | 10 | 15 | 25 | 30 |

***Tabelle 4:*** *Grenzwerte für Ebenheitsabweichungen (n. DIN 18202, 5.4) (Quelle: Schmidt)*

| **Flächenfertige Wände und Unterseiten von Decken** | | | | | | | |
|---|---|---|---|---|---|---|---|
| 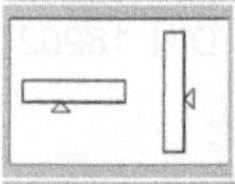 | Messpunktabstand | m | ≤ 0,1 | 1 | 4 | 10 | 15 |
| | Stichmaße als Grenzwerte | mm | 3 | 5 | 10 | 20 | 25 |
| z. B. geputzte Wände, Wandbekleidungen, untergehängte Decken | | | | | | | |
| **wie Zeile zuvor, jedoch mit erhöhten Anforderungen** | | | | | | | |
| 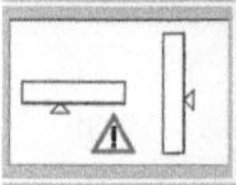 | Messpunktabstand | m | ≤ 0,1 | 1 | 4 | 10 | 15 |
| | Stichmaße als Grenzwerte | mm | 2 | 3 | 8 | 15 | 20 |
| Zwischenwerte sind DIN 18202, Bild 6 und Bild 7 zu entnehmen und auf ganze mm zu runden. Die Grenzwerte für Ebenheitsabweichungen der letzten Spalte gelten auch für Messpunktabstände > 15 m. | | | | | | | |

Sofern an die Ebenheit gegenüber den Angaben in DIN 18202 erhöhte Anforderungen gestellt werden oder sonstige erhöhte Anforderungen an die Maßhaltigkeit gegenüber den o. a. Werten der DIN 18202 zu beachten sind, gelten die hierfür erforderlichen Leistungen als „Besondere Leistungen" n. DIN 18352, 4.2.10.

# Spezifische Ergänzungen

## Anforderungen an Bodenklinkerplatten (n. DIN 18158)

Anforderungen an Maße, Form und Oberflächenbeschaffenheit von Bodenklinkerplatten sind in DIN 18158[9] „Bodenklinkerplatten" geregelt. Siehe hierzu folgende Tabelle (n. DIN 18158).

[9] DIN 18158:2017-08: Bodenklinkerplatten.

***Tabelle 5:** Anforderungen an Maße, Form und Oberflächenbeschaffenheit von Bodenklinkerplatten (n. DIN 18158, Tab. 2; Auszug) (Quelle: Schmidt)*

| Anforderung | Zulässige Abweichung | Bemerkung |
|---|---|---|
| Länge, Breite | ± 1,5 % jedoch ≤ ± 4 mm | zulässige Abweichung vom Werkmaß |
| Dicke | ± 10 % jedoch ≤ ± 2,5 mm | zulässige Abweichung vom Werkmaß |
| Geradheit der Seiten | ≤ 0,5 % | zulässige Abweichung, bezogen auf die Werkmaße |
| Rechtwinkligkeit | ≤ 1,75 % | zulässige Abweichung, bezogen auf die Werkmaße |
| Ebenflächigkeit | ≤ 0,5 % | zul. Abweichung als:<br>- Mittelpunktwölbung, bez. auf die aus den Werkmaßen berechnete Diagonale;<br>- Kantenwölbung, bez. auf die Werkmaße;<br>- Windschiefe, bez. auf die aus den Werkmaßen berechnete Diagonale. |

**Anforderungen an keramische Fliesen und Platten (n. DIN EN 14411)**

Anforderungen an Abmessungen und Oberflächenbeschaffenheit von keramischen Fliesen und Platten sind in DIN EN 14411[10] festgelegt. Die jeweiligen Anforderungen richten sich nach der Art der Fliesen und Platten.

Für ausgewählte Fliesen- und Plattenarten sind nachfolgend einige wichtige Anforderungen (Abmessungen und Oberflächenbeschaffenheit) angegeben. Für sämtliche Anforderungen wird auf die Norm DIN EN 14411 verwiesen.

[10] DIN EN 14411:2016-12: Keramische Fliesen und Platten – Definitionen, Klassifizierung, Eigenschaften, Bewertung und Überprüfung der Leistungsbeständigkeit und Kennzeichnung.

**Abmessungen und Oberflächenbeschaffenheit von stranggepressten keramischen Fliesen und Platten:**

Die Anforderungen an Abmessungen und Oberflächenbeschaffenheit von stranggepressten keramischen Fliesen und Platten sind abhängig von der Gruppe. In Abhängigkeit von der Wasseraufnahme $E_b$ (= prozentualer Massenanteil des Wassers, das von der keramischen Masse aufgenommen wird) wird folgende Einteilung vorgenommen:

- Gruppe AIb (0,5 % < $E_b$ ≤ 3 %)
- Gruppe AIIa-1 (3 % < $E_b$ ≤ 6 %)
- Gruppe AIIa-2 (3 % < $E_b$ ≤ 6 %)
- Gruppe AIIb-1 (6 % < $E_b$ ≤ 10 %)
- Gruppe AIIb-2 (6 % < $E_b$ ≤ 10 %)
- Gruppe AIII ($E_b$ > 10 %)

Anforderungen an die Abmessungen und Oberflächenbeschaffenheit von stranggepressten keramischen Fliesen und Platten der Gruppe AIb (n. DIN EN 14411, Tab. A.1):

***Tabelle 6:** Anforderungen an stranggepresste keramische Fliesen und Platten, Gruppe AIb (n. DIN EN 14411, Tab. A.1; Auszug) (Quelle: Schmidt)*

| Abmessungen und Oberflächenbeschaffenheit von stranggepressten keramischen Fliesen und Platten der Gruppe AIb (0,5 % < $E_b$ ≤ 3 %) | | | | |
|---|---|---|---|---|
| | | Anforderungen an | | Bemerkung |
| | | Präzision | Natur | |
| **Länge und Breite** | | | | |
| Auswahl der Werkmaße für | modulare Fliesen und Platten | so, dass eine Nennfugenbreite zwischen 3 mm und 11 mm zugelassen wird | | - |
| | nicht modulare Fliesen und Platten | so, dass die Differenz zwischen Werkmaß und Nennmaß ≤ 3 mm beträgt | | - |
| zulässige Abweichung | | ± 1,0 % jedoch ≤ ± 2 mm | ± 2,0 % jedoch ≤ ± 4 mm | zul. Abweichung der durchschnittlichen Seitenlänge jeder Fliese/Platte (2 oder 4 Seiten) vom Werkmaß |

**Tabelle 6:** *Anforderungen an stranggepresste keramische Fliesen und Platten, Gruppe AIb (n. DIN EN 14411, Tab. A.1; Auszug) (Quelle: Schmidt)*

| **Abmessungen und Oberflächenbeschaffenheit von stranggepressten keramischen Fliesen und Platten der Gruppe AIb (0,5 % < $E_b$ ≤ 3 %)** | | | |
|---|---|---|---|
| | **Anforderungen an** | | **Bemerkung** |
| | **Präzision** | **Natur** | |
| zulässige Abweichung | ± 1,0 % | ± 1,5 % | zul. Abweichung der durchschnittlichen Seitenlänge jeder Fliese/Platte von der durchschnittlichen Seitenlänge der 10 Probekörper |
| **Dicke** | | | |
| zulässige Abweichung | ± 10 % | ± 10 % | zul. Abweichung der durchschnittlichen Dicke jeder Fliese/Platte vom Werkmaß |
| **Geradheit der Seiten (Ansichtsflächen)** | | | |
| zulässige Abweichung | ± 0,5 % | ± 0,6 % | max. zul. Abweichung von der Geradheit, bezogen auf die Werkmaße |
| **Rechtwinkligkeit** | | | |
| zulässige Abweichung | ± 1,0 % | ± 1,0 % | max. zul. Abweichung von der Geradheit, bezogen auf die Werkmaße |
| **Ebenflächigkeit** | | | |
| zulässige Ebenflächigkeitsabweichung | | | |
| Mittelpunktwölbung, bezogen auf die aus den Werkmaßen berechnete Diagonale | ± 0,5 % | ± 1,5 % | bezogen auf die aus den Werkmaßen berechnete Diagonale |
| Kantenwölbung, bezogen auf die entsprechenden Werkmaße | ± 0,5 % | ± 1,5 % | bezogen auf die Werkmaße |

***Tabelle 6:*** *Anforderungen an stranggepresste keramische Fliesen und Platten, Gruppe AIb (n. DIN EN 14411, Tab. A.1; Auszug) (Quelle: Schmidt)*

| **Abmessungen und Oberflächenbeschaffenheit von stranggepressten keramischen Fliesen und Platten der Gruppe AIb (0,5 % < $E_b$ ≤ 3 %)** | | | | |
|---|---|---|---|---|
| | | **Anforderungen an** | | **Bemerkung** |
| | | **Präzision** | **Natur** | |
| **Windschiefe** | | | | |
| Windschiefe | | ± 0,8 % | ± 1,5 % | bezogen auf die aus den Werkmaßen berechnete Diagonale |
| **Oberflächenbeschaffenheit** | | Mind. 95 % der Fliesen/Platten müssen frei von sichtbaren Fehlern sein. | | Als Fehler gelten nur solche, die das Aussehen einer größeren Fliesen-/Plattenfläche beeinträchtigen. |
| Weitere Angaben s. DIN EN 14411, Tab. A.1 | | | | |

Anforderungen an die Abmessungen und Oberflächenbeschaffenheit von stranggepressten keramischen Fliesen und Platten der Gruppe AIIa-1 (n. DIN EN 14411, Tab. B.1):

***Tabelle 7:*** *Anforderungen an stranggepresste keramische Fliesen und Platten, Gruppe AIIa-1 (n. DIN EN 14411, Tab. B.1; Auszug) (Quelle: Schmidt)*

| **Abmessungen und Oberflächenbeschaffenheit von stranggepressten keramischen Fliesen und Platten der Gruppe AIIa-1 (3 % < $E_b$ ≤ 6 %)** | | | | |
|---|---|---|---|---|
| | | **Anforderungen an** | | **Bemerkung** |
| | | **Präzision** | **Natur** | |
| **Länge und Breite** | | | | |
| Auswahl der Werkmaße für | modulare Fliesen und Platten | so, dass eine Nennfugenbreite zwischen 3 mm und 11 mm zugelassen wird | | - |
| | nicht modulare Fliesen und Platten | so, dass die Differenz zwischen Werkmaß und Nennmaß ≤ 3 mm beträgt | | - |

**Tabelle 7:** *Anforderungen an stranggepresste keramische Fliesen und Platten, Gruppe AIIa-1 (n. DIN EN 14411, Tab. B.1; Auszug) (Quelle: Schmidt)*

| **Abmessungen und Oberflächenbeschaffenheit von stranggepressten keramischen Fliesen und Platten der Gruppe AIIa-1 (3 % < $E_b$ ≤ 6 %)** | | | |
|---|---|---|---|
| | **Anforderungen an** | | **Bemerkung** |
| | **Präzision** | **Natur** | |
| zulässige Abweichung | ± 1,25 % jedoch ≤ ± 2 mm | ± 2,0 % jedoch ≤ ± 4 mm | zul. Abweichung der durchschnittlichen Seitenlänge jeder Fliese/Platte vom Werkmaß |
| zulässige Abweichung | ± 1,0 % | ± 1,5 % | zul. Abweichung der durchschnittlichen Seitenlänge jeder Fliese/Platte von der durchschnittlichen Seitenlänge der 10 Probekörper |
| **Dicke** | | | |
| zulässige Abweichung | ± 10 % | ± 10 % | zul. Abweichung der durchschnittlichen Dicke jeder Fliese/Platte vom Werkmaß |
| **Geradheit der Seiten (Ansichtsflächen)** | | | |
| zulässige Abweichung | ± 0,5 % | ± 0,6 % | max. zul. Abweichung von der Geradheit, bezogen auf die Werkmaße |
| **Rechtwinkligkeit** | | | |
| zulässige Abweichung | ± 1,0 % | ± 1,0 % | max. zul. Abweichung von der Geradheit, bezogen auf die Werkmaße |
| **Ebenflächigkeit** | | | |
| zulässige Ebenflächigkeitsabweichung | | | |
| Mittelpunktwölbung | ± 0,5 % | ± 1,5 % | bezogen auf die aus den Werkmaßen berechnete Diagonale |
| Kantenwölbung | ± 0,5 % | ± 1,5 % | bezogen auf die Werk maße |
| **Windschiefe** | | | |
| Windschiefe | ± 0,8 % | ± 1,5 % | bezogen auf die aus den Werkmaßen berechnete Diagonale |
| **Oberflächenbeschaffenheit** | Mind. 95 % der Fliesen/Platten müssen frei von sichtbaren Fehlern sein. | | Als Fehler gelten nur solche, die das Aussehen einer größeren Fliesen-/Plattenfläche beeinträchtigen. |

Anforderungen an die Abmessungen und Oberflächenbeschaffenheit von stranggepressten keramischen Fliesen und Platten der Gruppe AIIa-2 (n. DIN EN 14411, Tab. C.1):

***Tabelle 8:*** *Anforderungen an stranggepresste keramische Fliesen und Platten, Gruppe AIIa-2 (n. DIN EN 14411, Tab. C.1; Auszug) (Quelle: Schmidt)*

| **Abmessungen und Oberflächenbeschaffenheit von stranggepressten keramischen Fliesen und Platten der Gruppe AIIa-2 (3 % < $E_b$ ≤ 6 %)** | | | | |
|---|---|---|---|---|
| | | **Anforderungen an** | | **Bemerkung** |
| | | **Präzision** | **Natur** | |
| **Länge und Breite** | | | | |
| Auswahl der Werkmaße für | modulare Fliesen und Platten | so, dass eine Nennfugenbreite zwischen 3 mm und 11 mm zugelassen wird | | - |
| | nicht modulare Fliesen und Platten | so, dass die Differenz zwischen Werkmaß und Nennmaß ≤ 3 mm beträgt | | - |
| zulässige Abweichung | | ± 1,5 % jedoch ≤ ± 2 mm | ± 2,0 % jedoch ≤ ± 4 mm | zul. Abweichung der durchschnittlichen Seitenlänge jeder Fliese/Platte vom Werkmaß |
| zulässige Abweichung | | ± 1,5 % | ± 1,5 % | zul. Abweichung der durchschnittlichen Seitenlänge jeder Fliese/ Platte von der durchschnittlichen Seitenlänge der 10 Probekörper |
| **Dicke** | | | | |
| zulässige Abweichung | | ± 10 % | ± 10 % | zul. Abweichung der durchschnittlichen Dicke jeder Fliese/Platte vom Werkmaß |
| **Geradheit der Seiten (Ansichtsflächen)** | | | | |
| zulässige Abweichung | | ± 1,0 % | ± 1,0 % | max. zul. Abweichung von der Geradheit, bezogen auf die Werkmaße |

***Tabelle 8:*** *Anforderungen an stranggepresste keramische Fliesen und Platten, Gruppe AIIa-2 (n. DIN EN 14411, Tab. C.1; Auszug) (Quelle: Schmidt)*

| **Abmessungen und Oberflächenbeschaffenheit von stranggepressten keramischen Fliesen und Platten der Gruppe AIIa-2 (3 % < $E_b$ ≤ 6 %)** | | | |
|---|---|---|---|
| | **Anforderungen an** | | **Bemerkung** |
| | **Präzision** | **Natur** | |
| **Rechtwinkligkeit** | | | |
| zulässige Abweichung | ± 1,0 % | ± 1,0 % | max. zul. Abweichung von der Geradheit, bezogen auf die Werkmaße |
| **Ebenflächigkeit** | | | |
| zulässige Ebenflächigkeitsabweichung | | | |
| Mittelpunktwölbung | ± 1,0 % | ± 1,5 % | bezogen auf die aus den Werkmaßen berechnete Diagonale |
| Kantenwölbung | ± 1,0 % | ± 1,5 % | bezogen auf die Werkmaße |
| **Windschiefe** | | | |
| Windschiefe | ± 1,5 % | ± 1,5 % | bezogen auf die aus den Werkmaßen berechnete Diagonale |
| **Oberflächenbeschaffenheit** | Mind. 95 % der Fliesen/Platten müssen frei von sichtbaren Fehlern sein. | | Als Fehler gelten nur solche, die das Aussehen einer größeren Fliesen-/Plattenfläche beeinträchtigen. |
| Weitere Angaben s. DIN EN 14411, Tab. C.1 | | | |

Anforderungen an die Abmessungen und Oberflächenbeschaffenheit von stranggepressten keramischen Fliesen und Platten der Gruppe AIIb-1 (n. DIN EN 14411, Tab. D.1):

***Tabelle 9:*** *Anforderungen an stranggepresste keramische Fliesen und Platten, Gruppe AIIb-1 (n. DIN EN 14411, Tab. D.1; Auszug) (Quelle: Schmidt)*

| **Abmessungen und Oberflächenbeschaffenheit von stranggepressten keramischen Fliesen und Platten der Gruppe AIIb-1 (6 % < $E_b$ ≤ 10 %)** | | | | |
|---|---|---|---|---|
| | | **Anforderungen an** | | **Bemerkung** |
| | | **Präzision** | **Natur** | |
| **Länge und Breite** | | | | |
| Auswahl der Werkmaße für | modulare Fliesen und Platten | so, dass eine Nennfugenbreite zwischen 3 mm und 11 mm zugelassen wird | | - |
| | nicht modulare Fliesen und Platten | so, dass die Differenz zwischen Werkmaß und Nennmaß ≤ 3 mm beträgt | | - |
| zulässige Abweichung | | ± 2,0 % jedoch ≤ ± 2 mm | ± 2,0 % jedoch ≤ ± 4 mm | zul. Abweichung der durchschnittlichen Seitenlänge jeder Fliese/Platte vom Werkmaß |
| zulässige Abweichung | | ± 1,5 % | ± 1,5 % | zul. Abweichung der durchschnittlichen Seitenlänge jeder Fliese/ Platte von der durchschnittlichen Seitenlänge der 10 Probekörper |
| **Dicke** | | | | |
| zulässige Abweichung | | ± 10 % | ± 10 % | zul. Abweichung der durchschnittlichen Dicke jeder Fliese/Platte vom Werkmaß |

***Tabelle 9:** Anforderungen an stranggepresste keramische Fliesen und Platten, Gruppe AIIb-1 (n. DIN EN 14411, Tab. D.1; Auszug) (Quelle: Schmidt)*

| **Abmessungen und Oberflächenbeschaffenheit von stranggepressten keramischen Fliesen und Platten der Gruppe AIIb-1 (6 % < $E_b$ ≤ 10 %)** | | | | |
|---|---|---|---|---|
| | | **Anforderungen an** | | **Bemerkung** |
| | | **Präzision** | **Natur** | |
| **Geradheit der Seiten (Ansichtsflächen)** | | | | |
| zulässige Abweichung | | ± 1,0 % | ± 1,0 % | max. zul. Abweichung von der Geradheit, bezogen auf die Werkmaße |
| **Rechtwinkligkeit** | | | | |
| zulässige Abweichung | | ± 1,0 % | ± 1,0 % | max. zul. Abweichung von der Geradheit, bezogen auf die Werkmaße |
| **Ebenflächigkeit** | | | | |
| zulässige Ebenflächigkeitsabweichung | | | | |
| Mittelpunktwölbung | | ± 1,0 % | ± 1,5 % | bezogen auf die aus den Werkmaßen berechnete Diagonale |
| Kantenwölbung | | ± 1,0 % | ± 1,5 % | bezogen auf die Werkmaße |
| **Windschiefe** | | | | |
| Windschiefe | | ± 1,5 % | ± 1,5 % | bezogen auf die aus den Werkmaßen berechnete Diagonale |
| **Oberflächenbeschaffenheit** | | Mind. 95 % der Fliesen/Platten müssen frei von sichtbaren Fehlern sein. | | Als Fehler gelten nur solche, die das Aussehen einer größeren Fliesen-/Plattenfläche beeinträchtigen. |
| Weitere Angaben s. DIN EN 14411, Tab. D.1 | | | | |

A B D E F G H K M N P R S T V W Z

Anforderungen an die Abmessungen und Oberflächenbeschaffenheit von stranggepressten keramischen Fliesen und Platten der Gruppe AIIb-2 (n. DIN EN 14411, Tab. E.1):

***Tabelle 10:*** *Anforderungen an stranggepresste keramische Fliesen und Platten, Gruppe AIIb-2 (n. DIN EN 14411, Tab. E.1; Auszug) (Quelle: Schmidt)*

| **Abmessungen und Oberflächenbeschaffenheit von stranggepressten keramischen Fliesen und Platten der Gruppe AIIb-2 (6 % < $E_b$ ≤ 10 %)** | | | | |
|---|---|---|---|---|
| | | **Anforderungen an** | | **Bemerkung** |
| | | **Präzision** | **Natur** | |
| **Länge und Breite** | | | | |
| Auswahl der Werkmaße für | modulare Fliesen und Platten | so, dass eine Nennfugenbreite zwischen 3 mm und 11 mm zugelassen wird | | - |
| | nicht modulare Fliesen und Platten | so, dass die Differenz zwischen Werkmaß und Nennmaß ≤ 3 mm beträgt | | - |
| zulässige Abweichung | | ± 2,0 % jedoch ≤ ± 2 mm | ± 2,0 % jedoch ≤ ± 4 mm | zul. Abweichung der durchschnittlichen Seitenlänge jeder Fliese/ Platte vom Werkmaß |
| zulässige Abweichung | | ± 1,5 % | ± 1,5 % | zul. Abweichung der durchschnittlichen Seitenlänge jeder Fliese/Platte von der durchschnittlichen Seitenlänge der 10 Probekörper |
| **Dicke** | | | | |
| zulässige Abweichung | | ± 10 % | ± 10 % | zul. Abweichung der durchschnittlichen Dicke jeder Fliese/Platte vom Werkmaß |
| **Geradheit der Seiten (Ansichtsflächen)** | | | | |
| zulässige Abweichung | | ± 1,0 % | ± 1,0 % | max. zul. Abweichung von der Geradheit, bezogen auf die Werkmaße |
| **Rechtwinkligkeit** | | | | |
| zulässige Abweichung | | ± 1,0 % | ± 1,0 % | max. zul. Abweichung von der Geradheit, bezogen auf die Werkmaße |

***Tabelle 10:** Anforderungen an stranggepresste keramische Fliesen und Platten, Gruppe AIIb-2 (n. DIN EN 14411, Tab. E.1; Auszug) (Quelle: Schmidt)*

| **Abmessungen und Oberflächenbeschaffenheit von stranggepressten keramischen Fliesen und Platten der Gruppe AIIb-2 (6 % < $E_b$ ≤ 10 %)** | | | | |
|---|---|---|---|---|
| | | **Anforderungen an** | | **Bemerkung** |
| | | **Präzision** | **Natur** | |
| **Ebenflächigkeit** | | | | |
| zulässige Ebenflächigkeitsabweichung | | | | |
| Mittelpunktwölbung | | ± 1,0 % | ± 1,5 % | bezogen auf die aus den Werkmaßen berechnete Diagonale |
| Kantenwölbung | | ± 1,0 % | ± 1,5 % | bezogen auf die Werkmaße |
| **Windschiefe** | | | | |
| Windschiefe | | ± 1,5 % | ± 1,5 % | bezogen auf die aus den Werkmaßen berechnete Diagonale |
| **Oberflächenbeschaffenheit** | | Mind. 95 % der Fliesen/Platten müssen frei von sichtbaren Fehlern sein. | | Als Fehler gelten nur solche, die das Aussehen einer größeren Fliesen-/Plattenfläche beeinträchtigen. |
| Weitere Angaben s. DIN EN 14411, Tab. E.1 | | | | |

Anforderungen an die Abmessungen und Oberflächenbeschaffenheit von stranggepressten keramischen Fliesen und Platten der Gruppe AIII (n. DIN EN 14411, Tab. F.1):

***Tabelle 11:** Anforderungen an stranggepresste keramische Fliesen und Platten, Gruppe AIII (n. DIN EN 14411, Tab. F.1; Auszug) (Quelle: Schmidt)*

| **Abmessungen und Oberflächenbeschaffenheit von stranggepressten keramischen Fliesen und Platten der Gruppe AIII ($E_b$ > 10 %)** | | | | |
|---|---|---|---|---|
| | | **Anforderungen an** | | **Bemerkung** |
| | | **Präzision** | **Natur** | |
| **Länge und Breite** | | | | |
| Auswahl der Werkmaße für | modulare Fliesen und Platten | so, dass eine Nennfugenbreite zwischen 3 mm und 11 mm zugelassen wird | | - |
| | nicht modulare Fliesen und Platten | so, dass die Differenz zwischen Werkmaß und Nennmaß ≤ 3 mm beträgt | | - |

***Tabelle 11:** Anforderungen an stranggepresste keramische Fliesen und Platten, Gruppe AIII (n. DIN EN 14411, Tab. F.1; Auszug) (Quelle: Schmidt)*

| **Abmessungen und Oberflächenbeschaffenheit von stranggepressten keramischen Fliesen und Platten der Gruppe AIII ($E_b$ > 10 %)** | | | |
|---|---|---|---|
| | **Anforderungen an** | | **Bemerkung** |
| | **Präzision** | **Natur** | |
| zulässige Abweichung | ± 2,0 % jedoch ≤ ± 2 mm | ± 2,0 % jedoch ≤ ± 4 mm | zul. Abweichung der durchschnittlichen Seitenlänge jeder Fliese/Platte vom Werkmaß |
| zulässige Abweichung | ± 1,5 % | ± 1,5 % | zul. Abweichung der durchschnittlichen Seitenlänge jeder Fliese/Platte von der durchschnittlichen Seitenlänge der 10 Probekörper |
| **Dicke** | | | |
| zulässige Abweichung | ± 10 % | ± 10 % | zul. Abweichung der durchschnittlichen Dicke jeder Fliese/ Platte vom Werkmaß |
| **Geradheit der Seiten (Ansichtsflächen)** | | | |
| zulässige Abweichung | ± 1,0 % | ± 1,0 % | max. zul. Abweichung von der Geradheit, bezogen auf die Werkmaße |
| **Rechtwinkligkeit** | | | |
| zulässige Abweichung | ± 1,0 % | ± 1,0 % | max. zul. Abweichung von der Geradheit, bezogen auf die Werkmaße |

***Tabelle 11:*** *Anforderungen an stranggepresste keramische Fliesen und Platten, Gruppe AIII (n. DIN EN 14411, Tab. F.1; Auszug) (Quelle: Schmidt)*

| **Abmessungen und Oberflächenbeschaffenheit von stranggepressten keramischen Fliesen und Platten der Gruppe AIII ($E_b$ > 10 %)** | | | | |
|---|---|---|---|---|
| | | **Anforderungen an** | | **Bemerkung** |
| | | **Präzision** | **Natur** | |
| **Ebenflächigkeit** | | | | |
| zulässige Ebenflächigkeitsabweichung | | | | |
| Mittelpunktwölbung | | ± 1,0 % | ± 1,5 % | bezogen auf die aus den Werkmaßen berechnete Diagonale |
| Kantenwölbung | | ± 1,0 % | ± 1,5 % | bezogen auf die Werkmaße |
| **Windschiefe** | | | | |
| Windschiefe | | ± 1,5 % | ± 1,5 % | bezogen auf die aus den Werkmaßen berechnete Diagonale |
| **Oberflächenbeschaffenheit** | | Mind. 95 % der Fliesen/Platten müssen frei von sichtbaren Fehlern sein. | | Als Fehler gelten nur solche, die das Aussehen einer größeren Fliesen-/Plattenfläche beeinträchtigen. |
| Weitere Angaben s. DIN EN 14411, Tab. F.1 | | | | |

**Abmessungen und Oberflächenbeschaffenheit von trockengepressten keramischen Fliesen und Platten:**
Die Anforderungen an Abmessungen und Oberflächenbeschaffenheit von trockengepressten keramischen Fliesen und Platten sind abhängig von der Gruppe. In Abhängigkeit von der Wasseraufnahme $E_b$ (= prozentualer Massenanteil des Wassers, das von der keramischen Masse aufgenommen wird) wird folgende Einteilung vorgenommen:

- Gruppe BIa ($E_b$ ≤ 0,5 %); trockengepresste keramische Fliesen und Platten mit geringer Wasseraufnahme
- Gruppe BIb (0,5 % < $E_b$ ≤ 3 %); trockengepresste keramische Fliesen und Platten mit geringer Wasseraufnahme
- Gruppe BIIa (3 % < $E_b$ ≤ 6 %)
- Gruppe BIIb (6 % < $E_b$ ≤ 10 %)
- Gruppe BIII ($E_b$ > 10 %)

Anforderungen an die Abmessungen von trockengepressten keramischen Fliesen und Platten der Gruppe BIa (n. DIN EN 14411, Tab. G.1):

***Tabelle 12:** Anforderungen an trockengepresste keramische Fliesen und Platten mit geringer Wasseraufnahme, Gruppe BIa (n. DIN EN 14411, Tab. G.1; Auszug) (Quelle: Schmidt)*

| **Abmessungen von trockengepressten keramischen Fliesen und Platten der Gruppe BIa ($E_b \leq 0{,}5$ %)** | | | | | | |
|---|---|---|---|---|---|---|
| | | **Anforderungen an das Nennmaß** | | | | **Bemerkung** |
| | | **N < 7 cm** | **7 cm ≤ N < 15 cm** | **N > 15 cm** | | |
| | | **in mm** | **in mm** | **in mm** | **in %** | |
| **Länge und Breite** | | | | | | |
| Auswahl der Werkmaße für | modulare Fliesen und Platten | nicht zutreffend | so, dass eine Nennfugenbreite zwischen 2 mm und 5 mm zugelassen wird | | | - |
| | nicht modulare Fliesen und Platten | nicht zutreffend | so, dass die Differenz zwischen Werkmaß und Nennmaß ≤ 2 % (höchstens ± 5 mm) beträgt | | | - |
| zulässige Abweichung | | ± 0,5 mm | ± 0,9 mm | ± 2,0 mm | ± 0,6 % | zul. Abweichung der durchschnittlichen Seitenlänge jeder Fliese/Platte vom Werkmaß |
| **Dicke** | | | | | | |
| zulässige Abweichung | | ± 0,5 mm | ± 0,5 mm | ± 0,5 mm | ± 5 % | zul. Abweichung der durchschnittlichen Dicke jeder Fliese/Platte vom Werkmaß |
| Weitere Angaben s. DIN EN 14411, Tab. G.1 | | | | | | |

Anforderungen an die Abmessungen von trockengepressten keramischen Fliesen und Platten der Gruppe BIb (n. DIN EN 14411, Tab. H.1):

***Tabelle 13:*** *Anforderungen an trockengepresste keramische Fliesen und Platten mit geringer Wasseraufnahme, Gruppe BIb (n. DIN EN 14411, Tab. H.1; Auszug) (Quelle: Schmidt)*

| **Abmessungen von trockengepressten keramischen Fliesen und Platten der Gruppe BIb ($0,5\ \% < E_b \leq 3\ \%$)** | | | | | | |
|---|---|---|---|---|---|---|
| | | **Anforderungen an das Nennmaß** | | | | **Bemerkung** |
| | | **N < 7 cm** | **7 cm ≤ N < 15 cm** | **N > 15 cm** | | |
| | | **in mm** | **in mm** | **in mm** | **in %** | |
| **Länge und Breite** | | | | | | |
| Auswahl der Werkmaße für | modulare Fliesen und Platten | nicht zutreffend | so, dass eine Nennfugenbreite zwischen 2 mm und 5 mm zugelassen wird | | | - |
| | nicht modulare Fliesen und Platten | nicht zutreffend | so, dass die Differenz zwischen Werkmaß und Nennmaß ≤ 2 % (höchstens ± 5 mm) beträgt | | | - |
| zulässige Abweichung | | ± 0,5 mm | ± 0,9 mm | ± 2,0 mm | ± 0,6 % | zul. Abweichung der durchschnittlichen Seitenlänge jeder Fliese/Platte vom Werkmaß |
| **Dicke** | | | | | | |
| zulässige Abweichung | | ± 0,5 mm | ± 0,5 mm | ± 0,5 mm | ± 5 % | zul. Abweichung der durchschnittlichen Dicke jeder Fliese/Platte vom Werkmaß |
| Weitere Angaben s. DIN EN 14411, Tab. H.1 | | | | | | |

Anforderungen an die Abmessungen von trockengepressten keramischen Fliesen und Platten der Gruppe BIIa (n. DIN EN 14411, Tab. J.1):

***Tabelle 14:*** *Anforderungen an trockengepresste keramische Fliesen und Platten, Gruppe BIIa (n. DIN EN 14411, Tab. J.1; Auszug) (Quelle: Schmidt)*

| **Abmessungen von trockengepressten keramischen Fliesen und Platten der Gruppe BIIa (3 % < $E_b$ ≤ 6 %)** | | | | | |
|---|---|---|---|---|---|
| | | **Anforderungen an das Nennmaß** | | | **Bemerkung** |
| | | **7 cm ≤ N < 15 cm** | **N > 15 cm** | | |
| | | **in mm** | **in mm** | **in %** | |
| **Länge und Breite** | | | | | |
| Auswahl der Werkmaße für | modulare Fliesen und Platten | so, dass eine Nennfugenbreite zwischen 2 mm und 5 mm zugelassen wird | | | - |
| | nicht modulare Fliesen und Platten | so, dass die Differenz zwischen Werkmaß und Nennmaß ≤ 2 % (höchstens ± 5 mm) beträgt | | | - |
| zulässige Abweichung | | ± 0,9 mm | ± 2,0 mm | ± 0,6 % | zul. Abweichung der durchschnittlichen Seitenlänge jeder Fliese/Platte vom Werkmaß |
| **Dicke** | | | | | |
| zulässige Abweichung | | ± 0,5 mm | ± 0,5 mm | ± 5 % | zul. Abweichung der durchschnittlichen Dicke jeder Fliese/Platte vom Werkmaß |
| Weitere Angaben s. DIN EN 14411, Tab. J.1 | | | | | |

Anforderungen an die Abmessungen von trockengepressten keramischen Fliesen und Platten der Gruppe BIIb (n. DIN EN 14411, Tab. K.1):

***Tabelle 15:*** *Anforderungen an trockengepresste keramische Fliesen und Platten, Gruppe BIIb (n. DIN EN 14411, Tab. K.1; Auszug) (Quelle: Schmidt)*

| **Abmessungen von trockengepressten keramischen Fliesen und Platten der Gruppe BIIb ($6\,\% < E_b \leq 10\,\%$)** | | | | | |
|---|---|---|---|---|---|
| | | **Anforderungen an das Nennmaß** | | | **Bemerkung** |
| | | **7 cm ≤ N < 15 cm** | **N > 15 cm** | | |
| | | **in mm** | **in mm** | **in %** | |
| **Länge und Breite** | | | | | |
| Auswahl der Werkmaße für | modulare Fliesen und Platten | so, dass eine Nennfugenbreite zwischen 2 mm und 5 mm zugelassen wird | | | - |
| | nicht modulare Fliesen und Platten | so, dass die Differenz zwischen Werkmaß und Nennmaß ≤ 2 % (höchstens ± 5 mm) beträgt | | | - |
| zulässige Abweichung | | ± 0,9 mm | ± 2,0 mm | ± 0,6 % | zul. Abweichung der durchschnittlichen Seitenlänge jeder Fliese/Platte vom Werkmaß |
| **Dicke** | | | | | |
| zulässige Abweichung | | ± 0,5 mm | ± 0,5 mm | ± 5 % | zul. Abweichung der durchschnittlichen Dicke jeder Fliese/Platte vom Werkmaß |
| Weitere Angaben s. DIN EN 14411, Tab. K.1 | | | | | |

Anforderungen an die Abmessungen von trockengepressten keramischen Fliesen und Platten der Gruppe BIII (n. DIN EN 14411, Tab. L.1):

***Tabelle 16:*** *Anforderungen an trockengepresste keramische Fliesen und Platten, Gruppe BIII (n. DIN EN 14411, Tab. L.1; Auszug) (Quelle: Schmidt)*

| **Abmessungen von trockengepressten keramischen Fliesen und Platten der Gruppe BIII ($E_b > 10$ %)** | | | | | |
|---|---|---|---|---|---|
| | | **Anforderungen an das Nennmaß** | | | **Bemerkung** |
| | | **7 cm ≤ N < 15 cm** | **N > 15 cm** | | |
| | | **in mm** | **in mm** | **in %** | |
| **Länge und Breite** | | | | | |
| Auswahl der Werkmaße für | modulare Fliesen und Platten | so, dass eine Nennfugenbreite zwischen 2 mm und 5 mm zugelassen wird | | | - |
| | nicht modulare Fliesen und Platten | so, dass die Differenz zwischen Werkmaß und Nennmaß ≤ 2 % (höchstens ± 5 mm) beträgt | | | - |
| zulässige Abweichung | | ± 0,75 mm | ± 2,0 mm | ± 0,5 % | zul. Abweichung der durchschnittlichen Seitenlänge jeder Fliese/Platte vom Werkmaß |
| **Dicke** | | | | | |
| zulässige Abweichung | | ± 0,5 mm | ± 0,5 mm | ± 10 % | zul. Abweichung der durchschnittlichen Dicke jeder Fliese/Platte vom Werkmaß |
| Weitere Angaben s. DIN EN 14411, Tab. K.1 | | | | | |

### Wandbekleidungen und Bodenbeläge im Dickbett

Beim Ansetzen und Verlegen von Bekleidungen oder Belägen im Dickbett sind nachstehende Mörtelbettdicken auszuführen (n. DIN 18352, 3.2.2):

- 15 mm Wandbekleidungen
- 20 mm Bodenbeläge
- 30 mm Bodenbeläge auf Trennschicht innen
- 50 mm Bodenbeläge auf Trennschicht außen
- 45 mm Bodenbeläge auf Dämmschicht innen
- 50 mm Bodenbeläge auf Dämmschicht außen

### Außenwandbekleidungen mit angemörtelten Fliesen oder Platten

Für Außenwandbekleidungen mit angemörtelten Fliesen und Platten gilt DIN 18515-1[11]. Es gelten folgende Regelungen:

### Maximale Nennmaße der Baustoffe (Fliesen, Platten):

***Tabelle 17:*** *Maximale Nennmaße für Außenwandbekleidungen mit angemörtelten Fliesen und Platten (n. DIN 18515-1, Abschnitt 4) (Quelle: Schmidt)*

| Baustoff | Nennmaße | | Sonstige Anforderungen |
|---|---|---|---|
| | Seitenlänge | Dicke | |
| keramische Fliesen und Platten | ≤ 600 mm | ≤ 20 mm | - |
| Ziegel- und Klinkerriemchen | ≤ 600 mm | ≤ 30 mm | - |
| Naturwerkstein-produkte | ≤ 490 mm | ≤ 15 mm | - |
| Betonwerkstein-platten | ≤ 490 mm | ≤ 20 mm | Fläche ≤ 0,12 $m^2$ |

[11] DIN 18515-1:2023-06: Außenwandbekleidungen – Grundsätze für Planung und Ausführung – Teil 1: Angemörtelte Fliesen oder Platten

**Schichtdicke des Dünnbettmörtels:**

Die Schichtdicke des Dünnbettmörtels muss nach dem Ansetzen innerhalb folgender Grenzen liegen (DIN 18515-1, 6.3.1):

- max. 10 mm
- min. 3 mm

Werden für Außenwandbekleidungen Fliesen im Dünnbett nach DIN 18157, Teil 1 „Ausführung keramischer Bekleidungen im Dünnbettverfahren" im kombinierten Verfahren (Floating-Buttering-Verfahren) angesetzt, so soll die Schichtdicke des Dünnbettmörtels mindestens 3 mm betragen. Voraussetzung dazu ist die Herstellung eines ebenen Unterputzes.

**Fugen**

Fugen im Belag oder der Wandbekleidung sind bei Gebäudetrenn- und Bewegungsfugen an gleicher Stelle und in gleicher Breite herzustellen.

Fugen sind generell gleichmäßig breit auszubilden, Breitenabweichungen zum Ausgleich von Maßtoleranzen der Belagsstoffe sind in der Fuge auszugleichen.

**Fugenbreite**

Die technisch erforderliche Fugenbreite beträgt 2 mm bis 8 mm (s. ATV DIN 18352, 3.4.2). Es können auch größere Fugenbreiten erforderlich sein, die sich nach Art, Format und Materialtoleranz sowie dem Verwendungszweck richten. Für Mosaike in vorgefertigten Tafeleinheiten gelten diese Festlegungen nicht.

Detailliertere Angaben zu den Fugenbreiten sind in ATV DIN 18352 in der aktuellen Fassung der Norm nicht festgelegt.

**Mörtelfugen**

Nach DIN 18515-1 ist bei der Wahl der Fugenbreite ein Mindestfugenanteil von 5 % zu berücksichtigen. In der Norm sind hierzu Planungshilfen für die Festlegung der Abmessungen der Fliesen und Platten unter Berücksichtigung des Fugenanteils angegeben. Siehe hierzu die folgenden Tabellen.

Hinweis: In den Tabellen sind die grau hinterlegten und kursiv gedruckten Werte geringer als der geforderte Mindestfugenanteil von 5 %.

***Tabelle 18:*** *Fugenanteile in Prozent bei einer Fugenbreite von 10 mm (n. DIN 18515-1, B.1; Auszug) (Quelle: Schmidt)*

| Fugenanteile bei einer Fugenbreite von 10 mm | | | | | | | | | |
|---|---|---|---|---|---|---|---|---|---|
| Format | Länge in cm | | | | | | | | |
| Breite in cm | 10 | 15 | 20 | 25 | 30 | 35 | 40 | 45 | 50 |
| 10 | 17,4 % | 14,8 % | 13,4 % | 12,6 % | 12,0 % | 11,6 % | 11,3 % | 11,1 % | 10,9 % |
| 15 | 14,8 % | 12,1 % | 10,7 % | 9,9 % | 9,3 % | 8,9 % | 8,5 % | 8,3 % | 8,1 % |
| 20 | 13,4 % | 10,7 % | 9,3 % | 8,4 % | 7,8 % | 7,4 % | 7,1 % | 6,8 % | 6,6 % |
| 25 | 12,6 % | 9,9 % | 8,4 % | 7,5 % | 6,9 % | 6,5% | 6,2 % | 5,9 % | 5,7 % |
| 30 | 12,0 % | 9,3 % | 7,8 % | 6,9 % | 6,3 % | 5,9 % | 5,6 % | 5,3 % | 5,1 % |
| 35 | 11,6 % | 8,9 % | 7,4 % | 6,5 % | 5,9 % | 5,5% | 5,1 % | *4,9 %* | *4,7 %* |
| 40 | 11,3 % | 8,5 % | 7,1 % | 6,2 % | 5,6 % | 5,1 % | *4,8 %* | *4,6 %* | *4,4 %* |

***Tabelle 19:*** *Fugenanteile in Prozent bei einer Fugenbreite von 8 mm (n. DIN 18515-1, B.2; Auszug) (Quelle: Schmidt)*

| Fugenanteile bei einer Fugenbreite von 8 mm | | | | | | | | | |
|---|---|---|---|---|---|---|---|---|---|
| Format | Länge in cm | | | | | | | | |
| Breite in cm | 10 | 15 | 20 | 25 | 30 | 35 | 40 | 45 | 50 |
| 10 | 14,3 % | 12,1 % | 11,0 % | 10,3 % | 9,8 % | 9,5 % | 9,2 % | 9,1 % | 8,9 % |
| 15 | 12,1 % | 9,9 % | 8,7 % | 8,0 % | 7,5 % | 7,2 % | 6,9 % | 6,7 % | 6,6 % |
| 20 | 11,0 % | 8,7 % | 7,5 % | 6,8 % | 6,3 % | 6,0 % | 5,7 % | 5,5 % | 5,4 % |
| 25 | 10,3 % | 8,0 % | 6,8 % | 6,1 % | 5,6 % | 5,3 % | 5,0 % | *4,8 %* | *4,6 %* |
| 30 | 9,8 % | 7,5 % | 6,3 % | 5,6 % | 5,1 % | *4,8 %* | *4,5 %* | *4,3 %* | *4,1 %* |
| 35 | 9,5 % | 7,2 % | 6,0 % | 5,3 % | *4,8 %* | *4,4 %* | *4,2 %* | *3,9 %* | *3,8 %* |
| 40 | 9,2 % | 6,9 % | 5,7 % | 5,0 % | *4,5 %* | *4,2 %* | *3,9 %* | *3,7 %* | *3,5 %* |

***Tabelle 20:*** *Fugenanteile in Prozent bei einer Fugenbreite von 5 mm (n. DIN 18515-1, B.3; Auszug) (Quelle: Schmidt)*

| Fugenanteile bei einer Fugenbreite von 5 mm | | | | | | | | | |
|---|---|---|---|---|---|---|---|---|---|
| Format | Länge in cm | | | | | | | | |
| Breite in cm | 10 | 15 | 20 | 25 | 30 | 35 | 40 | 45 | 50 |
| 10 | 9,3 % | 7,8 % | 7,1 % | 6,6 % | 6,3 % | 6,1 % | 5,9 % | 5,8 % | 5,7 % |
| 15 | 7,8 % | 6,3 % | 5,6 % | 5,1 % | *4,8 %* | *4,6 %* | *4,4 %* | *4,3 %* | *4,2 %* |
| 20 | 7,1 % | 5,6 % | *4,8 %* | *4,4 %* | *4,0 %* | *3,8 %* | *3,6 %* | *3,5 %* | *3,4 %* |
| 25 | 6,6 % | 5,1 % | *4,4 %* | *3,9 %* | *3,6 %* | *3,3 %* | *3,2 %* | *3,0 %* | *2,9 %* |
| 30 | 6,3 % | *4,8 %* | *4,0 %* | *3,6 %* | *3,3 %* | *3,0 %* | *2,9 %* | *2,7 %* | *2,6 %* |
| 35 | 6,1 % | *4,6 %* | *3,8 %* | *3,3 %* | *3,0 %* | 28 % | *2,6 %* | *2,5 %* | *2,4 %* |
| 40 | 5,9 % | *4,4 %* | *3,6 %* | *3,2 %* | *2,9 %* | *2,6 %* | *2,5 %* | *2,3 %* | *2,2 %* |

***Tabelle 21:*** *Fugenanteile in Prozent bei einer Fugenbreite von 3 mm (n. DIN 18515-1, B.4; Auszug) (Quelle: Schmidt)*

| Fugenanteile bei einer Fugenbreite von 3 mm | | | | | | | | | |
|---|---|---|---|---|---|---|---|---|---|
| **Format** | **Länge in cm** | | | | | | | | |
| **Breite in cm** | **10** | **15** | **20** | **25** | **30** | **35** | **40** | **45** | **50** |
| 10 | 5,7 % | 4,8 % | 4,3 % | 4,1 % | 3,9 % | 3,7 % | 3,6 % | 3,6 % | 3,5 % |
| 15 | 4,8 % | 3,9 % | 3,4 % | 3,1 % | 2,9 % | 2,8 % | 2,7 % | 2,6 % | 2,5 % |
| 20 | 4,3 % | 3,4 % | 2,9 % | 2,6 % | 2,5 % | 2,3 % | 2,2 % | 2,1 % | 2,1 % |
| 25 | 4,1 % | 3,1 % | 2,6 % | 2,4 % | 2,2 % | 2,0 % | 1,9 % | 1,8 % | 1,8 % |
| 30 | 3,9 % | 2,9 % | 2,5 % | 2,2 % | 2,0 % | 1,8 % | 1,7 % | 1,6 % | 1,6 % |
| 35 | 3,7 % | 2,8 % | 2,3 % | 2,0 % | 1,8 % | 1,7 % | 1,6 % | 1,5 % | 1,4 % |
| 40 | 3,6 % | 2,7 % | 2,2 % | 1,9 % | 1,7 % | 1,6 % | 1,5 % | 1,4 % | 1,3 % |

## Anschlussfugen

Anschlussfugen von Außenwandbekleidungen zu angrenzenden Bauteilen mit anderen Ausdehnungskoeffizienten sollen 10 mm breit und mit elastischen Fugendichtstoffen oder Fugenbändern geschlossen sein.

Bei im Dünnbettverfahren verlegten keramischen Fliesen- und Plattenbelägen sind die Anschlussfugen und Dehnungsfugen mit einer Mindestbreite von 5 mm auszuführen.

## Bewegungsfugen

An Gebäudetrennfugen sind die Bewegungsfugen in Belägen oder Wandbekleidungen an gleicher Stelle und in gleicher Breite, wie im Baukörper vorhanden, zu übernehmen und durch alle Aufbauschichten zu führen.

## Ebenheitsabweichungen des Untergrunds

Da das Ausgleichen von größeren Unebenheiten und Maßabweichungen des Untergrunds außerhalb der Toleranzen nach VOB/C DIN 18352, Abschnitt 4.2.9 eine „Besondere Leistung" ist, muss diese in der Ausschreibung gesondert festgelegt werden.

## Ebenheitsabweichungen der Oberseiten

Durch das Ausführen im Dickbettverfahren können i. d. R. Toleranzen durch die Mörtelbettdicken ausgeglichen werden. Die

Ebenheitsabweichungen für nicht flächenfertige Flächen müssen dabei jedoch eingehalten werden.

Die Ebenheitsabweichungen müssen je nach Verlegeart entweder am flächenfertigen bzw. nicht flächenfertigen Boden gemessen werden.

Dabei ist zu beachten, dass die Ausführung beim Verlegen von Fliesen im Dünnbettverfahren aufgrund von minimalen Ausgleichsmöglichkeiten sehr eng an das jeweilige vorhergehende Gewerk gebunden ist.

Für die Beurteilung der Gesamtfläche sind die Regelungen der DIN 18202 anzuwenden. Versprünge und Absätze in flächenfertigen Belägen sollen nach DIN 18202, Abschnitt 5 vermieden werden. Höhenunterschiede der Oberflächen bzw. der Kanten nebeneinanderliegender Fliesen und Platten („Überzähne") werden in der DIN 18352 und durch die DIN 18202 nicht eindeutig geregelt.

Für Messpunktabstände unter 0,10 m kann ersatzweise auf die Regelung in ATV DIN 18533 „Betonwerksteinarbeiten" zurückgegriffen werden, dies jedoch mit der Einschränkung, dass es sich bei diesem Belagmaterial um ein scharfkantiges Produkt mit geschliffener Oberfläche handelt. In ATV DIN 18333 wird in Abschnitt 3.1.3 die zulässige Höhendifferenz zwischen benachbarten Platten bis 0,25 $m^2$ auf 1,5 mm begrenzt. Bei Platten mit einer Größe über 0,25 $m^2$ bis 0,5 $m^2$ sind Absätze und Höhenversprünge zwischen benachbarten Platten bis 2 mm zulässig.

Für die Beurteilung sogenannter „Überzähne" sind zu den nach DIN 18202 in den Ebenheitstoleranzen nach Tabelle 3 die in den entsprechenden Stoff- bzw. Produktnormen enthaltenen, materialbedingt zulässigen prozentualen Ebenheitsabweichungen prozentuale Abweichungen durch Mittelpunkt- und Kantenwölbung etc. hinzuzurechnen. Für die praktische Ermittlung der zulässigen Abweichung ist im Idealfall eine Ermittlung der tatsächlichen materialbedingten Abweichung anhand von Reservematerial oder Rückstellproben möglich.

# Ergänzende Hinweise

Im Bereich der Treppen müssen die Abweichungen im Rohbau kontrolliert werden, da dies Auswirkungen auf die Höhe und Tiefe des Auftritts haben kann.

Fliesen und Platten, die im freibewitterten Außenbereich verlegt werden, sollen zur Sicherstellung eines einwandfreien Wasserablaufs mit einem Gefälle von 2 % verlegt werden. Bei weniger als 2 % müssen Bedenken geltend gemacht werden.

Die Stichmaße der Ebenheitsabweichungen aus Tabelle 3, Zeile 3, der DIN 18202 reichen für ein optisch zufriedenstellendes Ergebnis beim Verlegen von Fliesen nicht aus. Aus diesem Grund sollten zumindest die erhöhten Anforderungen der DIN 18202, Tabelle 3, Zeile 4, in der Ausschreibung vereinbart werden.

Winkelabweichungen sind vor der Ausführung von Fliesen- und Plattenarbeiten zu kontrollieren.

Zur Herstellung einer gleichmäßigen Anschlussfuge Boden/Wand sind die Ebenheit und die Höhenlage des Fußbodens zu prüfen. Die Verlegung der Wandfliesen erfolgt vor der Verlegung der Bodenfliesen, evtl. erforderliche Ausgleichsarbeiten für Bodenfliesen sind vor der Verlegung der Wandfliesen zu berücksichtigen.

# Prüfung

Die Prüfung der Toleranzen erfolgt nach DIN 18202, Abschnitt 6 spätestens bei der Übernahme der Bauteile oder des Bauwerks durch einen Folgeauftragnehmer bzw. bei der Bauabnahme.

Die Toleranzen sind grundsätzlich so früh wie möglich vor der Ausführung des Folgeunternehmens zu prüfen. In diesem Fall muss die Prüfung durch den Fliesen- oder Plattenleger im Rahmen der Notwendigkeit durchgeführt werden.

Die Wahl des Messverfahrens ist von dem Prüfer in Art und Weise frei wählbar.
Sind höhere Anforderungen als die gewöhnlichen gewünscht, so müssen diese gesondert in den Ausschreibungsunterlagen vereinbart werden.

# Gerüstarbeiten

Die Anforderungen an Gerüstarbeiten sind im Wesentlichen in der Vergabe- und Vertragsverordnung für Bauleistungen (VOB) Teil C in den Allgemeinen Technischen Vertragsbedingungen für Bauleistungen (ATV) in der ATV DIN 18451 (Ausgabe September 2016) beschrieben. Im Folgenden werden die Inhalte der ATV und/oder der ergänzenden Regelungen nur auszugsweise unter dem Gesichtspunkt von Maßangaben zu Ausführungs- und Montagebestimmungen dargestellt.

**Normen:** ATV DIN 18451[1] Gerüstarbeiten
DIN 4420[2] Arbeits- und Schutzgerüste – Schutzgerüste
DIN EN 12810 Fassadengerüste auf vorgefertigten Bauteilen, Teil 1 + 2
DIN EN 12811[3], Teil 1: Arbeitsgerüste
Regeln für Sicherheit und Gesundheitsschutz im Gerüstbau
DIN EN 12812:2008-12[4]: Traggerüste – Anforderungen, Bemessung und Entwurf
Unfallverhütungsvorschriften der Berufsgenossenschaft der Bauwirtschaft; DGUV Information 201-011[5]

[1] ATV DIN 18451:2023-09: VOB Vergabe- und Vertragsordnung für Bauleistungen – Teil C: Allgemeine Technische Vertragsbedingungen für Bauleistungen (ATV) – Gerüstarbeiten.

[2] DIN 4420: Arbeits- und Schutzgerüste – Teil 1 (2004-03): Schutzgerüste – Leistungsanforderungen, Entwurf, Konstruktion und Bemessung; Teil 3 (2006-01): Ausgewählte Gerüstbauarten und ihre Regelausführungen.

[3] DIN EN 12811: 2004-03: Temporäre Konstruktionen für Bauwerke; Teile 1 bis 4.

[4] DIN EN 12812:2008-12: Traggerüste – Anforderungen, Bemessung und Entwurf.

[5] DGUV Information 201-011 „Verwendung von Arbeits-, Schutz- und Montagegerüsten; Ausgabe Januar 2023; hrsg. v. Deutsche Gesetzliche Unfallversicherung e. V. (DGUV), Berlin.

**Allgemeines:** Die Rahmenbedingungen für Gerüstkonstruktionen sind bestimmt durch den vorgesehenen Verwendungszweck als Trag-, Arbeits- oder Schutzgerüst und die damit verbundenen Belastungen. Darüber hinaus bestehen differenzierte Forderungen durch die eingesetzten Systemmaterialien (Stahl, Aluminium und Holz) bezüglich der Dimensionierung einzelner Bauteile. Die Abmessungen für die Gerüstbreiten und den Seitenschutz sind in Abhängigkeit von der möglichen Absturzhöhe auszuführen.

Die ATV DIN 18451 „Gerüstarbeiten" gilt für das Auf-, Um- und Abbauen sowie den Gebrauch („Gebrauchsüberlassung") von Gerüsten und Bühnen, die als Hilfskonstruktionen für Bauarbeiten erforderlich sind.

**Spezifische Ergänzungen:**

- Absturzsicherungen

# Gerüstarten

**Fassadengerüste**

**Lastklassen:**

Fassadengerüste werden nach der vorgesehenen Belastung in verschiedene Lastklassen (frühere Bezeichnung: Gerüstgruppen) eingeteilt.

***Tabelle 1:*** *Lastklassen für Fassadengerüste (n. DIN EN 12811-1, 6.1.3) (Quelle: Schmidt)*

| | Lastklasse (n. DIN EN 12811-1) | | | | | |
|---|---|---|---|---|---|---|
| gleichmäßig verteilte Last $q_1$ kN/m² | 0,75 | 1,50 | 2,00 | 3,00 | 4,50 | 6,00 |
| auf einer Fläche von 500 mm x 500 mm konzentrierte Last $F_1$ kN | 1,50 | 1,50 | 1,50 | 3,00 | 3,00 | 3,00 |
| auf einer Fläche von 200 mm x 200 mm konzentrierte Last $F_2$ kN | 1,00 | 1,00 | 1,00 | 1,00 | 1,00 | 1,00 |

***Tabelle 1:*** *Lastklassen für Fassadengerüste (n. DIN EN 12811-1, 6.1.3) (Quelle: Schmidt)*

| | Lastklasse (n. DIN EN 12811-1) | | | | | |
|---|---|---|---|---|---|---|
| Teilflächenlast $q_2$ kN/m² | - | - | - | 5,00 | 7,50 | 10,00 |
| Teilflächenfaktor (s. DIN EN 12811-1, 6.2.2.1) | - | - | - | 0,4 | 0,4 | 0,5 |

## Ständerabstände:

Zulässige Ständerabstände für die Regelausführung von Stahlrohr-Kupplungsgerüsten mit längsorientierten Gerüstlagen sind in folgender Tabelle angegeben (s. DIN 4420-3, Tab.1):

***Tabelle 2:*** *Zulässige Ständerabstände für die Regelausführung von Stahlrohr-Kupplungsgerüsten (n. DIN 4420-3, Tab. 1) (Quelle: Schmidt)*

| | Lastklasse (n. DIN EN 12811-1) | | | | | |
|---|---|---|---|---|---|---|
| | 1 | 2 | 3 | 4 | 5 | 6 |
| Ständer-abstand | 2,5 m | | 2,0 m | | 1,5 m | 1,2 m |
| Für Lastklasse 6 sind zusätzlich Zwischenquerriegel anzuordnen. | | | | | | |

## Beläge:

Für die Belagfläche sind Bretter und Bohlen nachfolgender Tabelle zu wählen. Dabei dürfen Zwischenquerriegel angeordnet werden (s. DIN 4420-3, Tab. 2):

***Tabelle 3:*** *Maximale Stützweite für Gerüstbeläge aus Holzbohlen/ -brettern (n. DIN 4420-3, Tab. 2) (Quelle: Schmidt)*

| | Lastklasse (n. DIN EN 12811-1) | | | | | |
|---|---|---|---|---|---|---|
| | 1, 2, 3 | | 4 | | 5 | 6 |
| Brett- oder Bohlenbreite in cm | 20 | 24 und 28 | 20 | 24 und 28 | 20, 24, 28 | 20, 24, 28 |
| Brett- oder Bohlendicke in cm | maximale Stützweite in m | | | | | |
| 3,0 | 1,25 | 1,25 | 1,25 | 1,25 | 1,25 | 1,00 |
| 3,5 | 1,50 | 1,75 | 1,50 | 1,75 | 1,25 | 1,25 |
| 4,0 | 1,75 | 2,25 | 1,75 | 2,00 | 1,50 | 1,25 |
| 4,5 | 2,25 | 2,50 | 2,25 | 2,25 | 1,75 | 1,50 |
| 5,0 | 2,50 | 2,75 | 2,50 | 2,50 | 2,00 | 1,75 |

## Sonstige Anforderungen:

***Tabelle 4:*** *Sonstige Anforderungen an Fassadengerüste (Quelle: Schmidt)*

| | **Lastklasse (n. DIN EN 12811-1)** | | | | | |
|---|---|---|---|---|---|---|
| | 1 | 2 | 3 | 4 | 5 | 6 |
| Mindestbreite der Belagfläche in m | 0,50 | 0,60 | 0,60 | 0,90 | 0,90 | 0,90 |
| | Mindestbreite freier Durchgang bei Materiallagerung ≥ 0,20 m | | | | | |
| | maximaler Abstand Belag – Wandfläche ≤ 0,30 m | | | | | |
| Seitenschutzhöhe (Geländerholm) über Belag | ≥ 1,00 m (Mindesthöhe 0,95 m) | | | | | |
| Bordbretthöhe über Belag | ≥ 0,15 m | | | | | |
| Lichter Abstand zw. Bordbrett und Zwischenholm sowie Zwischenholm und Geländerholm | ≤ 0,47 m | | | | | |

### Fanggerüste

Fanggerüste sind auf Baustellen erforderlich, wenn aus arbeitstechnischen Gründen kein Seitenschutz verwendet werden kann. Sie gehören zu den Schutzgerüsten und werden in DIN 4420-1 geregelt.

Die maximale Absturzhöhe ist abhängig von der Gerüstart und wie folgt festgelegt:

- Gerüste nach DIN EN 12810 und DIN EN 18211: ≤ 2,00 m (Abstand b ≥ 0,90 m)
- Ausleger- und Konsolgerüste: ≤ 3,00 m (Abstand b ≥ 1,30 m)

Die Breite w muss mindestens die Anforderungen der Breitenklasse W09 nach DIN EN 12811-1, 5.2 erfüllen. Die Breitenklasse W09 gilt für folgenden Bereich:

- 0,9 m ≤ w < 1,2 m

Der horizontale Abstand zwischen Fanggerüst und Bauwerk darf höchstens 0,30 m betragen.

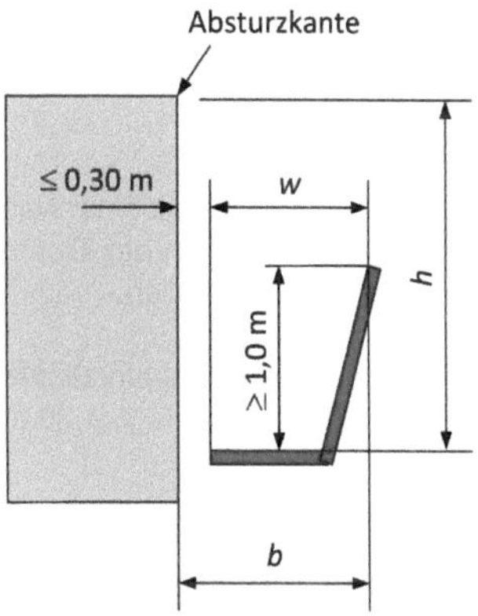


geneigter Seitenschutz

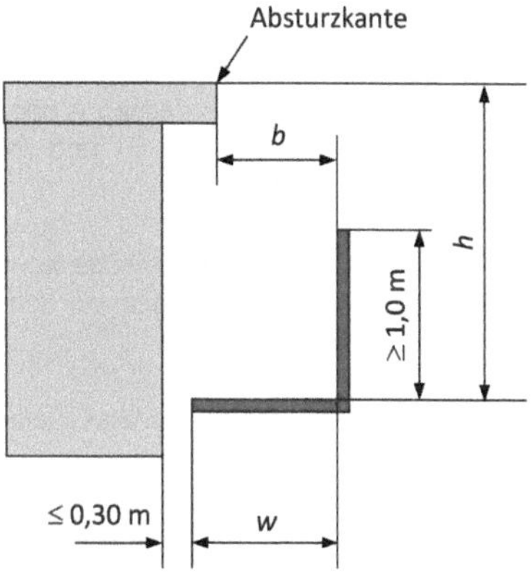


vertikaler Seitenschutz

***Bild 1:*** *Maße bei Fanggerüsten (n. DIN 4420-1, 7.21) (Quelle: Schmidt)*

Werden Leitergerüste aus Holz als Fanggerüste ausgebaut, sind die Leiterabstände zu verringern und die Beläge zu verstärken. Jede Gerüstleiter muss im Bereich der obersten Gerüstlage am Bauwerk verankert sein. Allgemein darf der senkrechte Abstand der Verankerungspunkte nicht mehr als 4,00 m betragen. Bei dem i. d. R. dreiteiligen Seitenschutz aus Bordbrett, Geländer und Zwischenholm kann auf den Zwischenholm verzichtet werden, wenn ausreichend tragfähige Netze mit einer maximalen Maschenweite von 10 cm verwendet werden.

**Dachfanggerüste**

Bei Arbeiten und Verkehrswegen auf Dachflächen mit einer Neigung von mehr als 22,5° und einer Absturzhöhe an der Traufe von mehr als 2,00 m sind Dachfanggerüste erforderlich.

Als maximaler Höhenunterschied zwischen der Absturzkante und dem Gerüstbelag ist ein Maß von 1,50 m festgelegt (1,20 m bei Systemgerüsten).

Die Mindestbreite für die oberste Gerüstlage beträgt 0,70 m zwischen Traufkante und Seitenschutz. Die Höhe des Seitenschutzes wird abhängig von der Breite des Gerüstbelags bzw. dem Abstand zur Traufe bestimmt; die Mindesthöhe muss 1,00 m betragen (s. DIN 4420-1, 7.2.2).

**Traggerüste**

Anforderungen an Traggerüste sind in DIN EN 12812[6] geregelt. Danach werden Traggerüste in die Bemessungsklassen A oder B eingeteilt, wobei die Klasse B die Unterklassen B1 und B2 umfasst.

Die Bemessungsklasse A ist für Traggerüste für einfache Konstruktionen anzunehmen. Sie darf nur angenommen werden, wenn folgende Voraussetzungen zutreffen:

- Querschnittsfläche der Deckenplatten ≤ 0,3 $m^2$ je Meter Breite der Deckenplatte
- Querschnittsfläche der Träger ≤ 0,5 $m^2$
- Lichte Spannweite der Träger und Deckenplatten ≤ 6,0 m
- Höhe bis zur Unterseite des zu errichtenden Bauteils ≤ 3,5 m

Weitere Regeln siehe Norm.

6 DIN EN 12812:2008-12: Traggerüste – Anforderungen, Bemessung und Entwurf.

# Spezifische Ergänzung

### Absturzsicherung

Regeln zur Absturzsicherung enthält die DGUV Vorschrift 18[7]. Danach gilt, dass eine Absturzgefahr bereits bei einer Höhe von mehr als 1,00 m besteht.

Schutzvorrichtungen gegen Absturz von Personen bestehen i. d. R. aus einem Seitenschutz oder einer Absperrung. Der Unternehmer ist dafür verantwortlich, dass derartige Schutzvorrichtungen vorhanden sind. Schutzvorrichtungen sind in folgenden Fällen erforderlich:

1. Unabhängig von der Absturzhöhe bei Arbeitsplätzen an und über dem Wasser oder anderen festen oder flüssigen Stoffen, in denen man versinken kann.
2. Unabhängig von der Absturzhöhe an Verkehrswegen, die über Wasser oder anderen festen oder flüssigen Stoffen, in denen man versinken kann, führen.
3. Bei mehr als 1,00 m Absturzhöhe an freiliegenden Treppenläufen und -absätzen, Wandöffnungen und Verkehrswegen.
4. Bei mehr als 2,00 m Absturzhöhe an allen anderen Arbeitsplätzen.

Abweichend von Nummer 3 und 4 kann auf Schutzvorrichtungen bis 3,00 m Absturzhöhe verzichtet werden bei Dächern und Geschossdecken bis 22,5° Neigung und einer Grundfläche von maximal 50 m², wenn die Arbeiten von hierfür fachlich qualifizierten und körperlich geeigneten Personen durchgeführt werden. Außerdem müssen die Personen besonders unterwiesen sein und die Absturzkante deutlich erkennen können.

Die Oberkante der Absturzsicherung muss 1,0 m über der Belagoberfläche/zu sichernden Fläche liegen. Die lichten Abstände zwischen Geländerholm, Zwischenholm und Bordbrett dürfen jeweils maximal 47 cm betragen. Das Bordbrett muss mit der Oberkante die Belagfläche um mindestens 15 cm überragen.

[7] DGUV Vorschrift 38 – Unfallverhütungsvorschrift Bauarbeiten; Ausgabe November 2019; hrsg. v. Deutsche Gesetzliche Unfallversicherung e. V. (DGUV), Berlin.

# Gussasphaltarbeiten

Die Anforderungen an Gussasphaltarbeiten sind im Wesentlichen in der Vergabe- und Vertragsordnung für Bauleistungen (VOB) Teil C in den Allgemeinen Technischen Vertragsbedingungen für Bauleistungen (ATV) in der DIN 18354 (Ausgabe September 2019) beschrieben. Im Folgenden werden die Inhalte der ATV und/oder der ergänzenden Regelungen auszugsweise unter dem Gesichtspunkt von Ausführungstoleranzen und Schichtdicken dargestellt.

| | | |
|---|---|---|
| **Normen:** | ATV DIN 18354[1] | Gussasphaltarbeiten |
| | DIN 18560[2] | Estriche im Bauwesen (alle Teile) |
| | DIN EN 14879-3[3] | Beschichtungen und Auskleidungen aus organischen Werkstoffen zum Schutz von industriellen Anlagen gegen Korrosion durch aggressive Medien – Teil 3: Beschichtungen für Bauteile aus Beton |

**Allgemeines:** Nach ATV DIN 18354, Abschnitt 3.1.5 gelten die Anforderungen der DIN 18202[4] „Toleranzen im Hochbau – Bauwerke".

Oberflächenunebenheiten innerhalb der Toleranzen der DIN 18202 sind zulässig, auch wenn sie bei Streiflicht sichtbar werden.

[1] ATV DIN 18354:2019-09: VOB Vergabe- und Vertragsordnung für Bauleistungen – Teil C: Allgemeine Technische Vertragsbedingungen für Bauleistungen (ATV) – Gussasphaltarbeiten.

[2] DIN 18560: Estriche im Bauwesen – Teil 1 (2021-02): Allgemeine Anforderungen, Prüfung und Ausführung; Teil 2 (2022-08): Estriche und Heizestriche auf Dämmschichten (schwimmende Estriche); Teil 3 (2006-03): Verbundestriche; Teil 4 (2012-06): Estriche auf Trennschicht; Teil 7 (2004-04): Hochbeanspruchbare Estriche (Industrieestriche).

[3] DIN EN 14879-3:2007-02: Beschichtungen und Auskleidungen aus organischen Werkstoffen zum Schutz von industriellen Anlagen gegen Korrosion durch aggressive Medien – Teil 3: Beschichtungen für Bauteile aus Beton.

[4] DIN 18202:2019-07: Toleranzen im Hochbau – Bauwerke.

**Geltungsbereich:** ATV DIN 18354 regelt die Herstellung von Estrichen aus Gussasphalt nach DIN 18560 „Estriche im Bauwesen", Estrichschichten aus Gussasphalt nach DIN EN 14879-3 und Dichtflächen aus Gussasphalt in Anlagen für den Umgang mit wassergefährdenden Stoffen.

Die Norm gilt nicht für Gussasphaltdeckschichten im Straßenbau und auf Brücken (s. ATV DIN 18317[5] „Verkehrswegebauarbeiten – Oberbauschichten aus Asphalt").

Hinweis: Gegenüber der vorigen Ausgabe (DIN 18354:2016-09) wurden Abdichtungen herausgenommen. Diese werden nun in DIN 18333 „Abdichtungsarbeiten" geregelt.

**Spezifische Ergänzungen:**

- Nenndicken
- Fugen

# Ebenheitsabweichungen

Für die waagerechten Oberflächen von Estrichen und Belägen aus Gussasphalt und die Oberflächen der Unterlage gelten die Anforderungen an die Ebenheit nach DIN 18202, Tab. 3, Zeilen 1, 2a, 2b und 3. Bei erhöhten Anforderungen an die Ebenheit sind die Grenzwerte der Zeile 4 anzuwenden. Siehe hierzu die folgende Tabelle (n. DIN 18202, Tab. 3).

[5] ATV DIN 18317:2019-09: VOB Vergabe- und Vertragsordnung für Bauleistungen – Teil C: Allgemeine Technische Vertragsbedingungen für Bauleistungen (ATV) – Verkehrswegebauarbeiten – Oberbauschichten aus Asphalt.

*Tabelle 1:* *Grenzwerte für Ebenheitsabweichungen (n. DIN 18202, 5.4) (Quelle: Schmidt)*

| | | | | | | | |
|---|---|---|---|---|---|---|---|
| **Nichtflächenfertige Oberseiten von Decken, Unterbeton und Unterböden** | | | | | | | |
| 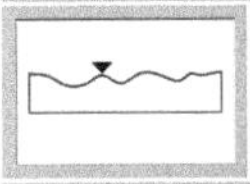 | Messpunktabstand | m | ≤ 0,1 | 1 | 4 | 10 | 15 |
| | Stichmaße als Grenzwerte | mm | 10 | 15 | 20 | 25 | 30 |
| **Nichtflächenfertige Oberseiten von Decken oder Bodenplatten zur Aufnahme von Bodenaufbauten** | | | | | | | |
| 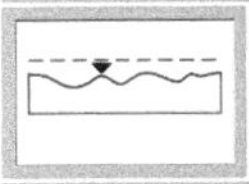 | Messpunktabstand | m | ≤ 0,1 | 1 | 4 | 10 | 15 |
| | Stichmaße als Grenzwerte | mm | 5 | 8 | 12 | 15 | 20 |
| z. B. Estriche im Verbund/auf Trennlage, schwimmende Estriche, Industrieböden, Fliesen- u. Plattenbeläge im Mörtelbett | | | | | | | |
| **Flächenfertige Oberseiten von Decken oder Bodenplatten für untergeordnete Zwecke** | | | | | | | |
| 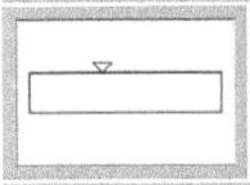 | Messpunktabstand | m | ≤ 0,1 | 1 | 4 | 10 | 15 |
| | Stichmaße als Grenzwerte | mm | 5 | 8 | 12 | 15 | 20 |
| z. B. in Lagerräumen, Kellern | | | | | | | |
| **Flächenfertige Böden, Estriche für Bodenbeläge, Bodenbeläge, Fliesenbeläge, Beläge** | | | | | | | |
| 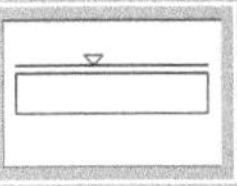 | Messpunktabstand | m | ≤ 0,1 | 1 | 4 | 10 | 15 |
| | Stichmaße als Grenzwerte | mm | 2 | 4 | 10 | 12 | 15 |
| z. B. Estriche als Nutzestriche, Estriche zur Aufnahme von Bodenbelägen, gespachtelte u. geklebte Beläge | | | | | | | |
| **wie Zeile zuvor, jedoch mit erhöhten Anforderungen** | | | | | | | |
| 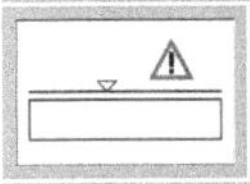 | Messpunktabstand | m | ≤ 0,1 | 1 | 4 | 10 | 15 |
| | Stichmaße als Grenzwerte | mm | 1 | 3 | 9 | 12 | 15 |
| **Nichtflächenfertige Wände und Unterseiten von Rohdecken** | | | | | | | |
| 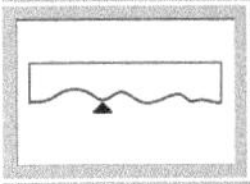 | Messpunktabstand | m | ≤ 0,1 | 1 | 4 | 10 | 15 |
| | Stichmaße als Grenzwerte | mm | 5 | 10 | 15 | 25 | 30 |
| **Flächenfertige Wände und Unterseiten von Decken** | | | | | | | |
| 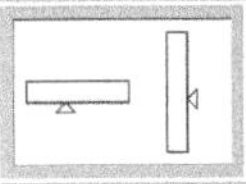 | Messpunktabstand | m | ≤ 0,1 | 1 | 4 | 10 | 15 |
| | Stichmaße als Grenzwerte | mm | 3 | 5 | 10 | 20 | 25 |
| z. B. geputzte Wände, Wandbekleidungen, untergehängte Decken | | | | | | | |

***Tabelle 1:*** *Grenzwerte für Ebenheitsabweichungen (n. DIN 18202, 5.4) (Quelle: Schmidt)*

| **wie Zeile zuvor, jedoch mit erhöhten Anforderungen** | | | | | | | |
|---|---|---|---|---|---|---|---|
|  | Messpunktabstand | m | ≤ 0,1 | 1 | 4 | 10 | 15 |
| | Stichmaße als Grenzwerte | mm | 2 | 3 | 8 | 15 | 20 |
| Zwischenwerte sind DIN 18202, Bild 6 und Bild 7 zu entnehmen und auf ganze mm zu runden. Die Grenzwerte für Ebenheitsabweichungen der letzten Spalte gelten auch für Messpunktabstände > 15 m. | | | | | | | |

**Weiterhin gelten folgende Regeln:**
Erhöhte Anforderungen an die Ebenheit nach DIN 18202, Tab. 3, Zeile 4 (s. Tab. oben) oder sonstige erhöhte Anforderungen an die Maßhaltigkeit sind gesondert zu vereinbaren und stellen eine „Besondere Leistung" im Sinne der DIN 18354, 4.5.5 dar.

Bei flächenfertigen Gussasphaltestrichen sollten Sprünge und Absätze vermieden werden. Diese Regelung gilt jedoch nicht für die durch Flächengestaltung bedingte Struktur (s. DIN 18202, 5.4).

Abweichend von den o. a. Ebenheitsanforderungen dürfen Gussasphaltestriche und -beläge, die auf geneigten Flächen hergestellt werden (z. B. Rampen), folgende Unebenheiten in der Oberfläche aufweisen (s. ATV DIN 18354, 3.1.6):

**Zulässige Unebenheiten bei geneigten Flächen** [1)]

- Flächenneigung ≤ 5 % 1,0 cm
- Flächenneigung > 5 und ≤ 10 % 1,5 cm
- Flächenneigung > 10 % 2,0 cm

[1)] Innerhalb einer Messstrecke von 4 m.

Die Oberfläche muss so beschaffen sein, dass die Nutzung nicht beeinträchtigt wird.

Die handwerklich erzielbare Ebenheit der Oberfläche ist meist für eine direkte Verlegung von großflächigen Elementen (Fliesen, Parkett) ohne Zwischenschicht (Grundierung und Ausgleichspachtelung) nicht ausreichend.

Bei der Beurteilung der Ebenheit der Oberfläche ist zu berücksichtigen, dass Gussasphaltoberflächen normalerweise mit

Feinsand abgerieben werden. Zur Erzielung einer erhöhten Griffigkeit/Rutschhemmung kann auch Edelbrechsand 1/3 oder Splitt der Körnung 2/5 bis 5/8 eingesetzt werden.

## Spezifische Ergänzungen

**Nenndicke**

Die Nenndicke (Mindestwert der mittleren Estrichdicke) von Gussasphaltestrichen wird in Abhängigkeit von der zu erwartenden Belastung/Beanspruchung und der Einbauart (auf Dämmschicht oder Trennschicht) bestimmt. Maßgebend sind die Festlegungen in DIN 18560.

**Gussasphaltestriche auf Dämmschichten (schwimmende Estriche)**
(DIN 18560-2, 4.2.1.2)

Bei schwimmenden Gussasphaltestrichen wird die Tragfähigkeit des Estrichs durch die Dauer-Druckbelastbarkeit der Dämmschicht bestimmt. Dies liegt daran, dass im Estrich aus Gussasphalt keine nennenswerte Lastverteilung erfolgt. Aus diesem Grund ist bei schwimmenden Gussasphaltestrichen eine Dicke von ≥ 25 mm bei Härteklasse IC10 nach DIN EN 13813[6] ausreichend.

Die Zusammendrückbarkeit der Dämmschicht ist auf 2 mm begrenzt. Für dauerhaft wirkende Punktlasten (z. B. Möbelfüße) bestehen Anforderungen an die lokale Pressung; siehe Norm.

**Heizestriche aus Gussasphalt**
(DIN 18560-2, 4.2.2.2)

Für Heizestriche aus Gussasphalt ist nur die Härteklasse ICH10 nach DIN EN 13813 zulässig. Die Mindestnenndicke beträgt bei Bauart A (Heizelemente im Estrich) 35 mm. Die Rohrüberdeckung muss ≥ 15 mm betragen.

Ggf. kann es erforderlich sein, den Estrich in zwei Lagen mit jeweils 25 mm einzubauen. Die o. g. Anforderungen hinsichtlich

---

[6] DIN EN 13813:2003-11: Estrichmörtel, Estrichmassen und Estriche – Estrichmörtel und Estrichmassen –Eigenschaften und Anforderungen.

der Zusammendrückbarkeit der Dämmschicht und Pressung bei lokalen Punktlasten gelten auch für Heizestriche aus Gussasphalt.

### Gussasphaltestriche auf Trennschicht
(DIN 18560-4, 3.2)

Für Gussasphaltestriche auf Trennschicht sind die in der folgenden Tabelle angegebenen Nenndicken einzuhalten. Bei anderen Biegezugfestigkeitsklassen ist eine abweichende Nenndicke möglich. Die Mindestdicke von 25 mm darf allerdings nicht unterschritten werden.

***Tabelle 2:** Mindestwerte der Nenndicken von Gussasphaltestrichen auf Trennschicht (n. DIN 18560-4, 3.2) (Quelle: Schmidt)*

| Biegezugfestigkeitsklasse n. DIN EN 13813 | Belastung | | | |
|---|---|---|---|---|
| | EL ≤ 1 kN<br>FL ≤ 2 kN/m² | EL ≤ 2 kN<br>FL ≤ 3 kN/m² | EL ≤ 3 kN<br>FL ≤ 4 kN/m² | EL ≤ 4 kN<br>FL ≤ 5 kN/m² |
| IC10 | ≥ 25 mm | ≥ 30 mm | ≥ 30 mm | ≥ 35 mm |
| IC15 | ≥ 25 mm | ≥ 30 mm | ≥ 30 mm | ≥ 35 mm |
| IC40 | ≥ 25 mm | ≥ 30 mm | ≥ 30 mm | ≥ 35 mm |
| IC100 | - | ≥ 30 mm | ≥ 30 mm | ≥ 35 mm |
| EL: Einzellasten<br>FL: Flächenlasten | | | | |
| Anmerkungen:<br>Bei Einzellasten sind im Allgemeinen besondere Überlegungen hinsichtlich der Ausbildung der Aufstandsflächen erforderlich.<br>Gussasphaltestriche müssen die in DIN EN 13813 festgelegten Eindringtiefen entsprechend ihrer Härteklasse aufweisen. | | | | |

### Hochbeanspruchbare Gussasphaltestriche
(DIN 18560-7, 3.2)

Anforderungen an hochbeanspruchbare Gussasphaltestriche sind in DIN 18560-7 geregelt. Nenndicke und Größtkorn des Zuschlags sind von der Beanspruchungsklasse abhängig; siehe folgende Tabelle.

A B D E F G H K M N P R S T V W Z

***Tabelle 3:** Größtkorn der Zuschlagsstoffe von hochbeanspruchbaren Gussasphaltestrichen (n. DIN 18560-7, 3.2) (Quelle: Schmidt)*

| Hochbeanspruchbare Estriche | | |
|---|---|---|
| **Beanspruchungsgruppe** | **Nenndicke** | **Größtkorn der Zuschlagsstoffe** |
| I, schwer | ≥ 35 mm<br>≥ 30 mm | 11 mm<br>8 mm |
| II, mittel | ≥ 30 mm<br>≥ 25 mm | 8 mm<br>5 mm |
| III, leicht | ≥ 30 mm<br>≥ 25 mm | 8 mm<br>5 mm |

Für Mindest- und Höchstdicken (Absolutwerte) in Abhängigkeit vom Größtkorn der Zuschlagsstoffe gelten die folgenden Werte:

***Tabelle 4:** Mindest- und Höchstdicken von hochbeanspruchbaren Gussasphaltestrichen in Abhängigkeit vom Größtkorn der Zuschlagsstoffe (n. DIN 18560-7, 3.2) (Quelle: Schmidt)*

| Größtkorn der Zuschlagsstoffe | Mindestdicke kleinster zulässiger Einzelwert | Höchstdicke größter zulässiger Einzelwert |
|---|---|---|
| 11 mm | 30 mm | 45 mm |
| 8 mm | 25 mm | 35 mm |
| 5 mm | 20 mm | 30 mm |

### Weitere Regeln

Eine Gussasphaltschicht mit einer Nenndicke über 40 mm ist nach ATV DIN 18354, 3.1.4 mehrlagig herzustellen. Die Arbeitsnähte von zwei- oder mehrlagigen Gussasphaltestrichen oder Belägen sind versetzt auszuführen. Bei mehrlagigen Gussasphaltestrichen sind die Arbeitsnähte der einzelnen Schichten um mindestens 20 cm zu versetzen (ATV DIN 18354, 3.1.10).

### Fugen

Gussasphalt kann in großen Flächen fugenlos eingebaut werden.

Bewegungsfugen im Baukörper sind im Estrich oder Belag an der gleichen Stelle zu übernehmen.

Werden Scheinfugen aus Gestaltungsgründen erforderlich, so sind diese höchstens bis zur Hälfte der Nenndicke des Estrichs/ Belags einzuschneiden.

Gussasphaltestriche auf Dämmschichten sind zu anderen Bauteilen durch eine Randfuge von 10 mm Breite abzugrenzen. Beheizte Gussasphaltbeläge im Freien erfordern Randfugen mit einer Breite von mindestens 10 mm.

# Heizungsinstallationen

Die technischen Anforderungen an Heizungsinstallationen werden im Wesentlichen bestimmt durch die Baukonstruktion (Wärmeschutz, Grundrisse, Objektgröße und Lage, zusätzliche technische Ausstattungen, die Art der Heizungsanlage und die vorgesehene Nutzung des Objekts). Angaben zu technischen Aspekten der Planung und dem Bau einer funktionsfähigen Wärmeverteilungsanlage sind wegen der zu berücksichtigenden objektspezifischen Rahmenbedingungen und des damit verbundenen Darstellungsumfangs nicht möglich. Durch die Angaben zur Montage von Heizkörpern und Rohrinstallationen soll in erster Linie eine allgemeine technische und visuelle Kontrolle der handwerklichen Ausführung vor Ort ermöglicht und unterstützt werden.

**Normen:** ATV DIN 18380[1] Heizanlagen und zentrale Wassererwärmungsanlagen (Ausgabe September 2019)

**Allgemeines:** In der ATV DIN 18380 „Heizanlagen und zentrale Wassererwärmungsanlagen" sind nachstehende Grundregeln festgeschrieben.

### Heizkörper

Zur Montagehöhe und zu Abständen von Heizkörpern zu anderen Bauteilen und Einrichtungsgegenständen in der ATV DIN 18380 wird eine allgemeine Formulierung getroffen, die auf objektbezogene Planung/Bewertung hinweist:

In ATV DIN 18380, 3.2.8.1 heißt es dazu: *„Heizkörper sind mit den Rohrleitungen so zu verbinden, dass sie leicht lösbar, entleerbar und abnehmbar sind. Heizkörper und ihre Armaturen müssen gut zugänglich sein."*

### Rohrleitungen

Die erforderlichen Montageabstände von Rohrleitungen und deren Einbau in anderen Bauteilen oder bei Durchdringungen sind

[1] ATV DIN 18380:2019-09: VOB Vergabe- und Vertragsordnung für Bauleistungen – Teil C: Allgemeine Technische Vertragsbedingungen für Bauleistungen (ATV) – Heizanlagen und zentrale Wassererwärmungsanlagen.

so zu gestalten, dass Längenänderungen oder Ausdehnungen von Rohren möglich sind, ohne dadurch Schäden zu verursachen (s. ATV DIN 18380, 3.2.5).

**Wärmedämmung von Wärmeverteilungs- und Warmwasserleitungen sowie Armaturen**

(GEG § 69 und § 71)

Nach dem Gebäudeenergiegesetz (GEG)[2] ist die Wärmeabgabe von Wärmeverteilungs- und Warmwasserleitungen sowie Armaturen zu begrenzen, wenn diese erstmalig eingebaut oder ersetzt werden (s. GEG § 69 und Anlage 8). Außerdem wird im Bestand gefordert, dass bisher ungedämmte, zugängliche Wärmeverteilungs- und Warmwasserleitungen, die in unbeheizten Räumen verlaufen, gedämmt werden müssen (s. GEG § 71 und Anlage 8). Wärmeverteilungs- und Warmwasserleitungen sowie Armaturen sind nach GEG § 69 und § 71 wie folgt zu dämmen:

***Tabelle 1:** Mindestdicke der Dämmschicht von Wärmeverteilungs- und Warmwasserleitungen bei erstmaligem Einbau oder Ersatz sowie im Bestand, wenn die Leitungen durch unbeheizte, zugängliche Räume laufen (n. GEG § 69 und § 71 sowie Anlage 8)*

| | **Wärmedämmung von Wärmeverteilungs- und Warmwasserleitungen sowie Armaturen** | |
|---|---|---|
| | **Art der Leitung/Armatur** | **Mindestdicke der Dämmschicht bei einer Wärmeleitfähigkeit von 0,035 W/(mK)** |
| 1 | Innendurchmesser ≤ 22 mm | 20 mm |
| 2 | Innendurchmesser > 22 mm und ≤ 35 mm | 30 mm |
| 3 | Innendurchmesser > 35 mm und ≤ 100 mm | Mindestdicke wie Innendurchmesser der Rohrleitung |
| 4 | Innendurchmesser > 100 mm | 100 mm |

[2] Gesetz zur Einsparung von Energie und zur Nutzung erneuerbarer Energien zur Wärme- und Kälteerzeugung in Gebäuden (Gebäudeenergiegesetz – GEG) v. 8. August 2020 (BGBl. I S. 1728), das durch Artikel 1 des Gesetzes vom 16. Oktober 2023 (BGBl. I Nr. 280) geändert worden ist.

***Tabelle 1:** Mindestdicke der Dämmschicht von Wärmeverteilungs- und Warmwasserleitungen bei erstmaligem Einbau oder Ersatz sowie im Bestand, wenn die Leitungen durch unbeheizte, zugängliche Räume laufen (n. GEG § 69 und § 71 sowie Anlage 8)*

| | **Wärmedämmung von Wärmeverteilungs- und Warmwasserleitungen sowie Armaturen** | |
|---|---|---|
| | **Art der Leitung/Armatur** | **Mindestdicke der Dämmschicht bei einer Wärmeleitfähigkeit von 0,035 W/(mK)** |
| 5 | Leitungen und Armaturen nach Zeile 1 bis 4 in Wand- und Deckendurchbrüchen, im Kreuzungsbereich von Leitungen, an Leitungsverbindungsstellen oder bei zentralen Leitungsnetzverteilern | die Hälfte der Anforderungen der Zeilen 1 bis 4 |
| 6 | Wärmeverteilungsleitungen nach den Zeilen 1 bis 4, die nach dem 31.01.2002 in Bauteilen zwischen beheizten Räumen verschiedener Nutzer verlegt werden | die Hälfte der Anforderungen der Zeilen 1 bis 4 |
| 7 | Leitungen nach Zeile 6 in einem Fußbodenaufbau | 6 mm |
| 8 | Wärmeverteilungs- und Warmwasserleitungen, die an die Außenluft grenzen | das Doppelte der Werte nach den Zeilen 1 bis 4 |

## Wärmedämmung von Kälteverteilungs- und Kaltwasserleitungen sowie Armaturen

Für Kälteverteilungs- und Kaltwasserleitungen sowie Armaturen von Klimaanlagen und raumlufttechnischen Anlagen gilt folgende Anforderung (s. GEG § 70 und Anlage 8):

***Tabelle 2:** Mindestdicke der Dämmschicht bei Kälteverteilungs- und Kaltwasserleitungen sowie Armaturen (n. GEG § 70 und Anlage 8) (Quelle: Schmidt)*

| **Wärmedämmung von Kälteverteilungs- und Kaltwasserleitungen sowie Armaturen** | | |
|---|---|---|
| | **Art der Leitung/Armatur** | **Mindestdicke der Dämmschicht bei einer Wärmeleitfähigkeit von 0,035 W/(mK)** |
| 1 | alle Leitungen/Armaturen | 6 mm |

A B D E F G H K M N P R S T V W Z

# Holzpflasterarbeiten

Die Anforderungen an Holzpflasterarbeiten sind im Wesentlichen in der Vergabe- und Vertragsordnung für Bauleistungen (VOB) Teil C in den Allgemeinen Technischen Vertragsbedingungen für Bauleistungen (ATV) in der ATV DIN 18356 (Ausgabe September 2019) beschrieben. Im Folgenden werden die Inhalte der ATV und/oder der ergänzenden Regelungen auszugsweise unter dem Gesichtspunkt von Ausführungstoleranzen und Materialmindestdicken dargestellt.

| **Normen:** | ATV DIN 18356[1] | Parkett- und Holzpflasterarbeiten |
|---|---|---|
| | DIN 68702[2] | Holzpflaster |
| | DIN EN 13226[3] | Holzfußböden – Massivholz-Elemente mit Nut und/oder Feder |
| | DIN EN 13227[4] | Holzfußböden – Massivholz-Lamparkett-Produkte |
| | DIN EN 13228[5] | Holzfußböden – Massivholz-Overlay-Parkettstäbe einschließlich Parkettblöcken mit einem Verbindungssystem |
| | DIN EN 13488[6] | Holzfußböden – Mosaikparkettelemente |
| | DIN EN 13489[7] | Holzfußböden und Parkett - Mehrschichtparkettelemente |

[1] ATV DIN 18356:2019-09: VOB Vergabe- und Vertragsordnung für Bauleistungen – Teil C: Allgemeine Technische Vertragsbedingungen für Bauleistungen (ATV) – Parkett- und Holzpflasterabeiten.

[2] DIN 68702:2017-06: Holzpflaster.

[3] DIN EN 13226:2009-09: Holzfußböden – Massivholz-Elemente mit Nut und/oder Feder.

[4] DIN EN 13227:2017-12: Holzfußböden – Massivholz-Lamparkettprodukte.

[5] DIN EN 13228:2011-08: Holzfußböden – Massivholz-Overlay-Parkettstäbe einschließlich Parkettblöcken mit einem Verbindungssystem.

[6] DIN EN 13488:2003-05: Holzfußböden – Mosaikparkettelemente

[7] DIN EN 13489-2023-09: Holzfußböden und Parkett – Mehrschichtparkettelemente.

| | | |
|---|---|---|
| | DIN EN 13629[8] | Holzfußböden – Massive Laubholzdielen und zusammengesetzte massive Laubholz-Elemente |
| | DIN EN 13990[9] | Holzfußböden – Massive Nadelholz-Fußbodendielen |
| | DIN EN 14342[10] | Holzfußböden und Parkett – Eigenschaften, Bewertung der Konformität und Kennzeichnung |
| | DIN EN 14761[11] | Holzfußböden – Massivholzparkett – Hochkantlamelle, Brettlamelle und Modulklotz |

**Allgemeines:** Die ATV DIN 18356 „Parkett- und Holzpflasterarbeiten" gilt grundsätzlich für das Verlegen von Parkett und Holzpflaster in Innenräumen.

Die Norm gilt nicht für das Verlegen von Lagerhölzern und Blindböden (s. ATV DIN 18334[12] „Zimmer- und Holzbauarbeiten").

Abweichungen in den vorgeschriebenen Maßen sind zulässig, wenn die Toleranzen der DIN 18202[13] eingehalten sind.

**Spezifische Ergänzungen:**

- Holzpflasterarbeiten, Pflasterarten, Klotzmaße
- Holzfeuchte
- Verlegung, Raumklima, Fugen
- Verlegeuntergrund
- Oberflächenbehandlung

8 DIN EN 13629:2020-05: Holzfußböden – Massive Laubholzdielen und zusammengesetzte massive Laubholzdielen-Elemente.

9 DIN EN 13990:2004-04: Holzfußböden – Massive Nadelholz-Fußbodendielen.

10 DIN EN 14342:2013-09: Holzfußböden und Parkett – Eigenschaften, Bewertung der Konformität und Kennzeichnung.

11 DIN EN 14761: Holzfußböden – Massivholzparkett – Hochkantlamelle, Brettlamelle und Modulklotz.

12 ATV DIN 18334:2023-09: VOB Vergabe- und Vertragsordnung für Bauleistungen – Teil C: Allgemeine Technische Vertragsbedingungen für Bauleistungen (ATV) – Zimmer- und Holzbauarbeiten.

13 DIN 18202:2019-07: Toleranzen im Hochbau – Bauwerke.

# Bauwerksmaße

Abweichungen von den vorgeschriebenen Maßen sind innerhalb der in DIN 18202 festgelegten Toleranzen zulässig.

Grenzabweichungen für Maße siehe folgende Tabelle (n. DIN 18202, Tab. 1).

***Tabelle 1:*** *Grenzabweichungen für Maße (n. DIN 18202, 5.2) (Quelle: Schmidt)*

| **Grenzabweichung für Maße im Grundriss** | | | | | | | | |
|---|---|---|---|---|---|---|---|---|
| 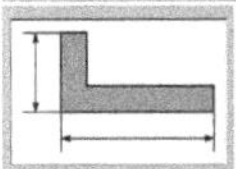 | Nennmaß | m | ≤ 1 | > 1 ≤ 3 | > 3 ≤ 6 | > 6 ≤ 15 | > 15 ≤ 30 | > 30 |
| | Grenzabweichung | mm | ± 10 | ± 12 | ± 16 | ± 20 | ± 24 | ± 30 |
| z. B. Längen, Breiten, Achsmaße, Rastermaße | | | | | | | | |
| **Grenzabweichung für Maße im Aufriss** | | | | | | | | |
| 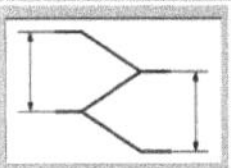 | Nennmaß | m | ≤ 1 | > 1 ≤ 3 | > 3 ≤ 6 | > 6 ≤ 15 | > 15 ≤ 30 | > 30 |
| | Grenzabweichung | mm | ± 10 | ± 16 | ± 16 | ± 20 | ± 30 | ± 30 |
| z. B. Geschosshöhen, Podesthöhen, Abstände von Aufstandsflächen u. Konsolen | | | | | | | | |
| **Grenzabweichung für lichte Maße im Grundriss** | | | | | | | | |
| 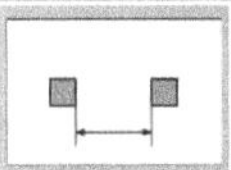 | Nennmaß | m | ≤ 1 | > 1 ≤ 3 | > 3 ≤ 6 | > 6 ≤ 15 | > 15 ≤ 30 | > 30 |
| | Grenzabweichung | mm | ± 12 | ± 16 | ± 20 | ± 24 | ± 30 | - |
| z. B. Maße zwischen Stützen, Pfeilern usw. | | | | | | | | |
| **Grenzabweichung für lichte Maße im Aufriss** | | | | | | | | |
| 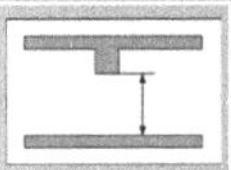 | Nennmaß | m | ≤ 1 | > 1 ≤ 3 | > 3 ≤ 6 | > 6 ≤ 15 | > 15 ≤ 30 | > 30 |
| | Grenzabweichung | mm | ± 16 | ± 20 | ± 20 | ± 30 | - | - |
| z. B. unter Decken u. Unterzügen | | | | | | | | |

***Tabelle 1:*** *Grenzabweichungen für Maße (n. DIN 18202, 5.2) (Quelle: Schmidt)*

| **Grenzabweichung für Maße von Öffnungen** | | | | | | | | |
|---|---|---|---|---|---|---|---|---|
| 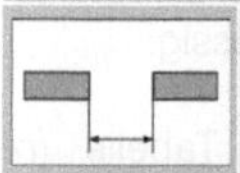 | Nenn-maß | m | ≤ 1 | > 1 ≤ 3 | > 3 ≤ 6 | > 6 ≤ 15 | > 15 ≤ 30 | > 30 |
| | Grenz-abwei-chung | mm | ± 10 | ± 12 | ± 16 | - | - | - |
| z. B. Öffnungen von Fenstern, Einbauelementen, Außentüren (Innentüren s. DIN 18100) | | | | | | | | |
| **Grenzabweichung für Maße von Öffnungen mit <u>oberflächenfertigen</u> Laibungen** | | | | | | | | |
| 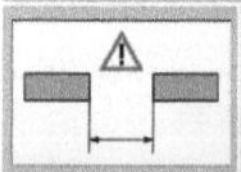 | Nenn-maß | m | ≤ 1 | > 1 ≤ 3 | > 3 ≤ 6 | > 6 ≤ 15 | > 15 ≤ 30 | > 30 |
| | Grenz-abwei-chung | mm | ± 8 | ± 10 | ± 12 | - | - | - |
| Grenzabweichungen gelten für Nennmaße bis 60 m. Bei größeren Nennmaßen sind besondere Überlegungen erforderlich. | | | | | | | | |

# Winkelabweichungen

Grenzwerte für Winkelabweichungen siehe folgende Tabelle (n. DIN 18202, Tab. 2):

***Tabelle 2:*** *Grenzwerte für Winkelabweichungen (n. DIN 18202, 5.3) (Quelle: Schmidt)*

| **Grenzwerte für Winkelabweichungen** | | | | | | | | | |
|---|---|---|---|---|---|---|---|---|---|
| 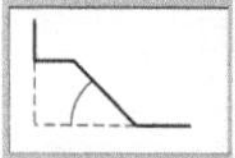 | Nenn-maß | m | ≤ 0,5 | > 0,5 ≤ 1,0 | > 1,0 ≤ 3,0 | > 3,0 ≤ 6,0 | > 6,0 ≤ 15,0 | > 15,0 ≤ 30,0 | > 30,0 |
| | Stich-maße als Grenz-werte | mm | 3 | 6 | 8 | 12 | 16 | 20 | 30 |

# Ebenheitsabweichungen

Grenzwerte für Ebenheitsabweichungen sind in DIN 18202, Abschnitt 5.4 geregelt; siehe folgende Tabelle (n. DIN 18202, Tab. 3):

***Tabelle 3:*** *Grenzwerte für Ebenheitsabweichungen (n. DIN 18202, 5.4) (Quelle: Schmidt)*

| | | | | | | | |
|---|---|---|---|---|---|---|---|
| **Nichtflächenfertige Oberseiten von Decken, Unterbeton und Unterböden** | | | | | | | |
| 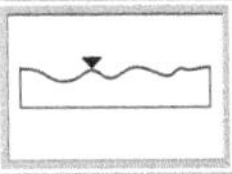 | Messpunktabstand | m | ≤ 0,1 | 1 | 4 | 10 | 15 |
| | Stichmaße als Grenzwerte | mm | 10 | 15 | 20 | 25 | 30 |
| **Nichtflächenfertige Oberseiten von Decken oder Bodenplatten zur Aufnahme von Bodenaufbauten** | | | | | | | |
| 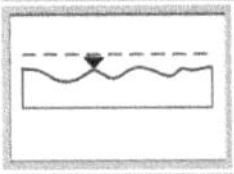 | Messpunktabstand | m | ≤ 0,1 | 1 | 4 | 10 | 15 |
| | Stichmaße als Grenzwerte | mm | 5 | 8 | 12 | 15 | 20 |
| z. B. Estriche im Verbund/auf Trennlage, schwimmende Estriche, Industrieböden, Fliesen- u. Plattenbeläge im Mörtelbett | | | | | | | |
| **Flächenfertige Oberseiten von Decken oder Bodenplatten für untergeordnete Zwecke** | | | | | | | |
| 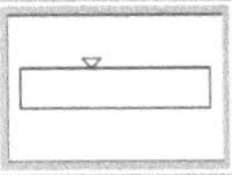 | Messpunktabstand | m | ≤ 0,1 | 1 | 4 | 10 | 15 |
| | Stichmaße als Grenzwerte | mm | 5 | 8 | 12 | 15 | 20 |
| z. B. in Lagerräumen, Kellern | | | | | | | |
| **Flächenfertige Böden, Estriche für Bodenbeläge, Bodenläge, Fliesenbeläge, Beläge** | | | | | | | |
| 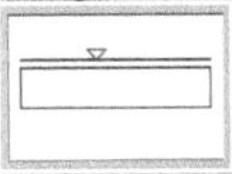 | Messpunktabstand | m | ≤ 0,1 | 1 | 4 | 10 | 15 |
| | Stichmaße als Grenzwerte | mm | 2 | 4 | 10 | 12 | 15 |
| z. B. Estriche als Nutzestriche, Estriche zur Aufnahme von Bodenbelägen, gespachtelte u. geklebte Beläge | | | | | | | |
| **wie Zeile zuvor, jedoch mit erhöhten Anforderungen** | | | | | | | |
| 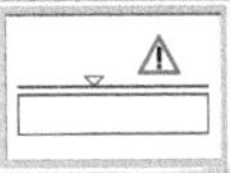 | Messpunktabstand | m | ≤ 0,1 | 1 | 4 | 10 | 15 |
| | Stichmaße als Grenzwerte | mm | 1 | 3 | 9 | 12 | 15 |
| **Nichtflächenfertige Wände und Unterseiten von Rohdecken** | | | | | | | |
| 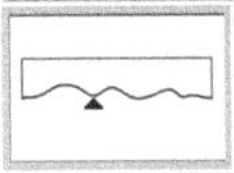 | Messpunktabstand | m | ≤ 0,1 | 1 | 4 | 10 | 15 |
| | Stichmaße als Grenzwerte | mm | 5 | 10 | 15 | 25 | 30 |
| **Flächenfertige Wände und Unterseiten von Decken** | | | | | | | |
| 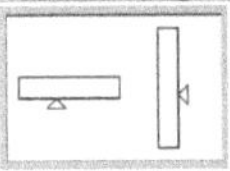 | Messpunktabstand | m | ≤ 0,1 | 1 | 4 | 10 | 15 |
| | Stichmaße als Grenzwerte | mm | 3 | 5 | 10 | 20 | 25 |
| z. B. geputzte Wände, Wandbekleidungen, untergehängte Decken | | | | | | | |

***Tabelle 3:*** *Grenzwerte für Ebenheitsabweichungen (n. DIN 18202, 5.4) (Quelle: Schmidt)*

| **wie Zeile zuvor, jedoch mit erhöhten Anforderungen** | | | | | | | |
|---|---|---|---|---|---|---|---|
| 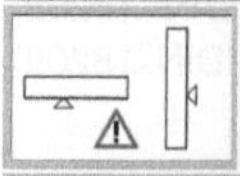 | Messpunktabstand | m | ≤ 0,1 | 1 | 4 | 10 | 15 |
| | Stichmaße als Grenzwerte | mm | 2 | 3 | 8 | 15 | 20 |
| Zwischenwerte sind DIN 18202, Bild 6 und Bild 7 zu entnehmen und auf ganze mm zu runden.<br>Die Grenzwerte für Ebenheitsabweichungen der letzten Spalte gelten auch für Messpunktabstände > 15 m. | | | | | | | |

Die Ebenheitsabweichungen sind nach DIN 18202, Tabelle 3, geregelt. Anforderungen an flächenfertige Böden sind dort in den Zeilen 3 bzw. 4 festgelegt.

Erhöhte Anforderungen an die Ebenheit flächenfertiger Böden erfordern zusätzliche Maßnahmen, die als „Besondere Leistungen" gesondert zu vereinbaren sind.

Nach ATV DIN 18356, 3.1.3, sind Abweichungen von vorgeschriebenen Maßen innerhalb der Grenzwerte der DIN 18202 zulässig. Unebenheiten von Oberflächen, die bei Streiflicht sichtbar werden, sind dann zulässig, wenn die Maßtoleranzen der DIN 18202 nicht überschritten werden.

# Spezifische Ergänzungen

## Holzpflasterarbeiten, Pflasterarten, Klotzmaße

Für Holzpflasterarbeiten gelten neben den Regelungen der ATV DIN 18356 „Parkett- und Holzpflasterarbeiten" auch die Regeln der DIN 68702[14] „Holzpflaster" sowie der weiteren vorher genannten Normen.

Nachfolgend wird exemplarisch nur auf spezifische Regeln für Holzpflaster nach DIN 68702 eingegangen. Für andere Holzfußböden wird auf die oben genannten Normen verwiesen.

Nach DIN 68702 „Holzpflaster" sind unter „Holzpflaster" Fußböden für Innenräume aus scharfkantigen, nicht imprägnierten Holzklötzen zu verstehen, die so verlegt werden, dass eine Hirnholzfläche als Nutzfläche entsteht.

[14] DIN 68702:2017-06: Holzpflaster.

In DIN 68702 wird unterschieden in *Holzpflaster RE* für Verwaltungs- und Versammlungsstätten oder Hobbyräume im Wohnbereich, *Holzpflaster WE* für Werkräume (ohne Fahrzeug- und Staplerverkehr) und *Holzpflaster GE* für den Gewerbe- und Industriebereich. Für die Pflasterung werden meist Holzklötze aus Kiefer, Lärche, Fichte, Eiche oder einem ähnlich geeigneten Holz (z. B. Douglasie) verwendet.

Die Abmessungen der verfügbaren Holzklötze für Holzpflaster RE und WE betragen in der Höhe 22, 25, 30, 40, 50, 60 und 80 mm mit einer maximalen Abweichung von ±1 mm; die Höhen 22 mm und 25 mm sind nur bei RE vorgesehen. Breiten stehen in Abstufungen von 40 bis 80 mm zur Verfügung, je Klotz darf die Abweichung ±1 mm betragen. Die Längenabmessungen der Klötze liegen zwischen 40 bis 120 mm, bei WE (Holzpflaster für Werkräume) zwischen 40 und 140 mm.

Nach DIN 68702 dürfen niedrige Holzklötze von 22 und 25 mm nur für das Holzpflaster RE (Holzpflaster in Verwaltungsgebäuden, Versammlungsstätten, Hobbyräumen, Wohnbereich) verwendet werden.

Für Holzpflaster WE mit einer Nutzung durch Fahrzeuge oder Stapler beträgt die Mindesthöhe der Klötze 40 mm, bei einer maximalen Breite von 80 mm und einem Längenmaß von höchstens 100 mm.

Das Holzpflaster GE wird hergestellt aus Holzklötzen mit den Höhenmaßen von 50, 60, 80 oder 100 mm, jeweils mit einer zulässigen Abweichung von ±1 mm. Die Breite ist festgelegt auf Maße von 60 bis 80 mm und darf um ±1,5 mm variieren. Die Länge der Holzklötze kann zwischen 60 und 140 mm betragen, Toleranz ±1,5 mm. Für Holzklötze mit einer Breite ab 50 mm sind besondere Vereinbarungen zu treffen.

**Holzfeuchte**

Zur Vermeidung von Rissbildungen durch ein erhöhtes Nachtrocknen von Holzklötzen am Einbauort ist für die Anlieferung und Verlegung der mittlere Feuchtegehalt der Holzklötze vorab festzulegen. Dies richtet sich nach dem zu erwartenden Raumklima. Einzelne Holzklötze dürfen den festgelegten Feuchtegehalt um höchstens 2 % unter- oder überschreiten.

***Tabelle 4:** Mittlerer Feuchtegehalt von Holzklötzen (n. DIN 68702, Tab. 3) (Quelle: Schöwer)*

| Feuchtegehalt in % | | | |
|---|---|---|---|
| Holzklötze für Holzpflaster | RE | WE | GE |
| Feuchtegehalt in Prozent | 8 bis 12 | 8 bis 13 | 8 bis 14 |
| Der Feuchtegehalt einzelner Holzklötze darf vom mittleren Wert um ±2 % abweichen. | | | |

## Verlegung – Raumklima – Fugen

Die Verlegerichtung ist allgemein nicht festgelegt und kann vom Auftraggeber gewählt werden, sofern das Leistungsverzeichnis keine besonderen Regelungen vorsieht. Teilflächen mit einem deutlich anderen Farbton („Plakate") im Vergleich zur sonstigen Pflasterfläche sind zu vermeiden.

Die Verlegung der Holzklötze ist an bestimmte raumklimatische Verhältnisse gebunden, die vor, während und nach der Verlegung einzuhalten sind.

***Tabelle 5:** Anforderungen an das Raumklima (n. DIN 68702, 8.1) (Quelle: Schöwer)*

| Raumklima vor, während und nach der Verlegung | | | |
|---|---|---|---|
| **Holzpflasterart** | **RE** | **WE** | **GE** |
| relative Luftfeuchte in % | < 65 % | < 65 % | < 75 % |
| Raumlufttemperatur in °C | > 18 | > 18 | > 15 |
| Oberflächentemperatur des Unterbodens in °C | > 15 | > 15 | > 12 |

Zu angrenzenden Wänden oder anderen Bauteilen sind Arbeitsfugen herzustellen, an Schienen sind die Klötze unmittelbar anzustoßen, wenn keine anderen Forderungen nach dem Leistungsverzeichnis bestehen. Bewegungsfugen des Bauwerks sind im Holzpflaster zu übernehmen.

Holzpflaster kann material- und raumklimatisch bedingte Fugen aufweisen. Für Holzpflaster RE beträgt die tolerierbare Fugenbreite bis 1 mm im Mittel, bei WE bis 3 mm im Mittel. In geringem Umfang sind auch größere Fugenbreiten zulässig, wenn dadurch der Gesamteindruck der Fläche nicht wesentlich gestört wird.

### Verlegeuntergrund

Für die Unterböden bestehen, abhängig von der vorgesehenen Nutzung, der Art und der Materialien des Unterbodens, unterschiedliche Anforderungen, in allen Fällen jedoch die Einhaltung der maximalen Ebenheitsabweichungen nach DIN 18202, Tabelle 3, Zeile 3, und für Winkeltoleranzen die Grenzwerte nach Tabelle 2.

Der Unterboden kann als schwimmender Estrich nach DIN 18560-2[15] oder als Verbundestrich nach DIN 18560-3[16] hergestellt werden. Estriche sind nach den vorgesehenen Nutz- und Verkehrslasten zu bemessen. Verbundestriche sind in der Festigkeitsklasse CT-30-F5 gem. DIN EN 13813[17], Betonböden in der Klasse C 25/30 nach DIN EN 206[18] herzustellen. Schwimmende Estriche und Estriche auf Trennschicht sind unabhängig von den aus statischen Berechnungen (Lasten nach DIN EN 1991-1-1[19] i. V. m. DIN EN 1991-1-1/NA[20] und DIN EN 1991-1-1/NA/A1[21]) erforderlichen Nenndicken mit einer Mindestdicke von 50 mm auszuführen.

### Oberflächenbehandlung

Fertigverlegte Holzpflasterflächen sind zu schleifen und so mit einem Oberflächenschutz (bei Pflaster-RE) oder einer Versiegelung (Pflaster-GE) auszustatten oder zu behandeln, dass eine gleichmäßige Oberfläche hergestellt wird. Die Schichtdicke der Versiegelung kann abhängig von der Ebenheit der geschliffenen Oberfläche variieren (siehe Schichtdickenmessung).

---

15 DIN 18560-2:2022-08: Estriche im Bauwesen – Teil 2: Estriche und Heizestriche auf Dämmschichten (schwimmende Estriche).

16 DIN 18560-3:2006-03: Estriche im Bauwesen – Teil 3: Verbundestriche.

17 DIN EN 13813:2003-01: Estrichmörtel, Estrichmassen und Estriche – Estrichmörtel und Estrichmassen – Eigenschaften und Anforderungen.

18 DIN EN 206:2021-06: Beton – Festlegung, Eigenschaften, Herstellung und Konformität.

19 DIN EN 1991-1-1:2010-12; Eurocode 1: Einwirkungen auf Tragwerke – Teil 1-1: Allgemeine Einwirkungen auf Tragwerke – Wichten, Eigengewicht und Nutzlasten im Hochbau.

20 Nationaler Anhang – National festgelegte Parameter – Eurocode 1: Einwirkungen auf Tragwerke – Teil 1-1: Allgemeine Einwirkungen auf Tragwerke – Wichten, Eigengewicht und Nutzlasten im Hochbau.

21 Nationaler Anhang – National festgelegte Parameter – Eurocode 1: Einwirkungen auf Tragwerke – Teil 1-1: Allgemeine Einwirkungen auf Tragwerke – Wichten, Eigengewicht und Nutzlasten im Hochbau; Änderung A1.

# Klempnerarbeiten

Die Anforderungen an Klempnerarbeiten sind im Wesentlichen in der Vergabe- und Vertragsordnung für Bauleistungen (VOB) Teil C in den Allgemeinen Technischen Vertragsbedingungen für Bauleistungen (ATV) in der ATV DIN 18339 (Ausgabe September 2019) beschrieben. Im Folgenden werden die Inhalte der ATV und/oder der ergänzenden Regelungen aus den Fachregeln für Metallarbeiten im Dachdeckerhandwerk auszugsweise unter dem Gesichtspunkt von Ausführungstoleranzen, Mindestabständen und Materialmindestdicken dargestellt.

**Normen:** ATV DIN 18339[1] Klempnerarbeiten
Fachregeln für Metallarbeiten im Dachdeckerhandwerk (ZVDH)[2]

**Allgemeines:** Die DIN-Norm 18202[3] enthält keine Angaben zu Toleranzen bei der Ausführung von Klempnerarbeiten.

[1] ATV DIN 18339:2019-09: VOB Vergabe- und Vertragsordnung für Bauleistungen – Teil C: Allgemeine Technische Vertragsbedingungen für Bauleistungen (ATV) – Klempnerarbeiten.

[2] Fachregel für Metallarbeiten im Dachdeckerhandwerk; Ausgabe Juni 2017 mit Änderungen März 2020; hrsg. v. Zentralverband des Deutschen Dachdeckerhandwerks (ZVDH), Köln.

[3] DIN 18202:2019-07: Toleranzen im Hochbau – Bauwerke.

| | |
|---|---|
| **Geltungsbereich:** | ATV DIN 18339 „Klempnerarbeiten“ regelt die Ausführung von Dächern und Wandbekleidungen aus Metall und gilt für sonstige Klempnerarbeiten.<br><br>Die Norm gilt nicht für Dachdeckungen mit genormten Well- und Pfannenblechen (s. ATV DIN 18338[4] „Dachdeckungsarbeiten“), Fassaden und Bekleidungen mit Metallbauteilen (s. ATV DIN 18360[5] „Metallbauarbeiten“), Blecharbeiten im Zuge von Dämmarbeiten (s. ATV DIN 18421[6] „Dämm- und Brandschutzarbeiten an technischen Anlagen“) und hinterlüftete Außenwandbekleidungen (s. ATV DIN 18351[7] „Vorgehängte hinterlüftete Außenwandbekleidungen“). |

**Spezifische Ergänzungen:**

- Anschlüsse bei Deckungen und Abdichtungen
- Abschlüsse bei Deckungen und Abdichtungen
- Kehlen
- Materialdicken für Bauklempnerarbeiten
- nicht selbsttragende Metalldeckungen
- selbsttragende Metalldeckungen
- Hängedachrinnen, Regenfallrohre
- Bewegungs- und Dehnungsausgleicher

---

4 ATV DIN 18338:2019-09: VOB Vergabe- und Vertragsordnung für Bauleistungen – Teil C: Allgemeine Technische Vertragsbedingungen für Bauleistungen (ATV) – Dachdeckungsarbeiten.

5 ATV DIN 18360:2019-09: VOB Vergabe- und Vertragsordnung für Bauleistungen – Teil C: Allgemeine Technische Vertragsbedingungen für Bauleistungen (ATV) – Metallbauarbeiten.

6 ATV DIN 18421:2016-09: VOB Vergabe- und Vertragsordnung für Bauleistungen – Teil C: Allgemeine Technische Vertragsbedingungen für Bauleistungen (ATV) – Dämm- und Brandschutzarbeiten an technischen Arbeiten.

7 ATV DIN 18351:2023-09: VOB Vergabe- und Vertragsordnung für Bauleistungen – Teil C: Allgemeine Technische Vertragsbedingungen für Bauleistungen (ATV) – Vorgehängte hinterlüftete Fassaden.

# Spezifische Ergänzungen

## Anschlüsse bei Deckungen und Abdichtungen

Traufseitige aufliegende Anschlussbleche auf ebenen oder konturierten Deckungen müssen diese bei Dachneigungen

- < 15° um mindestens 200 mm,
- < 22° um mindestens 150 mm,
- ≥ 22° um mindestens 100 mm.

überdecken. Eine einfache seitliche Überdeckung der Bleche muss mit mindestens 100 mm Überlappung erfolgen (s. Fachregel für Metallarbeiten, 5.2).

**Firstseitige Anschlüsse** werden mit unterliegenden Anschlussblechen hergestellt (s. Fachregel für Metallarbeiten, 5.4). Die Überdeckung des Deckwerkstoffs auf das Anschlussblech beträgt bei Dachneigungen:

- ≥ 22° mindestens 100 mm
- < 22° mindestens 150 mm
- < 15° mindestens 200 mm

**Seitliche Anschlüsse** mit unterliegenden Anschlussblechen an angrenzende Bauteile müssen durch ebene oder profilierte Werkstoffe von Dacheindeckungen auf einer Mindestbreite von 120 mm überdeckt sein. Bei ebenen Deckwerkstoffen beträgt die Überdeckung abhängig von der Dachneigung:

- ≤ 35° mindestens 120 mm
- > 35° mindestens 100 mm
- > 50° mindestens 80 mm

Seitliche Anschlüsse durch überdeckende und durchgehend aufliegende Metallanschlüsse müssen ebene Dacheindeckungen mindestens 120 mm überdecken. Anschlüsse mit Schichtstücken müssen ebene Deckwerkstoffe mindestens 80 mm überdecken. Bei profilierten Deckmaterialien muss die seitliche Überdeckung bis zum nächsten Hochpunkt reichen (s. Fachregel für Metallarbeiten, 5.3).

Die Anschlusshöhe bei Anschlüssen an aufgehenden Bauteilen beträgt nach ATV DIN 18339, 3.1.8 für Dachneigungen ≤ 5° (ca. 8,8 %) mindestens 150 mm, bei Dachneigungen > 5° (ca.

8,8 %) mindestens 100 mm über der Oberkante des Materials der Dacheindeckung. Für einzuklebende Metallanschlüsse ist für die Klebefläche eine Breite von mindestens 120 mm erforderlich. Bei Längen > 3,0 m ist die Befestigung indirekt auszubilden (ATV DIN 18339, 3.1.9).

**Anschlüsse bei Abdichtungen**

Siehe hierzu auch die Bestimmungen in der Fachregel für Metallarbeiten, Abschnitte 5.5 und 5.6.

Aufgehende Teile von Anschlüssen sind zweiteilig auszuführen. Für Einzellängen bis 3,0 m können auch einteilige Anschlüsse hergestellt werden.

Firstseitige Anschlüsse sind mit einem mindestens 15 mm breiten Wasserfalz auszuführen.

Eingehängte oder eingelassene Überhangstreifen sind mit einer Einlasstiefe von mindestens 20 mm herzustellen. Der Überhangstreifen muss die Anschlüsse um mindestens 40 mm überdecken. Die verschiedenen möglichen Formen von Überhangstreifen sind in Abständen von maximal 2,50 m zu befestigen.

Werden für den Anschluss vorgefertigte Metallprofile oder Flachprofile mit einem Mindestquerschnitt von 30 x 4 mm verwendet, beträgt der maximale Befestigungsabstand 2,00 m.

Für die Anschlusshöhen an aufgehende Bauteile gelten, abhängig von der Dachneigung und der Lage, folgende Werte (s. Fachregel für Metallarbeiten, Tab.I.9); s. a. folgende Abbildung:

***Tabelle 1:*** *Anschlusshöhen an aufgehenden Bauteilen (n. Fachregel für Metallarbeiten, Tab. I.9) (Quelle: Schmidt/Schöwer)*

| Dachneigung | Anschlusshöhe | | |
|---|---|---|---|
| | seitlich | traufseitig | firstseitig[1)] |
| < 5° | 150 mm | 150 mm[3)] | 150 mm |
| < 22° | 100 mm | 100 mm | 150 mm |
| ≥ 22° | 80 mm[2)] | 80 mm | 150 mm |

[1)] Bei steileren Dachneigungen können größere Anschlusshöhen erforderlich werden.
[2)] Bei abgetreppten Anschlüssen und konturierten Deckwerkstoffen ist eine seitliche Anschlusshöhe von ≥ 65 mm ausreichend, bezogen auf Oberkante Deckwerkstoff.
[3)] Bei Terrassen mit Abdichtungen und Anschlüssen aus Metall im Türbereich ist in Ausnahmefällen eine Verringerung der Anschlusshöhe möglich. Voraussetzung hierfür ist, dass ein einwandfreier Wasserablauf im Türbereich gewährleistet ist. Dies ist dann der Fall, wenn im unmittelbaren Türbereich Abläufe oder eine Entwässerungsrinne angeordnet sind. Die Anschlusshöhe sollte in diesem Fall ≥ 50 mm betragen (Maß zwischen oberem Rand des Anschlussblechs unter der Hebeschiene bis Oberfläche Belag). Siehe hierzu auch Fachregel für Abdichtungen (Flachdachrichtlinie).

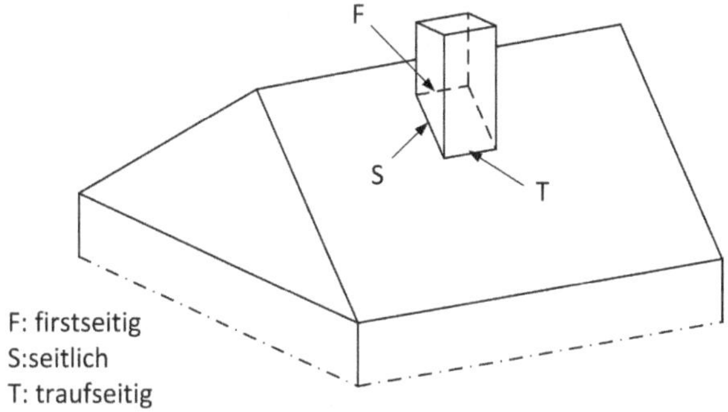


***Bild 1:*** *Erläuterung der Bezeichnung von Anschlüssen (in Anlehnung an Fachregel für Metallarbeiten, Tab. 1.9) (Quelle: Schmidt)*

Für Anschlüsse im Bereich von Ausgängen zu Dachterrassen gelten geringere Anschlusshöhen bei der Ausführung zusätzlicher Maßnahmen (siehe Abschnitt Abdichtungsarbeiten in diesem Werk sowie Flachdachrichtlinie[8]).

[8] Fachregel für Abdichtungen – Flachdachrichtlinie; Ausgabe Dezember 2016 mit Änderungen November 2017, Mai 2019 und März 2020; hrsg. v. Zentralverband des Deutschen Dachdeckerhandwerks (ZVDH); Hinweis: Die Flachdachrichtlinie wird zurzeit (Stand Nov. 2023) überarbeitet; ein Entwurf liegt seit Juli 2023 vor.

### Abschlüsse bei Deckungen und Abdichtungen

Siehe hierzu auch die Bestimmungen in der Fachregel für Metallarbeiten, Abschnitt 6.

Traufseitige Abschlüsse von Deckungen bestehen aus sogenannten Traufblechen, als Rinneneinlauf- oder Tropfbleche.

Bei unmittelbarer Anordnung eines Traufblechs unter der Deckung bzw. auch bei Unterdeckungen und Unterspannungen sind für die Mindestüberdeckung der Dacheindeckung auf das Traufblech folgende Abmessungen einzuhalten:

- bei > 22° Dachneigung mindestens 100 mm Überdeckung
- bei ≥ 15° und ≤ 22° Dachneigung mindestens 150 mm Überdeckung
- bei < 15° Dachneigung mindestens 200 mm Überdeckung

Abschlüsse bei Abdichtungen werden wie Anschlüsse bei Abdichtungen ausgeführt. Die Höhe der Oberkante der Abschlüsse liegt bei Dachneigungen bis 5° mindestens bei 100 mm, bei Dachneigungen über 5° mindestens bei 50 mm über der Oberkante der Kiesschüttung oder des Belags.

### Kehlen

Siehe hierzu die Bestimmungen in der Fachregel für Metallarbeiten, Abschnitt 7. Durchgehende Kehlen auf einer Holzschalung oder Traglattung mit einem lichten Mindestabstand von 130 mm sind mit einem seitlichen Wasserfalz von mindestens 15 mm Breite auszuführen.

Der Deckwerkstoff muss entsprechend der Dachneigung die untergelegten Bleche mit einem Mindestmaß (gemessen rechtwinklig zum Kehlverlauf) überdecken:

- Kehlneigung > 22° mit mindestens 100 mm
- Kehlneigung ≥ 15° und ≤ 22° mit mindestens 150 mm
- Kehlneigung < 15° mit mindestens 200 mm

Bei konturierten Deckwerkstoffen ist die Überdeckung im Bereich des Wasserlaufs vom Deckwerkstoff her ausschlaggebend.

Kehlbleche sind bei unverlöteter Überdeckung mindestens 100 mm zu überlappen. Bei Kehlneigungen < 15° (26,8 %) müssen Überdeckungen wasserdicht ausgeführt werden (ATV DIN 18339, 3.4).

Werden bei Dachneigungen über 25° die Kehlen aus Schichtstücken (Nocken) hergestellt, beträgt die Überlappung bis 45° Dachneigung mindestens 160 mm, bei größeren Dachneigungen mindestens 140 mm. Die seitliche Überdeckung des Deckwerkstoffs auf die Nocken muss stets mindestens 150 mm betragen.

### Mindestwerkstoffdicken für Anschlüsse und Abdeckungen

Materialdicken sind abhängig von der Detailausführung und den Rahmenbedingungen für die Montage auszuwählen. Werden die Metallteile auf einer Unterkonstruktion verlegt, so sind die Abmessungen aus der Tabelle I.2 „Mindestdicke von Metallen" der Fachregeln für Metallarbeiten einzuhalten. Für Strangpressprofile muss die Mindestdicke 1,5 mm betragen. Für Anschlüsse und Abdeckungen gelten nachstehende Mindestdicken nach ATV DIN 18339, Tab. 10:

**Tabelle 2:** *Mindestwerkstoffdicken von Anschlüssen und Abdeckungen (n. ATV DIN 18336, Tab. 10) (Quelle: Schmidt)*

| Mindestwerkstoffdicken von Anschlüssen und Abdeckungen | | | |
|---|---|---|---|
| **Werkstoff** | **Dachrandabschlüsse, gekantete Metallteile von Mauerabdeckungen** | **Nicht selbsttragende Anschlüsse und Abdeckungen [2]** | **Anschlüsse** |
| Aluminium | 1,0 mm | 0,7 mm | 0,7 mm (1,5 mm)[1] |
| Kupfer (halbhart) | 1,0 mm | 0,6 mm | 0,7 mm |
| verzinkter Stahl | 0,8 mm | 0,6 mm | 0,7 mm |
| Titanzink | 1,0 mm | 0,7 mm | 0,7 mm |
| nichtrostender Stahl | 0,8 mm | 0,4 mm | 0,7 mm |

[1] Die Mindestdicke für Strangpressprofile muss 1,5 mm betragen. Für Metallteile, die auf Unterkonstruktionen verlegt sind, gelten die angegebenen Maße.

[2] Für die Mindestdicken und Breiten gelten die Werte in ATV DIN 18339, Tab. 3.

Mauerabdeckungen müssen an den Tropfkanten einen seitlichen Überstand von mindestens 20 mm zu den angrenzenden Flächen aufweisen. Abdeckungen bzw. Tropfkantenausbildungen aus Kupfer erfordern einen seitlichen Mindestabstand von 50 mm. Werden bei Anschlüssen Kappleisten aufgesetzt, so sind diese in Mindestabständen von 250 mm zu befestigen, industriell vorgefertigte Wandanschlussschienen sind alle 200 mm zu befestigen.

### Nicht selbsttragende Metalldeckungen

Für nicht selbsttragende Metalldeckungen beträgt die Mindestdachneigung 3°, bei geringeren Dachneigungen sind Zusatzmaßnahmen erforderlich, z. B. Dichtband, Falzerhöhung, Unterdach. Ansonsten gelten die Regeldachneigungen, abgestimmt auf die Ausführungsart, gemäß folgender Übersicht (s. hierzu die Bestimmungen in der Fachregel für Metallarbeiten, Abschnitt 4.3):

***Tabelle 3:*** *Regeldachneigungen bei nicht selbsttragenden Metalldeckungen (n. Fachregel für Metallarbeiten, Tab. 6) (Quelle: Schöwer/ Schmidt)*

| Ausführungsart | Regeldachneigung | Längsfalzverbindung |
|---|---|---|
| Doppelstehfalzdeckung | 7°[1),4)] | ≥ 23 mm Höhe |
| Winkelstehfalzdeckung | 25°[2)] | ≥ 23 mm, max. 35 mm Höhe |
| Leistenfalzdeckung, Deutsche Art | 7°[4)] | Holzleiste mit einer Mindestabmessung von 40/40 mm, mit 90° Blechabkantung an oberer Holzkante |
| Bleideckung mit Hohl- oder Holzwulst | 7°[3)] | Hohlwulst mind. 35 mm Höhe |
| Rollnahtgeschweißte Edelstahldeckung | gefällelos | - |

1) Die Mindestdachneigung bei nicht selbsttragenden Metalldeckungen beträgt 3°. Bei kleineren Dachneigungen sind Zusatzmaßnahmen erforderlich.

2) 35° bei erhöhten Anforderungen, z. B. bei entsprechenden klimatischen Verhältnissen oder in exponierten Lagen (z. B. starker Wind, schneereiche Gebiete).

3) Holzwulst mit sichtbaren Haften zulässig bis zu einer Dachneigung von 30°.

4) Bis zu einer Dachneigung von 15° sind bei Titanzink zusätzliche Maßnahmen erforderlich, z. B. Einbau einer Trennlage mit Drainagefunktion.

### Quernähte bei Metalldeckungen

Die Ausführung von Quernähten ist abhängig von der Dachneigung; s. folgende Tabelle (ATV DIN 18339, Tab. 9):

*Tabelle 4: Ausführung von Quernähten (n. ATV DIN 18336, Tab. 9) (Quelle: Schöwer)*

| Dachneigung | Art der Quernähte |
|---|---|
| ≥ 30° (58 %) | Überlappung 100 mm |
| ≥ 25° (47 %) | einfacher Querfalz |
| ≥ 10° (18 %) | einfacher Querfalz mit Zusatzfalz |
| > 7° (13 %) | doppelter Querfalz (ohne Dichtung) |
| < 7° (13 %) | wasserdichte Ausführung, je nach verwendetem Werkstoff gelötet, genietet oder doppelt gefalzt mit Dichtung |

## Metalldeckungen – Hafte, Nägel, Schrauben

Zur Sicherung der Metalleindeckungen und Bekleidungen sind Maßnahmen gegen Abheben und Beschädigung durch Sturm zu treffen. Für die dazu geeigneten Materialien bestehen Abhängigkeiten bezüglich der Materialverträglichkeit, der Materialdicken und der Anzahl der Befestigungsmittel pro Haft bei mindestens 20 mm Einbindetiefe. Die folgenden Angaben entsprechen den Anforderungen der ATV DIN 18339, 3.1.6, Tab. 2 (Auszug):

**Tabelle 5:** *Anforderungen an Hafte, Nägel und Schrauben (n. ATV DIN 18336, Tab. 2) (Quelle: Schmidt)*

| Anforderungen an Hafte, Nägel und Schrauben (n. ATV DIN 18339, Tab. 2) | | | | | | |
|---|---|---|---|---|---|---|
| **Werkstoff[2] der zu befestigenden Teile** | **Hafte** | | **Befestigungsmittel[3]** | | | |
| | | | **geraute Nägel[4]** | | **Senkkopfschrauben** | |
| | **Werkstoff** | **Dicke mm** | **Werkstoff** | **Maße mm x mm** | **Werkstoff** | **Maße mm x mm** |
| Aluminimum | nichtrostender Stahl[1] | ≥ 0,4 | nichtrostender Stahl | ≥ (2,8 x 25) | nichtrostender Stahl, verzinkter Stahl | ≥ (4 x 25) |
| | verzinkter Stahl | ≥ 0,6 | verzinkter Stahl | | | |
| nichtrostender Stahl | nichtrostender Stahl[1] | ≥ 0,4 | nichtrostender Stahl | ≥ (2,8 x 25) | nichtrostender Stahl | ≥ (4 x 25) |
| Kupfer | nichtrostender Stahl[1] | ≥ 0,4 | nichtrostender Stahl | ≥ (2,8 x 25) | nichtrostender Stahl | ≥ (4 x 25) |
| | Kupfer | ≥ 0,6 | Kupfer | ≥ (2,8 x 25) | | |
| Titanzink | nichtrostender Stahl[1] | ≥ 0,4 | nichtrostender Stahl, verzinkter Stahl | ≥ (2,8 x 25) | nichtrostender Stahl, verzinkter Stahl | ≥ (4 x 25) |
| | verzinkter Stahl | ≥ 0,6 | | | | |
| verzinkter Stahl | verzinkter Stahl | ≥ 0,6 | verzinkter Stahl | ≥ (2,8 x 25) | verzinkter Stahl | ≥ (4 x 25) |
| | nichtrostender Stahl[1] | ≥ 0,4 | nichtrostender Stahl | ≥ (2,8 x 25) | nichtrostender Stahl | ≥ (4 x 25) |

[1] Hafte aus nichtrostendem Stahl sind bei allen Deckmaterialien einsetzbar (Haftunterteile mit gerundeten Ecken).
[2] Die erforderliche Nenndicke der Schalung bei Dachdeckungen beträgt bei Blei mindestens 30 mm. Bei allen anderen Werkstoffen mindestens 24 mm (bei Holzwerkstoffplatten 22 mm).
[3] Je Haft sind mindestens zwei Stück mit einer Einbindetiefe von mindestens 22 mm zu verwenden.
[4] Zulässig sind auch gerillte Nägel aus nichtrostendem Stahl und feuerverzinktem Stahl mit den Abmessungen 2,5 mm x 25 mm nach DIN 20000-6[9] „Anwendung von Bauprodukten in Bauwerken – Teil 6: Stiftförmige und nicht stiftförmige Verbindungsmittel nach DIN EN 14592[10] und DIN EN 14545[11]" der Tragfähigkeitsklasse 3/C.

---

[9] DIN 20000-6:2015-02: Anwendung von Bauprodukten in Bauwerken – Teil 6: Stiftförmige und nicht stiftförmige Verbindungsmittel nach DIN EN 14592 und DIN EN 14545.

[10] DIN EN 14592:2022-08: Holzbauwerke – Stiftförmige Verbindungsmittel – Anforderungen.

[11] DIN EN 14545:2009-02: Holzbauwerke – Nicht stiftförmige Verbindungselemente – Anforderungen.

## Metall-Dachdeckungen – Mindestdicken, Scharenlängen und -breiten

Für die Herstellung von Dacheindeckungen aus Metallscharen gelten nach ATV DIN 18339 Mindestdicken für das Material der Dacheindeckung, Mindestanforderungen an die Anzahl der Hafte pro Quadratmeter und deren maximale Befestigungsabstände, abhängig von der Gebäudehöhe und Windzone nach DIN EN 1991-1-4/NA[12] „Nationaler Anhang – National festgelegte Parameter - Eurocode 1: Einwirkungen auf Tragwerke – Teil 1-4: Allgemeine Einwirkungen – Windlasten".

**Hinweis:** Unter dem Begriff „Schar" wird die sichtbare Deckbreite und die Decklänge von Bändern und Tafeln bezeichnet, die für die Deckung von Dachflächen, Außenwandbekleidungen oder Blenden verwendet werden.

Für Aluminium, Kupfer und Titanzink beträgt die maximale Scharenlänge 10 m, feuerverzinkter Stahl und nichtrostender Stahl kann in Scharen bis zu 14 m Länge eingebaut werden (s. ATV DIN 18339, Tab. 1).

Die Mindestwerkstoffdicke sowie die Scharenbreite sind von der Gebäudehöhe *h* abhängig. Siehe hierzu folgende Tabellen:

[12] DIN EN 1991-1-4/NA:2010-12: Nationaler Anhang – National festgelegte Parameter – Eurocode 1: Einwirkungen auf Tragwerke – Teil 1-4: Allgemeine Einwirkungen – Windlasten; Hinweis: Die Norm wird zurzeit (Stand November 2023) überarbeitet; ein Normentwurf ist bereits erschienen (E DIN EN 1991-1-4/NA:2023-02).

***Tabelle 6:*** *Mindestwerkstoffdicke und Scharenbreite für Metalldeckungen für Gebäude bis 10 m Höhe (in Anlehnung an ATV DIN 18336, Tab. 3; Auszug) (Quelle: Schmidt)*

| **Mindestwerkstoffdicke und Scharenbreite für Gebäude bis 10 m Höhe (in Anlehnung an ATV DIN 18339, Tab. 3)** | | | | |
|---|---|---|---|---|
| **Scharenbreite**[1) ] in mm | **520** | **590** | **620** | **720** |
| **Werkstoff** | **Mindestwerkstoffdicke** in mm | | | |
| Aluminium | 0,7 | 0,7 | 0,8 | unzulässig |
| Kupfer | 0,6 | 0,6 | 0,6 | unzulässig |
| Titanzink | 0,7 | 0,7 | 0,7 | unzulässig |
| feuerverzinkter Stahl | 0,6 | 0,6 | 0,6 | 0,6 |
| nichtrostender Stahl | 0,4 | 0,5 | 0,5 | unzulässig |

[1)] Die Scharenbreiten berechnen sich aus den Band- bzw. Blechbreiten von 600 mm, 670 mm, 700 mm, 800 mm und 1000 mm abzüglich 80 mm bei Falzdächern. Bei Einsatz einer Profiliermaschine ergeben sich 10 mm breitere Scharen. Für Leistendächer ergibt sich eine geringere Scharenbreite in Abhängigkeit vom Leistenquerschnitt.

***Tabelle 7:*** *Mindestwerkstoffdicke und Scharenbreite für Metalldeckungen für Gebäude über 10 m bis 20 m Höhe (in Anlehnung an ATV DIN 18336, Tab. 3; Auszug) (Quelle: Schmidt)*

| **Mindestwerkstoffdicke und Scharenbreite für Gebäude über 10 m bis 20 m Höhe (in Anlehnung an ATV DIN 18339, Tab. 3)** | | | | |
|---|---|---|---|---|
| **Scharenbreite**[1) ] in mm | **520** | **590** | **620** | **720** |
| **Werkstoff** | **Mindestwerkstoffdicke** in mm | | | |
| Aluminium | 0,7 | 0,7 | 0,8 | unzulässig |
| Kupfer | 0,6 | 0,6 | 0,6 | unzulässig |
| Titanzink | 0,7 | 0,7 | 0,7 | unzulässig |
| feuerverzinkter Stahl | 0,6 | 0,6 | 0,6 | 0,6 |
| nichtrostender Stahl | 0,4 | 0,5 | 0,5 | unzulässig |

[1)] Die Scharenbreiten berechnen sich aus den Band- bzw. Blechbreiten von 600 mm, 670 mm, 700 mm, 800 mm und 1000 mm abzüglich 80 mm bei Falzdächern. Bei Einsatz einer Profiliermaschine ergeben sich 10 mm breitere Scharen. Für Leistendächer ergibt sich eine geringere Scharenbreite in Abhängigkeit vom Leistenquerschnitt.

***Tabelle 8:*** *Mindestwerkstoffdicke und Scharenbreite für Metalldeckungen für Gebäude über 20 m bis 50 m Höhe (in Anlehnung an ATV DIN 18336, Tab. 3; Auszug) (Quelle: Schmidt)*

| **Mindestwerkstoffdicke und Scharenbreite für Gebäude über 20 m bis 50 m Höhe (in Anlehnung an ATV DIN 18339, Tab. 3; Auszug)** | | | | |
|---|---|---|---|---|
| **Scharenbreite**[1) ]in mm | **520** | **590** | **620** | **720** |
| **Werkstoff** | **Mindestwerkstoffdicke** in mm | | | |
| Aluminium | 0,7 | 0,7 | unzulässig | unzulässig |
| Kupfer | 0,6 | 0,6 | unzulässig | unzulässig |
| Titanzink | 0,7 | 0,7 | unzulässig | unzulässig |
| feuerverzinkter Stahl | 0,6 | 0,6 | 0,6 | 0,6 |
| nichtrostender Stahl | 0,4 | 0,5 | unzulässig | unzulässig |

[1)] Die Scharenbreiten berechnen sich aus den Band- bzw. Blechbreiten von 600 mm, 670 mm, 700 mm, 800 mm und 1000 mm abzüglich 80 mm bei Falzdächern. Bei Einsatz einer Profiliermaschine ergeben sich 10 mm breitere Scharen. Für Leistendächer ergibt sich eine geringere Scharenbreite in Abhängigkeit vom Leistenquerschnitt.

***Tabelle 9:*** *Mindestwerkstoffdicke und Scharenbreite für Metalldeckungen für Gebäude über 50 m bis 100 m Höhe (in Anlehnung an ATV DIN 18336, Tab. 3; Auszug) (Quelle: Schmidt)*

| **Mindestwerkstoffdicke und Scharenbreite für Gebäude über 50 m bis 100 m Höhe (in Anlehnung an ATV DIN 18339, Tab. 3; Auszug)** | | | |
|---|---|---|---|
| **Scharenbreite**[1)] in mm | **520** | **590** | **620** |
| **Werkstoff** | **Mindestwerkstoffdicke** in mm | | |
| Aluminium | 0,7 | 0,7 | unzulässig |
| Kupfer | 0,6 | 0,6 | unzulässig |
| Titanzink | 0,7 | 0,7 | unzulässig |
| feuerverzinkter Stahl | 0,6 | 0,6 | 0,6 |
| nichtrostender Stahl | 0,5 | 0,5 | unzulässig |

[1)] Die Scharenbreiten berechnen sich aus den Band- bzw. Blechbreiten von 600 mm, 670 mm, 700 mm, 800 mm und 1000 mm abzüglich 80 mm bei Falzdächern. Bei Einsatz einer Profiliermaschine ergeben sich 10 mm breitere Scharen. Für Leistendächer ergibt sich eine geringere Scharenbreite in Abhängigkeit vom Leistenquerschnitt.

## Metalldeckungen, Anzahl und Abstand der Hafte, Blechdicke

Die Anzahl und der Abstand der Hafte sind von der Scharenbreite, der Gebäudehöhe und der Windzone des Bauwerkstandorts abhängig. Außerdem beeinflussen Dachneigung und Dachform sowie der angeströmte Bereich auf der Dachfläche die Anzahl und den Abstand der Hafte. Entsprechende Angaben sind in ATV DIN 18339 für die vier verschiedenen Windzonen nach DIN EN 1991-1-4/NA[13] für Flachdächer, Pult-, Sattel-, Trog- und Walmdächer angegeben.

Wegen des Umfangs der Daten werden hier exemplarisch nur die Werte für Windzone 1 und Gebäude für 10 m Höhe angegeben. Für die vollständigen Daten und Werte (Windzonen 2 bis 4, Gebäudehöhen > 10 m) wird auf ATV DIN 18339, Tabellen 4 bis 7 verwiesen.

***Tabelle 10:*** *Abstand und Anzahl der Hafte bei Metall-Dachdeckungen für Windzone 1 und Gebäude bis 10 m Höhe (Auszug aus ATV DIN 18339, Tab. 4) (Quelle: Schmidt)*

| **Abstand und Anzahl der Hafte bei Metall-Dachdeckungen für Windzone 1 und Gebäude bis 10 m Höhe (Auszug aus ATV DIN 18339, Tab. 4)** | | | | | | |
|---|---|---|---|---|---|---|
| | | **Scharenbreite** in mm | 520 | 590 | 620 | 720 |
| **Dachneigung** | **Bereich auf dem Dach**[1)] | | | | | |
| α ≤ 30° | $F_{hoch}$ | Abstand in mm | 330 | 290 | 270 | 240 |
| | | Anzahl je m² | 5,9 | 5,9 | 5,9 | 5,9 |
| | F | Abstand in mm | 380 | 330 | 320 | 270 |
| | | Anzahl je m² | 5,1 | 5,1 | 5,1 | 5,1 |
| | G | Abstand in mm | 470 | 420 | 400 | 340 |
| | | Anzahl je m² | 4,1 | 4,1 | 4,1 | 4,1 |

[13] DIN EN 1991-1-4/NA:2010-12: Nationaler Anhang – National festgelegte Parameter – Eurocode 1: Einwirkungen auf Tragwerke – Teil 1-4: Allgemeine Einwirkungen - Windlasten.

**Tabelle 10:** *Abstand und Anzahl der Hafte bei Metall-Dachdeckungen für Windzone 1 und Gebäude bis 10 m Höhe (Auszug aus ATV DIN 18339, Tab. 4) (Quelle: Schmidt)*

| **Abstand und Anzahl der Hafte bei Metall-Dachdeckungen für Windzone 1 und Gebäude bis 10 m Höhe (Auszug aus ATV DIN 18339, Tab. 4)** | | | | | | |
|---|---|---|---|---|---|---|
| | H | Abstand in mm | 500 | 500 | 500 | 500 |
| | | Anzahl je m² | 3,8 | 3,4 | 3,2 | 2,8 |
| | J | Abstand in mm | 500 | 500 | 500 | 460 |
| | | Anzahl je m² | 3,8 | 3,4 | 3,2 | 3,0 |
| **Dachneigung** | **Bereich auf dem Dach**[1] | | | | | |
| $\alpha > 30°$ | $F_{hoch}$ | Abstand in mm | 400 | 350 | 330 | 290 |
| | | Anzahl je m² | 4,9 | 4,9 | 4,9 | 4,9 |
| | F | Abstand in mm | 500 | 500 | 500 | 460 |
| | | Anzahl je m² | 3,8 | 3,4 | 3,2 | 3,0 |
| | G | Abstand in mm | 470 | 420 | 400 | 340 |
| | | Anzahl je m² | 4,1 | 4,1 | 4,1 | 4,1 |
| | H | Abstand in mm | 500 | 500 | 500 | 500 |
| | | Anzahl je m² | 3,8 | 3,4 | 3,2 | 2,8 |
| | J | Abstand in mm | 500 | 500 | 500 | 500 |
| | | Anzahl je m² | 3,8 | 3,4 | 3,2 | 2,8 |

1) Flächeneinteilung für Flachdächer, Sattel-, Trog- und Pultdächer siehe folgende Abbildungen. Für Walmdächer wird auf DIN 18339, Bild 3 verwiesen.

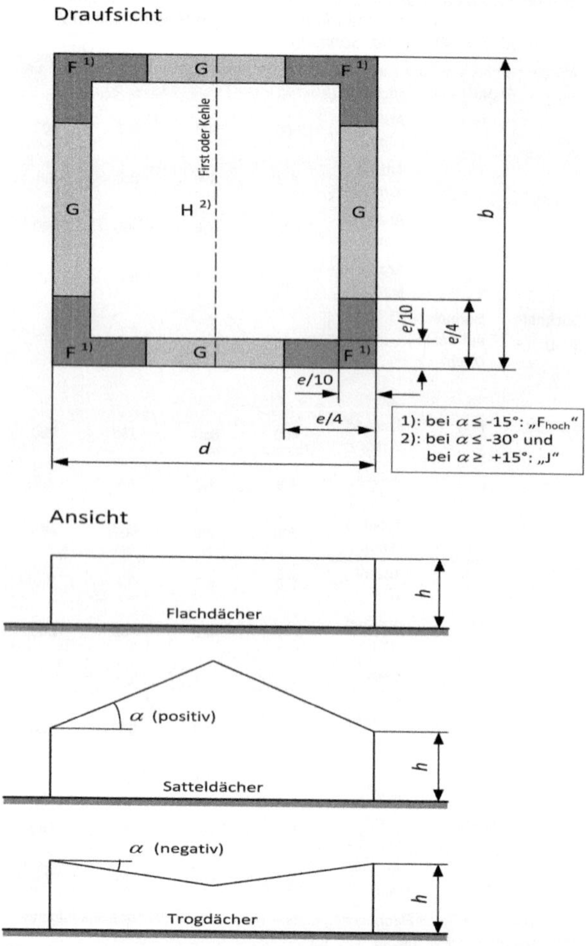


***Bild 2:** Vereinfachte Flächeneinteilung für Flachdächer, Satteldächer und Trogdächer (in Anlehnung an ATV DIN 18339, Bild 1) (Quelle: Schmidt))*

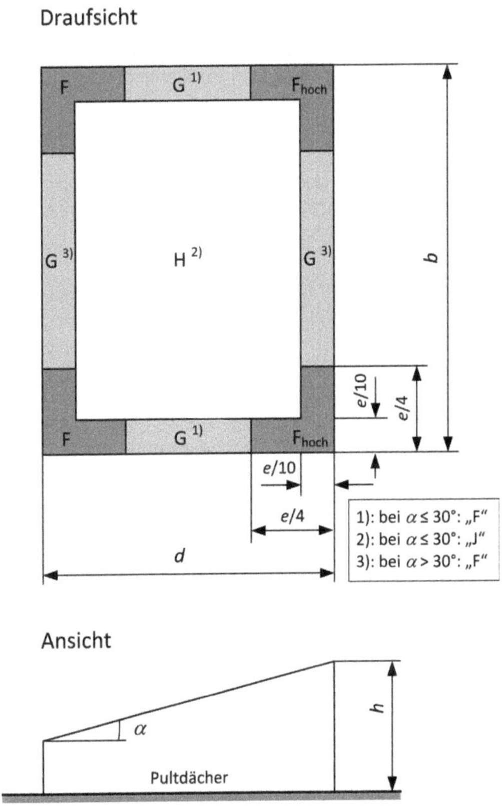


***Bild 3:** Vereinfachte Flächeneinteilung für Pultdächer (in Anlehnung an ATV DIN 18339, Bild 2) (Quelle: Schmidt)*

## Selbsttragende Metalldeckungen

Bei großformatigen Deckelementen, wie z. B. Trapezblechen oder Sandwich-Elementen (selbsttragende Metalldeckungen), sind, abhängig von der Dachneigung im Bereich von Stößen, nachstehende Mindestüberdeckungen einzuhalten (s. a. Fachregel für Metallarbeiten, Abschnitt 4.2):

- 3° bis 5°: ohne Querstoß und ohne Durchdringungen
- 5° bis 7°: 200 mm Überdeckung mit zusätzlichen Maßnahmen
- 7° (Regeldachneigung): 200 mm Überdeckung
- ≥ 7° mindestens 200 mm Überdeckung
- ≥ 12° mindestens 150 mm Überdeckung
- ≥ 20° mindestens 100 mm Überdeckung

Bei Dachneigungen ≤ 15° müssen geeignete Dichtbänder eingebaut werden. Bei Dachneigungen von 3° bis 7° sind Durchdringungen und Querstöße nicht zulässig. Die Regeldachneigung für selbsttragende kleinformatige Dachelemente beträgt 22°. Bei großformatigen Dachelementen über ausgebauten Dächern und kleinformatigen Elementen sind bei weiteren Anforderungen aus Nutzung oder Konstruktion zusätzliche Maßnahmen, wie z. B. Unterspannung oder Unterdeckung, zu treffen.

## Hängedachrinnen, Regenfallrohre

Für Entwässerungsrinnen und zugeordnete Regenfallleitungen aus Metall gelten Produktanforderungen nach DIN EN 612[14] „Hängedachrinnen mit Aussteifung der Rinnenvorderseite und Regenrohre aus Metallblech mit Nahtverbindungen" bzw. DIN EN 1462[15] „Rinnenhalter für Hängedachrinnen – Anforderungen und Prüfung". Für Hängedachrinnen aus Kunststoffen ist DIN EN 607[16] „Hängedachrinnen und Zubehörteile aus PVC-U – Begriffe, Anforderungen und Prüfung" zu berücksichtigen.

Regenfallleitungen sind mit einer vertikalen Überlappung von 50 mm ineinanderzustecken. Die maximalen Befestigungsabstände von Fallrohren mit einem Innendurchmesser bis 100 mm betragen maximal 3,00 m, bei größeren Durchmessern maximal 2,00 m. Für den Abstand der Rohrschellen zur fertigen Wandflä-

[14] DIN EN 612:2005-04: Hängedachrinnen mit Aussteifung der Rinnenvorderseite und Regenrohre aus Metallblech mit Nahtverbindungen.

[15] DIN EN 1462:2004-12: Rinnenhalter für Hängedachrinnen – Anforderungen und Prüfung.

[16] DIN EN 607:2005-02: Hängedachrinnen und Zubehörteile aus PVC-U – Begriffe, Anforderungen und Prüfung.

che gilt ein Mindestmaß von 20 mm (s. Fachregel für Metallarbeiten, 10.2).

### Bewegungs- und Dehnungsausgleicher

Zur Aufnahme von temperaturbedingten Bewegungen und Längenänderungen von Metallen sind Dehnungsausgleicher einzubauen. Die angegebenen Maße berücksichtigen die gestreckte Länge von Bauteilen (Abstände der Ausgleicher untereinander). Für die Abstände zu Ecken oder Festpunkten gelten jeweils die halben Längenangaben.

***Tabelle 11:*** *Maximale Abstände von Bewegungsausgleichern (n. ATV DIN 18336, 3.6, Tab. 1) (Quelle: Schöwer/Schmidt)*

| **Maximale Abstände von Bewegungsausgleichern (n. ATV DIN 18339, Tab. 1)** | |
|---|---|
| **Formteil** | **max. Abstand** |
| in wasserführenden Ebenen für eingeklebte Einfassungen, Winkelanschlüsse, Rinneneinhänge und Schedrinnen | 6,0 m |
| für stranggepresste Profile | 6,0 m |
| außerhalb wasserführender Ebenen für Mauerabdeckungen, Dachrandabschlüsse und innen liegende, nicht eingeklebte Dachrinnen mit Zuschnitt über 500 mm | 8,0 m<br>(bei Stahl 14,0 m) |
| für Scharen von Dachdeckungen und Wandbekleidungen sowie für innen liegende, nicht eingeklebte Dachrinnen mit Zuschnittbreite unter 500 mm und Hängedachrinnen mit Zuschnitt über 500 mm | 10,0 m<br>(bei Stahl 14,0 m) |
| für Hängedachrinnen mit Zuschnittbreite bis 500 mm | 15,0 m |

Darüber hinaus gelten Einzelfestlegungen nach den Fachregeln für Metallarbeiten im DDH, dort differenziert nach Bauteilen und Arten von Metallen.

## Prüfung

Der Auftragnehmer hat ggf. bestehende Bedenken gem. § 4 Nr. 3 VOB/B[17] unverzüglich anzumelden, wenn der Untergrund bzw. die Höhenlage der Oberfläche nicht eindeutig definiert ist oder wenn Höhenbezugspunkte je Geschoss fehlen (vgl. ATV DIN 18339, Abschnitt 3.1.1). Außerdem müssen bei folgenden Punkten Bedenken angemeldet werden:

- bei ungeeignetem Untergrund
- wenn die Schalung Unebenheiten aufweist, die Dicke nicht ausreichend ist und Ecken und Kanten nicht abgerundet sind
- wenn an Ausschlüssen keine Befestigungsmöglichkeiten vorhanden sind
- wenn bei hinterlüfteten Konstruktionen die notwendigen Be- und Entlüftungen fehlen
- bei unzureichender Lage und Ausführung von Durchdringungen, Anschlüssen, Schwellen und dergleichen
- bei Abweichungen der vorgegebenen Neigung aus der Leistungsbeschreibung
- bei unzureichenden Ausdehnungsmöglichkeiten
- bei unzureichenden baulichen Voraussetzungen für Sicherheitsüberläufe
- bei fehlenden Tellern an Durchdringungspunkten
- bei ungeeigneten Witterungsbedingungen (z. B. Feuchtigkeit bei Klebearbeiten, stehende Nässe, Eis, Schnee, Temperaturen unter +5 °C bei Klebearbeiten, Metalltemperatur unter +10 °C bei Arbeiten mit Titanzink)

[17] DIN 1961::2016-09: VOB Vergabe- und Vertragsordnung für Bauleistungen – Teil B: Allgemeine Vertragsbedingungen für die Ausführung von Bauleistungen.

# Maler- und Lackierarbeiten – Beschichtungen

Die Anforderungen an Maler- und Lackierarbeiten sind im Wesentlichen in der Vergabe- und Vertragsordnung für Bauleistungen (VOB) Teil C in den Allgemeinen Technischen Vertragsbedingungen für Bauleistungen (ATV) in der ATV DIN 18363 (Ausgabe September 2019) beschrieben. Im Folgenden werden die Inhalte der ATV und/oder der ergänzenden Regelungen auszugsweise unter dem Gesichtspunkt von Ausführungstoleranzen und Materialmindestdicken dargestellt.

**Normen:** ATV DIN 18363[1] Maler- und Lackierarbeiten – Beschichtungen

**Allgemeines:** Die DIN 18202[2] enthält keine Angaben zu Toleranzen bei der Ausführung von Maler- und Lackierarbeiten.



1 ATV 18363:2019-09: VOB Vergabe- und Vertragsordnung für Bauleistungen – Teil C: Allgemeine Technische Vertragsbedingungen für Bauleistungen (ATV) – Maler- und Lackierarbeiten – Beschichtungen.

2 DIN 18202:2019-07: Toleranzen im Hochbau – Bauwerke.

**Geltungsbereich:** ATV DIN 18363 regelt das Beschichten mit Lacken, Anstrichstoffen und anderen Beschichtungsstoffen.

Die Norm gilt nicht für Wärmedämmverbundsysteme (WDVS) (s. ATV DIN 18345[3] „Wärmedämm-Verbundsysteme"), Putz- und Stuckarbeiten (s. ATV DIN 18350[4] „Putz- und Stuckarbeiten") sowie nicht für das Beizen und Polieren von Holzteilen (s. ATV DIN 18355[5] „Tischlerarbeiten"), nicht für die Versiegelung von Parkett und Holzpflaster (s. ATV DIN 18356[6] „Parkett- und Holzpflasterarbeiten") und nicht für Korrosionsschutzarbeiten (s. ATV DIN 18364[7] „Korrosionsschutzarbeiten an Stahlbauten").

**Spezifische Ergänzungen:**

- Beschichtungen
- Oberflächenschutzsysteme
- optische Mängel im Erscheinungsbild

## Spezifische Ergänzungen

### Beschichtungen

In ATV DIN 18363 sind für die verschiedenen Maler- und Lackierarbeiten Angaben zu den erforderlichen Beschichtungsfolgen, abhängig vom Beschichtungsstoff und dem zu beschichtenden Material, formuliert. Notwendige Mindestschichtdicken bei Untergrundvorbehandlungen, Grundierungen, Erst- und Überholungsbeschichtungen werden nicht angegeben.

---

3 ATV DIN 18345:2019-09: VOB Vergabe- und Vertragsordnung für Bauleistungen – Teil C: Allgemeine Technische Vertragsbedingungen für Bauleistungen (ATV) – Wärmedämm-Verbundsysteme.

4 ATV DIN 18350:2019-09: VOB Vergabe- und Vertragsordnung für Bauleistungen – Teil C: Allgemeine Technische Vertragsbedingungen für Bauleistungen (ATV) – Putz- und Stuckarbeiten.

5 ATV DIN 18355:2019-09: VOB Vergabe- und Vertragsordnung für Bauleistungen – Teil C: Allgemeine Technische Vertragsbedingungen für Bauleistungen (ATV) – Tischlerarbeiten.

6 ATV DIN 18356:2019-09: VOB Vergabe- und Vertragsordnung für Bauleistungen – Teil C: Allgemeine Technische Vertragsbedingungen für Bauleistungen (ATV) – Parkett- und Holzpflasterarbeiten.

7 ATV DIN 18364:2023-09: Korrosionsschutzarbeiten an Stahlbauten.

Mindestschichtdicken von Beschichtungen auf verschiedenen Untergründen sind immer abhängig vom Beschichtungsstoff. Die Hersteller von Beschichtungsstoffen empfehlen i. d. R. einen für den Nutzungszweck oder auf die Schutzfunktion abgestimmten Systemaufbau, bestehend aus verschiedenen Beschichtungsstoffen, Anzahl der auszuführenden Arbeitsgänge und möglichen Auftragverfahren. Durch die Angabe von Auftragverfahren und die Angabe von Verbrauchsmengen auf bestimmten Untergründen soll die Erzielung der notwendigen Beschichtungsstärken gesichert werden.

**Beschichtung von Holzbauteilen im Außenbereich gegen Feuchtigkeit**

Beschichtungsstoffe und -systeme für die Anwendung bei Hölzern im Außenbereich (wie z. B. Fichte und Kiefer) werden nach DIN EN 927-1[8] „Beschichtungsstoffe – Beschichtungsstoffe für Holz im Außenbereich“ in die folgenden Anwendungsstufen eingeteilt:

- nicht maßhaltige Außenbauteile (Maßänderung ist nicht begrenzt; z. B. Zäune, offene und hinterlüftete Vorhangfassaden, Gartenschuppen)
- begrenzt maßhaltige Außenbauteile (Maßänderung ist in begrenztem Umfang zulässig; z. B. Verbretterung mit Nut/Feder, Schallschutzwände)
- maßhaltige Außenbauteile (Maßänderung ist in sehr geringem Umfang zulässig; z. B. Fenster und Türen, Fensterläden)

Beschichtungsstoffe/-systeme für Holz im Außenbereich sollten die für den vorgesehenen Anwendungsbereich (Anwendungsstufe) in DIN EN 927-2[9] gestellten Anforderungen erfüllen. Hier wird auf die Norm verwiesen.

Außerdem sind die Regelungen in DIN 68800-3[10] „Holzschutz – Teil 3: Vorbeugender Schutz von Holz mit Holzschutzmitteln“ zu beachten.

8 DIN EN 927-1:2013-05: Beschichtungsstoffe – Beschichtungsstoffe und Beschichtungssysteme für Holz im Außenbereich – Teil 1: Einteilung und Auswahl.

9 DIN EN 927-2:2023-02: Beschichtungsstoffe – Beschichtungsstoffe und Beschichtungssysteme für Holz im Außenbereich – Teil 2: Leistungsanforderungen.

10 DIN 68800-3:2020-03: Holzschutz – Teil 3: Vorbeugender Holzschutz mit Holzschutzmitteln.

Weitere Informationen zur Beschichtung von Holzbauteilen im Außenbereich enthält das BFS-Merkblatt Nr. 18 „Beschichtungen auf Holz und Holzwerkstoffen im Außenbereich“[11]. Das Merkblatt gibt Informationen über den Werkstoff Holz und die erforderlichen Prüfungen des Untergrunds. Es erläutert die Beschichtungsaufbauten für maßhaltige, begrenzt maßhaltige und nicht maßhaltige Holzbauteile. Weiterhin finden sich in dem BFS-Merkblatt Nr. 18 Erläuterungen zu den Beanspruchungen von Beschichtungen, die von den Klimabedingungen und dem Schutz des Bauteils abhängen und in DIN EN 927-1 geregelt sind.

**Korrosionsschutz an Stahlbauteilen**

Für den Korrosionsschutz von Stahlbauteilen gilt ATV DIN 18364[12] „Korrosionsschutzarbeiten an Stahlbauten“.

Die Schichtdicke für eine Beschichtung oder ein Beschichtungssystem wird bestimmt nach der Lage des Bauteils (Freiluft oder Innenraum) und der Einstufung in eine Korrosivitätskategorie (Grad der Beanspruchung aus der Umgebung, z. B. Seeluft, Industriegelände u. Ä.). Die Sollschichtdicke wird bestimmt nach der Dauer der zu erzielenden Schutzwirkung in den entsprechenden Umgebungsbedingungen. Die Messung der Schichtdicke von Beschichtungen erfolgt nach den Regeln in DIN EN ISO 2808[13].

Die Solltrockenschichtdicke gilt als erreicht, wenn höchstens 20 % der Einzelmesswerte den geforderten Sollwert um maximal 20 % unterschreiten und der Mittelwert aller Messungen auf einer Fläche mindestens der Sollschichtdicke entspricht (ATV 18364, 3.2.6).

Die ermittelte Höchstschichtdicke sollte das Dreifache der festgelegten Sollschichtdicke nicht überschreiten, soweit nach den Datenblättern zum Beschichtungsstoff oder dem Beschichtungssystem keine anderen Angaben bestehen (s. Herstellerangaben).

---

[11] Hrsg.: Bundesausschuss Farbe und Sachwertschutz e. V. Frankfurt/M..

[12] ATV DIN 18364:2023-09: VOB Vergabe- und Vertragsordnung für Bauleistungen – Teil C: Allgemeine Technische Vertragsbedingungen für Bauleistungen (ATV) – Korrosionsschutzarbeiten an Stahlbauten.

[13] DIN EN ISO 2808:2019-12: Beschichtungsstoffe – Bestimmung der Schichtdicke.

### Oberflächenschutzsysteme

Oberflächenschutzsysteme nach der DAfStb-Richtlinie[14] für Schutz und Instandsetzung von Betonbauteilen sind der ATV DIN 18349[15] „Betonerhaltungsarbeiten" zuzuordnen. Die für die Bauausführung relevanten Schichtdicken sind den Anweisungen der Hersteller zu entnehmen. Für die Ebenheit der Bauteiloberflächen und Untergründe gelten die Regelungen der DIN 18202.

### Optische Mängel im Erscheinungsbild

Gemäß ATV DIN 18363, Abschnitt 3.1.4 muss die Oberfläche entsprechend der Eigenschaft des Beschichtungsstoffs und des angewandten Verfahrens gleichmäßig ohne Ansätze und Streifen erscheinen.

Alle Anschlüsse an Türen, Fenstern, Sockeln u. Ä. sind scharfkantig auszuführen (ATV DIN 18363, 3.1.10).

## Prüfung

Der Auftragnehmer hat, wenn der Untergrund Toleranzen vorgibt, die eine geforderte Qualität der Beschichtung nicht zulassen, unverzüglich Bedenken gem. § 4 Nr. 3 VOB/B anzumelden.

Für die Bestimmung der Schichtdicke existieren verschiedene Messverfahren, die im Wesentlichen vom Beschichtungsstoff sowie weiteren Randbedingungen (z. B. Art und Material des Untergrunds, Bestimmung der Nassschichtdicke oder Trockenschichtdicke) abhängig sind. Die verschiedenen Messverfahren sind in Normen geregelt. Wichtige Normen sind:

---

14 DAfStb-Richtlinie für Schutz und Instandsetzung von Betonbauteilen; Ausgabe Oktober 2001; hrsg. v. Deutscher Ausschuss für Stahlbeton e. V. (DAfStb), Berlin.

15 ATV DIN 18349:2023-09: VOB Vergabe- und Vertragsordnung für Bauleistungen – Teil C: Allgemeine Technische Vertragsbedingungen für Bauleistungen (ATV) – Betonerhaltungsarbeiten.

- DIN EN ISO 2808[16]: Bestimmung der Schichtdicke von Beschichtungen (Bestimmen der Nassschichtdicke, Trockenschichtdicke, Dicke von nicht eingebrannten Pulverschichten)
- DIN EN ISO 2178[17]: Messen der Schichtdicke von nichtmagnetischen Beschichtungen auf Metallen

Für genauere Informationen wird auf die genannten Normen verwiesen.

16 DIN EN ISO 2808:2019-12: Beschichtungsstoffe – Bestimmung der Schichtdicke

17 DIN EN ISO 2178:2016-11: Nichtmagnetische Überzüge auf magnetischen Grundmetallen – Messen der Schichtdicke – Magnetverfahren

A B D E F G H K M N P R S T V W Z

# Mauerarbeiten

Die Anforderungen an Mauerarbeiten sind im Wesentlichen in der Vergabe- und Vertragsordnung für Bauleistungen (VOB) Teil C in den Allgemeinen Technischen Vertragsbedingungen für Bauleistungen (ATV) in der ATV DIN 18330 (Ausgabe September 2019) beschrieben. Im Folgenden werden die Inhalte der ATV und/oder der ergänzenden Regelungen auszugsweise unter dem Gesichtspunkt von Ausführungstoleranzen und Materialmindestdicken dargestellt.

| **Normen:** | ATV DIN 18330[1] | Mauerarbeiten |
|---|---|---|
| | DIN EN 1996[2] | Eurocode 6: Bemessung und Konstruktion von Mauerwerksbauten: |
| | | Teil 1-1: Allgemeine Regeln für bewehrtes und unbewehrtes Mauerwerk |
| | | Teil 2: Planung, Auswahl der Baustoffe und Ausführung von Mauerwerk |
| | DIN EN 1996/NA[3] | Nationaler Anhang – National festgelegte Parameter – Eurocode 6: Bemessung und Konstruktion von Mauerwerksbauten; jeweils zu den Teilen 1-1 und 2 |

1 ATV DIN 18330:2019-09: VOB Vergabe- und Vertragsordnung für Bauleistungen – Teil C: Allgemeine Technische Vertragsbedingungen für Bauleistungen (ATV) – Mauerarbeiten.

2 DIN EN 1996: Eurocode 6: Bemessung und Konstruktion von Mauerwerksbauten; verschiedene Teile mit unterschiedlichen Ausgabedaten.

3 Nationaler Anhang – National festgelegte Parameter – Eurocode 6: Bemessung und Konstruktion von Mauerwerksbauten; verschiedene Teile mit unterschiedlichen Ausgabedaten.

**Geltungsbereich:** ATV DIN 18330 „Mauerarbeiten“ gilt für die Herstellung von Mauerwerk jeder Art aus künstlichen und natürlichen Steinen.

Die Norm gilt nicht für Schalungssteine (s. ATV DIN 18331[4] „Betonarbeiten“), Naturwerksteine (s. ATV DIN 18332[5] „Naturwerksteinarbeiten“), Betonwerksteine (s. ATV DIN 18333[6] „Betonwerksteinarbeiten“), Trockenbauarbeiten (s. ATV DIN 18340[7] „Trockenbauarbeiten“) und Wärmedämmverbundsysteme (s. ATV DIN 18345[8] „Wärmedämm-Verbundsysteme“).

**Allgemeines:** Toleranzen sind in den durch DIN 18202[9] zulässigen Grenzen möglich (ATV DIN 18330, Abschnitt 3.1.3).

**Spezifische Ergänzungen:**

- erhöhte Anforderungen – Ebenheitsabweichungen
- Maßhaltigkeit der Steine – stoffabhängige Abweichungen
- zulässige Abweichungen nach DIN EN 1996-2 i. V. m. DIN EN 1996-2/NA
- Überbindemaß
- Lager-, Stoß- und Längsfugen, Anschlussfugen
- Sichtmauerwerk
- zweischaliges Mauerwerk
- Schlitze und Aussparungen im Mauerwerk
- Unterfangungen
- Risse

---

4 ATV DIN 18331:2019-09: VOB Vergabe- und Vertragsordnung für Bauleistungen – Teil C: Allgemeine Technische Vertragsbedingungen für Bauleistungen (ATV) – Betonarbeiten.

5 ATV DIN 18332:2023-09: VOB Vergabe- und Vertragsordnung für Bauleistungen – Teil C: Allgemeine Technische Vertragsbedingungen für Bauleistungen (ATV) – Naturwerksteinarbeiten.

6 ATV DIN 18333:2019-09: VOB Vergabe- und Vertragsordnung für Bauleistungen – Teil C: Allgemeine Technische Vertragsbedingungen für Bauleistungen (ATV) – Betonwerksteinarbeiten.

7 ATV DIN 18340:2023-09:VOB Vergabe- und Vertragsordnung für Bauleistungen – Teil C: Allgemeine Technische Vertragsbedingungen für Bauleistungen (ATV) – Trockenbauarbeiten.

8 ATV DIN 18345:2019-09: VOB Vergabe- und Vertragsordnung für Bauleistungen – Teil C: Allgemeine Technische Vertragsbedingungen für Bauleistungen (ATV) – Wärmedämm-Verbundsysteme.

9 DIN 18202:2019-07: Toleranzen im Hochbau – Bauwerke.

# Bauwerksmaße

Grenzabweichungen für Maße siehe folgende Tabelle (n. DIN 18202, Tab. 1):

***Tabelle 1:*** *Grenzabweichungen für Maße (n. DIN 18202, 5.2) (Quelle: Schmidt)*

| | | | | | | | | |
|---|---|---|---|---|---|---|---|---|
| **Grenzabweichung für Maße im Grundriss** | | | | | | | | |
| 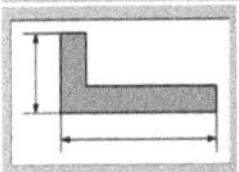 | Nennmaß | m | ≤ 1 | > 1 ≤ 3 | > 3 ≤ 6 | > 6 ≤ 15 | > 15 ≤ 30 | > 30 |
| | Grenzabweichung | mm | ± 10 | ± 12 | ± 16 | ± 20 | ± 24 | ± 30 |
| z. B. Längen, Breiten, Achsmaße, Rastermaße | | | | | | | | |
| **Grenzabweichung für Maße im Aufriss** | | | | | | | | |
| 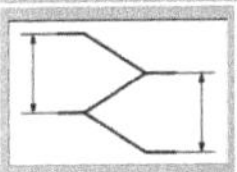 | Nennmaß | m | ≤ 1 | > 1 ≤ 3 | > 3 ≤ 6 | > 6 ≤ 15 | > 15 ≤ 30 | > 30 |
| | Grenzabweichung | mm | ± 10 | ± 16 | ± 16 | ± 20 | ± 30 | ± 30 |
| z. B. Geschosshöhen, Podesthöhen, Abstände von Aufstandsflächen u. Konsolen | | | | | | | | |
| **Grenzabweichung für lichte Maße im Grundriss** | | | | | | | | |
| 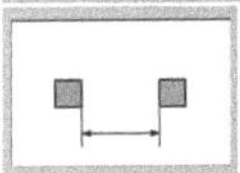 | Nennmaß | m | ≤ 1 | > 1 ≤ 3 | > 3 ≤ 6 | > 6 ≤ 15 | > 15 ≤ 30 | > 30 |
| | Grenzabweichung | mm | ± 12 | ± 16 | ± 20 | ± 24 | ± 30 | - |
| z. B. Maße zwischen Stützen, Pfeilern usw. | | | | | | | | |
| **Grenzabweichung für lichte Maße im Aufriss** | | | | | | | | |
| 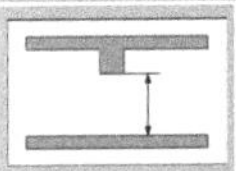 | Nennmaß | m | ≤ 1 | > 1 ≤ 3 | > 3 ≤ 6 | > 6 ≤ 15 | > 15 ≤ 30 | > 30 |
| | Grenzabweichung | mm | ± 16 | ± 20 | ± 20 | ± 30 | - | - |
| z. B. unter Decken u. Unterzügen | | | | | | | | |
| **Grenzabweichung für Maße von Öffnungen** | | | | | | | | |
| 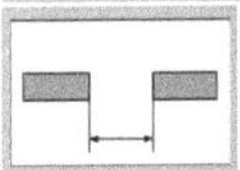 | Nennmaß | m | ≤ 1 | > 1 ≤ 3 | > 3 ≤ 6 | > 6 ≤ 15 | > 15 ≤ 30 | > 30 |
| | Grenzabweichung | mm | ± 10 | ± 12 | ± 16 | - | - | - |
| z. B. Öffnungen von Fenstern, Einbauelementen, Außentüren (Innentüren s. DIN 18100) | | | | | | | | |

*Tabelle 1:* *Grenzabweichungen für Maße (n. DIN 18202, 5.2)*
*(Quelle: Schmidt)*

| Grenzabweichung für Maße von Öffnungen mit oberflächenfertigen Laibungen | | | | | | | | |
|---|---|---|---|---|---|---|---|---|
| 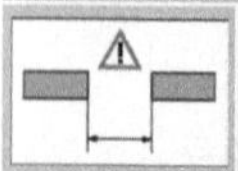 | Nenn-maß | m | ≤ 1 | > 1<br>≤ 3 | > 3<br>≤ 6 | > 6<br>≤ 15 | > 15<br>≤ 30 | > 30 |
| | Grenz-abwei-chung | mm | ± 8 | ± 10 | ± 12 | - | - | - |
| Grenzabweichungen gelten für Nennmaße bis 60 m. Bei größeren Nennmaßen sind besondere Überlegungen erforderlich. | | | | | | | | |

# Winkelabweichungen

Grenzwerte für Winkelabweichungen siehe folgende Tabelle (n. DIN 18202, Tab. 2):

*Tabelle 2:* *Grenzwerte für Winkelabweichungen (n. DIN 18202, 5.3)*
*(Quelle: Schmidt)*

| Grenzwerte für Winkelabweichungen | | | | | | | | | |
|---|---|---|---|---|---|---|---|---|---|
| 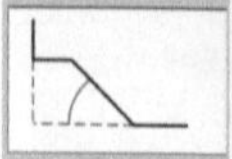 | Nenn-maß | m | ≤ 0,5 | > 0,5<br>≤ 1,0 | > 1,0<br>≤ 3,0 | > 3,0<br>≤ 6,0 | > 6,0<br>≤ 15,0 | > 15,0<br>≤ 30,0 | > 30,0 |
| | Stich-maße als Grenz-werte | mm | 3 | 6 | 8 | 12 | 16 | 20 | 30 |

# Ebenheitsabweichungen

Grenzwerte für Ebenheitsabweichungen sind in DIN 18202, Abschnitt 5.4 geregelt; siehe folgende Tabelle (n. DIN 18202, Tab. 3):

*Tabelle 3:* *Grenzwerte für Ebenheitsabweichungen (n. DIN 18202, 5.4)*
*(Quelle: Schmidt)*

| Nichtflächenfertige Oberseiten von Decken, Unterbeton und Unterböden | | | | | | | |
|---|---|---|---|---|---|---|---|
| 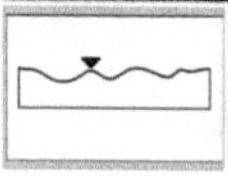 | Messpunktabstand | m | ≤ 0,1 | 1 | 4 | 10 | 15 |
| | Stichmaße als Grenzwerte | mm | 10 | 15 | 20 | 25 | 30 |

*Tabelle 3: Grenzwerte für Ebenheitsabweichungen (n. DIN 18202, 5.4) (Quelle: Schmidt)*

| | | | | | | | |
|---|---|---|---|---|---|---|---|
| **Nichtflächenfertige Oberseiten von Decken oder Bodenplatten zur Aufnahme von Bodenaufbauten** | | | | | | | |
| 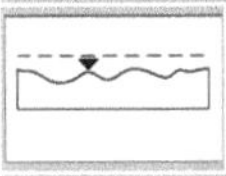 | Messpunktabstand | m | ≤ 0,1 | 1 | 4 | 10 | 15 |
| | Stichmaße als Grenzwerte | mm | 5 | 8 | 12 | 15 | 20 |
| z. B. Estriche im Verbund/auf Trennlage, schwimmende Estriche, Industrieböden, Fliesen- u. Plattenbeläge im Mörtelbett | | | | | | | |
| **Flächenfertige Oberseiten von Decken oder Bodenplatten für untergeordnete Zwecke** | | | | | | | |
| 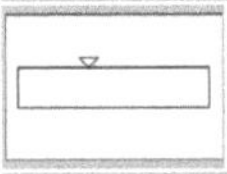 | Messpunktabstand | m | ≤ 0,1 | 1 | 4 | 10 | 15 |
| | Stichmaße als Grenzwerte | mm | 5 | 8 | 12 | 15 | 20 |
| z. B. in Lagerräumen, Kellern | | | | | | | |
| **Flächenfertige Böden, Estriche für Bodenbeläge, Bodenbeläge, Fliesenbeläge, Beläge** | | | | | | | |
| 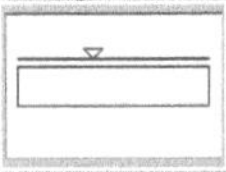 | Messpunktabstand | m | ≤ 0,1 | 1 | 4 | 10 | 15 |
| | Stichmaße als Grenzwerte | mm | 2 | 4 | 10 | 12 | 15 |
| z. B. Estriche als Nutzestriche, Estriche zur Aufnahme von Bodenbelägen, gespachtelte u. geklebte Beläge | | | | | | | |
| **wie Zeile zuvor, jedoch mit erhöhten Anforderungen** | | | | | | | |
| 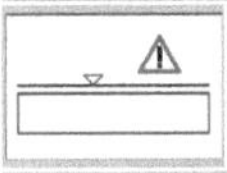 | Messpunktabstand | m | ≤ 0,1 | 1 | 4 | 10 | 15 |
| | Stichmaße als Grenzwerte | mm | 1 | 3 | 9 | 12 | 15 |
| **Nichtflächenfertige Wände und Unterseiten von Rohdecken** | | | | | | | |
| 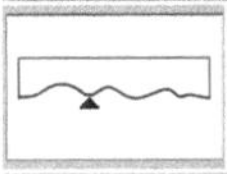 | Messpunktabstand | m | ≤ 0,1 | 1 | 4 | 10 | 15 |
| | Stichmaße als Grenzwerte | mm | 5 | 10 | 15 | 25 | 30 |
| **Flächenfertige Wände und Unterseiten von Decken** | | | | | | | |
| 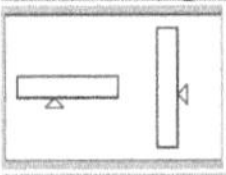 | Messpunktabstand | m | ≤ 0,1 | 1 | 4 | 10 | 15 |
| | Stichmaße als Grenzwerte | mm | 3 | 5 | 10 | 20 | 25 |
| z. B. geputzte Wände, Wandbekleidungen, untergehängte Decken | | | | | | | |
| **wie Zeile zuvor, jedoch mit erhöhten Anforderungen** | | | | | | | |
| 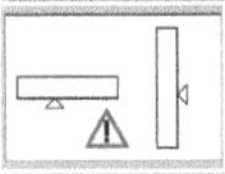 | Messpunktabstand | m | ≤ 0,1 | 1 | 4 | 10 | 15 |
| | Stichmaße als Grenzwerte | mm | 2 | 3 | 8 | 15 | 20 |
| Zwischenwerte sind DIN 18202, Bild 6 und Bild 7 zu entnehmen und auf ganze mm zu runden. Die Grenzwerte für Ebenheitsabweichungen der letzten Spalte gelten auch für Messpunktabstände > 15 m. | | | | | | | |

In der o. a. Tabelle sind Stichmaße als Grenzwerte für Ebenheitsabweichungen festgelegt; diese gelten für Flächen von:

- Decken (Ober- und Unterseite)
- Wänden
- Estrichen
- Bodenbelägen

Werden erhöhte Anforderungen an die Ebenheit oder sonstige erhöhte Anforderungen an die Maßhaltigkeit gestellt, so gelten die durchzuführenden Maßnahmen als „Besondere Leistung“ im Sinne der DIN 18330, 4.2.2.

## Fluchtabweichungen

Die Grenzwerte für Fluchtabweichungen bei Stützen sind in DIN 18202, Abschnitt 5.5 geregelt; siehe folgende Tabelle (n. DIN 18202, Tab. 4):

***Tabelle 4:*** *Grenzwerte für Fluchtabweichungen bei Stützen (n. DIN 18202, 5.5) (Quelle: Schmidt)*

| Grenzwerte für Fluchtabweichungen | | | | | | | |
|---|---|---|---|---|---|---|---|
| 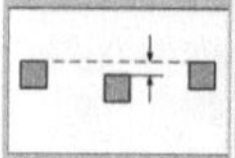 | Messpunkt-abstand (Nennmaß) | m | ≤ 3 | > 3<br>≤ 6 | > 6<br>≤ 15 | > 15<br>≤ 30 | > 30 |
| | Stichmaße als Grenzwerte | mm | 8 | 12 | 16 | 20 | 30 |

# Spezifische Ergänzungen

### Erhöhte Anforderungen – Ebenheitsabweichungen

Bei Mauerwerk, dessen Dicke gleich einem Steinmaß ist, gelten die Ebenheitsabweichungen nur für die bündige Seite. Werden nach DIN 18202, Tabelle 3 „erhöhte Anforderungen” an die Ebenheit gestellt, so sind diese im Leistungsverzeichnis zu vereinbaren (vgl. ATV DIN 18330, Abschnitt 3.1.3 u. 4.2.2).

### Maßhaltigkeit der Steine – stoffabhängige Abweichungen

Die zulässigen Maßabweichungen von Baustoffen und Bauteilen sind in den entsprechenden Stoff- bzw. Produktnormen festgelegt. Für Mauersteine gelten folgende Normen:

***Tabelle 5:*** *Überblick über Stoff- und Produktnormen für Mauersteine mit Angaben zu zulässigen Maßabweichungen (Quelle: Schmidt)*

| Baustoff | Norm | zulässige Maßabweichungen (Grenzabmaße) nach Abschnitt |
|---|---|---|
| Mauerziegel | DIN EN 771-1 | 5.2.1<br>(P-Ziegel zur Verwendung in geschütztem Mauerwerk, Maße und Grenzabmaße) und<br>5.3.1<br>(U-Ziegel zur Verwendung in ungeschütztem Mauerwerk, Maße und Grenzabmaße) |
| Kalksandsteine | DIN EN 771-2 | 5.2<br>(Anforderungen an Kalksandsteine, Maße und Grenzabmaße) |
| Mauersteine aus Beton | DIN EN 771-3 | 5.2.2<br>(Anforderungen an Mauersteine aus Beton, Grenzabmaße) |
| Porenbetonsteine | DIN EN 771-4 | 5.2.2<br>(Anforderungen an Porenbetonsteine, Grenzabmaße) |
| Betonwerksteine | DIN EN 771-5 | 5.2.2<br>(Anforderungen an Betonwerksteine, Grenzabmaße) |
| Natursteine | DIN EN 771-6 | 5.2.2<br>(Anforderungen an Natursteine, Grenzabmaße) |
| DIN EN 771: Festlegungen für Mauersteine | | |

Nachfolgend werden die Grenzabmaße für ausgewählte Mauersteine angegeben. Für die vollständigen Angaben wird auf die o. a. Normen verwiesen.

**Grenzabmaße und Maßspannen für Mauerziegel**
(n. DIN EN 771-1[10])

Es ist zwischen P-Ziegeln (zur Verwendung in geschütztem Mauerwerk) und U-Ziegeln (zur Verwendung in ungeschütztem Mauerwerk) zu unterscheiden.

Weiterhin richten sich die einzuhaltenden Grenzabmaße nach der Abmaßklasse. Diese ist vom Hersteller stets anzugeben.

[10] DIN EN 771-1:2015-11: Festlegungen für Mauersteine – Teil 1: Mauerziegel.

***Tabelle 6:*** *Abmaße für P-Ziegel (Quelle: Schmidt)*

| **Abmaße für P-Ziegel, auf den Mittelwert bezogen (n. DIN EN 771, 5.2.1.2.2)** | | |
|---|---|---|
| **Klasse** | **auf den Mittelwert bezogene Abmaße** | **Bemerkung** |
| T1 | ± 0,40 √(Sollmaß) mm<br>oder 3 mm | der größere Wert ist maßgebend |
| T1+ | ± 0,40 √(Sollmaß) mm<br>oder 3 mm für Länge und Breite<br>± 0,05 √(Sollmaß) mm<br>oder 1 mm für die Höhe | der größere Wert ist maßgebend |
| T2 | ± 0,25 √(Sollmaß) mm<br>oder 2 mm | der größere Wert ist maßgebend |
| T2+ | ± 0,25 √(Sollmaß) mm<br>oder 2 mm für Länge und Breite<br>± 0,05 √(Sollmaß) mm<br>oder 1 mm für die Höhe | der größere Werte ist maßgebend |
| Tm | eine vom Hersteller angegebene Abweichung in mm (diese darf größer oder kleiner als die anderen Klassen sein) | |
| P-Ziegel: zur Verwendung in geschütztem Mauerwerk (Mauerwerk, das gegen eindringendes Wasser geschützt ist und keinen Kontakt zum Boden oder Grundwasser hat). | | |

***Tabelle 7:*** *Maßspanne für P-Ziegel (Quelle: Schmidt)*

| **Maßspanne für P-Ziegel (n. DIN EN 771-1, 5.2.1.2.3)** | |
|---|---|
| **Klasse** | **Maßspanne** |
| R1 | 0,6 √(Sollmaß) mm |
| R1+ | 0,6 √(Sollmaß) mm für Länge und Breite<br>und 1,0 mm für die Höhe |
| R2 | 0,3 √(Sollmaß) mm |
| R2+ | 0,3 √(Sollmaß) mm für Länge und Breite<br>und 1,0 mm für die Höhe |
| Rm | eine vom Hersteller in mm angegebene Maßspanne (diese darf größer oder kleiner als die anderen Klassen sein) |
| P-Ziegel: zur Verwendung in geschütztem Mauerwerk (Mauerwerk, das gegen eindringendes Wasser geschützt ist und keinen Kontakt zum Boden oder Grundwasser hat). | |

***Tabelle 8:*** *Abmaße für U-Ziegel (Quelle: Schmidt)*

| Abmaße für U-Ziegel, auf den Mittelwert bezogen (n. DIN EN 771, 5.3.1.2.2) | | |
|---|---|---|
| **Klasse** | **auf den Mittelwert bezogene Abmaße** | **Bemerkung** |
| T1 | ± 0,40 √(Sollmaß) mm oder 3 mm | der größere Wert ist maßgebend |
| T2 | ± 0,25 √(Sollmaß) mm oder 2 mm | der größere Wert ist maßgebend |
| Tm | eine vom Hersteller angegebene Abweichung in mm (diese darf größer oder kleiner als die anderen Klassen sein) | |
| U-Ziegel: zur Verwendung in ungeschütztem Mauerwerk (Mauerwerk, das Regen, Frost oder Tau ausgesetzt sein kann und/oder in Kontakt mit Boden oder Grundwasser steht). | | |

***Tabelle 9:*** *Maßspanne U-Ziegel (Quelle: Schmidt)*

| Maßspanne für U-Ziegel (n. DIN EN 771-1, 5.3.1.2.3) | |
|---|---|
| **Klasse** | **Maßspanne** |
| R1 | 0,6 √(Sollmaß) mm |
| R2 | 0,3 √(Sollmaß) mm |
| Rm | eine vom Hersteller in mm angegebene Maßspanne (diese darf größer oder kleiner als die anderen Klassen sein) |
| U-Ziegel: zur Verwendung in ungeschütztem Mauerwerk (Mauerwerk, das Regen, Frost oder Tau ausgesetzt sein kann und/oder in Kontakt mit Boden oder Grundwasser steht). | |

**Grenzabmaße von Kalksandsteinen (n. DIN EN 771-2):**
Die Grenzabmaße von Kalksandsteinen hängen von der Abmaßklasse ab. Die Klasse ist vom Hersteller stets anzugeben.

Die Abmaße dürfen die in der folgenden Tabelle angegebenen Werte nicht überschreiten.

***Tabelle 10:*** *Grenzabmaße von Kalksandsteinen (Quelle: Schmidt)*

| Grenzabmaße von Kalksandsteinen (n. DIN EN 771-2, Tab. 1) | | | | | | |
|---|---|---|---|---|---|---|
| **Klasse** | **Mittelwerte** | | | **Einzelwerte** | | |
| | **Höhe** | **Länge** | **Breite** | **Höhe** | **Länge** | **Breite** |
| T1 | Sollhöhe ± 2 mm | Solllänge ± 2 mm | Sollbreite ± 2 mm | mittlere Höhe ± 2 mm | mittlere Länge ± 2 mm | mittlere Breite ± 2 mm |
| T2 | Sollhöhe ± 1 mm | Solllänge ± 2 mm | Sollbreite ± 2 mm | mittlere Höhe ± 1 mm | mittlere Länge ± 2 mm | mittlere Breite ± 2 mm |
| T3 | - | Solllänge ± 2 mm | Sollbreite ± 2 mm | Sollhöhe ± 1 mm | Solllänge ± 3 mm | Sollbreite ± 3 mm |
| Tm | vom Hersteller deklarierte Abweichung in mm (diese darf größer oder kleiner als die anderen Klassen sein) | | | | | |

Als Grenzabmaße für die Ebenheit der Lagerflächen von Kalksandsteinen werden bei der Klasse T3 1,0 mm gefordert. Bei den Klassen T1 und T2 sind keine Anforderungen festgelegt.

Für die Planparallelität der Lagerflächen ist bei Klasse T3 ein Wert von 1,0 mm einzuhalten. Für die Klassen T1 und T2 sind keine Anforderungen festgelegt.

**Grenzabmaße für Mauersteine aus Beton (n. DIN EN 771-3):**

Die Grenzabmaße für Mauersteine aus Beton sind von der Abmaßklasse abhängig. Die Klasse ist vom Hersteller stets anzugeben.

Die Einzelwerte für die Grenzabmaße dürfen die in der folgenden Tabelle angegebenen Werte nicht überschreiten.

***Tabelle 11:*** *Grenzabmaße für Mauersteine aus Beton (Quelle: Schmidt)*

| Grenzabmaße für Mauersteine aus Beton (n. DIN EN 771-3, Tab. 1) | | | |
|---|---|---|---|
| **Klasse** | **Länge** | **Breite** | **Höhe** |
| D1 | +3 mm -5 mm | +3 mm -5 mm | +3 mm -5 mm |
| D2 | +1 mm -3 mm | +1 mm -3 mm | ± 2 mm |
| D3 | +1 mm -3 mm | +1 mm -3 mm | ± 1,5 mm |
| D4 | +1 mm -3 mm | +1 mm -3 mm | ± 1,0 mm |

**Höchstmaße und Grenzabmaße von Porenbetonsteinen (n. DIN EN 771-4):**

Die deklarierten Maße von Porenbetonsteinen dürfen folgende Werte nicht überschreiten:

***Tabelle 12:*** *Höchstmaße von Porenbetonsteinen (Quelle: Schmidt)*

| Höchstmaße von Porenbetonsteinen (n. DIN EN 771-4, Tab. 1) | |
|---|---|
| **Maße** | **Höchstwert** |
| Länge | 1500 mm |
| Breite | 600 mm |
| Höhe | 1000 mm |

Die Grenzabmaße für Porenbetonsteine (Normalmauersteine) sind vom verwendeten Mörtel abhängig und in folgender Tabelle angegeben:

***Tabelle 13:*** *Grenzabmaße für Porenbetonsteine (Quelle: Schmidt)*

| Grenzabmaße für Porenbetonsteine als Normalmauersteine (n. DIN EN 771-4, Tab. 2) | | | |
|---|---|---|---|
| **Maße** | **Normalmörtel und Leichtmörtel** | **Dünnbettmörtel** | **Dünnbettmörtel** |
| | **GPLM** | **TLMA** | **TLMB** |
| Länge | +3 mm<br>-5 mm | ± 3 mm | ± 1,5 mm |
| Höhe | +3 mm<br>-5 mm | ± 2 mm | ± 1,0 mm |
| Breite | ± 3 mm | ± 2 mm | ± 1,5 mm |
| Ebenheit der Lagerflächen | keine Anforderungen | keine Anforderungen | ≤ 1,0 mm |
| Planparallelität der Lagerflächen | keine Anforderungen | keine Anforderungen | ≤ 1,0 mm |
| Hinweis: Grenzabmaße für Formsteine sind in DIN EN 771-4 nicht festgelegt. | | | |
| Abkürzungen für die Mörtelarten (n. DIN EN 998-2):<br>G: Normalmauermörtel; T: Dünnbettmörtel; L: Leichtmauermörtel | | | |

Für Grenzabmaße weiterer Steinarten wird auf die jeweiligen Produktnormen verwiesen.

A B D E F G H K M N P R S T V W Z

## Zulässige Abweichungen

Zulässige Abweichungen des ausgeführten Mauerwerks aus statischer Sicht sind in DIN EN 1996-2[11] i. V. m. DIN EN 1996-2/NA[12] festgelegt. Siehe folgende Tabelle:

***Tabelle 14:*** *Zulässige Abweichungen für ausgeführtes Mauerwerk (n. DIN EN 1996-2, Tab. 3.1 i. V. m. DIN EN 1996-2/NA) (Quelle: Schmidt)*

| **Zulässige Abweichungen für ausgeführtes Mauerwerk (n. DIN EN 1996-2 i. V. m. DIN EN 1996-2/NA)** | | |
|---|---|---|
| **Position** | | **maximale Abweichung** |
| Vertikalität | über ein Geschoss | ±20 mm |
| | über die gesamte Gebäudehöhe bei drei oder mehr Geschossen | ±50 mm |
| | vertikale Fluchtlinie | ±20 mm |
| Ebenheit 1) | > 1,0 m | ±10 mm |
| | > 10 m | ±50 mm |
| Dicke | der Wandschale 2) | ±5 mm oder 5 % der Schalendicke (der größere Wert ist maßgebend) |
| | der zweischaligen Wand | ±10 mm |

1) Die Ebenheit wird als maximale Abweichung von einer geraden Linie zwischen zwei beliebigen Punkten gemessen.
2) Ausgenommen Wandschalen mit der Breite oder Länge eines einzelnen Mauersteins, in denen die Maßtoleranzen des Mauersteins die Schalendicke bestimmen.

## Überbindemaß

Mauerwerk ist im Verband, d. h. mit versetzten Stoß- und Längsfugen, herzustellen.

Beim Mauern im Verband ist ein sog. „Überbindemaß" ü in vertikaler Ebene (für Stoßfugen) und horizontaler Ebene (für Längsfugen) nach folgender Definition einzuhalten (s. DIN EN 1996-1-1/NA[13], NCI zu 8.1.4.1):

[11] DIN EN 1996-2:2010-12: Eurocode 6: Bemessung und Konstruktion von Mauerwerksbauten – Teil 2: Planung, Auswahl der Baustoffe und Ausführung von Mauerwerk.

[12] DIN EN 1996-2/NA:2012-01: Nationaler Anhang – National festgelegte Parameter - Eurocode 6: Bemessung und Konstruktion von Mauerwerksbauten – Teil 2: Planung, Auswahl der Baustoffe und Ausführung von Mauerwerk.

[13] DIN EN 1996-1-1/NA:2019-12: Nationaler Anhang – National festgelegte Parameter – Eurocode 6: Bemessung und Konstruktion von Mauerwerksbauten – Teil 1-1: Allgemeine Regeln für bewehrtes und unbewehrtes Mauerwerk.

- ü ≥ 0,4 h (h = Steinhöhe)
- ü ≥ 45 mm

Der größere der beiden Werte ist maßgebend.

Nur bei Elementmauerwerk mit Dünnbettmörtel (Mauerwerk aus Planelementen) ist ein kleineres Überbindemaß zulässig. Hier gilt: ü ≥ 0,2 h (h = Steinhöhe), mindestens jedoch 125 mm.

**Lager-, Stoß- und Längsfugen, Anschlussfugen**

Die Dicke der Fugen ist so zu wählen, dass das Stein- und Fugenmaß dem Baurichtmaß entspricht (s. DIN 4172[14]). Stoßfugen sollen demnach 10 mm und Lagerfugen 12 mm dick sein.

Bei der Vermauerung der Steine im Dünnbettmörtel muss die Dicke der Stoß- und Lagerfuge 1 bis 3 mm betragen.

Maßabweichungen der Steine in der Höhe sind in der Lagerfuge auszugleichen. Die Toleranzen für die Fugenbreite ergeben sich aus den Toleranzen für die Abmessungen der Steine bei Einhaltung der Baurichtmaße. Für Toleranzen über die Gesamthöhe von Mauerwerk gilt, dass diese nicht über die Lagerfugen größerer Dicke ausgeglichen werden dürfen (z. B. bei Anschlussfugen an die Deckenuntersichten).

Von **seitlichen Abschlüssen,** Abschlüssen an Öffnungen und Anschlüssen an angrenzende Bauteile **sind Stoßfugenbreiten von ca. 10 mm einzuhalten.** Ein Längenausgleich durch Ausführen von mehreren Zentimetern Fugenbreite ist unzulässig.

Fugen in Gewölben sind am Gewölberücken mit einer Maximalbreite von 20 mm herzustellen, im Übrigen gilt hier die Regel „Fugen so dünn wie möglich".

Fugen in Wänden aus Ziegelmauerwerk mit unvermörtelten Stofffugen (knirsch gemauert) erfordern bei einer Breite von ≤ 5 mm keine weitere Vorbehandlung für einen Putzauftrag. Größere Breiten der Stoßfuge sind zu vermörteln. Für verputztes Mauerwerk aus Ziegelsteinen mit vermörtelten Stoßfugen sind die Stoßfugen bei Einzelbreiten über 5 mm bis zu den Steinaußen- bzw. -innenflächen vollständig zu vermörteln.

[14] DIN 4172:2015-09: Maßordnung im Hochbau.

Fugen von gemauerten Entwässerungskanälen, -leitungen und Schächten aus Kanalklinkern sind an der Bauteilinnenseite mit einer Breite von höchstens 8 mm herzustellen und voll zu verfugen.

**Sichtmauerwerk**

Aufgrund der in den Stoffnormen genannten zulässigen Maßabweichungen einzelner Mauersteine und der in der DIN EN 1996 „Bemessung und Konstruktion von Mauerwerksbauten" beschriebenen Forderung zum Ausgleich von Maßabweichungen bei der Herstellung der Stoß- und Lagerfugen kann abgeleitet werden, dass Maßabweichungen der Breiten von Stoß- und Lagerfugen zu tolerieren sind. Insbesondere bei der Herstellung von Sichtmauerwerk sollten die „Ausgleichsmaßnahmen" so ausgeführt werden, dass treppenförmige Fugenverläufe oder über mehrere Lagen vertikal verlaufende breite Stoßfugen vermieden werden.

Fugen in Verblend- und Sichtmauerwerk sind als Fugenglattstrich (sog. „Schlauchverfugung") direkt beim Aufmauern der Wand herzustellen.

**Zweischaliges Mauerwerk**

Grundsätzlich wird nach dem Systemaufbau der Wand untergliedert in: zweischaliges Mauerwerk mit Luftschicht, mit Luftschicht und Wärmedämmung, mit Kerndämmung und mit Putzschicht.

Die Mindeststärke der Außenschale beträgt 90 mm (DIN EN 1996-2/NA, NCI zu Anhang NA.D). Für dünnere Außenschalen (d < 90 mm) gelten die Regeln für Bekleidungen nach DIN 18515-1[15] „Außenwandbekleidungen – Grundsätze für Planung und Ausführung".

Für die Abfangung und Auflagerung der Außenschale gelten folgende Regeln (s. DIN EN 1996-2/NA, Anhang NA.D [s.a. folgende Tabelle]):

- Außenschalen mit einer Dicke von 115 mm müssen in Höhenabständen von 12 m abgefangen werden. Sie dürfen um 25 mm über das Auflager am Fußpunkt vorstehen.

[15] DIN 18515-1:2023-06: Außenwandbekleidungen – Grundsätze für Planung und Ausführung – Teil 1: Angemörtelte Fliesen oder Platten.

- Außenschalen mit einer Dicke von 115 mm, die nicht höher als zwei Geschosse sind oder alle zwei Geschosse abgefangen werden, dürfen am Auflager bis zu 38 mm vorstehen.
- Außenschalen mit einer Dicke ≥ 105 mm und < 115 mm dürfen nicht höher als 25 m über Gelände ausgeführt werden. Sie sind in Höhenabständen von ca. 6 m abzufangen. Am Auflager dürfen diese Außenschalen höchstens 15 mm vorstehen.
- Außenschalen mit einer Dicke ≥ 90 mm und < 105 mm dürfen nicht höher als 20 m über Gelände ausgeführt werden. Sie sind in Abständen von ca. 6 m abzufangen. Der maximale Überstand am Auflager beträgt 15 mm.

***Tabelle 15:*** *Konstruktionsregeln für die Außenschale bei zweischaligem Mauerwerk (n. DIN EN 1996-2/NA.NA.D) (Quelle: Schmidt)*

| **Konstruktionsregeln für die Außenschale bei zweischaligem Mauerwerk (n. DIN 1996-2/NA, NA.D)** | | | |
|---|---|---|---|
| **Dicke der Außenschale** | **Höhe der Außenschale** | **Abfangung** | **Überstand am Auflager** |
| d = 115 mm | beliebig | alle 12 m | ≤ 25 mm |
| | beliebig | alle 2 Geschosse | ≤ 38 mm |
| | max. 2 Geschosse | keine Abfangung erforderlich | ≤ 38 mm |
| 105 mm ≤ d < 115 mm | ≤ 25 m | alle 6 m | ≤ 15 mm |
| 90 mm ≤ d < 105 mm[1)] | ≤ 20 m | alle 6 m | ≤ 15 mm |
| 1) Bei Gebäuden mit ≤ 2 Vollgeschossen darf ein Giebeldreieck für 4 m Höhe ohne zusätzliche Abfangung ausgeführt werden. | | | |

Mauerwerksaußenschalen sind mit Drahtankern mit der tragenden Innenschale zu verbinden. Es gelten folgende Regeln:

Für die Befestigung dürfen nur folgende Drahtanker verwendet werden:

- Anker nach allgemeiner bauaufsichtlicher Zulassung aus nichtrostendem Stahl oder
- Anker nach DIN EN 845-1[16] aus nichtrostendem Stahl mit Verwendungsnachweis in einer allgemeinen bauaufsichtlichen Zulassung (abP)

[16] DIN EN 845-1:2016-12: Festlegungen für Ergänzungsbauteile für Mauerwerk – Teil 1: Maueranker, Zugbänder, Auflager und Konsolen.

Weiterhin sind folgende Regeln einzuhalten, sofern in der Zulassung nichts anderes gilt:

- Durchmesser 4 mm
- vertikaler Abstand der Anker ≤ 500 mm
- horizontaler Abstand ≤ 750 mm
- lichter Abstand der Mauerwerksschalen ≤ 150 mm
- Normalmauermörtel mind. Gruppe IIa
- Mindestanzahl von Drahtankern zur Befestigung der Außenschale nach folgender Tabelle

***Tabelle 16:** Mindestanzahl von Drahtankern bei zweischaligem Mauerwerk (n. DIN EN 1996-2/NA, NA.D.1) (Quelle: Schmidt)*

| **Mindestanzahl [5] von Drahtankern je m² Wandfläche (n. DIN EN 1996-2/NA, Tab. NA.D.1)** | | | |
|---|---|---|---|
| **Windzone [4]** | **Gebäudehöhe h** | | |
| | **h ≤ 10 m** | **10 m < h ≤ 18 m** | **18 m < h ≤ 25 m** |
| WZ 1 bis 3<br>WZ 4 im Binnenland | 7 [1] | 7 [2] | 7 |
| WZ 4 an der Küste der Nord- und Ostsee sowie auf den Inseln der Nordsee | 7 | 8 | 8 [3] |
| WZ 4 auf den Inseln der Nordsee | 8 | 9 | genauere Berechnung erforderlich |
| [1] in Windzone 1 und Windzone 2 Binnenland: 5 Anker je m²<br>[2] in Windzone 1: 5 Anker je m²<br>[3] ist eine Gebäudegrundrisslänge kleiner als h/4: 9 Anker je m² (h: Gebäudehöhe)<br>[4] Windzonen nach DIN EN 1991-1-4/NA[17]<br>[5] An allen freien Rändern (von Öffnungen, an Gebäudeecken, an Dehnungsfugen, am oberen Ende von Außenschalen) sind zusätzlich 3 Drahtanker je Meter Randlänge vorzusehen. | | | |

Für zweischaliges Mauerwerk mit Luftschicht gelten die folgenden Regeln:

Die Luftschicht muss mindestens 60 mm dick sein und darf höchstens 150 mm betragen, wenn Drahtanker entsprechend Anzahl und Durchmesser aus vorgenannter Tabelle einge-

[17] DIN EN 1991-1-4/NA:2010-12: Nationaler Anhang – National festgelegte Parameter – Eurocode 1: Einwirkungen auf Tragwerke – Teil 1-4: Allgemeine Einwirkungen - Windlasten.

baut werden. Eine Reduzierung der Luftschichtdicke auf bis zu 40 mm ist dann möglich, wenn der Fugenmörtel mindestens auf einer Hohlraumseite beim Hochmauern abgestrichen wird.

Die Dicke der Luftschicht wird als Nennmaß festgelegt. Abweichungen vom Nennmaß sind innerhalb der durch DIN 18202 festgelegten Grenzen zulässig.

Die Luftschicht darf nicht durch Mörtelbrücken unterbrochen werden. Um die geforderten Abstände einzuhalten, ist beim Anlegen der Luftschichtbreite neben dem Mindest- bzw. Höchstmaß der Luftschicht auch der Grenzwert des Stichmaßes der Abweichung vom Lot bzw. von der Ebenheit zu berücksichtigen.

Für zweischalige Außenwände mit Kerndämmung besteht nach DIN EN 1996-2/NA, NA.D eine Begrenzung des Schalenabstands auf maximal 150 mm.

Für zweischalige Außenwände mit einer Putzschicht auf der Außenseite der Innenschale genügt i. d. R. ein geringer Abstand (Fingerspalt), bedingt durch das Aufmauern der Außenschale. Für die Drahtanker genügt dann ein Durchmesser von 3 mm.

### Schlitze und Aussparungen im Mauerwerk

Für die Zulässigkeit von Schlitzen und Aussparungen in gemauerten tragenden Wänden wird nach dem Schlitzverlauf (horizontal, schräg oder vertikal) sowie der Herstellungsform (nachträglich durch Stemmarbeiten oder im Zuge der Mauerarbeiten) unterschieden. Maßgebend sind die Regeln in DIN EN 1996-1-1 i. V. m. DIN EN 1996-1-1/NA.

**Vertikale Schlitze und Aussparungen:**
Ohne rechnerischen Nachweis dürfen vertikale Schlitze und Aussparungen im Mauerwerk die folgenden Werte nicht überschreiten:

***Tabelle 17:** Zulässige Größe von vertikalen Schlitzen und Aussparungen ohne Nachweis (n. DIN EN 1996-1-1/NA, Tab. NA.20) (Quelle: Schmidt)*

| **Ohne Nachweis zulässige Größe von vertikalen Schlitzen und Aussparungen im Mauerwerk (n. DIN EN 1996-1-1/NA)** | | | | |
|---|---|---|---|---|
| **Wanddicke** | **Nachträglich hergestellte Schlitze und Aussparungen** [3] | | **Mit der Ausführung des Mauerwerks hergestellte Schlitze und Aussparungen** [4] | |
| | **max. Tiefe** [1] | **max. Breite** [2] **(Einzelschlitz)** | **verbleibende Mindestdicke der Wand** | **max. Breite** [2] |
| 115 mm bis 149 mm | 10 mm | 100 mm | - | - |
| 150 mm bis 174 mm | 20 mm | 100 mm | - | - |
| 175 mm bis 199 mm | 30 mm | 100 mm | 115 mm | 260 mm |
| 200 mm bis 239 mm | 30 mm | 125 mm | 115 mm | 300 mm |
| 240 mm bis 299 mm | 30 mm | 150 mm | 115 mm | 385 mm |
| 300 mm bis 364 mm | 30 mm | 200 mm | 175 mm | 385 mm |
| ≥ 365 mm | 30 mm | 200 mm | 240 mm | 385 mm |

[1] Schlitze, die bis max. 1,0 m über den Fußboden reichen, dürfen bei Wanddicken ≥ 240 mm bis 80 mm Tiefe und 120 mm Breite ausgeführt werden.
[2] Die Gesamtbreite von Schlitzen darf je 2,0 m Wandlänge die Werte der Spalte 5 nicht überschreiten. Bei geringeren Wandlängen als 2,0 m sind die Werte in Spalte 5 proportional zur Wandlänge zu verringern.
[3] Abstand der Schlitze und Aussparungen von Öffnungen ≥ 115 mm.
[4] Mindestabstand der Schlitze und Aussparungen:
- von Öffnungen: ≥ 2-fache Schlitzbreite bzw. 240 mm
- untereinander: ≥ Schlitzbreite

Vertikale Schlitze und Aussparungen, die nachträglich hergestellt werden, sind von Öffnungen mit einem Mindestabstand von 115 mm anzuordnen.

**Horizontale und schräge Schlitze:**
Ohne rechnerischen Nachweis dürfen horizontale und schräge Schlitze im Mauerwerk die folgenden Werte nicht überschreiten:

***Tabelle 18:*** *Zulässige Größe von horizontalen und schrägen Schlitzen ohne Nachweis (n. DIN EN 1996-1-1/NA, Tab. NA.21) (Quelle: Schmidt)*

| Ohne Nachweis zulässige Größe von horizontalen und schrägen Schlitzen im Mauerwerk (n. DIN EN 1996-1-1/NA) | | |
|---|---|---|
| **Wanddicke** | **max. Schlitztiefe** [1] | |
| | **unbegrenzte Länge** | **Länge ≤ 1 250 mm** [2] |
| 115 mm bis 149 mm | - | - |
| 150 mm bis 174 mm | - | 0 [3] |
| 175 mm bis 239 mm | 0 [3] | 25 mm |
| 240 mm bis 299 mm | 15 mm [3] | 25 mm |
| 300 mm bis 364 mm | 20 mm [3] | 30 mm |
| über 365 mm | 20 mm [3] | 30 mm |

[1] Horizontale und schräge Schlitze sind nur in einem Bereich zulässig ≤ 0,4 m ober- oder unterhalb der Rohdecke sowie jeweils an einer Wandseite. Sie sind nicht in Langlochziegeln zulässig.
[2] Mindestabstand in Längsrichtung von Öffnungen ≥ 490 mm, vom nächsten Horizontalschlitz 2-fache Schlitzlänge.
[3] Die Tiefe darf um 10 mm erhöht werden, wenn Werkzeuge verwendet werden, mit denen die Tiefe genau eingehalten werden kann. Bei Verwendung solcher Werkzeuge dürfen auch in Wänden ≥ 240 mm gegenüberliegende Schlitze mit jeweils 10 mm ausgeführt werden.

Grundsätzlich sind horizontale und schräge Schlitze in den Installationszonen nach DIN 18015-3[18] vorzusehen.

Horizontale und schräge Schlitze in Langlochziegeln sind nicht zulässig.

### Unterfangungen

Für die Herstellung von Unterfangungen sind grundsätzlich die Voraussetzungen nach DIN 4123[19] „Ausschachtungen, Gründungen und Unterfangungen im Bereich bestehender Gebäude" einzuhalten (siehe auch Erdarbeiten und Betonarbeiten).

Werden Unterfangungen als Mauerwerk hergestellt, so sind Mauerziegel als Vollsteine mindestens der Steindruckfestigkeitsklasse 12 nach DIN EN 771-1 oder Kalksandstein-Vollsteine der Steindruckfestigkeitsklasse 12 nach DIN EN 771-2 oder andere Vollsteine gleicher Festigkeit (z. B. Betonsteine nach DIN

[18] DIN 18015-3:2016-09: Elektrische Anlagen in Wohngebäuden – Teil 3: Leitungsführung und Anordnung der Betriebsmittel.
[19] DIN 4123:2013-04: Ausschachtungen, Gründungen und Unterfangungen im Bereich bestehender Gebäude.

EN 771-3) zu verwenden. Die Mauerarbeiten sind mit Mörtel der Mörtelgruppe III auszuführen.

Die Wanddicke der Unterfangung ist mindestens mit der Dicke des zu unterfangenden Fundaments herzustellen, im Übrigen nach dem Standsicherheitsnachweis.

**Risse**

Risse in Mauerwerkswänden resultieren i. d. R. aus einer Überschreitung der Zugfestigkeit des Materials durch Lageänderungen des Bauteils oder Bauwerks, aus Längenänderungen entsprechend den Materialeigenschaften (Schwinden und Quellen) oder aus Formveränderungen durch Lasteinwirkungen.

Für die Abschätzung der Rissfreiheit in Mauerwerkswänden gilt im Allgemeinen ein Grenzwert von 0,2 mm/m als Formänderungsdifferenz. Diese Formänderungen resultieren aus den Vorgängen des Schwindens, Quellens und der Temperaturänderung, häufig im Bereich der Einbindung von Innenwänden in Außenwände und/oder der Kombination unterschiedlicher Baustoffe.

Horizontale Formveränderungen in Mauerwerkswänden können durch die Ausführung eines Mauerverbands mit möglichst großem Überbindemaß begrenzt werden. Eine Beschränkung des Verhältnisses von Wandlänge zu Wandhöhe auf < 3 trägt ebenfalls zur Rissvermeidung bei.

## Prüfung

Die Prüfung erfolgt nach DIN 18202, Abschnitt 6 nur, wenn dies erforderlich ist. Der Auftragnehmer muss bei ungenügender Beschaffenheit des Untergrunds oder fehlenden Höhenbezugspunkten (vgl. ATV DIN 18330, Abschnitt 3.1.1) Bedenken i. S. d. § 4 Nr. 3 VOB/B anmelden.

# Metallbauarbeiten

Die Anforderungen an Metallbauarbeiten sind im Wesentlichen in der Vergabe- und Vertragsordnung für Bauleistungen (VOB) Teil C in den Allgemeinen Technischen Vertragsbedingungen für Bauleistungen (ATV) in der ATV DIN 18360 (Ausgabe September 2019) beschrieben. Im Folgenden werden die Inhalte der ATV und/oder der ergänzenden Regelungen auszugsweise unter dem Gesichtspunkt von Ausführungstoleranzen und Materialmindestdicken dargestellt.

| **Normen:** | ATV DIN 18360[1] | Metallbauarbeiten |
|---|---|---|
| | DIN 18055[2] | Kriterien für die Anwendung von Fenstern und Außentüren nach DIN EN 14351-1 |
| | DIN 18065[3] | Gebäudetreppen – Begriffe, Messregeln, Hauptmaße |
| | DIN 18299[4] | Allgemeine Regelungen für Bauarbeiten jeder Art |
| | Merkblatt für Metallroste des Hauptverbands der gewerblichen Berufsgenossenschaften | |

[1] ATV DIN 18360:2019-09: VOB Vergabe- und Vertragsordnung für Bauleistungen – Teil C: Allgemeine Technische Vertragsbedingungen für Bauleistungen (ATV) – Metallbauarbeiten.

[2] DIN 18055:2020-09: Kriterien für die Anwendung von Fenstern und Außentüren nach DIN EN 14351-1.

[3] DIN 18065:2020-08: Gebäudetreppen – Begriffe, Messregeln, Hauptmaße.

[4] ATV DIN 18299:2023-09: VOB Vergabe- und Vertragsordnung für Bauleistungen – Teil C: Allgemeine Technische Vertragsbedingungen für Bauleistungen (ATV) – Allgemeine Regelungen für Bauarbeiten jeder Art.

**Allgemeines:** Für die ***Montage*** von Metallbauteilen sind Abweichungen von den vorgeschriebenen Maßen innerhalb der in DIN 18202[5] angegebenen Grenzen zulässig. Einschränkend gilt, dass die Funktion und Tragfähigkeit der Bauteile nicht beeinträchtigt werden dürfen.

Für die ***Herstellung*** von Metallbauteilen sind die Abweichungen nach DIN EN ISO 13920[6] „Schweißen – Allgemeintoleranzen für Schweißkonstruktionen – Längen und Winkelmaße; Form und Lage" zu beachten.

[5] DIN 18202:2019-07: Toleranzen im Hochbau – Bauwerke.

[6] DIN EN ISO 13920:2023-08: Schweißen – Allgemeintoleranzen für Schweißkonstruktionen – Längen und Winkelmaße, Form und Lage.

**Geltungsbereich:** Die ATV DIN 18360 „Metallbauarbeiten" gilt für Konstruktionen aus Metall, auch im Verbund mit anderen Baustoffen, also z. B. Fenster, Treppen, Türen und Tore.

Die Norm gilt nicht für Stahlarbeiten (s. ATV DIN 18335[7] „Stahlbauarbeiten"), Klempnerarbeiten (s. ATV DIN 18339[8] „Klempnerarbeiten"), abgehängte Decken, die aus industriell gefertigten Komponenten bestehen (s. ATV DIN 18340[9] „Trockenbauarbeiten"), Beschlagarbeiten (s. ATV DIN 18357[10] „Beschlagarbeiten"), Arbeiten an Rollläden (s. ATV DIN 18358[11] „Rollladenarbeiten"), Beschichtungen (s. ATV DIN 18363[12] „Maler- und Lackierarbeiten – Beschichtungen") und Arbeiten zum Korrosionsschutz (s. ATV DIN 18364[13] „Korrosionsschutzarbeiten an Stahlbauten").

**Spezifische Ergänzungen:**

- Oberflächenschutz
- Gebäudetreppen
- Umwehrung/Geländer
- Türen
- Roste
- Fenster
- Barrierefreiheit

---

[7] ATV DIN 18335:2016-09: VOB Vergabe- und Vertragsordnung für Bauleistungen – Teil C: Allgemeine Technische Vertragsbedingungen für Bauleistungen (ATV) – Stahlbauarbeiten.

[8] ATV DIN 18339:2019-09: VOB Vergabe- und Vertragsordnung für Bauleistungen – Teil C: Allgemeine Technische Vertragsbedingungen für Bauleistungen (ATV) – Klempnerarbeiten.

[9] ATV DIN 18340:2023-09: VOB Vergabe- und Vertragsordnung für Bauleistungen – Teil C: Allgemeine Technische Vertragsbedingungen für Bauleistungen (ATV) – Trockenbauarbeiten.

[10] ATV DIN 18357:2019-09: VOB Vergabe- und Vertragsordnung für Bauleistungen – Teil C: Allgemeine Technische Vertragsbedingungen für Bauleistungen (ATV) – Beschlagarbeiten.

[11] ATV DIN 18358:2019-09: VOB Vergabe- und Vertragsordnung für Bauleistungen – Teil C: Allgemeine Technische Vertragsbedingungen für Bauleistungen (ATV) – Rollladenarbeiten.

[12] ATV DIN 18363:2019-09: VOB Vergabe- und Vertragsordnung für Bauleistungen – Teil C: Allgemeine Technische Vertragsbedingungen für Bauleistungen (ATV) – Maler- und Lackierarbeiten – Beschichtungen.

[13] ATV DIN 183642023-09: VOB Vergabe- und Vertragsordnung für Bauleistungen – Teil C: Allgemeine Technische Vertragsbedingungen für Bauleistungen (ATV) – Korrosionsschutzarbeiten an Stahlbauten.

# Bauwerksmaße

Grenzabweichungen für Maße siehe folgende Tabelle (n. DIN 18202, Tab. 1):

***Tabelle 1:*** *Grenzabweichungen für Maße (n. DIN 18202, 5.2) (Quelle: Schmidt)*

| | | | | | | | | |
|---|---|---|---|---|---|---|---|---|
| **Grenzabweichung für Maße im Grundriss** | | | | | | | | |
| 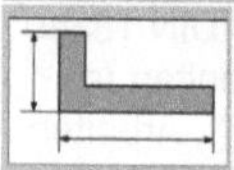 | Nenn-maß | m | ≤ 1 | > 1 ≤ 3 | > 3 ≤ 6 | > 6 ≤ 15 | > 15 ≤ 30 | > 30 |
| | Grenz-abwei-chung | mm | ± 10 | ± 12 | ± 16 | ± 20 | ± 24 | ± 30 |
| z. B. Längen, Breiten, Achsmaße, Rastermaße | | | | | | | | |
| **Grenzabweichung für Maße im Aufriss** | | | | | | | | |
| 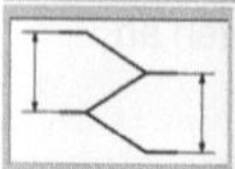 | Nenn-maß | m | ≤ 1 | > 1 ≤ 3 | > 3 ≤ 6 | > 6 ≤ 15 | > 15 ≤ 30 | > 30 |
| | Grenz-abwei-chung | mm | ± 10 | ± 16 | ± 16 | ± 20 | ± 30 | ± 30 |
| z. B. Geschosshöhen, Podesthöhen, Abstände von Aufstandsflächen u. Konsolen | | | | | | | | |
| **Grenzabweichung für lichte Maße im Grundriss** | | | | | | | | |
| 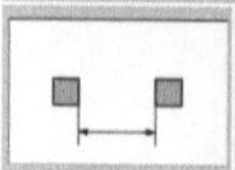 | Nenn-maß | m | ≤ 1 | > 1 ≤ 3 | > 3 ≤ 6 | > 6 ≤ 15 | > 15 ≤ 30 | > 30 |
| | Grenz-abwei-chung | mm | ± 12 | ± 16 | ± 20 | ± 24 | ± 30 | - |
| z. B. Maße zwischen Stützen, Pfeilern usw. | | | | | | | | |
| **Grenzabweichung für lichte Maße im Aufriss** | | | | | | | | |
| 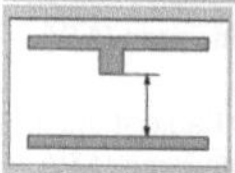 | Nenn-maß | m | ≤ 1 | > 1 ≤ 3 | > 3 ≤ 6 | > 6 ≤ 15 | > 15 ≤ 30 | > 30 |
| | Grenz-abwei-chung | mm | ± 16 | ± 20 | ± 20 | ± 30 | - | - |
| z. B. unter Decken u. Unterzügen | | | | | | | | |
| **Grenzabweichung für Maße von Öffnungen** | | | | | | | | |
| 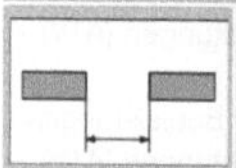 | Nenn-maß | m | ≤ 1 | > 1 ≤ 3 | > 3 ≤ 6 | > 6 ≤ 15 | > 15 ≤ 30 | > 30 |
| | Grenz-abwei-chung | mm | ± 10 | ± 12 | ± 16 | - | - | - |
| z. B. Öffnungen von Fenstern, Einbauelementen, Außentüren (Innentüren s. DIN 18100) | | | | | | | | |

***Tabelle 1:*** *Grenzabweichungen für Maße (n. DIN 18202, 5.2) (Quelle: Schmidt)*

| **Grenzabweichung für Maße von Öffnungen mit oberflächenfertigen Laibungen** | | | | | | | | | |
|---|---|---|---|---|---|---|---|---|---|
| 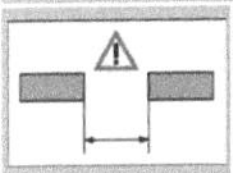 | Nennmaß | m | ≤ 1 | > 1<br>≤ 3 | > 3<br>≤ 6 | > 6<br>≤ 15 | > 15<br>≤ 30 | > 30 |
| | Grenzabweichung | mm | ± 8 | ± 10 | ± 12 | - | - | - |
| Grenzabweichungen gelten für Nennmaße bis 60 m. Bei größeren Nennmaßen sind besondere Überlegungen erforderlich. | | | | | | | | | |

## Winkelabweichungen

Grenzwerte für Winkelabweichungen siehe folgende Tabelle (n. DIN 18202, Tab. 2):

***Tabelle 2:*** *Grenzwerte für Winkelabweichungen (n. DIN 18202, 5.3) (Quelle: Schmidt)*

| **Grenzwerte für Winkelabweichungen** | | | | | | | | | |
|---|---|---|---|---|---|---|---|---|---|
| | Nennmaß | m | ≤ 0,5 | > 0,5<br>≤ 1,0 | > 1,0<br>≤ 3,0 | > 3,0<br>≤ 6,0 | > 6,0<br>≤ 15,0 | > 15,0<br>≤ 30,0 | > 30,0 |
| 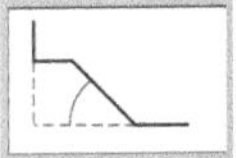 | Stichmaße als Grenzwerte | mm | 3 | 6 | 8 | 12 | 16 | 20 | 30 |

## Ebenheitsabweichungen

Grenzwerte für Ebenheitsabweichungen sind in DIN 18202, Abschnitt 5.4 geregelt; siehe folgende Tabelle (n. DIN 18202, Tab. 3):

***Tabelle 3:*** *Grenzwerte für Ebenheitsabweichungen (n. DIN 18202, 5.4) (Quelle: Schmidt)*

| **Nichtflächenfertige Oberseiten von Decken, Unterbeton und Unterböden** | | | | | | | |
|---|---|---|---|---|---|---|---|
| 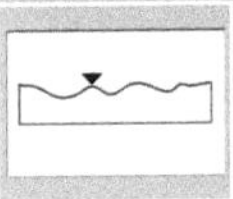 | Messpunktabstand | m | ≤ 0,1 | 1 | 4 | 10 | 15 |
| | Stichmaße als Grenzwerte | mm | 10 | 15 | 20 | 25 | 30 |

**Nichtflächenfertige Oberseiten von Decken oder Bodenplatten zur Aufnahme von Bodenaufbauten**

| | | | | | | | |
|---|---|---|---|---|---|---|---|
| 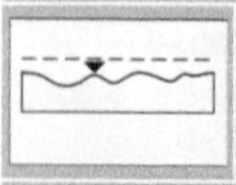 | Messpunktabstand | m | ≤ 0,1 | 1 | 4 | 10 | 15 |
| | Stichmaße als Grenzwerte | mm | 5 | 8 | 12 | 15 | 20 |

z. B. Estriche im Verbund/auf Trennlage, schwimmende Estriche, Industrieböden, Fliesen- u. Plattenbeläge im Mörtelbett

**Flächenfertige Oberseiten von Decken oder Bodenplatten für untergeordnete Zwecke**

| | | | | | | | |
|---|---|---|---|---|---|---|---|
| 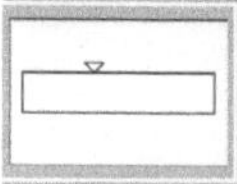 | Messpunktabstand | m | ≤ 0,1 | 1 | 4 | 10 | 15 |
| | Stichmaße als Grenzwerte | mm | 5 | 8 | 12 | 15 | 20 |

z. B. in Lagerräumen, Kellern

**Flächenfertige Böden, Estriche für Bodenbeläge, Bodenläge, Fliesenbeläge, Beläge**

| | | | | | | | |
|---|---|---|---|---|---|---|---|
| 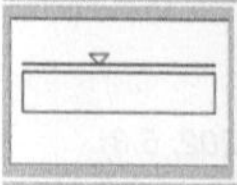 | Messpunktabstand | m | ≤ 0,1 | 1 | 4 | 10 | 15 |
| | Stichmaße als Grenzwerte | mm | 2 | 4 | 10 | 12 | 15 |

z. B. Estriche als Nutzestriche, Estriche zur Aufnahme von Bodenbelägen, gespachtelte u. geklebte Beläge

**wie Zeile zuvor, jedoch mit erhöhten Anforderungen**

| | | | | | | | |
|---|---|---|---|---|---|---|---|
| 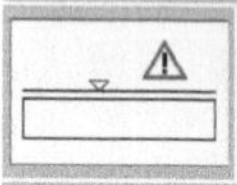 | Messpunktabstand | m | ≤ 0,1 | 1 | 4 | 10 | 15 |
| | Stichmaße als Grenzwerte | mm | 1 | 3 | 9 | 12 | 15 |

**Nichtflächenfertige Wände und Unterseiten von Rohdecken**

| | | | | | | | |
|---|---|---|---|---|---|---|---|
| 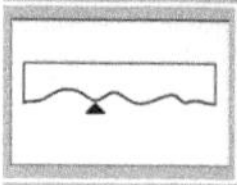 | Messpunktabstand | m | ≤ 0,1 | 1 | 4 | 10 | 15 |
| | Stichmaße als Grenzwerte | mm | 5 | 10 | 15 | 25 | 30 |

**Flächenfertige Wände und Unterseiten von Decken**

| | | | | | | | |
|---|---|---|---|---|---|---|---|
| 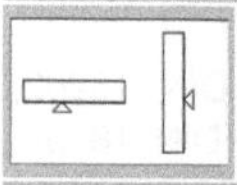 | Messpunktabstand | m | ≤ 0,1 | 1 | 4 | 10 | 15 |
| | Stichmaße als Grenzwerte | mm | 3 | 5 | 10 | 20 | 25 |

z. B. geputzte Wände, Wandbekleidungen, untergehängte Decken

**wie Zeile zuvor, jedoch mit erhöhten Anforderungen**

| | | | | | | | |
|---|---|---|---|---|---|---|---|
| 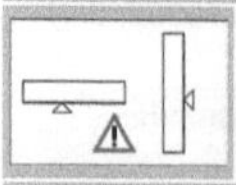 | Messpunktabstand | m | ≤ 0,1 | 1 | 4 | 10 | 15 |
| | Stichmaße als Grenzwerte | mm | 2 | 3 | 8 | 15 | 20 |

Zwischenwerte sind DIN 18202, Bild 6 und Bild 7 zu entnehmen und auf ganze mm zu runden.

Die Grenzwerte für Ebenheitsabweichungen der letzten Spalte gelten auch für Messpunktabstände > 15 m.

Nach ATV DIN 18360, Abschnitt 3.1.1.2 sind im Streiflicht sichtbar werdende Unebenheiten der Oberfläche zulässig, wenn die Toleranzen der DIN 18202 eingehalten sind. Sofern an die Ebenheit der Oberflächen erhöhte Anforderungen gestellt werden, sind diese als „Besondere Leistung" nach DIN 18360, 3.1.6 gesondert vertraglich zu vereinbaren.

## Spezifische Ergänzungen

### Oberflächenschutz

Für die Oberflächenvorbereitung und die Grundbeschichtung auf Stahl und Aluminium gelten die Regelungen der ATV DIN 18364 „Korrosionsschutzarbeiten an Stahlbauten". Weiterhin sind nach ATV DIN 18360 folgende Regeln bezüglich des Oberflächenschutzes zu beachten:

Für das Aufbringen von Zinküberzügen bei feuerverzinkten Stahlteilen sind die Regeln der DIN EN ISO 1461[14] zu beachten. Für tragende, feuerverzinkte Metall- und Stahlbauteile gelten zusätzlich die Anforderungen der DASt-Richtlinie 022[15].

Bei kontinuierlich verzinkten Stahlblechen müssen die Regeln der DIN EN 10346[16] „Kontinuierlich schmelztauchveredelte Flacherzeugnisse aus Stahl zum Kaltumformen – Technische Lieferbedingungen" beachtet werden. Außerdem darf die Zinkschicht beim Biegen der Stahlbleche nicht reißen oder abblättern.

Bei verzinkten Teilen, die geschweißt werden sollen, ist die Zinkschicht vor dem Schweißen im Bereich der Schweißzone zu entfernen. Nach Herstellen der Schweißverbindung ist der geschweißte Bereich zu säubern und anschließend mit einem Zinküberzug mit einer Überlappung zu beschichten. Die Schichtdicke in diesem Bereich muss mindestens 100 µm betragen.

[14] DIN EN ISO 1461:2022-12: Durch Feuerverzinken auf Stahl aufgebrachte Zinküberzüge (Stückverzinken) – Anforderungen und Prüfungen

[15] DASt-Richtlinie 022: Feuerverzinken von tragenden Stahlbauteilen; Ausgabe Juni 2016; hrsg. v. Deutscher Ausschuss für Stahlbau e.V. – DASt, Düsseldorf

[16] DIN EN 10346:2015-10: Kontinuierlich schmelztauchveredelte Flacherzeugnisse aus Stahl zum Kaltumformen – Technische Lieferbedingungen

Schnittkanten von verzinkten Stäben, Rohren und Blechen mit einer Dicke bis zu 1,5 mm dürfen im bewitterten Bereich unbehandelt bleiben, sofern ein geeignetes Schnittverfahren angewendet wird. Ansonsten sind sie in ungeschützten Bereichen gegen Korrosion zu schützen.

Für anodisches Oxidieren an Aluminium sind die Regeln der DIN 17611[17] zu beachten.

Pulverbeschichtungen auf Bauteilen aus Aluminium (Beschichtungen mit thermischer Aushärtung) sind nach DIN EN 12206-1[18] „Beschichtungsstoffe – Beschichtungen auf Aluminium und Aluminiumlegierungen für Bauzwecke" herzustellen. Für Pulverbeschichtungen auf Bauteilen aus Zink und verzinktem Stahl ist DIN EN 13438[19] „Beschichtungsstoffe – Pulverbeschichtungen für feuerverzinkte oder sherardisierte Stahlerzeugnisse für Bauzwecke" auszuführen.

Die Mindesttrockenschichtdicke richtet sich nach dem zu beschichtenden Material und dem Beschichtungsverfahren. Maßgebend hierfür ist die Normenreihe DIN EN ISO 12944 „Beschichtungsstoffe".

Schnittkanten von verzinkten Blechen, Rohren und Stäben bis zu 1,5 mm Dicke dürfen nach ATV DIN 18360, Abschnitt 3.1.11.5 unbehandelt bleiben, wenn ein geeignetes Schnittverfahren verwendet wird.

## Gebäudetreppen

Die DIN 18065 „Gebäudetreppen – Begriffe, Messregeln, Hauptmaße" regelt die Anforderungen an Treppen innerhalb von Gebäuden und für Treppen an Gebäuden, jedoch nicht für Freitreppen in Außenanlagen. Die Norm ist bei der Herstellung von Treppen in allgemeinen Gebäuden und in Wohngebäuden mit bis zu zwei Wohnungen und innerhalb von Wohnungen anzuwenden. Für barrierefreie Bauten gelten zusätzlich die Anforderungen nach den entsprechenden Regeln der Landesbauord-

[17] DIN 17611:2022-08: Anodisch oxidierte Erzeugnisse aus Aluminium-Knetlegierungen – Technische Lieferbedingungen.

[18] DIN EN 12206-1:2021-07: Beschichtungsstoffe – Beschichtungen auf Aluminium und Aluminiumlegierungen für Bauzwecke – Teil 1: Beschichtungen aus Beschichtungspulvern.

[19] DIN EN 13438:2013-12: Beschichtungsstoffe – Pulverbeschichtungen für feuerverzinkte oder sherardisierte Stahlerzeugnisse für Bauzwecke.

nungen. Sondervorschriften bestehen für Treppen in Gebäuden mit besonderen Nutzungen, z. B. Versammlungsstätten, Schulen, Hochhäuser nach den Landesbauordnungen. Für Treppen in Arbeitsräumen sind auch ergänzende Regeln nach der Arbeitsstättenverordnung, den technischen Regeln für Arbeitsstätten oder den Regeln der gesetzlichen Unfallversicherung zu beachten.

Als Treppen gelten bauliche Anlagen zur Überwindung eines Höhenunterschieds zwischen zwei Ebenen. Die allgemeinen maßlichen Anforderungen sind nach der baurechtlichen Einordnung der Treppe definiert.

Für die nutzbare Treppenlaufbreite, die Steigung und den Auftritt gelten im Allgemeinen folgende Mindestmaße für Fertigmaße im Endzustand (s. DIN 18065, Tab. 1):

***Tabelle 4:*** *Grenzmaße für nutzbare Treppenlaufbreite, Steigung und Auftritt (n. DIN 18065, 6.1.2) (Quelle: Schmidt)*

| Grenzmaße für nutzbare Treppenlaufbreite, Steigung und Auftritt | | | |
|---|---|---|---|
| | | Treppenart, baurechtliche Einordnung als | |
| | | notwendige Treppe | nicht notwendige Treppe (zusätzliche Treppe) |
| Nutzbare Laufbreite | min. | 100 (80) cm | 50 (50) cm |
| Steigung *s* | min. | 140 (140) mm | 140 (140) mm |
| | max. | 190 (200) mm | 210 (210) mm |
| Auftritt *a* | min. | 260 (230) mm | 210 (210) mm |
| | max. | 370 (370) mm | 370 (370) mm |

Die Maße in Klammern gelten für Treppen in Wohngebäuden mit bis zu zwei Wohnungen und innerhalb von Wohnungen.
**Hinweis:** Die angegebenen minimalen und maximalen Maße für die nutzbare Treppenlaufbreite und Treppensteigung dürfen durch Fertigungs- und Einbautoleranzen nicht unter- bzw. überschritten werden. Die Treppe ist daher so zu planen, dass die Grenzwerte in fertigem Zustand eingehalten werden.

Die zulässigen Toleranzen sind auf die Grenzmaße für die Stufenmaße nicht anrechenbar.

Innerhalb eines Laufs sind unterschiedliche Treppenlaufbreiten, soweit die Mindestmaße eingehalten werden, zulässig. Für mehrläufige Treppenanlagen sind unterschiedliche nutzbare Treppenlaufbreiten zulässig.

Einschränkungen in der nutzbaren Laufbreite, z. B. durch Treppenwangen, sind im Fußraum erlaubt. Die Einschränkung darf maximal auf einer Breite von 10 cm und einer Höhe von 15 cm je Treppenseite bestehen.

Zwischen Treppenläufen bzw. Treppenpodesten darf der seitliche Abstand (Seitenabstand) zu Wänden oder Geländern nicht mehr als 6 cm betragen (s. DIN 18065, 6.6).

Das Steigungsverhältnis von Treppen wird nach der Grundregel „2 Steigungen + 1 Auftrittsmaß = Schrittmaß (59 bis 65 cm)" entwickelt („Schrittmaßregel"; Erläuterungen siehe Abschnitt „Betonwerksteinarbeiten" in diesem Werk) (s. DIN 18065, 6.1.3).

Werden Treppen mit Wendelstufen bzw. Wendelungen oder als Spindeltreppen ausgeführt, so beträgt das Mindestmaß für den Auftritt an der schmalsten Stelle der inneren Begrenzung im Allgemeinen 10 cm. Bei Wohngebäuden mit nicht mehr als zwei Wohnungen und innerhalb von Wohnungen beträgt das Mindestmaß 5 cm bei Wendelungen, für Spindeltreppen sind dazu keine Festlegungen in der Norm enthalten (s. DIN 18065, 6.2.2 und 6.2.4).

Im Allgemeinen muss an Treppen die lichte Durchgangshöhe an allen Stellen mindestens 2,0 m betragen. Bei Wohngebäuden mit nicht mehr als zwei Wohnungen und innerhalb von Wohnungen ist eine Einschränkung der lichten Höhe ein- oder beidseitig am Treppenlauf zulässig. Die Breite und Höhe der Einschränkung darf jeweils 25 cm nicht überschreiten (s. DIN 18065, 6.5).

***Stufen***

An offenen Treppen sind Unterschneidungen mit mindestens 30 mm Tiefe herzustellen (s. DIN 18065, 6.7.1).

In Wohngebäuden mit nicht mehr als zwei Wohnungen und innerhalb von Wohnungen ist an geschlossenen, baurechtlich notwendigen Treppen mit einem Auftrittsmaß von weniger als 26 cm die Mindesttiefe der Trittfläche von 26 cm durch eine Unterschneidung sicherzustellen (s. DIN 18065, 6.7.2).

Geschlossene, baurechtlich notwendige Treppen, bei denen das Maß für den Treppenauftritt unter 24 cm liegt, müssen mit einer Unterschneidung derart hergestellt werden, dass insgesamt 240 mm Trittfläche erreicht werden.

A B D E F G H K M N P R S T V W Z

Der lichte Abstand zwischen Stufen darf im Allgemeinen nicht mehr als 12 cm betragen, davon ausgenommen sind Treppen in Wohngebäuden mit nicht mehr als zwei Wohnungen und innerhalb von Wohnungen (s. DIN 18065, 6.8).

Treppenstufen und Treppenpodeste sind mit einer waagerechten Oberfläche herzustellen (Soll-Lage). Sind nach den allgemein anerkannten Regeln der Technik materialabhängige Oberflächengefälle zu Entwässerung herzustellen, so darf dieses Funktionsgefälle nicht mehr als 3 % betragen.

***Toleranzen***

Toleranzen werden in DIN 18065, Abschnitt 7 geregelt.

Die Grenzwerte für die maximale Treppensteigung und die minimalste Tiefe des Treppenauftritts sind zwingend einzuhalten. Das Maß darf nicht über- bzw. unterschritten werden.

Das Maß für Auftritt und Steigung der fertiggestellten Treppenstufe darf im Allgemeinen zum Nennmaß um nicht mehr als 5 mm abweichen. Diese Regelung gilt auch für Treppen in Wohngebäuden mit nicht mehr als zwei Wohnungen und innerhalb von Wohnungen. In diesen Einbauorten darf die Steigung der ersten Stufe um 15 mm vom Nennmaß abweichen (s. DIN 18065, 7.2).

Die Maßabweichung des Ist-Maßes vom Nennmaß darf zwischen benachbarten Stufen insgesamt nicht mehr als 5 mm betragen. Diese Regelung gilt nicht für die Steigung der Antrittsstufe von Treppen in Wohngebäuden mit nicht mehr als zwei Wohnungen und innerhalb von Wohnungen (s. DIN 18065. 7.2)

Abweichungen von der waagerechten Lage von Auftrittsflächen (Soll-Lage) sind innerhalb der folgenden Grenzen zulässig (s. DIN 18065, 7.6):

- für die Treppenlaufbreite ± 0,5 %
- in der Tiefe des Auftritts ± 1 %

Treppenanlagen mit gegenläufigen Stufengefällen sind dann zulässig, wenn die Gefälle innerhalb der Toleranzen liegen.

Durch Ausnutzen der Neigungstoleranzen von Auftritten dürfen die Toleranzen zur Höhenlage von Auftritten nicht über- bzw. unterschritten werden.

Die Auftrittsflächen von Zwischenpodesten dürfen in jede Richtung um 0,5 % von der Soll-Lage abweichen, maximal jedoch um 1,0 cm (s. DIN 18065, 7.9).

An Trittflächen von Stufen und Podesten sind Höhenversätze durch ein- oder angebaute Bauteile, z. B. Profile zur Rutschhemmung oder Randeinfassung, bis zu 2 mm zulässig (s. DIN 18065, 7.11).

An einzelnen Geschosstreppen innerhalb eines Gebäudes sind variierende Maße für Steigung und Aufritt zulässig, wenn diese Maße innerhalb einer Geschosstreppe gleich bleiben. In Wohngebäuden mit nicht mehr als zwei Wohnungen und innerhalb von Wohnungen gilt die Regelung für einzelne Treppenläufe entsprechend.

### Geländer

Geländer sind an Treppen und Podesten dann herzustellen, wenn die Absturzhöhe mehr als 1,0 m beträgt. Für die Höhe von Geländern gelten die folgenden Anforderungen:

***Tabelle 5:*** *Anforderungen an Geländer (n. DIN 18065, 6.9) (Quelle: Schöwer/Schmidt)*

| **Geländerhöhen** | | | |
|---|---|---|---|
| | | **allgemein** | **Wohngebäude mit max. 2 WE** |
| **Absturzhöhe** | **Gebäudeart** | **Treppengeländerhöhe in cm (Mindestwert)** | |
| ≤ 12 m | Gebäude, allgemein (Gebäude, für die nicht die Arbeitsstättenverordnung anzuwenden ist) | 90 | 90 |
| ≤ 12 m | Arbeitsstätten | 100 | |
| ≥ 12 m | Alle Gebäude | 110 | 110 |

Der Handlauf an einem Geländer ist in einer Höhe von 80 bis 115 cm anzubringen. Zwischen einem Geländerhandlauf und einem seitlich angrenzenden Geländerbauteil oder Wänden muss der seitliche, lichte Abstand mindestens 5 cm betragen. Die Griffbreite des Handlaufs sollte ≥ 2,5 cm und ≤ 6 cm betragen (s. DIN 18065, 6.10.1 und 6.10.2).

Im Allgemeinen sind an Treppenläufen durchgehende Handläufe herzustellen. In Wohngebäuden mit nicht mehr als zwei Wohnungen und innerhalb von Wohnungen sind Unterbrechungen in Handläufen an Geländern von notwendigen Treppen im Eckbereich von Wendelungen zulässig. Der lichte Abstand der Unterbrechung muss mindestens 5 cm und darf höchstens 20 cm betragen. Ein Höhenversatz der Oberkanten von Handläufen darf 20 cm nicht überschreiten. Die Höhe des unteren Handlaufs darf nicht über der Höhe des oberen Handlaufs liegen (s. DIN 18065, 6.10.3).

**Öffnungen in Geländern/Geländerfüllungen**

Anforderungen an Öffnungen in Geländern sind in DIN 18065, 6.9.3 geregelt.

Die Gestaltung und die Maße von erforderlichen Geländerfüllungen sind abhängig von der Art der Gebäudenutzung bzw. der Anzahl der Wohnungen des Gebäudes.

Muss in Gebäuden, außer in Wohngebäuden mit nicht mehr als zwei Wohnungen und innerhalb von Wohnungen, mit der Anwesenheit unbeaufsichtigter Kleinkinder gerechnet werden, darf der lichte Abstand zwischen den Bauteilen der Geländerfüllung nicht mehr als 12 cm betragen und gleichzeitig muss das Überklettern des Geländers durch die Lage der gewählten Bauteile erschwert werden. Die DIN 18065 benennt dazu die Anordnung des Handlaufs auf der Nutzungsseite mit einem Abstand von mindestens 15 cm (Maß für den horizontalen Abstand zwischen den Innenflächen des Geländers) oder die Anordnung senkrechter Stäbe oder von geschlossenen Füllelementen (Scheiben, Bleche) bis zu einer Höhe von 70 cm über der Nutzungsebene.

Bei Geländern, deren Füllungen bzw. untere Stäbe neben dem Treppenlauf liegen, muss der untere Rand der Füllung bzw. des Stabs mit der Mittelachse des Auftritts der jeweiligen Stufen einen Schnittpunkt bilden. Der lichte Abstand dieser Geländer zum Rand des Treppenlaufs oder Podest darf nicht mehr als 6 cm betragen.

Geländer mit einer Lage über dem Treppenlauf sind so anzuordnen, dass die untere Begrenzung der Füllung über der Stufe ein Durchschieben eines Würfels der Kantenlänge von 15 cm nicht zulässt. An Treppenpodesten darf der untere Rand der Füllung nicht mehr als 12 cm über der fertigen Belagoberfläche liegen. Für Treppen in Wohngebäuden mit nicht mehr als zwei

Wohnungen und innerhalb von Wohnungen gelten dazu keine Anforderungen.

**Türen**

Anforderungen an die Ausführung von Türen sind in ATV DIN 18360[20] geregelt. Danach gelten für Türen sinngemäß die gleichen Bestimmungen wie für Fenster und Fenstertüren (ATV DIN 18360, 3.3.1). Für automatische Türen gilt DIN EN 16361[21].

Werden Türdrücker oder Türknöpfe mit einem Dornmaß von unter 55 mm eingebaut, wie dies z. B. an Türen mit großen Glasausschnitten der Fall sein kann, so sind zur Vermeidung von Verletzungen gekröpfte Drücker zu verwenden (ATV DIN 18360, 3.3.3).

Weitere Anforderungen an Maße oder Toleranzen für Türen werden in DIN 18360 nicht gestellt.

**Metallgitterroste**

Anforderungen an Metallgitterroste sind in ATV DIN 18360, 3.10 geregelt. Außerdem gelten die Vorschriften der DGUV (BGI/GUV-I 588-1)[22].

Danach müssen einlegbare Roste in Rahmen bündig und verwindungsfrei einliegen sowie in ihrer Lage gesichert sein (ATV DIN 18360, 3.10.2).

Die lichten Maschenweiten von Gitterrosten, die in öffentlichen Verkehrswegen verlegt werden, dürfen in einer Richtung 10 mm nicht überschreiten (DGUV BGI/GUV-I 588-1, 2.4.2). Aus psychologischen Gründen sollte die enge Maschenweite quer zur Gehrichtung verlaufen.

Werden Gitterroste für eine Durchlässigkeit von Schüttgütern und gleichzeitig zum Zweck der Begehbarkeit von Bodenöffnungen verwendet, so gelten Maschenweiten von 60 x 60 mm

---

[20] ATV DIN 18360:2019-09: VOB Vergabe- und Vertragsordnung für Bauleistungen – Teil C: Allgemeine Technische Vertragsbedingungen für Bauleistungen (ATV) – Metallbauarbeiten.

[21] DIN EN 16361:2016-12: Kraftbetätigte Türen – Produktnorm, Leistungseigenschaften – Türsysteme, mit Ausnahme von Drehflügeltüren, vorgesehen für den kraftbetätigten Betrieb.

[22] DGUV BGI/GUV-I 588-1: Roste – Auswahl und Betrieb; aktualisierte Fassung Mai 2013; hrs. V. Deutsche Gesetzliche Unfallversicherung DGUV, Berlin.

bzw. 120 x 40 mm als oberste Grenzweiten (DGUV BGI/GUV-I 588-1, 2.4.3).

Für die Verwendung von Gitterrosten auf ortsfesten Arbeitsbühnen und Laufstegen gelten die Regelungen der DIN EN ISO 14122-2[23]. Für Bodenbeläge mit Öffnungen (wie z. B. Metallgitterroste) gelten folgende Anforderungen:

- In Bodenbelägen von Arbeitsbühnen und Laufstegen dürfen Öffnungen von höchstens 35 mm vorhanden sein.
- In Bodenbelägen, unter denen sich Arbeitsplätze befinden, die nicht nur gelegentlich aufgesucht werden, dürfen Öffnungen mit einer Größe von maximal 20 mm vorhanden sein.

An Stoßstellen von Gitterrosten und am Übergang von Gitterrosten zu benachbarten anderen Bodenbelägen ist eine maximale Höhendifferenz bis zu 4 mm zulässig (s. DIN EN ISO 14122-2, 4.2.4.4).

Der seitliche Abstand von Metallgitterrosten zu angrenzenden oder durchdringenden Bauteilen darf zum Schutz der darunterliegenden Flächen gegen herabfallende Gegenstände maximal 20 mm betragen. Werden größere Abstände ausgeführt, so sind Fußleisten vorzusehen (genauere Angaben s. DIN EN ISO 14122-2, 4.2.4.5.2).

**Fenster**

Grundsätzlich gilt für Fenster die DIN 18055[24] „Kriterien für die Anwendung von Fenstern und Außentüren nach DIN EN 14351-1" i. V. m. DIN EN 14351-1[25] „Fenster und Türen – Produktnorm, Leistungsanforderungen – Teil 1: Fenster und Außentüren".

Angaben zu einzuhaltenden Maßen oder Toleranzen sind in ATV DIN 18360 nicht enthalten. Es wird auf die o. g. Normen verwiesen.

[23] DIN EN ISO 14122-2:2016-10: Sicherheit von Maschinen – Ortsfeste Zugänge zu maschinellen Anlagen – Teil 2: Arbeitsbühnen und Laufstege.

[24] DIN 18055:2020-09: Kriterien für die Anwendung von Fenstern und Außentüren nach DIN EN 14351-1.

[25] DIN EN 14351-1:2016-12: Fenster und Türen – Produktnorm, Leistungseigenschaften – Teil 1: Fenster und Außentüren.

**Barrierefreiheit**

Nach DIN 18040-2[26] „Barrierefreies Bauen – Wohnungen" sind Bedieneinrichtungen an Türen, Fenstertüren und Schaltern für automatisch öffnende Türen auf einer Höhe von 0,85 m zu installieren.

# Prüfung

Die Prüfung der Toleranzen erfolgt nach DIN 18202, Abschnitt 6. Dabei ist die Prüfung so früh wie möglich durchzuführen, um dynamische Verformungen aus zeit- und lastabhängigen Einflüssen auszuschalten. Die Prüfung ist spätestens bei der Bauabnahme des Bauwerks durchzuführen.

Der Auftragnehmer hat nach § 4 Nr. 3 VOB/B Bedenken anzumelden (s. DIN 18360, 3.1.1), wenn:

- die Maßabweichungen größer sind als in DIN 18202 vorgesehen
- keine Möglichkeit zur ungefährlichen Reinigung und Wartung der Fassaden vorhanden ist
- Befestigungsmöglichkeiten fehlen
- die Beschaffenheit der Bauteile zur Ausführung nicht geeignet ist
- keine Höhenbezugspunkte je Geschoss vorhanden sind

**Oberflächenschutz, Schichtdickenprüfung**

Bei der Prüfung der Schichtdicken ist nach der Art bzw. dem Zeitpunkt der Prüfung zu unterscheiden. Die Verfahren sind in

- DIN EN ISO 2178[27],
- DIN EN ISO 2064[28] und
- DIN EN ISO 2808[29]

beschrieben.

[26] DIN 18040-2:2011-09: Barrierefreies Bauen – Planungsgrundlagen – Teil 2: Wohnungen.

[27] DIN EN ISO 2178:2016-11: Nichtmagnetische Überzüge auf magnetischen Grundmetallen – Messen der Schichtdicke - Magentverfahren.

[28] DIN EN ISO 2064:2000-06: Metallische und andere anorganische Schichten – Definitionen und Festlegungen, die die Messung der Schichtdicke betreffen.

[29] DIN EN ISO 2808:2019-12: Beschichtungsstoffe – Bestimmung der Schichtdicke.

Nachfolgend werden einige grundlegende Regeln angegeben. Für die genaue, normative Beschreibung der Messverfahren wird auf die genannten Normen verwiesen.

Bei der unmittelbaren Prüfung auf der Baustelle kann eine Schichtdickenmessung unmittelbar nach der Applikation (Nassmessung) erfolgen. Dazu wird ein einfacher Nassfilmdickenmesser, der „*Messkamm*", eingesetzt. Dabei wird der Messkamm senkrecht auf die zu prüfende Beschichtungsfläche aufgesetzt bzw. gezogen. Am ersten benetzten Zahn kann die dazugehörige Nassfilmdicke abgelesen werden. Mit diesem Verfahren kann die annähernde Dicke der flüssigen Schicht dokumentiert werden. Ebenfalls zur Nassfilmdickenmessung eignet sich, besonders für gewölbte Flächen, die Rollfelge, auch Doppelrad oder Messrad genannt. Das Rad verfügt über drei einzelne Aufsetzrollen, von denen das mittlere Rollrad leicht exzentrisch ausgeführt ist. Beim Abrollen des Rades über die flüssige Beschichtung kann an der Stelle der ersten Benetzung des mittleren Rades die Schichtdicke abgelesen werden.

Die Verfahren zur Prüfung der Trockenschichtdicke können berührend und nicht berührend sein. Bei berührenden Verfahren ist nach zerstörungsfreien und nicht zerstörungsfreien Verfahren zu unterscheiden.

Für die zerstörungsfreie Prüfung von Beschichtungen auf metallischen Untergründen basieren die Verfahren auf der Nutzung magnetischer Haftkraft, magnetischen induktiven Flusses oder des Wirbelstromverlusts. Das Ultraschallverfahren eignet sich für die Prüfung von Beschichtungen auf Kunststoffuntergründen. Die Feststellung von Mehrschichtenaufbauten ist möglich.

Als nicht zerstörungsfreie Messungen stehen die Methoden der Querschnittprüfung, des Keilschnittverfahrens und der Einsatz einer sogenannten Tiefenuhr zur Verfügung.

Eine präzise Feststellung von Schichtdicken ist nur bei ebenen, glatten Oberflächen möglich, denn nur hier ist eine eindeutige Bezugsebene definiert.

Eine Prüfung von Beschichtungen auf unebenen Untergründen (z. B. Putzflächen) und mit unebenen Beschichtungsoberflächen, bedingt durch die handwerkliche Ausführung, ist nur in begrenztem Umfang möglich bzw. die Aussagekraft der Messergebnisse mit systembedingten Fehlern und Abweichungen ist nur eingeschränkt für eine Beurteilung der ausgeführten Leistung tauglich.

Zur Ermittlung von Trockenschichtdicken sind im Allgemeinen eine umfangreiche Laborausstattung und besondere Fachkenntnis zum Einsatz der Messgeräte erforderlich. Die Durchführung solcher Prüfungen und die Auswertungen der Messergebnisse erfolgen daher oft nur durch eigenständige Institute für Lack- und Beschichtungsprüfungen oder durch öffentlich bestellte und vereidigte Sachverständige für dieses Fachgebiet.

# Natursteinarbeiten

Die Anforderungen an Natursteinarbeiten sind im Wesentlichen in der Vergabe- und Vertragsordnung für Bauleistungen (VOB) Teil C in den Allgemeinen Technischen Vertragsbedingungen für Bauleistungen (ATV) in der ATV DIN 18332 (Ausgabe September 2023) beschrieben. Im Folgenden werden die Inhalte der ATV und/oder die ergänzenden Regelungen auszugsweise unter dem Gesichtspunkt von Ausführungstoleranzen und Materialmindestdicken dargestellt.

**Normen:** ATV DIN 18332[1] Natursteinarbeiten

ATV DIN 18299[2] Allgemeine Regelungen für Bauarbeiten jeder Art

DIN 18515-1[3], Teil 1: Außenwandbekleidungen – Grundsätze für Planung und Ausführung – Teil 1: Angemörtelte Fliesen oder Platten

DIN 18516[4], Teil 1 und 3: Außenwandbekleidungen, hinterlüftet

**Allgemeines:** Toleranzen/Abweichungen von vorgeschriebenen Maßen sind nur in den durch die DIN 18202[5] „Toleranzen im Hochbau“ geregelten Grenzen zulässig.

[1] ATV DIN 18332:2023-09: VOB Vergabe- und Vertragsordnung für Bauleistungen – Teil C: Allgemeine Technische Vertragsbedingungen für Bauleistungen (ATV) – Naturwerksteinarbeiten.

[2] ATV DIN 18299:2023-09: VOB Vergabe- und Vertragsordnung für Bauleistungen – Teil C: Allgemeine Technische Vertragsbedingungen für Bauleistungen (ATV) – Allgemeine Regelungen für Bauarbeiten jeder Art.

[3] DIN 18515-1:2023-06: Außenwandbekleidungen – Grundsätze für Planung und Ausführung Teil 1: Angemörtelte Fliesen oder Platten.

[4] DIN 18516:2010-06: Außenwandbekleidungen, hinterlüftet – Teil 1: Anforderungen, Prüfgrundsätze.

[5] DIN 18202:2019-07: Toleranzen im Hochbau - Bauwerke.

**Geltungsbereich**

ATV DIN 18332 „Naturwerksteinarbeiten“ gilt für das Bearbeiten von Naturstein sowie für das Verlegen und Versetzen von Fliesen, Platten und Werkstücken aus Naturstein. Die Norm gilt sinngemäß auch für Mauerwerk aus Naturstein (Verblend-, Vorsatz-, Quadermauerwerk).

Die Norm gilt nicht für die Herstellung von Pflasterdecken und Plattenbelägen sowie Entwässerungsrinnen und Einfassungen aus Naturstein oder Naturwerkstein (s. ATV DIN 18318[6] „Pflasterdecken- und Plattenbeläge, Einfassungen“). Sie gilt auch nicht für tragendes Mauerwerk aus natürlichen Steinen (s. ATV DIN 18330[7] „Mauerarbeiten“).

**Spezifische Ergänzungen:**

- Plattendicken
- Maßhaltigkeit der Baustoffe
- Ebenheitsabweichungen der fertigen Fläche
- Absätze und Höhensprünge benachbarter Bauteile
- Mörtelbettdicken
- Verlegen von Platten
- Natursteinplatten im Außenbereich
- Fugen
- Ausnehmungen
- Außenwandbekleidung im Mörtelbett
- Vorgehängte Fassade
- Außenwandbekleidung, hinterlüftet
- Gefälle
- Treppen

# Bauwerksmaße

Grenzabweichungen für Maße siehe folgende Tabelle (n. DIN 18202, Tab. 1):

6 ATV DIN 18318:2019-09: VOB Vergabe- und Vertragsordnung für Bauleistungen – Teil C: Allgemeine Technische Vertragsbedingungen für Bauleistungen (ATV) – Pflasterdecken und Plattenbeläge, Einfassungen.

7 ATV DIN 18330:2019-09: VOB Vergabe- und Vertragsordnung für Bauleistungen – Teil C: Allgemeine Technische Vertragsbedingungen für Bauleistungen (ATV) – Mauerarbeiten.

*Tabelle 1: Grenzabweichungen für Maße (n. DIN 18202, 5.2) (Quelle: Schmidt)*

**Grenzabweichung für Maße im Grundriss**

| 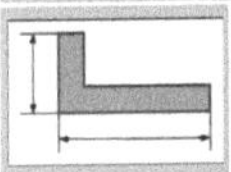 | Nennmaß | m | ≤ 1 | > 1<br>≤ 3 | > 3<br>≤ 6 | > 6<br>≤ 15 | > 15<br>≤ 30 | > 30 |
|---|---|---|---|---|---|---|---|---|
| | Grenzabweichung | mm | ± 10 | ± 12 | ± 16 | ± 20 | ± 24 | ± 30 |

z. B. Längen, Breiten, Achsmaße, Rastermaße

**Grenzabweichung für Maße im Aufriss**

| 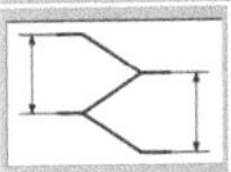 | Nennmaß | m | ≤ 1 | > 1<br>≤ 3 | > 3<br>≤ 6 | > 6<br>≤ 15 | > 15<br>≤ 30 | > 30 |
|---|---|---|---|---|---|---|---|---|
| | Grenzabweichung | mm | ± 10 | ± 16 | ± 16 | ± 20 | ± 30 | ± 30 |

z. B. Geschosshöhen, Podesthöhen, Abstände von Aufstandsflächen u. Konsolen

**Grenzabweichung für lichte Maße im Grundriss**

| 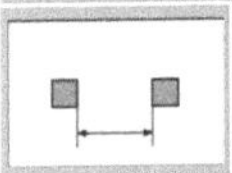 | Nennmaß | m | ≤ 1 | > 1<br>≤ 3 | > 3<br>≤ 6 | > 6<br>≤ 15 | > 15<br>≤ 30 | > 30 |
|---|---|---|---|---|---|---|---|---|
| | Grenzabweichung | mm | ± 12 | ± 16 | ± 20 | ± 24 | ± 30 | - |

z. B. Maße zwischen Stützen, Pfeilern usw.

**Grenzabweichung für lichte Maße im Aufriss**

| 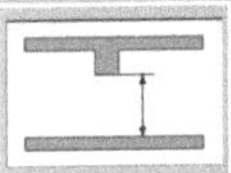 | Nennmaß | m | ≤ 1 | > 1<br>≤ 3 | > 3<br>≤ 6 | > 6<br>≤ 15 | > 15<br>≤ 30 | > 30 |
|---|---|---|---|---|---|---|---|---|
| | Grenzabweichung | mm | ± 16 | ± 20 | ± 20 | ± 30 | - | - |

z. B. unter Decken u. Unterzügen

**Grenzabweichung für Maße von Öffnungen**

| 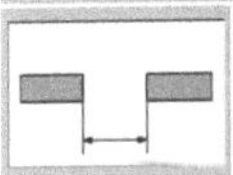 | Nennmaß | m | ≤ 1 | > 1<br>≤ 3 | > 3<br>≤ 6 | > 6<br>≤ 15 | > 15<br>≤ 30 | > 30 |
|---|---|---|---|---|---|---|---|---|
| | Grenzabweichung | mm | ± 10 | ± 12 | ± 16 | - | - | - |

z. B. Öffnungen von Fenstern, Einbauelementen, Außentüren (Innentüren s. DIN 18100)

**Grenzabweichung für Maße von Öffnungen mit oberflächenfertigen Laibungen**

| 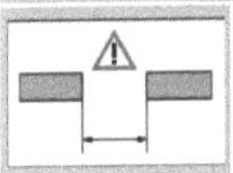 | Nennmaß | m | ≤ 1 | > 1<br>≤ 3 | > 3<br>≤ 6 | > 6<br>≤ 15 | > 15<br>≤ 30 | > 30 |
|---|---|---|---|---|---|---|---|---|
| | Grenzabweichung | mm | ± 8 | ± 10 | ± 12 | - | - | - |

Grenzabweichungen gelten für Nennmaße bis 60 m. Bei größeren Nennmaßen sind besondere Überlegungen erforderlich.

# Winkelabweichungen

Grenzwerte für Winkelabweichungen siehe folgende Tabelle (n. DIN 18202, Tab. 2):

***Tabelle 2:*** *Grenzwerte für Winkelabweichungen (n. DIN 18202, 5.3) (Quelle: Schmidt)*

| **Grenzwerte für Winkelabweichungen** | | | | | | | | | |
|---|---|---|---|---|---|---|---|---|---|
| 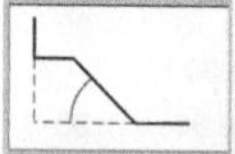 | Nennmaß | m | ≤ 0,5 | > 0,5<br>≤ 1,0 | > 1,0<br>≤ 3,0 | > 3,0<br>≤ 6,0 | > 6,0<br>≤ 15,0 | > 15,0<br>≤ 30,0 | > 30,0 |
| | Stichmaße als Grenzwerte | mm | 3 | 6 | 8 | 12 | 16 | 20 | 30 |

Nach ATV DIN 18332, Abschnitt 3.2.1 sind Naturwerksteinplatten und Werkstücke senkrecht, fluchtrecht und waagerecht oder mit dem erforderlichen Gefälle unter Berücksichtigung des angegebenen Höhenbezugspunkts zu versetzen oder zu verlegen.

# Ebenheitsabweichungen

Grenzwerte für Ebenheitsabweichungen sind in DIN 18202, Abschnitt 5.4 geregelt; siehe folgende Tabelle (n. DIN 18202, Tab. 3):

***Tabelle 3:*** *Grenzwerte für Ebenheitsabweichungen (n. DIN 18202, 5.5) (Quelle: Schmidt)*

| **Nichtflächenfertige Oberseiten von Decken, Unterbeton und Unterböden** | | | | | | | |
|---|---|---|---|---|---|---|---|
| 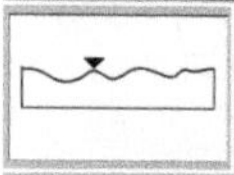 | Messpunktabstand | m | ≤ 0,1 | 1 | 4 | 10 | 15 |
| | Stichmaße als Grenzwerte | mm | 10 | 15 | 20 | 25 | 30 |
| **Nichtflächenfertige Oberseiten von Decken oder Bodenplatten zur Aufnahme von Bodenaufbauten** | | | | | | | |
| 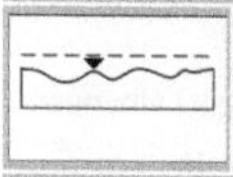 | Messpunktabstand | m | ≤ 0,1 | 1 | 4 | 10 | 15 |
| | Stichmaße als Grenzwerte | mm | 5 | 8 | 12 | 15 | 20 |
| z. B. Estriche im Verbund/auf Trennlage, schwimmende Estriche, Industrieböden, Fliesen- u. Plattenbeläge im Mörtelbett | | | | | | | |

*Tabelle 3: Grenzwerte für Ebenheitsabweichungen (n. DIN 18202, 5.5) (Quelle: Schmidt)*

| | | | | | | | |
|---|---|---|---|---|---|---|---|
| **Flächenfertige Oberseiten von Decken oder Bodenplatten für untergeordnete Zwecke** | | | | | | | |
| 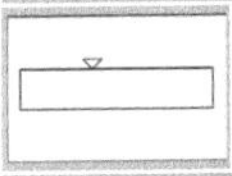 | Messpunktabstand | m | ≤ 0,1 | 1 | 4 | 10 | 15 |
| | Stichmaße als Grenzwerte | mm | 5 | 8 | 12 | 15 | 20 |
| z. B. in Lagerräumen, Kellern | | | | | | | |
| **Flächenfertige Böden, Estriche für Bodenbeläge, Fliesenbeläge, Beläge** | | | | | | | |
| 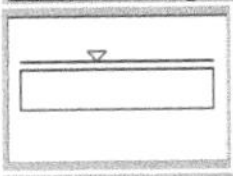 | Messpunktabstand | m | ≤ 0,1 | 1 | 4 | 10 | 15 |
| | Stichmaße als Grenzwerte | mm | 2 | 4 | 10 | 12 | 15 |
| z. B. Estriche als Nutzestriche, Estriche zur Aufnahme von Bodenbelägen, gespachtelte u. geklebte Beläge | | | | | | | |
| **wie Zeile zuvor, jedoch mit erhöhten Anforderungen** | | | | | | | |
|  | Messpunktabstand | m | ≤ 0,1 | 1 | 4 | 10 | 15 |
| | Stichmaße als Grenzwerte | mm | 1 | 3 | 9 | 12 | 15 |
| **Nichtflächenfertige Wände und Unterseiten von Rohdecken** | | | | | | | |
| 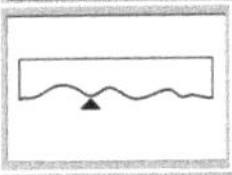 | Messpunktabstand | m | ≤ 0,1 | 1 | 4 | 10 | 15 |
| | Stichmaße als Grenzwerte | mm | 5 | 10 | 15 | 25 | 30 |
| **Flächenfertige Wände und Unterseiten von Decken** | | | | | | | |
| 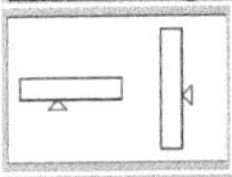 | Messpunktabstand | m | ≤ 0,1 | 1 | 4 | 10 | 15 |
| | Stichmaße als Grenzwerte | mm | 3 | 5 | 10 | 20 | 25 |
| z. B. geputzte Wände, Wandbekleidungen, untergehängte Decken | | | | | | | |
| **wie Zeile zuvor, jedoch mit erhöhten Anforderungen** | | | | | | | |
| 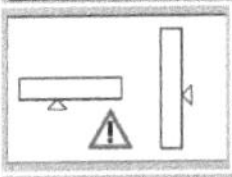 | Messpunktabstand | m | ≤ 0,1 | 1 | 4 | 10 | 15 |
| | Stichmaße als Grenzwerte | mm | 2 | 3 | 8 | 15 | 20 |
| Zwischenwerte sind DIN 18202, Bild 6 und Bild 7 zu entnehmen und auf ganze mm zu runden. Die Grenzwerte für Ebenheitsabweichungen der letzten Spalte gelten auch für Messpunktabstände > 15 m. | | | | | | | |

Erhöhte Anforderungen an die Ebenheitstoleranzen sind nach DIN 18202, Tabelle 3, Zeile 2, 4 oder 7 gesondert zu vereinbaren (vgl. ATV DIN 18332, Abschnitt 3.1.2).

Nach ATV DIN 18332, Abschnitt 2.1.3 dürfen Abweichungen von der Ebenheit der Oberfläche geschliffener oder polierter Platten, die nicht in europäischen Produktnormen geregelt sind, nicht mehr als 0,2 % der größten Plattenlänge, maximal jedoch 3 mm, betragen. Dies gilt nicht für bruchraue und gespaltene Oberflächen.

# Spezifische Ergänzungen

### Plattendicken

Für Naturwerksteine gelten nach ATV DIN 18332, 2.1.1 in Abhängigkeit von der Plattendicke folgende Bezeichnungen:

***Tabelle 4:*** *Bezeichnungen für Naturwerksteine in Abhängigkeit von ihrer Dicke (n. ATV DIN 18332, 2.1.1) (Quelle: Schmidt)*

| Dicke d | Bezeichnung |
|---|---|
| d ≤ 12 mm | Fliesen |
| 12 mm < d ≤ 80 mm | Platten |
| d > 80 mm | massive Werkstücke |

### Maßhaltigkeit der Baustoffe

Für die **Plattendicke** von Natursteinen (Platten und Werkstücke) sind in der ATV DIN 18332, Abschnitt 2.1.2, zulässige Grenzabweichungen (in der Norm als Grenzabmaße bezeichnet) festgelegt:

- Dicke ≤ 30 mm: ± 10 %
- Dicke > 30 mm: ± 3 mm
- Dicke > 80 mm: ± 5 mm
- bei zusammengesetzten Platten der Unterschied der Dicke am Stoß: 1 mm
- bei zusammengesetzten Werkstücken der Unterschied der Dicke am Stoß: 2 mm

Für die **Plattenlänge** gilt:

- Länge ≤ 600 mm: ± 1 mm
- Länge > 600 mm: ± 2 mm
- Dicke > 80 mm: ± 5 mm

Für den **Winkel** gilt:

Bei einem vorgegebenen **Winkel** beträgt das Maß der zulässigen Abweichung vom Sollmaß, bezogen auf die Kantenlänge, 0,2 % oder bis zu maximal 2 mm.

Diese Toleranzmaße für Dicke und Länge gelten nicht für gespaltene und handbekantete Platten und Werkstücke.

A B D E F G H K M N P R S T V W Z

Für Platten von Wandbekleidungen, die innerhalb von Gebäuden mit dem tragenden Untergrund verankert sind, beträgt die Plattendicke mindestens 20 mm.

### Ebenheitsabweichungen der fertigen Fläche

Geschliffene oder polierte Platten dürfen maximale Ebenheitsabweichungen von nicht mehr als 0,2 % der größten Plattenlänge, maximal 3 mm, aufweisen (siehe ATV DIN 18332, 2.1.3).

Werden für flächenfertige Böden erhöhte Anforderungen an die Zulässigkeit von Ebenheitsabweichungen gestellt, so sind bei einem Messpunktabstand von 0,1 m Abweichungen bis 1 mm zulässig (s. Tab. Ebenheitsabweichungen). Dies kann jedoch bei der Verlegung von geschliffenen oder polierten Platten, insbesondere bei einem gehäuften Auftreten, zu einer Beeinträchtigung des optischen Erscheinungsbilds führen und entspricht nicht der erwarteten Ebenheit, die mit einer Entscheidung zur Verlegung von polierten Platten verbunden ist. Im Einzelfall sollten hier höhere Genauigkeiten gesondert vereinbart werden.

### Absätze und Höhensprünge benachbarter Bauteile

Die DIN 18202, Abschnitt 5 regelt Höhenversätze benachbarter Bauteile. Bei flächenfertigen Wänden und Bodenbelägen sollen demnach Sprünge und Absätze vermieden werden. Damit ist aber nicht die zur Flächengestaltung bedingte Struktur zu verstehen.

Bei einer durchschnittlichen Ausführungsqualität sollten Höhenversätze 0,5 bis 1,0 mm nicht überschreiten. Als subjektiv beeinträchtigend empfunden werden Höhenunterschiede von:

- ca. 1,5 mm als störend
- ca. 2,0 mm als deutliche Beeinträchtigung

### Mörtelbettdicken

Nach ATV DIN 18332, Abschnitt 3.2.4 sind für Bekleidungen oder Beläge, die im Dickbett anzusetzen und zu verlegen sind, folgende Mörtelbettdicken herzustellen:

- bei Wandbelägen: 10 bis 20 mm
- bei Boden- und Treppenbelägen im Innenbereich: 10 bis 20 mm, bei Mörtel mit haufwerksporigem Gefüge: 40 mm bis 60 mm

- bei Boden- und Treppenbelägen im Außenbereich 10 bis 30 mm, bei Mörtel mit haufwerksporigem Gefüge: 40 mm bis 60 mm

**Verlegen von Platten**

Die Stichmaße der Ebenheitstoleranzen aus Tabelle 3, Zeile 3 der DIN 18202 reichen für ein optisch zufriedenstellendes Ergebnis beim Verlegen von Naturstein nicht aus. Aus diesem Grund sollten zumindest die erhöhten Anforderungen der DIN 18202, Tabelle 3, Zeile 4 in der Ausschreibung vereinbart werden.

Bei Bodenbelägen aus Naturstein muss auf die Einhaltung der Toleranzen durch den Ausführenden der Vorleistung geachtet werden, damit die vorgegebene Mörtelbettdicke ausreicht, um die Ebenheitstoleranzen beim Verlegen des Natursteins einhalten zu können.

Die zulässigen Stichmaße der Ebenheits- und Winkeltoleranzen sollten weder bei den gewöhnlichen noch bei den erhöhten Anforderungen ausgenutzt werden, da beides zu einem optisch unzufriedenstellenden Ergebnis führt.

**Natursteinplatten im Außenbereich**

Für Bodenbeläge im Außenbereich dürfen nur Platten mit einer Dicke ≥ 30 mm verwendet werden.

Werden die Natursteinplatten im Außenbereich auf einem Kies- oder Splittbett verlegt, so sind Plattengrößen von mindestens 0,16 $m^2$ zu verwenden. Die Mindestkantenlänge darf 30 cm nicht unterschreiten, die Mindestdicke beträgt 30 mm.

**Fugen**

Die Fugenbreiten sind abhängig vom Format und der Art der Platten und Werkstücke und richten sich nach Zweck, Beanspruchung und Art der Verfugung.

Grundsätzlich sind die Fugen mit einer gleichmäßigen Breite auszuführen. Grenzabweichungen der Platten und Werkstücke sind in den Fugen auszugleichen.

Die Fugen in Belägen mit Plattengrößen ≤ 60 cm Kantenlänge sind mit einer Breite von im Mittel 3 mm, bei größeren Kantenlängen im Mittel mit 5 mm, auszuführen. Fugen in Belägen mit massiven Werkstücken, Quadern und im Verblendmauerwerk sind mit einer Breite von mindestens 10 mm herzustellen (ATV DIN 18332, 3.3.3).

Die Fugenbreiten können geringfügig zum Ausgleich zulässiger Abweichungen von Einzelgrößen der Platten variieren.

Die Breite von Fugen zur Bauwerkstrennung, als Bewegungs- oder Anschlussfugen, beträgt im Außenbereich mindestens 8 mm, innerhalb eines Gebäudes mindestens 5 mm. Bewegungsfugen des Bauwerks müssen an gleicher Stelle im Belag mit gleicher Bewegungsmöglichkeit übernommen werden (ATV DIN 18332, 3.4.2).

Für massive Werkstücke, Quader und Verblendmauerwerk aus Naturstein müssen die Fugen mindestens 10 mm breit sein (ATV DIN 18332, 3.3.3).

**Fugen für Außenwandbekleidungen**

Nach DIN 18515-1 ist bei der Wahl der Fugenbreite ein Mindestfugenanteil von 5 % zu berücksichtigen. In der Norm sind hierzu Planungshilfen für die Festlegung der Abmessungen der Fliesen und Platten unter Berücksichtigung des Fugenanteils angegeben. Siehe hierzu die folgenden Tabellen.

**Hinweis:** In den Tabellen sind die grau hinterlegten und kursiv gedruckten Werte geringer als der geforderte Mindestfugenanteil von 5 %.

**Tabelle 5:** *Fugenanteile in Prozent bei einer Fugenbreite von 10 mm (n. DIN 18515-1, B.1; Auszug) (Quelle: Schmidt)*

| Fugenanteile bei einer Fugenbreite von 10 mm | | | | | | | | | |
|---|---|---|---|---|---|---|---|---|---|
| Format | Länge in cm | | | | | | | | |
| Breite in cm | 10 | 15 | 20 | 25 | 30 | 35 | 40 | 45 | 50 |
| 10 | 17,4 % | 14,8 % | 13,4 % | 12,6 % | 12,0 % | 11,6 % | 11,3 % | 11,1 % | 10,9 % |
| 15 | 14,8 % | 12,1 % | 10,7 % | 9,9 % | 9,3 % | 8,9 % | 8,5 % | 8,3 % | 8,1 % |
| 20 | 13,4 % | 10,7 % | 9,3 % | 8,4 % | 7,8 % | 7,4 % | 7,1 % | 6,8 % | 6,6 % |
| 25 | 12,6 % | 9,9 % | 8,4 % | 7,5 % | 6,9 % | 6,5% | 6,2 % | 5,9 % | 5,7 % |
| 30 | 12,0 % | 9,3 % | 7,8 % | 6,9 % | 6,3 % | 5,9 % | 5,6 % | 5,3 % | 5,1 % |
| 35 | 11,6 % | 8,9 % | 7,4 % | 6,5 % | 5,9 % | 5,5% | 5,1 % | 4,9 % | 4,7 % |
| 40 | 11,3 % | 8,5 % | 7,1 % | 6,2 % | 5,6 % | 5,1 % | 4,8 % | 4,6 % | 4,4 % |

**Tabelle 6:** *Fugenanteile in Prozent bei einer Fugenbreite von 8 mm (n. DIN 18515-1, B.2; Auszug) (Quelle: Schmidt)*

| Fugenanteile bei einer Fugenbreite von 8 mm | | | | | | | | | |
|---|---|---|---|---|---|---|---|---|---|
| Format | Länge in cm | | | | | | | | |
| Breite in cm | 10 | 15 | 20 | 25 | 30 | 35 | 40 | 45 | 50 |
| 10 | 14,3 % | 12,1 % | 11,0 % | 10,3 % | 9,8 % | 9,5 % | 9,2 % | 9,1 % | 8,9 % |
| 15 | 12,1 % | 9,9 % | 8,7 % | 8,0 % | 7,5 % | 7,2 % | 6,9 % | 6,7 % | 6,6 % |
| 20 | 11,0 % | 8,7 % | 7,5 % | 6,8 % | 6,3 % | 6,0 % | 5,7 % | 5,5 % | 5,4 % |
| 25 | 10,3 % | 8,0 % | 6,8 % | 6,1 % | 5,6 % | 5,3 % | 5,0 % | 4,8 % | 4,6 % |
| 30 | 9,8 % | 7,5 % | 6,3 % | 5,6 % | 5,1 % | 4,8 % | 4,5 % | 4,3 % | 4,1 % |
| 35 | 9,5 % | 7,2 % | 6,0 % | 5,3 % | 4,8 % | 4,4 % | 4,2 % | 3,9 % | 3,8 % |
| 40 | 9,2 % | 6,9 % | 5,7 % | 5,0 % | 4,5 % | 4,2 % | 3,9 % | 3,7 % | 3,5 % |

**Tabelle 7:** *Fugenanteile in Prozent bei einer Fugenbreite von 5 mm (n. DIN 18515-1, B.3; Auszug) (Quelle: Schmidt)*

| Fugenanteile bei einer Fugenbreite von 5 mm | | | | | | | | | |
|---|---|---|---|---|---|---|---|---|---|
| Format | Länge in cm | | | | | | | | |
| Breite in cm | 10 | 15 | 20 | 25 | 30 | 35 | 40 | 45 | 50 |
| 10 | 9,3 % | 7,8 % | 7,1 % | 6,6 % | 6,3 % | 6,1 % | 5,9 % | 5,8 % | 5,7 % |
| 15 | 7,8 % | 6,3 % | 5,6 % | 5,1 % | 4,8 % | 4,6 % | 4,4 % | 4,3 % | 4,2 % |
| 20 | 7,1 % | 5,6 % | 4,8 % | 4,4 % | 4,0 % | 3,8 % | 3,6 % | 3,5 % | 3,4 % |
| 25 | 6,6 % | 5,1 % | 4,4 % | 3,9 % | 3,6 % | 3,3 % | 3,2 % | 3,0 % | 2,9 % |
| 30 | 6,3 % | 4,8 % | 4,0 % | 3,6 % | 3,3 % | 3,0 % | 2,9 % | 2,7 % | 2,6 % |
| 35 | 6,1 % | 4,6 % | 3,8 % | 3,3 % | 3,0 % | 28 % | 2,6 % | 2,5 % | 2,4 % |
| 40 | 5,9 % | 4,4 % | 3,6 % | 3,2 % | 2,9 % | 2,6 % | 2,5 % | 2,3 % | 2,2 % |

***Tabelle 8:*** *Fugenanteile in Prozent bei einer Fugenbreite von 3 mm (n. DIN 18515-1, B.4; Auszug) (Quelle: Schmidt)*

| Fugenanteile bei einer Fugenbreite von 3 mm | | | | | | | | | |
|---|---|---|---|---|---|---|---|---|---|
| **Format** | **Länge in cm** | | | | | | | | |
| **Breite in cm** | **10** | **15** | **20** | **25** | **30** | **35** | **40** | **45** | **50** |
| 10 | 5,7 % | 4,8 % | 4,3 % | 4,1 % | 3,9 % | 3,7 % | 3,6 % | 3,6 % | 3,5 % |
| 15 | 4,8 % | 3,9 % | 3,4 % | 3,1 % | 2,9 % | 2,8 % | 2,7 % | 2,6 % | 2,5 % |
| 20 | 4,3 % | 3,4 % | 2,9 % | 2,6 % | 2,5 % | 2,3 % | 2,2 % | 2,1 % | 2,1 % |
| 25 | 4,1 % | 3,1 % | 2,6 % | 2,4 % | 2,2 % | 2,0 % | 1,9 % | 1,8 % | 1,8 % |
| 30 | 3,9 % | 2,9 % | 2,5 % | 2,2 % | 2,0 % | 1,8 % | 1,7 % | 1,6 % | 1,6 % |
| 35 | 3,7 % | 2,8 % | 2,3 % | 2,0 % | 1,8 % | 1,7 % | 1,6 % | 1,5 % | 1,4 % |
| 40 | 3,6 % | 2,7 % | 2,2 % | 1,9 % | 1,7 % | 1,6 % | 1,5 % | 1,4 % | 1,3 % |

Anschlussfugen von angemörtelten Außenwandbekleidungen zu angrenzenden Bauteilen mit anderen Ausdehnungskoeffizienten sollen 10 mm breit und mit elastischen Fugendichtstoffen oder Fugenbändern geschlossen sein.

## Ausnehmungen

Zum Fugen und Instandsetzen von Natursteinelementen sind für Vierungen die notwendigen Ausnehmungen in rechtwinkliger oder schwalbenschwanzförmiger Kantenform mit einer Mindesttiefe von 4 cm, für den Einbau von Restauriermörtel, auch in gekurvter Form, mindestens 3 cm tief herzustellen.

## Außenwandbekleidung im Mörtelbett

Werden für Außenwandbekleidungen Natursteinfliesen im Dünnbett nach DIN 18157-1[8] „Ausführung von Bekleidungen und Belägen im Dünnbettverfahren" im kombinierten Verfahren (Floating-Buttering-Verfahren: Auftragen des Mörtels oder Klebstoffs auf den Untergrund und auf die Rückseite der Fliese/Platte) angesetzt, so soll die Schichtdicke des Dünnbettmörtels mindestens 3 mm betragen (s. DIN 18515-1, 6.2). Voraussetzung dazu ist die Herstellung eines ebenen Unterputzes.

[8] DIN 18157-1:2017-04: Ausführung von Bekleidungen und Belägen im Dünnbettverfahren – Teil 1: Zementhaltige Mörtel.

Für Natursteinplatten für angemörtelte Außenwandbekleidungen sind nach DIN 18515-1, 4.4 folgende Maße einzuhalten:

- Seitenlänge ≤ 49 cm
- Dicke ≤ 15 mm
- Fläche: Hier ist der Mindestfugenanteil zu beachten (s. Tab. oben).

**Vorgehängte Fassade**

Bei einer abgehängten Wandbekleidung ist auf die Toleranzen der DIN 18202, Tabelle 3, Zeile 5 und 6 (Ebenheitsabweichungen) und auf die Toleranzen der DIN 18202, Tabelle 2 (Winkelabweichungen) zu achten.

**Außenwandbekleidung, hinterlüftet**

Bei einer Außenwandbekleidung aus Natursteinelementen mit offenen, geschlossenen oder überlappenden Fugen sind die Anforderungen der DIN 18515 und DIN 18516-1[9] und DIN 18516-3[10] zu berücksichtigen.

Die Plattendicke für hinterlüftete, vorgehängte Außenwandbekleidungen bedarf einer statischen Berechnung, eine allgemeingültige Angabe zur Mindestdicke ist nicht festgelegt.

Geneigte Flächen von Außenwandbekleidungen sind bei einer Neigung > 60° zur Horizontalen mit mindestens 30 mm Dicke, bei ≤ 60° mit mindestens 40 mm Dicke auszuführen (s. DIN 18516-3, 7.1).

Werden Platten mit Ankern und Profilstegen am Rohbau befestigt, muss die Steinrestdicke auf beiden Seiten einer eingeschnittenen Nut mindestens 10 mm betragen. Die Nut muss 3 mm breiter sein als der eingelassene Profilsteg. Die Auflagerlänge des Profilstegs muss ≥ 20 mm und ≤ 50 mm betragen (DIN 18516-3, 5.6.1).

9 DIN 18516-1:2010-06: Außenwandbekleidungen, hinterlüftet – Teil 1: Anforderungen, Prüfgrundsätze.

10 DIN 18516-3:2021-05: Außenwandbekleidungen, hinterlüftet – Teil 3: Naturwerkstein – Anforderungen, Bemessung.

### Gefälle

Für eine ausreichende Ableitung von Oberflächenwasser ist bereits in der Planung ein Gefälle von mindestens 2 % zu berücksichtigen.

### Treppen

Für Treppen in und an Gebäuden sind die Maßanforderungen in der DIN 18065[11] geregelt. Die einzelnen Bestimmungen zum Treppenlauf und den Stufen sind in dem Kapitel Betonwerksteinarbeiten näher beschrieben.

## Prüfung

Die Prüfung der Toleranzen ist in der DIN 18202, Abschnitt 6 geregelt.

Der Auftragnehmer hat bei seiner Prüfung Bedenken (§ 4 Nr. 3 VOB/B) insbesondere geltend zu machen, wenn:

- die Qualität des Untergrunds durch Verunreinigungen, Ausblutungen, Risse etc. nicht geeignet ist
- die Konstruktionshöhe nicht genügt
- keine Höhenbezugspunkte im Geschoss vorhanden sind
- Unebenheiten nicht den Anforderungen der DIN 18202 entsprechen
- Angaben oder Ausführung des Gefälles fehlen bzw. mangelhaft sind
- kein Aufheizprotokoll bei beheizten Fußböden vorliegt

[11] DIN 18065:2020-08: Gebäudetreppen – Begriffe, Messregeln, Hauptmaße.

# Parkettarbeiten

Die Anforderungen an Parkettarbeiten sind im Wesentlichen in der Vergabe- und Vertragsverordnung für Bauleistungen (VOB) Teil C in den Allgemeinen Technischen Vertragsbedingungen für Bauleistungen (ATV) in der ATV DIN 18356 (Ausgabe September 2019) beschrieben. Im Folgenden werden die Inhalte der ATV und/oder der ergänzenden Regelungen nur auszugsweise unter dem Gesichtspunkt von Ausführungstoleranzen, Abweichungen der Maßhaltigkeit der Werkstoffe und den erforderlichen Dimensionierungen der Untergründe dargestellt.

| **Normen:** | ATV DIN 18356[1] | Parkett- und Holzpflasterarbeiten |
|---|---|---|
| | DIN EN 13226[2] | Massivholz-Parkettstäbe mit Nut und/oder Feder |
| | DIN EN 13227[3] | Massivholz-Lamparkett-produkte |
| | DIN EN 13228[4] | Massivholz-Overlay-Parkettstäbe einschl. Parkettblöcken mit Verbindungssystem |
| | DIN EN 13488[5] | Mosaikparkettelemente |
| | DIN EN 13489[6] | Mehrschichtparkettelemente |
| | DIN EN 13629[7] | Massive Laubholzdielen |
| | DIN EN 14761[8] | Massivholzparkett, Hochkantlamelle, Breitlamelle und Modulklotz |

1 DIN 18356:2019-09: VOB Vergabe- und Vertragsordnung für Bauleistungen – Teil C: Allgemeine Technische Vertragsbedingungen für Bauleistungen (ATV) – Parkett- und Holzpflasterarbeiten.

2 DIN EN 13226:2009-09: Holzfußböden – Massivholz-Elemente mit Nut und /oder Feder.

3 DIN EN 13227:2017-12: Holzfußböden – Massivholz-Lamparkettprodukte.

4 DIN EN 13228:2011-08: Holzfußböden – Massivholz-Overlay-Parkettstäbe einschließlich Parkettblöcken mit einem Verbindungssystem.

5 DIN EN 13488:2003-05: Holzfußböden – Mosaikparkettelemente.

6 DIN EN 13489:2023-09: Holzfußböden und Parkett - Mehrschichtparkettelemente.

7 DIN EN 13629:2020-05: Holzfußböden – Massive Laubholzdielen und zusammengesetzte massive Laubholzdielen-Elemente.

8 DIN EN 14761:2008-09: Holzfußböden – Massivholzparkett – Hochkantlamelle, Breitlamelle und Modulklotz.

**Allgemeines:** Toleranzen in diesem Bereich sind nur in den durch die DIN 18202[9] „Toleranzen im Hochbau“ geregelten Grenzen zulässig.

**Geltungsbereich:** ATV DIN 18356 „Parkett- und Holzpflasterarbeiten“ gilt für die Verlegung von Parkett und Holzpflaster in Innenräumen.

Die Norm gilt nicht für das Verlegen von Lagerhölzern und Blindböden (s. ATV DIN 18334[10] „Zimmer- und Holzbauarbeiten“).

**Spezifische Ergänzungen:**

- Maße und zulässige Abweichungen (Produktnormen)
- Untergründe
- Verlegung
- Versiegelung
- Höhenversatz an den Stoßfugen
- Feuchtegehalt
- optisches Erscheinungsbild
- Befestigungsabstände von Fuß- und Deckleisten

# Bauwerksmaße

Grenzabweichungen für Maße siehe folgende Tabelle (n. DIN 18202, Tab. 1):

***Tabelle 1:*** *Grenzabweichungen für Maße (n. DIN 18202, 5.2) (Quelle: Schmidt)*

| **Grenzabweichung für Maße im Grundriss** | | | | | | | | |
|---|---|---|---|---|---|---|---|---|
| 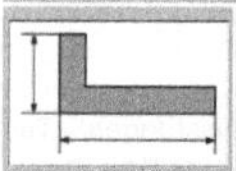 | Nennmaß | m | ≤ 1 | > 1<br>≤ 3 | > 3<br>≤ 6 | > 6<br>≤ 15 | > 15<br>≤ 30 | > 30 |
| | Grenzabweichung | mm | ± 10 | ± 12 | ± 16 | ± 20 | ± 24 | ± 30 |
| z. B. Längen, Breiten, Achsmaße, Rastermaße | | | | | | | | |

9 DIN 18202:2019-07: Toleranzen im Hochbau - Bauwerke.

10 ATV DIN 18334:2023-09: VOB Vergabe- und Vertragsordnung für Bauleistungen – Teil C: Allgemeine Technische Vertragsbedingungen für Bauleistungen (ATV) – Zimmer- und Holzbauarbeiten.

***Tabelle 1:*** *Grenzabweichungen für Maße (n. DIN 18202, 5.2) (Quelle: Schmidt)*

| **Grenzabweichung für Maße im Aufriss** | | | | | | | | |
|---|---|---|---|---|---|---|---|---|
| 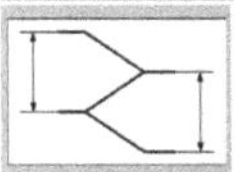 | Nennmaß | m | ≤ 1 | > 1 ≤ 3 | > 3 ≤ 6 | > 6 ≤ 15 | > 15 ≤ 30 | > 30 |
| | Grenzabweichung | mm | ± 10 | ± 16 | ± 16 | ± 20 | ± 30 | ± 30 |
| z. B. Geschosshöhen, Podesthöhen, Abstände von Aufstandsflächen u. Konsolen | | | | | | | | |
| **Grenzabweichung für lichte Maße im Grundriss** | | | | | | | | |
| 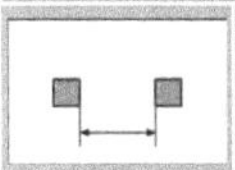 | Nennmaß | m | ≤ 1 | > 1 ≤ 3 | > 3 ≤ 6 | > 6 ≤ 15 | > 15 ≤ 30 | > 30 |
| | Grenzabweichung | mm | ± 12 | ± 16 | ± 20 | ± 24 | ± 30 | - |
| z. B. Maße zwischen Stützen, Pfeilern usw. | | | | | | | | |
| **Grenzabweichung für lichte Maße im Aufriss** | | | | | | | | |
| 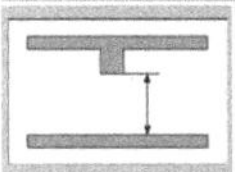 | Nennmaß | m | ≤ 1 | > 1 ≤ 3 | > 3 ≤ 6 | > 6 ≤ 15 | > 15 ≤ 30 | > 30 |
| | Grenzabweichung | mm | ± 16 | ± 20 | ± 20 | ± 30 | - | - |
| z. B. unter Decken u. Unterzügen | | | | | | | | |
| **Grenzabweichung für Maße von Öffnungen** | | | | | | | | |
| 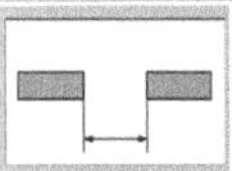 | Nennmaß | m | ≤ 1 | > 1 ≤ 3 | > 3 ≤ 6 | > 6 ≤ 15 | > 15 ≤ 30 | > 30 |
| | Grenzabweichung | mm | ± 10 | ± 12 | ± 16 | - | - | - |
| z. B. Öffnungen von Fenstern, Einbauelementen, Außentüren (Innentüren s. DIN 18100) | | | | | | | | |
| **Grenzabweichung für Maße von Öffnungen mit oberflächenfertigen Laibungen** | | | | | | | | |
| 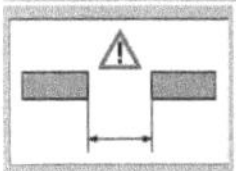 | Nennmaß | m | ≤ 1 | > 1 ≤ 3 | > 3 ≤ 6 | > 6 ≤ 15 | > 15 ≤ 30 | > 30 |
| | Grenzabweichung | mm | ± 8 | ± 10 | ± 12 | - | - | - |
| Grenzabweichungen gelten für Nennmaße bis 60 m. Bei größeren Nennmaßen sind besondere Überlegungen erforderlich. | | | | | | | | |

# Winkelabweichungen

Grenzwerte für Winkelabweichungen siehe folgende Tabelle (n. DIN 18202, Tab. 2):

***Tabelle 2:** Grenzwerte für Winkelabweichungen (n. DIN 18202, 5.3) (Quelle: Schmidt)*

| **Grenzwerte für Winkelabweichungen** | | | | | | | | | |
|---|---|---|---|---|---|---|---|---|---|
| 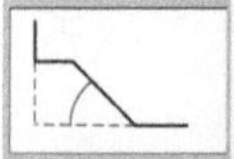 | Nennmaß | m | ≤ 0,5 | > 0,5 ≤ 1,0 | > 1,0 ≤ 3,0 | > 3,0 ≤ 6,0 | > 6,0 ≤ 15,0 | > 15,0 ≤ 30,0 | > 30,0 |
| | Stichmaße als Grenzwerte | mm | 3 | 6 | 8 | 12 | 16 | 20 | 30 |

# Ebenheitsabweichungen

Grenzwerte für Ebenheitsabweichungen sind in DIN 18202, Abschnitt 5.4 geregelt; siehe folgende Tabelle (n. DIN 18202, Tab. 3):

***Tabelle 3:** Grenzwerte für Ebenheitsabweichungen (n. DIN 18202, 5.5) (Quelle: Schmidt)*

| **Nichtflächenfertige Oberseiten von Decken, Unterbeton und Unterböden** | | | | | | | |
|---|---|---|---|---|---|---|---|
| 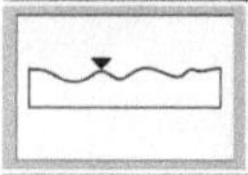 | Messpunktabstand | m | ≤ 0,1 | 1 | 4 | 10 | 15 |
| | Stichmaße als Grenzwerte | mm | 10 | 15 | 20 | 25 | 30 |
| **Nichtflächenfertige Oberseiten von Decken oder Bodenplatten zur Aufnahme von Bodenaufbauten** | | | | | | | |
| 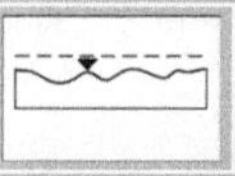 | Messpunktabstand | m | ≤ 0,1 | 1 | 4 | 10 | 15 |
| | Stichmaße als Grenzwerte | mm | 5 | 8 | 12 | 15 | 20 |
| z. B. Estriche im Verbund/auf Trennlage, schwimmende Estriche, Industrieböden, Fliesen- u. Plattenbeläge im Mörtelbett | | | | | | | |
| **Flächenfertige Oberseiten von Decken oder Bodenplatten für untergeordnete Zwecke** | | | | | | | |
| 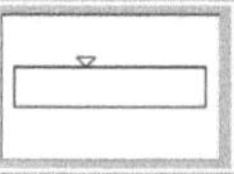 | Messpunktabstand | m | ≤ 0,1 | 1 | 4 | 10 | 15 |
| | Stichmaße als Grenzwerte | mm | 5 | 8 | 12 | 15 | 20 |
| z. B. in Lagerräumen, Kellern | | | | | | | |

***Tabelle 3:*** *Grenzwerte für Ebenheitsabweichungen (n. DIN 18202, 5.5) (Quelle: Schmidt)*

| Flächenfertige Böden, Estriche für Bodenbeläge, Bodenläge, Fliesenbeläge, Beläge | | | | | | | |
|---|---|---|---|---|---|---|---|
| 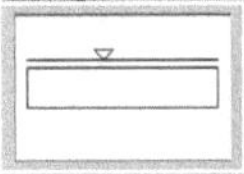 | Messpunktabstand | m | ≤ 0,1 | 1 | 4 | 10 | 15 |
| | Stichmaße als Grenzwerte | mm | 2 | 4 | 10 | 12 | 15 |
| z. B. Estriche als Nutzestriche, Estriche zur Aufnahme von Bodenbelägen, gespachtelte u. geklebte Beläge | | | | | | | |
| **wie Zeile zuvor, jedoch mit erhöhten Anforderungen** | | | | | | | |
|  | Messpunktabstand | m | ≤ 0,1 | 1 | 4 | 10 | 15 |
| | Stichmaße als Grenzwerte | mm | 1 | 3 | 9 | 12 | 15 |
| **Nichtflächenfertige Wände und Unterseiten von Rohdecken** | | | | | | | |
| 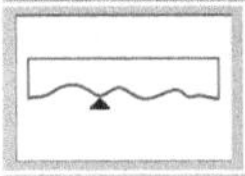 | Messpunktabstand | m | ≤ 0,1 | 1 | 4 | 10 | 15 |
| | Stichmaße als Grenzwerte | mm | 5 | 10 | 15 | 25 | 30 |
| **Flächenfertige Wände und Unterseiten von Decken** | | | | | | | |
| 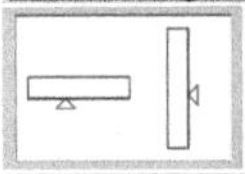 | Messpunktabstand | m | ≤ 0,1 | 1 | 4 | 10 | 15 |
| | Stichmaße als Grenzwerte | mm | 3 | 5 | 10 | 20 | 25 |
| z. B. geputzte Wände, Wandbekleidungen, untergehängte Decken | | | | | | | |
| **wie Zeile zuvor, jedoch mit erhöhten Anforderungen** | | | | | | | |
| 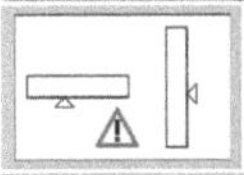 | Messpunktabstand | m | ≤ 0,1 | 1 | 4 | 10 | 15 |
| | Stichmaße als Grenzwerte | mm | 2 | 3 | 8 | 15 | 20 |
| Zwischenwerte sind DIN 18202, Bild 6 und Bild 7 zu entnehmen und auf ganze mm zu runden. Die Grenzwerte für Ebenheitsabweichungen der letzten Spalte gelten auch für Messpunktabstände > 15 m. | | | | | | | |

Bei Streiflicht sichtbar werdende Unebenheiten in den Oberflächen von Bauteilen sind zulässig, wenn die Toleranzen von DIN 18202 eingehalten worden sind. Werden an die Ebenheit von Flächen erhöhte Anforderungen nach DIN 18202 gestellt, so sind dies Maßnahmen, die als Besondere Leistungen nach ATV 18356, Abschnitt 3.1.3 zu vereinbaren sind.

# Spezifische Ergänzungen

## Maße und zulässige Abweichungen (Produktnormen)

In den Produktnormen für die verschiedenen Parkettarten sind für die Breitenmaße, Dicken- und Längenmaße Angaben zu den

Regelgrößen sowie den zulässigen Abweichungen enthalten; siehe hierzu die folgende Tabelle.

Außerdem bestehen für die verschiedenen Parkettarten jeweils gesonderte Regelungen zu den zulässigen Abweichungen für die Längs- und Querkrümmung sowie die Rechtwinkligkeit der Stäbe bzw. der Elemente. Hierfür wird auf die entsprechenden Produktnormen verwiesen.

***Tabelle 4:*** *Zulässige Grenzabmaße bzw. Grenzabweichungen von Parkett (Quelle: Schmidt)*

| Zulässige Grenzabmaße bzw. Grenzabweichungen von Parkett | | | | | |
|---|---|---|---|---|---|
| **Art** | **Produktnorm** | | **Dicke** | **Länge** | **Breite** |
| Holzfußböden – Massivholzelemente mit Nut und/oder Feder | DIN EN 13226, 5.5.3 | | ± 0,2 mm | ± 0,5 mm | ± 0,5 mm |
| Holzfußböden – Massivholz-Lamparkettprodukte | DIN EN 13227, 5.5.4 | | ± 0,2 mm | ± 0,2 mm | ± 0,2 mm |
| Holzfußböden – Massivholz-Overlay-Parkettstäbe | DIN EN 13228, 5.4.4 | Block | ± 0,5 mm | ± 0,2 mm | ± 0,2 mm |
| | | Overlay-Fußboden-Element | ± 0,5 mm | ± 0,2 mm | ± 0,2 mm |
| Mosaikparkettelemente | DIN EN 13488, 4.4.2.1 | | ± 0,3 mm | ± 0,2 mm | ± 0,1 mm |
| Holzfußböden und Parkett-Mehrschichtparkettelemente | DIN EN 13489, 4.1.3 | | keine Angabe | ± 0,1 % | ± 0,2 mm |
| Holzfußböden – Massive Laubholzdielen, unbehandelt | DIN EN 13629, 4.5.2, Tab. 6 | | ± 1,0 mm | ± 2,0 mm | ± 1,0 mm |
| Holzfußböden – Massive Laubholzdielen, vorbehandelt | DIN EN 13629, 4.5.2, Tab. 7 | | ± 0,3 mm | ± 2,0 mm | ± 0,3 % |
| Für weitere Abweichungen wird auf die genannten Produktnormen verwiesen. | | | | | |

**Untergründe**

Als Untergründe für eine Parkettverlegung eignen sich Estriche nach der Normenreihe DIN 18560[11] „Estriche im Bauwesen" sowie Trockenestriche.

Bei der Ausführung der Estriche sind die geforderten Nenndicken zu beachten, die von der Estrichart und der anzusetzenden Nutzlast abhängig sind (s. hierzu auch das Kapitel „Estricharbeiten").

Eine fachgerechte Parkettverlegung erfordert eine Estrichoberfläche innerhalb der Toleranzen nach DIN 18202. Dies setzt i. d. R. die Ausführung einer geglätteten Estrichoberfläche voraus.

**Verlegung**

Werden im Parkett einzelne Parkettstäbe unterschiedlicher Länge verarbeitet, so dürfen bei nebeneinanderliegenden Stäben die Länge um nicht mehr als 50 mm und die Breite um nicht mehr als 10 mm voneinander abweichen. Werden Parkettstäbe mit unterschiedlichen Maßen auf einer Fläche bis zu 30 $m^2$ eingebaut, so sind maximal drei verschiedene Formate mit den vorgenannten Maßbegrenzungen innerhalb dieser Fläche zulässig.

Mosaikparkettlamellen sind in der Breite auf maximal 35 mm begrenzt. Die Länge muss zwischen 115 mm und 165 mm liegen. Die Dicke muss ein Maß von 8 mm aufweisen. Die Abweichungen dürfen in der Länge ±0,2 mm, in der Breite ±0,1 mm und bei der Dicke ±0,3 mm betragen (DIN EN 13488, 4.4.2).

Bauwerksfugen des Untergrunds (Bewegungsfugen) sind im Parkett zu übernehmen. Zu angrenzenden Bauteilen sind Randabstände mit einer Fugenbreite von 10–12 mm einzuhalten.

**Versiegelung**

Fertig verlegte Parkettflächen sind abzuschleifen und zu versiegeln. Die Versiegelung ist so aufzutragen, dass eine gleichmäßi-

[11] DIN 18560: Estriche im Bauwesen; Teil 1 (2021-02): Allgemeine Anforderungen. Prüfung und Ausführung; Teil 2 (2022-08): Estriche und Heizestriche auf Dämmschichten (schwimmende Estriche); Teil 3 (2006-03): Verbundestriche; Teil 4 (2012-06): Estriche auf Trennschicht; Teil 7 (2004-04): Hochbeanspruchbare Estriche (Industrieestriche).

A B D E F G H K M N P R S T V W Z

ge Oberfläche entsteht. Unterschiedliche Versiegelungsschichtdicken sind dabei möglich (siehe Schichtdickenmessung).

### Höhenversatz an den Stoßfugen

Gemäß DIN 18202, Abschnitt 5 sollen bei flächenfertigen Bodenbelägen Sprünge und Absätze vermieden werden. Hierunter ist aber nicht die durch Flächengestaltung bedingte Struktur zu verstehen.

Bei der Verlegung von Mehrschicht-Parkettelementen darf der Höhenversatz am Stoß der fertigen Elemente (Überzahnung) maximal 0,2 mm betragen (DIN EN 13489, 4.1.3).

Nach ATV DIN 18356, Abschnitt 3.2.7 ist genageltes Parkett nach dem Verlegen, geklebtes Parkett nach genügendem Aushärten des Parkettklebstoffs eben abzuschleifen. Die Anzahl der Schleifgänge und die Feinheit des Abschleifens richten sich nach der vorgegebenen anschließenden Oberflächenbehandlung. Für alle Parketthölzer und Systeme besteht die Forderung nach einer zweimaligen Renovierbarkeit.

### Feuchtegehalt

Der Feuchtegehalt von Parkett bei Erstauslieferung muss bei den meisten Parkettarten zwischen 7 % und 11 % liegen, siehe hierzu die folgende Tabelle. Auch beim Verlegen darf der Feuchtegehalt die zulässigen Werte nicht unter- bzw. überschreiten.

***Tabelle 5:*** *Feuchtegehalt von Parkett bei Erstauslieferung (Quelle: Schmidt)*

| Feuchtegehalt von Parkett bei Erstauslieferung | | |
|---|---|---|
| **Art** | **Feuchtegehalt** | **Norm** |
| Massivholzelemente mit Nut/Feder | 7 % bis 11 %<br>Kastanie und Seekiefer 7 % bis 13 % | DIN EN 13226, 5.3 |
| Massivholz-Lamparkett | 7 % bis 11 %<br>Kastanie 7 % bis 13 % | DIN EN 13227, 5.4 |
| Massivholz-Overlay-Parkettstäbe u. Parkettblöcke | 7 % bis 11 %<br>Edelkastanie 7 % bis 13 % | DIN EN 13228, 5.3 |
| Mosaikparkett | ohne Oberflächenbehandlung 7 % bis 11 % (für alle Holzarten)<br>mit Oberflächenbehandlung 6 % bis 10 % | DIN EN 13488, 4.3 |

***Tabelle 5:** Feuchtegehalt von Parkett bei Erstauslieferung (Quelle: Schmidt)*

| Feuchtegehalt von Parkett bei Erstauslieferung | | |
|---|---|---|
| **Art** | **Feuchtegehalt** | **Norm** |
| Mehrschichtparkett | 5 % bis 9 % | DIN EN 13489, 4.1.2 |
| Massive Laubholzdielen und zusammengesetzte Laubholzdielen-Elemente | 7 % bis 11 % | DIN EN 13629, 4.4, siehe auch Anhang C |
| Massivholz-Parkett | 7 % bis 11 % | DIN EN 14761, 5.3 |

Beim Einbau sollte Parkett den Feuchtegehalt aufweisen, der sich aufgrund der Raumnutzung und des sich daraus einstellenden Raumklimas ergibt.

## Optisches Erscheinungsbild

In den einzelnen Normen für die verschiedenen Parkettarten bestehen für die verschiedenen Fußbodensysteme und Holzarten jeweils einzelne Angaben zu den Sortierregeln. Für die Oberseiten des Stabs bestehen Sortierregeln für alle Fußbodensysteme und Holzarten, indem drei Erscheinungsklassen unterschieden werden: ein Kreissymbol für die höchste Sortierstufe, ein Dreiecksymbol für die mittlere Qualitätsstufe und ein Quadratsymbol für die unterste Sortierstufe. Den entsprechenden Tabellen sind für jede Holzart und jedes Parkett die Zulässigkeiten von gesundem Splint, Ästen, Rissen und Rindeneinwuchs etc. zu entnehmen.

## Befestigungsabstände von Fuß- und Deckleisten

Für die Befestigung von Fuß- und Deckleisten aus Holz gilt für die Montage mit Stahl- bzw. Drahtstiften ein Maximalabstand von 60 cm.

# Prüfung

Die Prüfung der Toleranzen erfolgt nach der DIN 18202, Abschnitt 6.

Der Auftragnehmer hat ggf. bestehende Bedenken unverzüglich gem. § 4 Nr. 3 VOB/B anzumelden, wenn der Untergrund bzw. die Höhenlage der Oberfläche, insbesondere an Türen und Treppenstufen, mangelhaft ist (ATV DIN 18356, Abschnitt 3.1.1).

Neben der Überprüfung der konstruktiven Rahmenbedingungen, wie Oberflächenrauigkeit, Oberflächenfestigkeit, Risse usw., ist vor der Parkettverlegung eine Feuchtigkeitsmessung des Estrichs zur Feststellung der Verlegereife durchzuführen.

# Putz- und Stuckarbeiten

Die Anforderungen an Putz- und Stuckarbeiten sind im Wesentlichen in der Vergabe- und Vertragsverordnung für Bauleistungen (VOB) Teil C in den Allgemeinen Technischen Vertragsbedingungen für Bauleistungen (ATV) in der DIN 18350 (Ausgabe September 2019) beschrieben. Im Folgenden werden die Inhalte der ATV und/oder der ergänzenden Regelungen auszugsweise unter dem Gesichtspunkt der Berücksichtigung der Toleranzen nach DIN 18202 zu Angaben von Mindestdicken, Ausführungsbestimmungen und Qualitätsstufen dargestellt.

| | | |
|---|---|---|
| **Normen:** | ATV DIN 18350[1] | Putz- und Stuckarbeiten |
| | DIN 18550-1[2] | Planung, Zubereitung und Ausführung von Außen- und Innenputzen – Teil 1: Ergänzende Festlegungen zu DIN EN 13914-1 für Außenputze |
| | DIN 18550-2[3] | Planung, Zubereitung und Ausführung von Außen- und Innenputzen – Teil 2: Ergänzende Festlegungen zu DIN EN 13914-2 für Innenputze |
| | DIN EN 13914-1[4] | Planung, Zubereitung und Ausführung von Innen- und Außenputzen, Teil 1 Außenputze |
| | DIN EN 13914-2[5] | Planung, Zubereitung und Ausführung von Innen- und Außenputzen, Teil 2: Innenputze |

1 ATV DIN 18550:2019-09: VOB Vergabe- und Vertragsordnung für Bauleistungen – Teil C: Allgemeine Technische Vertragsbedingungen für Bauleistungen (ATV) – Putz- und Stuckarbeiten.

2 DIN 18550-1:2018-01: Planung, Zubereitung und Ausführung von Außen- und Innenputzen – Teil 1: Ergänzende Festlegungen zu DIN EN 13914-2:2016-09 für Innenputze.

3 DIN 18550-2:2018-01: Planung, Zubereitung und Ausführung von Außen- und Innenputzen – Teil 1: Ergänzende Festlegungen zu DIN EN 13914-1:2016-09 für Außenputze.

4 DIN EN 13914-1:2016-09: Planung, Zubereitung und Ausführung von Außen- und Innenputzen – Teil 1: Außenputze.

5 DIN EN 13914-2:2016-09: Planung, Zubereitung und Ausführung von Außen- und Innenputzen – Teil 2: Innenputze.

| | |
|---|---|
| | ATV DIN 18299[6] Allgemeine Regelungen für Bauarbeiten jeder Art |
| | Leitlinien für das Verputzen von Mauerwerk und Beton |
| | Merkblatt Qualitätsstufen für Putze, Hrsg.: Deutscher Stuckgewerbebund |
| **Allgemeines:** | Abweichungen von vorgeschriebenen Maßen sind nur in den durch die DIN 18202[7] „Toleranzen im Hochbau" geregelten Grenzen zulässig. |
| **Geltungsbereich:** | ATV DIN 18350 „Putz- und Stuckarbeiten" regelt das Herstellen von Putz, Stuck und Wärmedämmputz. |

**Spezifische Ergänzungen:**

- Anforderungen an den Putzgrund
- Putzdicke
- Dünnlagenputze
- Sanierputze
- Wärmedämmputzsysteme
- Toleranzausgleich durch Putzauftrag
- Ebenheitsabweichungen bei Streiflicht
- Qualitätsstufen für Putzoberflächen
- Risse

# Bauwerksmaße

Grenzabweichungen für Maße siehe folgende Tabelle (n. DIN 18202, Tab. 1):

***Tabelle 1:*** *Grenzabweichungen für Maße (n. DIN 18202, 5.2) (Quelle: Schmidt)*

| **Grenzabweichung für Maße im Grundriss** | | | | | | | | |
|---|---|---|---|---|---|---|---|---|
| 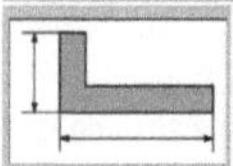 | Nennmaß | m | ≤ 1 | > 1<br>≤ 3 | > 3<br>≤ 6 | > 6<br>≤ 15 | > 15<br>≤ 30 | > 30 |
| | Grenzabweichung | mm | ± 10 | ± 12 | ± 16 | ± 20 | ± 24 | ± 30 |

[6] ATV DIN 18299:2023-09: VOB Vergabe- und Vertragsordnung für Bauleistungen – Teil C: Allgemeine Technische Vertragsbedingungen für Bauleistungen (ATV) – Allgemeine Regelungen für Bauarbeiten jeder Art.

[7] DIN 18202_2019-07: Toleranzen im Hochbau – Bauwerke.

***Tabelle 1:*** *Grenzabweichungen für Maße (n. DIN 18202, 5.2) (Quelle: Schmidt)*

| z. B. Längen, Breiten, Achsmaße, Rastermaße | | | | | | | | |
|---|---|---|---|---|---|---|---|---|
| **Grenzabweichung für Maße im Aufriss** | | | | | | | | |
| 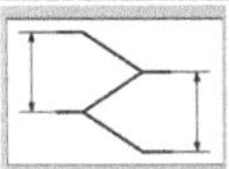 | Nenn-maß | m | ≤ 1 | > 1<br>≤ 3 | > 3<br>≤ 6 | > 6<br>≤ 15 | > 15<br>≤ 30 | > 30 |
| | Grenz-abwei-chung | mm | ± 10 | ± 16 | ± 16 | ± 20 | ± 30 | ± 30 |
| z. B. Geschosshöhen, Podesthöhen, Abstände von Aufstandsflächen u. Konsolen | | | | | | | | |
| **Grenzabweichung für lichte Maße im Grundriss** | | | | | | | | |
| 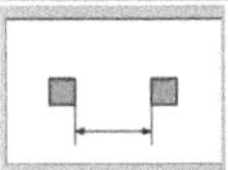 | Nenn-maß | m | ≤ 1 | > 1<br>≤ 3 | > 3<br>≤ 6 | > 6<br>≤ 15 | > 15<br>≤ 30 | > 30 |
| | Grenz-abwei-chung | mm | ± 12 | ± 16 | ± 20 | ± 24 | ± 30 | - |
| z. B. Maße zwischen Stützen, Pfeilern usw. | | | | | | | | |
| **Grenzabweichung für lichte Maße im Aufriss** | | | | | | | | |
| 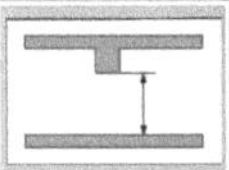 | Nenn-maß | m | ≤ 1 | > 1<br>≤ 3 | > 3<br>≤ 6 | > 6<br>≤ 15 | > 15<br>≤ 30 | > 30 |
| | Grenz-abwei-chung | mm | ± 16 | ± 20 | ± 20 | ± 30 | - | - |
| z. B. unter Decken u. Unterzügen | | | | | | | | |
| **Grenzabweichung für Maße von Öffnungen** | | | | | | | | |
| 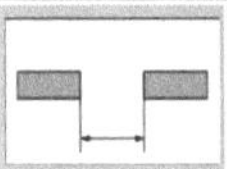 | Nenn-maß | m | ≤ 1 | > 1<br>≤ 3 | > 3<br>≤ 6 | > 6<br>≤ 15 | > 15<br>≤ 30 | > 30 |
| | Grenz-abwei-chung | mm | ± 10 | ± 12 | ± 16 | - | - | - |
| z. B. Öffnungen von Fenstern, Einbauelementen, Außentüren (Innentüren s. DIN 18100) | | | | | | | | |
| **Grenzabweichung für Maße von Öffnungen mit <u>oberflächenfertigen</u> Laibungen** | | | | | | | | |
| 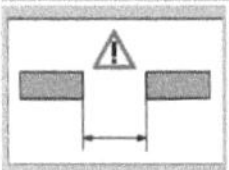 | Nenn-maß | m | ≤ 1 | > 1<br>≤ 3 | > 3<br>≤ 6 | > 6<br>≤ 15 | > 15<br>≤ 30 | > 30 |
| | Grenz-abwei-chung | mm | ± 8 | ± 10 | ± 12 | - | - | - |
| Grenzabweichungen gelten für Nennmaße bis 60 m. Bei größeren Nennmaßen sind besondere Überlegungen erforderlich. | | | | | | | | |

# Winkelabweichungen

Grenzwerte für Winkelabweichungen siehe folgende Tabelle (n. DIN 18202, Tab. 2):

***Tabelle 2:*** *Grenzwerte für Winkelabweichungen (n. DIN 18202, 5.3) (Quelle: Schmidt)*

| Grenzwerte für Winkelabweichungen | | | | | | | | | |
|---|---|---|---|---|---|---|---|---|---|
| 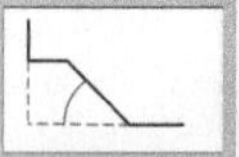 | Nenn-maß | m | ≤ 0,5 | > 0,5 ≤ 1,0 | > 1,0 ≤ 3,0 | > 3,0 ≤ 6,0 | > 6,0 ≤ 15,0 | > 15,0 ≤ 30,0 | > 30,0 |
| | Stich-maße als Grenz-werte | mm | 3 | 6 | 8 | 12 | 16 | 20 | 30 |

Nach ATV DIN 18350 sind Deckenbekleidungen, Unterdecken, Wandbekleidungen, Vorsatzschalen und Trennwände aus Elementen, die ein regelmäßiges Raster ergeben, fluchtrecht in den vorgegebenen Bezugsachsen herzustellen. Im Übrigen gelten die Regelungen der DIN 18202, Tab. 2.

# Ebenheitsabweichungen

Grenzwerte für Ebenheitsabweichungen sind in DIN 18202, Abschnitt 5.4 geregelt; siehe folgende Tabelle (n. DIN 18202, Tab. 3):

***Tabelle 3:*** *Grenzwerte für Ebenheitsabweichungen (n. DIN EN 18202, 5.4) (Quelle: Schmidt)*

| **Nichtflächenfertige Oberseiten von Decken, Unterbeton und Unterböden** | | | | | | | |
|---|---|---|---|---|---|---|---|
| 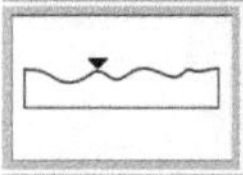 | Messpunktabstand | m | ≤ 0,1 | 1 | 4 | 10 | 15 |
| | Stichmaße als Grenzwerte | mm | 10 | 15 | 20 | 25 | 30 |
| **Nichtflächenfertige Oberseiten von Decken oder Bodenplatten zur Aufnahme von Bodenaufbauten** | | | | | | | |
| 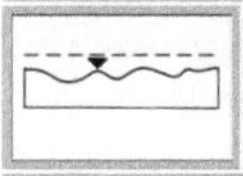 | Messpunktabstand | m | ≤ 0,1 | 1 | 4 | 10 | 15 |
| | Stichmaße als Grenzwerte | mm | 5 | 8 | 12 | 15 | 20 |
| z. B. Estriche im Verbund/auf Trennlage, schwimmende Estriche, Industrieböden, Fliesen- u. Plattenbeläge im Mörtelbett | | | | | | | |

***Tabelle 3:*** *Grenzwerte für Ebenheitsabweichungen (n. DIN EN 18202, 5.4) (Quelle: Schmidt)*

| | | | | | | | |
|---|---|---|---|---|---|---|---|
| **Flächenfertige Oberseiten von Decken oder Bodenplatten für untergeordnete Zwecke** | | | | | | | |
| 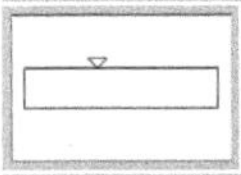 | Messpunktabstand | m | ≤ 0,1 | 1 | 4 | 10 | 15 |
| | Stichmaße als Grenzwerte | mm | 5 | 8 | 12 | 15 | 20 |
| z. B. in Lagerräumen, Kellern | | | | | | | |
| **Flächenfertige Böden, Estriche für Bodenbeläge, Bodenläge, Fliesenbeläge, Beläge** | | | | | | | |
| 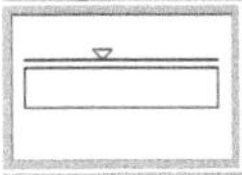 | Messpunktabstand | m | ≤ 0,1 | 1 | 4 | 10 | 15 |
| | Stichmaße als Grenzwerte | mm | 2 | 4 | 10 | 12 | 15 |
| z. B. Estriche als Nutzestriche, Estriche zur Aufnahme von Bodenbelägen, gespachtelte u. geklebte Beläge | | | | | | | |
| **wie Zeile zuvor, jedoch mit erhöhten Anforderungen** | | | | | | | |
|  | Messpunktabstand | m | ≤ 0,1 | 1 | 4 | 10 | 15 |
| | Stichmaße als Grenzwerte | mm | 1 | 3 | 9 | 12 | 15 |
| **Nichtflächenfertige Wände und Unterseiten von Rohdecken** | | | | | | | |
| 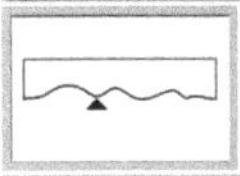 | Messpunktabstand | m | ≤ 0,1 | 1 | 4 | 10 | 15 |
| | Stichmaße als Grenzwerte | mm | 5 | 10 | 15 | 25 | 30 |
| **Flächenfertige Wände und Unterseiten von Decken** | | | | | | | |
| 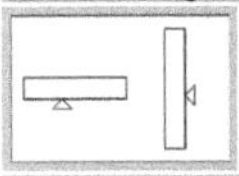 | Messpunktabstand | m | ≤ 0,1 | 1 | 4 | 10 | 15 |
| | Stichmaße als Grenzwerte | mm | 3 | 5 | 10 | 20 | 25 |
| z. B. geputzte Wände, Wandbekleidungen, untergehängte Decken | | | | | | | |
| **wie Zeile zuvor, jedoch mit erhöhten Anforderungen** | | | | | | | |
| 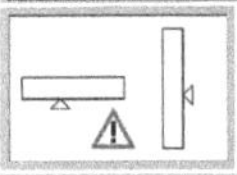 | Messpunktabstand | m | ≤ 0,1 | 1 | 4 | 10 | 15 |
| | Stichmaße als Grenzwerte | mm | 2 | 3 | 8 | 15 | 20 |
| Zwischenwerte sind DIN 18202, Bild 6 und Bild 7 zu entnehmen und auf ganze mm zu runden. Die Grenzwerte für Ebenheitsabweichungen der letzten Spalte gelten auch für Messpunktabstände > 15 m. | | | | | | | |

Unebenheiten in der Oberfläche, die bei Streiflicht sichtbar werden, sind zulässig, wenn die Grenzwerte nach DIN 18202 nicht überschritten werden.

Erhöhte Anforderungen an die Ebenheit nach DIN 18202, Tab. 3, Zeile 7 (s. Tab. oben) sind „Besondere Leistungen“ nach DIN 18350, 4.2.23.

Bei flächenfertigen Wänden und Decken sollen Sprünge und Absätze vermieden werden. Hierunter ist jedoch nicht die durch Flächengestaltung bedingte Struktur zu verstehen.

**Hinweis**

Für Arbeiten an denkmalgeschützten Gebäuden ist es wegen der meist bestehenden Unebenheit und Schiefwinkligkeit der Untergründe oft nicht möglich, die entsprechenden Regelungen der DIN 18202 anzuwenden.

# Spezifische Ergänzungen

### Anforderungen an den Putzgrund

In Mauerwerkswänden mit offenen Stoßfugen oder Mörteltaschen mit mehr als 5 mm Breite sind diese Fugen vor den Putzarbeiten zu vermörteln. Verzahnungen mit einer Nuttiefe von mehr als 8 mm sind ebenfalls zu vermörteln.

Auf Betonflächen mit einer notwendigerweise mit Zahnspachtel vollflächig aufgebrachten Haftbrücke muss die Putzdeckung in den Rillen mindestens 2 mm betragen.

Die zu verputzenden Flächen müssen ausreichend trocken sein. Dies ist i. d. R. dann der Fall, wenn oberflächennah (bis 30 mm Tiefe) die für den Baustoff zutreffende Ausgleichsfeuchte nach DIN 4108-4[8] bzw. DIN EN ISO 10456[9] erreicht ist.

### Putzdicke

Bei **Außenputzen** ist die Putzdicke von der Putzart (Normalmörtel GP, Leichtputz LW) und dem Bindemittel des Unterputzes abhängig. Siehe folgende Tabelle:

8 DIN 4108-4:2929-11: Wärmeschutz und Energie-Einsparung in Gebäuden – Teil 4: Wärme- und feuchteschutztechnische Bemessungswerte.

9 DIN EN ISO 10456:2010-05: Baustoffe und Bauprodukte – Wärme- und feuchteschutztechnische Eigenschaften – Tabellierte Bemessungswerte und Verfahren zur Bestimmung der wärmeschutztechnischen Nenn- und Bemessungswerte.

***Tabelle 4:*** *Empfohlene Putzdicken für Außenputze (n. DIN EN 13914-1, Tab. 7) (Quelle: Schmidt)*

| Empfohlene Putzdicken für Außenputze [3] (n. DIN EN 13914-1, Tab. 7) | | | | |
|---|---|---|---|---|
| **Bindemittel des Unterputzes** | **Putzart** | | | |
| | **Normalmörtel (GP)** | | **Leichtputz (LW)** | |
| | **Mittlere Dicke** | **Mindestdicke** [1] | **Mittlere Dicke** | **Mindestdicke** [1] |
| Kalk | 20 mm | 15 mm | - | - |
| Kalk/Zement | 20 mm | 15 mm | 20 mm | 15 mm |
| Zement | 20 mm | 15 mm | 20 mm | 15 mm |
| Polymermodifizierter Zement, Zementkalk und Kalk | 8 mm | 5 mm | 10 mm | 7 mm |
| Organischer Putz [2] | 1 mm bis 5 mm | | | |

[1] Die Werte sind auf einzelne Punkte begrenzt. Bei Baustellenmörtel kann es notwendig sein, die Mindestdicken zu erhöhen.
[2] Die vom Hersteller empfohlene max. Dicke sollte nicht überschritten werden. Für das Auftragen als Oberputz auf Altputz, Beton oder auf mineralisch gebundenem Unterputz.
[3] Die Werte werden von der Fläche des Putzgrundes vorgegeben (Rauigkeit ausgenommen).

Bei **Innenputzen** ist die Putzdicke von der Putzart und dem Bindemittel des Putzes abhängig. Siehe folgende Tabelle:

***Tabelle 5:*** *Empfohlene Dicken von Innenputzen (n. DIN EN 13614-2, Tab. 4) (Quelle: Schmidt)*

| Empfohlene Putzdicken für Innenputze an massiven Wänden und Decken [2),3] (n. DIN EN 13614-2, Tab. 4) | | | | | | |
|---|---|---|---|---|---|---|
| **Bindemittel des Putzes** | **Normalputz** | | **Leichtputz** | | **Sanierputzmörtel** | **Dünnlagenputz** |
| | **Mittlere Dicke** | **Mindestdicke** [1)] | **Mittlere Dicke** | **Mindestdicke** [1)] | **Dickenbereich** | **Dickenbereich** |
| Gips | 10 mm | 5 mm | 10 mm | 5 mm | - | 2 mm bis 6 mm |
| Gips/Kalk | 10 mm | 5 mm | 10 mm | 5 mm | - | 2 mm bis 4 mm |
| Kalk | 10 mm | 5 mm | - | - | - | 2 mm bis 4 mm |
| Kalk/ Zement | 10 mm | 5 mm | 10 mm | 5 mm | 20 bis 40 mm | 2 mm bis 4 mm |
| Zement | 10 mm | 5 mm | 10 mm | 5 mm | 20 bis 40 mm | 2 bis 4 mm |
| Polymermodifizierter Kalk, Zement, Kalkzement | 6 mm | 2 mm | 6 mm | 2 mm | - | 1 mm bis 4 mm |
| Organisch gebundener Innenputz [4)] | 3 mm | 0,5 mm | 3 mm [3)] | 0,1 mm | - | 1 mm bis 4 mm |

[1)] Die Werte sind auf einzelne Punkte begrenzt. Bei Baustelleninnenputz kann es notwendig sein, die Mindestdicken zu erhöhen.
[2)] Die Werte werden von der Fläche des Putzgrundes vorgegeben.
[3)] Die Werte geben die typische praktische Anwendung wieder. Abweichungen sind jedoch möglich.
[4)] Die vom Hersteller empfohlene minimale und maximale Dicke sollte eingehalten werden.

Dünnlagiger Oberputz ist mit einer Korngröße von 3 mm herzustellen. Werden dünnlagige Oberputze mit kleinerer Korngröße hergestellt, so sind zusätzliche Maßnahmen zu treffen und als Besondere Leistung zu vereinbaren (s. ATV DIN 18350, 3.2.4). Dies gilt auch für Anforderungen an die Ebenheit der fertigen

Fläche, wenn diese als erhöhte Anforderungen nach DIN 18202 vorgesehen sind.

**Dünnlagenputze**

Mit Dünnlagenputzen in Schichtdicken von 3 bis 5 mm können Unebenheiten im Putzgrund nicht ausgeglichen werden. Für die Ausführung von Dünnlagenputzen sind an den Putzgrund höhere Anforderungen zu stellen, als dies nach DIN 18202 für nicht flächenfertige Oberflächen gefordert wird. Dünnlagenputze eignen sich daher besonders zur Ausführung auf einem planebenen Mauerwerk aus Blöcken aus Kalksandstein, Porenbeton oder für Betonbauteile.

**Sanierputze und Sanierputzsysteme nach WTA**

Sanierputze oder Sanierputzsysteme werden für das Verputzen von feuchtem oder salzbelastetem Mauerwerk eingesetzt. Sanierputze können einlagig mit einer Mindestschichtdicke von 20 mm oder mehrlagig mit mindestens 10 mm Dicke je Schicht ausgeführt werden. Für Sanierputzsysteme mit einem Aufbau aus Spritzbewurf, Porengrundputz und Sanierputz beträgt die Gesamtdicke für Porengrundputz und Sanierputz mindestens 25 mm, die Dicke des Sanierputzes darf auf 15 mm vermindert werden.

**Wärmedämmputzsysteme**

Wärmedämmputzsysteme bestehen aus einem mindestens 20 mm dicken Unterputz, der i. d. R. eine Höchstdicke von 100 mm aufweisen soll. Der Wärmedämmputz kann nach verarbeitungstechnischen Anforderungen bis 50 mm Dicke einlagig, bis 100 mm Dicke in zwei Lagen maschinell aufgetragen werden. Nach ATV DIN 18350, 3.12 sind Wärmedämmputze in einlagiger Ausführung nur bis 40 mm zulässig, bei größeren Dicken sind Wärmedämmputze mehrlagig auszuführen.

**Toleranzausgleich durch Putzauftrag**

Für den Untergrund gelten die Ebenheitstoleranzen nicht fertiger Oberflächen gemäß DIN 18202, Tabelle 3, Zeile 5. Für die geputzten Flächen gelten dann die Ebenheitsanforderungen flächenfertiger Oberflächen nach DIN 18202, Tabelle 3, Zeile 6, ggf. Zeile 7, bei erhöhten Anforderungen. Der Putzgrund soll jedoch so maßgerecht sein, dass der Putz in gleichmäßiger Dicke aufgetragen werden kann. Ein Ausgleich von größeren Unebenheiten des Untergrunds als nach DIN 18202 zulässig ist eine „Besondere Leistung“ (s. ATV DIN 18350, 4.2.23).

Aus planerischer Sicht ist auf jeden Fall die Ausführung eines Dünnputzes zu berücksichtigen. Hier muss der Putzuntergrund die Ebenheitsanforderungen der flächenfertigen Wand aufweisen.

**Ebenheitsabweichungen bei Streiflicht**

Nach ATV DIN 18350, Abschnitt 3.1.2 sind bei Streiflicht sichtbar werdende Unebenheiten in den Oberflächen von Bauteilen zulässig, wenn die Toleranzen von DIN 18202 eingehalten worden sind.

Erhöhte Anforderungen sollten jedoch bereits bei der Planung berücksichtigt und in der Leistungsbeschreibung gesondert ausgeschrieben werden. So sollte besonders dann vorgegangen werden, wenn z. B. Streiflicht im Gebrauchszustand häufig oder ausschließlich auftritt.

Bereiche, die nicht von der Streiflichtdefinition bei üblicher Beleuchtung definiert sind:

- Verarbeitungsspuren/Verunreinigungen an der Putzoberfläche durch andere Gewerke
- Abweichungen mit gleichmäßigem, allmählichem Verlauf, die bei üblicher gleichmäßiger Beleuchtung sichtbar sind (z. B. Deckenuntersichten)
- Abweichungen von einzelnen Bereichen (z. B. kleinere Ausbeulungen, vereinzelte Fugen)

Die Beschaffenheit der Putzoberfläche soll in ihrem optischen Erscheinungsbild frei von Fehlstellen sein. Wichtig hierbei ist, dass sich die Beurteilung nicht nach DIN 18202, sondern nach dem gewünschten und geforderten optischen Erscheinungsbild der Oberfläche richtet.

Damit die gewünschte optische Qualität erreicht wird, empfiehlt es sich, diese bereits in der Leistungsbeschreibung genau festzulegen und erhöhte Anforderungen vertraglich zu vereinbaren.

**Qualitätsstufen für Innenputzoberflächen**

Für geglättete Innenputzoberflächen gelten die folgenden Maßtoleranzen (Anforderungen an die Ebenheit) in Abhängigkeit von der jeweiligen Qualitätsstufe (DIN 18550-2, 6.10.2):

***Tabelle 6:** Anforderungen an die Ebenheit für Innenputzoberflächen (n. DIN 18550-2, 6.10.2)*

| Putzoberfläche | Qualitätsstufe | | | |
|---|---|---|---|---|
| | Q1 | Q2 Standard | Q3 | Q4 |
| abgezogene Putzoberfläche | keine Festlegungen in der Norm | Standardanforderungen an die Ebenheit | erhöhte Anforderungen an die Ebenheit | keine Festlegungen in der Norm |
| gefilzte oder abgeriebene Putzoberfläche | keine Festlegungen in der Norm | Standardanforderungen an die Ebenheit | Standardanforderungen an die Ebenheit | erhöhte Anforderungen an die Ebenheit |
| geglättete Putzoberfläche | keine Festlegungen in der Norm | Standardanforderungen an die Ebenheit | Standardanforderungen an die Ebenheit | erhöhte Anforderungen an die Ebenheit |

**Risse**

In mineralischen Putzsystemen vereinzelt auftretende Haarrisse < 0,2 mm sind für die Schutzwirkung der Putze i. d. R. als nicht schädlich anzusehen.

# Prüfung

Die Prüfung der Abweichungen ist in der DIN 18202, Abschnitt 6 geregelt.

Der Auftragnehmer hat bei seiner Prüfung Bedenken (§ 4 Nr. 3 VOB/B) anzumelden, wenn:

- die Baufeuchtigkeit zu hoch ist
- Unebenheiten nicht innerhalb der zulässigen Grenzen der DIN 18202 liegen
- die Beschaffenheit des Untergrunds nicht geeignet ist, z. B. Flächen zu glatt, ungleich saugend, gefroren oder verölt oder Ausblühungen vorhanden sind
- die Befestigung und Verankerung nicht ausreichend möglich ist
- keine Höhenbezugspunkte im Geschoss vorhanden sind
- die Bauteiltemperatur ungeeignet ist, d. h. unter 5 °C liegt
- ungeeignete klimatische Bedingungen vorliegen

A B D E F G H K M N P R S T V W Z

# Ramm-, Rüttel- und Pressarbeiten

Die Anforderungen an Ramm-, Rüttel- und Pressarbeiten sind im Wesentlichen in der Vergabe- und Vertragsordnung für Bauleistungen (VOB) Teil C in den Allgemeinen Technischen Vertragsbedingungen für Bauleistungen (ATV) in der ATV DIN 18304 (Ausgabe September 2019) beschrieben. Im Folgenden werden die Inhalte der ATV und/oder die ergänzenden Regelungen auszugsweise unter dem Gesichtspunkt von Ausführungstoleranzen dargestellt.

**Normen:** ATV DIN 18304[1] Ramm-, Rüttel- und Pressarbeiten

DIN EN 12063[2] Ausführung von besonderen geotechnischen Arbeiten – Spundwandkonstruktionen

DIN EN 12699[3] Ausführung von Arbeiten im Spezialtiefbau – Verdrängungspfähle

**Allgemeines:** Toleranzen/Abweichungen von vorgegebenen Einbaulagen sind nicht nach den Inhalten der DIN 18202[4] „Toleranzen im Hochbau“ zu prüfen.

---

1 ATV DIN 18304:2019-09: VOB Vergabe- und Vertragsordnung für Bauleistungen – Teil C: Allgemeine Technische Vertragsbedingungen für Bauleistungen (ATV) – Ramm-, Rüttel- und Pressarbeiten.

2 DIN EN 12063:1999-05: Ausführung von besonderen geotechnischen Arbeiten (Spezialtiefbau) – Spundwandkonstruktionen.

3 DIN EN 12699:2015-07: Ausführung von Arbeiten im Spezialtiefbau – Verdrängungspfähle.

4 DIN 18202:2019-07: Toleranzen im Hochbau – Bauwerke.

**Geltungsbereich:** ATV DIN 18304 regelt das Einbringen und Ziehen von Bohlen, Pfählen, Trägern, Rohren, Lanzen u. Ä. durch Rammen, Rütteln oder Pressen.

Die Norm gilt nicht für folgende Arbeiten: Einbringen von Stoffen in Hohlräume, die durch das Einbringen oder Ziehen von Pfählen und dergleichen entstehen, Einbringen der Bewehrung, Einbringen und Ziehen von Tiefenrüttelgeräten,
Bohrarbeiten (s. ATV DIN 18301[5] „Bohrarbeiten"), Rohrvortriebsarbeiten (s. ATV DIN 18319[6] „Rohrvortriebsarbeiten") und nicht für das Vorhalten von eingebrachten Bauelementen (s. ATV DIN 18303[7] „Verbauarbeiten").

**Einbautoleranzen**

Die Einbautoleranzen sind in folgenden Normen festgelegt:

- Spundwände: DIN EN 12063
- Verdrängungspfähle: DIN EN 12699

**Toleranzen für Spundwände:**

Für Toleranzen bei der Herstellung von Spundwänden gelten folgende Regeln:

- Bei einer Abweichung des Wandkopfs der Spundbohlen und der Trag-/Zwischenelemente einer kombinierten Spundwand um mehr als 50 mm von der Sollhöhe ist ein Nachweis zu erbringen, dass die Leistungsanforderungen noch gegeben sind.
- Abweichung aus der Wandflucht: ± 50 mm in Höhe der Rammebene
- Abweichung der Bohlenoberkante: ± 20 mm

[5] ATV DIN 18301:2023-09: VOB Vergabe- und Vertragsordnung für Bauleistungen – Teil C: Allgemeine Technische Vertragsbedingungen für Bauleistungen (ATV) – Bohrarbeiten.

[6] ATV DIN 18319:2019-09: VOB Vergabe- und Vertragsordnung für Bauleistungen – Teil C: Allgemeine Technische Vertragsbedingungen für Bauleistungen (ATV) – Rohrvortriebsarbeiten.

[7] ATV DIN 18303:2016-09: VOB Vergabe- und Vertragsordnung für Bauleistungen – Teil C: Allgemeine Technische Vertragsbedingungen für Bauleistungen (ATV) – Verbauarbeiten.

A B D E F G H K M N P R S T V W Z

- Als Obergrenze können Abweichungen der Ist-Lage zur Soll-Lage quer zur Wand von 75 mm für Landrammung und 100 mm bei Wasserrammung angesehen werden (s. folgende Tab.).
- In der Längsrichtung von Spundwänden sind Maßabweichungen durch Verformung der Bauelemente beim Einbringen oder durch Schlossspiel zulässig.
- Für kombinierte Wände sind objektbezogen im Einzelfall engere Toleranzen einzuhalten (s. folgende Tab.).

Maßabweichungen aus Formveränderungen durch Lasten sowie durch Formtoleranzen der Bauteile sind ggf. zusätzlich zu berücksichtigen.

Für die horizontale Positionierung und Vertikalität der Spundbohlen gelten die Werte in der folgenden Tabelle (s. DIN EN 12063, 8.6, Tab. 2):

***Tabelle 1:** Toleranzen für die horizontale Positionierung und Vertikalität einer Spundwand (n. DIN EN 12063, 8.6) (Quelle: Schmidt)*

| **Toleranzen einer Spundwand für horizontale Positionierung und Vertikalität n. DIN EN 12063, 8.6)** | | | |
|---|---|---|---|
| | Wandtyp | | |
| | Spundbohle [4] | | Tragelement einer kombinierten Spundwand |
| Ausführung | an Land | im Wasser | |
| Abweichung des Kopfes der Spundbohle in der Horizontalen (im Grundriss) | ≤ 75 mm[1] | ≤ 100 mm[1] | keine Angaben |
| Abweichung von der Vertikalität[2] am oberen Meter in allen Richtungen | ≤ 1,0 %<br>(≤ 2,0 %)[3] | ≤ 1,5 %[3]<br>(≤ 2,0 %)[3] | Toleranzen sind im Einzelfall zu bestimmen [5] |

***Tabelle 1:*** *Toleranzen für die horizontale Positionierung und Vertikalität einer Spundwand (n. DIN EN 12063, 8.6) (Quelle: Schmidt)*

| Toleranzen einer Spundwand für horizontale Positionierung und Vertikalität n. DIN EN 12063, 8.6) |
|---|
| [1] Abweichung senkrecht zur Spundwand. |
| [2] Sofern im Entwurf ein geneigtes Einbringen der Spundwand gefordert wird, beziehen sich die angegebenen Werte auf die Neigung. |
| [3] Bei schwierigen Bodenverhältnissen, wenn keine strengeren Kriterien, wie z. B: Wasserdichtheit, vorgeschrieben sind und wenn Schlosssprengungen nach dem Aushub nicht zu Problemen führen. |
| [4] Ausgenommen Flachprofile. |
| [5] Die Werte sind unter Beachtung der Bodenverhältnisse, der Länge, Form, Anzahl und Abmessungen der Zwischenelemente so zu bestimmen, dass das Auftreten von Schlosssprengungen unwahrscheinlich ist. |
| Anmerkung: Die Toleranzen der horizontalen Positionierung und der Vertikalität der Spundwand dürfen addiert werden. |

**Toleranzen für Verdrängungspfähle:**

Für Toleranzen für Verdrängungspfähle wird auf DIN EN 12699 verwiesen.

# Prüfung

Die Prüfung der Lage von Spundbohlen erfordert neben dem Einsatz von Messeinrichtungen zur Aufzeichnung der Einbaudaten auch die Anwendung von Vermessungsgeräten. Mit zwei Theodoliten können beide Achsrichtungen der Wand bzw. Bohlen eingemessen werden. Zur Feststellung der Lage einzelner Bohlen mit einer Wasserwaage sollten mindestens 2,0 m lange Messgeräte verwendet werden.

Die Vertikalität des Bauelements ist am oberen Meter des Rammelements zu messen. Es sind Messungen an mehreren Elementen vorzunehmen.

# Sanitärinstallationen

Die technischen Anforderungen an Sanitärinstallationen werden im Wesentlichen bestimmt durch die objekttypischen Rahmenbedingungen, wie die Lage und Größe von Bädern, WC-Anlagen und Küchen, sowie der vorgesehenen Nutzung (öffentlich oder privat, einfache oder gehobene Ausstattung). Detaillierte Angaben zu technischen Aspekten der Planung und dem Bau einer funktionsfähigen Gebäude- und Grundstücksentwässerung sind wegen der zu berücksichtigenden objektspezifischen Rahmenbedingungen und des damit verbundenen Darstellungsumfangs hier nicht möglich. Durch die Angaben zur Montage von Sanitärobjekten und Rohrinstallationen soll eine allgemeine technische und visuelle Kontrolle der handwerklichen Ausführung vor Ort ermöglicht und unterstützt werden.

**Normen:** Für die Ausführung von Rohrinstallationen und Leitungsführungen gelten die Inhalte der entsprechenden DIN-Normen und das Gebäudeenergiegesetz (GEG[1]).

VDI 6000[2] Ausstattung von und mit Sanitärräumen

DIN 18040-1[3] Barrierefreies Bauen – Planungsgrundlagen – Teil 1: Öffentlich zugängliche Gebäude

DIN 18040-2[4] Barrierefreies Bauen – Planungsgrundlagen – Teil 2: Wohnungen

DIN 68935[5] Koordinationsmaße für Badmöbel, Geräte und Sanitärobjekte

---

1 Gesetz zur Einsparung von Energie und zur Nutzung erneuerbarer Energien zur Wärme- und Kälteerzeugung in Gebäuden (Gebäudeenergiegesetz – GEG) v. 8. August 2020 (BGBl. I S. 1728), das durch Artikel 1 des Gesetzes vom 16. Oktober 2023 (BGBl. I Nr. 280) geändert worden ist.

2 VDI 6000 Blatt 1:2008-02: Ausstattung von und mit Sanitärräumen - Wohnungen

3 DIN 18040-1:2010-10: Barrierefreies Bauen – Planungsgrundlagen – Teil 1: Öffentlich zugängliche Gebäude.

4 DIN 18040-2:2011-09: Barrierefreies Bauen – Planungsgrundlagen – Teil 2: Wohnungen.

5 DIN 68935:2009-10: Koordinationsmaße für Badmöbel, Geräte und Sanitärobjekte.

**Allgemeines:** In diesem Abschnitt werden einige grundlegende Planungs-, Montage- und Ausführungsmaße aus dem Bereich „Sanitärinstallationen" dargestellt. Objekt- oder nutzerabhängige Anforderungen können zu Abweichungen von den vorgegebenen Grundmaßen führen, insbesondere im privaten Wohnungsbau mit individuellen Anforderungen an die Ausstattung und Gestaltung von Bädern und WC-Anlagen.

Zu allen Planungsdaten wird vorausgesetzt, dass für die konstruktiven Bauteile und Montageuntergründe die Anforderungen an Ebenheiten, Abmessungen und Winkel im Rahmen der zulässigen Toleranzen nach DIN 18202[6] liegen.

## Stellflächen, Seitenabstände und Montagehöhen

### Sanitärräume

Empfohlene Maße von Sanitärobjekten sowie Abstände und Bewegungsflächen für Sanitärräume in Wohnungen sind in VDI 6000 Blatt 1 angegeben; s. folgende Tabelle (Auszug). Für sämtliche Regeln wird auf die Richtlinie verwiesen.

***Tabelle 1:** Empfohlene Maße von Sanitärobjekten und Abstände (n. VDI 6000 Blatt 1) (Quelle: Schmidt, Schöwer)*

| DIN 18022 Bäder, WCs (Auszug) | Kurzbezeichnung | Maße in cm | | Montagehöhe in cm | Seitlicher Abstand in cm | | |
|---|---|---|---|---|---|---|---|
| | | Breite | Tiefe | | zu anderen Objekten | zu Bidet | Wand |
| Einzelwaschtisch | WB | 60 | 55 | 85...90 | 20 | 25 | 20 |
| Doppelwaschtisch | DWB | 120 | 55 | 85...90 | 20 | 25 | 20 |
| Einbauwaschtisch | EWT | 70 | 60 | 85...90 | 20 | 25 | 0 |

[6] DIN 18202:2019-07: Toleranzen im Hochbau – Bauwerke.

***Tabelle 1:** Empfohlene Maße von Sanitärobjekten und Abstände (n. VDI 6000 Blatt 1) (Quelle: Schmidt, Schöwer)*

| DIN 18022 Bäder, WCs (Auszug) | Kurzbezeichnung | Maße in cm | | Montagehöhe in cm | Seitlicher Abstand in cm | | |
|---|---|---|---|---|---|---|---|
| | | Breite | Tiefe | | zu anderen Objekten | zu Bidet | Wand |
| Handwaschbecken | HWB | 45 | 35 | 85...90 | 20 | 25 | 20 |
| Bidet (Sitzwaschbecken) | SWB | 40 | 60 | 42 | 25 | - | 25 |
| WC, vor der Wand | WC | 40 | 75 | 42 | 20 | 25 | 20/25[1)] |
| Urinalbecken | UB | 40 | 40 | 65 | 20 | 25 | 20/25[1)] |
| Duschwanne | DU | 80 | 80 | - | 20 | 25 | 0 |
| Badewanne | BW | 170 | 75 | - | 20 | 25 | 0 |
| Waschmaschine | WM | 60 | 60 | - | 20 | 25 | 20 |
| Wäschetrockner | WT | 60 | 60 | - | | | |

[1)] Bei Wänden auf beiden Seiten.

Als Abstände von Stellflächen zu gegenüberliegenden Stellflächen oder Wänden gilt ein Mindestmaß von 75 cm. Bei Waschmaschinen oder Wäschetrocknern beträgt dieses Maß mindestens 90 cm.

Für Vorwandinstallationen mit horizontaler Leitungsführung ist ein Platzbedarf von mindestens 20 cm, bei vertikaler Leitungsführung von mindestens 25 cm zu berücksichtigen.

Für die Höhenplanung der Anordnung von Sanitärobjekten, besonders i. V. m. standardisierten Einrichtungsgegenständen/Möbeln, z. B. Waschbecken mit Unterbauschrank, sind die Höhenbezugsmaße der DIN 68935[7] „Koordinationsmaße für Badmöbel, Geräte und Sanitärobjekte" zu berücksichtigen.

[7] DIN 68935:2009-10: Koordinationsmaße für Badmöbel, Geräte und Sanitärobjekte.

### Küchen

Für die Abstände von Stellflächen zu gegenüberliegenden Stellflächen oder Wänden gilt in Küchen ein Mindestmaß von 1,20 m, im Bereich von Türlaibungen ein seitlicher Abstand von mindestens 10 cm. Der seitliche Abstand von Stellflächen zu Wänden beträgt mindestens 3 cm.

### Sanitärräume im öffentlichen Bereich

Sollen Sanitärräume im öffentlichen Bereich durch Behinderte mit- oder ausschließlich genutzt werden, so gelten als Planungsgrundlagen die Regelungen nach DIN 18040-1 „Barrierefreies Bauen – Teil 1: Öffentlich zugängliche Gebäude". Für die Seitenabstände von Objekten zu anderen Objekten bzw. zu angrenzenden Wänden sind danach folgende Vorgaben einzuhalten (DIN 18040-1, 5.3.2):

- 150 x 150 cm Bewegungsfläche vor Sanitärobjekten (wie z. B. WC, Waschtisch, Duschplatz)
- Die Bewegungsflächen dürfen sich überlagern.
- Der seitliche Abstand vom WC zur Wand soll mind. 90 cm betragen.
- Die WC-Sitzhöhe soll 46–48 cm über der fertigen Fußbodenfläche angeordnet sein.
- Eine Rückenstütze ist 55 cm hinter der Vorderkante des WCs anzuordnen (Hinweis: Der WC-Deckel ist als Rückenstütze nicht geeignet).
- Die lichte Durchgangsbreite der Tür muss mindestens 90 cm betragen.

### Sanitärräume in barrierefreien Wohnungen

Zu Sanitärräumen in Wohnungen für Rollstuhlbenutzer sind die Planungsgrundlagen in der DIN 18040-2 „Barrierefreies Bauen – Planungsgrundlagen – Teil 2: Wohnungen" enthalten. Es sind dort nachstehende Abmessungen festgelegt:

Vor allen Sanitäreinrichtungsobjekten, wie Duschplatz, WC, vor dem Waschtisch und vor einer Badewanne, ist eine Bewegungsfläche von mindestens 120 x 120 cm vorzusehen, für Rollstuhlnutzer muss sie 150 x 150 cm betragen.

Der Waschtisch ist unterfahrbar anzuordnen und mit einem Unterputz- oder Flachaufputzsiphon auszustatten. Die WC-Sitzhöhe soll zwischen 46 cm und 48 cm über Oberkante Fertig-Fußboden (OFF) betragen. Für die lichte Durchgangsbreite der Tür gilt ein Mindestmaß von 90 cm.

## Wärmedämmung, Befestigungsabstände und Gefälle von Leitungen

### Wärmedämmung von Wärmeverteilungs- und Warmwasserleitungen sowie Armaturen nach GEG

(GEG § 69 und § 71)

Nach dem Gebäudeenergiegesetz (GEG)[8] ist die Wärmeabgabe von Wärmeverteilungs- und Warmwasserleitungen sowie Armaturen zu begrenzen, wenn diese erstmalig eingebaut oder ersetzt werden (s. GEG § 69 und Anlage 8). Außerdem wird im Bestand gefordert, dass bisher ungedämmte, zugängliche Wärmeverteilungs- und Warmwasserleitungen, die in unbeheizten Räumen verlaufen, gedämmt werden müssen (s. GEG § 71 und Anlage 8). Wärmeverteilungs- und Warmwasserleitungen sowie Armaturen sind nach GEG § 69 und § 71 wie folgt zu dämmen:

***Tabelle 2:** Mindestdicke der Dämmschicht von Wärmeverteilungs- und Warmwasserleitungen bei erstmaligem Einbau oder Ersatz sowie im Bestand, wenn die Leitungen durch unbeheizte, zugängliche Räume laufen (n. GEG § 69 und § 71 sowie Anlage 8)*

| | Wärmedämmung von Wärmeverteilungs- und Warmwasserleitungen sowie Armaturen | |
|---|---|---|
| | **Art der Leitung/Armatur** | **Mindestdicke der Dämmschicht bei einer Wärmeleitfähigkeit von 0,035 W/(mK)** |
| 1 | Innendurchmesser ≤ 22 mm | 20 mm |
| 2 | Innendurchmesser > 22 mm und ≤ 35 mm | 30 mm |
| 3 | Innendurchmesser > 35 mm und ≤ 100 mm | Mindestdicke wie Innendurchmesser der Rohrleitung |
| 4 | Innendurchmesser > 100 mm | 100 mm |

[8] Gesetz zur Einsparung von Energie und zur Nutzung erneuerbarer Energien zur Wärme- und Kälteerzeugung in Gebäuden (Gebäudeenergiegesetz – GEG) v. 8. August 2020 (BGBl. I S. 1728), das durch Artikel 1 des Gesetzes vom 16. Oktober 2023 (BGBl. I Nr. 280) geändert worden ist

***Tabelle 2:*** *Mindestdicke der Dämmschicht von Wärmeverteilungs- und Warmwasserleitungen bei erstmaligem Einbau oder Ersatz sowie im Bestand, wenn die Leitungen durch unbeheizte, zugängliche Räume laufen (n. GEG § 69 und § 71 sowie Anlage 8)*

| | **Wärmedämmung von Wärmeverteilungs- und Warmwasserleitungen sowie Armaturen** | |
|---|---|---|
| | **Art der Leitung/Armatur** | **Mindestdicke der Dämmschicht bei einer Wärmeleitfähigkeit von 0,035 W/(mK)** |
| 5 | Leitungen und Armaturen nach Zeile 1 bis 4 in Wand- und Deckendurchbrüchen, im Kreuzungsbereich von Leitungen, an Leitungsverbindungsstellen oder bei zentralen Leitungsnetzverteilern | die Hälfte der Anforderungen der Zeilen 1 bis 4 |
| 6 | Wärmeverteilungsleitungen nach den Zeilen 1 bis 4, die nach dem 31.01.2002 in Bauteilen zwischen beheizten Räumen verschiedener Nutzer verlegt werden | die Hälfte der Anforderungen der Zeilen 1 bis 4 |
| 7 | Leitungen nach Zeile 6 in einem Fußbodenaufbau | 6 mm |
| 8 | Wärmeverteilungs- und Warmwasserleitungen, die an die Außenluft grenzen | das Doppelte der Werte nach den Zeilen 1 bis 4 |

## Dämmung von Trinkwasserleitungen, kalt

Leitungen für kaltes Trinkwasser sind nach DIN 1988-200[9] „Technische Regeln für Trinkwasser-Installationen" durch die Umhüllung mit Dämmschichten vor Erwärmung und ggf. auch gegen Tauwasserbildung zu schützen. Richtwerte für Umhüllungen mit einer Wärmeleitfähigkeit von 0,040 W/(mK) sind in der nachstehenden Tabelle für verschiedene Einbausituationen angegeben:

***Tabelle 3:*** *Richtwerte für Dämmschichtdicken von Rohrleitungen für Trinkwasser kalt (n. DIN 1988-200, Tab. 8) (Quelle: Schöwer/Schmidt)*

| **Schutz von Trinkwasseranlagen (kalt) vor äußerer Temperatureinwirkung – Richtwerte für die Dämmschichtdicke (n. DIN 1988, Teil 200, Abschnitt 14, Tab. 8)** | |
|---|---|
| **Einbausituation** | **Dämmschichtdicke** |
| Rohrleitung | bei einer Wärmeleitfähigkeit von $\lambda$ = 0,040 W/(mK) |
| frei verlegt in unbeheizten Räumen (Umgebungstemperatur ≤ 20 °C) (nur Tauwasserschutz) | 9 mm |

[9] DIN 1988-200:2012-05: Technische Regeln für Trinkwasser-Installationen – Teil 200: Installation Typ A (geschlossenes System) – Planung, Bauteile, Apparate, Werkstoffe.

*Tabelle 3: Richtwerte für Dämmschichtdicken von Rohrleitungen für Trinkwasser kalt (n. DIN 1988-200, Tab. 8) (Quelle: Schöwer/Schmidt)*

| **Schutz von Trinkwasseranlagen (kalt) vor äußerer Temperatureinwirkung – Richtwerte für die Dämmschichtdicke (n. DIN 1988, Teil 200, Abschnitt 14, Tab. 8)** | |
|---|---|
| **Einbausituation** | **Dämmschichtdicke** |
| verlegt in Rohrschächten, Bodenkanälen, abgehängten Decken (Umgebungstemperatur ≤ 25 °C) | 13 mm |
| verlegt z. B. in Technikzentralen, Medienkanälen (Umgebungstemperatur > 25 °C) | Dämmung wie Warmwasserleitungen |
| Stockwerksleitungen und Einzelzuleitungen in Vorwandinstallationen sowie im Fußbodenaufbau | Rohr-in-Rohr<br>oder<br>4 mm |
| Stockwerksleitungen und Einzelzuleitungen im Fußbodenaufbau neben warmgehenden zirkulierenden Rohrleitungen | 13 mm |

### Lichte Abstände von Rohrleitungen nach DIN 4140

Nach DIN 4140[10] „Dämmarbeiten an betriebstechnischen Anlagen in der Industrie und in der technischen Gebäudeausrüstung" sind gedämmte Leitungen untereinander und zu Wänden und Decken sowie anderen festen Objekten mit einem lichten Abstand von mindestens 100 mm zu verlegen. Die Maßangaben sind bezogen auf die Oberfläche des angrenzenden Bauteils und die Außenkante der Bauteile der Montage, z. B. Dämmhülle einschließlich Befestigungsschellen. Diese Planungsmaße sollen eine systemgerechte Montage der Dämmstoffe und der Ummantelung ohne „erhöhten Aufwand" gewährleisten (s. hierzu auch DIN 4140, Bild 2).

In der Praxis können bei Umbaumaßnahmen im Bestand die genannten Mindestabstände wegen eingeschränkter Zugänglichkeit von Räumen oder Raumteilen und zur Verfügung stehender freier Flächen an Wänden und Decken nicht oder nur bedingt eingehalten werden. Als untere Grenze des zulässigen lichten Abstands zwischen Dämmungen um Rohrleitungen und anderen Bauteilen oder Dämmungen benachbarter Rohre kann in diesen Fällen nach Auffassung des Unterzeichnenden ein Maß von ca. 20 mm gelten. Mit diesem lichten Abstandsmaß ist ein

[10] DIN 4140:2023-05: Dämmarbeiten an betriebstechnischen Anlagen in der Industrie und in der technischen Gebäudeausrüstung – Ausführung von Wärme- und Kältedämmungen.

Umgreifen der Dämmung zur Montage möglich und handwerksgerecht.

Als fachgerechte Montage gilt auch die Dämmung mit geringeren Abständen als 100 mm, die Maßangabe im Normtext bestimmt nur die Vorgabe für eine Montage „ohne erhöhten Aufwand".

**Rohrgefälle für Versorgungsleitungen**

Versorgungsleitungen sind mit einem Rohrgefälle zu montieren. Die Herstellung von Rohrgefällen dient der Sicherung der Entleerbarkeit von Versorgungsleitungen bzw. der freien Entwässerung von Dampf- und Kondensationsleitungen. Folgende Werte werden empfohlen:

- Wasserleitungen 5 mm/m
- Dampfleitungen 5 bis 10 mm/m
- Kondensationsleitungen 10 mm/m

**Gefälle von Entwässerungsleitungen**

Das erforderliche Mindestgefälle von Schmutzwasserleitungen wird nach DIN 1986-100[11] „Entwässerungsanlagen für Gebäude und Grundstücke" bestimmt durch die Errichtung als Anschlussleitung, Sammel- oder Grundleitung und die Ausführung als belüftete oder unbelüftete Leitung. Es gelten für die möglichen Leitungslängen, Füllungsgrade der Leitungen und maximalen Höhendifferenzen zwischen Anschluss des Entwässerungsgegenstands und dem Rohrscheitel am Anschlussabzweig weitere vereinfachende Vorgaben. Bemessung, Planung und Ausführung der Leitung im Einzelfall haben immer nach den Inhalten der DIN 1986-100 und DIN EN 12056[12] zu erfolgen.

[11] DIN 1986-100: Entwässerungsanlagen für Gebäude und Grundstücke – Teil 100: Bestimmungen in Verbindung mit DIN EN 752 und DIN EN 12056.

[12] DIN EN 12056:2001-01: Schwerkraftentwässerungsanlagen innerhalb von Gebäuden; Teile 1 bis 5.

***Tabelle 4:*** *Gefälle von Anschlussleitungen für Schmutzwasser (n. DIN 1986-100, 14.1.3) (Quelle: Schöwer/Schmidt)*

| **Anschlussleitungen für Schmutzwasser** | | | |
|---|---|---|---|
| **DIN 1986-100 (Abschnitt 14.1.3)** | | **Belüftete Leitung** | **Unbelüftete Leitung** |
| Einzel-Anschluss-leitung | Mindestgefälle | 0,5 cm/m (0,5 %) | 1,0 cm/m (1 %) |
| | Maximale Länge Fließweg | 10,0 m | 4,0 m |
| | Max. Höhendifferenz | 3,0 m | 1,0 m |
| Sammel-Anschluss-leitung | Mindestgefälle | 0,5 cm/m (0,5 %) | 1,0 cm/m (1 %) |
| | Maximale Länge Fließweg | | bis DN 70: 4,0 m |
| | | | DN 80 bis DN 100: 10,0 m |

***Tabelle 5:*** *Mindestgefälle von Grund- und Sammelleitungen (n. DIN 1986-100, 14.1.5) (Quelle: Schöwer/Schmidt)*

| **Grund- und Sammelleitungen für Schmutzwasser** | | | |
|---|---|---|---|
| **DIN 1986-100 (Abschnitt 14.1.5)** | | **innerhalb von Gebäuden** | **außerhalb von Gebäuden** |
| Sammelleitung | Mindestgefälle | 0,5 cm/m (0,5 %) | 1,0 cm/m (1 %) |
| Grundleitung | Mindestgefälle | 0,5 cm/m (0,5 %) [13] | 1: DN [14] |

Grund- und Sammelleitungen für Regenwasser sind innerhalb des Gebäudes mit einem Mindestgefälle von 0,5 cm/m (0,5 %) unter Berücksichtigung eines Füllungsgrads von 0,7 ($h/d_i$) zu bemessen. Außerhalb des Gebäudes können diese Leitungen mit einem Mindestgefälle von 1:DN, mit einem Füllungsgrad von 0,7 ($h/d_i$) und einer Fließgeschwindigkeit von mindestens 0,7 m/s bis maximal 2,5 m/s bemessen werden.

[13] Grundleitung innerhalb des Gebäudes mit Mindestfließgeschwindigkeit von 0,5 m/s und Füllungsgrad 0,5 ($h/d_i$).

[14] Grundleitung außerhalb des Gebäudes für Schmutz- und Mischwasser mit Mindestfließgeschwindigkeit 0,7 m/s und Höchstgeschwindigkeit 2,5 m/s, max. Füllungsgrad 0,7 ($h/d_i$).

# Stahlbauarbeiten

Die Anforderungen an Stahlbauarbeiten sind im Wesentlichen in der Vergabe- und Vertragsordnung für Bauleistungen (VOB) Teil C in den Allgemeinen Technischen Vertragsbedingungen für Bauleistungen (ATV) in der ATV DIN 18335 (Ausgabe September 2016) beschrieben.

**Normen:** ATV DIN 18335[1] Stahlbauarbeiten

**Allgemeines:** Für die Herstellung sind die Toleranzen der DIN EN 1090-2[2] „Ausführung von Stahltragwerken und Aluminiumtragwerken" (grundlegende Toleranzen) sowie DIN EN ISO 13920[3] „Schweißen – Allgemeintoleranzen für Schweißkonstruktionen" (ergänzende Toleranzen) zu beachten.

Für die Montage sind die Toleranzen der DIN EN 1090-2 (grundlegende Toleranzen) sowie Toleranzen nach DIN 18202[4] „Maßordnung im Hochbau – Bauwerke" für das fertige Bauwerk zu beachten.

---

1 ATV DIN 18335:2016-09: VOB Vergabe- und Vertragsordnung für Bauleistungen – Teil C: Allgemeine Technische Vertragsbedingungen für Bauleistungen (ATV) – Stahlbauarbeiten.

2 DIN EN 1090-2:2018-09: Ausführung von Stahltragwerken und Aluminiumtragwerken – Teil 2: Technische Regeln für die Ausführung von Stahltragwerken.

3 DIN EN ISO 13920:2023-08: Schweißen – Allgemeintoleranzen für Schweißkonstruktionen – Längen- und Winkelmaße, Form und Lage.

4 DIN 18202:2019-7: Toleranzen im Hochbau – Bauwerke.

**Geltungsbereich:** Die ATV DIN 18335 „Stahlbauarbeiten" gilt für Stahlbauleistungen des konstruktiven Ingenieurbaus sowohl im Hochbau als auch im Tiefbau einschließlich des Stahlverbundbaus.

Die ATV DIN 18335 ist nicht für Metallbau- und Schlosserarbeiten (ATV DIN 18360[5] „Metallbauarbeiten") anwendbar. Die Norm gilt auch nicht für Korrosionsschutzarbeiten (s. ATV DIN 18364[6] „Korrosionsschutzarbeiten an Stahlbauten").

Ergänzend zur ATV DIN 18335 muss immer die ATV DIN 18299[7] „Allgemeine Regelungen für Bauarbeiten jeder Art", Abschnitte 1–5, beachtet werden.

# Spezifische Ergänzungen

## Toleranzen nach DIN EN 1090-2

In DIN EN 1090-2 „Ausführung von Stahltragwerken und Aluminiumtragwerken" sind Anforderungen an die Ausführung von Tragwerken und Bauteilen aus Stahl und Aluminium festgelegt. Die Norm enthält umfassende Angaben zu geometrischen Toleranzen, wobei eine Unterscheidung in Herstelltoleranzen und Montagetoleranzen vorgenommen wird.

**Herstelltoleranzen** werden für folgende Bauteile angegeben (s. DIN EN 1090-2, Anhang B):

- geschweißte und gekantete Profile
- Flansche von geschweißten Profilen und Kastenprofilen
- Stegaussteifungen und Kreuzstöße von Profilen oder Kastenprofilen

---

5 ATV DIN 18360:2019-09: VOB Vergabe- und Vertragsordnung für Bauleistungen – Teil C: Allgemeine Technische Vertragsbedingungen für Bauleistungen (ATV) – Metallbauarbeiten.

6 ATV DIN 18364:2923-09: VOB Vergabe- und Vertragsordnung für Bauleistungen – Teil C: Allgemeine Technische Vertragsbedingungen für Bauleistungen (ATV) – Korrosionsschutzarbeiten an Stahlbauten.

7 ATV DIN 18299:2023-09: VOB Vergabe- und Vertragsordnung für Bauleistungen – Teil C: Allgemeine Technische Vertragsbedingungen für Bauleistungen (ATV) – Allgemeine Regelungen für Bauleistungen jeder Art.

- Bauteile, ausgesteifte Platten
- Löcher, Ausklinkungen und Schnittkanten
- Kranbahnträger
- zylindrische und konische Schalen
- Fachwerkbauteile
- Brückenfahrbahnen
- Türme und Maste

**Montagetoleranzen** sind für folgende Fälle festgelegt:

- Gebäude
- Träger in Gebäuden
- Stützen einstöckiger Gebäude
- mehrstöckige Gebäude
- Kontaktstöße
- Stützenpositionen
- Brückenfahrbahnen
- Kranbahnen
- Betonfundamente und Abstützungen
- Türme und Maste
- biegebeanspruchte Balken und druckbeanspruchte Bauteile

Aufgrund des erheblichen Umfangs der in der DIN EN 1090-2 angegebenen Daten für die einzuhaltenden Toleranzen wird an dieser Stelle auf die genannte Norm verwiesen.

**Toleranzen nach DIN EN ISO 13920**

In DIN EN ISO 13920 „Schweißen – Allgemeintoleranzen für Schweißkonstruktionen" sind Toleranzen für Längen- und Winkelmaße sowie Toleranzen für die Form und Lage von Schweißkonstruktionen festgelegt. Dazu werden vier Toleranzklassen definiert (A, B, C und D), die werkstattübliche Genauigkeiten berücksichtigen. Die Toleranzklasse A beschreibt die höchsten, Toleranzklasse D die geringsten Anforderungen an die Maßhaltigkeit. In Zeichnungen kann statt der Abweichung vom Nennmaß die zugrunde gelegte Toleranzklasse angegeben werden.

Für die einzelnen Werte wird wegen des Umfangs auf die Norm verwiesen.

# Prüfung

Die Prüfung der Grenzabweichungen ist nach den Regeln der DIN 18202, Abschnitt 6 vorzunehmen.

Der Auftragnehmer hat ggf. bestehende Bedenken gem. § 4 Nr. 3 VOB/B vor der Montage unverzüglich in folgenden Fällen anzumelden (s. ATV DIN 18335, 3.1.2):

- bei Abweichungen des Bestands gegenüber den Vorgaben
- bei einer ungenügenden Beschaffenheit der Montageflächen, die in der Baustellen-Einrichtungs-Planung ausgewiesen sind
- wenn Abweichungen der Anbindungs- und Auflagerpunkte für die Stahlkonstruktion die zulässigen Werte der DIN 18202 oder vertraglich vereinbarte Werte überschreiten

Das Ausrichten, Justieren und Stabilisieren der Stahlbauten liegt in der Verantwortung des Auftragnehmers. Anschließend erfolgt eine gemeinsame Niederschrift, welche jedoch nicht als Abnahme gilt.

Keile, Unterlegplatten o. Ä., welche als Fixierung oder Stabilisierung der planmäßigen Lage während des Abbindprozesses/Festigkeitsprozesses gedient haben, sind durch den Auftragnehmer zu entfernen.

A B D E F G H K M N P R S T V W Z

# Tapezierarbeiten

Die Anforderungen an Tapezierarbeiten sind im Wesentlichen in der Vergabe- und Vertragsordnung für Bauleistungen (VOB) Teil C in den Allgemeinen Technischen Vertragsbedingungen für Bauleistungen (ATV) in der ATV DIN 18366 (Ausgabe September 2019) beschrieben. Im Folgenden werden die Inhalte der ATV und/oder der ergänzenden Regelungen auszugsweise unter dem Gesichtspunkt von Ausführungstoleranzen dargestellt.

**Normen:** ATV DIN 18366[1] Tapezierarbeiten

**Allgemeines:** Die DIN 18202[2] enthält keine Angaben zu Toleranzen für die Ausführung von Tapezierarbeiten. In der ATV DIN 18366 „Tapezierarbeiten" ist kein Bezug auf die DIN 18202 vermerkt.

**Geltungsbereich:** ATV DIN 18366 regelt das Tapezieren und Spannen von Wand- und Deckenbekleidungen. Die Norm gilt außerdem für das Kleben tapetenähnlicher Stoffe.

**Spezifische Ergänzungen:**

- Leistungsverzeichnis
- Tapeten
- gewöhnliche Anforderungen
- Beleuchtung

# Spezifische Ergänzungen

Da das Aufbringen einer Tapete aus optischer Sicht nach den Erwartungen des Bauherrn auszurichten ist, sollten bereits bei der Planung die Anforderungen an den Untergrund für die anzubringende Tapete berücksichtigt werden.

[1] ATV DIN 18366:2019-09: VOB Vergabe- und Vertragsordnung für Bauleistungen – Teil C: Allgemeine Technische Vertragsbedingungen für Bauleistungen (ATV) – Tapezierarbeiten.

[2] DIN 18202:2019-07: Toleranzen im Hochbau – Bauwerke.

Dies wird sich hauptsächlich auf die Vorleistung beziehen, beispielsweise bei dem Auftrag, der an den Putzer vergeben wird.

Hier müssen laut VOB zusätzliche, über die DIN 18202 hinausgehende Toleranzen als eigenständige Leistung erfasst werden.

**Leistungsverzeichnis**

- Beim Erstellen des Leistungsverzeichnisses sollte die definitive Wand-/Deckenbehandlung schon festgelegt werden, damit eventuelle höhere Anforderungen mit berücksichtigt werden können. Auch Einflüsse für die Rohbauarbeiten sollten dabei beachtet werden. Hierdurch zusätzlich entstehende Mehrkosten müssen mit dem Bauherrn geklärt und festgelegt werden.
- Die Winkel- und Ebenheitstoleranzen sollten vor Beginn der Spachtel- und Tapezierarbeiten kontrolliert werden.

**Tapeten**

Bei Glanztapeten, hochglänzenden Flächen o. ä. besonderen Gestaltungen von Wänden oder Decken kann ein optisch befriedigender Eindruck über das Dritteln der Werte aus der DIN 18202, Tabelle 3, Zeile 7 erreicht werden.

Bei Tapeten mit Mustern ist es sinnvoll, die Winkeltoleranzen aus DIN 18202, Tabelle 3 auf den halben Wert zu reduzieren.

**Gewöhnliche Anforderungen**

Bei gewöhnlichen Anforderungen an Wände und Decken bezüglich gespachtelten Flächen aus Sichtbeton ist es ausreichend, den Toleranzwerten nach DIN 18202, Tabelle 3, Zeile 7 Genüge zu leisten.

**Beleuchtung**

Für die Beleuchtung sind besonders die Einflüsse von Streiflicht zu berücksichtigen. Hier müssen höhere Anforderungen an die Ebenheit der Oberflächen gestellt werden.

# Prüfung

Der Auftragnehmer hat, wenn der Untergrund mangelbehaftet ist, unverzüglich Bedenken gem. § 4 Nr. 3 VOB/B anzumelden.

Insbesondere

- wenn der Putz kreidet oder absandet,
- bei nicht genügend festem oder feuchtem Untergrund,
- bei Unebenheiten, Ausblühungen oder Schimmelbildung,
- bei ungeeigneten Bedingungen, die durch die Witterung oder das Raumklima verursacht werden (z. B. rel. Luftfeuchte > 80 %, Oberflächentemperaturen < 15 °C, Zugluft),
- bei Verunreinigungen durch Öle, Fette oder Nikotin und
- bei klaffenden Fugen zwischen Putz und Einbauteilen (vgl. ATV DIN 18366 „Tapezierarbeiten“, Abschnitt 3.1.1).

Sollten hochglänzende Anstriche, Glanztapeten o. Ä. vorgesehen sein, sollten in jedem Fall die Ebenheitsabweichungen, die sich aus DIN 18202, Tabelle 3, Zeile 7 ergeben, auf 1/3 der Werte reduziert werden.

***Tabelle 1:*** *Grenzwerte für Ebenheitsabweichungen (DIN 18202, 5.4, Auszug) (Quelle: Schmidt)*

| <u>Flächenfertige Wände und Unterseiten von Decken mit erhöhten Anforderungen</u> | | | | | | | |
|---|---|---|---|---|---|---|---|
| 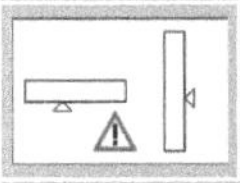 | Messpunktabstand | m | ≤ 0,1 | 1 | 4 | 10 | 15 |
| | Stichmaße als Grenzwerte | mm | 2 | 3 | 8 | 15 | 20 |
| Zwischenwerte sind DIN 18202, Bild 6 und Bild 7 zu entnehmen und auf ganze mm zu runden. | | | | | | | |
| Die Grenzwerte für Ebenheitsabweichungen der letzten Spalte gelten auch für Messpunktabstände > 15 m. | | | | | | | |

# Tischlerarbeiten

Die Anforderungen an Tischlerarbeiten sind im Wesentlichen in der Vergabe- und Vertragsordnung für Bauleistungen (VOB) Teil C in den Allgemeinen Technischen Vertragsbedingungen für Bauleistungen (ATV) in der ATV DIN 18355 (Ausgabe September 2019) beschrieben. Im Folgenden werden die Inhalte der ATV und/oder die ergänzenden Regelungen auszugsweise unter dem Gesichtspunkt von Ausführungstoleranzen und Materialmindestdicken dargestellt.

| | | |
|---|---|---|
| **Normen:** | ATV DIN 18355[1] | Tischlerarbeiten |
| | DIN 18101 | Türen – Türen für den Wohnungsbau |
| **Allgemeines:** | Toleranzen und Abweichungen von den vorgeschriebenen Maßen sind nur in den durch die DIN 18202[2] „Toleranzen im Hochbau" und DIN 18203-3[3] „Toleranzen im Hochbau – Bauteile aus Holz und Holzwerkstoffen" geregelten Grenzen zulässig. | |

[1] ATV DIN 18355:2019-09: VOB Vergabe- und Vertragsordnung für Bauleistungen – Teil C: Allgemeine Technische Vertragsbedingungen für Bauleistungen (ATV) – Tischlerarbeiten.

[2] DIN 18202:2019-07: Toleranzen im Hochbau – Bauwerke.

[3] DIN 18203-3:2008-08: Toleranzen im Hochbau – Teil 3: Bauteile aus Holz und Holzwerkstoffen.

**Geltungsbereich:** ATV DIN 18355 gilt für die Herstellung und den Einbau von Bauteilen aus Holz und Kunststoff (wie. z. B. Türen, Tore, Fenster, Trennwände, Wand-/Deckenbekleidungen). Die Regelungen gelten sinngemäß auch für Holz-Metallkonstruktionen.

Die Norm gilt nicht für Außenwandbekleidungen (s. ATV DIN 18351[4] „Vorgehängte hinterlüftete Fassaden"), Beschläge (s. DIN 18357 „Beschlagarbeiten") und Verglasungen (s. ATV DIN 18361[5] „Verglasungsarbeiten").

**Spezifische Ergänzungen:**

- Wandöffnungen für Türen
- Abweichungen für Öffnungen nach DIN 18202
- Luftspalte nach DIN 18101[6]
- Anforderungen an Türen
- Beschaffenheit von sichtbaren Holzoberflächen
- Barrierefreiheit

# Bauwerksmaße

Grenzabweichungen für Maße siehe folgende Tabelle (n. DIN 18202, Tab. 1):

***Tabelle 1:*** *Grenzabweichungen für Maße (n. DIN 18202, 5.2) (Quelle: Schmidt)*

| **Grenzabweichung für Maße im Grundriss** | | | | | | | | |
|---|---|---|---|---|---|---|---|---|
| 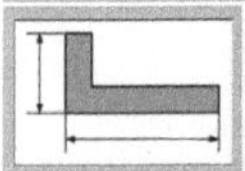 | Nennmaß | m | ≤ 1 | > 1<br>≤ 3 | > 3<br>≤ 6 | > 6<br>≤ 15 | > 15<br>≤ 30 | > 30 |
| | Grenzabweichung | mm | ± 10 | ± 12 | ± 16 | ± 20 | ± 24 | ± 30 |
| z. B. Längen, Breiten, Achsmaße, Rastermaße | | | | | | | | |

[4] ATV DIN 18351:2023-09: VOB Vergabe- und Vertragsordnung für Bauleistungen – Teil C: Allgemeine Technische Vertragsbedingungen für Bauleistungen (ATV) – Vorgehängte hinterlüftete Fassaden.

[5] ATV DIN 18361:2023-09: VOB Vergabe- und Vertragsordnung für Bauleistungen – Teil C: Allgemeine Technische Vertragsbedingungen für Bauleistungen (ATV) – Verglasungsarbeiten.

[6] DIN 18101:2014-08: Türen – Türen für den Wohnungsbau – Türblattgrößen, Bandsitz und Schlosssitz – Gegenseitige Abhängigkeit der Maße.

***Tabelle 1:*** *Grenzabweichungen für Maße (n. DIN 18202, 5.2) (Quelle: Schmidt)*

**Grenzabweichung für Maße im Aufriss**

| | | | | | | | | |
|---|---|---|---|---|---|---|---|---|
| 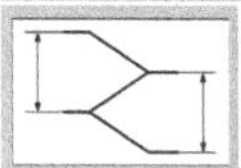 | Nenn-maß | m | ≤ 1 | > 1 ≤ 3 | > 3 ≤ 6 | > 6 ≤ 15 | > 15 ≤ 30 | > 30 |
| | Grenz-abwei-chung | mm | ± 10 | ± 16 | ± 16 | ± 20 | ± 30 | ± 30 |

z. B. Geschosshöhen, Podesthöhen, Abstände von Aufstandsflächen u. Konsolen

**Grenzabweichung für lichte Maße im Grundriss**

| | | | | | | | | |
|---|---|---|---|---|---|---|---|---|
| 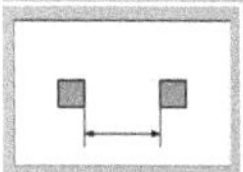 | Nenn-maß | m | ≤ 1 | > 1 ≤ 3 | > 3 ≤ 6 | > 6 ≤ 15 | > 15 ≤ 30 | > 30 |
| | Grenz-abwei-chung | mm | ± 12 | ± 16 | ± 20 | ± 24 | ± 30 | - |

z. B. Maße zwischen Stützen, Pfeilern usw.

**Grenzabweichung für lichte Maße im Aufriss**

| | | | | | | | | |
|---|---|---|---|---|---|---|---|---|
| 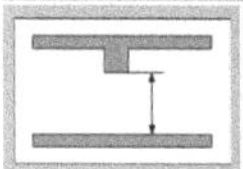 | Nenn-maß | m | ≤ 1 | > 1 ≤ 3 | > 3 ≤ 6 | > 6 ≤ 15 | > 15 ≤ 30 | > 30 |
| | Grenz-abwei-chung | mm | ± 16 | ± 20 | ± 20 | ± 30 | - | - |

z. B. unter Decken u. Unterzügen

**Grenzabweichung für Maße von Öffnungen**

| | | | | | | | | |
|---|---|---|---|---|---|---|---|---|
| 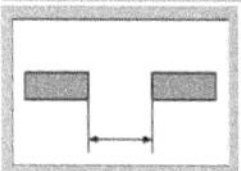 | Nenn-maß | m | ≤ 1 | > 1 ≤ 3 | > 3 ≤ 6 | > 6 ≤ 15 | > 15 ≤ 30 | > 30 |
| | Grenz-abwei-chung | mm | ± 10 | ± 12 | ± 16 | - | - | - |

z. B. Öffnungen von Fenstern, Einbauelementen, Außentüren (Innentüren s. DIN 18100)

**Grenzabweichung für Maße von Öffnungen mit oberflächenfertigen Laibungen**

| | | | | | | | | |
|---|---|---|---|---|---|---|---|---|
| 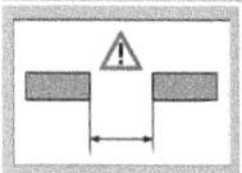 | Nenn-maß | m | ≤ 1 | > 1 ≤ 3 | > 3 ≤ 6 | > 6 ≤ 15 | > 15 ≤ 30 | > 30 |
| | Grenz abwei-chung | mm | ± 8 | ± 10 | ± 12 | - | - | - |

Grenzabweichungen gelten für Nennmaße bis 60 m. Bei größeren Nennmaßen sind besondere Überlegungen erforderlich.

Vorgeschriebene Maße (Nennmaße) gelten für die fertig bearbeiteten Bauteile aus Holz oder Holzwerkstoffen (ATV DIN 18355, 3.1.4).

Alle Bauteile sind so zu fertigen, dass sie den Anforderungen nach DIN EN 942[7] „Holz in Tischlerarbeiten – Allgemeine Sortierung nach der Holzqualität“ entsprechen und sich bei ordnungsgemäßer Behandlung und Nutzung nicht verziehen (ATV DIN 18355, 3.1.5).

Für die Dicken gehobelter und nicht gehobelter Vollhölzer sind Maßabweichungen nach den einschlägigen Normen – hier DIN EN 1313-1[8] „Rund- und Schnittholz – Zulässige Abweichungen und Vorzugsmaße“ zulässig (ATV DIN 18355, 3.2.1).

Ein Quellen und Schwinden von Vollhölzern muss bei Änderungen der Luftfeuchte ohne Beeinträchtigung möglich sein. Die Verbindungen sind dementsprechend herzustellen (ATV DIN 18355, 3.2.2).

Füllungen an Türen und Toren sind derart herzustellen, dass durch materialbedingte Maßänderungen keine Schäden entstehen (ATV DIN 18355, 3.9.1.2).

## Winkelabweichungen

Grenzwerte für Winkelabweichungen siehe folgende Tabelle (n. DIN 18202, Tab. 2):

***Tabelle 2:*** *Grenzwerte für Winkelabweichungen (n. DIN 18202, 5.3) (Quelle: Schmidt)*

| **Grenzwerte für Winkelabweichungen** | | | | | | | | | | |
|---|---|---|---|---|---|---|---|---|---|---|
| 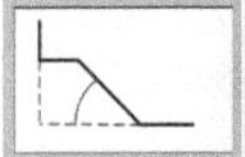 | Nennmaß | m | ≤ 0,5 | > 0,5<br>≤ 1,0 | > 1,0<br>≤ 3,0 | > 3,0<br>≤ 6,0 | > 6,0<br>≤ 15,0 | > 15,0<br>≤ 30,0 | > 30,0 |
| | Stichmaße als Grenzwerte | mm | 3 | 6 | 8 | 12 | 16 | 20 | 30 |

[7] DIN EN 942:2007-06: Holz in Tischlerarbeiten – Allgemeine Anforderungen.

[8] DIN EN 1313:2010-05: Rund- und Schnittholz – Zulässige Abweichungen und Vorzugsmaße – Teil 1: Nadelschnittholz.

# Ebenheitsabweichungen

Grenzwerte für Ebenheitsabweichungen sind in DIN 18202, Abschnitt 5.4 geregelt; siehe folgende Tabelle (n. DIN 18202, Tab. 3):

***Tabelle 3:*** *Grenzwerte für Ebenheitsabweichungen (n. DIN 18202, 5.4) (Quelle: Schmidt)*

| **Nichtflächenfertige Oberseiten von Decken, Unterbeton und Unterböden** | | | | | | | |
|---|---|---|---|---|---|---|---|
| 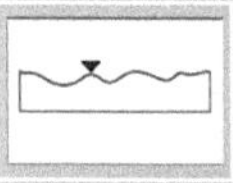 | Messpunktabstand | m | ≤ 0,1 | 1 | 4 | 10 | 15 |
| | Stichmaße als Grenzwerte | mm | 10 | 15 | 20 | 25 | 30 |
| **Nichtflächenfertige Oberseiten von Decken oder Bodenplatten zur Aufnahme von Bodenaufbauten** | | | | | | | |
| 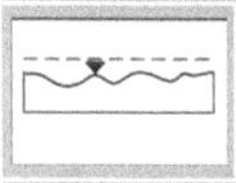 | Messpunktabstand | m | ≤ 0,1 | 1 | 4 | 10 | 15 |
| | Stichmaße als Grenzwerte | mm | 5 | 8 | 12 | 15 | 20 |
| z. B. Estriche im Verbund/auf Trennlage, schwimmende Estriche, Industrieböden, Fliesen- u. Plattenbeläge im Mörtelbett | | | | | | | |
| **Flächenfertige Oberseiten von Decken oder Bodenplatten für untergeordnete Zwecke** | | | | | | | |
| 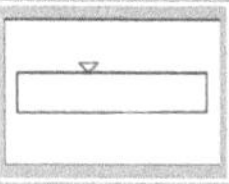 | Messpunktabstand | m | ≤ 0,1 | 1 | 4 | 10 | 15 |
| | Stichmaße als Grenzwerte | mm | 5 | 8 | 12 | 15 | 20 |
| z. B. in Lagerräumen, Kellern | | | | | | | |
| **Flächenfertige Böden, Estriche für Bodenbeläge, Bodenläge, Fliesenbeläge, Beläge** | | | | | | | |
| 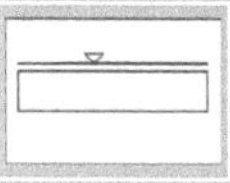 | Messpunktabstand | m | ≤ 0,1 | 1 | 4 | 10 | 15 |
| | Stichmaße als Grenzwerte | mm | 2 | 4 | 10 | 12 | 15 |
| z. B. Estriche als Nutzestriche, Estriche zur Aufnahme von Bodenbelägen, gespachtelte u. geklebte Beläge | | | | | | | |
| **wie Zeile zuvor, jedoch mit erhöhten Anforderungen** | | | | | | | |
| 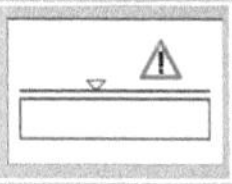 | Messpunktabstand | m | ≤ 0,1 | 1 | 4 | 10 | 15 |
| | Stichmaße als Grenzwerte | mm | 1 | 3 | 9 | 12 | 15 |
| **Nichtflächenfertige Wände und Unterseiten von Rohdecken** | | | | | | | |
| 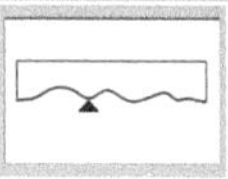 | Messpunktabstand | m | ≤ 0,1 | 1 | 4 | 10 | 15 |
| | Stichmaße als Grenzwerte | mm | 5 | 10 | 15 | 25 | 30 |

***Tabelle 3:*** *Grenzwerte für Ebenheitsabweichungen (n. DIN 18202, 5.4) (Quelle: Schmidt)*

| **Flächenfertige Wände und Unterseiten von Decken** | | | | | | | |
|---|---|---|---|---|---|---|---|
| 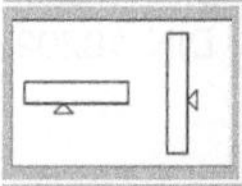 | Messpunktabstand | m | ≤ 0,1 | 1 | 4 | 10 | 15 |
| | Stichmaße als Grenzwerte | mm | 3 | 5 | 10 | 20 | 25 |
| z. B. geputzte Wände, Wandbekleidungen, untergehängte Decken | | | | | | | |
| **wie Zeile zuvor, jedoch mit erhöhten Anforderungen** | | | | | | | |
| 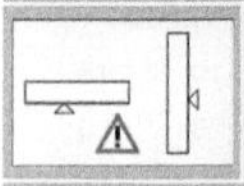 | Messpunktabstand | m | ≤ 0,1 | 1 | 4 | 10 | 15 |
| | Stichmaße als Grenzwerte | mm | 2 | 3 | 8 | 15 | 20 |
| Zwischenwerte sind DIN 18202, Bild 6 und Bild 7 zu entnehmen und auf ganze mm zu runden. Die Grenzwerte für Ebenheitsabweichungen der letzten Spalte gelten auch für Messpunktabstände > 15 m. | | | | | | | |

Nach ATV DIN 18355, 3.1.3 sind Unebenheiten in Oberflächen von Bauteilen, die durch Streiflicht sichtbar werden, nur im Rahmen der Toleranzen der DIN 18202 zulässig.

# Spezifische Ergänzungen

## Wandöffnungen für Türen

Regeln für die Planung und Herstellung von Türöffnungen in Wänden sind in DIN 18100[9] „Wandöffnungen für Türen" geregelt. Abgestimmt auf die DIN 4172[10] „Maßordnung im Hochbau" werden Öffnungsmaße im 12,5-cm-Modul und der Festlegung von Stoßfugen von 10 mm Breite für Mauerwerkswände mit einem Baurichtmaß (x • 12,5 cm) und einem Nennmaß (x • 12,5 cm + 1,0 cm) benannt.

In DIN 18100 werden für Öffnungen nachstehende Regelgrößen festgelegt:

Baurichtmaß + 10 mm = Nennmaß (Sollmaß) der Wandöffnungs**breite**

9 DIN 18100:1983-10: Türen – Wandöffnungen für Türen, Maße entsprechend DIN 4172.

10 DIN 4172:2015-09: Maßordnung im Hochbau.

Baurichtmaß + 5 mm = Nennmaß (Sollmaß) der Wandöffnungs**höhe**

| **zulässiges Kleinstmaß =** | Baurichtmaß |
|---|---|
| für Wandöffnungs**breite**: | Nennmaß – 10 mm |
| für Wandöffnungs**höhe**: | Nennmaß – 5 mm |

| **zulässiges Größtmaß** | |
|---|---|
| für Wandöffnungs**breite**: | Baurichtmaß + 20 mm (Nennmaß + 10 mm) |
| für Wandöffnungs**höhe**: | Baurichtmaß + 15 mm (Nennmaß + 10 mm) |

**Beispiel**

Gegeben: Wandöffnung (Tür) mit den Abmessungen 875 mm x 2.000 mm im Baurichtmaß.

Gesucht: Nennmaße, zulässiges Kleinstmaß, zulässiges Größtmaß

| | |
|---|---|
| a) Größe im Nennmaß (Sollmaß): | 885 mm x 2005 mm |
| b) Zulässiges Kleinstmaß: | 875 mm x 2.000 mm |
| c) Zulässiges Größtmaß: | 895 mm x 2.015 mm |

**Abweichungen für Öffnungen nach DIN 18202**

Für die Zulässigkeit von Abweichungen bei Öffnungen für Fenster und Türen in Wandflächen ist die Oberflächenbeschaffenheit der Wandöffnung zu berücksichtigen.

Für Öffnungen (Fenster, Außentüren, Einbauelemente) mit einem Nennmaß bis 1,00 m ist nach DIN 18202, Tabelle 1, Zeile 5, Spalte 2 eine Abweichung von ± 10 mm zulässig.

Die Toleranz ist bei Öffnungen mit oberflächenfertigen Laibungen und einem Nennmaß über 1,00 bis 3,00 m mit einem zulässigen Wert von ± 10 mm geringer gegenüber einem Wert von ± 12 mm bei nicht flächenfertigen Laibungen.

Bei Öffnungen mit Nennmaßen von über 3,00 bis 6,00 m liegt der Grenzwert von ± 16 mm für Rohbauöffnungen weiter deutlich über dem Grenzwert von ± 12 mm für oberflächenfertige Laibungen.

### Weitere Normen

DIN 18101 „Türen – Türen für den Hochbau, Türblattgrößen, Bandsitz und Schloss-Sitz, gegenseitige Abhängigkeit der Maße"

### Einbaulage von Türen

Die Lage von Türen ist in der DIN 18101 durch die Definition der Soll-Lage der Türbänder auf der Basis von Bandbezugslinien nach DIN 18268[11] „Baubeschläge; Türbänder; Bandbezugslinie" geregelt.

Es gelten folgende Maße und Toleranzen für die Lage der Tür (DIN 18101, Bild 1):

**Tabelle 4:** *Maße und Toleranzen für die Lage der Tür (n. DIN 18101, Tab. 2, Auszug) (Quelle: Schöwer/Schmidt)*

| Höhe als Türblattaußenmaß (Typmaße) | | Abstände | Toleranz |
|---|---|---|---|
| gefälzte Türen | stumpf einschlagende Türen | | |
| oberste Bandbezugslinie bis Zargenfalz | | | |
| alle Größen | | 241 mm | ± 1 mm |
| Bandabstände zwischen den Bandbezugslinien (oben und unten) | | | |
| 1.875 mm | 1.847 mm | 1.310 mm | ± 0,5 mm |
| 2.000 mm | 1.972 mm | 1.435 mm | ± 0,5 mm |
| 2.125 mm | 2.097 mm | 1.435 mm | ± 0,5 mm |
| 2.250 mm | 2.222 mm | 1.685 mm | ± 0,5 mm |
| 2.375 mm | 2.347 mm | 1.810 mm | ± 0,5 mm |

Die obere Bezugskante für die Zarge ist die Unterkante des oberen Zargenfalzes der Tür. Für Türen mit einem dritten Band ist die Lage mit einer Abweichung von 0,5 mm zur Lage des obersten Bandes zulässig.

Für die einzelnen Bauteile der Tür bzw. Lage der Bauteile sind folgende Toleranzen zugelassen:

- Zargenfalz: + 0 mm / -2 mm
- Türblattfalz bzw. Türblattaußenmaß stumpf + 2 mm/- 0 mm
- Bandsitz Zarge ± 1 mm
- Bandsitz Tür ± 1 mm

[11] DIN 18268:2023-02: Baubeschläge – Türbänder – Bandbezugslinie.

### Unterer Luftspalt (Bodenluft)

Nach den Einzelmaßen für Zargenfalzmaß, Bandsitz und Türblattfalzmaß beträgt das rechnerische Nennmaß für den unteren Luftspalt 7 mm.

Beispiel: Zargenfalz 1.983 mm – (Bezugsmaß Zarge 241 mm – Bezugsmaß Tür 237 mm) – Türfalzmaß 1.972 mm = 7 mm Bodenluft.

Werden die verschiedenen Toleranzmaße miteinander kombiniert, besteht für das Maß der Bodenluft eine theoretisch mögliche Bandbreite von 1 bis 9 mm.

Maximale Bodenluft:

Beispiel: Zargenfalz 1.983 mm + Toleranz 0 mm – (Bezugsmaß Zarge 241 mm – Toleranz 1 mm) – (Bezugsmaß Tür 237 mm + Toleranz 1 mm) – Türfalzmaß 1.972 mm – Toleranz 0 mm = 9 mm Bodenluft.

Minimale Bodenluft:

Beispiel: Zargenfalz 1.983 mm – Toleranz 2 mm – (Bezugsmaß Zarge 241 mm + Toleranz 1 mm) – (Bezugsmaß Tür 237 mm - Toleranz 1 mm) – Türfalzmaß 1.972 mm + Toleranz 2 mm = 1 mm Bodenluft.

### Luftspalt an den Längsseiten

An den Längsseiten ergibt sich aufgrund der zulässigen Toleranzen ein Gesamt-Luftspalt von maximal 9,0 mm und mindestens 5,0 mm. Der einzelne Luftspalt darf eine Breite von 2,5 mm nicht unterschreiten und 6,5 mm nicht überschreiten.

### Oberer Luftspalt

Der obere Luftspalt zwischen Türblatt und Zarge darf eine Breite von 2,0 mm nicht unterschreiten. Er darf außerdem nicht breiter als 6,5 mm werden.

### Luftspalte

Bei Bodenbelägen aus Naturstein oder bei Fliesenbelägen, die oft mit Wischwasser in Berührung kommen, soll der Abstand zwischen Unterkante der Holzzarge und der Fußbodenfläche 3,0 mm betragen, um eine elastische Dichtungsfuge herstellen zu können.

Profile an Türschwellen von Außentüren sollen in Anlehnung an DIN 18040-1[12] „Barrierefreies Bauen – Planungsgrundlagen" nicht höher als 2,0 cm sein (Stolper- bzw. Unfallgefahr). Für eine behindertengerechte Ausbildung der Schwelle ist diese Höhe als Maximalmaß verbindlich.

Soll ein beidseitig gleichmäßiger Luftspalt (auch „Türluft" oder „Falzluft" genannt) zwischen den Türzargen und dem Türflügel ausgebildet werden, so soll der Türflügel seitenverstellbar ausgebildet werden. Dies kann durch die Verwendung von verstellbaren Bändern oder verstellbaren Bandaufnahmen geschehen.

### Anforderungen an Türen

Für Türen im Wohnungsbau gelten abhängig von dem Einbauort, z. B. als Wohnungseingangstür, hohe Anforderungen bei besonderen Schutzfunktionen, wie Schallschutz, Wärmeschutz, Brand- und Rauchschutz, Einbruchschutz, sowie aus den raumklimatischen Bedingungen. Die Normen DIN 4102[13] „Brandverhalten von Baustoffen und Bauteilen", DIN 4108[14] „Wärmeschutz und Energie-Einsparung in Gebäuden" und DIN 4109[15] „Schallschutz im Hochbau" regeln die Einzelanforderungen an die Türblatt- und Zargenkonstruktion, die Beschläge und die vom Wandbaustoff abhängigen Montageanforderungen. Wegen der

[12] DIN 18040-1:2010-10: Barrierefreies Bauen – Planungsgrundlagen – Teil 1: Öffentlich zugängliche Gebäude.

[13] DIN 4102: Brandverhalten von Baustoffen und Bauteilen; mehrere Teile mit verschiedenen Ausgabedaten.

[14] DIN 4108: Wärmeschutz und Energie-Einsparung in Gebäuden; mehrere Teile mit verschiedenen Ausgabedaten.

[15] DIN 4109: Schallschutz im Hochbau; mehrere Teile mit verschiedenen Ausgabedaten

Vielzahl der aus den Schutzfunktionen resultierenden differenzierten Bedingungen und Maßanforderungen an Türen ist im Prüfungsfall stets die produktbezogene allgemeine bauaufsichtliche Zulassung einzusehen.

Grundsätzlich sind die Türblätter lotrecht einzubauen, Türblätter müssen eben sein.

Für die Höhenlage von Türgriffen (Türdrücker) kann aus den Normabmessungen der Türen ein rechnerisches horizontales Achsmaß von 1,05 m über der Oberfläche des Fertigfußbodens abgeleitet werden (s. DIN 18101).

Durchbiegungen und Verwerfungen dürfen nach den Prüfbedingungen der Gütesicherung (RAL-RG 426-1) für Innentüren aus Holz und Holzwerkstoffen maximal 4 mm betragen, wenn sonst keine zusätzlichen Vereinbarungen oder Forderungen, z. B. aus Gründen des Schallschutzes oder des Rauchschutzes, vorliegen.

**Beschaffenheit von sichtbaren Holzoberflächen**

An Längs- und Hirnholzflächen sind Farbunterschiede durch holzeigene Farbigkeit zulässig.

Keilverzinkungen sind bei nicht deckenden Anstrichen ohne Zustimmung des Auftraggebers nicht zulässig.

Hobelschläge dürfen auf sichtbar bleibenden Holzoberflächen nicht erkennbar sein. Sichtbare Streifen von Querschleifen sind nicht zulässig und furnierte Flächen dürfen keine durchgeschliffenen Stellen aufweisen. Haarrisse in Maserfurnieren sind zulässig.

Deckfurniere sowie Beschichtungen müssen im Bereich von Fugen dicht schließen (ATV DIN 18355, 3.3).

**Barrierefreiheit**

Im Bereich von Türen sind zur Sicherstellung der barrierefreien Zugänglichkeit einer Wohnung oder eines Raums besondere Bewegungsflächen und Abstände zu berücksichtigen. In der DIN 18040-2[16] „Barrierefreies Bauen – Wohnungen" sind dazu folgende Festlegungen getroffen worden:

[16] DIN 18040-2:2011-09: Barrierefreies Bauen – Teil 2: Wohnungen.

- lichte Durchgangsbreite: ≥ 0,90 m
- lichte Durchgangshöhe: ≥ 2,05 m
- Platzbedarf bandseitig: Breite ≥ 1,50 m, Tiefe ≥ 1,50 m
- Platzbedarf Laibungsseite: Breite ≥ 1,50 m, Tiefe ab Wandfläche ≥ 1,20 m

Der seitliche Abstand vom Türdrücker bis zu einer seitlichen Raumbegrenzung muss ≥ 50 cm betragen.

Sind Türschwellen aus konstruktiven oder technischen Gründen, wie z. B. bei Terrassenausgangstüren, nicht zu vermeiden, dann darf die Höhe nicht mehr als 2,0 cm betragen.

Nach DIN 18040-2 sind Bedieneinrichtungen an Türen, Fenstertüren und Schalter für automatisch öffnende Türen auf einer Höhe von 0,85 m zu installieren.

**Hinweis**

Die in der DIN 18040-2 für Türen geforderte lichte Durchgangshöhe von mindestens 2,05 m kann mit den genormten Türen und Türzargen nicht erreicht werden. Für eine Öffnung mit dem Baurichtmaß von 2,125 m kann nach den Maßen der DIN 18111 „Türzargen; Stahlzargen; Standardzargen für gefalzte Türen“ nur ein lichtes Zargendurchgangsmaß von 2,093 m erreicht werden.

# Ergänzende Hinweise

### Fenster

Nennmaße sollten vor Ort vor Beginn der Ausführung stichprobenartig überprüft werden. Auch berechnete Fugenbreiten sind zu kontrollieren.

Abweichungen sind sowohl der DIN 18202, Tabelle 1, Zeile 5 und 6 sowie aus der DIN 18202, Tabelle 2 „Winkelabweichungen“ zu entnehmen.

**Türen**

Winkel- und Ebenheitsabweichungen sind unmittelbar im Bereich der Türen zu prüfen. Sollen die Stichmaße voll ausgenutzt werden, so ist darauf hinzuweisen.



# Prüfung

Die Prüfung erfolgt nach DIN 18202, Abschnitt 6, nachdem die Toleranzen spätestens bei der Übernahme der Bauteile oder des Bauwerks durch einen Folgeauftragnehmer bzw. bei der Bauabnahme erfolgen sollen.

Der Auftragnehmer hat bei seiner Prüfung Bedenken i. S. d. § 4 Nr. 3 VOB/B anzumelden, insbesondere wenn (s. DIN 18355, 3.1.2):

- Verankerungsmöglichkeiten fehlen oder ungenügend sind
- größere Maßabweichungen vorliegen, als nach den in Abschnitt 3.1.3 der ATV 18355 aufgeführten Normen zulässig sind
- die Baufeuchte zu hoch ist
- Höhenbezugspunkte je Geschoss fehlen
- Lage und Höhe von angrenzenden Bauteilen unrichtig sind, z. B. nicht ausreichende flucht-/lotrechte Auflager
- die Möglichkeit fehlt, vor Beginn der Fertigung die Maße am Bau zu überprüfen
- Maßnahmen des konstruktiven Holzschutzes fehlen

# Trockenbauarbeiten

Die Anforderungen an Trockenbauarbeiten sind im Wesentlichen in der Vergabe- und Vertragsordnung für Bauleistungen (VOB) Teil C in den Allgemeinen Technischen Vertragsbedingungen für Bauleistungen (ATV) in der ATV DIN 18340 (Ausgabe September 2023) beschrieben. Im Folgenden werden die Inhalte der ATV und/oder der ergänzenden Regelungen auszugsweise unter dem Gesichtspunkt von Ausführungstoleranzen und Materialmindestdicken dargestellt.

| **Normen:** | | |
|---|---|---|
| | ATV DIN 18340[1] | Trockenbauarbeiten |
| | ATV DIN 18299[2] | Allgemeine Regelungen für Bauarbeiten jeder Art |
| | DIN EN 13964[3] | Unterdecken – Anforderungen und Prüfverfahren |
| | DIN 18168-1[4] | Gipsplatten-Deckenbekleidungen und Unterdecken, Teil 1: Anforderungen an die Ausführung |
| | DIN 18180[5] | Gipsplatten – Arten und Anforderungen |
| | DIN 18181[6] | Gipsplatten im Hochbau – Verarbeitung |
| | DIN 18183-1[7] | Trennwände und Vorsatzschalen aus Gipsplatten mit Metallunterkonstruktionen – Teil 1: Beplankung mit Gipsplatten |

1 ATV DIN 18340:2023-09: VOB Vergabe- und Vertragsordnung für Bauleistungen – Teil C: Allgemeine Technische Vertragsbedingungen für Bauleistungen (ATV) – Trockenbauarbeiten.

2 ATV DIN 18299:2023-09: VOB Vergabe- und Vertragsordnung für Bauleistungen – Teil C: Allgemeine Technische Vertragsbedingungen für Bauleistungen (ATV) – Allgemeine Regelungen für Bauarbeiten jeder Art.

3 DIN EN 13964:2014-08: Unterdecken – Anforderungen und Prüfverfahren.

4 DIN 18168-1:2007-04: Gipsplatten-Deckenbekleidungen und Unterdecken – Teil 1: Anforderungen an die Ausführung.

5 DIN 18180:2014-09: Gipsplatten – Arten und Anforderungen.

6 DIN 18181:2019-04: Gipsplatten im Hochbau – Verarbeitung.

7 DIN 18183-1:2018-05: Trennwände und Vorsatzschalen aus Gipsplatten mit Metallunterkonstruktionen – Teil 1: Beplankung mit Gipsplatten.

BAKT Bundesarbeitskreis Trockenbau, Schriftenreihen

**Allgemeines:** Die Toleranzen sind in der DIN 18202[8] „Toleranzen im Hochbau" geregelt.

**Geltungsbereich:** ATV DIN 18340 „Trockenbauarbeiten" regelt die Ausführung von raumbildenden Bauteilen des Ausbaus, die in Trockenbauweise hergestellt werden. Die Norm gilt außerdem für Trockenbauarbeiten, die i. V. m. dem Einbau von Flächenheiz- und Kühlsystemen stehen.

Die Norm gilt nicht für Holzkonstruktionen (s. ATV DIN 18334[9] „Zimmer- und Holzbauarbeiten"), Putz- und Stuckarbeiten (s. ATV DIN 18350[10] „Putz- und Stuckarbeiten"), Estricharbeiten (s. ATV DIN 18353[11] „Estricharbeiten"), Tischlerarbeiten (s. ATV DIN 18355[12] „Tischlerarbeiten"), Maler- und Lackierarbeiten (s. ATV DIN 18363[13] „Maler- und Lackierarbeiten") und nicht für Bodenbelagarbeiten (s. ATV DIN 18365[14] „Bodenbelagarbeiten").

**Spezifische Ergänzungen:**

- Anforderungen an bandgefertigte Gipsplatten
- Maße bei Zuschnitt-Gipsplatten
- Oberflächengüte/Verspachtelung
- Bewegungsfugen

---

8 DIN 18202:2019-07: Toleranzen im Hochbau – Bauwerke.

9 ATV DIN 18334:2023-09: VOB Vergabe- und Vertragsordnung für Bauleistungen – Teil C: Allgemeine Technische Vertragsbedingungen für Bauleistungen (ATV) – Zimmer- und Holzbauarbeiten.

10 ATV DIN 18350:2019-09: VOB Vergabe- und Vertragsordnung für Bauleistungen – Teil C: Allgemeine Technische Vertragsbedingungen für Bauleistungen (ATV) – Putz- und Stuckarbeiten.

11 ATV DIN 18353:2023-09: VOB Vergabe- und Vertragsordnung für Bauleistungen – Teil C: Allgemeine Technische Vertragsbedingungen für Bauleistungen (ATV) – Estricharbeiten.

12 ATV DIN 18355:2019-09: VOB Vergabe- und Vertragsordnung für Bauleistungen – Teil C: Allgemeine Technische Vertragsbedingungen für Bauleistungen (ATV) – Tischlerarbeiten.

13 ATV DIN 18363:2019-09: VOB Vergabe- und Vertragsordnung für Bauleistungen – Teil C: Allgemeine Technische Vertragsbedingungen für Bauleistungen (ATV) – Maler- und Lackierarbeiten.

14 ATV DIN 18365:2019-09: VOB Vergabe- und Vertragsordnung für Bauleistungen – Teil C: Allgemeine Technische Vertragsbedingungen für Bauleistungen (ATV) – Bodenbelagarbeiten.

- Deckenbekleidungen und Unterdecken
- Trenn- und Montagewände
- Befestigungsabstände und Verbindungsmittel
- Maximal- und Mindestwerte für Fertigteilestriche, Trockenböden und Systemböden
- Zargen und Einbauteile

# Bauwerksmaße

Grenzabweichungen für Maße siehe folgende Tabelle (n. DIN 18202, Tab. 1):

***Tabelle 1:*** *Grenzabweichungen für Maße (n. DIN 18202, 5.2) (Quelle: Schmidt)*

| **Grenzabweichung für Maße im Grundriss** | | | | | | | | |
|---|---|---|---|---|---|---|---|---|
| 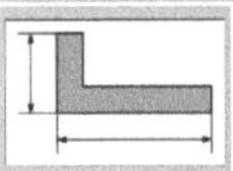 | Nennmaß | m | ≤ 1 | > 1 ≤ 3 | > 3 ≤ 6 | > 6 ≤ 15 | > 15 ≤ 30 | > 30 |
| | Grenzabweichung | mm | ± 10 | ± 12 | ± 16 | ± 20 | ± 24 | ± 30 |
| z. B. Längen, Breiten, Achsmaße, Rastermaße | | | | | | | | |
| **Grenzabweichung für Maße im Aufriss** | | | | | | | | |
| 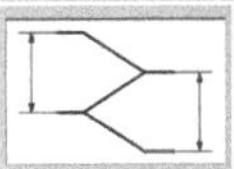 | Nennmaß | m | ≤ 1 | > 1 ≤ 3 | > 3 ≤ 6 | > 6 ≤ 15 | > 15 ≤ 30 | > 30 |
| | Grenzabweichung | mm | ± 10 | ± 16 | ± 16 | ± 20 | ± 30 | ± 30 |
| z. B. Geschosshöhen, Podesthöhen, Abstände von Aufstandsflächen u. Konsolen | | | | | | | | |
| **Grenzabweichung für lichte Maße im Grundriss** | | | | | | | | |
| 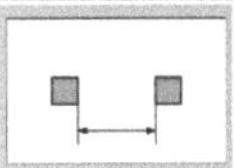 | Nennmaß | m | ≤ 1 | > 1 ≤ 3 | > 3 ≤ 6 | > 6 ≤ 15 | > 15 ≤ 30 | > 30 |
| | Grenzabweichung | mm | ± 12 | ± 16 | ± 20 | ± 24 | ± 30 | - |
| z. B. Maße zwischen Stützen, Pfeilern usw. | | | | | | | | |
| **Grenzabweichung für lichte Maße im Aufriss** | | | | | | | | |
| 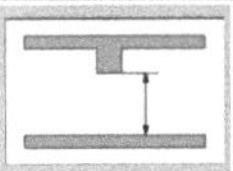 | Nennmaß | m | ≤ 1 | > 1 ≤ 3 | > 3 ≤ 6 | > 6 ≤ 15 | > 15 ≤ 30 | > 30 |
| | Grenzabweichung | mm | ± 16 | ± 20 | ± 20 | ± 30 | - | - |
| z. B. unter Decken u. Unterzügen | | | | | | | | |

***Tabelle 1:*** *Grenzabweichungen für Maße (n. DIN 18202, 5.2) (Quelle: Schmidt)*

| **Grenzabweichung für Maße von Öffnungen** | | | | | | | | |
|---|---|---|---|---|---|---|---|---|
| 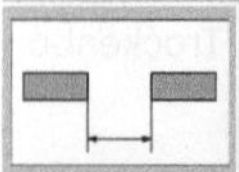 | Nennmaß | m | ≤ 1 | > 1<br>≤ 3 | > 3<br>≤ 6 | > 6<br>≤ 15 | > 15<br>≤ 30 | > 30 |
| | Grenzabweichung | mm | ± 10 | ± 12 | ± 16 | - | - | - |
| z. B. Öffnungen von Fenstern, Einbauelementen, Außentüren (Innentüren s. DIN 18100) | | | | | | | | |
| **Grenzabweichung für Maße von Öffnungen mit oberflächenfertigen Laibungen** | | | | | | | | |
| 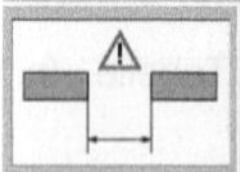 | Nennmaß | m | ≤ 1 | > 1<br>≤ 3 | > 3<br>≤ 6 | > 6<br>≤ 15 | > 15<br>≤ 30 | > 30 |
| | Grenzabweichung | mm | ± 8 | ± 10 | ± 12 | - | - | - |
| Grenzabweichungen gelten für Nennmaße bis 60 m. Bei größeren Nennmaßen sind besondere Überlegungen erforderlich. | | | | | | | | |

# Winkelabweichungen

Grenzwerte für Winkelabweichungen siehe folgende Tabelle (n. DIN 18202, Tab. 2):

***Tabelle 2:*** *Grenzabweichungen für Winkelabweichungen (n. DIN 18202, 5.3) (Quelle: Schmidt)*

| **Grenzwerte für Winkelabweichungen** | | | | | | | | | |
|---|---|---|---|---|---|---|---|---|---|
| 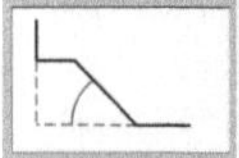 | Nennmaß | m | ≤ 0,5 | > 0,5<br>≤ 1,0 | > 1,0<br>≤ 3,0 | > 3,0<br>≤ 6,0 | > 6,0<br>≤ 15,0 | > 15,0<br>≤ 30,0 | > 30,0 |
| | Stichmaße als Grenzwerte | mm | 3 | 6 | 8 | 12 | 16 | 20 | 30 |

Werden zur Herstellung von Bekleidungen vorgefertigte Elemente eingesetzt und wird dabei ein regelmäßiges Raster erzeugt, so sind die Teile der Fugen nach den vorgegebenen Bezugsachsen fluchtrecht einzubauen.

# Ebenheitsabweichungen

Grenzwerte für Ebenheitsabweichungen sind in DIN 18202, Abschnitt 5.4 geregelt; siehe folgende Tabelle (n. DIN 18202, Tab. 3):

***Tabelle 3:*** *Grenzwerte für Ebenheitsabweichungen (n. DIN 18202, 5.4) (Quelle: Schmidt)*

| | | | | | | | |
|---|---|---|---|---|---|---|---|
| **Nichtflächenfertige Oberseiten von Decken, Unterbeton und Unterböden** | | | | | | | |
| 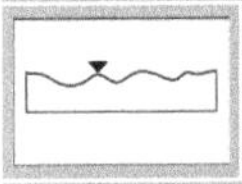 | Messpunktabstand | m | ≤ 0,1 | 1 | 4 | 10 | 15 |
| | Stichmaße als Grenzwerte | mm | 10 | 15 | 20 | 25 | 30 |
| **Nichtflächenfertige Oberseiten von Decken oder Bodenplatten zur Aufnahme von Bodenaufbauten** | | | | | | | |
| 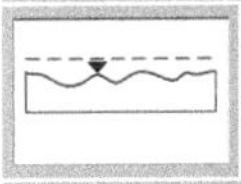 | Messpunktabstand | m | ≤ 0,1 | 1 | 4 | 10 | 15 |
| | Stichmaße als Grenzwerte | mm | 5 | 8 | 12 | 15 | 20 |
| z. B. Estriche im Verbund/auf Trennlage, schwimmende Estriche, Industrieböden, Fliesen- u. Plattenbeläge im Mörtelbett | | | | | | | |
| **Flächenfertige Oberseiten von Decken oder Bodenplatten für untergeordnete Zwecke** | | | | | | | |
| 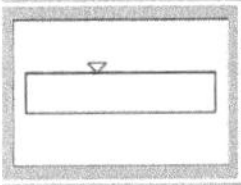 | Messpunktabstand | m | ≤ 0,1 | 1 | 4 | 10 | 15 |
| | Stichmaße als Grenzwerte | mm | 5 | 8 | 12 | 15 | 20 |
| z. B. in Lagerräumen, Kellern | | | | | | | |
| **Flächenfertige Böden. Estriche für Bodenbeläge. Bodenläge. Fliesenbeläge. Beläge** | | | | | | | |
| 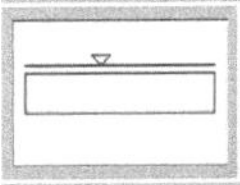 | Messpunktabstand | m | ≤ 0,1 | 1 | 4 | 10 | 15 |
| | Stichmaße als Grenzwerte | mm | 2 | 4 | 10 | 12 | 15 |
| z. B. Estriche als Nutzestriche, Estriche zur Aufnahme von Bodenbelägen, gespachtelte u. geklebte Beläge | | | | | | | |
| **wie Zeile zuvor, jedoch mit erhöhten Anforderungen** | | | | | | | |
| 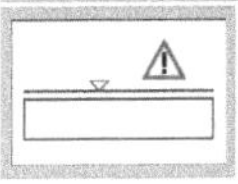 | Messpunktabstand | m | ≤ 0,1 | 1 | 4 | 10 | 15 |
| | Stichmaße als Grenzwerte | mm | 1 | 3 | 9 | 12 | 15 |

***Tabelle 3:*** *Grenzwerte für Ebenheitsabweichungen (n. DIN 18202, 5.4) (Quelle: Schmidt)*

| | | | | | | | |
|---|---|---|---|---|---|---|---|
| **Nichtflächenfertige Wände und Unterseiten von Rohdecken** | | | | | | | |
| 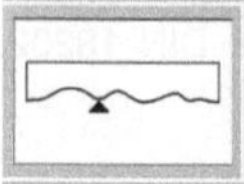 | Messpunktabstand | m | ≤ 0,1 | 1 | 4 | 10 | 15 |
| | Stichmaße als Grenzwerte | mm | 5 | 10 | 15 | 25 | 30 |
| **Flächenfertige Wände und Unterseiten von Decken** | | | | | | | |
| 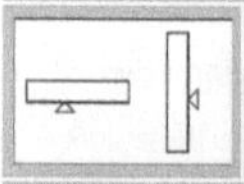 | Messpunktabstand | m | ≤ 0,1 | 1 | 4 | 10 | 15 |
| | Stichmaße als Grenzwerte | mm | 3 | 5 | 10 | 20 | 25 |
| z. B. geputzte Wände, Wandbekleidungen, untergehängte Decken | | | | | | | |
| **wie Zeile zuvor, jedoch mit erhöhten Anforderungen** | | | | | | | |
| 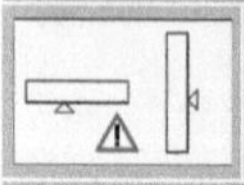 | Messpunktabstand | m | ≤ 0,1 | 1 | 4 | 10 | 15 |
| | Stichmaße als Grenzwerte | mm | 2 | 3 | 8 | 15 | 20 |
| Zwischenwerte sind DIN 18202, Bild 6 und Bild 7 zu entnehmen und auf ganze mm zu runden. Die Grenzwerte für Ebenheitsabweichungen der letzten Spalte gelten auch für Messpunktabstände > 15 m. | | | | | | | |

Sofern an die Ebenheit erhöhte Anforderungen gestellt werden (n. DIN 18202, Tab. 3, Zeile 4 und 7), gelten die hierfür erforderlichen Leistungen als „Besondere Leistungen" i. S. d. ATV DIN 18340, 3.1.3 und 4.2.8.

Bei Doppelböden ist entlang des Stoßes aneinandergrenzender Platten ein Höhensprung bzw. Höhenversatz von max. 1 mm zulässig (ATV DIN 18340, 3.1.3).

Unebenheiten in den Oberflächen, die bei Streiflicht sichtbar werden, sind zugelassen, wenn die zulässigen Werte der DIN 18202 nicht überschritten werden (ATV DIN 18340, 3.1.3).

Werden zur Herstellung von Bekleidungen vorgefertigte Elemente eingesetzt und wird dabei ein regelmäßiges Raster erzeugt, so sind die Teile der Fugen nach den vorgegebenen Bezugsachsen fluchtrecht einzubauen.

# Spezifische Ergänzungen

## Anforderungen an bandgefertigte Gipsplatten

Nach DIN 18180[15] gelten für Gipsplatten Mindestwerte der flächenbezogenen Massen, abhängig von den Nenndicken der Platten. Der jeweilige Verwendungszeck der Platten ist dabei ausschlaggebend.

Für Gipsbauplatten (GKB) und imprägnierte Gipsbauplatten (GKBI) mit Nenndicken von 9,5 mm und 12,5 mm muss die flächenbezogene Masse mindestens 6,5 kg/m² bzw. 8,5 kg/m² betragen. Bei Feuerschutzplatten (GKF) und imprägnierten Feuerschutzplatten (GKFI) sind flächenbezogene Massen von mehr als 8 kg/m² für Nenndicken von 9,5 mm und mehr als 10 kg/m² für Nenndicken von 12,5 mm erforderlich. Siehe hierzu folgende Tabelle (DIN 18180, 6.1, Tab. 1):

***Tabelle 4:** Flächenbezogene Masse von Gipsplatten (n. DIN 18180, 6.1) (Quelle: Schmidt)*

| Gipsplatten-Typ | Nenndicke in mm | | | |
|---|---|---|---|---|
| | ≥ 9,5 mm | 12,5 mm | 15 mm | ≥ 18 mm |
| GKB | ≥ 6,5 kg/m² | ≥ 8,5 kg/m² | ≥ 10,2 kg/m² | ≥ 0,68 · t |
| GKBI | ≥ 6,5 kg/m² | ≥ 8,5 kg/m² | ≥ 10,2 kg/m² | ≥ 0,68 · t |
| GKF | ≥ 8,0 kg/m² | ≥ 10,0 kg/m² | ≥ 12,0 kg/m² | ≥ 0,80 · t |
| GKFI | ≥ 8,0 kg/m² | ≥ 10,0 kg/m² | ≥ 12,0 kg/m² | ≥ 0,80 · t |
| GKP | ≥ 6,5 kg/m² | - | - | - |

GKB: Bauplatten
GKBI: Bauplatten; imprägniert
GKF: Feuerschutzplatten
GKFI: Feuerschutzplatten; imprägniert
GKP: Putzträgerplatten

Gipsplatten mit einer Nenndicke von 15 mm sind als Bauplatten, auch als imprägnierte Bauplatten, mit 10,2 kg/m² und als Feuerschutzplatten mit 12 kg/m² zu verwenden (DIN 18180, 6.1, Tab. 1).

Für größere Nenndicken von 18 mm und mehr beträgt die notwendige flächenbezogene Masse [kg/m²] 0,68 x t (t: Dicke in mm) für Bauplatten und 0,8 x t für Feuerschutzplatten, jeweils auch für die imprägnierten Herstellungsvarianten (DIN 18180, 6.1, Tab. 1).

[15] DIN 18180:2014-09: Gipsplatten – Arten und Anforderungen.

## Maße bei Zuschnitt-Gipsplatten

Für rechtwinklige Platten mit einem allseitigen Zuschnitt und Kantenlängen von mehr als 500 mm gilt eine zulässige Abweichung (Grenzabmaß) der Kantenlänge von ± 0,15 % des Nennmaßes. Die Abweichung vom rechten Winkel darf dabei jedoch nicht mehr als 0,2 % des Nennmaßes der Kantenlänge betragen. Platten mit Kantenlängen von weniger als 500 mm sind nach den vorgenannten Regeln mit den zulässigen Abweichungen der Maßbegrenzungen für die jeweils kleinere Kantenlänge zu fertigen. Siehe hierzu DIN 18180, 6.2.

## Oberflächengüte/Verspachtelung

In der Praxis werden häufig unterschiedliche, oft subjektive Maßstäbe angesetzt, die sich neben der Ebenheit v. a. an optischen Merkmalen, z. B. Markierungen der Kartonoberfläche und der Fugenabzeichnungen, orientieren.

Nach diesen Anforderungen sind die zur Verwendung kommenden Baustoffe, deren Maßtoleranzen und die handwerklichen Ausführungsmöglichkeiten bereits bei der Planung zu berücksichtigen. Hinsichtlich der Verspachtelung von Gipsplatten müssen daher verschiedene **Qualitätsstufen** unterschieden werden: Q1 bis Q4 (s. ATV DIN 18340, 3.2.1).

Qualitätsstufe 1: **Q1**

Die Grundverspachtelung (Q1) ist dann ausreichend, wenn keine optischen oder dekorativen Anforderungen an die Oberfläche gestellt werden. Sie beinhaltet:

- das Füllen der Stoßfugen der Gipsplatten
- das Überziehen der sichtbaren Teile der Befestigungsmittel
- überstehendes Spachtelmaterial ist abzustoßen
- einschließlich Einlegen von Fugendeckstreifen (Bewehrungsstreifen)

Qualitätsstufe 2: **Q2**

Die Standardverspachtelung (Q2) genügt den üblichen Anforderungen an Wand- und Deckenflächen mit dem Ziel, die Fugenbereiche durch stufenlose Übergänge der Plattenoberfläche anzugleichen. Sie beinhaltet:

- die Grundverspachtelung (Q1)
- das Nachspachteln (Finish) bis zum Erreichen eines stufenlosen Übergangs zur Plattenoberfläche

Eignung für:

- mittel und grob strukturierte Wandbekleidungen, z. B. Tapeten wie Raufasertapete
- matte, füllende Anstriche und Beschichtungen (z. B. Dispersionsanstriche)
- Oberputze (Korngrößen/Größtkorn > 1 mm), soweit sie vom Putzhersteller für das jeweilige Gipsplattensystem freigegeben sind

Qualitätsstufe 3: **Q3**

Die Sonderverspachtelung Q3 stellt erhöhte Anforderungen an die gespachtelte Oberfläche. Sie beinhaltet:

- die Standardverspachtelung (Q2)
- ein breiteres Ausspachteln der Fugen mit scharfem Abziehen der restlichen Kartonoberfläche zum Porenverschluss mit Spachtelmaterial

Die gespachtelten Flächen können im Bedarfsfall geschliffen werden, um eine geeignete Oberfläche für

- fein strukturierte Wandbekleidungen,
- matte, nicht strukturierte Anstriche und Beschichtungen und
- Oberputze, deren Körnung/Größtkorn ≤ 1 mm beträgt, soweit diese vom Putzhersteller für das jeweilige Gipsplattensystem freigegeben sind,

zu schaffen.

Diese Leistungen gelten als „Besondere Leistungen" nach ATV DIN 18340, 4.2.9.

Qualitätsstufe 4: **Q4**

Um höchste Anforderungen an die gespachtelte Oberfläche zu erfüllen, müssen folgende Kriterien berücksichtigt werden:

- eine Vollflächenspachtelung; im Unterschied zur Sonderverspachtelung (Q3) wird die gesamte Kartonoberfläche mit einer durchgehenden Spachtel-/Putzschicht abgedeckt
- die Standardverspachtelung (Q2): ein breites Ausspachteln der Fugen sowie ein vollflächiges Überziehen und Glätten der gesamten Oberfläche mit einem dafür geeigneten Material (Schichtdicke > 1mm)

Erzielte Eignung der Oberfläche für:

- glatte oder strukturierte Wandbekleidungen mit Glanz, z. B. Vinyltapeten
- Lasuren oder Anstriche/Beschichtungen bis zu mittlerem Glanz
- Stuccolusto oder andere hochwertige Glätttechniken

### Bewegungsfugen

An Bewegungsfugen des Bauwerks ist die Unterkonstruktion zu trennen und für die Bauleistungen des Trockenbaus (Unterkonstruktion, Abhängung, Beplankung etc.) sind die gleichen Bewegungsmöglichkeiten herzustellen (ATV DIN 18340, 3.1.4). Flächen aus Gipskartonplatten sind in einem Abstand von maximal 15 m mit Bewegungsfugen zu unterteilen. Für Flächen aus Gipsfaserplatten beträgt das Höchstmaß für den Abstand von Bewegungsfugen 10 m (ATV DIN 18340, 3.1.5). Bei stumpf ausgeführten Anschlüssen zu angrenzenden Bauteilen sind geradlinige Haarrisse im Kantenbereich zulässig (ATV DIN 18340, 3.1.8).

### Deckenbekleidungen und Unterdecken

Maßgebend für die Ausführung von leichten Deckenbekleidungen und Unterdecken ist die DIN EN 13964[16]. Dabei ist zu beachten, dass die Unterkonstruktion auf die Plattensysteme abgestimmt sein muss.

[16] DIN EN 13964:2014-08: Unterdecken – Anforderungen und Prüfverfahren.

Außerdem ist DIN 18168[17] zu beachten, in der die Anforderungen an die Ausführung von Gipsplatten-Deckenbekleidungen und Unterdecken geregelt sind.

Für die Verarbeitung von Gipsplatten gilt DIN 18181[18].

Nach DIN 18168-1, Tab. 1 gelten für die Befestigung der Unterkonstruktion mit Abhängern aus Metall Mindestanforderungen an die Dicke bzw. den Durchmesser:

- 2,0 mm verzinkter Bindedraht (C8D)
- 4,0 mm verzinkte Drähte für Schnellabhänger (C 9D)
- 0,5 mm Federstahl (C 75 S)
- 6,0 mm Gewindestäbe (Festigkeitsklasse 4.6)
- 0,7 mm Stahlblech (DX51D+Z), Querschnitt 7,5 mm²
- 1,5 mm Aluminiumblech, Querschnitt 10,0 mm² (Werkstoffe n. DIN EN 13964)
- Abhänger aus Holz: s. DIN EN 13964

**Trenn- und Montagewände**

Trenn- und Montagewände sind, wenn als Einfachständerwände ausgeführt, beidseitig einlagig und vollflächig mit einer mindestens 12,5 mm dicken Gipsplattenkartonbekleidung nach DIN 18183-1 auszuführen. Die Metallunterkonstruktion hat hierbei einen Ständerabstand von ≤ 625 mm mit einer Mineralfaserdämmung von mindestens 40 mm Dicke. Die Grundverspachtelung muss Qualitätsstufe Q1 aufweisen. Vorsatzschalen sind unter Verwendung einer Metallunterkonstruktion nach DIN 18183 sowie einer vollflächigen Beplankung aus Gipsplatten mit einer Dicke von mindestens 12,5 mm herzustellen (s. ATV DIN 18340, 3.1.6).

Für Gipskartonlochplatten und Gipsputzträgerplatten beträgt die Mindestdicke 9,5 mm (s. ATV DIN 18340, 3.1.6). Bekleidungen

[17] DIN 18168: Gipsplatten-Deckenbekleidungen und Unterdecken; Teil 1 2007-04): Anforderungen an die Ausführung; Teil 2 (2008-05): Nachweis der Tragfähigkeit von Unterkonstruktionen und Abhängern aus Metall.

[18] DIN 18181:2019-04: Gipsplatten im Hochbau – Verarbeitung.

A B D E F G H K M N P R S T V W Z

aus Gipsfaserplatten sind bei einlagiger Ausführung mit einer Mindestdicke von 10 mm herzustellen (s. ATV DIN 18340, 3.1.7).

**Maximal- und Minimalwerte für Befestigungsabstände und Verbindungsmittel**

In einlagigen Beplankungen aus Gipsplatten mit geschlossenen Sichtflächen sind Querstöße im Verband mit einem Versatz von mindestens 40 cm anzuordnen.

Bei zweilagiger Beplankung sind sowohl Längs- als auch Stirnkante gegenüber der ersten Lage versetzt einzubauen.

Die Verbindungselemente sind vom Plattenrand bei kartonummantelten Platten mindestens 100 mm, bei geschnittenen Kanten mindestens 150 mm entfernt in die Platten bzw. Unterkonstruktion einzubringen. Die Längsabstände der Befestigungsmittel sind abhängig von der Plattenart und dem Verwendungszweck. In Trennwänden und Vorsatzschalen sind für Schnellbauschrauben bei Gipsplatten mit geschlossener Sichtfläche Längsabstände von maximal 250 mm, bei gelochten Gipsplatten maximal 170 mm zulässig. Für Deckenbekleidungen gilt einheitlich und unabhängig von der Art der Gipsplatte ein Befestigungsabstand von 170 mm. Auch für Gipsplatten an Dachschrägen gilt ein Befestigungsabstand von 170 mm.

Fachgerechte Befestigungen mit Klammern sind für die beiden genannten Gipsplattenarten und Einbauorte immer mit einem Maximalabstand von 80 mm, Befestigungen mit Nägeln immer bis maximal 120 mm Abstand herzustellen. Ausnahme: Für Trennwände und Vorsatzschalen sind für Nagelbefestigungen auch Abstände von bis zu 170 mm dann zulässig, wenn keine Brandschutzanforderungen an das Bauteil bestehen.

Werden Gipsplatten über Klemmverbindungen lösbar mit der Unterkonstruktion verbunden, muss die Gipsplatte mindestens 10 mm auf der Unterkonstruktion aufliegen. Die Breite des Einfassungsprofils muss außerdem mindestens 4 mm betragen.

Bei der Verwendung von Schnellbauschrauben für die Montage auf einer Unterkonstruktion aus Metall muss die Länge der Schnellbauschraube so bemessen sein, dass das Metallprofil um mindestens 10 mm durchstoßen wird.

Die Eindringtiefe von Befestigungsmitteln in Holzunterkonstruktionen ist abhängig von der Art und dem Durchmesser des Befestigungsmittels. Für Schnellbauschrauben beträgt die Eindringtiefe mindestens das Fünffache des Nenndurchmessers der Schraube, für Klammern das Fünfzehnfache des Drahtdurchmessers. Glatte Nägel sind mit mindestens dem Zwölffachen des Schaftdurchmessers, gerillte Nägel mit mindestens einer Eindringtiefe entsprechend dem achtfachen Schaftdurchmesser einzubauen.

**Fertigteilestriche, Trockenböden und Systemböden**

Trennfolien und Dampfbremsen sind an aufgehenden oder angrenzenden Bauteilen und Wandflächen bis zur Oberkante Fertigfußboden hochzuziehen. Dabei sind die Trennfolien an den Stößen mindestens 20 cm zu überlappen (s. ATV DIN 18340, 3.5.1).

***Trockenunterböden***

(s. ATV DIN 18340, 3.5.2)

Trockenunterböden sind mit Fugenversatz zu verlegen. Dabei sind die Stöße zu verkleben. Am Wandanschluss ist ein Randstreifen von mindestens 10 mm Dicke einzulegen.

Trockenschüttungen sind mindestens 15 mm dick auszuführen. Leitungen bzw. Kabel und dergleichen sind dabei mindestens 10 mm zu überdecken.

***Doppelböden***

(s. ATV DIN 18340, 3.5.3)

Bei Aufbauhöhen von über 50 cm sind zusätzliche Sicherungsmaßnahmen erforderlich (z. B. durch eine horizontale Sicherung der Unterkonstruktion durch Rasterstäbe und Verdübelung der Stützen am Untergrund).

Die Spaltenbreite im Kantenbereich darf 2 mm, der horizontale Versatz am Kreuzungspunkt der Plattenecken zueinander 4 mm nicht überschreiten.

Weiterhin ist nach ATV DIN 18340, 3.1.3 bei Doppelböden am Stoß benachbarter Platten ein Höhenversatz bis 1 mm zulässig.

Die Spaltenbreite an Platten des Doppelbodensystems darf nicht mehr als 2 mm betragen. Daraus ergibt sich das Höchstmaß für den zulässigen Versatz von Stoßfugen am Kreuzungspunkt von 4 mm. Dieses Versatzhöchstmaß gilt gleichzeitig auch für pressverlegte Platten.

**Zargen und Einbauteile**

Zargen aus kaltgeformtem Stahlblech (Stahlzargen) müssen mindestens eine Blechdicke von 1,5 mm aufweisen. Nach DIN EN ISO 12944-5[19] „Beschichtungsstoffe" müssen diese mit einer Grundbeschichtung versehen sein (s. ATV DIN 18340, 3.7.1).

Bei Öffnungen über 2,60 m Höhe und Breiten größer 88,5 cm oder Türblattmassen von mehr als 25 kg sind im Türöffnungsbereich verstärkte Ständerwerksprofile mit einer Mindestdicke von 2 mm einzubauen. Diese Mindestblechdicke gilt auch für Anschlusswinkel im Fuß- und Kopfbereich der Türen (s. ATV DIN 18340, 3.7.2).

Werden für wandhängende Sanitärobjekte (WC, Bidet) die Tragkonstruktionen mit Metallständerprofilen hergestellt, so beträgt für diese Profile die Materialmindestdicke ebenfalls 2 mm.

# Prüfung

Die Prüfung der Toleranzen erfolgt nach DIN 18202, Abschnitt 6. Der Auftragnehmer hat ggf. bestehende Bedenken gem. § 4 Nr. 3 VOB/B unverzüglich anzumelden, wenn:

- eine ungeeignete Beschaffenheit des Untergrunds vorliegt (z. B. Ausblühungen, zu glatte, staubige, nasse oder gefrorene Flächen, unterschiedliche Stoffe des Untergrunds)
- die gemessenen Abweichungen größer als in der DIN 18202 zulässig sind
- klimatische Bedingungen ungeeignet sind, vgl. Abschnitt 3.1.2 der ATV DIN 18340 (Raumtemperaturen < 5 °C)
- Lage und Tragfähigkeit des Untergrunds unzureichend sind
- eine Schwächung der Unterkonstruktion vorliegt (z. B. durch Einbauten, Kreuzungen von Leitungen)

[19] DIN EN ISO 12944:2020-03: Beschichtungsstoffe – Korrosionsschutz von Stahlbauten durch Beschichtungssysteme – Teil 5: Beschichtungssysteme

- Bezugspunkte je Geschoss (Meterstrich) fehlen
- Angaben zu Bezugsachsen in Räumen, die nicht rechtwinklig sind, fehlen
- Angaben zum Bodenaufbau im Übergangsbereich von verschiedenen Bodenbelägen fehlen
- Angaben in Bezug auf Gefälle und Bodenabläufe fehlen

Bei klimatisch schwierigen Voraussetzungen, z. B. Verarbeitungstemperaturen unter 10 °C, ist der Auftraggeber zu verständigen und es sind in Abstimmung besondere, geeignete Maßnahmen zu ergreifen (z. B. Beheizen) (siehe Abschnitt 4.2.5 ATV DIN 18340).

Bei Streiflicht sichtbar werdende Auffälligkeiten, wie Unebenheiten in den Oberflächen, sind im Rahmen der Toleranzen nach DIN 18202 zulässig. Da die Lichtverhältnisse i. d. R. nicht gleichmäßig konstant sind, kann eine eindeutige Beurteilung der Trockenbauarbeiten nur für eine vor Ausführung der Spachtelarbeiten definierte Lichtsituation vorgenommen werden. Die Lichtsituation sollte dementsprechend vertraglich vereinbart werden.

# Verglasungsarbeiten

Die Anforderungen an Verglasungsarbeiten sind im Wesentlichen in der Vergabe- und Vertragsordnung für Bauleistungen (VOB) Teil C in den Allgemeinen Technischen Vertragsbedingungen für Bauleistungen (ATV) in der ATV DIN 18361[1] (Ausgabe September 2023) beschrieben. Im Folgenden werden die Inhalte der ATV und/oder der ergänzenden Regelungen auszugsweise unter dem Gesichtspunkt von Ausführungstoleranzen, Materialmindestdicken und Abmessungen dargestellt.

| | | |
|---|---|---|
| **Normen:** | ATV DIN 18361 | Verglasungsarbeiten |
| | DIN 18008[2] (alle Teile) | Glas im Bauwesen – Bemessungs- und Konstruktionsregeln |
| | DIN EN 12488[3] | Glas im Bauwesen – Empfehlungen für die Verglasung |
| | DIN EN 14351-1[4] | Fenster und Türen – Produktnorm, Leistungseigenschaften |
| | DIN EN 16612[5] | Glas im Bauwesen – Bestimmung des Belastungswiderstands von Glasscheiben durch Berechnung |
| **Allgemeines:** | Die ATV DIN 18361 gilt für die Verglasung von Rahmenkonstruktionen, für Glaskonstruktionen sowie für die Montage von lichtdurchlässigen Kunststoffplatten. Die DIN-Norm 18202[6] enthält keine Angaben zu Toleranzen. Auch Angaben zu Toleranzen für die Ausführung sind in der ATV DIN 18361 nicht enthalten. | |

[1] ATV DIN 18361:2023-09: VOB Vergabe- und Vertragsordnung für Bauleistungen – Teil C: Allgemeine Technische Vertragsbedingungen für Bauleistungen (ATV) – Verglasungsarbeiten.

[2] DIN 18008: Glas im Bauwesen – Bemessungs- und Konstruktionsregeln; Teile 1 bis 6 (verschiedene Ausgabedaten).

[3] DIN EN 12488:2016-11: Glas im Bauwesen – Empfehlungen für die Verglasung – Verglasungsgrundlagen für vertikale und geneigte Verglasung.

[4] DIN EN 14351-1:2016-12: Fenster und Türen – Produktnorm, Leistungseigenschaften – Teil 1: Fenster und Außentüren.

[5] DIN EN 16612:2019-12: Glas im Bauwesen – Bestimmung des Belastungswiderstands von Glasscheiben durch Berechnung.

[6] DIN 18202:2019-07: Toleranzen im Hochbau – Bauwerke.

**Geltungsbereich:** ATV DIN 18361 „Verglasungsarbeiten" regelt die Ausführung von Verglasungen, Glaskonstruktionen und die Montage von lichtdurchlässigen Kunststoffplatten.

Die Norm gilt dagegen nicht für Beschlagarbeiten (s. ATV DIN 18357[7] „Beschlagarbeiten"), die Verarbeitung von Glassteinen (s. ATV DIN 18330[8] „Mauerarbeiten"), das Verlegen von Glasdachziegeln (s. ATV DIN 18338[9] „Dachdeckungsarbeiten") sowie nicht für hinterlüftete Außenwandbekleidungen (s. ATV DIN 18351[10] „Vorgehängte hinterlüftete Fassaden").

**Spezifische Ergänzungen:**

- Basis- und Sicherheitsgläser für den Glasbau
- Verschiebungstoleranzen
- Belüftung von Fensterrahmen
- Durchbiegung
- optisches Erscheinungsbild

## Spezifische Ergänzungen

An Glasflächen werden vielfältige Anforderungen aus den Bereichen Wärmeschutz, Schallschutz und Sicherheit gestellt. Die Dimensionierung der einzelnen Bauteile erfolgt im Einzelfall abhängig von den bauphysikalischen Anforderungen (s. o.), den Scheibengrößen, dem Scheibenseitenverhältnis, der Lagerung der Scheibe u. a.

Die Grundlagen für die Verglasungen sind in den Regelwerken der TRLV (Technische Regeln für die Verwendung von linien-

---

7 ATV DIN 18357:2019-09: VOB Vergabe- und Vertragsordnung für Bauleistungen – Teil C: Allgemeine Technische Vertragsbedingungen für Bauleistungen (ATV) – Beschlagarbeiten.

8 ATV DIN 18330:2019-09: VOB Vergabe- und Vertragsordnung für Bauleistungen – Teil C: Allgemeine Technische Vertragsbedingungen für Bauleistungen (ATV) – Mauerarbeiten.

9 ATV DIN 18338:2019-09: VOB Vergabe- und Vertragsordnung für Bauleistungen – Teil C: Allgemeine Technische Vertragsbedingungen für Bauleistungen (ATV) – Dachdeckungsarbeiten.

10 ATV DIN 18351:2013-09: VOB Vergabe- und Vertragsordnung für Bauleistungen – Teil C: Allgemeine Technische Vertragsbedingungen für Bauleistungen (ATV) – Vorgehängte hinterlüftete Fassaden.

A B D E F G H K M N P R S T V W Z

förmig gelagerten Verglasungen) und der TRAV (Technische Regeln für absturzsichernde Verglasungen) enthalten. Darüber hinaus gelten zusätzliche Bestimmungen für Verglasungen von Aufzugsanlagen und ähnliche Sonderverglasungen.

Aussagen zu Mindestdicken, Montage- und Bauabmessungen etc. können daher hier aufgrund der weitreichenden Systematik nicht weiter detailliert angegeben werden.

Nachstehende Übersicht von Gläsern aus dem Programm eines führenden Glasherstellers soll als beispielhafter Überblick dienen und erste Informationen über die Größenordnungen von Dicken und Dickentoleranzen geben. Für die Planung und Ausführung im konkreten Anwendungsfall sind die Daten des jeweiligen Produktherstellers heranzuziehen.

### Basis- und Sicherheitsgläser für den Glasbau (beispielhafte Daten)

***Tabelle 1:*** *Kennwerte für verschiedene Glasarten (Quelle: Schöwer)*

| Glasart | Form, Abmessung, Scheibenanzahl | Dicken | zulässige Abweichungen |
|---|---|---|---|
| Floatglas | | 2, 3, 4, 5, 6 mm | ± 0,2 mm |
| | | 8, 10, 12 mm | ± 0,3 mm |
| Wärmeschutzgläser und Isoliergläser | Floatglas, je Einzelscheibe | | ± 1 mm |
| Schallschutzglas | ohne Gießharzverbund | Einzelscheibe: 9–13 mm | ± 1 mm |
| | mit Gießharzverbund | | ± 2 mm |
| Sicherheitsgläser für Objekt- und Personenschutz | | 17 mm | + 1,5 mm<br>- 0,5 mm |
| Sicherheitsglas mit Emaillierung | Fassadenplatten,<br>1-scheibig<br>2-scheibig | 6 mm<br>8–15 mm bei<br>6–8 mm Scheibenzwischenraum | ± 0,2 mm<br>± 0,3 mm<br>+ 2 mm/– 1 mm |
| Verbundsicherheitsglas | 2-scheibig | 4 mm<br>5 mm<br>6–24 mm<br>31 und 39 mm | ± 0,3 mm<br>± 0,5 mm<br>± 1 mm<br>± 1,5 mm |
| Einscheibensicherheitsglas | ebene Flächen<br><br>Strukturflächen | 4–6 mm<br>8, 10, 12, 15 mm<br>19 mm<br>4, 6, 8, 10 mm | ± 0,2 mm<br>± 0,3 mm<br>± 1,0 mm<br>± 0,5 mm |

***Tabelle 1:*** *Kennwerte für verschiedene Glasarten (Quelle: Schöwer)*

| Glasart | Form, Abmessung, Scheibenanzahl | Dicken | zulässige Abweichungen |
|---|---|---|---|
| Verbundsicherheitsglas | aus 2 teilvorgespannten Gläsern | | + 2 mm/– 0,5 mm |
| gebogene Gläser | Einscheibensicherheitsglas | Länge/Breite < 1 m | ± 2 mm |
| | | Länge/Breite < 2 m | ± 3 mm |
| | | Biegeabweichung | ± 3 mm |

## Toleranzen von Mehrscheiben-Isolierglas (MIG)

Toleranzen von Mehrscheiben-Isolierglas (MIG) sind im Teil 1 der DIN EN 1279 „Glas im Bauwesen – Mehrscheiben-Isolierglas" geregelt. Mehrscheiben-Isolierglas ist eine am Rand hermetisch versiegelte Einheit, die aus mindestens zwei Glasscheiben besteht, die am Rand durch einen Abstandhalter voneinander getrennt sind.

### Toleranzen für Breite und Höhe:

Maßtoleranzen sind für die Breite B und Höhe H der Einheit (bei rechteckigen Scheiben) sowie für den Versatz in DIN EN 1279-1[11], 6.3.2 festgelegt; siehe folgende Tabelle.

***Tabelle 2:*** *Maßtoleranzen von Mehrscheiben-Isolierglaseinheiten (n. DIN EN 1279-1, 6.3.2) (Quelle: Schmidt/Schöwer)*

| Maßtoleranzen für Mehrscheiben-Isolierglaseinheiten (MIG) (n. DIN EN 1279-1, Tab. 2) | | | | |
|---|---|---|---|---|
| **Aufbau des Zweifach-/Dreifach-MIG** | | | **Toleranzen für die Breite B und Höhe H** | **Versatz** |
| alle Scheiben ≤ 6 mm | und | (B und H) ≤ 2000 mm | ± 2 mm | ≤ 2 mm |
| 6 mm < dickste Scheibe ≤ 12 mm | oder | 2000 mm < (B oder H) ≤ 3500 mm | ± 3 mm | ≤ 3 mm |
| dickste Scheibe ≤ 12 mm | und | 3500 mm < (B oder H) ≤ 5000 mm | ± 4 mm | ≤ 4 mm |
| 1 Scheibe > 12 mm | oder | (B oder H) > 5000 mm | ± 5 mm | ≤ 5 mm |

[11] DIN EN 1279-1:2018-10: Glas im Bauwesen – Mehrscheiben-Isolierglas – Teil 1: Allgemeines, Systembeschreibung, Austauschregeln, Toleranzen und visuelle Qualität.

***Tabelle 2:*** *Maßtoleranzen von Mehrscheiben-Isolierglaseinheiten (n. DIN EN 1279-1, 6.3.2) (Quelle: Schmidt/Schöwer)*

| **Maßtoleranzen für Mehrscheiben-Isolierglaseinheiten (MIG) (n. DIN EN 1279-1, Tab. 2)** | | |
|---|---|---|
| **Aufbau des Zweifach-/Dreifach-MIG** | **Toleranzen für die Breite B und Höhe H** | **Versatz** |
| Bei den Dicken handelt es sich um Nenndicken. | | |
| B: Breite; H: Höhe<br>Versatz: Verschiebung der Ränder des Glases während der Herstellung des MIG. | | |

## Toleranzen für die Dicke:

Für die Dicke der Glaseinheit gelten die folgenden Toleranzen. Diese müssen in den Ecken sowie in den Mittelpunkten der Kanten eingehalten werden.

***Tabelle 3:*** *Toeranzen für die Dicke von Mehrscheiben-Isoliergläsern (n. DIN EN 1329-1, 6.3.3) (Quelle: Schmidt/Schöwer)*

| **Dickentoleranzen für Mehrscheiben-Isoliergläser (n. DIN EN 1279-1, Tab.3)** | | |
|---|---|---|
| **Art der Verglasung** | **Scheibe** | **MIG-Dickentoleranz** [1] |
| Zweifach-MIG | Alle Scheiben bestehen aus entspanntem Floatglas | ± 1,0 mm |
| | Mind. eine Scheibe besteht aus Verbundglas, Ornamentglas oder ist kein entspanntes Glas | ± 1,5 mm |
| Dreifach-MIG | Alle Scheiben bestehen aus entspanntem Floatglas | ± 1,4 mm |
| | Mind. eine Scheibe besteht aus Verbundglas, Ornamentglas oder ist kein entspanntes Glas | + 2,8 mm<br>- 1,4 mm |
| [1] Sofern bei entspanntem oder vorgespanntem Glas eine Glaskomponente eine Nenndicke > 12 mm bzw. bei Verbundglas eine Nenndicke von > 20 mm aufweist, sollte der Hersteller des Mehrscheiben-Isolierglases konsultiert werden. | | |

### Toleranzen von Verbundglas und Verbund-Sicherheitsglas

Anforderungen an Verbundglas und Verbund-Sicherheitsglas sind in der Normenreihe DIN EN ISO 12543 „Glas im Bauwesen – Verbundglas und Verbund-Sicherheitsglas" geregelt. Für Maße und Kantenbearbeitung gilt der Teil 5 dieser Normenreihe (DIN EN ISO 12543-5[12]).

Als Verbundglas wird der Aufbau aus einer Glasscheibe bezeichnet, dieser besteht aus einer oder mehreren Scheiben aus Glas, die durch Zwischenschichten miteinander verbunden sind. Anstatt der Scheiben aus Glas kann auch Verglasungsmaterial aus Kunststoff verwendet werden.

Verbund-Sicherheitsglas ist spezielles Verbundglas, bei dem im Fall eines Bruchs Glasbruchstücke durch die Zwischenschicht zurückgehalten werden. Außerdem werden bei einem Bruch die Öffnungsgröße begrenzt, eine Restfestigkeit gewährleistet und das Verletzungsrisiko verringert.

**Grenzabmaße der Dicke:**
Die Grenzabmaße der Dicke von Verbundglas sind vom Herstellungsverfahren abhängig.

Für ***Folienverbund-Erzeugnisse*** gilt, dass die Grenzabmaße der Dicke die Summe der Grenzabmaße der einzelnen Glasscheiben nicht überschreiten dürfen. Die Grenzabmaße der einzelnen Glasscheiben sind in den Grundproduktnormen festgelegt (s. DIN EN ISO 12543-1[13], Anhang A). Wegen des Umfangs der Daten wird auf die Norm verwiesen.

Für ***Erzeugnisse aus Gießharz-Verbundglas*** gilt, dass die Summe der Grenzabmaße der einzelnen Glasscheiben sowie die Grenzabmaße der Zwischenschichten aus Gießharz die zulässigen Grenzabmaße nicht überschreiten. Es wird auf die Norm verwiesen.

---

[12] DIN EN ISO 12543:2023-12: Glas im Bauwesen – Verbundglas und Verbund-Sicherheitsglas – Teil 5: Maße und Kantenbearbeitung.

[13] DIN EN ISO 12543-1:2022-03: Glas im Bauwesen – Verbundglas und Verbund-Sicherheitsglas – Til 1: Definition und Beschreibung von Bestandteilen.

### Grenzabmaße für Breite und Länge:

Grenzabmaße für die Breite L und die Länge H sind in der folgenden Tabelle angegeben.

***Tabelle 4:*** *Grenzabmaße für Breite und Länge von Verbundglas (n. DIN EN ISO 12543-5, Tab. 3) (Quelle: Schmidt)*

| **Grenzabmaße für Breite und Länge von Verbundglas (n. DIN EN ISO 12543-5, Tab. 3)** | | | |
|---|---|---|---|
| Nennmaß B (Breite) oder H (Länge) | Nenndicke von Verbundglas ≤ 8 mm | Nenndicke von Verbundglas > 8 mm: jede Glasscheibe mit einer Nenndicke < 10 mm | Nenndicke von Verbundglas > 8 mm: mind. eine Glasscheibe mit einer Nenndicke > 10 mm |
| ≤ 2.000 mm | +3,0 mm<br>-2,0 mm | +3,5 mm<br>-2,0 mm | +5,0 mm<br>-3,5 mm |
| ≤ 3.000 mm | +4,5 mm<br>-2,5 mm | +5,0 mm<br>-3,0 mm | +6,0 mm<br>-4,0 mm |
| > 3.000 mm | +5,0 mm<br>-3,0 mm | +6,0 mm<br>-4,0 mm | +7,0 mm<br>-5,0 mm |
| Die Werte gelten nicht für feuerwiderstandsfähiges Verbundglas und feuerwiderstandsfähiges Verbund-Sicherheitsglas. Für diese Produkte sind die Grenzabmaße vom Hersteller festzulegen. | | | |

### Grenzabmaße der Differenz zwischen den Diagonalen

Die Grenzabmaße der Differenz zwischen den (beiden) Diagonalen von Verbundglas sind in der folgenden Tabelle angegeben.

***Tabelle 5:*** *Grenzabmaße der Differenz der Diagonalen von Verbundglas (n. DIN EN ISO 12543-5, Tab. 4) (Quelle: Schmidt)*

| **Grenzabmaße der Differenz der Diagonalen von Verbundglas (n. DIN EN ISO 12543-5, Tab. 4)** | | | |
|---|---|---|---|
| Nennmaß B (Breite) oder H (Länge) | Nenndicke von Verbundglas ≤ 8 mm | Nenndicke von Verbundglas > 8 mm: jede Glasscheibe mit einer Nenndicke < 10 mm | Nenndicke von Verbundglas > 8 mm: mind. eine Glasscheibe mit einer Nenndicke > 10 mm |
| ≤ 2.000 mm | 6 mm | 7 mm | 9 mm |
| ≤ 3.000 mm | 8 mm | 9 mm | 11 mm |
| > 3.000 mm | 10 mm | 11 mm | 13 mm |

A B D E F G H K M N P R S T V W Z

**Versatz:**

Maximale Werte für den Versatz (d. h. die Differenz der Breite bzw. Länge einzelner Glasscheiben) sind in der folgenden Tabelle angegeben:

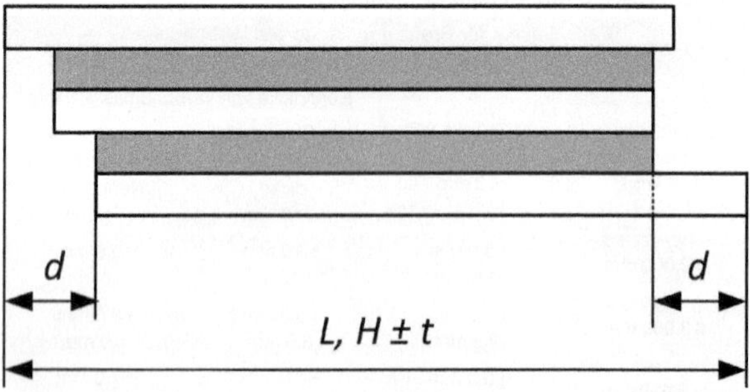


***Bild 1:*** *Versatz bei Verbundglas (in Anlehnung an DIN EN ISO 12543-5, Bild 2) (Quelle: Schmidt)*

***Tabelle 6:*** *Maximale Werte für den Versatz bei Verbundglas (n. DIN EN ISO 12543-5, Tab. 5) (Quelle: Schmidt)*

| Versatz bei Verbundglas (n. DIN EN ISO 12543-5, Tab. 5) | |
|---|---|
| **Nennmaß**<br>**B (Breite) oder H (Länge)** | **Maximal zulässiger Versatz**<br>**d** |
| ≤ 2.000 mm | 2,0 mm |
| ≤ 3.000 mm | 3,0 mm |
| > 3.000 mm | 4,0 mm |

## Belüftung von Fensterrahmen

Zur Anpassung des Dampfdrucks im Glasfalzraum müssen in der Rahmenkonstruktion des Verglasungssystems Lüftungsöffnungen für einen Druckausgleich zur Wetterseite vorhanden sein. Nach Angaben der Glasherstellerindustrie haben sich dabei folgende Mindestanforderungen bewährt: je eine Öffnung in den unteren Rahmenecken, mit einem seitlichen Abstand von maximal 100 mm von der Rahmenecke und einem Abstand von maximal 600 mm zwischen den Öffnungen untereinander. Für die Dimensionierung der Öffnungen sind i. d. R. geeignet: runde Öffnungen mit mindestens 8 mm Durchmesser, rechteckige Öffnungen mit den Mindestabmessungen 8 x 8 mm oder als Langloch mit dem Format 5 x 15 mm.

**Durchbiegung**

Die maximale Durchbiegung des Isolierglas-Randverbunds bei einer maximalen Belastung und geöffnetem Fenster, senkrecht zur Plattenebene, darf im Bereich einer Kante maximal 1/300 der Glaskantenlänge betragen.

**Optisches Erscheinungsbild**

Verglasungen eingesetzter Floatgläser müssen an der Oberfläche plan sein. Die Scheibe muss klar, durchsichtig oder klar reflektierend sein und darf nicht verzerren. Vereinzelte, nicht störende kleine Blasen und unauffällige Kratzer sind zulässig. Dies gilt sinngemäß auch für Drahtspiegelglas, bei dem auch geringe Abweichungen in der Drahtnetzeinlage zulässig sind.

Für die Beurteilung der visuellen Qualität von Glas sind die Anforderungen im BF-Merkblatt 006[14] zu beachten. Für die Regeln wird auf das Merkblatt verwiesen. Anforderungen an die visuelle Qualität von Mehrscheiben-Isolierglas sind in DIN EN 1279-1, Anhang F festgelegt; für die Regeln wird auf die Norm verwiesen.

Allgemein gelten für Glaserzeugnisse folgende Anforderungen (s. ATV DIN 18361):

- Floatglas muss in der Oberflächenausbildung plan, klar, durchsichtig, klar reflektierend und verzerrungsfrei sein. Vereinzelte, nicht störende kleine Blasen und unauffällige Kratzer sind dabei zulässig.
- Drahtspiegelglas muss beidseitig plangeschliffen, poliert und durchsichtig sein. Unauffällige Kratzer, kleine Blasen und Abweichungen in der Drahtnetzeinlage dürfen nur in handelsüblichen Ausmaßen vorhanden sein.
- Bei Glas mit Drahtnetzeinlage muss die Einlage bei einem Bruch des Glases dessen Bruchstücke halten.
- Bei Verbundsicherheitsglas müssen die einzelnen Schichten so dauerhaft verbunden sein, dass sich bei einem Bruch keine gefährlichen Glassplitter ablösen können.

[14] BF-Merkblatt 006 „Richtlinie zur Beurteilung der visuellen Qualität von Glas für das Bauwesen“; hrsg. v. Bundesverband Flachglas e. V., Troisdorf.

# Prüfung

Der Auftragnehmer hat unverzüglich Bedenken gem. § 4 Nr. 3 VOB/B anzumelden, wenn die Ausführungsanforderungen nach ATV DIN 18361, Abschnitt 3.1 nicht berücksichtigt wurden. Bedenken sind v. a. anzumelden (ATV DIN 18361, 3.1.1), wenn:

- die Verglasungen den gesetzlichen oder bauaufsichtlichen Bestimmungen nicht entsprechen
- unzureichende Festigkeit von Rahmen, Pfosten, Riegeln, Sprossen und Beschlägen vorliegt
- das Verhältnis zum Gewicht der Scheibe unter den Verklotzungsstellen nicht stimmig ist
- die Rahmen ungenügend befestigt sind
- die Glasauflagerflächen Unebenheiten aufweisen
- die Glashalteleisten nicht abnehmbar ausgeführt sind
- zur sicheren Befestigung der Scheiben ungeeignete Halterungen oder Klemmleisten verwendet wurden
- eine ungenügende Ausbildung, Bemessung und Vorhaltung der Glasfalze und Glashalteleisten vorliegt
- bei Verglasungen mit gebogenen Scheiben die Glasfalzbreite nicht mindestens 20 mm größer als die Glasdicke ist
- bei Verglasungssystemen mit freiem Glasfalzraum die Öffnungen zum Ausgleich des Dampfdrucks mangelnd bemessen sind oder gänzlich fehlen

Bedenken sind bei Rahmen, die im Wesentlichen folgende Mängel aufweisen, anzumelden:

- wenn erforderliche Vorbereitungen für die Aufnahme der Befestigung nicht durchgeführt wurden oder die Befestigung ganz fehlt
- bei Rahmen, an denen die Glashalteleisten erst nachträglich angebracht werden können oder wenn die notwendigen Halteelemente zur Scheibensicherung fehlen
- bei ungenügender Dicke des Glases

A B D E F G H K M N P R S T V W Z

# Verkehrswegebauarbeiten

Die Anforderungen an Verkehrswegebauarbeiten sind im Wesentlichen in der Vergabe- und Vertragsordnung für Bauleistungen (VOB) Teil C in den Allgemeinen Technischen Vertragsbedingungen für Bauleistungen (ATV) in der ATV DIN 18315 (Ausgabe September 2023) sowie ATV DIN 18316 bis ATV DIN 18318 (Ausgabe jeweils September 2019) beschrieben. Im Folgenden werden die Inhalte der ATV und/oder der ergänzenden Regelungen nur auszugsweise unter dem Gesichtspunkt von Ausführungstoleranzen dargestellt.

**Normen:** Die Leistungen für Verkehrswegebauarbeiten werden in Abhängigkeit von den Ausführungsmaterialien in der VOB/C in unterschiedlichen technischen Vertragsbedingungen geregelt.

ATV DIN 18315[1] gilt für Oberbauschichten ohne Bindemittel.

ATV DIN 18316[2] gilt für Oberbauschichten mit hydraulischen Bindemitteln.

ATV DIN 18317[3] gilt für Oberbauschichten aus Asphalt.

ATV DIN 18318[4] gilt für Pflasterdecken und Plattenbeläge und Einfassungen.

---

1 ATV DIN 18315:2023-09: VOB Vergabe- und Vertragsordnung für Bauleistungen – Teil C: Allgemeine Technische Vertragsbedingungen für Bauleistungen (ATV) – Verkehrswegebauarbeiten – Oberbauschichten ohne Bindemittel.

2 ATV DIN 18316:2019-09: VOB Vergabe- und Vertragsordnung für Bauleistungen – Teil C: Allgemeine Technische Vertragsbedingungen für Bauleistungen (ATV) – Verkehrswegebauarbeiten – Oberbauschichten mit hydraulischen Bindemitteln.

3 ATV DIN 18317:2019-09: VOB Vergabe- und Vertragsordnung für Bauleistungen – Teil C: Allgemeine Technische Vertragsbedingungen für Bauleistungen (ATV) – Verkehrswegebauarbeiten – Oberbauschichten aus Asphalt.

4 ATV DIN 18318:2019-09: VOB Vergabe- und Vertragsordnung für Bauleistungen – Teil C: Allgemeine Technische Vertragsbedingungen für Bauleistungen (ATV) – Pflasterdecken und Plattenbeläge, Einfassungen.

**Geltungsbereich:** Die DIN-Normen gelten im Allgemeinen für die Befestigungen von Straßen und Wegen, Plätzen, Höfen, Flugbetriebsflächen, Bahnsteigen und Gleisanlagen sowie Deckschichten auf Brücken. Oberflächenbefestigungen aus Natur- oder Betonwerkstein und Klinkerplatten werden in der ATV DIN 18318 geregelt.

**Allgemeines:** Hinweise auf die Toleranzen nach DIN 18202[5] werden in allen entsprechenden Allgemeinen Technischen Vertragsbedingungen nicht gegeben.

Ergänzend gilt die ATV DIN 18299[6] „Allgemeine Regelungen für Bauarbeiten jeder Art", Abschnitt 1 bis 5.

Das Messverfahren für die Prüfung der Ebenheit von Pflasterdecken nach ATV DIN 18318 ist nach den Technischen Prüfvorschriften für Ebenheitsmessungen auf Fahrbahnoberflächen in Längs- und Querrichtung (TP Eben) als berührende Messung vorzunehmen.

**Spezifische Ergänzungen:**

- Barrierefreiheit

# Oberbauschichten ohne Bindemittel – ATV DIN 18315

### Tragschicht/Verfestigung

Die Tragschicht/Verfestigung, ggf. auch aus mehreren Lagen bestehend, ist gleichmäßig auf der gesamten herzustellenden Fläche einzubauen und für die vorgesehene Nutzung entsprechend zu verdichten.

---

5 DIN 18202:2019-07: Toleranzen im Hochbau – Bauwerke.

6 ATV DIN 18299:2023-09: VOB Vergabe- und Vertragsordnung für Bauleistungen – Teil C: Allgemeine Technische Vertragsbedingungen für Bauleistungen (ATV) – Allgemeine Regelungen für Bauarbeiten jeder Art.

Die Oberfläche der einzelnen Schichten muss eine gleichmäßige Beschaffenheit aufweisen und eine Neigung von mindestens 1,5 % aufweisen. Die Schichten sind mit dem geplanten Längs- und Querprofil herzustellen. Abweichungen der Oberfläche vom Sollniveau dürfen nicht größer als 3 cm sein. Diese Anforderung gilt generell für jede Stelle (ATV DIN 18315, 3.2.1.4 und 3.2.1.5).

Unebenheiten der Oberfläche der verdichteten Schicht dürfen auf einer Messstrecke von 4 m nicht größer als ±3 cm sein. Die Abweichungen von der Ebenheit sind mit einer Richtlatte und einem 30-cm-Messkeil nach den Regelungen in der „TP Eben – Berührende Messungen“[7] zu bestimmen (ATV DIN 18315, 3.2.1.6).

Die Mindest-Einbaudicke jeder Schicht oder Lage ist abhängig vom Größtkorn des Baustoffgemischs. Im verdichteten Zustand sind die folgenden Werte einzuhalten (ATV DIN 18315, 3.2.1.7):

***Tabelle 1:*** *Mindest-Einbaudicke jeder Schicht von Tragschichten (n. ATV DIN 3.2.1.7) (Quelle: Schöwer/Schmidt)*

| **Größtkorn der Mineralstoffmischung** | **Mindest-Einbaudicke der Tragschicht** |
|---|---|
| | **in verdichtetem Zustand** |
| ≤ 32 mm | 12 cm |
| ≤ 45 mm | 15 cm |
| ≤ 56 mm | 18 cm |
| ≤ 63 mm | 20 cm |
| Die Dicke der eingebauten Lage darf nicht größer als 30 cm sein. | |

## Deckschicht

Die Deckschicht ist gleichmäßig auf der gesamten herzustellenden Fläche einzubauen und gleichmäßig zu verdichten.

Die Oberfläche der Deckschicht muss zur Gewährleistung der Entwässerung eine Neigung von mindestens 1,5 % aufweisen (ATV DIN 18315, 3.2.2.3).

Die Deckschichten sind mit dem geplanten Längs- und Querprofil herzustellen. Abweichungen der Oberfläche vom Sollniveau dürfen nicht mehr als ±3 cm betragen. Dies gilt für jede Stelle (ATV DIN 18315, 3.2.2.4).

[7] Autor: FGSV Forschungsgesellschaft für Straßen- und Verkehrswesen e. V; hrsg. v. FGSV Verlag, Köln.

Abweichungen von der Ebenheit der Oberfläche der verdichteten Schicht dürfen auf einer 4 m langen Messstrecke nicht mehr als 2 cm betragen. Die Messung ist nach den Regeln in „TP Eben – Berührende Messungen" (s. o.) mit einer Richtlatte und einem 30-cm-Messkeil durchzuführen (ATV DIN 18315, 3.2.2.5).

Die Mindest-Einbaudicke jeder Schicht oder Lage ist abhängig vom Größtkorn des Baustoffgemischs. Im verdichteten Zustand müssen die nachfolgend angegebenen Mindestdicken eingehalten werden (ATV DIN 18315, 3.2.2.6).

***Tabelle 2:*** *Mindest-Einbaudicken der Deckschicht im verdichteten Zustand (n. ATV DIN 18315, 3.2.2.6) (Quelle: Schmidt/Schöwer)*

| Größtkorn der Mineralstoffmischung | Mindest-Einbaudicke der Deckschicht in verdichtetem Zustand |
|---|---|
| ≤ 11 mm | 3 cm |
| ≤ 16 mm | 5 cm |
| ≤ 22 mm | 7 cm |

**Oberbauschichten aus unsortierten Mineralstoffen**

Bei Einfachbauweise sind Oberbauschichten aus unsortierten Mineralstoffen mit geeigneter Kornabstufung in gleichmäßiger Dicke einschichtig herzustellen und entsprechend dem Verwendungszweck zu verdichten.

**Prüfung**

Vor Beginn der Arbeiten ist die Unterlage auf die Eignung und insbesondere auf Abweichungen von der planmäßigen Höhenlage, der Neigung oder der Ebenheit zu überprüfen. Die Überprüfung der Höhenlagen der Schichten erfolgt kontinuierlich während der Herstellung der jeweiligen Schicht mit Schnur, Wasserwaage und Lasernivelliergerät. Fertige Oberflächen werden nach den Regelungen der DIN 18202 geprüft.

## Oberbauschichten mit hydraulischen Bindemitteln – ATV DIN 18316

### Tragschicht, Verfestigung

Das Baustoffgemisch der Tragschicht ist gleichmäßig mit einer Mindestdicke von 10 cm auf der gesamten herzustellenden Fläche aufzubauen und für die vorgesehene Nutzung entsprechend zu verdichten. Die Trockendichte muss mindestens 98 % Proctordichte betragen (ATV DIN 18316, 3.3.1.1).

Abweichungen der Oberfläche von der Sollhöhe sind bis zu ± 3 cm zulässig (ATV DIN 18316, 3.3.1.5). Die Ebenheit der Oberfläche darf dabei auf einer Messstrecke von 4 m eine Toleranz von ± 3 cm aufweisen (ATV DIN 18316, 3.3.1.6).

**Tragschicht, hydraulisch gebunden**

Die Mindesttragschichtdicke beträgt 9 cm. Abweichungen der Oberfläche von der Sollhöhe sind bis zu 3 cm zulässig. Die Ebenheit der Oberfläche darf dabei auf einer Messstrecke von 4 m eine Toleranz von ±2 cm aufweisen (ATV DIN 18316, 3.3.2.4 und 3.3.2.6).

**Betontragschicht**

Die Mindesttragschichtdicke beträgt 6 cm. Abweichungen der Oberfläche von der Sollhöhe sind bis zu 3 cm zulässig. Die Ebenheit der Oberfläche darf dabei auf einer Messstrecke von 4 m eine Toleranz von ±2 cm aufweisen (DIN 18316, 3.3.3).

**Betondecken**

Betondecken sind nach ATV DIN 18316, 3.3.4.8 mit einer Dicke von mindestens 10 cm an jeder Stelle und mit senkrechten Seitenflächen herzustellen. Bei mehrschichtigen Aufbauten ist jede Lage mit einer Mindestdicke entsprechend dem dreifachen Durchmesser des eingebauten Größtkorns anzulegen. In diesen Fällen muss die oberste Schicht eine Mindestdicke von 4 cm aufweisen. Oberflächenunebenheiten sind auf einer 4 m langen Messstrecke nur bis zu 1 cm zulässig (ATV DIN 18316, 3.3.4.8 und 3.3.4.10).

Fugen in Betondecken sind als Raumfugen mit einer Breite von mindestens 12 mm und über die gesamte Deckendicke herzustellen. Scheinfugen, die in den erhärteten Beton eingeschnitten werden, sind auf mindestens 25 % der Deckendicke herzustellen (ATV DIN 18316, 3.3.4.4).

Für Anker sind Betonstähle mit mindestens 16 mm Durchmesser und 60 cm Länge einzusetzen und in der Mitte der Plattendicke einzubauen (ATV DIN 18316, 3.3.4.6).

Dübel, die zur Querkraftübertragung und Sicherung der Höhenlage der Platten dienen, müssen aus glattem Rundstahl mit einem Durchmesser von 25 mm und einer Länge von 50 cm bestehen. Sie sind in Plattenmitte derart einzubauen, dass eine Ausdehnung der Platte nicht behindert wird (ATV 18316, 3.3.4.5).

Nachfolgend sind die einzelnen Anforderungen an Tragschichten zusammengestellt:

***Tabelle 3:** Anforderungen an die Mindestdicke sowie zulässige Abweichungen von der Sollhöhe und der Oberflächenebenheit (Quelle: Schöwer)*

| Grundanforderungen | Tragschicht | | | Decke |
|---|---|---|---|---|
| | Verfestigung | hydraulisch gebunden | Beton | Beton |
| Mindestdicke | 10 cm | 9 cm | 6 cm | 10 cm |
| zulässige Abweichung von der Sollhöhe | max. 3 cm | max. 3 cm | max. 3 cm | max. 3 cm |
| Oberflächenunebenheit auf 4,0 m Messlänge | max. 3 cm | max. 2 cm | max. 2 cm | max. 1 cm |

**Prüfung**

Vor Beginn der Arbeiten ist die Unterlage auf die Eignung und insbesondere auf Abweichungen von der planmäßigen Höhenlage, der Neigung oder der Ebenheit zu überprüfen. Fertige Oberflächen werden nach den Regelungen der DIN 18202 geprüft.

## Oberbauschichten aus Asphalt – ATV DIN 18317

Die Ausführung von Oberbauschichten aus Asphalt ist in der ATV DIN 18317 differenziert nach den Zusammensetzungen aus verschiedenen Mineralstoffen und Bindemitteln sowie der Funktion, z. B. als Trag-, Binder- oder Deckschicht, beschrieben. Angaben zu Mindestdicken, Oberflächenebenheiten und der Einhaltung von Höhenlagen sind entsprechend zugeordnet (siehe folgende Tabelle).

Grundsätzlich gilt für alle Ausführungsarten, dass die Nähte der Schichten und Lagen gegeneinander um 15 cm zu versetzen sind. Die Nähte der Deckschichten sind geradlinig auszuführen, wobei die Längsnähte der Straßenführung anzupassen sind.

## Übersicht: Schichtdicke – Oberflächenebenheit

(Dicke n. ATV DIN 18317, 3.3.1.6 u. 3.3.2.4, Oberflächenebenheit n. ATV DIN 18317, 3.3.1.5 u. 3.3.2.3)

***Tabelle 4:*** *Anforderungen an die Dicke und Ebenheit von Schichten aus Asphaltbeton, Splittasphaltmastix, Gussasphalt, Asphaltmastix und bitumenhaltigen Bindemitteln (n. ATV DIN 18317) (Quelle: Schöwer/Schmidt)*

| | **Material** | **Dicke** | | **zulässige Abweichung von der Sollhöhe** | **Oberflächenebenheit (4,0 m Messlänge)** |
|---|---|---|---|---|---|
| | | **im Mittel** | **an keiner Stelle unter** | | |
| **Tragschicht** | Asphaltbeton und Splittmastixasphalt | 6 cm | 4 cm | max. 3 cm gilt für alle Schichtentypen | ≤ 2,0 cm |
| **Tragdeckschicht** | | 7 cm | 5 cm | | ≤ 1,5 cm |
| **Binderschicht** | | 4 cm | 3 cm | | ≤ 1,0 cm |
| **Deckschicht** | | 2,5 cm | 1,5 cm (mind. das 2,5fache des Größtkorns) | | ≤ 1,0 cm |
| **Deckschicht** | Gussasphalt | 2,5 cm | 1,5 cm | - | ≤ 1,0 cm |
| **dünne Schichten** | Asphaltbeton, Splittmastixasphalt, Gussasphalt, Asphaltmastix | Verbrauch: Beim Heißeinbau: 30 kg/m² Bei Asphaltmastixschichten: 15 kg/m² Mastix und 15 kg/m² grobe Gesteinskörnung | | - | - |
| **verfestigte Tragschicht** | bitumenhaltige Bindemittel | 15 cm | 12 cm | - | ≤ 3,0 cm |

# Pflasterdecken und Plattenbeläge, Einfassungen – ATV DIN 18318

Die ATV DIN 18318 regelt die Anforderungen an die Materialien der Deck- und Tragschicht sowie der Bettung. Für die Ausführung sind Festlegungen in Bezug auf die erforderliche Ebenheit und das Gefälle der Oberflächen getroffen.

## Ebenheitsanforderungen

Unabhängig vom Material der Oberflächenbefestigung dürfen bei Pflasterdecken, Plattenbelägen und Randeinfassungen mit Bordsteinen die Abweichungen der Oberfläche von der Sollhöhe an keiner Stelle mehr als 2 cm betragen (ATV DIN 18318, 3.1.13).

Für Pflasterdecken und Plattenbeläge sind die folgenden Ebenheitsanforderungen einzuhalten:

***Tabelle 5:*** *Ebenheitsanforderungen an Pflasterdecken und Plattenbeläge (n. ATV DIN 18318, 3.1.17, Tab. 5) (Quelle: Schmidt)*

| Ebenheitsanforderungen für Pflasterdecken und Plattenbeläge (n. ATV DIN 18318, Tab. 5) | | | | | |
|---|---|---|---|---|---|
| Nutzung | Material | Neigung | Ebenheitsanforderungen als Stichmaß unter einer | | |
| | | | 1-m-Latte | 2-m-Latte | 4-m-Latte |
| begehbar | Pflastersteine, Platten aus Beton, Pflasterklinker, Pflasterziegel, bearbeiteter Naturstein | ≥ 1,5 % < 2,0 % | ≤ 3 mm | ≤ 5 mm | ≤ 8 mm |
| | | ≥ 2,0 % < 2,5 % | ≤ 4 mm | ≤ 6 mm | ≤ 10 mm |
| | | ≥ 2,5 % | ≤ 8 mm | ≤ 10 mm | ≤ 12 mm |
| | unbearbeiteter und spaltrauer Naturstein | ≥ 2,0 % < 2,5 % | ≤ 5 mm | ≤ 7 mm | ≤ 10 mm |
| | | ≥ 2,5 % | ≤ 10 mm | ≤ 12 mm | ≤ 20 mm |
| befahrbar | Pflastersteine, Platten aus Beton, Klinker, Ziegel, bearbeiteter Naturstein | ≥ 2,0 % < 2,5 % | ≤ 3 mm | ≤ 5 mm | ≤ 8 mm |
| | unbearbeiteter und spaltrauer Naturstein | ≥ 2,5 % | ≤ 4 mm | ≤ 6 mm | ≤ 10 mm |
| | | ≥ 3,0 % | ≤ 10 mm | ≤ 12 mm | ≤ 15 mm |

A B D E F G H K M N P R S T V W Z

Für Entwässerungsrinnen beträgt das zulässige Maß der Abweichung von der Ebenheit 5 mm. Für die Prüfung der Ebenheit sind die Regelungen der TP Eben – Berührende Messungen anzuwenden (siehe Abschnitt Prüfung).

**Pflastersteine**

Alle in einer Fläche verlegten Steine oder Platten sollen die gleiche Dicke haben. Produktionsbedingte geringfügige Dickenabweichungen und eine Anordnung zum Bettungsmaterial sind zulässig.

## Zulässige Abweichungen

Zulässige Abweichungen für Pflastersteine aus Beton sind in der folgenden Tabelle angegeben (s. DIN EN 1338[8], 5.2.4):

***Tabelle 6:** Zulässige Abweichungen von Pflastersteinen aus Beton (n. DIN EN 1338, 5.2.4) (Quelle: Schmidt/Schöwer)*

| DIN EN 1338 Pflastersteine aus Beton | zulässige Abweichungen in mm | | |
|---|---|---|---|
| | Länge | Breite | Dicke |
| < 100 mm Dicke | ±2 | ±2 | ±3 |
| ≥ 100 mm Dicke | ±3 | ±3 | ±4 |

Die Differenz zwischen zwei beliebigen Messungen der Dicke eines Pflastersteins muss ≤ 3 mm sein.

## Wölbung, Ebenheit

Bei Steinen mit einer größten Seitenlänge von > 300 mm kann die konkave und/oder konvexe Wölbung überprüft werden, bei einer Messlänge von 300 mm gilt für die konkave Wölbung ein zulässiger höchster Messwert von 1,0 mm, für die konvexe Wölbung 1,5 mm. Für die Messlänge 400 mm gilt entsprechend 1,5 mm (konkave Wölbung) bzw. 2,0 mm (konvexe Wölbung) (s. hierzu DIN EN 1338, Tab. 3).

8 DIN EN 1338:2003-08: Pflastersteine aus Beton – Anforderungen und Prüfverfahren.

## Differenz der Diagonalen

Bei Pflastersteinen, deren Diagonale eine Länge von > 300 mm aufweist, dürfen Differenzen aus Messung beider Diagonalen die folgenden Grenzwerte nicht überschreiten.

***Tabelle 7:*** *Zulässige Differenzen beider Diagonalen von Pflastersteinen mit einer Länge der Diagonalen > 300 mm (n. DIN EN 1338, Tab. 2)*

| Klasse | Kennzeichnung | max. Differenz beider Diagonalen in mm |
|---|---|---|
| 1 | J | 5 |
| 2 | K | 3 |
| Hinweis: Klasse 1 beschreibt geringere Anforderungen als Klasse 2. Die Kennzeichnung dient der Beschreibung der Anforderungen. Für Anforderungen an die Diagonale werden die Kennzeichnungen J und K verwendet. | | |

Für Platten aus Beton mit einer größten Seitenlänge von 1,00 m und einem Verhältnis von Länge zu Dicke > 4 sind in E DIN EN 1339[9] (Normentwurf) zulässige Abweichungen bei den Nennmaßen (Rastermaß minus Fugenbreite) festgelegt. Hinweis: Da die endgültige Norm von dem vorliegenden Entwurf abweichen kann, ist die Anwendung des Normentwurfs besonders zu vereinbaren.

***Tabelle 8:*** *Zulässige Abweichungen von Platten aus Beton (n. E DIN EN 1339, 5.2.4) (Quelle: Schöwer/Schmidt)*

| DIN EN 1339 Platten aus Beton | Kennzeichnung | zulässige Abweichungen vom Nennmaß in mm | | |
|---|---|---|---|---|
| | | Länge | Breite | Dicke |
| Biegezugfestigkeitsklasse 1 | N | ± 5 | ± 5 | ± 3 |
| Klasse 2 ≤ 600 mm Länge | P | ± 2 | ± 2 | ± 3 |
| > 600 mm Länge | | ± 3 | ± 3 | ± 3 |
| Klasse 3 | R | ± 2 | ± 2 | ± 3 |
| Die Differenz zwischen zwei beliebigen Messungen (Länge, Breite, Dicke) einer Platte muss ≤ 3 mm sein. | | | | |

[9] E DIN 1339:2010-08: Platten aus Beton – Anforderungen und Prüfverfahren (Normentwurf); Hinweis: Da die endgültige Norm von dem vorliegenden Entwurf abweichen kann, ist die Anwendung des Normentwurfs besonders zu vereinbaren.

### Höhenlage und Gefälle

Grundsätzlich sind Pflasterdecken und Plattenbeläge an den Fugen/Stößen höhengleich herzustellen. Die maximale Höhenabweichung darf dabei für Baustoffe mit ebener Oberfläche 2 mm betragen. Für Befestigungen aus Materialien mit spaltrauen oder unbearbeiteten Oberflächen sind maximal 5 mm Höhenabweichung zulässig, unabhängig von der Ebenheit der Gesamtfläche (ATV DIN 18318, 3.1.15).

Die Oberfläche von Pflasterflächen ist im Bereich von Anschlüssen an Einfassungen und angrenzenden Einbauten, wie z. B. Entwässerungseinrichtungen oder Deckeln von Revisionsschächten, 7 mm ± 3 mm höher als die Oberfläche der angrenzenden Einbauten auszuführen (ATV DIN 18318, 3.1.16).

Pflasterdecken und Flächen mit Plattenbelägen sind zur Sicherung des Abflusses von Niederschlagswasser mit einem Oberflächengefälle herzustellen. Die Mindestneigung ist vom Material sowie der Art der Nutzung (begehbar, befahrbar) abhängig; s. folgende Tabelle (ATV DIN 18318, 3.1.10 und 3.1.11):

***Tabelle 9:*** *Mindestneigung von Flächen aus Pflastersteinen und Plattenbelägen (n. ATV DIN 18318, 3.1.10 u. 3.1.11) (Quelle: Schmidt)*

| Mindestneigungen von Flächen aus Pflasterdecken und Plattenbelägen | | |
|---|---|---|
| **Material** | **begehbare Fläche** | **befahrbare Fläche** |
| Pflastersteine aus Beton, Platten aus Beton, Pflasterklinker, Pflasterziegel, bearbeitete Pflastersteine, Platten aus Naturstein | 1,5 % | 2,0 % |
| unbearbeitete oder spaltraue Pflastersteine aus Natursteinen | 2,0 % | 3,0 % |

Die maximal zulässige, ausführungsbedingte Abweichung vom geplanten Gefälle beträgt ± 0,4 %. Die o. a. Mindestneigungen dürfen jedoch nicht unterschritten werden (ATV DIN 18318, 3.1.12).

Das Planum und die Tragschicht sind ebenfalls mit einem Oberflächengefälle entsprechend dem gewählten Belagmaterial herzustellen. Bei wasserempfindlichem Boden, d. h. mit einem

Wasserdurchlasskoeffizienten von $< 1 \times 10^{-4}$ m/s, muss das Gefälle in der Querrichtung 4 % betragen.

Entwässerungsrinnen sind mit einem Längsgefälle von mindestens 0,5 % herzustellen (ATV 18318, 3.6.3).

**Bettungsdicke und Fugen**

Für die verschiedenen Oberflächenmaterialien gelten spezifische Anforderungen an die Bettung und die Fugenausbildung. Die Dicke der Bettung sowie die Ausbildung der Fugen richten sich grundsätzlich nach der Art der Ausführung, wobei in ungebundene, d. h. ohne Zugabe von Bindemitteln, und gebundene, d. h. mit Bindemitteln hergestellte Pflasterdecken und Plattenbeläge unterschieden wird. Siehe folgende Tabellen:

***Tabelle 10:*** *Anforderungen an die Bettung von Pflasterdecken und Plattenbelägen (n. ATV DIN 18318, 3.2 u. 3.3)*

| **Ausführung der Bettung** | | |
|---|---|---|
| | **Ausführung der Pflasterdecken und Plattenbeläge** | |
| | **ungebunden (ohne Zugabe von Bindemitteln) (ATV DIN 18318, 3.2.2)** | **gebunden (mit Zugabe von Bindemitteln) (ATV DIN 18318, 3.3.2)** |
| Dicke der Bettung (im verdichteten Zustand) | 40 mm ± 10 mm<br>bei spaltrauen Pflastersteinen oder Platten aus Naturstein:<br>50 mm ± 15 mm | 50 mm ± 10 mm |
| Anforderungen an die Bettung | Gesteinskörnung bzw. Gesteinskörnungsgemisch 0/5 mm<br><br>Für befahrbare Flächen gelten für die Gesteinskörnung bzw. das Gesteinskörnungsgemisch folgende Anforderungen (ATV DIN 18318, 3.2.2):<br>• Schlagzertrümmerungswert SZ22 bzw. Los Angeles-Koeffizient LA25 n. DIN EN 13242[10]<br>• Fließkoeffizient ECS 35 n. DIN EN 13242<br>• Anteil gebrochene Oberfläche C90/3 n. DIN EN 13242 | Es gelten die Anforderungen n. ATV DIN 18318, Tab. 6 |

[10] DIN EN 14242:2008-03: Gesteinskörnungen für ungebundene und hydraulisch gebundene Gemische für den Ingenieur- und Straßenbau.

***Tabelle 11:*** *Anforderungen an Fugen von Pflasterdecken und Plattenbelägen (n. ATV DIN 18318, 3.2 u. 3.3) (Quelle: Schmidt)*

<table>
<tr><th colspan="5">Ausführung von Fugen</th></tr>
<tr><th></th><th colspan="4">Ausführung der Pflasterdecken und Plattenbeläge</th></tr>
<tr><th></th><th colspan="2">ungebunden (ohne Zugabe von Bindemitteln) (ATV DIN 18318, 3.2.3)</th><th colspan="2">gebunden (mit Zugabe von Bindemitteln) (ATV DIN 18318, 3.3.4)</th></tr>
<tr><td rowspan="4">Fugenbreite</td><td rowspan="2">Pflastersteine oder Platten</td><td>4 mm ± 2 mm bei einer Nenndicke ≤ 100 mm</td><td>allgemein</td><td>10 mm ± 5 mm</td></tr>
<tr><td>6 mm ± 3 mm bei einer Nenndicke > 100 mm</td><td>spaltraues Kleinpflaster aus Naturstein, Beläge mit Plattenlängen ≥ 600 mm</td><td>15 mm ± 5 mm</td></tr>
<tr><td rowspan="2">Naturstein mit nicht gesägten Seitenflächen</td><td>10 mm ± 5 mm bei einer Nenndicke ≤ 120 mm</td><td rowspan="2">spaltraues Großpflaster aus Naturstein, spaltraue Natursteinplatten</td><td rowspan="2">≤ 30 mm (in Abhängigkeit von den Maßtoleranzen der Steine, Platten)</td></tr>
<tr><td>15 mm ± 5 mm bei einer Nenndicke > 120 mm</td></tr>
<tr><td>Verfüllung der Fugen</td><td colspan="2">begehbare Flächen: Gesteinskörnungsgemisch 0/2 mm<br>befahrbare Flächen: Gesteinskörnungsgemisch 0/5 mm</td><td colspan="2">Anforderungen an den Fugenstoff n. ATV DIN 18318, Tab. 7</td></tr>
<tr><td>Ausbildung der Fugen</td><td colspan="2">Die Fugen müssen nach dem Verdichten vollständig bis zum oberen Rand der Pflastersteine bzw. Platten gefüllt sein.</td><td colspan="2">Die Fugen sind mind. 5 mm und max. 1 mm unter den oberen Rändern der Pflastersteine und Platten mit Fugenstoff zu füllen.</td></tr>
</table>

Für Entwässerungsrinnen sind Bewegungsfugen vorzusehen (ATV DIN 18318, 3.6.3); Anforderungen s. folgende Tabelle:

***Tabelle 12:*** *Anforderungen an Bewegungsfugen von Entwässerungsrinnen (n. ATV DIN 18318, 3.6.39)*

| Bewegungsfuge | allgemein | befahrbare Entwässerungsrinne |
|---|---|---|
| Abstand | ≤ 12 m | 4,0 m bis 6,0 m |
| Breite[1] | mind. 8 mm<br>max. 15 mm | mind. 8 mm<br>max. 15 mm |
| 1) Bewegungsfugen sind rückstellfähig auszuführen. | | |

## Begrünbare Pflasterdecken und Plattenbeläge

Für die Ausführung von begrünbaren Pflasterdecken und Plattenbelägen sind die Regeln nach der FLL „Richtlinie für Planung, Bau und Instandhaltung von begrünbaren Flächenbefestigungen"[11] zu beachten. Es wird auf diese Vorschrift verwiesen (ATV DIN 18318, 3.4).

## Versickerungsfähige Pflasterdecken und Plattenbeläge

Für die Ausführung von versickerungsfähigen Pflasterdecken und Plattenbelägen sind die Regeln nach dem „Merkblatt für Versickerungsfähige Verkehrsflächen (FGSV M VV)"[12] zu beachten. Es wird an dieser Stelle auf das genannte Merkblatt verwiesen (ATV DIN 18318, 3.5).

## Bordsteine

An den Stoßfugen von Bordsteinen mit ebener Oberfläche sind Versprünge aus der Flucht von 2 mm, bei Bordsteinen mit spaltrauer Oberfläche von 5 mm, jeweils bezogen auf die Auftritt- und Vorderfläche, noch zulässig. Für Bordsteine aus Beton sind die folgenden Abweichungen einzuhalten (s. DIN EN 1340[13], 5.2.2.3).

[11] Hrsg.: Forschungsgesellschaft Landschaftsentwicklung Landschaftsbau e. V., Bonn.

[12] Hrsg.: Forschungsgesellschaft für Straßen- und Verkehrswesen e. V., Köln.

[13] DIN EN 1340:2003-08: Bordsteine aus Beton – Anforderungen und Prüfverfahren.

**Tabelle 13:** *Zulässige Abweichungen von Bordsteinen (ausgenommen Radius) (n. DIN EN 1340, 5.2.3.3) (Quelle: Schmidt)*

| DIN EN 1340 Bordsteine aus Beton | Länge allgemein | Maße für Sichtflächen | Maße für andere Teile |
|---|---|---|---|
| zulässige Abweichung (gerundet auf 1 mm) | ± 1 %<br>min. 4 mm<br>max. 10 mm | ± 3 %<br>min. 3 mm<br>max. 5 mm | ± 5 %<br>min. 3 mm<br>max. 10 mm |
| Die Differenz zwischen zwei Messungen eines Einzelmaßes muss ≤ 5 mm betragen. | | | |

Für ebene Sichtflächen und gerade Kanten gelten die folgenden zulässigen Abweichungen:

**Tabelle 14:** *Zulässige Abweichungen für ebene Sichtflächen und gerade Kanten von Bordsteinen (n. DIN EN 1340, Tab. 1)*

| Ebenheit von Sichtflächen Geradheit von Kanten | |
|---|---|
| Messlänge | zulässige Abweichung |
| 300 mm | ± 1,5 mm |
| 400 mm | ± 2,0 mm |
| 500 mm | ± 2,5 mm |
| 800 mm | ± 4,0 mm |

## Einfassungen und Entwässerungsrinnen

Für die Dicke eines Fundaments von Entwässerungsrinnen und Randeinfassungen gilt, unabhängig vom Material (Platten, Formsteine oder Pflastersteine), eine Dicke von ≥ 200 mm bei befahrbaren Flächen und ≥ 80 mm bei begehbaren Flächen. Die Fundamentbreite richtet sich bei Einfassungen nach der erforderlichen Höhe bzw. Breite der Rückenstütze. Für die Breite der Rückenstütze sind bei befahrbaren Flächen 150 mm ± 20 mm, bei begehbaren Flächen 80 mm ± 20 mm einzuhalten (ATV DIN 18318, 3.6.1).

Fugen in Randeinfassungen aus Bord- und Einfassungssteinen sind mit 4 mm ± 2 mm breiten, offenen Fugen herzustellen (ATV DIN 18318, 3.6.2).

In Entwässerungsrinnen sind Fugen mit einer Breite von 10 mm ± 5 mm anzulegen, bei spaltrauem Pflaster aus Naturstein 15 mm ± 5 mm (ATV DIN 18318, 3.6.3).

Bewegungsfugen bei Entwässerungsrinnen sind mit einem Abstand von ≤ 12,0 m vorzusehen. Werden die Rinnen befahren, muss der Fugenabstand 4 m bis 6 m betragen. Die Breite der

Bewegungsfuge soll zwischen 8 und 15 mm betragen. Die erforderliche Fugeneinlage ist mit einem mindestens 30 mm tiefen Fugenanschluss (Pflasterfugenmasse) zu überdecken (ATV DIN 18318).

Entwässerungsrinnen müssen ein Längsgefälle von ≥ 0,5 % aufweisen. Die Abweichung von der Ebenheit darf bei Entwässerungsrinnen nicht mehr als 5 mm, bezogen auf eine Messung mit der 4-m-Richtlatte, betragen. Die Messung ist nach „TP Eben – Berührende Messungen“[14] vorzunehmen (ATV DIN 18318, 3.6.3).

# Spezifische Ergänzungen

### Barrierefreiheit

In der DIN 18040-2[15] „Barrierefreies Bauen – Planungsgrundlagen – Teil 2: Wohnungen“ werden Maße für Bewegungsflächen und Bauteile in Wohnungen definiert. Sinnvollerweise sollten daher auch die Außenanlagen diesen Forderungen entsprechen. Dies bedeutet, dass Rampen mit einer maximalen Steigung/einem maximalen Gefälle von 6 % und einer maximalen Länge von 6,0 m ausgeführt werden sollten. Bei mehr als 6 m langen Rampen sind Zwischenpodeste von mindestens 1,50 m Länge vorzusehen. Ein Quergefälle ist auf der Rampenfläche nicht auszubilden (DIN 18040-2, 4.3.7).

# Prüfung

Der Auftragnehmer hat, wenn der Untergrund den Anforderungen von planmäßigen Höhenlagen nicht entspricht, unverzüglich Bedenken gem. § 4 Nr. 3 VOB/B anzumelden.

### Ebenheitsprüfung – Messgeräte

Für die Prüfung der Oberflächenebenheiten werden nach der Technischen Prüfvorschrift für Ebenheitsmessungen auf Fahr-

[14] Hrsg.: FGSV: Forschungsgesellschaft für Straßen- und Verkehrswesen e. V., Köln.

[15] DIN 18040-2:2011-09: Barrierefreies Bauen – Planungsgrundlagen – Teil 2: Wohnungen.

bahnoberflächen (TP Eben) berührende Messungen, Anforderungen an die Messgeräte und den Messaufbau gestellt. Die Länge der Richtlatte beträgt 4,0 m ± 4 mm, die Aufstellbreite 18 mm und die Höhe 9 cm. An die Richtlatte werden weitere Anforderungen gestellt: Die Messkanten (90°-Kanten) müssen verschleißfrei und scharfkantig sein. Bei Klapp- oder Stecklatten dürfen die Gelenke nicht den Bereich der Messkanten erreichen. Die Mitte der Latte ist hervorzuheben, eine Skalierung ist mindestens mit Dezimeterangaben erforderlich.

Zur Wahrung der Messgenauigkeit muss die Stabilität der Latte so gestaltet sein, dass die maximale Durchbiegung in vertikaler Richtung nicht mehr als 0,5 mm beträgt, in horizontaler Richtung nicht mehr als 1,5 mm.

Die Breite des Messkeils aus Metall mit einer an der Oberseite angeordneten Skalierung beträgt 30 mm ± 5 mm, die Länge nicht mehr als 30 cm. Die Skalierung am Messkeil erfordert eine Einteilung von 1 mm Höhendifferenz auf 10 mm Keillänge, die erste Markierung ist bei einer Höhe von 2 mm auf dem Messkeil anzulegen. Die Genauigkeit der Höhenmarken ist mit ± 0,1 mm vorgegeben.

**Ebenheitsprüfung – Messverfahren**

Für die Prüfung von Messstrecken bis 4 m Länge ist der Einsatz der 4-m-Richtlatte generell vorgesehen, in Ausnahmefällen können, wie nachfolgend beschrieben, auch größere Messstrecken geprüft werden. Im Allgemeinen sollten dazu jedoch die Messungen durch Nivellement oder mit berührungslosen Verfahren erfolgen.

**Prüfung der Oberflächen von Fahrbahnen in Längsrichtung**

Die Messung der Längsebenheit erfolgt durch Unterschieben des Messkeils und Ermittlung der maximalen Abweichungen der Schichtoberfläche von der Messkante der Richtlatte, bei je einer Messung in jeder Lattenhälfte. Für Messstrecken über 4 m erfolgt der Lattenvorschub um jeweils 2 m und eine Ermittlung des Stichmaßes in jeder Lattenhälfte. Unter auskragenden Lattenteilen erfolgt keine Messung.

Die jeweils ermittelten Messwertpaare werden auf ganze Millimeter gerundet (> 0,5 mm aufgerundet). Das jeweils größere Stichmaß wird mit dem Maß der zulässigen Abweichung verglichen und die vorhandene Ebenheit dadurch technisch bewertet.

Durch Einzelmessungen können auch Unebenheiten in Form von Wülsten, Wellen, Höckern o. Ä. bewertet werden. Dazu erfolgt eine Auflage der Richtlatte in jeweils gegenüberliegender Anordnung über dem zu prüfenden Hochpunkt. An den auskragenden Enden der Richtlatten sind dann die jeweils in vertikaler Richtung zu entnehmenden Stichmaße (H1 und H2) bis zur Oberfläche der Fahrbahn festzustellen. Das Maß der Unebenheit IR = Wulsthöhe wird errechnet nach: IR = 0,25 × (H1+H2).

Muldentiefen werden durch einfache Messungen an einer Richtlatte festgestellt (Stichmaß zwischen der Lattenunterkante und Fahrbahnoberfläche).

**Prüfung der Oberflächen von Fahrbahnen in Querrichtung**

Für die Prüfung der Oberfläche im Querprofil der Fahrbahn wird eine Folge von Höhenmesspunkten in horizontalem Abstand von 10 cm, senkrecht zur Fahrbahnachse, angelegt. Die Messbreite beträgt bis zu 4 m und muss die gesamte Fahrsteifenbreite erfassen. Für größere Breiten gelten die Regeln zur Prüfung in Längsrichtung entsprechend. Für die Bestimmung von Spurrinnentiefen werden die Messungen mit einer nur 2 m langen Richtlatte ausgeführt. Die Messungen sind getrennt für die linke und rechte Fahrspur durchzuführen. Die Messung erfolgt als Stichmaß zwischen der Unterkante der Richtlatte und der Fahrbahnoberfläche. Die Messung ist dabei rechtwinklig zur Unterkante der Richtlatte vorzunehmen. Als fiktive Wassertiefe gilt das größte Maß zwischen der Fahrbahnoberfläche (Tiefpunkt der Spurrinne) und einer über der Spurrinne angeordneten horizontalen Linie. Für die technisierten Messverfahren zur Prüfung der Ebenheit von Oberflächen werden Planografen und Profilografen als Messgeräte eingesetzt.

# Vorgehängte hinterlüftete Fassaden

Die Anforderungen an vorgehängte hinterlüftete Fassaden sind im Wesentlichen in der Vergabe- und Vertragsordnung für Bauleistungen (VOB) Teil C in den Allgemeinen Technischen Vertragsbedingungen für Bauleistungen (ATV) in der ATV DIN 18351 (Ausgabe September 2023) beschrieben. Im Folgenden werden die Inhalte der ATV und/oder der ergänzenden Regelungen auszugsweise unter dem Gesichtspunkt von Ausführungstoleranzen und Materialmindestdicken und Abmessungen dargestellt.

**Normen:** ATV DIN 18351[1] Vorgehängte Hinterlüftete Fassaden

ATV DIN 18516-1[2] Außenwandbekleidungen, hinterlüftet – Teil 1: Anforderungen, Prüfgrundsätze

**Allgemeines:** Toleranzen sind im Rahmen der in DIN 18202[3] angegebenen Größen zulässig. Werden erhöhte Anforderungen an die Ebenheit und Maßhaltigkeit der Materialien gewünscht, so sind die entsprechenden Maßnahmen besondere Maßnahmen und als solche gemäß ATV DIN 18351, Abschnitt 3.1.4 gesondert zu vereinbaren.

Die ATV DIN 18351 gilt für hinterlüftete Bekleidungen an Bauteilen im Außen- und Innenbereich, z. B. an Wänden, Stützen, Unterseiten von Durchfahrten, Decken, Attiken und dergleichen.

Nicht behandelt werden:

1 ATV Din 18351:2023-09: VOB Vergabe- und Vertragsordnung für Bauleistungen – Teil C: Allgemeine Technische Vertragsbedingungen für Bauleistungen (ATV) – Vorgehängte Hinterlüftete Fassaden.

2 ATV DIN 18516-1:2010-06: Außenwandbekleidungen, hinterlüftet – Teil 1: Anforderungen, Prüfgrundsätze.

3 DIN 18202:2019-07: Toleranzen im Hochbau – Bauwerke.

- Außenwandbekleidungen aus Bohlen und Brettern sowie Holzschindeln, ATV DIN 18334[4] „Zimmer- und Holzbauarbeiten"
  Hinterlüftete Außenwandbekleidungen mit Naturwerkstein- und Betonwerksteinplatten ≥ 30 mm, ATV DIN 18332[5] „Naturwerksteinarbeiten", ATV DIN 18333[6] „Betonwerksteinarbeiten" siehe dazu auch:
  DIN 18516, Teil 3[7], Außenwandbekleidungen, hinterlüftet – Naturstein
  DIN 18516, Teil 5[8], Außenwandbekleidungen, hinterlüftet – Betonwerkstein
- Metall-Wandbekleidungen aus am Bau zu fälzenden Metallbauteilen, ATV DIN 18339[9] „Klempnerarbeiten"
- Wärmedämm-Verbundsysteme, ATV DIN 18345[10] „Wärmedämm-Verbundsysteme"

**Spezifische Ergänzungen:**

- Streiflicht
- Höhenversätze angrenzender Elemente
- Unterkonstruktionen
- Unterkonstruktion/Dämmung
- Befestigungsabstände
- Hinterlüftung
- Untergrund für Außenwandbekleidungen
- Fugen bei Fassaden aus Naturwerksteinplatten
- Fugen bei Bekleidungen mit keramischen Platten
- Außenwandbekleidungen mit Glas
- Beschichtung auf Metallflächen
- Abdichtung von Außenwandfugen

---

4 ATV DIN 18334:2023-09: VOB Vergabe- und Vertragsordnung für Bauleistungen – Teil C: Allgemeine Technische Vertragsbedingungen für Bauleistungen (ATV) – Zimmer- und Holzarbeiten.

5 ATV DIN 18332:2023-09: VOB Vergabe- und Vertragsordnung für Bauleistungen – Teil C: Allgemeine Technische Vertragsbedingungen für Bauleistungen (ATV) – Naturwerksteinarbeiten.

6 ATV DIN 18333:2019-09: Betonwerksteinarbeiten.

7 DIN 18516-3:2021-05: Außenwandbekleidungen, hinterlüftet – Teil 3: Naturwerkstein – Anforderungen, Bemessung.

8 DIN 18516-5:2021-05: Außenwandbekleidungen, hinterlüftet – Teil 5: Betonwerkstein; Anforderungen, Bemessung.

9 ATV DIN 18339:2019-09: VOB Vergabe- und Vertragsordnung für Bauleistungen – Teil C: Allgemeine Technische Vertragsbedingungen für Bauleistungen (ATV) – Klempnerarbeiten.

10 ATV DIN 18345:2019-09: VOB Vergabe- und Vertragsordnung für Bauleistungen – Teil C: Allgemeine Technische Vertragsbedingungen für Bauleistungen (ATV) – Wärmedämm-Verbundsysteme.

# Bauwerksmaße

Grenzabweichungen für Maße siehe folgende Tabelle (n. DIN 18202, Tab. 1):

***Tabelle 1:*** *Grenzabweichungen für Maße (n. DIN 18202, 5.2) (Quelle: Schmidt)*

| **Grenzabweichung für Maße im Grundriss** | | | | | | | | |
|---|---|---|---|---|---|---|---|---|
| 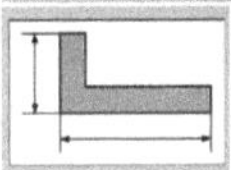 | Nennmaß | m | ≤ 1 | > 1 ≤ 3 | > 3 ≤ 6 | > 6 ≤ 15 | > 15 ≤ 30 | > 30 |
| | Grenzabweichung | mm | ± 10 | ± 12 | ± 16 | ± 20 | ± 24 | ± 30 |
| z. B. Längen, Breiten, Achsmaße, Rastermaße | | | | | | | | |
| **Grenzabweichung für Maße im Aufriss** | | | | | | | | |
| 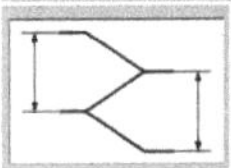 | Nennmaß | m | ≤ 1 | > 1 ≤ 3 | > 3 ≤ 6 | > 6 ≤ 15 | > 15 ≤ 30 | > 30 |
| | Grenzabweichung | mm | ± 10 | ± 16 | ± 16 | ± 20 | ± 30 | ± 30 |
| z. B. Geschosshöhen, Podesthöhen, Abstände von Aufstandsflächen u. Konsolen | | | | | | | | |
| **Grenzabweichung für lichte Maße im Grundriss** | | | | | | | | |
| 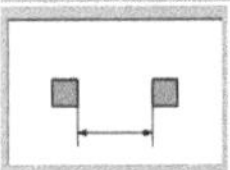 | Nennmaß | m | ≤ 1 | > 1 ≤ 3 | > 3 ≤ 6 | > 6 ≤ 15 | > 15 ≤ 30 | > 30 |
| | Grenzabweichung | mm | ± 12 | ± 16 | ± 20 | ± 24 | ± 30 | - |
| z. B. Maße zwischen Stützen, Pfeilern usw. | | | | | | | | |
| **Grenzabweichung für lichte Maße im Aufriss** | | | | | | | | |
| 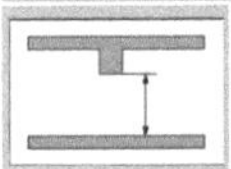 | Nennmaß | m | ≤ 1 | > 1 ≤ 3 | > 3 ≤ 6 | > 6 ≤ 15 | > 15 ≤ 30 | > 30 |
| | Grenzabweichung | mm | ± 16 | ± 20 | ± 20 | ± 30 | - | - |
| z. B. unter Decken u. Unterzügen | | | | | | | | |
| **Grenzabweichung für Maße von Öffnungen** | | | | | | | | |
| 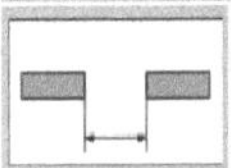 | Nennmaß | m | ≤ 1 | > 1 ≤ 3 | > 3 ≤ 6 | > 6 ≤ 15 | > 15 ≤ 30 | > 30 |
| | Grenzabweichung | mm | ± 10 | ± 12 | ± 16 | - | - | - |
| z. B. Öffnungen von Fenstern, Einbauelementen, Außentüren (Innentüren s. DIN 18100) | | | | | | | | |

***Tabelle 1:*** *Grenzabweichungen für Maße (n. DIN 18202, 5.2) (Quelle: Schmidt)*

| **Grenzabweichung für Maße von Öffnungen mit <u>oberflächenfertigen</u> Laibungen** | | | | | | | | |
|---|---|---|---|---|---|---|---|---|
| 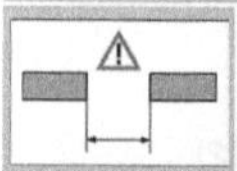 | Nennmaß | m | ≤ 1 | > 1<br>≤ 3 | > 3<br>≤ 6 | > 6<br>≤ 15 | > 15<br>≤ 30 | > 30 |
| | Grenzabweichung | mm | ± 8 | ± 10 | ± 12 | - | - | - |
| Grenzabweichungen gelten für Nennmaße bis 60 m. Bei größeren Nennmaßen sind besondere Überlegungen erforderlich. | | | | | | | | |

# Winkelabweichungen

Grenzwerte für Winkelabweichungen siehe folgende Tabelle (n. DIN 18202, Tab. 2):

***Tabelle 2:*** *Grenzwerte für Winkelabweichungen (n. DIN 18202, 5.3) (Quelle: Schmidt)*

| **Grenzwerte für Winkelabweichungen** | | | | | | | | | |
|---|---|---|---|---|---|---|---|---|---|
| 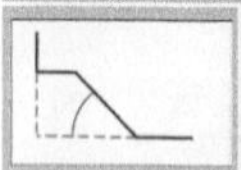 | Nennmaß | m | ≤ 0,5 | > 0,5<br>≤ 1,0 | > 1,0<br>≤ 3,0 | > 3,0<br>≤ 6,0 | > 6,0<br>≤ 15,0 | > 15,0<br>≤ 30,0 | > 30,0 |
| | Stichmaße als Grenzwerte | mm | 3 | 6 | 8 | 12 | 16 | 20 | 30 |

# Ebenheitsabweichungen

Für Fassadenarbeiten gelten i. d. R. unabhängig von dem Material der Fassadenbekleidung die Forderungen aus der DIN 18202 an die Ebenheit der Oberflächen. Werden erhöhte Anforderungen an die Ebenheit gewünscht, so sind diese „Besondere Leistungen“ und als solche auch auszuschreiben (ATV DIN 18351, 3.1.4).

Grenzwerte für Ebenheitsabweichungen sind in DIN 18202, 5.4 geregelt; siehe folgende Tabelle (Auszug aus DIN 18202, Tab. 3):

***Tabelle 3:*** *Grenzwerte für Ebenheitsabweichungen (n. DIN 18202, 5.4) (Quelle: Schmidt)*

| **Nichtflächenfertige Wände und Unterseiten von Rohdecken** | | | | | | | |
|---|---|---|---|---|---|---|---|
| 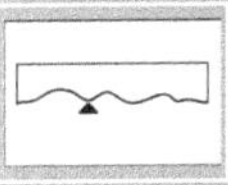 | Messpunktabstand | m | ≤ 0,1 | 1 | 4 | 10 | 15 |
| | Stichmaße als Grenzwerte | mm | 5 | 10 | 15 | 25 | 30 |
| **Flächenfertige Wände und Unterseiten von Decken** | | | | | | | |
| 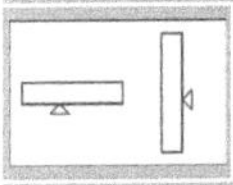 | Messpunktabstand | m | ≤ 0,1 | 1 | 4 | 10 | 15 |
| | Stichmaße als Grenzwerte | mm | 3 | 5 | 10 | 20 | 25 |
| z. B. geputzte Wände, Wandbekleidungen, untergehängte Decken | | | | | | | |
| **wie Zeile zuvor, jedoch mit erhöhten Anforderungen** | | | | | | | |
| 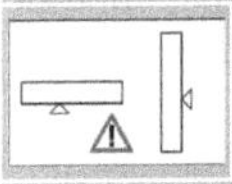 | Messpunktabstand | m | ≤ 0,1 | 1 | 4 | 10 | 15 |
| | Stichmaße als Grenzwerte | mm | 2 | 3 | 8 | 15 | 20 |
| Zwischenwerte sind DIN 18202, Bild 6 und Bild 7 zu entnehmen und auf ganze mm zu runden. Die Grenzwerte für Ebenheitsabweichungen der letzten Spalte gelten auch für Messpunktabstände > 15 m. | | | | | | | |

# Spezifische Ergänzungen

### Streiflicht

Sind Unebenheiten auf den Oberflächen bei Streiflicht sichtbar, so sind diese zulässig, wenn sie im Rahmen der Toleranzen der DIN 18202 liegen (ATV DIN 18351, 3.1.3).

Werden erhöhte Anforderungen an die Ebenheit gestellt, sind die zu treffenden Maßnahmen „Besondere Leistungen" und als solche gesondert zu vereinbaren (ATV DIN 18351, 3.1.3 u. 4.2.1).

Hierbei ist zu beachten, dass die Abweichungen bei gleichmäßigem Verlauf und nicht für Absätze oder Höhenversprünge an den Stößen benachbarter Fassadenelemente bewertet werden.

Bei größeren Fassadenflächen sollten Justiermöglichkeiten zum Ausgleich von Toleranzen eingeplant werden.

### Höhenversätze angrenzender Elemente

Für angrenzende Bauteile und deren Anschlüsse sind in der ATV DIN 18351 keine Regelungen hinsichtlich der Höhenversätze getroffen. Diese sollen nach DIN 18202, Abschnitt 5 bei flächenfertigen Wänden vermieden werden. Dieser Anspruch gilt jedoch nicht für strukturbedingte Unebenheiten in der Oberfläche des Materials.

**Unterkonstruktionen**

Grundsätzlich gilt, dass Unterkonstruktionen flucht- und lotrecht zu montieren sind, wobei die Montage an die Formate der Bekleidungselemente angepasst sein muss (ATV DIN 18351, 3.3.1). Anforderungen an Toleranzen sind in ATV DIN 18351 hierzu nicht geregelt. Die Unterkonstruktion soll aber in jedem Fall so ausgebildet werden, dass Toleranzen in der Oberfläche der fertigen Fassadenfläche ausgeglichen werden können. Grundsätzlich gelten die Ebenheitstoleranzen für nicht flächenfertige Wände nach DIN 18202, Tabelle 3, Zeile 5.

**Unterkonstruktion/Dämmung/Entdröhnungsstoffe**

Nach ATV DIN 18351 muss der Abstand von der Hinterkante des Bekleidungsstoffs bis zur Außenkante der tragenden Wandkonstruktion um mindestens 20 mm größer sein als die Dicke des Dämmstoffmaterials im eingebauten Zustand (DIN 18516-1, 4.2.2). Örtliche Unterschreitungen sind in DIN 18516-1 geregelt.

Bei Bekleidungen aus Trapez- oder Wellprofiltafeln, die vertikal angeordnet werden, muss der Hinterlüftungsquerschnitt mindestens 200 $cm^2$/m betragen (DIN 18516-1, 4.2.2).

Werden bei Bekleidungselementen aus Metall oder Metallverbundelementen Entdröhnungsstoffe erforderlich, so müssen diese auf mindestens 60 % der Fläche der Elementrückseite und mit einer mittleren Dicke von mindestens 2 mm aufgebracht werden.

Die Wärmedämmung muss mit Mineralwolle-Dämmstoffplatten (Anwendungstyp WAB nach DIN 4108-10[11]) ausgeführt werden. Die Dämmschicht ist einlagig im Verband sowie dicht gestoßen zu verlegen. Dabei dürfen keine durchgehenden Hohlräume zwischen Untergrund und Dämmstoffschicht vorhanden sein. Die Befestigung erfolgt mit mechanischen Dämmstoffhaltern. Für die Befestigung sind im Mittel mindestens fünf Dämmstoff-

[11] DIN 4108-10:2021-11: Wärmeschutz und Energie-Einsparung in Gebäuden – Teil 10: Anwendungsbezogene Anforderungen an Wärmedämmstoffe.

halter je m² Wandfläche zu verwenden (ATV DIN 18351, 3.5 u. DIN 18316-1, 4.3.8).

Bekleidungselemente aus Hochdruck-Schichtpressstoffen (z. B. faserverstärkte Harzkompositplatten) oder aus faserverstärkten Baustoffen (z. B. Faserzementtafeln) sind mit einer Fugenbreite von 10 mm ± 3 mm anzubringen (ATV DIN 18351, 3.4.4.1 u. 3.4.5.1).

**Hinterlüftung**

Be- und Entlüftungsöffnungen im Sockelbereich sind mit einem freien Querschnitt von mindestens 50 cm² je 1 m Wandlänge herzustellen (s. ATV DIN 18351, 3.6.2).

Durch eine örtliche Einengung des Lüftungsquerschnitts (z. B. durch die Unterkonstruktion oder Unebenheiten der Wandoberfläche) darf eine Mindestbreite des freien Zwischenraums von 5 mm nicht unterschritten werden (DIN 18516-1, 4.2.2).

**Fugen bei Bekleidungen mit keramischen Platten und Hochdruck-Schichtpressstoff**

Die Fugenbreite von Bekleidungselementen aus Keramik beträgt mindestens 8 mm ± 3 mm (ATV DIN 18351, 3.4.3.3). Zweiseitig beschichtete Platten aus Schichtpressstoffen und aus faserverstärkten Baustoffen müssen mit einem Fugenabstand von 10 mm ± 3 mm befestigt werden (ATV DIN 18351, 3.4.4.1).

**Außenwandbekleidungen mit Glas**

Für Außenwandbekleidungen aus Glas ist heißgelagertes thermisch vorgespanntes Kalknatron-Einscheibensicherheitsglas (ESG) nach DIN EN 14179[12] zu verwenden.

Die Montage muss nach den Anforderungen und Regeln der DIN 18008-3[13] erfolgen (ATV DIN 18351, 3.4.7).

Für Vertikalverglasungen aus ESG wird eine Scheibennenndicke von mindestens 6 mm gefordert (DIN 18008-3, 7.1).

[12] DIN EN 14179: Glas im Bauwesen – Heißgelagertes thermisch vorgespanntes Kalknatron-Einscheibensicherheitsglas; Teil 1 (2016-12): Definition und Beschreibung; Teil 2 (2005-08): Konformitätsbewertung/Produktnorm.

[13] DIN 18008-3:2013-07: Glas im Bauwesen – Bemessungs- und Konstruktionsregeln – Teil 3: Punktförmig gelagerte Verglasungen.

Bei der Angabe der Abmessungen (Breite *B* und Länge *H*) von ESG ist zu beachten, dass das erste Maß immer die Breite *B* und das zweite Maß die Länge *H* angibt (s. Abb. unten). Es muss in Bezug auf die Einbauposition eindeutig sein, welche Abmessung die Breite *B* und welches Maß die Länge *H* ist.

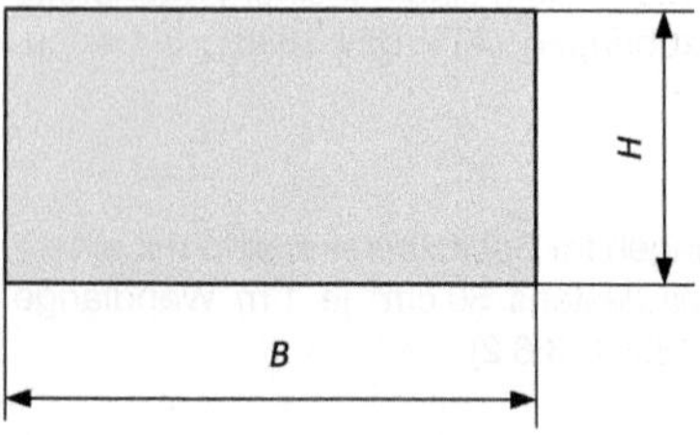


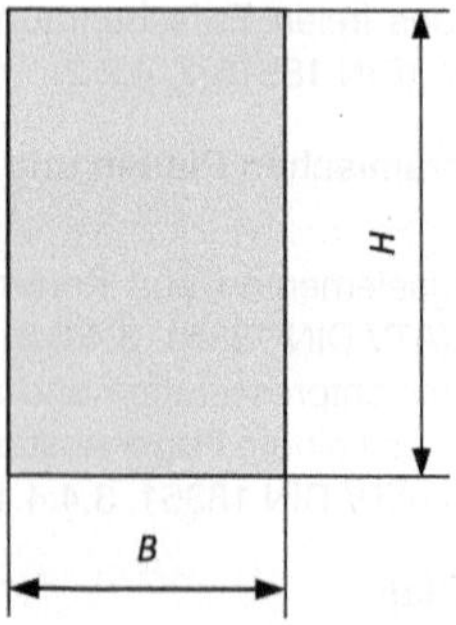


***Bild 1:** Breite B und Länge H von ESG für Außenwandbekleidungen (in Anlehnungen an DIN EN 14179-1, Bild 4) (Quelle: Schmidt)*

## Grenzabweichungen für Breite und Länge

Die Grenzabweichungen *t* der Breite *B* und der Länge *H* sind abhängig von der Nennglasdicke und den Nennmaßen der Seiten; siehe folgende Tabelle. Das Höchstmaß der Scheibe ergibt sich, indem zum Nennmaß die Grenzabweichung *t* addiert wird, d. h. (*B* oder *H*) + *t*. Das Höchstmaß darf nicht überschritten werden. Das Mindestmaß ergibt sich, indem die Grenzabweichung *t* vom Nennmaß subtrahiert wird, d. h. (*B* oder *H*) – *t*. Das Mindestmaß darf nicht unterschritten werden.

**Tabelle 4:** *Grenzabweichungen der Breite B und der Länge H (n. DIN EN 14179-1, 8.2.3, Tab. 2)*

| Nennmaß der Seite *B* oder *H* | Grenzabweichung *t* | |
|---|---|---|
| | Nennglasdicke *d* ≤ 8 mm | Nennglasdicke *d* > 8 mm |
| *B* oder *H* ≤ 2.000 mm | ± 2,0 mm | ± 3,0 mm |
| 2.000 mm < *B* oder *H* ≤ 3000 mm | ± 3,0 mm | ± 4,0 mm |
| *B* oder *H* > 3.000 mm | ± 4,0 mm | ± 5,0 mm |

### Rechtwinkligkeit

Die Rechtwinkligkeit wird mithilfe der Grenzabweichung für die Differenz der beiden Diagonalen überprüft. Dabei gelten die in der folgenden Tabelle angegebenen Grenzabweichungen *v*. Die Grenzabweichungen sind abhängig von der Nennglasdicke und den Nennmaßen der Glasscheibe und dürfen nicht überschritten werden.

**Tabelle 5:** *Grenzabweichungen für die Differenz der beiden Diagonalen (n. DIN EN 14179-1, 8.2.3, Tab. 3)*

| Nennmaß der Seite *B* oder *H* | Grenzabweichung *v* für die Differenz der beiden Diagonalen | |
|---|---|---|
| | Nennglasdicke *d* ≤ 8 mm | Nennglasdicke *d* > 8 mm |
| *B* oder *H* ≤ 2.000 mm | ≤ 4,0 mm | ≤ 6,0 mm |
| 2.000 mm < *B* oder *H* ≤ 3000 mm | ≤ 6,0 mm | ≤ 8,0 mm |
| *B* oder *H* > 3.000 mm | ≤ 8,0 mm | ≤ 10,0 mm |

### Bekleidungselemente aus Metall und Metallverbundelemente

Bleche mit einer Dicke von weniger als 1,0 mm sind umzukanten (ATV DIN 18351, 3.4.2.2).

### Abdichtung von Außenwandfugen

Für die Abdichtung von Außenwandfugen im Hochbau zwischen Bauteilen aus Ortbeton und/oder Betonfertigteilen mit geschlossenem Gefüge sowie aus unverputztem Mauerwerk und/oder Naturstein gelten für die konstruktive Fugenausbildung und Füllung die Vorgaben der DIN 18540[14] „Abdichten von Außen

[14] DIN 18540:2015-09: Abdichten von Außenwandfugen im Hochbau mit Fugendichtstoffen.

wandfugen im Hochbau mit Fugendichtstoffen". Die Fugenflanken müssen bis zu einer Tiefe entsprechend dem Maß der doppelten Fugenbreite parallel verlaufen. Bei gemauerten Wänden müssen die Fugenflanken vollfugig gemauert und abgestrichen sein. Die Kanten von Betonteilen müssen mit einer unter 45° abgeschrägten Fase und mit einer Kantenlänge von mindestens 10 mm hergestellt sein (DIN 18540, Abschnitt 5). In Abhängigkeit vom Abstand der Bauteilfugen gelten für die Fugenbreite und die Dicke des Fugendichtstoffs folgende Anforderungen (DIN 18540, 5.2, Tab. 2):

***Tabelle 6:** Nennmaße und Grenzabmaße von Außenwandfugen (n. DIN 18540, 5.2, Tab. 2) (Quelle: Schöwer/Schmidt)*

| Fugenabstand | Fugenbreite in mm | | Fugendichtstoff[3] | |
|---|---|---|---|---|
| | Nennmaß[1] Planungsmaß | Mindestmaß, zum Zeitpunkt der Abdichtung[2] | Dicke (Nennmaß) in mm | Grenzabmaße in mm |
| ≤ 2,0 m | 15 | 10 | 8 | ± 2 |
| > 2,0 und ≤ 3,5 m | 20 | 15 | 10 | ± 2 |
| > 3,5 und ≤ 5,0 m | 25 | 20 | 12 | ± 2 |
| > 5,0 und ≤ 6,5 m | 30 | 25 | 15 | ± 3 |
| > 6,5 und ≤ 8,0 m | 35 | 30 | 15 | ± 3 |

1) Nennmaß für die Planung.
2) Mindestmaß zum Zeitpunkt der Abdichtung der Fugen.
3) Die Werte gelten für den Endzustand. Dabei ist auch die Volumenänderung des Fugendichtstoffs zu berücksichtigen.
Hinweis: Bei größeren Fugenbreiten sind die Angaben des Herstellers für den Dichtstoff zu beachten.

Die Dicke der Fuge wird zwischen Außenkante Dichtstoff und rückseitiger Begrenzung zur Hinterfüllschnur gemessen. Die Angaben gelten für Temperaturdifferenzen von –20 bis +60 °C, eine zulässige Gesamtverformung des Dichtstoffs von 25 % und für thermische Ausdehnungskoeffizienten von $1{,}1 \cdot 10^{-5} \cdot K^{-1}$. Für andere Fälle sind gesonderte Berechnungen zu führen.

Als Orientierungsgröße für die Fugendimensionierung hat sich ein Breiten-/Dickenverhältnis von 2:1 in der Praxis bewährt.

# Prüfung

Die Prüfung erfolgt nach der DIN 18202, Abschnitt 6. Der Auftragnehmer hat vor der Montage ggf. unverzüglich Bedenken gem. § 4 Nr. 3 VOB/B anzumelden (s. ATV DIN 18351, 3.1.2), wenn:

- die Qualität und Beschaffenheit des Untergrunds ungeeignet sind
- die Verankerungsmöglichkeiten ungenügend sind oder fehlen
- die Toleranzen größer sind als die nach DIN 18202 zulässigen Werte
- die Gerüste für die Ausführung nicht geeignet (z. B. zu großer Abstand zum Rohbau) oder stark verschmutzt sind
- im Geschoss keine Höhenbezugspunkte vorhanden sind
- die angrenzenden Bauteile in der Lage und Höhe nicht den Angaben entsprechen
- es keine Möglichkeit gibt, die Baumaße vor Beginn der Fertigung zu kontrollieren
- ungeeignete klimatische Bedingungen vorliegen (Temperaturen < 5 °C bei Klebearbeiten, Schnee, Eis, Wind)

# Wärmedämm-Verbundsysteme

Die Anforderungen an Wärmedämm-Verbundsysteme sind im Wesentlichen in der Vergabe- und Vertragsordnung für Bauleistungen (VOB) Teil C in den Allgemeinen Technischen Vertragsbedingungen für Bauleistungen (ATV) in der ATV DIN 18345 (Ausgabe September 2019) beschrieben. Im Folgenden werden die Inhalte der ATV und/oder der ergänzenden Regelungen auszugsweise unter dem Gesichtspunkt von Ausführungstoleranzen und Materialmindestdicken und Abmessungen dargestellt.

| | | |
|---|---|---|
| **Normen:** | ATV DIN 18345[1] | Wärmedämm-Verbundsysteme |
| | DIN EN 13499[2] | Wärmedämmstoffe für Gebäude – Außenseitige Wärmedämm-Verbundsysteme (WDVS) aus expandiertem Polystyrol |
| | DIN EN 13500[3] | Wärmedämmstoffe für Gebäude – Außenseitige Wärmedämm-Verbundsysteme (WDVS) aus Mineralwolle |
| | DIN EN 13162 bis DIN EN 13171 | Wärmedämmstoffe für Gebäude (Produktnormen) |
| **Allgemeines:** | Für Wärmedämm-Verbundsysteme gelten die Forderungen aus der DIN 18202[4] an die Ebenheit der Oberflächen, unabhängig von dem Material der Dämmstoffschicht. Abweichungen von vorgeschriebenen Maßen sind nur in den durch die DIN 18202 „Toleranzen im Hochbau – Bauwerke" geregelten Grenzen zulässig. | |

1 ATV DIN 18345:2019-09: VOB Vergabe- und Vertragsordnung für Bauleistungen – Teil C: Allgemeine Technische Vertragsbedingungen für Bauleistungen (ATV) – Wärmedämm-Verbundsysteme.

2 DIN EN 13499:2003-12: Wärmedämmstoffe für Gebäude – Außenseitige Wärmedämm-Verbundsysteme (WDVS) aus expandiertem Polystyrol – Spezifikation.

3 DIN EN 13500:2003-12: Wärmedämmstoffe für Gebäude – Außenseitige Wärmedämm-Verbundsysteme (WDVS) aus Mineralwolle – Spezifikation.

4 DIN 18202:2019-07: Toleranzen im Hochbau – Bauwerke.

**Geltungsbereich:** Der Geltungsbereich der ATV DIN 18345 „Wärmedämm-Verbundsysteme“ erstreckt sich auf Wärmedämm-Verbundsysteme (WDVS) und verputzte Außendämmungen einschließlich der zugehörigen Oberfläche.

Die Norm gilt nicht für vorgehängte hinterlüftete Fassaden (s. hierzu ATV DIN 18351[5] „Vorgehängte Hinterlüftete Fassaden“).

## Winkelabweichungen

Grenzwerte für Winkelabweichungen siehe folgende Tabelle (n. DIN 18202, Tab. 2):

***Tabelle 1:*** *Grenzwerte für Winkelabweichungen (n. DIN 18202, 5.3) (Quelle: Schmidt)*

| **Grenzwerte für Winkelabweichungen** | | | | | | | | | |
|---|---|---|---|---|---|---|---|---|---|
| 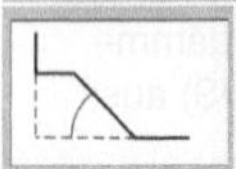 | Nennmaß | m | ≤ 0,5 | > 0,5 ≤ 1,0 | > 1,0 ≤ 3,0 | > 3,0 ≤ 6,0 | > 6,0 ≤ 15,0 | > 15,0 ≤ 30,0 | > 30,0 |
| | Stichmaße als Grenzwerte | mm | 3 | 6 | 8 | 12 | 16 | 20 | 30 |

## Ebenheitsabweichungen

Grenzwerte für Ebenheitsabweichungen bei Wänden sind in DIN 18202, Abschnitt 5.4 geregelt; siehe folgende Tabelle (Auszug aus DIN 18202, Tab. 3):

[5] ATV DIN 18351:2023-09: VOB Vergabe- und Vertragsordnung für Bauleistungen – Teil C: Allgemeine Technische Vertragsbedingungen für Bauleistungen (ATV) – Vorgehängte Hinterlüftete Fassaden.

***Tabelle 2:** Grenzwerte für Ebenheitsabweichungen (n. DIN 18202, 5.4) (Quelle: Schmidt)*

| **Nichtflächenfertige Wände und Unterseiten von Rohdecken** | | | | | | | |
|---|---|---|---|---|---|---|---|
| 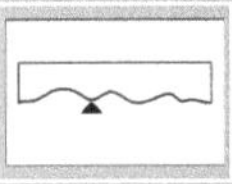 | Messpunktabstand | m | ≤ 0,1 | 1 | 4 | 10 | 15 |
| | Stichmaße als Grenzwerte | mm | 5 | 10 | 15 | 25 | 30 |
| **Flächenfertige Wände und Unterseiten von Decken** | | | | | | | |
| 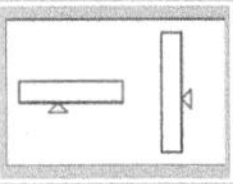 | Messpunktabstand | m | ≤ 0,1 | 1 | 4 | 10 | 15 |
| | Stichmaße als Grenzwerte | mm | 3 | 5 | 10 | 20 | 25 |
| z. B. geputzte Wände, Wandbekleidungen, untergehängte Decken | | | | | | | |
| **wie Zeile zuvor, jedoch mit erhöhten Anforderungen** | | | | | | | |
| 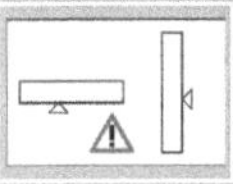 | Messpunktabstand | m | ≤ 0,1 | 1 | 4 | 10 | 15 |
| | Stichmaße als Grenzwerte | mm | 2 | 3 | 8 | 15 | 20 |
| Zwischenwerte sind DIN 18202, Bild 6 und Bild 7 zu entnehmen und auf ganze mm zu runden. Die Grenzwerte für Ebenheitsabweichungen der letzten Spalte gelten auch für Messpunktabstände > 15 m. | | | | | | | |

Unebenheiten in den Oberflächen, die bei Streiflicht sichtbar werden, sind zulässig, wenn die zulässigen Werte nach DIN 18202 nicht überschritten werden.

Sofern erhöhte Anforderungen an die Ebenheit (s. vorherige Tabelle, letzte Zeile) oder Maßhaltigkeit gestellt werden, sind die hierzu erforderlichen Leistungen „Besondere Leistungen“ nach ATV DIN 18345, 4.2.16.

# Spezifische Ergänzungen

## Oberfläche

Auf die Armierungsputzschicht ist ein Oberputz aufzutragen. Dessen Dicke richtet sich nach der Putzart:

- **Dünnlagige Oberputze** sind gerieben mit einer Korngröße von 3 mm auf der Armierungsschicht herzustellen.
- **Dicklagige Oberputze** sind als Kratzputz auszuführen.

Für die Verarbeitung von Putzen ist DIN EN 13914-1[6] „Planung, Zubereitung und Ausführung von Innen- und Außenputzen – Teil 1: Außenputz" i. V. m. DIN 18550-1[7] „Planung, Zubereitung und Ausführung von Innen- und Außenputzen – Teil 1: Ergänzende Festlegungen zu DIN EN 13914-1 für Außenputze" zu beachten. Außerdem gelten die Regelungen der DIN EN 15824[8].

Unebenheiten der Oberfläche mit Abweichungsmaßen innerhalb der Grenzwerte der DIN 18202 sind zulässig, auch dann, wenn sie bei Streiflicht sichtbar werden (ATV DIN 18345, 3.1.2).

**Unebenheiten im Untergrund**

Unebenheiten im Montageuntergrund können i. d. R. bis zu 10 mm durch die Klebemasse ausgeglichen werden. Die entsprechenden Montagerichtlinien der Hersteller sind nach der Systemzulassung zu beachten.

# Prüfung

Die Prüfung der Toleranzen erfolgt nach der DIN 18202, Abschnitt 6. Der Auftragnehmer hat ggf. Bedenken gemäß VOB/B § 4 Nr. 3 unverzüglich anzumelden, wenn (s. ATV DIN 18345, 3.1.1):

- eine ungeeignete Beschaffenheit des Untergrunds vorliegt (z. B. Ausblühungen, zu glatte Flächen, verschieden saugende Flächen, verschiedene Stoffe des Untergrunds)
- die gemessenen Abweichungen größer als die in der DIN 18202 zulässigen Werte sind
- ungeeignete klimatische Bedingungen vorliegen (zu hohe Feuchte, starke Sonneneinstrahlung, ungeeignete Temperaturen)
- Verankerungs- und Befestigungsmöglichkeiten unzureichend sind
- Bezugspunkte (z. B. Meterriss) fehlen

[6] DIN EN 13914-1:2016-09: Planung, Zubereitung und Ausführung von Außen- und Innenputzen – Teil 1: Außenputze.

[7] DIN 18550-1:2018-01: Planung, Zubereitung und Ausführung von Außen- und Innenputzen – Teil 1: Ergänzende Festlegungen zu DIN EN 13914-1:2016-09 für Außenputze.

[8] DIN EN 15824:2017-09: Festlegungen für Außen- und Innenputze mit organischen Bindemitteln.

# Zimmer- und Holzbauarbeiten

Die Anforderungen an Zimmer- und Holzbauarbeiten sind im Wesentlichen in der Vergabe- und Vertragsverordnung für Bauleistungen (VOB) Teil C in den Allgemeinen Technischen Vertragsbedingungen für Bauleistungen (ATV) in der ATV DIN 18334 (Ausgabe September 2016) beschrieben. Im Folgenden werden die Inhalte der ATV und/oder der ergänzenden Regelungen auszugsweise unter dem Gesichtspunkt von Qualitätsanforderungen, Ausführungs- und Materialdickentoleranzen dargestellt.

**Normen:** ATV DIN 18334[1] Zimmer- und Holzbauarbeiten

**Allgemeines:** Toleranzen sind in den durch die DIN 18202[2] „Toleranzen im Hochbau“ sowie die DIN 18203-3[3] „Bauteile aus Holz und Holzwerkstoffen“ geregelten Grenzen zulässig.

In der DIN 18203-3 sind Toleranzbereiche für Bauteile aus Holz und Holzwerkstoffen, d. h. Stützen, Träger, Binder, Wand-, Boden-, Decken- und Dachtafeln, auf Grundlage der DIN 18202 geregelt.

1 ATV DIN 18334:2023-09: VOB Vergabe- und Vertragsordnung für Bauleistungen – Teil C: Allgemeine Technische Vertragsbedingungen für Bauleistungen (ATV) – Zimmer- und Holzbauarbeiten.

2 DIN 18202:2019-04: Toleranzen im Hochbau – Bauwerke.

3 DIN 18203-3:2008-08: Toleranzen im Hochbau – Teil 3: Bauteile aus Holz und Holzwerkstoffen.

Für Bauschnittholz, Faserplatten, Spanplatten und Sperrholz gelten die Toleranzen und Maßänderungen durch Schwinden und Quellen nach DIN EN 1995-1-1/NA[4], DIN 4074-1[5] und DIN 4074-5[6], DIN 68100[7] und DIN 68705[8].

**Geltungsbereich:** ATV DIN 18334 „Zimmer- und Holzarbeiten" gilt für die Bearbeitung und Herstellung von Konstruktionen des Holzbaus und Ingenieurholzbaus. Die Norm gilt auch für die Behandlung von Holz und Holzkonstruktionen mit Holzschutzmitteln.

Die Norm gilt nicht für Schalarbeiten (s. ATV DIN 18331[9] „Betonarbeiten"), Verbau bei Baugrubenarbeiten (s. DIN 18303 „Verbauarbeiten"), Trockenbauarbeiten (s. ATV DIN 18340[10] „Trockenbauarbeiten"), vorgehängte hinterlüftete Fassaden, die aus anderen Elementen als Holz oder Holzwerkstoffen hergestellt werden (s. ATV DIN 18351[11] „Vorgehängte Hinterlüftete Fassaden), Türen und Tore aus Holz (s. ATV DIN 18355[12] „Tischlerarbeiten") und Parkettarbeiten (s. ATV DIN 18356[13] „Parkett- und Holzpflasterarbeiten").

---

[4] DIN EN 1995-1-1/NA:2013-08: Nationaler Anhang – National festgelegte Parameter – Eurocode 5: Bemessung und Konstruktion von Holzbauten – Teil 1-1: Allgemeines – Allgemeine Regeln und Regeln für den Hochbau.

[5] DIN 4074-1:2012-06: Sortierung von Holz nach der Tragfähigkeit – Teil 1: Nadelschnittholz.

[6] DIN 4074-5:2008-12: Sortierung von Holz nach der Tragfähigkeit – Teil 5: Laubschnittholz.

[7] DIN 68100:2010-07: Toleranzsystem für Holzbe- und -verarbeitung – Begriffe, Toleranzreihen, Schwind- und Quellmaße.

[8] DIN 68705-2:2016-03: Sperrholz – Teil 2: Stab- und Stäbchensperrholz für allgemeine Zwecke.

[9] ATV DIN 18331:2019-09: VOB Vergabe- und Vertragsordnung für Bauleistungen – Teil C: Allgemeine Technische Vertragsbedingungen für Bauleistungen (ATV) – Betonarbeiten.

[10] ATV DIN 18340:2023-09: VOB Vergabe- und Vertragsordnung für Bauleistungen – Teil C: Allgemeine Technische Vertragsbedingungen für Bauleistungen (ATV) – Trockenbauarbeiten.

[11] ATV DIN 18351:2023-09: VOB Vergabe- und Vertragsordnung für Bauleistungen – Teil C: Allgemeine Technische Vertragsbedingungen für Bauleistungen (ATV) – Vorgehängte Hinterlüftete Fassaden.

[12] ATV DIN 18355:2019-09: VOB Vergabe- und Vertragsordnung für Bauleistungen – Teil C: Allgemeine Technische Vertragsbedingungen für Bauleistungen (ATV) – Tischlerarbeiten.

[13] ATV DIN 18356:2019-09: VOB Vergabe- und Vertragsordnung für Bauleistungen – Teil C: Allgemeine Technische Vertragsbedingungen für Bauleistungen (ATV) – Parkett- und Holzpflasterarbeiten.

**Spezifische Ergänzungen:**

- Maße und Grundeigenschaften von Hölzern
- Holzrahmenbau
- Risse – Risstiefe
- Längskrümmung
- Baumkanten
- Mindestdicke tragender Bauteile
- Dachschalungen
- Dachlattungen
- Wand- und Deckenschalungen
- Außenwandbekleidungen
- Böden – Maße und Qualitätsanforderungen
- Treppen
- lastabhängige Verformungen
- Verformungen aus Quellen und Schwinden
- Längenänderung durch Temperaturänderung

# Bauwerksmaße

Nennmaße und Abstände der Achsen werden gemäß DIN 18202, Tab. 1 geregelt.

Für Träger, Binder und Stützen aus verschiedenen Holzbaustoffen gilt die DIN 18203-3, Tab. 1.

Für Wand-, Boden-, Decken- und Dachtafeln gelten die Grenzabweichungen nach DIN 18203-3, Tab. 2.

### Träger, Binder, Stützen

Zur Beurteilung der **Breite und Höhe** von Trägern, Bindern und Stützen gelten für die verschiedenen Holzbaustoffe unterschiedliche, maximal zulässige Grenzabweichungen nach Tab. 1 der DIN 18203-3.

***Tabelle 1:*** *Grenzabweichungen der Breite und Höhe von Trägern, Bindern und Stützen aus Vollholz und Holzwerkstoffen sowie von zusammengesetzten Querschnitten (n. DIN 18203-3, 4.2, Tab. 1) (Quelle: Schmidt/Schöwer)*

| Breite und Höhe des Bauteils | Träger, Binder, Stützen | | | |
|---|---|---|---|---|
| | Vollholz (Messbezugsfeuchte 20 %) | | Holzwerkstoffe (Messbezugsfeuchte 10 %) | zusammengesetzte Querschnitte (Messbezugsfeuchte 20 %) |
| | sägerau | gehobelt, egalisiert | | |
| für Nennmaße in m | maximal zulässige Grenzabweichung | | | |
| ≤ 0,10 | + 3 mm<br>– 1 mm[1)] | ± 1 mm[2)] | ± 1 mm[2)] | wie Vollholz |
| > 0,10 bis 0,40 | + 4 mm<br>– 2 mm[1)] | ± 1,5 mm[2)] | ± 1,5 mm[2)] | wie Vollholz |
| > 0,40 bis 0,80 | - | - | - | + 5 mm<br>– 2 mm |
| > 0,80 bis 2,00 | - | - | - | + 6 mm<br>– 3 mm |
| > 2,00 bis 6,00 | - | - | - | + 8 mm<br>– 4 mm |

[1)] Anforderung entspricht Maßtoleranzklasse 1 n. DIN EN 336[14]
[2)] Anforderung entspricht Maßtoleranzklasse 2 n. DIN EN 336

***Tabelle 2:*** *Grenzabweichungen der Breite und Höhe von Trägern, Bindern und Stützen aus Brettschichtholz (einteilig) und Balkenschichtholz (n. DIN 18203-3, 4.2, Tab. 1) (Quelle: Schmidt/Schöwer)*

| Breite und Höhe des Bauteils | Träger, Binder, Stützen | | |
|---|---|---|---|
| | einteilige Brettschichtholzbauteile[1)] (Messbezugsfeuchte 12 %) | | Balkenschichtholz (Messbezugsfeuchte 15 %) |
| | Breite | Höhe | |
| für Nennmaße in m | maximal zulässige Grenzabweichung | | |
| ≤ 0,10 | ± 2 mm | + 4 mm<br>– 2 mm | ± 1,0 mm[2)] |
| > 0,10 bis 0,40 | ± 2 mm | + 4 mm<br>– 2 mm | ± 1,5 mm[2)] |
| > 0,40 bis 0,80 | + 1,0 %<br>– 0,5 % | | - |
| > 0,80 bis 2,00 | + 1,0 %<br>– 0,5 % | | - |

[14] DIN EN 336:2013-12: Bauholz für tragende Zwecke – Maße, zulässige Abweichungen.

***Tabelle 2:*** *Grenzabweichungen der Breite und Höhe von Trägern, Bindern und Stützen aus Brettschichtholz (einteilig) und Balkenschichtholz (n. DIN 18203-3, 4.2, Tab. 1) (Quelle: Schmidt/Schöwer)*

| Breite und Höhe des Bauteils | Träger, Binder, Stützen | | |
|---|---|---|---|
| | einteilige Brettschichtholzbauteile[1] (Messbezugsfeuchte 12 %) | | Balkenschichtholz (Messbezugsfeuchte 15 %) |
| | Breite | Höhe | |
| für Nennmaße in m | maximal zulässige Grenzabweichung | | |
| > 2,00 bis 6,00 | + 1,0 %<br>− 0,5 % | | - |

1) Die Höhe wird immer senkrecht, die Breite immer parallel zu den Flächenklebungen gemessen. Beispiel: Bei Verwendung von Brettschichtholz flachkant (z. B. als BSH-Decke) ist die Dicke gleich Breite anzunehmen.
2) Anforderung entspricht Maßtoleranzklasse 2 n. DIN EN 336.

Zur Beurteilung der **Länge des Bauteils** und Abständen (z. B. bei Bohrungen) gelten unabhängig vom Holzbaustoff unter den jeweiligen Bedingungen Messbezugsfeuchte folgende Grenzwerte für Maßabweichungen:

***Tabelle 3:*** *Grenzabweichungen für Längen und Abstände bei Trägern, Bindern und Stützen aus Holz und Holzwerkstoffen (n. DIN 18203-3, 4.2, Tab. 1) (Quelle: Schmidt/Schöwer)*

| Länge/ Abstand | Träger, Binder und Stützen | | | | | | |
|---|---|---|---|---|---|---|---|
| | bei Nennmaßen in m | | | | | | |
| | ≤ 0,10 | > 0,10 bis 0,40 | > 0,40 bis 0,80 | > 0,80 bis 2,00 | > 2,00 bis 6,00 | > 6,00 bis 20,00 | > 20,00 |
| | maximal zulässige Grenzabweichung | | | | | | |
| | ± 2 mm | | | | ± 0,1 % | | ± 20 mm |

Die angegebenen Werte sind auf verschiedene Messbezugsfeuchten der einzelnen Baustoffe bezogen. Für Vollholz und aus zusammengesetzten Querschnitten hergestellte Bauteile beträgt die Messbezugsfeuchte 20 %, für andere Holzwerkstoffe 10 %.

Für Träger, Binder und Stützen, die aus Balkenschichtholz oder Brettschichthölzern bestehen, beträgt die Messbezugsfeuchte 15 % bzw. 12 %.

Änderungen der Holzfeuchte führen zu Änderungen der Bauteilabmessungen, dies ist in der Planung zu berücksichtigen.

Die für gehobeltes oder egalisiertes Vollholz, sonstige Holzwerkstoffe und Balkenschichtholz angegebenen Grenzwerte entsprechen den Vorgaben nach Maßtoleranzklasse 1 der DIN EN 336. Die Grenzwerte für sägeraues Vollholz sind nach Maßtoleranzklasse 2 in DIN 18203-3 aufgenommen.

### Wand-, Boden-, Decken- und Dachtafeln

Bei Bauteilen für Wand-, Boden-, Decken- und Dachtafeln gelten besondere Grenzabweichungen für die Breite, Höhe und Dicke von Holztafeln. Öffnungen in diesen Bauteilen werden ebenfalls nach den Grenzwerten der Tabelle 2 der DIN 18203-3 beurteilt:

***Tabelle 4:*** *Grenzabweichungen für Wand-, Boden-, Decken- und Dachtafeln (n. DIN 18203-3, 4.3, Tab. 2) (Quelle: Schmidt/Schöwer)*

| | Grenzabweichung | |
|---|---|---|
| **Nennmaße in m** | **Breite, Höhe (Kantenlänge) und Öffnungen** | **Dicke** |
| bis ≤ 0,10 | - | + 2 mm<br>– 1mm |
| über > 0,10 bis 0,40 | - | + 3 mm<br>– 2 mm |
| über > 0,40 | - | + 4 mm<br>– 2 mm |
| bis ≤ 1,00 | ± 2 mm | - |
| über > 1,00 | ± 0,2 % des Nennmaßes, jedoch max. ± 5 mm | - |

Abweichungen von den in der Norm genannten Werten für Höchst- und Mindestmaße oder Holzfeuchten sind gesondert zu vereinbaren.

**Beispiel:**

Für eine Wandtafel der Nenndicke 28 mm (< 0,10 m = 100 mm) beträgt das Höchstmaß der Dicke 30 mm (= 28 + 2) und die Mindestdicke 27 mm (= 28 – 1).

Für eine Wandtafel mit einer Länge von 6,20 m (Nennmaß, Länge = 6.200 mm) beträgt das Höchstmaß (= 6.200 + 5 =) 6.205 mm und das Mindestmaß (= 6.200 – 5 =) 6.195 mm. Maßgebend ist die absolute Grenzabweichung von ± 5 mm, da die prozentuale Grenzabweichung über dem Maximalwert liegt (0,2 x 6.200/100 = 12,4 mm > 5 mm).

# Winkelabweichungen

Die zulässige Winkelabweichung in der Länge und Breite von Tafeln ist im Rahmen der Toleranzen nach DIN 18203-3, Tab. 2 geregelt. Dabei ist als Nennmaß die jeweils längere Seite des zu betrachtenden Winkels für die Beurteilung zugrunde zu legen.

Beispiel: Die Rechtwinkligkeit einer Türöffnung innerhalb einer Wandtafel wird bestimmt durch das Nennmaß an der Höhe der Türöffnung im Verhältnis zum Stichmaß der Winkelabweichung an der Sturzunterseite.

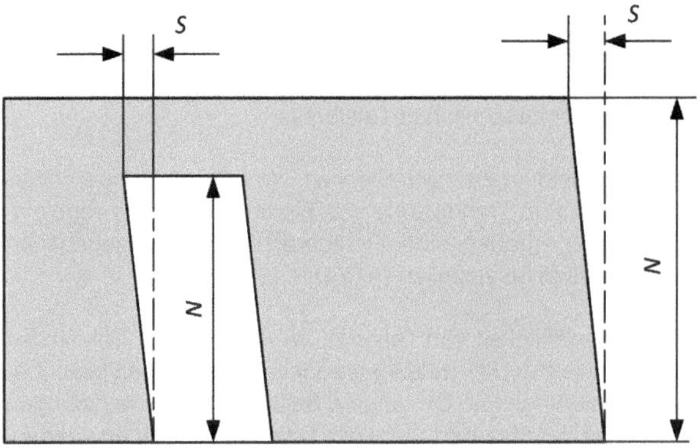


***Bild 1:*** *Bestimmung der Rechtwinkligkeit bei Holztafeln (S Stichmaß, N Nennmaß) ((Quelle: Schmidt))*

***Tabelle 5:*** *Grenzabweichung als Stichmaß bei Winkelabweichungen in der Länge und Breite bei Holztafeln (n. DIN 18203-3, 4.4) (Quelle: Schmidt/Schöwer)*

| Länge und Breite bei Holztafeln für Nennmaße in m | Grenzabweichung (Stichmaß) |
|---|---|
| ≤ 1,00 | ± 2 mm |
| > 1,00 | ±0,2 % des Nennmaßes, jedoch max. ± 5 mm |

***Tabelle 6:*** *Grenzabweichung als Stichmaß bei Winkelabweichungen in der Dicke bei Holztafeln (n. DIN 18203-3, 4.4) (Quelle: Schöwer/Schmidt)*

| Dicke von Holztafeln | Grenzabweichung (Stichmaß) |
|---|---|
| für Nennmaße in m | |
| ≤ 0,10 | + 2 mm<br>– 1 mm |
| > 0,10 bis 0,40 | + 3 mm<br>– 2 mm |
| > 0,40 | + 4 mm<br>– 2 mm |

Das Stichmaß wird an der Stirnseite der Tafel ermittelt als Maßbezug zwischen der geplanten rechtwinkligen Tafelbreite und der Kante der tatsächlichen Tafelbreite.

Deckenbekleidungen, Unterdecken, Wandbekleidungen, Vorsatzschalen und Trennwände aus Elementen, die ein regelmäßiges Raster ergeben, sind fluchtgerecht in den vorgegebenen Bezugsachsen herzustellen (ATV DIN 18334, 3.1.5).

Die Rechtwinkligkeit von Tafeln ist im Rahmen der Toleranzen nach Tabelle 2 in DIN 18203-3 geregelt. Dabei werden die höheren Anforderungen an die längere Seite gestellt. Abweichungen können an der kürzeren Seite der Tafel aufgenommen werden. Dies gilt ebenso für die Grenzabmaße für Träger, Binder und Stützen.

# Ebenheitsabweichungen

Zur Ebenheit von Holzbauteilen ist in der DIN 18203-3, 4.5 nur für Balkenschichtholz und einteilige Brettschichtholzbauteile eine Regelung getroffen. Die Längskrümmung dieser Bauteile darf auf 2,0 m maximal 4 mm betragen. Für die Querkrümmung gilt ein Höchstmaß von maximal 1/200 der größeren Querschnittseite.

# Spezifische Ergänzungen

## Maße und Grundeigenschaften von Hölzern

Maße und Beschaffenheit von Hölzern und Holzprodukten werden durch Produktnormen bestimmt. Für die Sortierung von Holz nach der Tragfähigkeit gelten DIN 4074-1[15] für Nadelholz und 4074-5[16] für Laubschnittholz. Neben bestimmten Holzeigenschaften, wie Ästigkeit, Jahrringbreiten, Verfärbungen und Faserneigung, ist dort in den verschiedenen Sortierklassen auch die Zulässigkeit von Baumkantenanteilen, Rissen, Krümmungen und Verdrehungen geregelt.

Abweichungen von den in der ATV DIN 18334 angegebenen Mindestmaßen für Dicken und Querschnitte sind innerhalb der Grenzen der Angaben in den einzelnen Produktnormen zulässig. Bei allen Maßangaben sind stets die zugeordneten Holzbezugsfeuchten zu berücksichtigen.

## Maßabweichungen bei Bauschnittholz

### *Zulässige Querschnittabweichungen (DIN EN 336, 4.3):*

Zur Regelung der Maßhaltigkeit von Vollholzprodukten sind in der DIN EN 336[17] „Bauholz für tragende Zwecke – Maße, zulässige Abweichungen" zwei Maßtoleranzklassen definiert:

***Tabelle 7:*** *Zulässige Querschnittabweichungen bei Bauholz (n. DIN EN 336, 4.3) (Quelle: Schöwer/Schmidt)*

| Schnitt- und Bauholz, KVH, Balkenschichtholz | Maßtoleranzklasse nach DIN EN 336 | |
|---|---|---|
| Dicke und Breite im mm | 1 | 2 |
| ≤ 100 mm | + 3,0 mm<br>– 1,0 mm | ± 1,0 mm |
| > 100 mm und<br>≤ 300 mm | + 4,0 mm<br>– 2,0 mm | ± 1,5 mm |

15 DIN 4074-1:2012-06: Sortierung von Holz nach der Tragfähigkeit – Teil 1: Nadelschnittholz.

16 DIN 4074-5:2008-12: Sortierung von Holz nach der Tragfähigkeit – Teil 5: Laubschnittholz.

17 DIN EN 336:2013-12: Bauholz für tragende Zwecke – Maße, zulässige Abweichungen.

***Tabelle 7:*** *Zulässige Querschnittabweichungen bei Bauholz (n. DIN EN 336, 4.3) (Quelle: Schöwer/Schmidt)*

| Schnitt- und Bauholz, KVH, Balkenschichtholz | Maßtoleranzklasse nach DIN EN 336 | |
|---|---|---|
| > 300 mm | + 5,0 mm<br>– 3,0 mm | ± 2,0 mm |

Tragende Konstruktionen aus Bauschnittholz aus Nadelholz müssen aus der Festigkeitsklasse C24 nach DIN EN 338[18] „Bauholz für tragende Zwecke – Festigkeitsklassen" ausgeführt werden und der Maßtoleranzklasse 1 nach DIN EN 336 entsprechen (ATV DIN 18334, 3.1.6).

***Zulässige Längenabweichungen (DIN EN 336, 4.4):***

Negative Abweichungen (Unterlängen) gegenüber dem Nennmaß sind nicht zulässig. Sofern Überlängen für die Ausführung problematisch sind, sollte ein Grenzwert vertraglich vereinbart werden.

## Zulässige Maßabweichungen für Brettschichtholz

Tragende Konstruktionen aus Brettschichtholz müssen aus Holz der Festigkeitsklasse GL24h nach DIN EN 14080[19] „Holzbauwerke – Brettschichtholz und Balkenschichtholz – Anforderungen" ausgeführt werden. Zulässige Maßabweichungen sind in dieser Norm festgelegt, siehe folgende Tabelle:

***Tabelle 8:*** *Zulässige Abweichungen bei Bauteilen aus Brettschichtholz (Quelle: Schmidt/Schöwer)*

| Zulässige Abweichungen von den Nennmaßen für Brettschichtholz (n. DIN EN 14080, Tab. 12) | | | |
|---|---|---|---|
| Nennmaße | | max. zulässige Abweichung | |
| | | gerade Bauteile | gekrümmte Bauteile |
| Querschnittsbreite | alle Breiten | ± 2 mm | ± 2 mm |
| Querschnittshöhe | $h \leq 400$ mm | + 4 mm bis<br>– 2 mm | + 4 mm bis<br>– 2 mm |
| | $h > 400$ mm | + 1 % bis<br>– 0,5 % | + 1 % bis<br>– 0,5 % |

18 DIN EN 338:2016-07: Bauholz für tragende Zwecke – Festigkeitsklassen.

19 DIN EN 14080:2013-09: Holzbauwerke – Brettschichtholz und Balkenschichtholz – Anforderungen.

***Tabelle 8:** Zulässige Abweichungen bei Bauteilen aus Brettschichtholz (Quelle: Schmidt/Schöwer)*

| **Zulässige Abweichungen von den Nennmaßen für Brettschichtholz (n. DIN EN 14080, Tab. 12)** | | | |
|---|---|---|---|
| **Nennmaße** | | **max. zulässige Abweichung** | |
| | | **gerade Bauteile** | **gekrümmte Bauteile** |
| max. Abweichung der Winkel des Querschnitts vom rechten Winkel | | 1:50 | 1:50 |
| Länge eines geraden Bauteils bzw. abgewickelte Länge eines gekrümmten Bauteils | $l \leq 2$ m | ± 2 mm | ± 2 mm |
| | 2 m ≤ $l$ ≤ 20 m | ± 0,1 % | ± 0,1 % |
| | $l$ > 20 m | ± 20 mm | ± 20 mm |
| Längskrümmung, gemessen als max. zul. Stichmaß über eine Länge von 2,0 m ohne Berücksichtigung einer Überhöhung (s. folgende Abb.) | | 4 mm | - |
| Stichmaß je Meter abgewickelte Länge (s. folgende Abb.) | ≤ 6 Lamellen | - | ± 4 mm |
| | > 6 Lamellen | - | ± 2 mm |

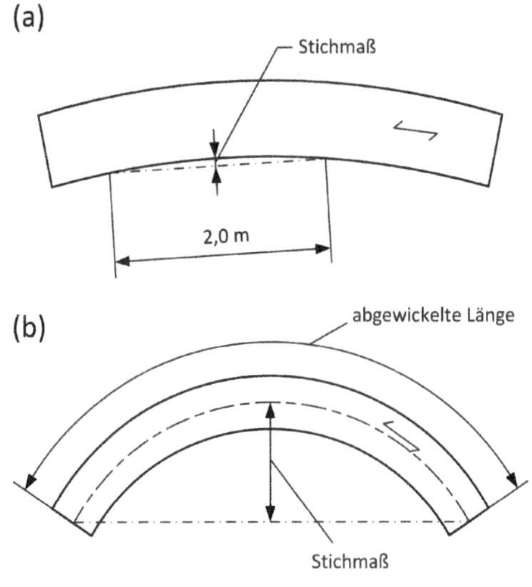


***Bild 2:** Erläuterungen der Angaben in voriger Tabelle: (a) Längskrümmung bei Brettschichtholz als Stichmaß; (b) Stichmaß je Meter abgewickelte Länge (Quelle: Schmidt)*

## Holzrahmenbau

Für Vollholzkonstruktionen im Holzrahmenbau sind Bauschnitthölzer mindestens der Festigkeitsklasse C24 nach DIN EN 338 mit einer maximalen Holzfeuchte von 18 % zu verwenden. Für die Maßhaltigkeit des Querschnitts gelten die Forderungen nach der Maßtoleranzklasse 2 nach DIN EN 336. Der Anteil einer Baumkante muss < 10 % der kleinsten Querschnittsseite betragen, im sichtbaren Bereich ist scharfkantiges Bauschnittholz zu verwenden.

## Maximale Holzfeuchte und Schwindrisse – Risstiefe

Nach ATV DIN 18334 sind Bauschnitthölzer im Regelfall mit folgenden Holzfeuchten einzubauen:

***Tabelle 9:*** *Maximale Holzfeuchte von Bauschnittholz (n. ATV DIN 18334) (Quelle: Schmidt)*

| Bauschnittholz aus | Abmessungen | Holzfeuchte im Einbauzustand | ATV DIN 18334 |
|---|---|---|---|
| Nadelholz | gilt für alle Abmessungen | ≤ 20 % | Abschnitt 3.1.5 |
| Laubholz | Dicke ≤ 16 cm | ≤ 20 % | Abschnitt 3.1.6 |
| | Dicke > 16 cm | ≤ 25 % | |

Die am Objekt sich einstellende Holzfeuchte (Gleichgewichtsfeuchte) ist in DIN EN 1995-1-1/NA[20] „Nationaler Anhang – National festgelegte Parameter – Eurocode 5: Bemessung und Konstruktion von Holzbauten“ festgelegt. Die Gleichgewichtsfeuchte ist dabei abhängig von der Nutzungsklasse, die sich aufgrund des Umgebungsklimas ergibt; siehe folgende Tabelle:

[20] DIN EN 1995-1-1/NA:2013-08: Nationaler Anhang – National festgelegte Parameter – Eurocode 5: Bemessung und Konstruktion von Holzbauten – Teil 1-1: Allgemeines – Allgemeine Regeln und Regeln für den Hochbau.

***Tabelle 10:*** *Gleichgewichtsfeuchte von Holzbaustoffen (n. DIN EN 1995-1-1/NA, Tab. NA.6) (Quelle: Schmidt)*

| **Gleichgewichtsfeuchte von Holzbaustoffen (n. DIN EN 1995-1-1/NA, Tab. NA.6)** | | | |
|---|---|---|---|
| **Nutzungsklasse (NKL)** | **1** [1)] | **2** [2)] | **3** [3)] |
| Umgebungsklima | 20 °C rel. Luftfeuchte (r. F.) 65 % | 20 °C r. F. 85 % | Klimabedingungen, die zu höheren Feuchtegehalten als in Nutzungsklasse 2 führen |
| Gleichgewichtsfeuchte | 5 bis 15 % | 10 bis 20 % | 12 bis 24 % |
| Beispiele | allseitig geschlossene, beheizte Bauwerke | überdachte, offene Bauwerke | Konstruktionen, die der Witterung ungeschützt ausgesetzt sind |
| 1) In den meisten Nadelhölzern wird in NKL 1 eine mittlere Gleichgewichtsfeuchte von 12 % nicht überschritten.<br>2) In den meisten Nadelhölzern wird in NKL 2 eine mittlere Gleichgewichtsfeuchte von 20 % nicht überschritten.<br>3) NKL 3 gilt auch für Bauwerke, in denen sich eine höhere Gleichgewichtsfeuchte einstellt. | | | |

**Holzfeuchte von Bauschnittholz aus Nadelholz und Laubholz sowie für keilgezinktes Vollholz:**

Um die Gefahr von Schwindrissen und Maßänderungen zu vermindern, gelten für die Holzfeuchte *u* folgende Maximalwerte (ATV DIN 18334, 3.1.6 bis 3.1.8):

- Bauschnittholz aus Nadelholz: $u \leq 20$ %
- Bauschnittholz aus Laubholz: $u \leq 20$ % für Hölzer mit einer Dicke ≤ 16 cm; u ≤ 25 % für Hölzer mit einer Dicke > 16 cm
- Nicht sichtbare Konstruktionen aus keilgezinktem Vollholz nach DIN EN 15497[21] i. V. m. DIN 20000-7[22]: $u \leq 18$ %

21 DIN EN 15497:2014-07: Keilgezinktes Vollholz für tragende Zwecke – Leistungsanforderungen und Mindestanforderungen an die Herstellung.

22 DIN 20000-7:2022-02: Anwendung von Bauprodukten in Bauwerken – Teil 7: Keilgezinktes Vollholz für tragende Zwecke nach DIN EN 15497:2014-07.

**Holzfeuchte für weitere Bauteile und Konstruktionen aus Holz und Holzwerkstoffen:**

Bei Bauschnittholz im Holzhausbau, Holzrahmenbau und Holztafelbau (Holzfeuchte ≤ 18 %; ATV DIN 18334, 3.3.1) sowie bei nicht bewitterten Wand- und Deckenbekleidungen aus Brettern oder Bohlen (Holzfeuchte ≤ 15 %; ATV DIN 18334, 3.4.5.2), Fußböden aus Holz und Holzwerkstoffen (Holzfeuchte ≤ 12 %; ATV DIN 18334, 3.6.1.1), Blindböden aus Holz und Holzwerkstoffen (Holzfeuchte ≤ 15 %, ATV DIN 18334, 3.6.2.1), Treppenbauteilen aus Holz (Holzfeuchte 6 % bis 12 %; ATV DIN 18334, 3.11.4).

**Schwindrisse**

Schwindrisse in Bauschnittholz, keilgezinktem Vollholz, Balkenschichtholz, Brettschichtholz und Brettsperrholz sind in begrenztem Umfang zulässig, wenn die Standsicherheit dadurch nicht gefährdet wird (ATV DIN 18334, 3.1.10).

Nach DIN 4074-1 „Sortierung von Holz nach der Tragfähigkeit – Teil 1: Nadelschnittholz“ bleiben dabei Schwindrisse in Kanthölzern und hochkant beanspruchten Brettern und Bohlen bis zu 1/4 der Schnittholzlänge, jedoch maximal bis zu einer Länge von 1,0 m, unberücksichtigt (DIN 4074-1, 5.5.2). Die Risstiefe $r$ ist der Mittelwert aus drei Messungen an den Viertelspunkten der Risslänge; s. folgende Abbildung. Es gilt:

$$r = (t_1 + t_2 + t_3)/3$$

mit:

$r$ Risstiefe
$t_1, t_2, t_3$ Risstiefe an den Messpunkten 1 bis 3

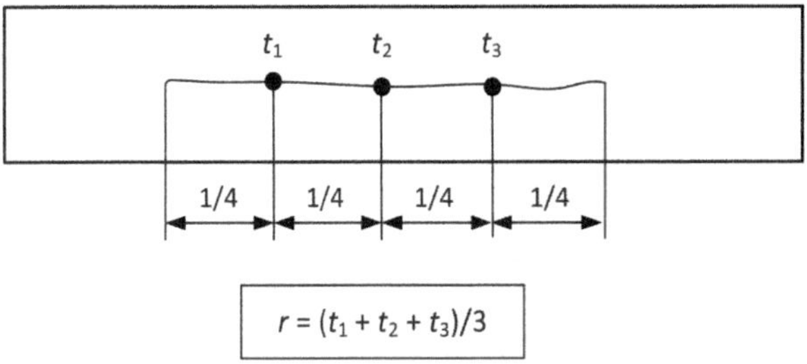


***Bild 3:*** *Bestimmung der Risstiefe r bei Bauschnittholz (n. DIN 4074-1, Bild 10) (Quelle: Schmidt)*

Das Sortiermerkmal *R* ergibt sich aus der Summe der in einem Querschnitt vorhandenen Risstiefen $\sum r_i$ dividiert durch die Abmessung der jeweiligen Querschnittsseite *b*. Bei schräg zur Oberfläche verlaufenden Rissen wird als Risstiefe *r* die auf die Breite projizierte Risstiefe angesetzt; s. folgende Abbildung. Es gilt:

$R = \sum r_i / b$

mit:

$r_i$ Risstiefe; bei schräg zur Oberfläche orientierten Rissen wird die zur jeweiligen Querschnittsseite projizierte Risstiefe angesetzt

$b$ Querschnittsbreite

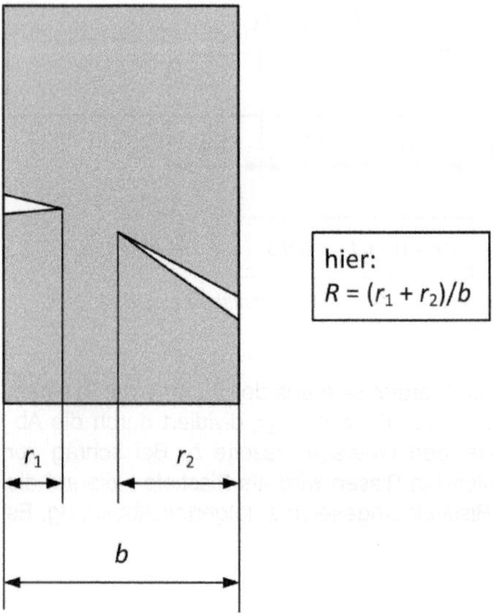


***Bild 4:** Bestimmung der projizierten Risstiefe sowie Berechnung des Sortiermerkmals R (n. DIN 4074-1, Bild 11) (Quelle: Schmidt)*

Für Schwindrisse in Kanthölzern sowie hochkant (K) biegebeanspruchten Brettern und Bohlen gelten, abhängig von der Sortierklasse, die folgenden Anforderungen (n. DIN 4074-1, Tab. 2):

***Tabelle 11:** Anforderungen an Schwindrisse in Kanthölzern sowie vorwiegend hochkant (K) biegebeanspruchten Brettern und Bohlen (n. DIN 4074-1, Tab. 2) (Quelle: Schöwer/Schmidt)*

| Sortierklasse | Schwindrisse *R* |
|---|---|
| S 7<br>S 7K | ≤ 1/2 der Querschnittsbreite |
| S 10<br>S 10K | ≤ 1/2 der Querschnittsbreite |
| S 13<br>S 13K | ≤ 2/5 der Querschnittsbreite |
| K: vorwiegend hochkant biegebeanspruchte Bretter und Bohlen | |

In Brettern und Bohlen sind Schwindrisse *R* zulässig, d. h., sie brauchen nicht berücksichtigt zu werden. Ausnahme: hochkant biegebeanspruchte Bretter und Bohlen (s. o.).

### Längskrümmung

Bei der visuellen Sortierung von trockenen Kanthölzern und hochkant biegebeanspruchten Brettern und Bohlen ist die größte Abweichung *h* [mm] auf einer Messlänge von 2,0 m zu ermitteln. Für die zulässigen Abweichungen in den verschiedenen Sortierklassen gelten für Kanthölzer, Latten, Bretter und Bohlen folgende Werte (n. DIN 4074-1, Tab. 2):

- S 7, S 7K: $h \leq 8$ mm
- S 10, S 10K $h \leq 8$ mm
- S 13, S 13K: $h \leq 8$ mm

Für Latten der Sortierklasse S 10 sind Schwindrisse zulässig. Die Längskrümmung ist auf maximal 12 mm begrenzt.

### Baumkanten

Nach den Kriterien der DIN 4074-1 „Sortierung von Holz nach der Tragfähigkeit – Teil 1: Nadelschnittholz“ sind Baumkanten bei Kanthölzern und hochkant biegebeanspruchten Brettern und Bohlen in begrenztem Umfang zulässig. Anforderungen siehe folgende Tabelle:

***Tabelle 12:*** *Zulässiger Baumkantenanteil (n. DIN 4074-1, Tab. 2, Tab. 3 u. Tab. 4)(Quelle: Schöwer/Schmidt)*

| **DIN 4074-1** | | | |
|---|---|---|---|
| **Sortierklasse** | **S 7<br>S 7K** | **S 10<br>S 10K** | **S 13<br>S 13K** |
| Kanthölzer und hochkant beanspruchte Bretter und Bohlen | ≤ 1/4 | ≤ 1/4 | ≤ 1/5 |
| Latten | - | ≤ 1/3 | ≤ 1/4 |
| Bretter und Bohlen | ≤ 1/3 | ≤ 1/3 | ≤ 1/4 |
| | **Baumkante K** | | |

Der Baumkantenanteil *K* wird ermittelt durch horizontale Messung der Querschnittsseite.

Der Wert für den Baumkantenanteil wird ermittelt durch das Maß der ungestörten Kantholzhöhe, abzüglich der Höhe der gestörten Kantholzseite, geteilt durch das Maß der ungestörten Höhe. Mit der gestörten Kantholzbreite ist entsprechend zu verfahren. Die ermittelten Werte sind mit den geforderten Höchstwerten zu vergleichen.

## Mindestdicke tragender Holzbauteile für Holzbauwerke

Mindestdicken für tragende Bauteile aus Holz und Holzwerkstoffen sind in DIN EN 1995-1-1 i. V. m. DIN EN 1995-1-1/NA (Eurocode 5) bzw. anderen Normen festgelegt. Es gelten folgende Werte:

***Tabelle 13:** Mindestdicken von tragenden Bauteilen aus Holzwerkstoffen (Quelle: Schmidt)*

| Bauteil | Mindestdicke<br>Anforderungen | Regelung in |
|---|---|---|
| Vollholz | Anforderungen n. DIN EN 14081-1[23] i. V. m. DIN 20000-5[24] | |
| Brettschichtholz | Anforderungen n. DIN EN 14080[25] i. V. m. DIN 20000-3[26] | |
| Dachlatten | 30/50 mm bei Stützweite (Achsmaß) ≤ 0,8m<br>40/60 mm bei Stützweite (Achsmaß) ≤ 1,0 m | ATV DIN 18334[27], 3.5 |
| OSB-Platten | 8 mm<br>bei nur aussteifenden Beplankungen von Holztafeln für Holzhäuser in Holztafelbauart<br>6 mm | DIN EN 1995-1-1/NA[28], 3.5.2.2 |

[23] DIN 14081-1:2019-10: Holzbauwerke – Nach Festigkeit sortiertes Bauholz für tragende Zwecke mit rechteckigem Querschnitt – Teil 1: Allgemeine Anforderungen.

[24] DIN 20000-5:2016-06: Anwendung von Bauprodukten in Bauwerken – Teil 5: Nach Festigkeit sortiertes Bauholz für tragende Zwecke mit rechteckigem Querschnitt.

[25] DIN 14080:2013-09: Holzbauwerke – Brettschichtholz und Balkenschichtholz – Anforderungen.

[26] DIN 20000-3:2022-02: Anwendung von Bauprodukten in Bauwerken – Teil 3: Brettschichtholz und Balkenschichtholz nach DIN EN 14080:2013-09.

[27] ATV DIN 18334:2023-09: VOB Vergabe- und Vertragsordnung für Bauleistungen – Teil C: Allgemeine Technische Vertragsbedingungen für Bauleistungen (ATV) – Zimmer- und Holzbauarbeiten.

[28] DIN EN 1995-1-1/NA:2013-08: Nationaler Anhang – National festgelegte Parameter – Eurocode 5: Bemessung und Konstruktion von Holzbauten – Teil 1: Allgemeines – Allgemeine Regeln und Regeln für den Hochbau.

***Tabelle 13:** Mindestdicken von tragenden Bauteilen aus Holzwerkstoffen (Quelle: Schmidt)*

| Bauteil | Mindestdicke<br>Anforderungen | Regelung in |
|---|---|---|
| Kunstharzgebundene Spanplatten | 8 mm<br>bei nur aussteifenden Beplankungen von Holztafeln für Holzhäuser in Holztafelbauart 6 mm | DIN EN 1995-1-1/NA, 3.5.3.2 |
| Zementgebundene Spanplatten | 8 mm<br>bei ungeschliffenen Platten gelten die Grenzabmaße und Toleranzen nach DIN EN 634-1[29] | DIN EN 1995-1-1/NA, 3.5.4.2 |
| Sperrholz | 6 mm | DIN EN 1995-1-1/NA, 3.5.1.2 |
| Furnierschichtholz | 10 mm | DIN EN 1995-1-1/NA, 3.4.1 |
| Faserplatten der Klasse BH.KLA2 n. DIN EN 13986[30] | 4 mm | DIN EN 1995-1-1/NA, 3.5.5.2 |
| Faserplatten der Klasse MBH.LA2 n. DIN EN 13986 | 6 mm | DIN EN 1995-1-1/NA, 3.5.5.2 |
| Gipsplatten für Beplankungen für Dach-, Wand- und Deckentafeln | 12,5 mm | DIN EN 1995-1-1/NA, 3.5.6.2 |
| Gipsfaserplatten für Beplankungen für Dach-, Wand- und Deckentafeln | 10 mm | DIN EN 1995-1-1/NA, 3.5.7.2 |
| Massivholzplatten | 12 mm<br>(maximale Dicke 80 mm) | DIN EN 1995-1-1/NA, 3.5.9.2 |
| Dachschalungen aus Holz (tragend oder aussteifend)* | 24 mm<br>(Breite ≤ 200 mm) | ATV DIN 18334, 3.4.1.1 |
| Dachschalungen (tragend/aussteifend) aus Holzwerkstoffplatten* | Flachpressplatten: ≥ 19 mm<br>Sperrholzplatten: ≥ 15 mm<br>OSB/3- oder OSB/4-Platten: ≥ 18 mm | ATV DIN 18334, 3.4.2.1 |

[29] DIN EN 634-1:1995-04: Zementgebundene Spanplatten – Anforderungen – Teil 1: Allgemeine Anforderungen.

[30] DIN EN 13986:2015-06: Holzwerkstoffe zur Verwendung im Bauwesen – Eigenschaften, Bewertung der Konformität und Kennzeichnung.

***Tabelle 13:*** *Mindestdicken von tragenden Bauteilen aus Holzwerkstoffen (Quelle: Schmidt)*

| Bauteil | Mindestdicke<br>Anforderungen | Regelung in |
|---|---|---|
| Dachschalungen aus Holzwerkstoffen für Metall-, Bitumen-, Schieferdeckungen und Faserzement-Dachplatten-deckungen, Schalungen unter Dachabdichtungen* | ≥ 22 mm | ATV DIN 18334, 3.4.2.2 |
| Dachschalungen aus OSB/3- oder OSB/4-Platten nach DIN EN 300[31] | ≥ 18 mm | ATV DIN 18334, 3.4.2.1 |
| Dachschalungen aus Flachpressplatten nach DIN EN 312[32] Typ P5 (tragend, Feuchtbereich) oder Typ P7 (hochbelastbar, Feuchtbereich) | ≥ 19 mm | ATV DIN 18334, 3.4.2.1 |
| Sperrholzplatten nach DIN EN 636[33] (technische Klasse Feucht- oder Außenbereich) | ≥ 15 mm | ATV DIN 18334, 3.4.2.1 |
| * Siehe auch nächsten Abschnitt. | | |

## Dachschalungen

Für Dachschalungen aus Holz sind besäumte und ungehobelte Bretter oder Bohlen der Sortierklasse S 10 nach DIN 4074-1[34] (Festigkeitsklasse C 24 nach DIN EN 338[35]) einzusetzen. Alternativ können gespundete Bretter aus Nadelholz nach DIN 4072[36] verwendet werden. Bretter müssen eine Mindestdi-

[31] DIN EN 300:2006-09: Platten aus langen, flachen, ausgerichteten Spänen (OSB) – Definitionen, Klassifizierung und Anforderungen.

[32] DIN EN 312:2010-12: Spanplatten – Anforderungen.

[33] DIN EN 636:2015-05: Sperrholz – Anforderungen.

[34] DIN 4074-1:2012-06: Sortierung von Holz nach der Tragfähigkeit – Teil 1: Nadelschnittholz.

[35] DIN EN 338:2016-07: Bauholz für tragende Zwecke – Festigkeitsklassen.

[36] DIN 4072:2019-04: Gespundete Bretter aus Nadelholz.

cke von 24 mm und dürfen eine maximale Breite von höchstens 20 cm aufweisen. Die maximal zulässige Breite für Holzbretter von Schalungen für Metall-, Bitumen-, Schieferdeckungen und Faserzement-Dachplatten und für Schalungen unter Dachabdichtungen beträgt 16 cm. Werden Holzwerkstoffe für Dachschalungen eingesetzt, so gelten für die verschiedenen Stoffe die folgenden Mindestmaße für deren Dicke.

***Tabelle 14:*** *Mindestdicken von Schalungen aus Holzwerkstoffen (Quelle: Schöwer/Schmidt)*

| **Schalungen aus Holzwerkstoffen** | |
|---|---|
| Holzwerkstoff | Mindestdicke |
| Flachpressplatten nach DIN EN 312 | 19 mm |
| OSB/3- oder OSB/4-Platten nach DIN EN 300 | 18 mm |
| Sperrholzplatten nach DIN EN 636 | 15 mm |

Für Schalungen unter Metall-, Bitumen-, Schieferdeckungen und Faserzement-Dachplatten und Dachabdichtungen ist bei der Verwendung von Holzwerkstoffen eine Mindestdicke von 22 mm erforderlich. Die Anforderungen an Unterdachschalungen sind davon abhängig, ob sich die Fläche im sichtbaren oder nicht sichtbaren Bereich befindet. Nach ATV DIN 18334, 3.4.3 sind nicht sichtbare Unterdachschalungen aus besäumten ungehobelten Brettern (Güteklasse 3 n. DIN 68365[37]) mit einer Mindestdicke von 18 mm herzustellen. Sichtbar bleibende Unterdachschalungen aus gespundeten und an der Sichtfläche gehobelten Brettern oder Bohlen (Güteklasse 2 n. DIN 68365) sind mit einer Mindestdicke von 16 mm einzubauen (ATV DIN 18334, 3.4.3.3). Für Ortgang-, Trauf- und Gesimsschalungen aus gespundeten und an der Sichtfläche gehobelten Brettern gilt eine Mindestanforderung an die Dicke von 16 mm.

## Dachlattungen

Die Dimensionierung von Lattungen für Dacheindeckungen ist abhängig vom Auflagerabstand. Für Dachlatten darf nur Holz der Sortierklasse S 10 verwendet werden. Nach ATV DIN 18334, 3.5 gelten folgende Werte:

[37] DIN 68365:2008-12: Schnittholz für Zimmererarbeiten – Sortierung nach dem Aussehen – Nadelschnittholz.

*Tabelle 15: Querschnittsabmessungen von Dachlatten (n. ATV DIN 18334, 3.5) (Quelle: Schöwer/Schmidt)*

| Stützweite (Achsmaß) in m | Sortierklasse nach DIN 4074-1 i. V. m. DIN 20000-5 | Festigkeitsklasse nach DIN EN 338 bei maschineller Sortierung | Nennquerschnitt der Dachlatte |
|---|---|---|---|
| ≤ 0,80 m | S 10 | C27 M | 30/50 mm |
| ≤ 1,00 m | S 10 | C24 M | 40/60 mm |
| Die Dachlatten sind auf jedem Sparren zu befestigen. | | | |

Eine Abweichung von den Nennquerschnitten ist nur zwischen – 1 mm und + 3 mm zulässig.

**Wand- und Deckenschalungen**

Die erforderliche Dicke von nicht sichtbaren Wand- und Deckenschalungen ist abhängig vom Einbauort und von der vorgesehenen Bekleidung. Schalungen aus ungehobelten, besäumten Brettern im Außenbereich sind für Metallbekleidungen mit einer Dicke von mindestens 24 mm herzustellen, ansonsten mindestens in einer Dicke von 22 mm.

Für sonstige Wandbekleidungen im Innenbereich ist eine Schalungsdicke von mindestens 18 mm ausreichend (s. ATV DIN 18334, 3.4.4).

Für Sparschalungen sind mindestens 18 mm dicke Bretter der Güteklasse 3 nach DIN 68365 mit einer Breite von 7 bis 12 cm zu verwenden.

**Außenwandbekleidungen**

Nach ATV DIN 18334, 3.8.2 sind für Außenwandbekleidungen ungehobelte und besäumte Bretter oder Bohlen der Güteklasse 2 nach DIN 68365 mit einer Mindestdicke von 18 mm zu verwenden.

Die Überdeckungsbreite von nicht profilierten, besäumten Brettern muss bei Stülpschalungen ein Maß von mindestens 20 mm aufweisen (ATV DIN 18334, 3.8.5). Für Bekleidungen als Boden-, Deckel- und Deckleistenschalungen gilt ebenfalls ein Überdeckungsmaß von ≥ 20 mm (ATV DIN 18334, 3.8.6)

Für Außenwandbekleidungen aus Holzwerkstoffen müssen Bekleidungsstoffe mit einer Dicke von ≥ 12 mm verwendet werden. Außerdem müssen sie hinterlüftet sein (ATV DIN 18334, 3.8.4).

Die Regelhinterlüftung mit einem freien Lüftungsquerschnitt von 2 % der Fläche kann gemäß DIN 18516-1[38], 4.2.3 am Gebäudefußpunkt und Dachrand auf einen Mindestquerschnitt von 50 $cm^2$ je Meter Wandlänge reduziert werden. Durch eine örtliche Einengung des Lüftungsquerschnitts darf eine Mindestbreite des freien Zwischenraums von 5 mm nicht unterschritten werden.

**Böden – Maße und Qualitätsanforderungen**

Bretter für **Blindböden** sind mit einer Mindestdicke von 22 mm und mit maximalen Zwischenräumen von 15 mm einzubauen. Die Holzfeuchte der Bretter für Blindböden ist auf maximal 15 % begrenzt (ATV DIN 18334, 3.6.2.1). Blindböden aus Holzwerkstoffplatten sind auf Lagerhölzer mit einer Mindestdicke von 22 mm einzubauen, bei schwimmender Verlegung muss die Mindestdicke der Platten 15 mm betragen.

Für **Fehlböden** sind Latten mit einem Mindestquerschnitt von 24/48 mm der Sortierklasse S 10 nach DIN 4074-1 einzubauen. Der Befestigungsabstand parallel zu den Balkenkanten darf 30 cm nicht übersteigen. Bretter für Fehlböden müssen aus Holz der Güteklasse 3 nach DIN 68365 bestehen und eine Mindestdicke von 22 mm aufweisen. Sie sind mit einem Zwischenraum von höchstens 10 mm zu verlegen.

**Dielenböden** aus Hobeldielen nach DIN 4072 „Gespundete Bretter" werden i. d. R. in Dicken von 19,5 bis 35,5 mm und Breiten von 95 bis 155 mm ausgeführt. Die Holzfeuchte soll zum Zeitpunkt der Verlegung der Ausgleichs- oder Gleichgewichtsfeuchte im eingebauten Zustand entsprechen, als Regelwert kann dazu 12 % ± 2 % angenommen werden. Dies betrifft auch den Feuchtegehalt der Unterkonstruktion, z. B. für Lagerhölzer. Zu angrenzenden Bauteilen ist ein Abstand von 10 mm einzuhalten.

[38] DIN 18516-1:2010-06: Außenwandbekleidungen, hinterlüftet – Teil 1: Anforderungen, Prüfgrundsätze.

**Treppen**

Für die Herstellung von Treppen sind die Anforderungen der DIN 18065[39] „Gebäudetreppen – Begriffe, Messregeln, Hauptmaße“ zu beachten. Die Ausführung von handwerklichen Holztreppen muss nach dem Regelwerk „Handwerkliche Holztreppen“[40] des Bund Deutscher Zimmermeister erfolgen.

Für Anforderungen an Treppen wird auch auf das Kapitel Betonwerksteinarbeiten in diesem Werk verwiesen.

Nach ATV DIN 18334, 3.11 sind folgende Regeln zu beachten:

- Bauteile aus Nadelholz müssen der Güteklasse 1 nach DIN 68365[41] entsprechen.
- Bauteile aus Laubholz müssen der Güteklasse II nach DIN 68368[42] entsprechen.
- Die Holzfeuchte darf beim Einbau zwischen 6 % und 12 % betragen.
- Ein Höhenversatz zwischen einzelnen Holzlamellen aufgrund von Quell- und Schwindverformungen infolge Anpassung an die Ausgleichsfeuchte ist zulässig, wenn dadurch die Oberflächenbeschichtung nicht beschädigt wird.
- Nach dem Schleifen von furnierten Treppenstufen (Verbundstufen) muss die verbleibende „Restdicke“ bei Harthölzern mindestens 2,3 mm und bei Weichhölzern mindestens 5 mm betragen. Im Bereich der Furnierstoßkanten ist stets eine Dicke von mindestens 6 mm erforderlich.
- Alle sichtbaren Kanten von Holzbauteilen (Treppe und Geländer) sind zu brechen, an den Stufenvorderkanten mit einem Radius von 2 bis 5 mm abzurunden.
- Holzhandläufe sind so auszubilden und zu montieren, dass sie die erforderlichen Holmlasten aufnehmen können.
- Fugen zwischen Treppe und Wand müssen offen bleiben.

---

39 DIN 18065:2020-08: Gebäudetreppen – Begriffe, Messregeln, Hauptmaße.

40 Handwerkliche Holztreppen; Ausgabe 1998; Hrsg: Bund Deutscher Zimmermeister und Bundesverband des holz- und kunststoffverarbeitenden Handwerks im ZDB.

41 DIN 68365:2008-12: Schnittholz für Zimmerarbeiten – Sortierung nach dem Aussehen – Nadelholz.

42 DIN 68368:2006-02: Laubschnittholz für Treppenbau – Gütebedingungen.

### Lastabhängige Verformungen

Lastabhängige Verformungen müssen zusätzlich zu den Toleranzen der DIN 18202 und DIN 18203-3 (fertigungsbedingte Toleranzen) berücksichtigt werden.

### Verformungen aus Quellen und Schwinden

In den DIN-Normen 18202 und 18203-3 werden Formveränderungen aufgrund unterschiedlicher Holzfeuchte nicht berücksichtigt.

Zur Begrenzung von Formänderungen infolge Quellens und Schwindens sind allerdings Höchstwerte der Holzfeuchte zu beachten, die beim Einbau von Bauteilen aus Holz nicht überschritten werden dürfen.

***Tabelle 16:*** *Höchstwerte der Holzfeuchte beim Einbau zur Begrenzung von Quell- und Schwindverformungen (n. ATV DIN 18334, 3.1) (Quelle: Schmidt)*

| Baustoff | Maximale Holzfeuchte |
|---|---|
| Bauschnittholz aus Nadelholz | $u \leq 20$ % |
| Bauschnittholz aus Laubholz | Dicke ≤ 16 cm: $u \leq 20$ %<br>Dicke > 16 cm: $u \leq 25$ % |
| Keilgezinktes Vollholz für nicht sichtbare Konstruktionen | $u \leq 18$ % |

Rechenwerte für Quell- und Schwindmaße sind in DIN EN 1995-1-1/NA festgelegt. Außerdem ist DIN 68100[43] zu beachten. Nachfolgend werden Rechenwerte für das mittlere Quell- und Schwindmaß senkrecht zur Faserrichtung des Holzes bzw. in Plattenebene für ausgewählte Hölzer und Holzwerkstoffe angegeben.

[43] DIN 68100:2010-07: Toleranzsystem für Holzbe- und -verarbeitung – Begriffe, Toleranzreihen, Schwind- und Quellmaße.

***Tabelle 17:*** *Rechenwerte für das mittlere Quell- und Schwindmaß senkrecht zur Faserrichtung des Holzes bzw. in Plattenebene (n. DIN EN 1995-1-1/NA, Tab. NA.7; Auszug) (Quelle: Schmidt)*

| Baustoff | Schwind- und Quellmaß in % senkrecht zur Faserrichtung bei einer Änderung der Holzfeuchte um 1 % |
|---|---|
| Nadelholz | 0,25 |
| Laubholz | 0,35 |
| Sperrholz in Plattenebene | 0,02 |
| Sperrholz senkrecht zur Plattenebene | 0,32 |
| Kunstharzgebundene Spanplatten Faserplatten | 0,03 |
| OSB-Platten, Typen OSB/2 u. OSB/3 | 0,03 |
| OSB-Platten, Typ OSB/4 | 0,015 |

Maßänderungen, wobei von dem Ausgangswert der Bezugsholzfeuchte ausgegangen wird, sind zusätzlich bei der Planung, z. B. bei der Ausbildung von Fugen und Anschlüssen, zu berücksichtigen.

**Längenänderung durch Temperaturänderung**

Außer der Formveränderung durch Quellen und Schwinden unterliegen Vollholzprodukte auch einem Längenänderungsverhalten durch Temperaturänderung. Die Längenänderung ist abhängig von dem Maß der Temperaturänderung (angegeben in Kelvin), der Bauteillänge und wirkt sich quer und/oder längs zur Faserrichtung unterschiedlich aus.

- längs zur Faser — 0,004 bis 0,007 mm/(mK)
- quer zur Faser — 0,040 bis 0,060 mm/(mK)

# Prüfung

Die Prüfung erfolgt nach DIN 18202, Abschnitt 6. Zusätzlich muss die Holzfeuchte festgestellt und mit der Bezugsholzfeuchte verglichen werden (ATV DIN 18334, 3.1.1). Insbesondere müssen auch Tragfähigkeit und Lage des Untergrunds und dessen Qualität geprüft werden.

# Prüfung und Bewertung

# Prüfung nach DIN 18202

Die DIN 18202[1] „Toleranzen im Hochbau – Bauwerke" regelt die Prüfung von Bauwerksmaßen, der Ebenheit von Flächen, Winkelbezüge von Bauteilen sowie die Lage von Stützen in der Flucht (siehe hierzu auch DIN 18202, Abschnitt 6 „Prüfung" sowie den informativen Anhang A der Norm, der Erläuterungen zu Maßabweichungen und zum Bezugsverfahren sowie zur Lage der Messpunkte enthält).

Die Definitionen der Begriffe sowie die Anwendungen und die Grundsätze von Toleranzen sind der DIN 18202 zu entnehmen.

| | | |
|---|---|---|
| **Normen:** | DIN 18202 | Toleranzen im Hochbau, Bauwerke |

**Allgemeines:** Die Toleranzen nach DIN 18202 sind nur zu prüfen, wenn es erforderlich ist.
Die jeweiligen Abweichungen am Bauwerk (Grenz-, Winkel- und Ebenheitsabweichung) sind grundsätzlich unabhängig voneinander zu prüfen.

# Prüfverfahren

Nach DIN 18202, Abschnitt 6.1, obliegt die Wahl des Messverfahrens dem Prüfenden.

In der Dokumentation der Prüfung ist das gewählte Messverfahren zu benennen. Die durch das Messverfahren bedingte Messunsicherheit sowie geräte- und ablesebedingte Messungenauigkeiten sind anzugeben. Dies ist erforderlich, um die ermittelten Werte bezüglich deren Eignung für eine Einordnung in die Tabellen 1 bis 4 der DIN 18202 bewerten zu können.

1 DIN 18202:2019-07: Toleranzen im Hochbau – Bauwerke.

Für eine normgerechte Prüfung sind die folgenden **Grundsätze** zu beachten (s. DIN 18202, 6.2):

- Bei der Prüfung sind Anforderungen an die Form sowie Anforderungen an die Lage im Raum zu unterscheiden. Anforderungen an die Form beschreiben Maße (z. B. Länge, Breite, Höhe), Winkel und (ebene) Flächen. Anforderungen an die Lage im Raum umfassen Maße in Bezug auf Punkte, Linien (z. B. Achsabstände), Ebenen, Winkel im Raum oder Fluchten (z. B. Flucht einer Stützenreihe).
- Form und Lage sind getrennt voneinander zu prüfen und hinsichtlich der Abweichungen zu bewerten. Dabei ist das ***Boxprinzip*** zu berücksichtigen.
- Bei der Prüfung wird der Messbezug, der sich aus den einzelnen Nennmaßen der verschiedenen Messpunkte ergibt, durch geeignete Messverfahren festgestellt. Dabei wird wie folgt vorgegangen:
  - Die ***Lage von Punkten*** wird geprüft, indem ihr Abstand von einem bekannten Bezugspunkt ermittelt wird (z. B. das Nennmaß für einen Abstand zwischen zwei Punkten).
  - Die ***Lage von Linien*** wird geprüft, indem ihr Anfangs- und Endpunkt sowie ihr vorgesehener Verlauf (Verbindung zwischen Anfangs- und Endpunkt) für die Prüfung herangezogen werden.
  - ***Ebene Flächen*** werden geprüft, indem die Lage der Eckpunkte, der Verlauf der linearen Verbindung der Eckpunkte und die Ebenheit der Flächenränder geprüft werden.
  - ***Räumliche Flächen*** können geprüft werden, indem sie durch ein Netz linearer Verbindungen und Netzpunkte angenähert werden. Die Prüfung der Lage und Maße erfolgt dann anhand des linearen Netzes.

Weiterhin sind folgende Punkte zu beachten:

- Der Planung und der Bauausführung müssen ein Koordinierungssystem (Achsraster) bzw. vermessungstechnisches Bezugssystem zugrunde liegen. Bezugspunkte sind vor der Bauausführung zu bestimmen und auf der Baustelle während und nach den Bauarbeiten dauerhaft zu sichern.
- In der Planung ist die Lage von Bauwerken, Bauteilen oder Räumen eindeutig mit festgelegen Bezugsarten maßlich zu beschreiben und damit festzulegen.
- Im Rahmen der Prüfung von Maßen, der Lage und Oberflächen von Bauteilen sind die in der Planung vorgegebenen

Koordinierungssysteme, Messbezüge und Bezugsarten ebenfalls anzuwenden.

- Für die Prüfung von Punkten, Linien und Flächen sind unterschiedliche Messregularien anzuwenden.
- Die Prüfungen von Maßen basieren auf dem Prinzip eines Vergleichs von Nennmaßen der Soll-Lage mit den Ist-Maßen aus der örtlichen Lagefeststellung.
- Zur Bestimmung von Stichmaßen für die Kontrolle von Abweichungen der Ebenheit, der Flucht oder des Winkelmaßes ist stets auch die Ermittlung eines Messpunktabstands für die jeweilige einzelne Messlage notwendig.

## Zeitpunkt der Prüfung

Die Toleranzen sind grundsätzlich so früh wie möglich zu prüfen, denn nur so können Änderungen durch zeit- oder lastabhängige Verformungen nahezu ausgeschlossen werden. Als spätester Zeitpunkt für die Prüfung der Toleranzen ist jedoch die Übernahme der Bauleistung durch den Folgeunternehmer oder die Baufertigstellung selbst anzusehen.

Bereits vor der Ausführung der Bauleistung sind die Bezugspunkte festzulegen, von welchen aus die Bauteile eingemessen und anschließend auch geprüft werden sollen.

## Messpunkte

Erforderliche Messpunkte sind grundsätzlich vor Beginn der Bauausführung festzulegen.

Es gelten folgende Grundsätze:

***a) Messpunkte für die Prüfung von Maßen, Winkeln, der Ebenheit von Oberflächen und der Flucht von Stützen:***

Messpunkte sind im Regelfall an den Ecken und Kanten von Bauteilen in einem Abstand von etwa 10 cm vom seitlichen Rand auf der Bauteiloberfläche (z. B. Wandoberfläche) anzulegen. Außerdem werden Messpunkte auf Achs- oder Rasterlinien sowie an deren Schnittpunkten festgelegt.

***b) Messpunkte für die Prüfung von Diagonalmaßen bzw. Winkeln:***

Für diesen Fall ist es zweckmäßig, Messpunkte unmittelbar an den Ecken von Bauteilen sowie an den Schnittpunkten von Achsen anzuordnen.

## Prüfung der Form und Lage von Bauteilen

Bei der Prüfung von Bauteilen kann grundsätzlich in folgende Prüfaufgaben unterschieden werden:

- Prüfung der Form von Bauteilen und
- Prüfung der Lage von Bauteilen in Bezug zu deren Umgebung.

Die ***Prüfung der Form*** eines Bauteils erfolgt, indem folgende Einzelprüfungen vorgenommen werden:

- Prüfung der Maße, d. h. Prüfung der Maße im Grundriss und im Aufriss, Prüfung von lichten Maßen, Prüfung von Öffnungsmaßen
- Prüfung von Winkeln
- Prüfung der Ebenheit der Bauteiloberflächen

Die ***Prüfung der Lage*** des Bauteils erfolgt, indem folgende Einzelprüfungen durchgeführt werden:

- Prüfung der Maße für die Lage des Bauteils im Grundriss in Bezug auf eine Achse
- Prüfung der Maße für die Höhenlage des Bauteils in Bezug auf eine festgelegte Höhenkote (s. folgende Abb.)
- Prüfung der Winkelabweichung von der Nennlage des Bauteils im Grundriss in Bezug auf eine Achse
- Prüfung der Fluchtabweichung (bei Stützen)

# Prüfung der Form

## Maße im Grundriss (DIN 18202, Tabelle 1, Zeile 1)

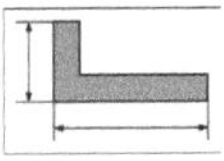

(z. B. bei Längen-, Breiten-, Achs- und Rastermaß)

***Bild 1:*** *Maße im Grundriss (Quelle: Schmidt)*

Die Maße im Grundriss (Breiten und Längen) sind von Gebäudeecke zu Gebäudeecke oder von Ecke zu Achsschnittpunkt oder von Achsschnittpunkt zu Achsschnittpunkt zu messen.

Die vorgenannten Maße werden der Bodenfläche oder der Deckenoberseite entnommen.

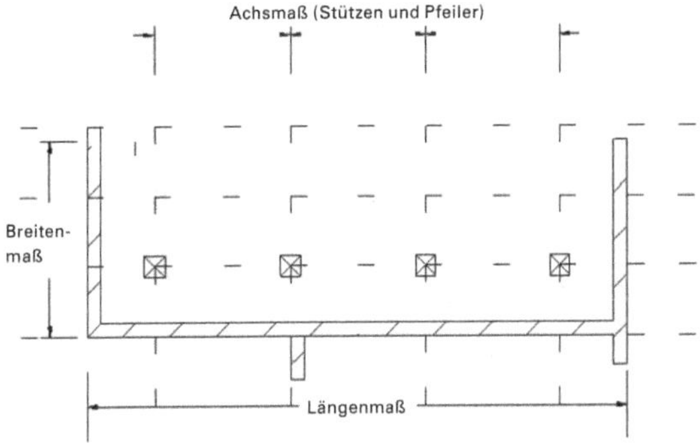


***Bild 2:*** *Länge, Breite, Achsmaß (Quelle: Schöwer)*

### Ausnutzung der Grenzabweichungen

Die in DIN 18202, Tabelle 1 geregelten zulässigen Grenzabweichungen sind für jedes Nennmaß einzuhalten. Gleichzeitig darf die Winkelabweichung nicht über dem Grenzwert nach DIN 18202, Tabelle 2 liegen.

***Beispiel:***

Bei einem Nennmaß von 1,50 m darf die Grenzabweichung nach Tabelle 1, Zeile 1, Spalte 3, +12 mm oder –12 mm betragen. Das bedeutet ein zulässiges Mindestmaß von 1,488 m bzw.

ein Höchstmaß von 1,512 m. Nach DIN 18202, Tabelle 2, Zeile 1, Spalte 4, darf die Winkelabweichung auch an der Stelle des Höchstmaßes nur maximal 8 mm betragen.

**Maße im Aufriss (DIN 18202, Tabelle 1, Zeile 2)**

(z. B. bei Geschosshöhen, Podesthöhen, Abständen von Aufstandsflächen und Konsolen)

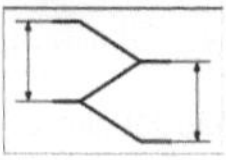

**Bild 3:** *Maße im Aufriss (Quelle: Schmidt)*

Bei Höhenmaßen wird die gesamte Höhe gemessen. Dabei werden die Maße an markanten Stellen, z. B. Deckenkanten, Brüstungen usw., entnommen.

**Lichte Maße im Grundriss (DIN 18202, Tabelle 1, Zeile 3)**

(z. B. zwischen Stützen und Pfeilern)

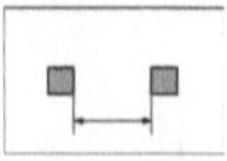

**Bild 4:** *Lichte Maße im Grundriss (Quelle: Schmidt)*

Damit die Ergebnisse der Messungen nahezu fehlerfrei sind, werden die lichten Maße im Grundriss jeweils etwa 10 cm von den Ecken bzw. Kanten und in Raummitte entfernt gemessen.

Das Breitenmaß wird über die ganze Breite des Bauteils gemessen.

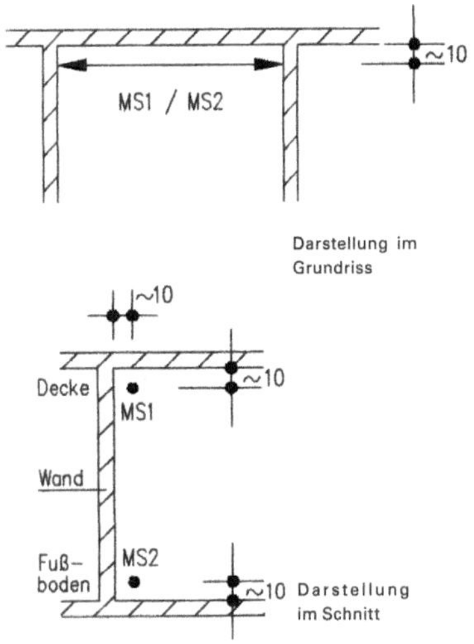


***Bild 5:** Lichte Maße im Grundriss; Lage der Messpunkte (Quelle: Schöwer)*

**Lichte Maße im Aufriss (DIN 18202, Tabelle 1, Zeile 4)**
(z. B. unter Decken und Unterzügen)

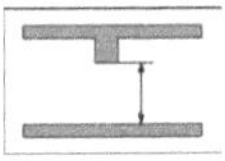

***Bild 6:** Lichte Maße im Aufriss (Quelle: Schmidt)*

Bei den lichten Maßen im Aufriss sind die Maße jeweils etwa 10 cm von den Ecken entfernt sowie zusätzlich in Raummitte zu messen.

Messungen innerhalb eines Raums sind je Wandseite in einem Abstand von etwa 10 cm, jeweils 2-fach, durchzuführen (siehe auch lichte Maße im Grundriss).

Bei Höhen, die unter Unterzügen gemessen werden, ist an beiden Kanten des Auflagers im Abstand von etwa 10 cm das Maß zu nehmen.

**Öffnungsmaße (DIN 18202, Tabelle 1, Zeile 5 und 6)**

(z. B. Öffnungsmaße von Fenstern und Türen)

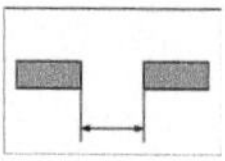

Öffnungsmaße werden an den Rändern in einem Abstand von ca. 10 cm von den Kanten sowie zusätzlich in Öffnungsmitte gemessen.

***Bild 7:*** *Öffnungsmaße*
*(Quelle: Schmidt)*

**Prüfung von Winkeln im Grundriss**

Sind die Räume nicht rechtwinklig, so wird die Messlinie im rechten Winkel zu einer Bezugslinie angeordnet. Ausgangspunkt bleibt dabei der zuvor eingemessene Punkt (jeweils etwa 10 cm von den Ecken entfernt).

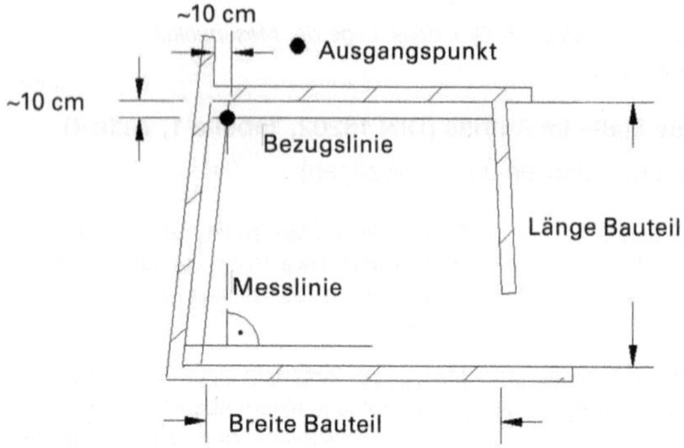


***Bild 8:*** *Prüfung von Winkeln im Grundriss (Quelle: Schöwer)*

**Prüfung von Winkeln**

Winkel an ebenen Bauteilen (Wänden, Decken, Stützen), die nicht lotrecht sind, werden – wie auch bei den lichten Maßen im Grundriss – mithilfe einer Bezugslinie gemessen.

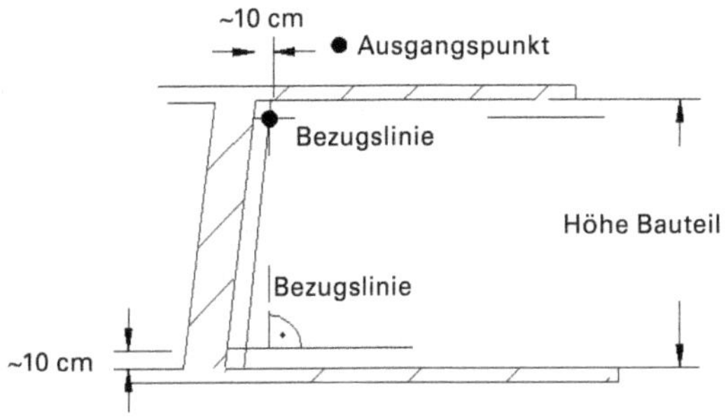


***Bild 9:*** *Prüfung von Winkeln (Quelle: Schöwer)*

# Prüfung von Winkelabweichungen

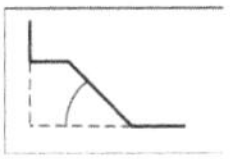

***Bild 10:*** *Prüfung von Winkelabweichungen (Quelle: Schmidt)*

Prüfung der Winkelabweichungen von Bauteilen in Bezug auf

- vertikale,
- horizontale
- und geneigte Flächen

**Vertikale Bauteile**

Bei vertikalen Bauteilen wird die Toleranz in Bezug auf die vertikale Fläche genommen. Dabei ist das Stichmaß mit einem Abstand von jeweils etwa 10 cm von der entsprechenden Fläche zu ermitteln.

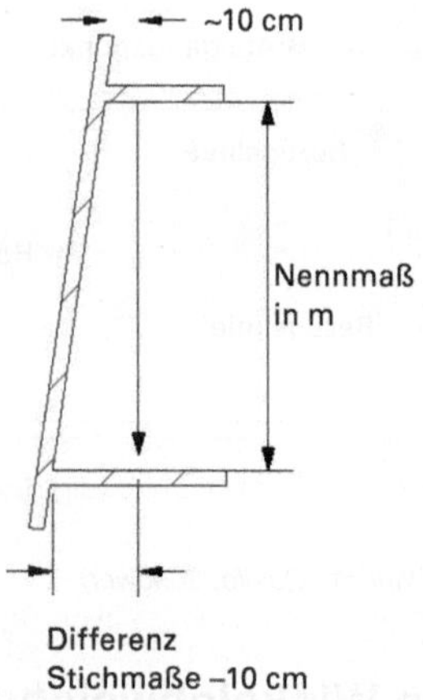


***Bild 11:** Winkelabweichungen bei vertikalen Bauteilen (Quelle: Schöwer)*

**Horizontale Bauteile**

Bei horizontalen Bauteilen wird die Toleranz in Bezug auf die Horizontale genommen.

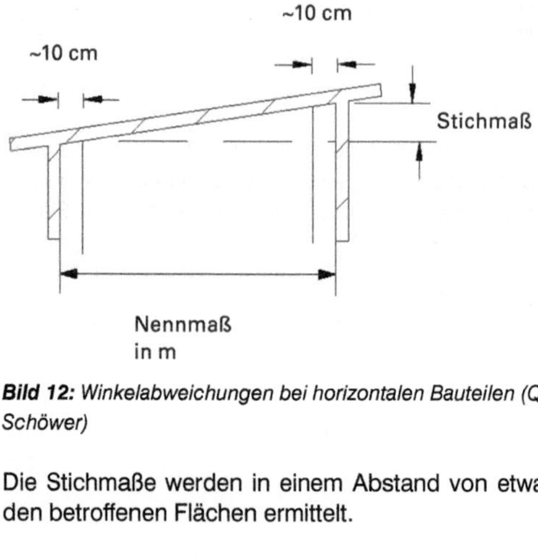


***Bild 12:** Winkelabweichungen bei horizontalen Bauteilen (Quelle: Schöwer)*

Die Stichmaße werden in einem Abstand von etwa 10 cm von den betroffenen Flächen ermittelt.

**Geneigte Bauteile**

Das Messen von Toleranzen bei geneigten Flächen erfolgt über die Fläche und ist ebenso zu beurteilen wie die Toleranzen bei vertikalen oder horizontalen Flächen. Auch hier erfolgt die Messung in einem Abstand von etwa 10 cm von den Endpunkten entfernt.

## Prüfung der Ebenheit

Die Prüfung von Ebenheitsabweichungen kann durch Messung von Einzelmaßen (z. B. über Stichproben) oder über ein eingemessenes Raster erfolgen.

Die Rastermaße sind auf die erforderliche Prüfgenauigkeit und Oberflächenbeschaffenheit des zu prüfenden Bauteils abzustimmen, z. B. 10 cm, 50 cm, 100 cm. Die Messung beim Flächennivellement erfolgt an den Schnittpunkten des gewählten Rasters. Bei den Messpunkten kann es sich dann im Messergebnis sowohl um „Hochpunkte“ als auch um „Tiefpunkte“ handeln.

**Einzelmessung mit Richtlatte**

Für die Messung wird die Richtlatte auf die zu prüfende Fläche mit der Schmalseite aufgestellt. Werden in der Achse der Richtlatte Hoch- und Tiefpunkt in der Fläche festgestellt, sind die weiteren Prüfschritte erforderlich:

- Ermittlung des Abstands der Hochpunkte = Messpunktabstand
- Ermittlung des Stichmaßes zwischen Unterkante Richtlatte und Oberfläche der Ebene mit Einsatz eines Messkeils
- Einordnung des ermittelten Stichmaßes und des Messpunktabstands in die Tabelle 3, Spalte 2 bis 6 oder in das Diagramm gem. Bild 5 oder 6 der DIN 18202
- Vergleich des Messergebnisses mit dem angegebenen Grenzwert der Tabelle bzw. des Diagramms
- Bewertung des Messwertes/Stichmaßes als zulässige oder unzulässige Abweichung

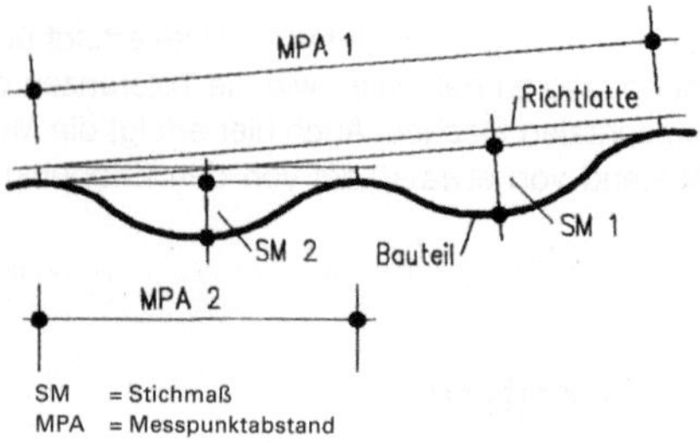


***Bild 13:** Prüfung der Ebenheit (Quelle: Schöwer)*

Die Abbildung zeigt zwei verschiedene Messungen mit unterschiedlichen Messpunktabständen (MPA) und Stichmaßen (SM). Es müssen beide Werte die Anforderungen nach DIN 18202, Tabelle 3 erfüllen.

Die Prüfung der Ebenheit und des Winkelbezugs eines Bauteils sind voneinander unabhängige Verfahren und nicht zwingend in Kombination vorzunehmen.

**Erhöhte Ebenheitsanforderungen**

Werden erhöhte Anforderungen an die Ebenheit von Bauteiloberflächen gestellt, z. B. aus gestalterischen Gründen, so sind die entsprechenden Grenzwerte der DIN 18202, Tabelle 3 gesondert zu vereinbaren. Weitere objektbezogene Anforderungen, die nicht durch DIN 18202, Tabelle 3 abgedeckt sind, bedürfen ebenfalls einer zusätzlichen Regelung.

# Prüfung der Lage

**Prüfung der Lage eines Bauteils im Grundriss**

Die Prüfung der Lage eines Bauteils im Grundriss erfolgt, indem die Maße zwischen den Eckpunkten in einem Abstand von ca. 10 cm gemessen von den Kanten und/oder Achsenschnittpunkten gemessen werden. Die Messung erfolgt jeweils an der Bauteiloberfläche.

**Prüfung der Maße für die Höhenlage einer Ebene im Aufriss**

Die Prüfung der Maße für die Höhenlage der Ebene eines Bauteils im Aufriss in Bezug auf eine Bauwerkshöhe oder Höhenkote erfolgt, indem die Höhen an folgenden Messpunkten bestimmt werden:

- Messpunkte im Abstand von ca. 10 cm von den Raumecken
- Messpunkte im halben Abstand zwischen Raumecke und Achse
- Messpunkte im Abstand zwischen Raumecke und Achse

## Prüfung der Winkelabweichung von der Nennlage eines Bauteils im Grundriss

Für die Prüfung der Winkelabweichung von der Nennlage eines Bauteils im Grundriss sind die gleichen Messpunkte zu verwenden, die auch für die Kontrolle der Maße herangezogen werden.

Die Prüfung der Winkelabweichung erfolgt durch den Vergleich der geradlinigen Verbindung zwischen Anfangs- und Endpunkt einer Kante bzw. Achse mit dem Nennwinkel zu einer Bezugslinie. Als Anfangs- und Endpunkte werden die Eckpunkte und/ oder Achsenschnittpunkte herangezogen.

## Prüfung der Lage von Stützen in der Flucht

Zur Prüfung der Lage von Stützen in der Flucht ist eine Verbindungslinie zwischen den Endstützen einer Stützenreihe aus mindestens drei Stützen anzulegen. Bestehen Überschneidungen der Lage der Zwischenstützen mit der gedachten Verbindungslinie an den Außenkanten der Endstützen (dünne durchgezogene Linie in der folgenden Abb.), kann eine um 10 cm abgesetzte Verbindunglinie als Messbezugslinie herangezogen werden (im Bild die Strichpunktlinie).

**Arbeitsschritte der Prüfung**

- Verbindungslinie an Außenkante der Endstützen anlegen
- Stichmaß zwischen der Außenkante Zwischenstütze und Verbindungslinie ermitteln
- Messpunktabstand aufnehmen (Summe von zwei zugeordneten Stützenachsabständen)
- Einordnung der Messwerte in Tabelle 4 der DIN 18202

- Vergleich des ermittelten Stichmaßes mit dem Grenzwert nach Tabelle 4 aus Spalte 2 bis 6
- Bewertung des Vergleichsergebnisses als zulässige oder unzulässige Fluchtabweichung

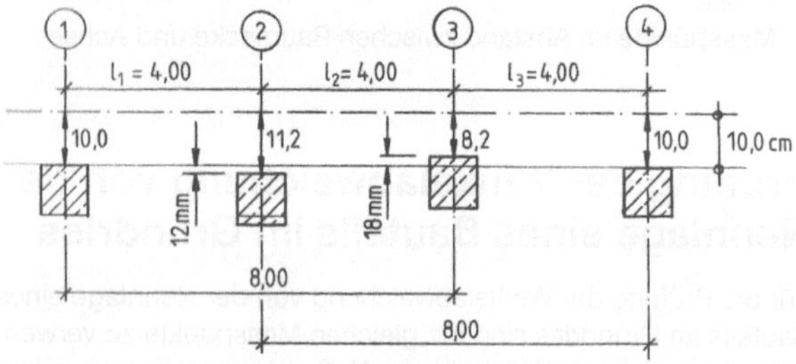


***Bild 14:** Fluchtabweichung bei Stützen (Quelle: Schöwer)*

**Prüfung der Fluchtabweichung (Beispiel)**

In dem dargestellten Beispiel (s. Abb. oben) für einen Messpunktabstand von 8,0 m ist die Fluchtabweichung der Stütze in Achse 2 gerade noch zulässig, die Fluchtabweichung in Achse 3 mit einem Stichmaß von 18 mm bereits zu groß.

# Prüfung nach DIN 18203-3

Die DIN 18203-3[1] „Toleranzen im Hochbau – Teil 3: Bauteile aus Holz und Holzwerkstoffen" behandelt die Grenzabweichungen für Maße, Winkelabweichungen sowie Ebenheitsabweichungen vorgefertigter Bauteile aus Holz und Holzwerkstoffen.

Die Begriffsdefinitionen, Grundsätze und Anwendungen sind der DIN 18202 zu entnehmen.

| | |
|---|---|
| **Normen:** | DIN 18203-3 Toleranzen im Hochbau – Teil 3: Bauteile aus Holz und Holzwerkstoffen |
| **Allgemeines:** | Die Toleranzen nach DIN 18202[2] und DIN 18203-3 sind nur bei Bedarf zu prüfen. |

**DIN 18203-3**

**Bauteile aus Holz und Holzwerkstoffen**

Die Prüfung von Bauteilen aus Holz und Holzwerkstoffen erfolgt nach DIN 18202 „Toleranzen im Hochbau – Bauwerke", siehe dort Abschnitt 6. Außerdem muss die Holzfeuchte festgestellt werden, damit diese mit der Messbezugsfeuchte verglichen werden kann. Die Messbezugsfeuchte ist eine Bezugsholzfeuchte und ergibt sich als Mittelwert der Feuchte eines Querschnitts, bei der die angegebenen Toleranzen eingehalten werden müssen.

Die Holzfeuchte von Schnittholz ist nach den Vorgaben der DIN EN 13183-2[3] „Feuchtegehalt eines Stückes Schnittholz – Teil 2: Schätzung durch elektrisches Widerstandsmessverfahren" mit einem elektrischen Holzfeuchte-Messgerät zu bestimmen. Die Einschlagtiefe der Elektroden sollte bis zu einer Tiefe von 30 % der Dicke des Stückes Schnittholz reichen. Das Verfahren kann für einen Holzfeuchtebereich von 7 % bis 30 % angewendet werden.

1 DIN 18203-3:2008-08: Toleranzen im Hochbau – Teil 3: Bauteile aus Holz und Holzwerkstoffen.

2 DIN 18202:2019-07: Toleranzen im Hochbau – Bauwerke.

3 DIN EN 13183:2002-07: Feuchtegehalt eines Stückes Schnittholz – Teil 2: Schätzung durch elektrisches Widerstandsmessverfahren.

Bei Holzwerkstoffen erfolgt die Bestimmung der Feuchte nach DIN EN 322[4] „Holzwerkstoffe – Bestimmung des Feuchtegehaltes".

Außerdem sind die zum Zeitpunkt der Prüfung ggf. in eingebautem Zustand bestehenden last- oder zeitabhängigen Verformungen zu berücksichtigen.

4 DIN EN 322:1993-08: Holzwerkstoffe – Bestimmung des Feuchtegehaltes.

# Prüfung in der Baupraxis

## Erfordernis und Zweck von Prüfungen

Die Errichtung von Bauwerken wird durch das Erstellen von Ausführungszeichnungen und das Erarbeiten von Leistungsverzeichnissen möglich. Diese Unterlagen beschreiben zeichnerisch und textlich eine bestimmte Leistung und bilden die „Verständigungsgrundlage" zwischen Planenden und Ausführenden. Zur Gewährleistung eines zügigen und reibungslosen Bauablaufs besteht eine gemeinsame Terminologie durch grundlegende Fachkenntnisse über die Bauausführung und die Einhaltung von Planungsregeln. Dazu gehört auch die Berücksichtigung von Toleranzen aus zulässigen materialbedingten Maßabweichungen und handwerklichen Ausführungsqualitäten.

Fehlerhafte Eintragungen in Bauzeichnungen, Differenzen zwischen den Planungsangaben und den Angaben in Leistungsverzeichnissen, die Missachtung von Herstellungs- oder Einbauvorschriften, Koordinierungsmängel u. Ä. führen dennoch oftmals zu Unstimmigkeiten an einzelnen Bauteilen oder gesamten Bauwerken.

Für alle Beteiligten ist es daher unerlässlich, während des Bauablaufs beim Erreichen wesentlicher Baustufen und zu Beginn von Arbeitsabschnitten einzelner Gewerke stets die maßbezogenen Zusammenhänge zu prüfen. Dies eröffnet die Möglichkeit, Abweichungen außerhalb der Toleranzen zu erkennen und noch korrigierend eingreifen zu können.

Dies kann bei einfachen Bauwerken durch stichprobenartige Prüfungen von Einzelmaßen und Sichtprüfungen geschehen. Bei größeren Bauvorhaben kann die Prüfung ggf. auch zu umfangreichen Vermessungsarbeiten führen. Eine Prüfung nach den Regeln der DIN 18202[1] und 18203-3[2] soll nur erfolgen, wenn es erforderlich ist (DIN 18202, 6.1)

Die Prüfergebnisse stellen einen von vielen Aspekten zur Beurteilung der Mangelfreiheit einer Bauleistung dar. Für die Ein-

[1] DIN 18202:2019-07: Toleranzen im Hochbau – Bauwerke.

[2] DIN 18203-3: Toleranzen im Hochbau – Teil 3: Bauteile aus Holz und Holzwerkstoffen.

stufung von „optischen Beeinträchtigungen" stehen zusätzliche Bewertungsmethoden zur Verfügung.

### Definition des Mangelbegriffs

Mit Inkrafttreten des „Gesetzes zur Modernisierung des Schuldrechts"[3] für das Bürgerliche Gesetzbuch und der Überarbeitung der „VOB Vergabe- und Vertragsordnung für Bauleistungen"[4] wurden in den jeweiligen Werken die Beschreibungen zum Begriff „Mangel" neu gefasst und angeglichen.

Für die Erbringung einer mangelfreien Leistung sind im Bürgerlichen Gesetzbuch (BGB)[5] die Leistungen in § 633 Sach- und Rechtsmangel beschrieben:

*„(1) Der Unternehmer hat dem Besteller das Werk frei von Sach- und Rechtsmängeln zu verschaffen.*

*(2) Das Werk ist frei von Sachmängeln, wenn es die vereinbarte Beschaffenheit hat. Soweit die Beschaffenheit nicht vereinbart ist, ist das Werk frei von Sachmängeln,*

1. *wenn es sich für die nach dem Vertrag vorausgesetzte, sonst*
2. *für die gewöhnliche Verwendung eignet und eine Beschaffenheit aufweist, die bei Werken der gleichen Art üblich ist und die der Besteller nach der Art des Werkes erwarten kann. Einem Sachmangel steht es gleich, wenn der Unternehmer ein anderes als das bestellte Werk oder das Werk in zu geringer Menge herstellt.*

*(3) Das Werk ist frei von Rechtsmängeln, wenn Dritte in Bezug auf das Werk keine oder nur die im Vertrag übernommenen Rechte gegen den Besteller geltend machen können."*[6]

---

3 Gesetz zur Modernisierung des Schuldrechts vom 26. November 2001; Bundesgesetzblatt Jahrgang 2001 Teil I Nr. 61, ausgegeben zu Bonn am 29. November 2001.

4 VOB Vergabe- und Vertragsordnung für Bauleistungen; Teil A (DIN 1960:2019-09): Allgemeine Bestimmungen für die Vergabe von Bauleistungen; Teil B (DIN 1961:2016-09): Allgemeine Vertragsbedingungen für die Ausführung von Bauleistungen; Teil C (ATV DIN 18299:2023-09 bis ATV DIN 18459:2019-09): Allgemeine Technische Vertragsbedingungen für Bauleistungen (ATV).

5 Bürgerliches Gesetzbuch (BGB) § 633 Sach- und Rechtsmangel.

6 DIN Deutsches Institut für Normung e. V. (Hrsg.): Vergabe-und Vertragsordnung für Bauleistungen Ausgabe 2016.

Die Vergabe- und Vertragsordnung für Bauleistungen beschreibt in § 13 „Mängelansprüche" DIN 1961, Teil B, eine mangelfreie Leistung wie folgt:

1. *„Der Auftragnehmer hat dem Auftraggeber seine Leistung zum Zeitpunkt der Abnahme frei von Sachmängeln zu verschaffen. Die Leistung ist zur Zeit der Abnahme frei von Sachmängeln, wenn sie die vereinbarte Beschaffenheit hat und den anerkannten Regeln der Technik entspricht. Ist die Beschaffenheit nicht vereinbart, so ist die Leistung zur Zeit der Abnahme frei von Sachmängeln,*
   a) *wenn sie sich für die nach dem Vertrag vorausgesetzte, sonst*
   b) *für die gewöhnliche Verwendung eignet und eine Beschaffenheit aufweist, die bei Werken der gleichen Art üblich ist und die der Auftraggeber nach der Art der Leistung erwarten kann."*

Zusammenfassend kann gesagt werden, dass eine Leistung dann als mangelfrei anzusehen ist, wenn die nachstehenden Kriterien erfüllt sind:

- Das Werk/die Leistung hat die vertraglich vereinbarte Beschaffenheit.
- Das Werk/die Leistung wurde nach den allgemein anerkannten Regeln der Technik hergestellt bzw. ausgeführt.
- Das Werk/die Leistung ist für die gewöhnliche Verwendung geeignet.

Die Beurteilung einer Leistung auf deren Mangelfreiheit ist daher stets durch einen Vergleich des festgestellten Ist-Zustands mit dem zu erwartenden Zustand nach der vertraglichen Vereinbarung (Soll-Zustand) möglich.

Der Ist-Zustand ist auf die Einhaltung von

- zulässigen Abweichungen nach den Inhalten der DIN 18202 und 18203-3,
- den Regelungen der VOB Teil B und C,
- anderen gewerke- oder bauteilspezifischen Regelwerken und Normen und
- den allgemein anerkannten Regeln der Technik

zu prüfen. Werden bei der Prüfung Abweichungen außerhalb der genannten Toleranzen festgestellt, so sind diese zu bewerten.

**Bewertung von Abweichungen**

Die Bewertung ist dann relativ einfach, wenn die Abweichung eine Beeinträchtigung oder gar eine Unbrauchbarkeit eines Bauteils bewirkt. Derartige technische Mängel können beispielsweise nach einem Verfahren bewertet werden, das vom Aachener Institut für Bauschadensforschung und angewandte Bauphysik (AIBau[7]) entwickelt wurde. Hierbei werden in einer Matrix der Grad der Beeinträchtigung der Funktion und die Bedeutung des Merkmals für die Gebrauchstauglichkeit bewertet. Sofern der festgestellte Grad der Funktionsbeeinträchtigung nur geringfügig und die Bedeutung für die Gebrauchstauglichkeit unwichtig ist, handelt es sich um eine Bagatelle, die hinzunehmen ist. Bei einem mäßigen Grad der Beeinträchtigung der Funktion und einem eher unbedeutenden Einfluss auf die Gebrauchstauglichkeit ist die festgestellte Abweichung ebenfalls hinnehmbar. Ist der festgestellte Grad der Beeinträchtigung dagegen deutlich und die Bedeutung für die Gebrauchstauglichkeit wichtig, handelt es sich nach der Bewertungsmatrix um einen nicht hinnehmbaren Mangel. Für weitere Informationen wird auf die Literatur verwiesen.[8]

Die Beurteilung optischer Mängel i. S. v. „Unregelmäßigkeiten in Oberflächenstrukturen“, Rissen, Luftspalten an Türen u. Ä. bedarf weiterer Grundfestlegungen. So ist z. B. bei der Beurteilung von Rissen in Oberflächen ein üblicher Betrachtungsabstand maßgebend für die weitere Bewertung. Einen Riss an der Putzfassade im 4. Obergeschoss eines Wohnhauses wird man wegen des üblicherweise großen Betrachtungsabstands unter rein optischen Aspekten anders bewerten als einen gleich großen Riss unmittelbar neben dem Haupteingang im Erdgeschoss. Außerdem ist der Stellenwert des Bauteils im Gesamtobjekt zu berücksichtigen. Ein Putzriss in einem untergeordneten Kellerraum oder in der Tiefgarage ist anders zu bewerten als ein Putzriss gleicher Weite und Tiefe in einem dekorativen Innenputz im Haupteingang oder Treppenhaus eines Wohnhauses.

---

[7] Aachener Institut für Bauschadensforschung und angewandte Bauphysik gGmbH, Aachen (AIBau).

[8] Oswald, Rainer/Abel, R.: Hinzunehmende Unregelmäßigkeiten bei Gebäuden, Bauverlag, 2000; Hinweis: Die Bewertungsmatrix kann aus urheberrechtlichen Gründen hier nicht abgedruckt werden.

Voraussetzung für die Einstufung einer Abweichung als rein optische Beeinträchtigung ist immer die Maßgabe, dass mit der Beeinträchtigung keine wesentliche Funktionseinschränkung verbunden ist (z. B. Haarrisse in Putzoberflächen). Auch für die Beurteilung von „optischen Mängeln" wurde durch das AIBau eine Bewertungsmatrix erstellt; siehe Literatur.[9]

Neben den rein technischen und optischen Anforderungen an die Bauleistung stellt auch die mit der Leistung verbundene Sicherheit für die Nutzer ein Beurteilungskriterium dar.

### Genauigkeitsgrad der Prüfung

Die DIN 18202 gibt vor: *„Die Einhaltung von Toleranzen ist nur zu prüfen, wenn es erforderlich ist."* Grundsätzlich ist im Rahmen der Prüfung von den gleichen Messpunkten und Bezugsarten auszugehen, wie sie auch in der Bauplanung enthalten sind. Messunsicherheiten aus Messtoleranzen von Geräten oder bei der Ablesung oder Rundung von Werten sind zu berücksichtigen und bei der Bewertung der Messergebnisse anzugeben.

Andere, von der DIN 18202 abweichende Prüfungen sind im Einzelfall vor der Bauausführung zu vereinbaren. Die Norm ist in Bezug auf Toleranzen nicht abschließend, d. h., im Einzelfall können objektbezogene, andere, also größere oder geringere Toleranzen vereinbart sein. Die Festlegung geringerer Toleranzen findet ihre Grenzen in der Machbarkeit der handwerklichen oder technischen Umsetzung innerhalb eines entsprechenden Finanz- und Zeitrahmens.

Werden größere Maßabweichungen festgestellt, die über die Grenzwerte der DIN 18202 und DIN 18203-3 hinausgehen, müssen diese nicht zwangsläufig auch zu einer Beeinträchtigung der Funktion und Passung oder zu einem optischen Mangel führen. Die möglichen Auswirkungen sind dann im Einzelfall zu prüfen und einer Entscheidung zur Änderung oder Beibehaltung des Bauteils zugrunde zu legen.

### Kontrolle der Schichtdicken von Beschichtungen und Abdichtungen

Zur Überprüfung des Sollzustands der Dicke von Abdichtungen aus flüssig zu verarbeitenden Abdichtungsstoffen und Be-

[9] Oswald, Rainer/Abel, R.: Hinzunehmende Unregelmäßigkeiten bei Gebäuden, Bauverlag, 2000.

schichtungen auf verschiedenen Untergründen sind Schichtdickenmessungen erforderlich. Für eine örtliche Prüfung der unter Baustellenbedingungen aufgebrachten Materialien ist die Kontrolle der Nassschichtdicke eine praktikable und aussagekräftige Vorgehensweise. Dazu wird das Beschichtungs- oder Abdichtungsmaterial mit einem Messkamm oder einem Messrad geprüft und die applizierte Nassfilmdicke kann direkt am Messgerät abgelesen werden. Durch einen Vergleich mit den Solldickenangaben aus den technischen Merkblättern der Hersteller kann so unmittelbar die Qualität der handwerklichen Leistung geprüft werden.

Für die Ermittlung von Trockenschichtdicken stehen für die verschiedenen Untergründe und Beschichtungsmaterialien zahlreiche technische Verfahren mit Messgeräten zur Verfügung. Der Einsatz ist jedoch erst nach Fertigstellung der Beschichtung oder einer Zwischenbeschichtung möglich und insbesondere bei unebenen Untergründen wegen der fehlenden fest definierten Bezugsebene nur bedingt aussagekräftig.

Ausführlichere Informationen sind hierzu im Abschnitt Maler- und Lackierarbeiten in diesem Werk enthalten. Außerdem wird auf die entsprechenden Normen und Richtlinien verwiesen, in denen stoffspezifische Angaben zur Schichtdickenprüfung enthalten sind (wie z. B. DIN 18533-3[10] „Abdichtung von erdberührten Bauteilen – Teil 3: Abdichtung mit flüssig zu verarbeitenden Abdichtungsstoffen" oder die PMBC-Richtlinie[11]).

### Ermittlung von Wertminderungen

Die Bewertung von Maßabweichungen von technischen und optischen Beeinträchtigungen nach den vorgestellten Diagrammen führt zu einer ersten Einschätzung der Bedeutung des festgestellten Mangels. In der Regel ist davon auszugehen, dass in erster Linie durch den Auftraggeber die Erfüllung der Vertragsleistung verlangt wird und dem Auftragnehmer die Möglichkeit der Nacherfüllung gegeben ist (§ 635 BGB).

---

[10] DIN 18533-3:2017-07: Abdichtung von erdberührten Bauteilen – Teil 3: Abdichtung mit flüssig zu verarbeitenden Abdichtungsstoffen.

[11] Richtlinie für die Planung und Ausführung von Abdichtungen mit polymermodifizierten Bitumendickbeschichtungen (PMBC); hrsg. v. Deutsche Bauchemie; Dezember 2018.

Eine Minderung nach § 638 BGB kommt als Alternative zu einem Rücktritt und einer Schadenersatzforderung nach § 636 BGB in Betracht, wenn

- die Nacherfüllung wegen unverhältnismäßig hoher Kosten durch den Auftragnehmer abgelehnt wurde oder
- die Nacherfüllung für den Besteller unzumutbar ist.

„Die Minderung ist, soweit erforderlich, durch Schätzung zu ermitteln." (S. § 638 BGB, Abs. 3)

Die Schätzung der Höhe einer Minderung sollte aus Gründen der Akzeptanz durch die Beteiligten aber dennoch an ein logisch nachvollziehbares Bewertungssystem gekoppelt sein. Für die Aufstellung eines solchen Bewertungssystems stehen verschiedene Verfahren und Methoden zur Verfügung. Beispielhaft sei an dieser Stelle auf ein von *Aurnhammer* entwickeltes „Verfahren zur Bestimmung von Wertminderungen bei Baumängeln und Bauschäden"[12] hingewiesen.

Bei der durch Aurnhammer erarbeiteten „Nutzwertanalyse" auf Grundlage des Zielbaumverfahrens wird davon ausgegangen, dass der Wert einer Sache durch deren Funktionswert und den Geltungswert bestimmt wird. Zum Funktionswert gehören alle Aspekte, die sich auf die Leistungen des Erzeugnisses beziehen, also z. B. auf den Wirkungsgrad, die Lebensdauer, die Zweckmäßigkeit und Betriebstüchtigkeit. Zum Geltungswert zählen alle Faktoren mit Bezug auf die ästhetischen Umstände, z. B. auf Gestaltung, Form, Farbe und Prestige.

Für die Ermittlung einer Wertminderung werden zunächst einem mangelfreien Bauteil (100 %) ein prozentualer Funktionswert und ein Geltungswert zugeordnet. Die Gewichtung von Funktionswert und Geltungswert ist abhängig von dem zu bewertenden Bauteil und der Lage des Bauteils im/am Objekt.

So wäre z. B. eine Umwehrung an einem Balkon eines repräsentativ gestalteten Wohnhauses mit einer höheren Gewichtung des Geltungswerts einzustufen als eine Umwehrung an einer Arbeitsbühne eines Industrieobjekts. In beiden Fällen wird je-

[12] Aurnhammer, H. E.: Verfahren zur Bestimmung von Wertminderungen bei Baumängeln und Bauschäden. Aachener Bausachverständigentag 1978, Forum-Verlag, 1978.

doch die Schutzfunktion, der Funktionswert, höher als der Geltungswert eingestuft, da es sich dabei um die Grundfunktion des Bauteils handelt.

Der Funktionswert und der Geltungswert können in weitere Unterpunkte (F1, G1) zerlegt werden. Im Beispiel „Umwehrung" könnten dies beim Funktionswert die Kriterien „Höhe", „Eignung der Geländerfüllung" oder „Montage" sein.

Die Unterpunkte von Funktionswert und Geltungswert können nach Erfordernis bzw. Aufgabenstellung weiter nach zusätzlichen Einzelkriterien differenziert aufgegliedert werden, in der Übersichtstabelle mit F 1.1 bezeichnet. Für den Unterpunkt „Montage" wären die Kriterien „geeignete Dübel-/Schraubenbefestigung" und „Randabstände" denkbar.

Für die Ermittlung eines Wertminderungsfaktors bedarf es zunächst einer Skalierung nach dem Grad der Beeinträchtigung:

***Tabelle 1:*** *Wichtung des Grads der Beeinträchtigung (Quelle: Schöwer)*

| Faktor | Grad der Beeinträchtigung |
|---|---|
| 0,00 | keine bzw. unerhebliche Beeinträchtigung |
| 0,10 | fast keine |
| 0,20 | noch leichte, geringe |
| 0,30 | mäßige |
| 0,40 | deutliche, schon etwas stärkere |
| 0,50 | starke |
| 0,60 | sehr starke |
| 0,70 | schwere |
| 0,80 | sehr schwere |
| 0,90 | massive |
| 1,00 | vollständige Beeinträchtigung, führt zur Wertlosigkeit |

Durch eine Verknüpfung der fallbezogenen einzelnen Beurteilungspunkte mit der skalierten Bewertung der Beeinträchtigung kann in der Summe aller Beurteilungspunkte dann ein Wertminderungsfaktor für die gesamte Leistung ermittelt werden.

Das nachstehende Beispiel verdeutlicht die Gliederung „Zielbaumstruktur" zur Ermittlung einer Wertminderung im Zusammenhang mit einem Balkongeländer.

Als festgestellter bautechnischer Fehler wird ein zu großer seitlicher Abstand des Geländers gegenüber der zu sichernden Balkonfläche und ein nicht ausreichender Abstand aller Dübelbefestigungen der Tragstabbefestigungen zum Stahlbetonbalkonrand angenommen.

***Tabelle 2:*** *Beispiel Nutzwertanalyse (Quelle: Schöwer)*

| Nutzwertanalyse | | | | | |
|---|---|---|---|---|---|
| **Wert der mangelfreien Bauleistung (100 %) Balkongeländer an Einfamilienwohnhaus** | | | | **Grad der Beeinträchtigung** | |
| **Funktionswert** | | **75 %** | | | |
| (Absturzsicherung) | | | | | |
| Kriterium | | Kriterium | | | |
| Höhe Handlauf | 22 | | | 0,0 | 0,0 |
| Abstand zum Rand der Grundfläche | 8 | | | 0,2 | 1,6 |
| Füllung | 20 | | | 0,0 | 0,0 |
| Montage | 25 | Dübelabstände | | | |
| | | untereinander | 5 | 0,3 | 1,5 |
| | | zum Rand | 5 | 0,7 | 3,5 |
| | | Schraubenverbindung | 10 | 0,0 | 0,0 |
| | | Ankerplatten | 5 | 0,0 | 0,0 |
| **Geltungswert** | | **25 %** | | 0,0 | 0,0 |
| (Fassadengestaltung) | | | | | |
| **Wertminderung in Prozent** | | | | | **6,6** |

Das im Rahmen der Nutzwertanalyse ermittelte Ergebnis für die Wertminderung (Wert der Bauleistung • Wertminderungsfaktor) ist auf seine praktische Plausibilität und die Angemessenheit in Bezug auf die Kosten des Gesamtobjekts abschließend zu prüfen.

Die Ermittlung von Wertminderungen erfordert ein umfangreiches Fachwissen und Erfahrung auf diesem Gebiet. Wertminderungen sollten daher nach Auffassung des Autors von Sachverständigen mit Spezialwissen in diesem Fachgebiet ermittelt werden. Dennoch wird die Ermittlung der Wertminderung zu einem bestimmten Sachverhalt, Schaden oder Mangel immer das Spiegelbild einer subjektiven Einschätzung sein. Für weitere Informationen wird auf die Literatur verwiesen (z. B. Praxishandbuch Sachverständigenrecht[13]).

[13] Bayerlein, Bleutge, Roeßner: Praxishandbuch Sachverständigenrecht; 6. überarbeitete und erweiterte Auflage 2021; Verlag C.H. Beck.

# Prüfung durch Sachverständige

Die Einhaltung von Toleranzen nach DIN 18202 und DIN 18203 kann nach den dort beschriebenen Verfahren durch Architekten und Bauleiter, falls erforderlich oder vertraglich vereinbart, während des Bauablaufs und/oder nach Fertigstellung der Baumaßnahme geprüft werden. Für die Ermittlung von Einzelmaßen des Bauwerks, von Oberflächenebenheiten und zur Überprüfung von Winkeln sind technische Ausstattungen mit Messgeräten erforderlich, die i. d. R. in gut ausgestatteten Planungsbüros vorhanden sind. Auch durch die Beauftragung von Fachingenieuren (Vermessungsbüros) können diese Leistungen im Bedarfsfall objektbezogen erbracht werden.

Bei der Prüfung von Detailaspekten in verschiedenen Gewerken, der Klärung, ob die ausgeführte Arbeit der ausgeschriebenen Leistung und einer fach- und normgerechten Ausführung entspricht, können besondere Fachkenntnisse und Prüfgeräte erforderlich werden. In diesem Fall sollten qualifizierte Sachverständige für das zu prüfende Bauteil oder die handwerkliche Bauleistung eingeschaltet werden.

Durch die IHK Gesellschaft für Informationsverarbeitung mbH wurde im Auftrag des Deutschen Industrie- und Handelstags eine Liste öffentlich bestellter und vereidigter Sachverständiger, gegliedert nach den fachlichen Bestellungsgebieten und regional zuständigen Kammern, im Internet veröffentlicht. Darüber hinaus werden Sachverständige außer durch die Industrie- und Handelskammern auch von anderen Bestellungskörperschaften, wie z. B. Architektenkammern und Ingenieurkammern der Bundesländer sowie durch Handwerkskammern, bestellt und in bundeseinheitlichen Listen geführt.

### Sachverständigenverzeichnisse

| Bestellungskörperschaft | Bundesweite Datenbank mit Suchfunktionen |
|---|---|
| Industrie- und Handelskammer | http://www.svv.ihk.de |
| Handwerkskammer | http://www.svd-handwerk.de |
| | http://www.svd-hwk.de |

Eine Übersicht öffentlich bestellter und vereidigter sowie qualifizierter Sachverständiger wird auch auf der Homepage des gleichnamigen Bundesverbands unter der Internetadresse http.//www.bvs-ev.de geführt. In dieser Liste sind ausschließlich die Kontaktadressen der Verbandsmitglieder enthalten.

Neben der Ermittlung von Bauwerksmaßen und einzelnen Feststellungen zu Bauausführungen stellt auch die Bewertung und Beurteilung von vorhandenen Abweichungen eine typische Sachverständigentätigkeit dar. Für diese Aufgaben stehen den Sachverständigen in der Praxis bewährte und auch in der Rechtsprechung anerkannte Verfahren und Bewertungsmethoden zur Verfügung.

# Vermessen von Bauwerken

Die erzielbaren Genauigkeiten beim Vermessen von Gebäuden sind im Wesentlichen vom Einsatz der Messverfahren abhängig. Bei herkömmlichen Vorgehensweisen beim Anlegen von Gebäuden mit Jochen, Schnur und Bandmaß sind Maßabweichungen der Gebäudeecken bis zu mehreren Zentimetern in Grund- und Aufriss keine Seltenheit.

Baumaßnahmen mit Genauigkeitsanforderungen, die sich aus der DIN 18202[1] ergeben, sollten stets von geschultem Personal durchgeführt und überwacht werden. Bereits bei der Planung sollten Maßnahmen der Vermessung berücksichtigt werden. Unter Anwendung zeitgemäßer Messmethoden optischer und elektronischer Art ist es möglich, ein Bauwerk so genau wie gefordert anzulegen.

In ISO 4463[2] „Messverfahren im Bauwesen; Abstecken und Messen" ist die weitere Vorgehensweise beschrieben. Weiterhin sind die Normenreihen DIN 18709[3] „Begriffe, Kurzzeichen und Formelzeichen in der Geodäsie" sowie DIN 18710[4] „Ingenieurvermessung" zu beachten.

Nachfolgend wird nur ein kurzer Überblick über einige Grundlagen zur Vermessung von Bauwerken gegeben. Für genaue Informationen und Regeln wird auf die genannten Normen sowie entsprechende Fachliteratur verwiesen.

---

1 DIN 18202:2019-07: Toleranzen im Hochbau – Bauwerke.

2 ISO 4463; Meßverfahren im Bauwesen; Abstecken und Messen; Teil 1 (1989-11): Planung und Organisation, Meßverfahren, Annahmekriterien; Teil 2 (1995-12): Meßpunkte.

3 DIN 18709: Begriffe, Kurzzeichen und Formelzeichen in der Geodäsie; Teil 1 (2020-03): Allgemeines; Teil 2 (2020-03): Ingenieurgeodäsie; Teil 3 (2012-10): Gewässervermessung; Teil 4 (2010-09): Ausgleichsrechnung und Statistik; Teil 5 (2010-09): Auswertung kontinuierlicher Messreihen; Teil 6 (2021-04): Geodätische Bezugssysteme und Bezugsflächen.

4 DIN 18710: Ingenieurvermessung; Teil 1 (2010-09): Allgemeine Anforderungen; Teil 2 (2010-09): Aufnahme; Teil 3 (2010-09): Absteckung; Teil 4 (2010-09): Überwachung.

## Primärnetz

Durch eine Vermessungsingenieurin bzw. einen Vermessungsingenieur wird zunächst das sogenannte Primärnetz angelegt. Hierbei handelt es sich um den Anschluss an ein übergeordnetes Koordinatennetz, ausgehend von den äußeren Vermarkungen (äußeres Bezugssystem).

## Sekundärnetz

Ausgehend von diesem Primärnetz werden einzelne diskrete Punkte des Bauwerks in einem Sekundärnetz in Sekundärlinien und Punkten festgelegt, z. B. Stützen oder Gebäudeeckpunkte (inneres Bezugssystem).

Die Genauigkeit hängt im Wesentlichen von den Vermarkungspunkten des Primärnetzes ab. Sollten mehr als zwei Punkte davon auf das Sekundärnetz fallen, sind diese durch mehrere Kontrollmessungen zu bestimmen und Fehler dadurch zu eliminieren. Für den späteren Gebäudeanschluss, z. B. an das Landeskoordinatennetz, darf jedoch nur ein Punkt herangezogen werden.

Die Einmessungen der Primärnetzpunkte müssen außerhalb des Baustellenarbeitsbereichs (z. B. Baugrube) liegen. Alle Messungen sind durch zweite Kontrollmessungen zu überprüfen. Dies gilt sowohl für Längen- als auch für Winkelmessungen.

Das an das Primärnetz angeschlossene Sekundärnetz dient zur internen Vermessung der einzelnen Gebäudeabschnitte. Sekundärmesspunkte werden aus dem Primärnetz eingemessen.

## Festlegung eines Festpunkts

Maßabweichungen von Primärpunkten sollen durch das Festlegen eines Festpunkts ausgeschlossen werden. Dazu wird ein Ausgangspunkt des vermessungstechnischen Bezugssystems mit ± 0 mm Abmaß definiert. Ausgehend von diesem Bezugspunkt (Festpunkt) sollen die wichtigsten Punkte des Gebäudes angemessen und kontrolliert werden.

## Bezugspunkte

Bezugspunkte des Gebäudes im Gelände sollten nicht mehr als 50 m entfernt liegen. Die Messpunkte sollten fest und frostsicher angebracht werden. Sinnvoll ist es hierbei, die Festpunkte so festzulegen, dass sie sich an der Gebäudegeometrie orientieren, d. h. an markanten Außenkanten des Gebäudes. In der Vertikalen sind Bezugspunkte möglichst im 2/3-Punkt der Gebäudehöhe zu definieren.

Nach Fertigstellung der Fundamente ist es sinnvoll, deren Eckpunkte mithilfe von zwei Theodoliten einzumessen. Über eine Feinvermessung werden dann Markierungspunkte für das Nivellement innerhalb des Gebäudes gesetzt. An den Außenkanten der Fundamente werden Markierungen für die Höhenentwicklung angebracht. Innerhalb des Gebäudes sollte ein Messpunktnetz für spätere Gebäudeteile, wie Stützen, Wände, Decken, eingemessen und über einen Festpunkt mit dem äußeren Netz verbunden werden. Solche Markierungsbolzen sind bis zum Ende der Bauzeit zugänglich zu lassen.

## Meterstrich

Die Höhen in jedem Geschoss werden i. d. R. mit einem Meterstrich angegeben. Meist wird diese Markierung in der Nähe von Treppenhäusern oder in Türlaibungen angelegt, um von dort ausgehend Fenster- und Türhöhen oder Höhenangaben für Fußböden festzulegen.

## Genauigkeiten der Maße

In den DIN-Normen für die Maßgenauigkeit werden keine Angaben über zulässige Genauigkeiten beim Vermessen gemacht. Diese sind anteilig in den Toleranzen nach DIN 18202[5] enthalten. Grenzabmaße für das Vermessen auf der Baustelle sind jedoch in ISO 4463[6] als empfohlene Werte angegeben. Diese

[5] DIN 18202:2019-07: Toleranzen im Hochbau – Bauwerke.

[6] ISO 4463: Meßverfahren im Bauwesen; Abstecken und messen; Teile 1 bis 6 (verschiedene Ausgabedaten).

müssen im Allgemeinen eingehalten werden, wenn die Genauigkeitsanforderungen für das Bauwerk nach DIN 18202 erfüllt werden sollen. Hier wird auf die Norm verwiesen.

## Messgeräte

Für die Messung sind ausschließlich geeichte Messgeräte zu verwenden. Diese sind in gewissen Zeitabständen zu überprüfen und ggf. erneut zu eichen. Die Messgeräte sind zu kalibrieren und der Messfehler ist für das Gerät zu ermitteln. Bei normaler Verwendung des Geräts ist dieser zu berücksichtigen. Witterungsbedingte Einflüsse sind v. a. bei Bandmaßen und optischen Geräten zu berücksichtigen. Die folgende Tabelle gibt einen groben Überblick über Fehlergrenzen und Messgenauigkeiten verschiedener Messgeräte. Für genauere Informationen wird auf Herstellerangaben der Messgeräte verwiesen.

***Tabelle 1:** Fehlergrenzen und Messgenauigkeiten verschiedener Messgeräte (Quelle: Schöwer)*

| Messgerät | Fehlergrenze | Messgenauigkeit |
|---|---|---|
| Stahlmessbänder in einer Länge von 10, 20 und 50 m, auf denen die Einteilung bis auf den ersten Meter in Millimeter, im Weiteren auf Zentimeter vorgenommen ist. Gemessen wird i. d. R. mit einer Zugbelastung von 50 N. | je 10 m ± 1,2 mm<br>je 20 m ± 2,2 mm<br>je 50 m ± 5,3 mm | je 20 m ± 5,0 mm<br>je 50 m ± 10,0 mm |
| Handlasermeter zur berührungslosen Entfernungsmessung | ± 1,5–3,0 mm je 50 m | ± 1,5–3,0 mm je 50 m |
| Federwaage zur Spannung der Messbänder | zur Spannung mit konstantem Zug von 50 N | |
| Winkel aus rostfreiem Stahl mit Millimeterteilung | k. A. | k. A. |
| Messkamm<br>„Rossmann-Messkamm“ | k. A. | annähernde Angabe der Dicke der flüssigen Schicht |
| Messrad | systematischer Fehler:<br>2,5 % + 1 μm | k. A. |
| Messschieber mit Nonius | ± 0,07 mm | ± 0,1 mm |
| Stahlmessstäbe | ± 0,15 mm | ± 0,2 mm |

***Tabelle 1:*** *Fehlergrenzen und Messgenauigkeiten verschiedener Messgeräte (Quelle: Schöwer)*

| Messgerät | Fehlergrenze | Messgenauigkeit |
|---|---|---|
| Richtscheit aus rostfreiem Stahl oder aus Holz und einer mit rostfreiem Stahl besetzten Richtkante, in 3, 4 oder 6 m Länge, mit ebenen 5 x 5 cm großen 1, 2 und 3 cm dicken Unterlegplatten | k. A. | k. A. |
| Messkeile aus rostfreiem Stahl mit Millimetereinteilung und 1/10 mm Ablesbarkeit | k. A. | k. A. |
| Nivelliergeräte mit kontrollierter Fehlergrenze und Messunsicherheitsangabe | 2,0 mm/km für Nivelliergeräte Klasse 2,<br><br>8,0 mm/km für Geräte Klasse 3,<br><br>20,0 mm/km für Geräte Klasse 4 | k. A. |
| Nivellierlatten mit Strichteilung | ± 0,03 mm/m | k. A. |
| Nivellierlatten mit Felderteilung | ± 0,50 mm/m | k. A. |
| Lote aus Nylonschnur mit rostfreiem Öltopf zur pendelfreien Sicherung | k. A. | k. A. |
| Theodolit | k. A. | k. A. |
| Gliedermaßstab aus Holz | ca. ± 1,0 mm | ± 2,0 mm |
| Messlatten aus Holz | ± 1,0 mm bei 4 m Messlänge | ± 2,0 mm |
| Schlauchwaagen | k. A. | ohne Umsetzen ± 2,0 mm,<br>mit Umsetzen ± 3,0 mm |
| Wasserwaagen | 0,2–0,4 mm/m für Wasserwaagen aus Holz,<br>0,8–1,6 mm/m für Wasserwaagen aus Metall | ± 0,2 mm ohne Umsetzen<br>± 0,3 mm mit Umsetzen |

k. A.: keine Angaben verfügbar (s. Herstellerangaben)

## Kontrolle der Bauausführung

Maßkontrollen während der laufenden Bauausführung sollen sicherstellen, dass das Gebäude den Anforderungen an die zulässigen Toleranzen entspricht. Daher ist es erforderlich, die Teilabnahmen oder Zwischenstationen der Gewerkeleistungen auf Einhaltung der Maßgenauigkeiten zu kontrollieren. Dadurch können Abweichungen frühzeitig erkannt und den Verursachern zugeordnet werden.

## Lot und Fluchtgenauigkeiten

Mauerwerk wird nach Anlegen der Wandecken und -öffnungen mit den Hilfsmitteln Schnur, Wasserwaage und Lot flucht- und lotrecht erstellt. Die zu erreichende Ausführungsgenauigkeit der Rechtwinkligkeit, der Flucht und Lotrechten wird im Allgemeinen mit 0,5 cm (Grenzabmaß ± 0,5 cm) angenommen.

Genauigkeit von Längenmaßen kann bei Mauerwerk hinsichtlich der Längen- und Breitenabmessungen bei durchschnittlich üblicher Qualität mit etwa ± 3 mm Grenzabweichung hergestellt werden. Die gleiche Genauigkeit wird auch für das Halten der Lagerfugen erreicht.

Für die Genauigkeit von Höhenmaßen von Mauerwerk ist bei durchschnittlicher Ausführung ein größeres Grenzmaß anzusetzen. Die maßgerechte Ausführung von Mauerwerk wird im Wesentlichen beeinflusst durch das Anlegen des Mauerwerks sowie das gleichmäßige Aufmauern.

# Anhang

# Checklisten

## Kontrolle für die Planung

Bereits in der Planungsphase können die verschiedenen Anforderungen an die Genauigkeiten und die möglichen Bauteilverformungen aufgrund von thermischen Veränderungen berücksichtigt werden.

**Notwendige Maßgenauigkeit im fertigen Zustand**

a) Welche Anforderungen werden an das fertige Bauwerk gestellt?
   - Welche vertraglich vereinbarten Anforderungen nach BGB[1] bzw. VOB[2] werden an das fertige Objekt gestellt in Bezug auf:
     - Abmaße
     - Winkelgenauigkeiten
     - Ebenheit
     - Flucht (bei Stützen)?
   - Welche Leistungen sind vertraglich vereinbart?
   - Welcher Erfolg ist vertraglich geschuldet?

b) Welche Anforderungen werden an die allgemein anerkannten Regeln der Technik gestellt?
   - Bauordnungsrechtliche Vorgaben? Landesbauordnung der einzelnen Bundesländer?
   - Welche DIN-Normen oder technischen Merkblätter sind zu berücksichtigen?
   - Welche Mindestabmessungen sind zu berücksichtigen?
   - Gibt es Anforderungen aus Verordnungen, Erlassen etc.?

c) Funktionsbereitschaft des geschuldeten Werks
   - Kann es durch Maßabweichungen zur Beeinträchtigung von Funktionen kommen (z. B. Einbau von Fahrstuhl, medizinischen Anlagen etc.)?

---

1 BGB: Bürgerliches Gesetzbuch.

2 VOB: Vergabe- und Vertragsordnung für Bauleistungen; Teil A (DIN 1960:2019-09): Allgemeine Bestimmungen für die Vergabe von Bauleistungen; Teil B (DIN 1961:2016-09): Allgemeine Vertragsbedingungen für die Ausführung von Bauleistungen; Teil C (ATV DIN 18299 bis ATV DIN 18459): Allgemeine Technische Vertragsbedingungen für Bauleistungen (ATV).

d) Wird die optische Erscheinung beeinträchtigt?
   - Kann es durch Maßungenauigkeiten zur Beeinträchtigung des optischen Erscheinungsbilds kommen (z. B. Struktur einer Fläche, optische Gestaltung, Anschlussfugen, Streiflicht)?

**Vorab-Berücksichtigung der Toleranzen der Baustoffe**

- Welche Baustoffe finden Verwendung?
- Welche Auswirkungen ergeben sich aus den Baustoff- und Produktnormen?
- Gibt es vorgefertigte Bauelemente?
- Gibt es Toleranzausgleichsmöglichkeiten?
- Gibt es Bauteile, die standardmäßig fertig geliefert werden?

**Inhärente (temporäre Verformungen) Toleranzen**

- Verformungen infolge Kriechens unter Eigenlast und Nutzlasten
- Verformungen infolge Schwindens
- Verformungen durch Erschütterung
- Verformungen infolge Quellens

**Toleranzen in der Ausführung**

Toleranzen nach DIN 18202[3] und 18203-3[4]

- Welche Toleranzen sind zu berücksichtigen?
- Werden erhöhte Anforderungen an Flächen (z. B. Ebenheit) gestellt?
- Werden an Bauteilabschnitte andere Anforderungen an die Genauigkeit gestellt als in der DIN vorgegeben?
- Gibt es Anforderungen an die Passungen der Gewerke untereinander?
- Sind die Anforderungen aus der Planung technisch umsetzbar?
- Bestehen Toleranzausgleichsmöglichkeiten?

**Ausschreibung und Vereinbarung der Ausführung**

- Sind alle notwendigen Angaben in den Ausführungsplänen vorhanden?
- Sind die Toleranzangaben für die Ausführung der einzelnen Gewerke im Leistungsverzeichnis enthalten?

---

3 DIN 18202:2019-07: Toleranzen im Hochbau – Bauwerke.

4 DIN 18203-3:2008-08: Toleranzen im Hochbau – Teil 3: Bauteile aus Holz und Holzwerkstoffen.

- Sind Möglichkeiten zum Ausgleich von Passungsungenauigkeiten berücksichtigt?
- Vertragliche Vereinbarungen.
- Sind die beabsichtigten Genauigkeitsangaben Bestandteil der vertraglichen Vereinbarung?

## Kontrolle für die Ausführung

Grundsätzlich sind bei der Baudurchführung folgende Vorgehensweisen zu berücksichtigen:

- Die vorherige Vermessung hat erheblichen Einfluss auf den Umfang der späteren Maßabweichungen. Bereits hier auftretende Ungenauigkeiten gehen in das spätere Bauwerk ein.
- Bei besonders hohen Anforderungen an die Genauigkeit sind während des Bauablaufs Kontrollmessungen durchzuführen. Im Rahmen dieser Kontrollmessungen können dann bereits aufgetretene Toleranzen ausgeglichen werden.

**Ausführungsvorbereitung – Überprüfung der Vorleistung**

a) Genauigkeit des Endzustands des Bauwerks
   - Überprüfen der baustoffbedingten Maßtoleranzen mit den Toleranzanforderungen des Bauwerks
   - Abstimmen der geforderten Anforderungen an die Toleranzen mit dem Auftraggeber
   - Koordinierung der Anforderungen an die Passungen mit vor- und nachfolgenden Gewerken
   - Koordinierung der Vermessung in Art, Zeit, Instrumente und Vorgehen
   - Definition der Passpunkte für die Kontrollmessungen in Lage und Kennzeichnung

b) Überprüfung der Vorleistung/Gewerke
   - Überprüfen der Bauwerksmaße in Bezug auf Toleranzen der Bauwerksmaße, Ebenheit und Winkligkeit, die die Planungsvorgaben vorgeben
   - Dokumentation und Feststellung der Toleranzen aus den Vorleistungen
   - Überprüfung der Toleranzen, ob diese i. S. d. DIN-Normen statthaft sind

c) Überschreitung der Toleranzen der Vorleistungen
   - Bedenken i. S. d. § 4 Nr. 3 VOB/B vor Ausführungsbeginn anmelden

- Ggf. Behinderung nach VOB/B § 6 Nr. 1 anmelden
- Beseitigung der Toleranzen nach Abstimmung und Beauftragung durch den Auftraggeber
- Vergütungsansprüche der Mängelbeseitigungskosten
- Erst nach vollständiger Mangelbeseitigung mit den Ausführungen beginnen

**Ausführung der eigenen Leistung/Abnahme**

a) Bestandsaufnahme
   - Kontrolle der Ungenauigkeiten in Bezug auf die eigene Leistung
   - Maßnahmen zum Toleranzausgleich treffen

b) Stichprobenartige Kontrollen während der Ausführung
   - Kontrolle und Abstimmung der laufenden Ausführung, ggf. Abstimmung mit den Folgegewerken
   - Festgestellte Ungenauigkeiten möglichst unverzüglich ausgleichen
   - Maßkontrollen vor Fertigstellung und Abnahme der Bauleistung
      - Literatur- und Quellennachweis

# Stichwortverzeichnis

## C



## D

## Notizen

# Notizen